2113. Set arth

LE GENTILHOMME

CULTIVATEUR.

TOME CINQUIEME.

LE GENTILHOMME
CULTIVATEUR,
OU
CORPS COMPLET
D'AGRICULTURE,

Traduit de l'Anglois de M. Hale, & tiré des Auteurs
qui ont le mieux écrit sur cet Art.

Par Monsieur DUPUY DEMPORTES, *de l'Académie de Florence.*

*Omnium rerum ex quibus aliquid acquiritur, nihil est Agriculturâ melius, nihil uberius,
nihil homine libero dignius.* Cicer. liv. 2. de Offic.

TOME CINQUIEME.

A PARIS,

Chez {
SIMON, Imprimeur du Parlement, rue de la Harpe.
DURAND, Libraire, rue du Foin.
SAUGRIN, Libraire, Quay des Augustins.
}

A BORDEAUX,

Chez CHAPUIS, l'aîné.

M. DCC. LXIII.

Avec Approbation & Privilége du Roi.

LE GENTILHOMME
CULTIVATEUR.
LIVRE SEPTIÉME.

Des accidens auxquels les animaux & les récoltes font fujets.

CHAPITRE PREMIER.

NOUS nous fommes prêtés au defir de plufieurs Cultivateurs, lorfque nous avons fermé notre huitiéme volume par la carie des bleds. Nous avons, comme le Lecteur peut l'avoir remarqué, interrompu l'ordonnance de notre ouvrage, & nous allons encore, pour fatisfaire quelques perfonnes, nous livrer à cette interruption, qui dans le fond ne fera pas moins commode & favorable au Cultivateur. Nous devions (on peut le voir dans la Table des Matieres) traiter dans le Livre douziéme des accidens auxquels les récoltes & les animaux font fujets. La carie en faifoit une partie ; nous avons cru remplir mieux notre objet & prendre un ordre plus naturel, en mettant à fa fuite les maladies des récoltes. D'ailleurs cette matiere eft plus intimément liée à l'Agriculture proprement dite, que la biere & le cidre, qui devoient être l'objet de ce Livre-ci, fi nous avions fuivi la diftribution de la Table générale des Matieres ; ce changement étant demandé, &

nous paroiſſant même plus juſte, nous le ſuivons avec d'autant plus de plaiſir qu'il ſemble nous avoir été conſeillé par un Journaliſte.

Pour prévenir les accidens dont nous allons parler, il faut ſans doute en connoître les cauſes. Auſſi nous faiſons-nous un devoir d'éclairer le Cultivateur ſur les effets défavorables de l'air & des élémens. Cette connoiſſance acquiſe, il verra l'efficacité des moyens propres que nous avons à lui préſenter, pour ſe mettre à couvert de ces accidens.

Nos attentions ſe portent auſſi ſur les beſtiaux. Nous ferons voir combien l'air influe ſur la ſalubrité de ces animaux; de ſorte que l'on peut regarder ce livre comme un ſyſtème abrégé de philoſophie rurale, qui, nous nous y attendons, n'entraînera point ſans doute les ſuffrages des beaux eſprits du ſiécle, mais que nous oſons déclarer utile aux Cultivateurs praticiens.

CHAPITRE II.

De la chaleur en elle-même & de ſes effets ſur les Beſtiaux & les récoltes.

LA chaleur eſt en même tems le principe conſervateur & deſ-tructeur de tout ce qui vit dans l'Univers. Il n'y a donc que ſon dégré qui puiſſe déterminer ſon utilité. On entend bien ſans doute que nous ne parlons pas ici des effets de la chaleur produite par les flammes, qui diſſolvent, diſſipent ou détruiſent toutes les ſubſtances connues. Il n'eſt ici queſtion que de la chaleur de l'air & de ſon action ſur les beſtiaux & ſur les récoltes : n'ayant en vue, nous le répétons encore que l'utilité du Cultivateur, nous n'a-vançons rien qui ne ſoit étayé des expériences; nous abandonnons aux Curieux le plaiſir de fondre les métaux & d'expoſer l'or & les diamants à l'action des miroirs ardents. Toutes ces recherches, quoique d'ailleurs peut-être auſſi utiles qu'agréables n'entrent point dans notre plan.

La nature a ſi bien formé les animaux & les plantes de chaque pays pour le degré de chaleur qui s'y fait ordinairement ſentir, que nul animal ni plante n'y périt à moins qu'on ne l'ait expoſée d'une façon directement contraire à celle de la nature. Mais cette cha-leur eſt nuiſible, quoiqu'elle ne faſſe point périr : nous voyons par

exemple, les beſtiaux perdre leur embonpoint & languir, les plantes ſe fanner, quand la chaleur parvient à un dégré qu'ils ne peuvent point ſoutenir. Or on peut en prévenir les effets, en pratiquant
des abris & en donnant de l'ombre aux beſtiaux & en arroſant les
plantes.

On remarque que pluſieurs plantes & la plûpart des animaux
réſiſtent mieux aux grands froids qu'aux chaleurs exceſſives, parce
que le froid ne fait que condenſer & épaiſſir l'humide radical au lieu
que la chaleur le diſſipe. Mais comme les effets que la chaleur
produit ſur les plantes ſont plus ſenſibles, c'eſt à ceux-ci que nous
donnons toutes nos attentions pour inſtruire le Cultivateur.

Il y a des plantes qui croiſſent dans le tems même d'un froid très-
ſenſible. Quand les grandes gelées ſurviennent, il y a des plantes qui
leur réſiſtent, mais il en eſt peu qui ayent aſſez de force pour pouſſer. La moindre gelée retarde néceſſairement la circulation du ſuc;
augmente-t-elle, les plantes perdent leur vigueur & ne croiſſent
plus juſqu'à ce qu'elle ceſſe. Ce principe eſt fondé ſur l'expérience; & c'eſt de-là que le Cultivateur peut tirer des inductions propres à le guider.

Autre vérité auſſi démontrée : les jeunes plantes ſont plus affectées de la gelée que celles dont la croiſſance eſt plus avancée. Raiſon triomphante, qui détermine à ſemer le bled en automne, afin
que ſes racines & ſes jets ayent le tems d'acquérir aſſez de force
avant les gelées. Pendant l'hiver le bled ne fait que bien établir ſes
racines. Il n'a point d'action ſur la ſuperficie. Mais au printems,
les chaleurs douces qui caractériſent cette ſaiſon, mettent les ſucs
en mouvement. Les chaleurs modérées de l'été uniſſent & donnent
aux ſucs cette conſiſtance néceſſaire pour la formation des fruits,
au lieu que les chaleurs exceſſives les ſéparent & les diſſipent. Auſſi
voit-on dans les étés modérés les plantes pouſſer parfaitement leurs
fleurs & leurs fruits, qui acquéirent une parfaite maturité; dans les étés
au contraire exceſſivement chauds les uns & les autres ſe fanent &
périſſent. Il n'eſt donc queſtion pour le Cultivateur que de bien ſe
rappeller les principes que nous avons déja établis ſur les différentes ſemences qu'il eſt à propos de donner à certains ſols qui ont certaines expoſitions, s'il veut prévenir en partie les grands dommages que la chaleur exceſſive peut cauſer à ſes récoltes; car il eſt certain que les différens ſols & les différentes ſituations mettent les
plantes plus ou moins en état de lui réſiſter. La différence des eſpéces ne doit point non plus être perdue de vue dans cette pratique,

parce qu'on n'ignore point qu'il y a des plantes qui font plus ou moins délicates & fensibles.

Il y a des plantes qui croiffent dans les climats les plus chauds. Ecoutons le fameux M. *Hales*, il » eft certain, dit-il, d'après les ex- » périences que j'ai faites, que les plantes réfiftent à un plus grand » dégré que celui que l'on donne à une eau dans laquelle on ne » peut tenir la main. Pour faire mourir les plantes, il faut que la » chaleur foit au dégré d'une eau chaude qui fait durcir la cire » fondue. La cire eft un fuc végétal cueilli par la mouche à miel, » & le dégré de chaleur qui la durcit doit être le plus grand que » les plantes puiffent fupporter. Il eft donc bien rare qu'une récolte » foit altérée par la chaleur; parce que fi elles fouffrent ce dégré » dont je viens de parler, pendant quelques heures du jour, elles » font rafraîchies par les grandes rofées du foir & de la nuit.

Un thermometre de cent dégrés, depuis le dégré de la gelée jufqu'au dégré de chaleur néceffaire pour durcir la cire, donne tous les degrés de chaleur auxquels les plantes peuvent avoir rapport : on peut donc, avec le fecours d'un femblable inftrument, s'inf- truire du danger auquel les récoltes font expofées de la part de la chaleur : dans un efpace ainfi divifé, le foixante-quatriéme dégré indique la chaleur du fang dans les animaux ; le cinquante-quatrié- me marque la chaleur des parties extérieures de leur corps ; le cin- quante cinquiéme la chaleur du lait fortant du trayon : le même dé- gré à peu pres fert à faire éclore des œufs. Par le cinquante-huitiéme dégré on connoît la chaleur de l'urine fortant du corps d'une per- fonne. Le dix-huitiéme dégré annonce un temps tempéré. Les grandes chaleurs de l'été montent quelquefois au quatre-vingt-hui- tiéme, c'eft-à-dire, vingt-quatre dégrés plus haut que la chaleur du fang des animaux, mais douze dégrés au-deffous de la chaleur que les plantes peuvent fupporter, fi elles ont une bonne culture.

Il ne faut pas croire que la chaleur monte tous les étés au quatre- vingt-huitiéme dégré, elle ne fe porte au contraire ordinairement qu'au cinquantiéme. Il n'y a que les récoltes & non les Beftiaux qui en fouffrent quelqu'altération : car lorfque la chaleur eft au cin- quantiéme dégré dans une expofition au foleil ; elle n'eft qu'au trente-huitiéme à l'ombre. Ainfi le Cultivateur doit voir qu'il lui eft facile de réduire la chaleur par un ombrage convenable, de douze dégrés, & de prévenir par ce moyen bien des maladies dans fes beftiaux & qui ne font caufées que par l'excès de la chaleur.

Le mouvement augmente la chaleur. C'eft pourquoi il faut don ner en été du repos aux beſtiaux vers le midi ; & ſi la chaleur eſt exceſſive, pendant preſque toute la journée. C'eſt ainſi que par une conduite prudente on peut en Agriculture réduire une chaleur exceſſive au dégré d'une chaleur tempérée, relativement aux beſtiaux.

Si l'on obſerve la chaleur relativement aux plantes, on trouvera qu'une chaleur modérée anime & accélere leur accroiſſement, & qu'une plus grande mûrit leurs ſemences. La chaleur du mois d'Avril eſt d'environ quinze dégrés, ce qui avec les pluies de cette ſaiſon ſuffit pour les faire pouſſer vigoureuſement.

Dans le mois de Mai & au commencement de Juin la chaleur eſt depuis vingt juſqu'à trente dégrés, & c'eſt pendant ce tems qu'elles grandiſſent le plus & ſe renforcent le mieux. Viennent enſuite les grandes chaleurs, qui font que les ſemences mûriſſent. La chaleur du commencement du printems & de la fin d'automne eſt depuis dix juſques à dix-huit dégrés, & celle des beaux jours de l'hiver eſt de dix dégrés au-deſſus de la gelée.

CHAPITRE III.

De la nature & de l'effet de la ſéchereſſe.

Lᴏʀſque les étés ſont en même tems chauds & ſecs, les plantes ſouffrent beaucoup ſi l'art & l'induſtrie du Cultivateur ne viennent à leur ſecours. Il eſt vrai que plus les chaleurs ſont grandes, plus l'humidité s'exhale de la terre, & qu'en tombant elle les rafraîchit ; ce qui les garantit à la vérité d'un dépériſſement total, mais les tient dans un état de langueur. Elles ont donc beſoin d'être humectées & abreuvées par les pluies, qui ne viennent pas toujours au gré du Cultivateur : c'eſt donc à lui d'y ſuppléer.

Dans le tems de ſéchereſſe les récoltes & les pâturages languiſſent ; on ne recueille que peu de grain, & l'herbe eſt rare ; de ſorte que les beſtiaux ſouffrent faute de nourriture & ſouvent faute d'eau, ce qui devient en eux la ſource de pluſieurs maladies. Il eſt donc de la derniere importance de ſe précautionner contre ces accidents.

Quant aux récoltes, il faut pendant la ſéchereſſe, faire la viſite de ſon terrein, & l'on verra que les champs ouverts & ſans clôture souffrent beaucoup plus que ceux qui font clôturés. L'effet du foleil fur les plantes en champ ouvert, est dix fois plus grand que celui qu'il produit fur celles qui font en champ clos. D'ailleurs la féche-reffe est toujours accompagnée de vents brûlants, qui desséchent les plantes que la chaleur a déja fanées : Elle dissipe & fait évaporer une grande quantité de fuc ; cette évaporation fe continuant tous les jours faute de pluie, la plante tombe dans le dépériffement, puifque les feuilles fe desséchent & tombent. Or nous avons fait connoître dans une partie de cet ouvrage toute la néceffité des feuilles pour la confervation des plantes. Cependant que le Culti-vateur ne s'allarme point. Une plante peut languir longtems & fe rétablir par la moindre pluie qui furvient. Mais il est certain que fi un vent brûlant vient à fouffler tandis qu'elle est dans cet état, les feuilles tombent, & alors nous ofons avancer, que quelque fe-cours qui furvienne la plante n'est plus en état d'en profiter.

De-là l'on voit combien les vents fecs & brûlans traverfent la végétation, puifqu'ils la détruifent totalement, & combien il importe au Cultivateur de défendre fes récoltes contre leurs man-vais effets. Or comme la féchereffe ne peut qu'affoiblir les pro-grès des plantes, il ne reste donc qu'à oppofer une barriere aux ef-fets des vents. Pour cela il faut beaucoup épaiffir les hayes vers le pied, & y planter beaucoup d'arbres. On remplit ainfi deux objets ; celui d'oppofer aux vents une barriere & de procurer de la fraîcheur aux plantes par l'ombre qu'ils répandent & par l'humidité qu'ils tranfpirent.

Cette dépenfe n'est pas fi grande qu'on le penfe ; puifqu'outre les avantages qu'on retire de cette culture pour les récoltes, on a encore les bois qui en réfultent, ce qui ne fait pas un objet à dé-daigner.

Plus les champs font étendus, plus on doit exhauffer les arbres. Pour ce qui est des petits champs, une haye d'épine blanche fuffit. Pour les champs d'une étendue moyenne il faut une haye de bois qu'on élague de tems en tems ; de forte qu'on voit bien que pour les champs fpacieux les arbres de haute futaye font les plus propres à remplir les vues du Cultivateur. Il faut avoir l'attention de leur laiffer étendre latéralement leurs branches, pourvu qu'elles ne pen-chent pas trop avant fur le champ & n'appauvriffent pas trop la tête de l'arbre. On peut couper celles qui penchent vers l'un ou l'autre champ, & ne laiffer croître que celles qui font parallèles à la haye. Voilà le vrai moyen de faire que les branches latérales s'épaiffiffent

& forment un abri plus affuré & un ombrage plus efficace ; les plantes n'ont rien à craindre, puifque l'eau qui en dégoutte ne peut tomber fur elles.

CHAPITRE IV.

De ce que l'on doit femer dans fes champs par rapport à l'ombrage & à l'abri.

ON objectera peut-être contre les moyens que nous venons d'indiquer, que les hayes & les arbres ont befoin d'être quelquefois élagués ; & que cette opération fuppofée indifpenfable, il ne refte plus de défenfe aux récoltes. Nous répondons à cette difficulté avec M. *Hall.* Il y a, dit cet Auteur, des plantes qui réfiftent à la fécherelfe beaucoup mieux que d'autres. On les féme donc par préférence dans le tems qu'on veut élaguer. Comme on eft maître de choifir le tems pour cette opération ; on peut en conféquence prendre fes précautions & fe pourvoir une année ou deux auparavant.

Vérité inconteftable : toute plante qui plonge bien profondément fes racines, réfifte mieux à la fécherelfe, puifqu'il eft également certain que la fécherelfe n'affecte les plantes qu'à proportion du peu d'humidité qu'elles reçoivent. Or plus, nous l'avons fait voir, les racines plongent profondément, moins elles font expofées à la difette de cette humidité. Pour peu que le tems foit fec, & qu'il continue, le fol fe delféche autour des plantes dont les racines ne plongent point profondément, au lieu qu'il faut, comme l'expérience le prouve, que la fécherelfe dure long-tems pour pouvoir pénétrer toutes les couches, & atteindre les racines des plantes quand elles poulfent bien avant dans la terre.

Il faut donc, pour bien profiter des moyens que nous donnons, mettre toute fon attention à bien adapter l'efpece de fes productions, à l'état & la qualité des abris qu'on tire de fes hayes & de fes arbres. Lorfque les hayes & les arbres ont atteint la parfaite poulfe du feuillage, & qu'ils font bien fournis, il convient de profiter de ce tems pour enfemencer fes champs de plantes dont les racines ne s'écartent pas de la fuperficie. Lorfqu'au contraire on veut procéder à l'opération de l'élagage, il faut femer celles qui pouffent à une grande profondeur, comme, par exemple, du fain-foin. Nous exigeons feulement qu'on le féme avant que de commencer à élaguer, afin que pendant fa premiere jeuneffe il profite du bénéfice des abris, & qu'il ait le tems de fe bien établir dans le fol. Nous répondons qu'il réfiftera enfuite à toutes les féchereffes qui peuvent furvenir. Le fain-foin produifant pendant l'efpace de plufieurs années, on peut le laiffer fur le terrein, jufqu'à ce que les hayes aient recouvré leur épaiffeur, & que les arbres foient redevenus forts en branches & en feuillages. On peut alors confier au terrein du bled avec toute certitude d'une récolte abondante.

On n'ignore point que les fols fecs & ftériles fouffrent beaucoup plus que d'autres de la féchereffe.

C'eft pourquoi il n'y a point d'amélioration dont les effets foient fi puiffants & fi conftants, que celle qui réfulte des clôtures & de la plantation des arbres. Nous avons ci-devant conduit, comme par la main, le Cultivateur dans la véritable façon de procéder à cette plantation. Nous avons même indiqué les fortes de hayes & d'arbres qui font les plus favorables à cette efpece de fols. S'il étoit dans le Royaume des Cultivateurs qui euffent vû, il y a foixante ans, les productions des terres ouvertes en Angleterre, & qui puffent aujourd'hui les voir avec des clôtures ; nous fommes affurés qu'animés par la grande différence qu'ils trouveroient dans leur produit, ils fe livreroient entierement à une pratique fi avantageufe : on regarderoit comme la bafe d'une bonne culture, relativement aux fols dont nous venons de parler, une méthode fi accréditée par les profits qui en réfultent.

CHAPITRE V.

CHAPITRE V.

Où l'on fait voir qu'en adaptant les semences aux sols on prévient les effets de la sécheresse.

IL y a, comme nous venons de le faire observer, des productions qui sont sur certains sols, plus sujettes aux mauvais effets de la sécheresse, que sur d'autres; il y a aussi des plantes qui par elles-mêmes sont naturellement plus susceptibles de sécheresse, & plus sensibles aux vents secs & brûlants; il résulte donc de cette observation, que la principale attention du Cultivateur consiste à bien adapter ses productions aux sols. Nous avons tellement senti la grande utilité de ce principe, que nous n'avons point cessé pendant tout cet ouvrage, d'en avertir notre Lecteur.

Les sols placés dans les terreins bas, & qui sont sujets à être inondés, sont ordinairement profonds & riches. Pour peu qu'ils soient entourés de quelque plantation quelconque, ils sont suffisamment à l'abri. Les récoltes sur de semblables sols sont dans les tems de sécheresse extraordinairement riches & abondantes.

Mais quand ils ne sont divisés que par des fossés sans plantation, quoique riches, ils sont exposés aux vents brûlants; les productions y souffrent beaucoup de la sécheresse. Pour y rémédier, il n'y a qu'à planter des saules sur les bords des fossés; & comme ces arbres ont ordinairement le tronc dépouillé, on met des osiers entre. Les têtes des premiers répandent une ombre suffisante; & comme les osiers sont garnis de feuilles jusques auprès de la superficie, ils rompent les vents. Nous avons dit ci-dessus quelles semences on peut donner à cette espece de terrein.

Il est essentiel de faire ici observer qu'il est bon de faire dans ces terreins les semailles pendant un tems sec, & de les ensemencer avec des grains cueillis dans les terreins les plus hauts & les plus exposés. Dans les saisons humides, les récoltes des terres élevées sont toujours les plus abondantes.

CHAPITRE VI.

De l'effet de la chaleur fur les arbres, & du moyen de les en garantir.

QUoique les arbres ne foient pas auffi expofés aux effets de la féchereffe, que les autres végétaux, ils s'en reffentent cependant principalement dans leur jeuneffe ; car quand ils ont bien établi leurs racines, & qu'elles plongent bien profondément, ils font en état de la braver.

Nous avons indiqué ci-deffus les arbres qui réuffiffent parfaitement dans les terreins les plus ftériles & les plus expofés, pourvu qu'on les y féme : pour les garantir dans leur tendre jeuneffe des beftiaux & de la violence des vents, on n'a qu'à faire circulairement une tranchée à une petite diftance de l'arbre, & y femer de la graine de genêt épineux. C'eft ainfi qu'on vient à bout de les faire profpérer à l'abri de cet arbufte que l'on peut enfuite arracher lorfque les arbres ont acquis affez de vigueur pour n'avoir plus rien à craindre.

Si par la chaleur, la féchereffe de la faifon, & par l'expofition du terrein, les arbres paroiffent languir après qu'on a arraché le genêt épineux, il faut élever un banc de terre d'un pied & demi de hauteur, fur trois de largeur, autour de chaque arbre. Par cette compreffion du fol autour des racines, il reprend auffi-tôt vigueur; d'ailleurs on fent que cette opération donne plus de profondeur aux racines, ce qui, comme nous l'avons déja fait obferver, eft le préfervatif le plus fpécifique des plantes contre la féchereffe.

CHAPITRE VII.

De la maniere de fe procurer de l'eau pour les Beftiaux pendant la féchereffe.

LOrfqu'on eft fi défavorablement fitué, qu'on ne jouit point de la commodité des ruiffeaux ou des rivieres, on a ordinairement des mares plus ou moins profondes qui fervent d'abbreuvoir aux beftiaux. Ces mares qu'on a creufées exprès pour recevoir les eaux des pluies qui découlent des hauteurs pendant l'hyver, où on les conserve précieusement pour l'été, sont l'unique ressource. Elles sont donc d'une assez grande importance, pour que le Cultivateur ne les néglige point.

Il faut examiner si elles sont bien situées, & d'une grandeur suffisante, si la couche de terre du fond est liante, compacte, & assez tenace pour retenir les eaux. Si toutes ces conditions ne se trouvent point réunies, on s'expose à la disette. Et dans ce cas il ne faut point s'allarmer de la dépense ; il est indispensable d'en creuser de nouvelles dans des endroits plus favorables, & élargir celles qui sont trop petites. Il faut aussi les nettoyer de tems en tems, afin de leur entretenir une bonne profondeur. La boue ou vase qu'on en retire est un excellent engrais qui paye amplement les frais du recurement.

Ces mares perdent l'eau, ou en découlant à travers la couche du fonds, ou par l'évaporation. Il faut rémédier à ces deux inconvéniens. Quand on fait de nouvelles mares, il est à propos, & même essentiel d'y faire une couche de rocaille sur laquelle on répand de la chaux ; on attend que les pluies en aient fait un corps bien lié. Ensuite on met une couche d'argille de l'épaisseur de huit pouces, on la fait bien battre & applatir, ainsi que la rocaille dont nous venons de parler. On recouvre encore la couche d'argille d'une autre de la même substance à laquelle on donne moins d'épaisseur de deux pouces qu'à la première. On choisit des pierres les plus dures que l'on met dessus. Un lit semblable retient l'eau aussi parfaitement que s'il étoit de plomb.

Nota, qu'une seule couche d'argille que l'on couvre de pierres, suffit pour bien assurer le fonds d'une vieille mare qui a besoin d'être réparée.

Le fond étant ainsi assuré, il faut se mettre à couvert de l'évaporation. Le soleil, & encore plus les vents, dessèchent les mares. Dans les salines où l'on fait évaporer l'eau de la mer pour faire du sel, on remarque qu'un jour de soleil avec du vent, évapore plus d'eau que trois jours de soleil sans vent n'en dissipent.

Il arrive souvent que les eaux des mares d'un canton entier sont desséchées pendant une grande & longue sécheresse, tandis que l'on trouve de petits trous remplis d'eau dans les champs. Si l'on en examine la cause, on trouvera que le fonds de ces trous est d'argille, & qu'ils sont ombragés par des saules sauvages qui croissent sur les bords, & qui conservent l'eau fraîche & tranquille pendant les plus grandes chaleurs. C'eſt donc au Cultivateur à imiter ici la nature ; il faut qu'il plante autour des ſes mares des ſaules ſauvages , & qu'il ne laiſſe qu'une iſſue par laquelle les beſtiaux puiſſent entrer pour s'abbreuver. On ſçait que la végétation de ces arbres eſt prompte & accélérée & que leurs feuilles ne communiquent point de mauvais goût aux eaux. Il faut ſur-tout faire enforte que le plus fort de l'ombrage ſe porte dans le tems du midi ſur la partie la plus profonde de la mare : par ce moyen le ſoleil ne la frapera pas de ſes rayons & le vent ne troublera point l'eau. Si l'on a le bonheur de poſſéder quelque petite ſource dans le voiſinage , on a le ſoin d'en emmener les eaux par des conduits : on prend ſeulement la précaution de faire alors des tranchées pour que les eaux ſuperflues s'échapent & que le terrein ſe conſerve ſec.

CHAPITRE VIII.

De la maniere d'avoir de l'eau quand les mares ſont deſſéchées.

COmme les mares faites avec les plus grands ſoins peuvent quelquefois ſe deſſécher par une longue & grande ſéchereſſe , il faut dans une ſi triſte extrémité avoir recours à d'autres moyens ; car les beſtiaux ainſi que les hommes ſouffrent moins de la faim que de la ſoif.

Il faut creuſer des puits dans des endroits convenables, lorſque tout autre moyen de ſe procurer de l'eau manque. La terre eſt tellement diſpoſée que l'on ne peut manquer d'y trouver des ſources , ſoit près de la ſuperficie, ſoit à telle autre profondeur quelconque. Or dans les cas dont il eſt ici queſtion, il faut recourir à ce dernier moyen ou la Ferme devient deſerte.

Quand le puits eſt profond , on peut , outre la méthode d'en tirer l'eau par une roue qu'un cheval fait tourner , faire uſage de celle qui ſuit.

On plante deux poteaux, un à chaque côté du puits, dans chacun deſquels on pratique une ouverture aſſez grande pour recevoir le bout d'une grande piéce de bois ronde qui traverſe l'ouverture du puits & qui a la liberté de tourner dans leſdites ouvertures. On attache à cette piéce de traverſe ou eſſieu mobile, un ſceau armé d'une forte corde , égale à la profondeur du puits, & l'on pofe à un bout de l'effieu une grande roue, autour de laquelle eft une corde moins forte dont la longueur doit être telle que quand le fceau eft dans l'eau elle foit toute autour de la roue. Le fceau étant rempli un domeftique prend le bout de cette corde en s'éloignant du puits. Par ce mouvement la corde fe devide à mefure que le fceau monte. Un feul homme fait monter ainfi fans peine & très-promptement un fceau qui contient au moins cent pintes d'eau.

Afin que ces fceaux puiffent fe remplir fans qu'il faille prendre la peine de les coucher de côté, on fait un grand trou au centre du fond que l'on ferme en-dedans d'une efpéce de foupape qui s'éleve dans l'inftant même que le fceau vuidé touche l'eau ; quand l'eau eft entrée, elle pouffe par fon poids la foupape qui ferme exactement. Par cette invention on gagne un peu de tems, lequel fouvent répété forme un total affez confidérable pour mériter la confidération de ceux qui fçavent apprécier le tems.

Il faut avoir près du puits un réfervoir pour recevoir l'eau. On pofe une auge depuis le puits jufqu'au réfervoir. L'auge doit être placée fous le fceau ; il eft aifé d'attacher une corde à la foupape pour l'ouvrir dès que le fceau eft placé fur l'auge, & par-là on peut le remplir & le vuider fans être obligé de le coucher de côté.

Un puits femblable eft d'une grande reffource dans les grandes fécherefles ; mais on prévoit bien qu'il eft difpendieux, & encore mieux qu'il faut beaucoup de tems pour le conftruire, & qu'il feroit ridicule de s'attendre à cette reffource dans un tems bien preffant ; c'eft pourquoi nous exhortons à en faire la dépenfe avant que d'en avoir befoin ; les commodités qu'on en retire devroient déterminer les propriétaires à cette dépenfe, qui une fois faite le feroit pour longtems.

Quand on n'a point des puits femblables, il faut voir s'il n'y a pas des mares d'eau fur les hauteurs voifines : car il y a fouvent fur les terreins élevés des fources qui en forment, & lorfqu'on en trouve, on en prend les eaux pour les porter par des conduits jufques aux endroits où l'on en a befoin. Lorfqu'il faut faire monter l'eau d'un bas à une hauteur, la roue Perfanne eft la plus commode ; on peut la conftruire à peu de frais : elle dure longtems, n'eft point fujette à fe déranger & fournit une quantité fuffifante d'eau.

CHAPITRE IX.

Des signes de séchereſſe que le Cultivateur doit obſerver.

NOus ne prétendons point qu'on regarde comme certains les ſignes de séchereſſe que nous promettons d'indiquer dans ce chapitre : nous entendons ſeulement les donner comme les moins équivoques & par conſéquent comme dignes de l'attention du Cultivateur puiſqu'ils peuvent lui ſervir à ſe guider. L'expérience nous fait voir que les oiſeaux, les poiſſons & les autres animaux prévoient les changemens de tems qui doivent ſurvenir, & nous voyons l'effet qu'ils font ſur les thermometres ; preuve bien certaine de la grande impreſſion qu'ils font ſur les ſolides & les fluides ; de-là il eſt bien évident que pour peu que nous obſervions avec attention les objets qui nous environnent, nous pouvons prévoir par ce moyen les changemens ou la continuation du tems. Ce n'eſt, le croiroit-on, qu'en bien examinant de près les choſes inanimées que nous pouvons parvenir à cette connoiſſance ; une planche, par exemple, ſe gonfle lorſque la pluie doit être longtems conſtante. Mais ſi l'on ne l'obſerve pas, comment s'appercevra-t on de cet effet. Dans les êtres vivans au contraire leurs mouvemens & leurs actions nous indiquent qu'ils ſentent & nous montrent leur maniere actuelle d'être. Leurs corps ſont affectés par les changemens de l'air, & comme ils ont l'avantage de ſe guider pour le phyſique beaucoup plus parfaitement avec leur inſtinct, que nous avec notre raiſon, nous n'avons qu'à obſerver leurs diverſes affections, elles peuvent nous faire pronoſtiquer avec une certaine certitude ce qui arrivera conſéquemment à ce qu'ils reſſentent extérieurement.

Et en effet, comme les animaux vivent plus expoſés à l'air, il eſt bien naturel qu'ils ſoient plus ſenſibles à tous ces changemens. Les hommes au contraire enfermés preſque toujours dans leurs maiſons, alterent la température de cet air par les feux ; ce qui les met pour ainſi dire, dans l'impoſſibilité de juger juſtement des variations qui arrivent. Les roſées de la nuit font que les animaux battent les campagnes de très-grand matin. Le heron, par exemple, choiſit ce tems pour fondre ſur ſa proie. Lorſque la terre eſt échauffée par le soleil, ces animaux se retirent dans leurs réduits, & l'oiseau s'amuse à voltiger dans l'air ; voilà sa vie pendant la sécheresse. Mais si le tems menace de tourner à la pluie, les insectes y sont sensibles, ils sortent de leurs petits réduits. Le héron qui prévoit & sent ce changement, guidé par son instinct descend pour chercher sa proie, vole fort bas & raz de terre.

Dès qu'une fois on a observé cet animal & la diversité de son vol, suivant la diversité des tems, on peut dire qu'on possède comme certainement le pronostic de la sécheresse & de la pluie. Mais comme il seroit imprudent d'établir son jugement sur un seul signe, il est très-important d'observer encore les bestiaux : sont-ils languoreux, se lèvent-ils tard pour manger, mangent-ils négligemment ; tous ces signes annoncent que la sécheresse doit continuer. Ils sentent les approches de la pluie ; & avant que le Cultivateur apperçoive la moindre nuée, il peut prédire par la conduite de ces animaux, que la pluie ne tardera pas. Alors les moutons se lèvent une heure & même deux heures plutôt pour manger. Ils mangent ainsi que les autres bestiaux, avec appétit & avec ardeur. Tous leurs mouvemens sont vifs. On voit les bœufs & les vaches lever la tête & humer l'air avec plaisir. Des observations suivies avec toute l'attention possible pendant plusieurs années prouvent que tous ces signes dans un tems de sécheresse sont les avant-coureurs certains de la pluie.

Si nous suivons de près les poissons & les insectes nous trouverons d'autres signes qui viendront à l'appui de l'infaillibilité des précedens. Les poissons qui dans un tems de sécheresse & qui dans un vivier ne se montrent point en indiquent la continuation ; mais viennent-ils sur la surface des eaux, on peut être assuré qu'il y aura bientôt de la pluie. Les poissons aiment l'air, mais il faut qu'il soit humide : aussi se tiennent-ils sur la vase, c'est-à-dire, entiérement dans le fond pour éviter l'air brûlant de la sécheresse.

Dans les grandes sécheresses les vers percent plus avant dans la terre, parce que l'humidité est absolument nécessaire à leur existance & à leur conservation. Un air brûlant les fait périr. Rarement se montrent-ils pendant la sécheresse, & si l'on ne les apperçoit point travailler, on peut en prédire avec certitude la continuation.

Les cieux & les choses animées fournissent encore des signes qui confirment tous les précédens. Lorsque les ouvrages en bois sont resserrés & ne se gonflent point, il est certain que la sécheresse doit

continuer ; quand les tables de marbre restent parfaitement séches, il est certain qu'on peut prédire la continuation de la sécheresse. *Nota* que nous parlons ici des endroits où l'on ne fait point
de feu.

Quant aux cieux, lorsque le soleil levant est petit bleuâtre,
& d'une clarté qu'on ne peut fixer, il y a toute apparence que la sécheresse n'est pas encore prête à se relâcher. Les vapeurs qui doivent former la pluie le font paroître plus grand, & lui donnent
une espece de couleur de feu.

On peut observer la nuit la lune & les étoiles. Si la sécheresse doit
encore continuer, elles sont brillantes & claires, & les pointes
du croissant de la lune très-aiguës. Si le soleil se couche rouge, c'est-
à-dire si le ciel est rouge & clair vers l'ouest au Soleil couchant,
c'est un signe que le tems sera long-tems sec, principalement si
l'on n'apperçoit point quelque nuage vers l'Est. De même lorsqu'on ne découvre qu'un très-petit nombre de nuages legers
vers l'Ouest au soleil levant, qui se dissipent soudain ; on peut être
assuré que la sécheresse continuera. Toutes ces observations sont liées
au même principe ; sçavoir, à la clarté de l'air à travers duquel
nous regardons.

L'observation des vents n'entre pas moins dans la connoissance
des tems. Il fait ordinairement très-beau tems pendant que les
vents du Nord & d'Est soufflent. Il pleut au contraire pendant les
vents de Sud & d'Ouest.

Si le même vent est constant dans un tems sec, c'est un signe
qui confirme tous les précédents, c'est-à-dire que la sécheresse doit
continuer, & que le Cultivateur doit se pourvoir en conséquence.

CHAPITRE X.

Des Pluies.

SI l'excès de la chaleur est funeste, comme nous l'avons fait voir,
parce qu'il cause de la sécheresse, celui des pluies est destructif,
parce qu'il cause des inondations. Si tous les terreins sont endommagés par les trop grandes & trop longues pluies, combien plus
les bas fonds ne doivent-ils pas l'être ? Elles emportent toute la
quintessence des engrais, & entraînent la meilleure terre meuble
des

des terreins élevés, mais les eaux séjournent dans les terreins bas, & si l'on n'a pas l'attention de les éconduire ils deviennent des mares ou des marais, de prairies, de champs ou de pâturages qu'ils étoient auparavant.

C'est au Cultivateur à se pourvoir contre cet inconvénient, qui est beaucoup plus fréquent que la sécheresse, en cherchant la pente, en faisant des tranchées qui reçoivent les eaux & qui les rendent dans quelque ruisseau ou quelque riviere, suivant les documens que nous avons déja donnés dans le chapitre des desséchemens.

Outre le dommage que le Cultivateur peut éprouver des pluies trop abondantes de l'hiver, il a encore à craindre les saisons dans lesquelles les pluies de peu de durée peuvent l'alarmer avec raison, comme par exemple lorsqu'on fauche les foins & que l'on fait la moisson. Pour réussir dans ces opérations il faut saisir chaque heure de beau tems qui se présente : il est donc bien important d'être en état de pouvoir former quelque conjecture probable sur le tems qu'il doit faire. Aussi allons nous lui donner tous les signes qui annoncent la pluie, nous le faisons avec d'autant plus de confiance qu'ils sont établis sur la raison & sur l'expérience.

CHAPITRE XI.

Des signes de Pluie que le Cultivateur doit observer.

ON vient de voir les signes qui annoncent la sécheresse. Nous disons donc ici que les signes opposés annoncent la pluie. Ainsi quand le héron vole raz de terre, quand les bestiaux se lévent de bonne heure pour manger, quand les poissons jouent sur la surface des eaux, quand les vers se montrent fréquemment & qu'ils sortent entiérement de la terre, quand la limace sort de sa coquille, quand le bois se gonfle, quand la lune & les étoiles ont une clarté pâle, quand des nuages légers paroissent le matin vers le couchant & ne se dissipent point à mesure que le soleil avance vers le midi, quand le vent est au Sud ou à l'Ouest, & qu'il ne change que pour passer de l'un à l'autre. Toutes ces circonstances, disons-nous, sont autant de signes certains d'une pluie prochaine.

A tous ces signes nous en ajoutons d'autres qui précédent souvent les pluies de peu de durée. Les oiseaux sentent les approches de la pluie auffi bien que les autres changemens de l'air, & c'eft alors que des milliers d'infectes dont ils fe nourriffent fortent de leurs petites retraites. Le Cultivateur doit confulter ceux de fa baffe-cour, ceux qui habitent les champs & les bois, lorfqu'il craint la pluie.

Quand les oyes & les canards fe nétoyent & paroiffent plus gais qu'à l'ordinaire, quand les corbeaux croaffent fur la cime des arbres, il eft certain qu'ils fe réjouiffent des approches de la pluie; & quand on les voit fautant fur les bords des foffés, la pluie ne tarde point à tomber.

Quand les hyrondelles volent bas, marque certaine de pluie, parce que ces oifeaux fe nourriffent de petits infectes volants, qui ne peuvent plus voler à une certaine hauteur à caufe de la pefanteur de l'air humide, & que l'hyrondelle eft obligée de defcendre pour pouvoir les attraper. Le paon jette à fa façon des cris de joie aux approches de la pluie. Les moutons fautent & jouent. L'âne brait, les bœufs & les vaches levent la tête pour renifler l'air. Voilà en général tous les fignes qui indiquent que les particules qui doivent former la pluie fe raffemblent en l'air. Mais quand la pluie eft à même de tomber, les beftiaux fe raffemblent pour gagner les hayes & les abris; les mouches à miel fe tiennent dans leurs ruches, & les fourmis dans la fourmilliere aux approches de la pluie.

La fleur, appellée Tournefol, ainfi que les autres jeunes fleurs retirent leurs feuilles plus ou moins fuivant que la pluie eft plus ou moins éloignée, & felon qu'elle eft abondante en l'air, c'eft-à-dire, fuivant la quantité qu'il doit en tomber. La pimprenelle retire fes fleurs rouges vingt-quatre heures avant l'arrivée de la pluie, de forte qu'il y a des pays dont les habitans en font leur thermometre. Le treffle fe redreffe aux approches de la pluie, fa tige fe gonfle & fe raffermit.

Lorfque l'on apperçoit autour du foleil levant un cercle ou partie de cercle blanc ou bleuâtre, il eft certain que le jour ne fe paffe point fans pluie: fi à quelque diftance on voit la lune entourée par un cercle blanc, c'eft un figne non équivoque de pluie. Si l'on découvre quelques nuages épars fur l'horifon vers l'Oueft au foleil couchant: figne certain de pluie pour le jour fuivant. Lorfqu'ils font épais & maffifs on doit toujours s'attendre à beaucoup de pluie & fouvent à un orage.

Lorfque l'arc-en-ciel paroît après la féchereffe, il annonce la pluie tout comme lorfqu'il paroît après la pluie il annonce le beau tems; un arc-en-ciel éclatant vers le levant, est ordinairement le signe d'une pluie abondante. Lorsque les brouillards sont épais le matin & qu'ils se dissipent peu de tems après, ils sont le signe certain du beau tems; mais lorsqu'on les voit s'élever sur les hauteurs voisines ou dans l'air, on peut être comme assuré qu'on aura un jour ou deux après de la pluie. Voilà à peu près tous les principaux signes, qui doivent fixer l'attention du Cultivateur pendant ses opérations de l'été.

CHAPITRE XII.

Des signes du beau tems.

NOus venons de parler de la longue continuation du beau tems qui amene la séchereffe en été & qui porte tant de préjudice au Cultivateur. Nous allons préfentement parler de cette espece de beau tems qui donne la facilité de cueillir les productions de la terre & qui est entremêlé de pluies paflageres & de peu de durée. Voici les signes par lesquels le Cultivateur peut connoître ces tems si favorables à ses opérations.

Quand le Soleil se leve éclatant dans un ciel pur & clair, c'est un signe assuré que la journée sera belle; quand il se couche dans un ciel rouge & sans nuage, on doit préfumer que le jour suivant sera beau. Quand la lune est claire & brillante, qu'elle n'est point entourée de cercles nébuleux : signe de beau tems. Il faut sur-tout que le Cultivateur observe avec attention la lune après son renouvellement. Si les pointes du croissant sont aiguës, claires & belles, il peut en toute sûreté s'attendre à du beau tems jusqu'à son plein & probablement au-delà. Quand les étoiles sont brillantes, elles sont la marque d'un air serein & clair, & elles annoncent que le beau tems continuera. Des nuages petits, blancs & épars vers le Nord, indiquent le beau tems pendant plusieurs jours.

Si les montagnes sont sans nuages & sans brouillards; si des brouillards blanchâtres & légers se raffemblent le matin sur les eaux & se dissipent en peu de tems; si une pluie furvient & s'il se forme un arc-en-ciel, il faut observer si le bleu est bien foncé & le jaune éclatant : ce sont là autant de signes de beau tems.

Quand les oifeaux de mer quittent le rivage, quand les cris des

C ij

hiboux font petits, quand les poiffons fautent hors de l'eau, quand
les araignées ourdiffent leur toile, autant de fignes de beau tems.

Quand le tems eft couvert pendant quelques jours fans qu'il faffe
ni foleil ni pluie, c'eft un figne qu'on aura quelques beaux jours,
fuivis de grandes pluies; ainfi le Cultivateur doit faire fes arran-
gemens en conféquence.

CHAPITRE XIII.

De la Grêle.

SI l'on veut remonter au principe on voit que la pluie ne peut
être autre chofe que des parties aqueufes élevées en vapeur
par le foleil, comme on peut le remarquer par un linge mouillé
que l'on approche du feu : ces parties élevées à une certaine hauteur, s'attirent réciproquement par l'analogie qu'elles ont entr'elles, fe réuniffent & acquérant une efpece de pefanteur fupérieure à
celle des colonnes d'air qui font au-deffous, tombent en pluie:
mais quelquefois s'étant élevées à une hauteur plus qu'ordinaire &
ayant par conféquent à traverfer une grande profondeur d'air, elles
fe congelent avant que de tomber fur la terre; or ainfi congelées,
elles ne font autre chofe que de petits monceaux de glace, & c'eft
ce que l'on appelle la grêle : ils font de différente forme : on les
voit, & c'eft le plus fouvent, tantôt ronds, tantôt ovales, tantôt
longs, tantôt plats & minces, enfin fuivant les différens dégrés de
congélation. Il y a la grêle étoilée qui a fix rayons réguliers. Elle
eft compofée de flocons de neige congelés; & cette forme eft celle
qu'ont ordinairement les flocons de neige; on remarque en effet
que cette efpéce de grêle eft toujours mince & légere; mais quoiqu'elle tombe avec moins de force & de poids que les autres efpéces
elle porte cependant beaucoup de préjudice. Car fi elle eft pouffée
par un vent violent, les angles aigus & faillans comme autant de
couteaux coupent les bourgeons des vignes & des arbres fruitiers.

On fçait bien que la grêle fubite ne peut point être prévue;
mais on peut du moins prévoir les orages; on fait dans un femblable tems rentrer les volailles & les beftiaux, afin que fi la grêle
eft groffe ils ne foient point tués ou bleffés. Nous fçavons bien qu'il
arrivera vingt fois que cette précaution eft inutile; mais enfin,

la méfiance eſt la mere de la ſûreté. Une nuée chargée de grêle ne s'étend pas ordinairement bien loin & l'on peut la prévoir. L'expérience prouve que les ſignes ſuivans ne ſont point équivoques : une nuée noire, épaiſſe, peſante, un froid glacial répandu en l'air, un vent extrêmement froid, tout cela annonce l'arrivée de ces ſortes de nuées.

« En 1697 il y eut, dit M. *Hall*, un de ces orages furieux dans le « comté de Cheſter, en Angleterre. Il s'annonça par une nuée « noire un quart-d'heure auparavant ; ce tems ſuffiſoit pour met-« tre les beſtiaux à l'abri ; on négligea cette précaution & l'on « en perdit beaucoup. Cette nuée occupoit à peu près l'eſpace d'une « lieue, & en parcourut l'eſpace de quarante avant que de ſe diffi-« per. Elle fit un dégât affreux par-tout où elle paſſa. La grêle « étoit groſſe comme des œufs de poule & des œufs d'oye. On ob-« ſerva qu'elle n'étoit que des monceaux de glace durs & tranſpa-« rents, un noyau blanc étoit au milieu, il reſſembloit à un flo-« con de neige. Il y avoit des grêles dont la ſurface étoit unie, « d'autres qui étoient hériſſées d'angles aigus. Elles tomberent avec « une force prodigieuſe, tuerent la volaille, les agneaux & les « veaux. Les récoltes furent emportées, & dans les endroits où « le vent les pouſſoit de côté, la ſurface du ſol fut enlevée, elles « s'enterrerent à un pouce ou deux de profondeur. Les arbres fu-« rent briſés, les maiſons endommagées & beaucoup de perſonnes « dangereuſement bleſſées. »

On voit dans les tranſactions philoſophiques de la Société Royale de Londres un détail des particularités de cet orage, & d'un autre qui arriva la même année dans le comté de Herefords. Beaucoup de beſtiaux & de perſonnes furent tuées par la grêle : il y eut des chênes fendus, beaucoup de branches d'arbres emportées & des champs de ſeigle fauchés comme avec une faulx. Cette grêle n'avoit point de forme réguliere, c'étoit des monceaux de glace épais qui avoient quatorze pouces de contour.

Ces champs de ſeigle ainſi fauchés étoient ouverts, ceux qui étoient clôturés ne furent pas de beaucoup ſi endommagés ; ce qui doit ſervir de leçon au Cultivateur & lui prouver toute l'utilité des clôtures.

On voit dans les mêmes tranſactions philoſophiques le détail d'un orage & d'une grêle arrivés près de Lille en Flandre en 1686 avec cette particularité que les grêles étoient non-ſeulement très-groſſes, mais encore qu'elles contenoient un noyau de couleur obſcure. Celles qui tomboient par les cheminées dans le feu, après que la partie congelée étoit fondue & que le noyau étoit expofé au feu éclatoient, ce qui prouve qu'elles étoient compofées de parties fulphureufes.

Mezeray dans fon Hiftoire de France nous donne la defcription d'un orage & d'une grêle arrivés en 1510, une nuée noire obfcurcit l'air comme s'il eût été nuit, il faifoit des éclairs & des coups de tonnerre effroyables accompagnés d'une grêle d'une odeur de foufre qui fuffoquoit. Elle étoit d'une dureté extraordinaire & d'une couleur bleuâtre. Il y en avoit qui pefoient jufqu'à cinq livres; la volaille, les poiffons, les beftiaux & grand nombre de perfonnes en furent tués.

Si nous entrons dans toutes ces citations ce n'eft que pour les donner comme autant de leçons aux Cultivateurs afin qu'ils ne négligent point de mettre leurs beftiaux à l'abri lorfqu'ils voient en l'air les apparences d'un orage prochain. Quant aux récoltes, nous avouons qu'on ne peut guéres les mettre à couvert de ce fléau. Cependant on pourroit ficher en terre un certain nombre de genêts épineux, dans une production encore jeune & qui eft fort expofée. Ces buiffons la défendroient de la grêle, romproient les vents & la garantiroient des pluies froides. Cette pratique eft aifée, peu difpendieufe & produit un bon effet.

CHAPITRE XIV.

De la Neige.

LA neige eft une eau congelée dans l'air ; les flocons de la neige ont ordinairement la forme d'une étoile à fix rayons ; leur fubftance eft une glace tranfparente. Il y a cependant des flocons qui font congelés moins régulierement ; ce qui dépend de la hauteur d'où ils tombent, & du dégré de froid qui eft répandu dans l'air ; il arrive quelquefois qu'on ne peut bien diftinguer leur forme, parce que la neige s'eft fondue dans l'air, & s'eft enfuite congelée.

Les neiges, loin d'être préjudiciables, font au contraire trèsfavorables aux terres. Elles couvrent les jeunes productions, & leur fervent d'un abri excellent contre les gelées & les vents aigus, tandis qu'elles amolliffent le fol & l'échauffent par la partie fulphureufe qu'elles contiennent; auffi voyons-nous le Roi Prophète les appeller la laine de la terre, *qui dat nivem ficut lanam.* Lorfque le tems chaud arrive, elles pénétrent la terre peu à peu, & l'humectent beaucoup plus efficacement que les pluies.

Un Auteur Italien (*Saratti*) fait mention d'une neige rouge comme du fang, tombée près de Gênes, ce qui paroît difficile à croire. Tout le monde fçait que la neige n'eft qu'une eau congelée que le foleil a par fa chaleur élevée en vapeur. Or les diftillations & les autres expériences prouvent que les vapeurs n'ont point de couleur. La plus forte diftillation de teinture de cochenille ne rend qu'une eau décolorée. Nous fçavons d'ailleurs que ce que l'on a appellé pluie de fang, n'étoit autre chofe qu'une pluie ordinaire qui étoit chargée d'une multitude de petits infectes rouges, & qu'une pluie de grenouilles n'eft rien moins que ce que l'on penfe. C'eft une pluie ordinaire qui fait fortir ces animaux de leurs petites retraites. Il eft de même très-vraifemblable que la neige dont parle *Saratti*, eft tombée fur un nombre d'infectes rouges. Cet Auteur ajoute que, preffée dans la main, elle rendoit une liqueur rouge; mais nous lui répondons que les infectes doivent avoir été preffés, ainfi que la neige, & écrafés, & que par-là ils ont teint l'eau de la neige.

Le Cultivateur n'a donc rien à craindre de l'abondance de la neige pour fes récoltes; mais il y a des endroits où les beftiaux ne rentrent point dans les étables, & qui toujours, *à la belle étoile,* peuvent en fouffrir, lorfque fe jettant dans des cavités ou des trous pour fe mettre à couvert, il en tombe une fi grande quantité, qu'ils font étouffés: cas dont nous n'avons pas eu encore d'exemple dans le Royaume, dans toutes les parties duquel on fait prefque toujours rentrer les beftiaux.

CHAPITRE XV.

Des Vents.

CE que l'on appelle vent n'eft autre chofe que l'air mis en mouvement. Les regions tempérées font fujettes à de grandes variations des vents. Le vent d'Eft foufle conftamment toute l'année entre les deux tropiques. C'eft pourquoi les Marins l'appellent le vent *commerçant* ou du *commerce*. En d'autres parties du monde il y a des vents périodiques qui foufflent la moitié de l'année d'un côté, & l'autre moitié d'un autre, fans variation. Il y a aufli des vents réguliers fur les côtes de l'Océan ; on les appelle vents de mer. Ils foufflent régulierement tous les foirs du côté de la mer, & tous les matins du côté de la terre.

Les vents qui viennent de la mer font naturellement humides, parce qu'ils font chargés de vapeurs que le Soleil attire continuellement de la furface de ce vafte amas d'eau : lorfqu'ils font doux & modérés, ils n'emportent avec eux qu'une vapeur aqueufe, pure & fine. Mais lorfqu'ils foufflent violemment, & qu'ils agitent avec fureur la furface de la mer, ils fe chargent de particules d'eaux falées qui portent un très-grand préjudice aux récoltes : aufli recommandons-nous aux Cultivateurs voifins de la mer, de garnir tout le tour de leurs champs de bonnes & fortes haies.

Les vents du Nord font froids ; ceux du Sud font chauds. La neige ou la grêle fait fouvent changer le vent du Sud au Nord. Les vents fervent en général à purifier l'air. La mer, malgré les fels qu'elle contient, & les amas d'eau douce fe putrifieroient s'ils n'étoient point agités par les vents, & le genre humain périroit par les vapeurs peftilentielles qui s'éleveroient de ces amas corrompus.

On peut rompre la violence des vents par des hayes & par une plantation convenable d'arbres. Le Cultivateur doit prévenir l'orage, & fe préparer en homme qui l'attend. Les arbres font d'une croiffance lente ; mais enfin ils deviennent, cultivés avec foin, un excellent abri. Nous avons fuffifamment inftruit le lecteur fur les hayes, fur la nature des arbres, & fur la maniere de les planter dans la partie de cet ouvrage que nous avons deftinée à cette culture.

CHAPITRE

CHAPITRE XVI.

Des signes qui annoncent les Vents.

SI le matin le Ciel est rouge, & le soleil un peu obscur à son lever ; s'il est pâle en se couchant, & s'il disparoît sous une nuée épaisse ; si la lune est un peu obscurcie par un brouillard, & entourée d'un grand cercle blanchâtre, ou si elle est bien brillante, mais entourée de deux ou trois cercles rompus ; si les étoiles paroissent plus nombreuses que de coutume, & brillent beaucoup ; si l'on voit un certain nombre de petites nuées noires, éparses dans l'air, & poussées d'une maniere irréguliere ; si l'on voit beaucoup de rouge dans l'Arc-en-Ciel, s'il est plus épais qu'à l'ordinaire, ou s'il paroît divisé en plusieurs parties ; toutes ces circonstances sont autant de signes de vent.

Quand les oiseaux gagnent ensemble le rivage, ou qu'ils ne veulent point le quitter, on peut être assuré que les vents seront violents. Il y a un petit oiseau qu'on appelle *oiseau de tempéte*, qui gagne toujours le rivage aux approches d'une tempête. Mais quand il se trouve trop éloigné de terre, il se met à l'abri derriere un vaisseau ; dès que les marins apperçoivent la manœuvre de cet animal, ils s'attendent au gros tems.

CHAPITRE XVII.

Des dommages que les Vents causent dans les récoltes.

IL y a deux saisons pendant lesquelles le houblon est endommagé particulierement par les vents ; sçavoir, le Printems & l'été ; les vents, dans la premiere, sont ordinairement piquants, & brûlent les bourgeons ; dans la derniere, les vents sont violents, principalement dans les tems orageux, ils ébranlent les racines.

Quant au premier inconvénient, une bonne haye garantit parfaitement les jeunes jets du houblon ; quant aux vents de

Tome V. D

l'été qui peuvent porter atteinte aux racines , il faut , pour s'en garantir , planter le houblon dans un terrein qui soit à l'abri des vents , ou planter des arbres à haute futaye qui lui servent d'abri. Au reste , il faut avoir bien soin de ficher aussi profondément qu'on le peut , les échalas qui doivent lui servir d'appui.

Les hayes & les arbres que nous avons conseillé d'y planter , garantiront également les bleds des vents du printems , & les défendront de la violence de ceux de l'été , pourvu que l'on observe exactement les instructions que nous avons données sur toute sorte de plantation.

CHAPITRE XVIII.

De la nature des Nielles.

IL n'est point de Cultivateur qui ne parle de la nielle, & il en est fort peu à qui la nature de cette maladie soit connue. Beaucoup d'Ecrivains & beaucoup d'Agriculteurs ont donné des conjectures sur son origine & son principe ; mais les uns ont écrit, & les autres ont raisonné sans fondement. On a pris les effets pour les causes, comme l'on fait souvent dans les recherches , ce qui doit nécessairement jetter dans l'embarras ceux qui voudroient parvenir à la parfaite connoissance des causes. Nous tiendrons sur cette matiere la même conduite que nous avons tenue sur celles qui précédent. Nous ferons connoître d'après l'expérience la vraie nature & la véritable cause de la nielle ; ensuite nous ferons part des remedes qu'on peut y apporter.

Les Auteurs ne s'accordent point sur la cause de cet accident : on peut dire que ces Messieurs ressemblent parfaitement sur cette maladie - ci aux Auteurs de Médecine qui croiroient en effet faire profession d'ignorance ou de plagiat, s'ils se trouvoient d'accord avec les auteurs qui les ont précédés & avec ceux qui leur sont contemporains. Il y a donc eu beaucoup d'opinions sur la nielle ainsi que sur la fievre. Nous nous attacherons à faire connoître celles qui ont prévalu en différens tems, & nous indiquerons la cause qui nous paroît la plus conforme à la raison puisqu'elle est tirée de l'expérience.

La nielle tombe sur les arbres & sur les plantes ; elle est dons également funeſte au Jardinier & au Cultivateur proprement dit : quelquefois elle affecte la plante entiere, quelquefois auſſi elle n'en attaque qu'une ou deux parties. Lorſqu'elle frappe de jeunes plantes, on voit quelquefois toute la production d'un champ perdue tout d'un coup ; il peut arriver auſſi qu'il ne s'en perde qu'une partie ; elle produit quelquefois la chûte des feuilles ſans nuire au reſte de l'arbre, ce qui arrive auſſi aux moindres plantes. Il arrive ſouvent qu'il n'y a qu'une partie des feuilles qui ſoit attaquée de ce mal, comme elles le ſont toutes quelquefois. Celles qui en ſont infectées ſe rétréciſſent & paroiſſent brûlées, & la partie de l'arbre ou de la plante qui eſt malade eſt couverte d'inſectes.

Il n'y a point de partie du monde où les plantes ne ſoient point expoſées à cette maladie. Nous ne voyons point de livre qui traite du Jardinage ou de l'Agriculture proprement dite, qui n'en faſſe mention. Depuis près de deux mille ans nous voyons tous les auteurs Agronomes enfanter des opinions ſur ſa cauſe & ſur ſon origine.

Les Grecs l'appelloient *eriſibe* & la regardoient, ſuivant *Théophraſte*, comme une punition du ciel qu'on ne pouvoit prévoir, & à laquelle il étoit impoſſible de remédier. Les Romains l'appelloient *Robigo*, & comme ils déifioient les fléaux & tout ce qu'ils craignoient, ils firent auſſi un dieu de la nielle à laquelle ils rendirent un culte ſous le nom de *deus Robigus*. Varron implore ſa protection pour garantir les arbres & les bleds de la nielle.

La plus grande partie du monde attribuoit cette maladie aux vents d'Eſt ou du Levant ; mais Virgile dont l'Agriculture ſeroit ſuivie, s'il étoit mieux compris, rejette la cauſe de ce mal ſur le peu de ſoin du Cultivateur & ſur la mauvaiſe culture de ſon tems ; auſſi conſeille-t-il au Laboureur de travailler au lieu de s'amuſer à prier un dieu imaginaire.

Le ſentiment de ceux qui attribuent ce fléau au vent d'Eſt a prévalu juſqu'à nos jours. Les curieux voyant une multitude d'inſectes ſur les feuilles & ſur les branches qui ſont infectées de nielle, ſuppoſent que ces vents portent les œufs de ces inſectes, & qu'ils ſont la cauſe du mal.

Il en eſt d'autres qui en ont attribué la cauſe aux petites pluies qui ſe congelent ſur les bourgeons tendres, & qui par-là les détruiſent : ces deux conjectures ont quelque fondement. Mais l'opinion de ceux qui vont chercher la cauſe de ce déſaſtre dans l'aſpect des planetes eſt plus que ridicule ; nous diſons même qu'elle eſt mépriſable. Ceux qui veulent que les vents d'Eſt ſoient la cauſe de la nielle, ne s'étendent pas plus loin que les nielles printanieres, tems auquel les vents froids de l'Eſt régnent le plus; & ceux qui en attribuent la cauſe aux petites pluies qui ſe congelent ſur les bourgeons ne peuvent ſans doute vouloir parler que de cette même ſaiſon du printems. Mais quel eſt le Cultivateur qui n'a pas éprouvé à ſon grand détriment qu'il y a des nielles terribles qui arrivent dans les autres ſaiſons. N'arrive-t-il pas que le bled, pendant un été humide, ſe nielle dans ſa parfaite croiſſance. Ainſi ce mal peut attaquer les productions ſans gelée & ſans les vents froids de l'Eſt, qui ſouvent accompagnent la nielle, mais qui n'en ſont pas la cauſe. Les nielles qui font un ſi grand ravage ſur tous les terreins à houblon, arrivent plus ſouvent en Juillet qu'en tout autre tems.

CHAPITRE XIX.

Des obſervations anciennes & modernes ſur la Nielle.

LA nielle qui ravage en Juillet les plantations de houblon faiſoit les mêmes dégats dans les vignobles de l'ancienne Italie. Les anciens Ecrivains qui la déſignent ſous le nom de *Carbunculus*, s'en plaignent beaucoup. Mais par la deſcription qu'il nous en donnent nous voyons qu'elle n'eſt autre choſe que leur *Robigo*, ou notre nielle. *Pline* rapporte qu'il ne réſultoit point tant de dégât des orages que de cette maladie dans les vignes ,, car, les orages, ajoute-t-il, ,, ne portent préjudice qu'en certains endroits particuliers, au ,, lieu que cette contagion ruine des plantations entieres.

La nielle ſe faiſoit ſentir en Italie à peu près vers le tems auquel les raiſins commençoient à prendre leur maturité, & l'on s'en apperçoit dans les plantations de houblon vers la fin de Juillet. Nous liſons que cette maladie attaquoit les plantes après de grandes pluies ſubites qui étoient de peu de durée, qui tomboient vers le midi dans cette ſaiſon brûlante, & qui étoient ſuivies d'un beau ſoleil. Ces auteurs ajoutent qu'elle étoit quelquefois univerſelle & qu'elle ravageoit tout le vignoble d'un canton, que quelquefois auſſi elle n'en attaquoit qu'une partie; que dans ce dernier cas on obſervoit que c'étoit toujours le centre ou le milieu du vignoble qui ſouffroit, que quand elle s'étendoit fur tout le terrein, on remarquoit que le mal avoit commencé par le centre, & que c'étoit toujours dans cette partie que le dégât étoit plus fenfible.

Voilà la defcription que *Columelle* nous a laiffé des nielles dont les vignobles d'Italie étoient attaqués il y a deux mille ans. Si nous la comparons avec les obfervations exactes & judicieufes de M. Hales, nous verrons que ces deux auteurs s'éclairciffent mutuellement & qu'ils fervent à découvrir au Cultivateur la caufe réelle du mal.

Les plantations de houblon dans la province de Kent en Angleterre reffemblent parfaitement aux anciens vignobles d'Italie ; la faifon du *Carbunculus* des Romains eft la même que celle de la nielle des houblonnieres des Anglois & de nos provinces Septentrionales. Car M. *Hales* obferve qu'après une pluie qui tombe vers le midi & qui eft fuivie d'un beau foleil, la nielle furvient & endommage particulierement le milieu de la plantation, parcourant une ligne à angles droits avec les rayons du foleil. Il y a peu de vent ; il fouffle le long de la ligne parcourue par la nielle. Si l'on compare donc ces obfervations du fçavant Anglois avec la defcription de *Columelle*, on trouve que la nature de la nielle eft une chofe fixe & certaine, qu'elle arrive toujours de la même maniere, qu'elle obferve le même cours & que fa caufe eft la même dans toutes les parties du monde.

CHAPITRE XX.

De l'origine & de la caufe réelle de la nielle.

IL y a beaucoup de Cultivateurs qui renferment fous la dénomination de nielle toutes les maladies & tous les accidens auxquels les plantes & les arbres font fujets ; c'eft une erreur. La nielle proprement dite eft un accident qui les dépouille de leurs feuilles qui d'abord paroiffent brûlées, ainfi que leurs branches font defféchées ; ce qui arrive tantôt dans le printems, & tantôt en été. Nous traiterons dans des chapitres particuliers des dommages qui arrivent aux récoltes & aux arbres par le manque de nourriture, & par les gelées qui frapent & brûlent les jeunes bourgeons, autant d'accidens qui different entierement de la nielle dont nous parlons ic

La nielle attaque quelquefois toute une production, ou au moins toute sa partie intérieure, quelquefois elle ne se porte que par-ci par-là en particulier sur une plante; dans le premier cas, comme elle affecte premierement & cause plus de dommage au milieu de la production, & qu'elle survient après la pluie, il y a lieu de croire qu'elle est l'effet d'une vapeur abondante qui s'arrête dans ces endroits, sur laquelle le soleil darde ses rayons, d'où s'ensuit la destruction des plantes : le remede qu'on peut apporter à ce mal est aisé; il faut, par exemple, dans une plantation de houblon donner de plus grandes distances, & semer les bleds plus clair qu'on n'a accoutumé, afin que l'air trouve un libre passage entre les plantes.

Si les parties extérieures d'une houblonniere ou d'un champ de bled échapent au mal tandis que les parties intérieures sont détruites à force d'en être infectées; il est bien évident que l'air passant librement dans les parties extérieures dissipe les vapeurs, qui nullement poussées par ce même air s'arrêtent dans les parties intérieures jusqu'à ce que le soleil lançant ses rayons sur les plantes où elles se sont arrêtées, les dessèche & détruise les plantes en les brûlant. Ainsi la raison & l'expérience prouvent que c'est là la cause du mal, & qu'en semant clair on y trouve le vrai remede. Les nielles qui en été attaquent les bleds sont produites par la même cause, c'est-à-dire qu'on les a semés trop épais, & que dans ce cas, s'il survient un soleil ardent après une pluie abondante la nielle ravagera des champs entiers.

Nous venons de recommander au Cultivateur de semer & de planter de façon que l'air ait un passage libre entre les plantes. Ainsi nous sommes en droit de faire sentir encore ici que la nouvelle méthode pratiquée avec le *Cultivateur* est un préservatif infaillible contre la nielle. On n'a jamais vu qu'elle ait porté quelque préjudice aux plantes ainsi cultivées. En effet, par cette méthode l'air passe non-seulement avec liberté à travers les plantes; mais encore les plantes reçoivent plus de nourriture. Quoique le manque de nourriture & la nielle soient en effet deux choses entierement différentes, cependant l'expérience prouve qu'une plante mal nourrie est plutôt niellée qu'une plante forte & qui se porte bien.

Si les Cultivateurs veulent se convaincre de la vérité de ce que nous avançons sur la cause de la nielle, ils n'ont qu'à observer une houblonniere ou un champ de bled semé suivant la nouvelle méthode; quand un soleil ardent succéde à une pluie abondante, ils verront au milieu du champ & partout où les plantes sont épaisses &

ferrées, des vapeurs abondantes s'élever en forme de fumée, pourvu du moins qu'il ne fasse pas un grand vent. Dans les parties extérieures au contraire du champ il n'en paroîtra point : la raison? la
voici : c'est que l'air qui y passe avec liberté les en décharge dans
l'instant & les emporte avec lui; de sorte que la nielle affecte le
centre du terrein & ne porte aucun préjudice à la circonférence:
or comme la nielle, on vient de le voir, ne frappe que les endroits
où le Cultivateur a observé ces vapeurs; il est donc bien naturel
de conclure qu'elles seules sont la cause invariable de la nielle.

La cause supposée connue, le remede est facile. Il faut donner à
l'air un accès libre & aisé à toutes les parties du terrein ensemencé ou planté, alors plus de nielle à craindre. Or il n'est point de méthode plus propre à espacer que celle de la nouvelle culture, il
faut donc absolument l'adopter si l'on veut se mettre à couvert de
la contagion qui fait ici l'objet de nos documens.

Les nielles particulieres qui ne tombent que sur une seule plante
ou sur une partie de plante ou d'arbre viennent du même principe
que les nielles dont nous venons de parler; leur cause est une vapeur qui ne s'est point dissipée. Si l'on nous demande si les particules de ces vapeurs se trouvent ordinairement dans l'air quand il ne
fait point de vent. Nous répondons qu'il n'est pas aisé de les distinguer avec l'œil, mais que ceux qui sont accoutumés à l'usage des
telescopes diront qu'elles traversent souvent leur vue & la troublent. L'expérience nous fait voir que les nielles particulieres arrivent, généralement parlant, quand il fait peu de vent ou qu'il n'en
fait point du tout. Il est certain qu'un vent plus sensible dissiperoit
ces vapeurs, & qu'il n'y auroit point de nielle.

Il est donc bien évident que les nielles sont produites par les vapeurs qui couvrent les récoltes, au travers desquelles les rayons du
soleil brûlent les plantes, ce qui doit ne pas surprendre ceux qui
sont en état de comprendre quelle doit être la puissance de ces
rayons dans ces occasions.

CHAPITRE XXI.

Des dommages caufés par les vents d'Eft.

LEs vents d'Eft qui foufflent pendant le printems, détruifent
fouvent les bourgeons des plantes en interceptant la circulation de leurs fucs. Le cours des fucs étant arrêté, les fibres tendres
fe gonflent, les différentes parties des feuilles crèvent & fe defféchent. Alors les fucs fe répandent & deviennent l'aliment de petits
infectes qui fe logent toujours où ils trouvent de quoi fe nourrir.

Qu'on obferve les branches endommagées, on y trouvera toujours de ces infectes; c'eft là fans doute ce qui a occafionné l'erreur
de ceux qui ont fuppofé que ces beftioles étoient la caufe du mal,
& que les vents d'Eft apportoient leurs œufs; c'eft pourquoi on répand du tabac en poudre fur la récolte, & l'on brûle de la paille
mouillée aux bords des champs, afin que le vent en porte la fumée
parmi ces infectes & qu'elle les étouffe. Mais nous prévenons encore que ce n'eft point le vent d'Eft qui en apporte les œufs, &
que par conféquent il n'eft point la caufe du mal. Ils fortent de leur
retraite par-tout où ils trouvent de la nourriture. L'air étant chargé de leurs œufs il en tombe fur les plantes, ils viennent à éclore
& ils fe nourriffent des fucs dont ces vents arrêtent le cours. Car
on remarque qu'ils ne piquent ni ne déchirent point les feuilles;
comme elles font crevées ils fuccent ce qui découle des interfti-
ces déchirés.

On fçait l'effet qu'un vent fec produit fur une feuille tendre
qu'on arrache d'un arbre ou d'une plante. Les jeunes bourgeons des
branches font auffi tendres; les vents fecs les deffèchent également. Lorfqu'il fait de tems en tems des pluies modérées ou qu'il
y a des rofées du matin, ces vents d'Eft ne portent aucun préjudice;
ce n'eft que dans les tems fecs qu'ils détruifent: c'eft pourquoi il
eft facile au Cultivateur d'apprendre dans quel tems leur malignité
eft à craindre.

Quand il voit un printems fec & que le vent d'Eft continue de
fouffler, il doit faire la vifite de fes terres enfemencées & de fon
verger, pour voir fes productions les plus avancées, parce qu'elles
font de toutes celles qui courent le plus de rifque; il doit bien fe
donner

donner de garde d'attendre que les insectes paroissent ; il doit au contraire mettre toute son attention à prévenir l'effet des coups de vent, objet qu'il peut remplir en fichant dans la terre des rangs de buisson de genêt épineux non-seulement sur les bords du champ exposés au vent, mais encore en différens autres endroits, de sorte que les rangs des buissons soient à quelque distance les uns des autres dans la même direction.

Ce remede est tout opposé à celui que l'on emploie contre la nielle, parce que les causes du mal sont entierement différentes : car dans le cas de la nielle il faut donner à l'air un passage libre à travers les plantes, afin qu'il se charge des vapeurs qui occasionnent la contagion ; mais dans ce cas il faut se borner à garantir du vent les récoltes, parce que c'est lui qui cause le mal.

On voit donc qu'il est nécessaire de connoître les causes & la nature des maladies qui peuvent attaquer les récoltes, autrement on les confond sous la même dénomination de nielle, & l'on est exposé à faire usage de remedes qui, au lieu d'être avantageux, servent au contraire à étendre & augmenter le préjudice que ces accidens portent aux productions.

Lorsqu'après avoir mis les champs à l'abri des vents d'Est, on voit que malgré tous ces soins quelques plantes en sont frapées & altérées, il faut mettre toute son attention à en empêcher tous les progrès. Les insectes, nous le répétons, ne sont point la cause du dessèchement de la plante, mais ils contribuent considérablement à l'extension du mal. Ils multiplient beaucoup ; car ils ont la fécondité en partage sans le secours de la copulation. Rien ne paroît à la vérité plus surprenant, cependant rien de plus vrai. M. de *Reaumur*, qui le premier a fait cette découverte, a voulu s'en assurer par plusieurs expériences, & plusieurs sçavans ont fait les mêmes observations d'après lui. Que l'on mette un de ces animaux dans une boëte où il puisse vivre, il en engendre d'autres, & si l'on en prend un de ces derniers aussi-tôt qu'il est éclos, & qu'on le mette à part dans une boëte on le verra se reproduire. Cette expérience a été poussée jusqu'à la cinquiéme génération. Ce qui prouve combien ils peuvent se multiplier sur une plante altérée, & combien ils peuvent l'altérer encore plus en blessant d'autres parties. Un mal accidentel les porte vers les plantes : mais lorsqu'une fois ils s'y sont logés ils peuvent considérablement l'augmenter. Après s'être nourris des sucs qui découlent des vaisseaux crevés des feuilles, ils en percent d'autres pour en tirer de nouveaux, de sorte que l'on voit la plante

Tome V.   E

toute criblée. La multiplicité de ces petites ouvertures fournit à ces animaux une abondance de nourriture qui anime leur multiplication & qui par conséquent augmente le mal. Il faut donc s'attacher uniquement à détruire cette vermine en la privant de nourriture : objet que l'on ne remplira certainement point en répandant du tabac en poudre sur les plantes blessées ; car par-là on ne fait que dégoûter ces insectes des sucs qui découlent, & les forcer pour ainsi dire à piquer les plantes dans les parties qui n'ont point encore été entamées. Ainsi ce prétendu remede ne contribue qu'à augmenter, comme M. *Hall* dit l'avoir souvent éprouvé : il n'y a pas, dit cet auteur, de moyen plus assuré pour les détruire que de les noyer. Il faut arroser constamment tous les jours les plantes jusqu'à ce qu'il survienne une pluie. Voilà la seule ressource qui nous reste pour arrêter les progrès de cette maladie funeste. Car l'expérience nous fait voir que le tems sec favorise cette vermine, que les pluies au contraire la détruisent, parce qu'elles rétablissent dans leur premiere vigueur les parties des plantes qui ne sont pas entiérement détruites.

Or l'on sent qu'il n'est rien de plus raisonnable & de plus prudent que d'imiter par les ressources de l'art cet effet de la nature. En arrosant assidûment, non-seulement on détruit les insectes, mais encore on emporte les sucs qui se trouvent extravasés sur les feuilles & qui attireroient d'autres insectes : on obvie aussi aux préjudices que pourroient causer à l'avenir les vents secs de l'Est, en répandant de l'humidité parmi les plantes, ce qui met en effet les pousses tendres & les feuilles en état de résister à leur souffle brûlant. On observera seulement que l'arrosement ne doit se faire que le matin. Cette opération faite le soir, seroit pernicieuse, parce que les gelées sont fréquentes dans les nuits du printems, & que par conséquent l'eau que l'on donneroit le soir se géleroit pendant la nuit & causeroit la destruction totale de la récolte ; au lieu qu'en arrosant, comme nous le recommandons, le matin, la terre s'imbibe d'une partie de cette humidité, tandis que l'autre partie s'évapore & se dissipe pendant le jour, & que ce qui en reste le soir n'est pas en assez grande quantité pour pouvoir altérer les plantes en cas qu'il survienne une gelée. Par cette méthode la partie endommagée peut devenir la partie la plus abondante du champ.

CHAPITRE XXII.

Des dommages caufés par les gelées tardives ou de l'arriere-faifon.

NOus voyons, & ce cas n'eſt que trop fréquent, que le tems eſt ſi doux dans la ſaiſon du printems, que les récoltes & les arbres pouſſent ſi rapidement, qu'une gelée du matin qui ſurvient du nord frape tellement au vif, les feuilles qui ſont encore tendres, qu'elles tombent deſſéchées & que leur chûte eſt ſuivie de celle des bourgeons. Quant à cet accident qui frappe nos ſens, nous pouvons avancer qu'il eſt très-difficile, pour ne pas dire impoſſible, d'y remédier.

Les Jardiniers ont la reſſource des nates dont ils couvrent leurs arbres pour les défendre de la gelée. Le Cultivateur, proprement dit, pourroit bien ſuivre cette méthode, mais elle eſt ſi pénible qu'elle eſt preſqu'impraticable dans les champs qui ſont d'une étendue un peu vaſte. On peut, & le moyen eſt infaillible, répandre le ſoir de la paille ou du chaume ſur les productions les plus tendres; mais il faut l'ôter tous les matins; car ſi on les laiſſoit ainſi couvertes pendant le jour, les plantes deviendroient ſi délicates que quoiqu'elles euſſent acquis une certaine croiſſance, la moindre gelée les feroit périr.

CHAPITRE XXIII.

Des dommages caufés par la faute de nourriture.

LE manque de nourriture produit à peu près le même effet que la nielle ſur les plantes. Nous avons vu que dans cet accident-ci que l'on appelle nielle, une vapeur épaiſſe, au travers de laquelle le ſoleil darde ſes rayons, deſſéche les feuilles & les bourgeons encore tendres. Quand les plantes n'ont pas une nourriture ſuffiſante, leurs parties les plus voiſines des racines ſe conſervent en bon état, tandis que celles qui ſont éloignées de cette ſource s'appauvriſſent d'inanition, ſe fanent, ſe deſſéchent & enfin périſſent.

On voit que dans ce cas les plantes subissent la même loi que le corps humain; lorsque le cœur n'a plus un mouvement assez fort pour entretenir la circulation dans toutes les parties, celles qui en sont les plus éloignées souffrent de ce ralentissement; aussi voyons-nous les pieds & les mains s'engourdir par ce défaut de circulation; la même cause produire le même effet dans les plantes: lorsque les extrémités des branches ne reçoivent plus la quantité suffisante de suc nourricier, elles s'engourdissent, plus de mouvement, de-là plus de végétation, & par conséquent leur dépérissement infaillible.

Lorsqu'on examine une récolte qu'on appelle niellée, il faut que cet examen se fasse de près & avec beaucoup d'attention; quoique l'on apperçoive une multitude d'insectes, que l'on trouve des feuilles desséchées, & tous les signes d'une nielle réelle, si l'on voit que les extrémités des tiges & des branches sont endommagées & que les autres parties sont encore saines, on doit être convaincu que ce n'est point une nielle, mais au contraire que les parties souffrent de la privation des sucs qu'elles recevoient ordinairement, faute de la quantité de suc nourricier, nécessaire pour forcer les sucs à monter vers ces parties.

Quoiqu'il n'y ait pas, comme quelques-uns l'ont supposé, une circulation exacte des sucs dans la végétation, il y a néanmoins un mouvement continuel de ces sucs vers les extrémités des branches & des tiges, où il se fait une grande perspiration; nous avons suffisamment détaillé ce méchanisme dans une partie de cet ouvrage. Ce mouvement contribue tellement à la conservation de la plante & lui est si essentiel, que la partie où il cesse, flétrit, se dessèche, & périt entiérement.

Pour peu que l'on connoisse la construction économique des plantes & le méchanisme de la végétation on ne doit point être surpris que le manque de nourriture produise la cessation du mouvement des sucs. Lorsque la plante est vigoureuse la racine pompe une grande quantité d'humidité qu'elle envoie aux parties supérieures par un mouvement continuel, qui porte les sucs jusques aux extrémités de la plante. Au lieu que si l'humidité manque à la racine, ce mouvement s'affoiblit, les ressorts des parties solides de la plante n'ont plus assez de force pour pousser les sucs vers les extrémités; de sorte que leur cours est arrêté & que là où ils s'arrêtent les vaisseaux gonflés par les ardeurs du soleil se crèvent, & que les sucs en découlent. Voilà le signal que la nature donne aux insectes pour venir s'y loger; leurs œufs voltigent dans l'atmosphere de l'air, se reposent par-tout, & s'ils ont, après qu'ils sont éclos, de quoi se nourrir, ils s'y propagent à l'infini. Ils trouvent autant à se subsanter sur une plante affoiblie par le défaut de nourriture, que sur celle que les rayons passés à travers d'une vapeur épaisse ont brûlée. C'est pourquoi le vulgaire des Cultivateurs a donné le nom de nielle indifféremment à ces deux maladies. Mais les personnes qui ont suivi tous les procédés que nous venons de mettre sous les yeux de nos lecteurs, les distinguent parfaitement & sçavent qu'elles demandent des remedes différens.

Mais nous avons fait voir d'une maniere irrésistible qu'il ne peut arriver que très-rarement, qu'en suivant la nouvelle méthode, les plantes manquent de nourriture, & que lorsque cet accident arrive il est très-facile d'y remédier. Il n'y a qu'à mettre en usage le *Cultivateur* & faire des sillons profonds entre les rangs ; par-là on procure une nouvelle nourriture qui est très-abondante aux plantes, elles poussent vigoureusement & les petits insectes dont la nourriture dépendoit de l'affoiblissement des plantes tombent & meurent.

Lorsqu'une récolte cultivée & semée suivant la méthode ancienne vient à manquer de nourriture, il n'y a point d'autre remede que de se servir de la houe à la main ; il faut, dès aussi-tôt qu'on s'en apperçoit, la mettre en œuvre. Il n'y a point à la vérité assez d'intervalle pour remuer la terre à une grande profondeur ; mais en remuant, le mieux que l'on peut, celle qui se trouve entre les plantes, la récolte se ressentira du bon effet de cette opération, outre que l'on déchargera le terrein des mauvaises herbes. Mais si le manque de nourriture est causé par le grand nombre des plantes qui sont près les unes des autres, il faut absolument se résoudre à en faucher une partie pour sauver le reste ; par cette opération on donnera à ceux qui travaillent avec la houe, la liberté de remuer la terre à une bonne profondeur ; de sorte que le sol sera mieux rompu & plus parfaitement ameubli, que par conséquent il s'imbibera plus aisément des rosées & des eaux des pluies ; le vent aura aussi un passage entre les plantes, & la récolte se rétablira à vue d'œil.

C'est ainsi que M. *Hall* a, suivant le rapport qu'il en fait, vu sauver la récolte d'un champ, tandis que tout le monde la croyoit perdue : on en abatit la moitié avec la faulx pour sauver l'autre, celle que l'on avoit garanti rendit plus que tout le champ n'avoit coutume de rendre étant cultivé suivant la méthode ordinaire. Plu-

fieurs expériences prouvent que le grand mal vient de ce que l'on
fème trop dru; ce qui en effet caufe le dépériffement des plantes,
qui par cette méthode n'ont ni affez de nourriture ni affez d'air.

Lorfqu'un Agriculteur voit fon verger s'affoiblir de la même maniere il doit avoir recours au *Cultivateur*, s'il l'a planté fuivant la
méthode que nous avons indiquée. Si au contraire fa plantation a été
faite fuivant la maniere ordinaire, il faut creufer la terre autour des
arbres, la bien rompre & la remettre légerement. Cette façon donnera une nouvelle vigueur à la plantation. Après quoi on ne doit
plus craindre les infectes. L'effet ceffe dès que la caufe eft ôtée.

CHAPITRE XXIV.

De la nature du fuc miellé, appellé en Anglois meldiew.

LEs Cultivateurs donnent fouvent dans l'erreur, relativement
à la dénomination, la nature & aux caufes de plufieurs accidens auxquels les récoltes font expofées; il n'eft point étonnant, puifque ceux même qui s'avifent d'écrire fur l'Agriculture,
confondent les noms. Nous tâchons, autant qu'il nous eft poffible, de fixer le lecteur fur ce point important. Nous donnons,
comme on le voit, de la maniere la plus diftincte, la fignification
de chaque nom, la nature de chaque maladie qui affecte les plantes, & les remedes propres à chacune; parce que nous fentons qu'il
n'eft rien de plus néceffaire au Cultivateur que cette connoiffance.

Il y a des auteurs qui ont affuré que la nielle & le fuc miellé
étoient la même chofe. Mais il eft certain que ces deux maladies
font très-différentes, foit dans leur nature, foit dans les effets
qu'elles produifent, & que par conféquent elles demandent des
précautions différentes, ainfi que des remedes différens. D'autres
contraires aux premiers, difent que ces deux maladies ne fe reffemblent ni dans leur caufe ni dans leur nature; ce qui eft encore une
erreur; car elles fe reffemblent à certains égards, quoiqu'elles ne
foient pas exactement les mêmes.

Il eft en vérité ridicule de voir les auteurs fe copier fi fidellement
qu'ils tranfmettent les erreurs les uns des autres: *Markam* attribue
le fuc miellé aux mauvaifes influences & à des vapeurs malignes

de l'air, qui, dit-il, pénétrent la terre & changent son suc doux &
agréable en une substance amere & pourrie qui dessèche & détruit
le bled.

Worlidge l'attribue à une exhalaison grosse & humide des
fleurs & d'autres parties des végétaux, congelée par le froid dans
la région supérieure de l'air, d'où elle retombe sur les productions.

Mortimer a copié celui-ci & s'est même servi des mêmes ex-
pressions. *Chomel* dans son Dictionnaire économique a traduit
mot pour mot ce dernier; on étoit même si convaincu de la vérité du
sentiment de ces auteurs que l'on a cru que la patrie avoit une obligation essentielle au Traducteur.

C'est ainsi que le nombre des auteurs se multiplie, sur-tout en
Agriculture, tandis que le cercle de ceux qui la possèdent à fond,
semble se retrécir tous les jours. Les erreurs passent de nation à
nation : elles se font réciproquement présent de leurs idées, fondées ou non. Ce qui étoit ancien en Angleterre, après avoir acquis
l'air de nouveauté en France, se renouvelle derechef dans la Gran-
de-Bretagne par les traductions qu'on fait des traductions, & passe
de-là dans l'Encyclopédie de Chombert, ensuite dans le Dictionnaire du Jardinier de *Miller* & dans les productions de plusieurs écrivains sans nom.

CHAPITRE XXV.

De la cause réelle du suc miellé.

NOus venons de faire sentir la fausseté des premieres opinions qu'on a eues sur la nature & la cause du suc miellé, &
le défectueux des dernieres. Le suc miellé ne vient pas des nuées ;
les exhalaisons de la terre unies à celles des plantes ne le produisent pas. Là où il s'est fixé sur une récolte on trouve des insectes de
même que dans la nielle. Ils s'y nourrissent d'une humidité qui
ressemble au miel ; dans les endroits où cette maladie ne fait
que commencer, on trouve cette humidité peu épaissie, mais douce & gluante, elle couvre les bourgeons & les pousses des plantes, quoique les insectes ne l'aient pas encore découverte.

De-là nous devons conclure que la cause du suc miellé n'est
qu'une humidité épaisse & douce qui se trouve sur les plantes ; voilà

le premier pas que nous faisons vers la parfaite connoissance de cette maladie. Veut-on ensuite sçavoir d'où elle vient & comment elle se forme ? ce n'est ni des nuées ni de l'air, comme le croit *Markam*; car il n'y a que l'eau pure & simple qui puisse s'y élever, comme il n'y a rien autre qui puisse en descendre. Un tel suc n'a pas non plus la faculté de s'élever de la terre, comme le pense *Worlidge*, car nous ne connoissons pas dans la terre de semblables sucs, comme nous l'avons clairement démontré dans l'article de la nutrition des végétaux. Les eaux peuvent être impregnées des particules de minéraux qui peuvent s'élever avec elles; mais il n'est pas possible que cette humidité qui tient de la nature du miel s'élève en vapeur, elle ne peut porter en haut que ce qu'elle a; or elle n'a pas le suc miellé qui occasionne cet accident.

Pour mieux nous comprendre il faut s'attacher à connoître la nature de cette liqueur douce. Elle est toujours la même sous quelque forme qu'elle paroisse, soit qu'elle soit liquide, soit qu'elle soit solide, soit qu'elle se présente à nos regards ressemblante au miel tiré des ruches ou à la manne cueillie sur les frênes ou enfin au sucre tiré de la canne.

Nous voyons seulement qu'il y a une telle substance dans la nature, & qu'elle est unique dans son espéce. Afin donc de bien connoître le mal qu'elle produit, examinons d'où elle tire son origine. Si elle n'est ni dans la terre ni dans l'air, il faut donc qu'elle sorte des plantes même : & voilà en effet la source & l'origine de cette maladie funeste qui fait tant de ravages dans la végétation.

Les racines des plantes aspirent les sucs de la terre, & nous avons fait voir dans les principes de la végétation que nous croyons avoir solidement établis, que ces sucs ne contiennent que de l'eau chargée des particules fines du sol & des engrais qu'on y a incorporés. L'eau seule suffit à plusieurs plantes; mais soit que ces sucs ne contiennent que de l'eau seule ou de la terre avec de l'eau pure, ce que nous avons prouvé être plus certain, ou enfin de l'eau, de la terre, & la partie la plus déliée des engrais, ils ne sont empreints d'aucun miel ni de sucre. Les vaisseaux de la plante les reçoivent, & là, par un méchanisme qui nous est inconnu, les uns se convertissent en parties solides des végétaux, les autres en ce suc miellé.

Nous assurons que c'est là le vrai procédé que la nature tient dans la végétation, parce qu'en goûtant d'abord ces sucs sortans de la terre, notre palais n'est affecté d'aucune douceur, & qu'en examinant ensuite les sucs contenus dans le corps de la plante, nous

leur

leur trouvons le goût doucereux dont il est ici queſtion. Mais comment cela ſe fait-il ? quelle voye emploie-t-elle ? c'eſt un myſtere que l'on n'a pu encore pénétrer & qui vraiſemblablement ſera encore long-tems impénétrable : le Cultivateur proprement dit doit être plus ſoumis que le Philoſophe : d'ailleurs il ſuffit pour ſon utilité de ſçavoir que le ſuc miellé eſt dans la plante, n'importe comment. Ce ſuc eſt pompé par les mouches à miel des fleurs dans ſa propre forme, elles le logent dans leurs ruches comme du miel. Lorſqu'on fait bouillir le ſuc de la cane à ſucre il devient ſucre. Qu'on ne croye point cette propriété affectée à cette ſeule plante. On pourroit en tirer de toute autre plante ou arbre ſi l'on connoiſſoit parfaitement les procédés néceſſaires pour de ſemblables extraits. On fait du ſucre de tilleul. La cane du bled de Turquie en rendroit ainſi que bien d'autres plantes qu'il eſt inutile de faire paſſer ici en revue.

Ce ſuc peut ſe rendre viſible ſur l'extérieur des feuilles & des branches, comme on le voit ſur le chêne en Angleterre & en Italie, ſur les frênes à Briançon, & en Perſe ſur *l'alhagi*. Il ſe préſente d'abord en humidité gluante, enſuite, ſuivant les circonſtances, en ſubſtance abſolument ſemblable au miel, ou en une matiere ferme ou ſéche, telle que la manne. On a multiplié les expériences pour prouver que la manne de Briançon ne venoit pas des nuées comme on l'avoit long-tems penſé, & qu'elle n'étoit au contraire que le ſuc miellé de l'arbre. On a coupé des branches dans la ſaiſon de la manne, ſur leſquelles on n'a apperçu aucune humidité, & l'on a trouvé quelque tems après de la manne répandue ſur ſes branches, quoiqu'on les eut gardées ſoigneuſement dans la maiſon.

Ces expériences, & beaucoup d'autres à peu près ſemblables, prouvent que la ſubſtance épaiſſe & doucereuſe que l'on trouve ſur les plantes, n'eſt ni tombée de l'athmoſphere, ni exhalée de la terre, mais qu'elle ſort de la plante même. Les arbres réſiſtent mieux à cette maladie que les plantes tendres ſur leſquelles elle fait réellement des impreſſions funeſtes : or ce ſuc doucereux eſt la ſeule cauſe de ce ſuc que nous appellons miellé & qui devient un fléau pour les récoltes.

CHAPITRE XXVI.

Des accidens caufés par le fuc miellé.

ON voit par ce détail dans lequel nous fommes entrés fur la cauſe du fuc miellé la différence qu'il y a entre cette maladie & la nielle; celle-ci fe forme de l'épaiſſiſſement du fuc dans la plante, & celle-là par l'écoulement de ce même fuc; quoiqu'elles ayent beaucoup d'affinité, on comprend bien qu'elles ne font pas les mêmes. Ainſi comme leurs cauſes font différentes, les remedes qui conviennent à l'une & à l'autre le font auſſi.

Un vent froid cauſe fouvent la nielle, & un foleil ardent pendant un tems calme occaſionne l'écoulement du fuc ou le fuc miellé. Dans le premier cas le froid coagule les fucs dans les vaiſſeaux, la chaleur au contraire les attire en dehors. Les plantes & les arbres les plus foibles font les plus ſujets à la nielle, parce qu'ils n'ont point toute la force requiſe pour que leurs fucs oppoſent un mouvement qui triomphe des effets du froid; au lieu que les plantes qui font naturellement fortes font ſujettes au fuc miellé, parce que les fucs font portés en dehors par la chaleur en abondance & avec violence.

Par-tout où l'on engraiſſe beaucoup les terres & où l'on donne des labours fréquens, les plantes acquiérent une très-grande vigueur; & ſi avec un nombre égal de labours on emploie une plus grande quantité d'engrais les plantes feront encore plus vigoureuſes que là où l'on a moins engraiſſé; c'eſt pourquoi on remarque d'après les obſervations les plus fondées, que là où l'on a fait uſage d'une plus grande quantité d'engrais, la récolte eſt plus ſujette au fuc miellé; ce qui en effet avoit fait croire à M. *Hall* & à ſon traducteur que les vapeurs du fumier étoient la cauſe immédiate de cette maladie, au lieu que les productions n'en font attaquées que par rapport à la grande vigueur que les fumiers communiquent aux terreins qui de leur côté la rendent aux plantes par l'abondance des fucs qu'ils leur fourniſſent. En partant de ce principe, on voit que lorſqu'on emploie abondamment du fumier, on garantit les récoltes de la nielle, & que quoique par-là on la rende plus ſujette au fuc miellé, on peut ſe garantir de cet accident par d'autres moyens, & que par conféquent il ne faut point mettre les plantes dans le cas de manquer de nourriture pour éviter le suc miellé.

Comme une humidité très-abondante s'exhale toujours des arbres & des plantes, cette abondante perspiration, ou si on l'aime mieux, transpiration peut occasionner la nielle au printems & le suc miellé en été, si les racines ne reçoivent pas un supplément qui soit en rapport de la dissipation : tel est le sentiment de M. *Hales* ; dans la chaleur du jour le suc miellé qui sort de la plante n'est point extrêmement épais ; & pendant que le soleil est au-dessus de l'horizon la chaleur lui conserve sa liquidité. La température fraîche de l'air, quand le soleil se couche, épaissit ce suc ; mais alors les rosées couvrent d'eau les parties extérieures de la plante, cette eau lave & s'imprègne du suc épais des feuilles & par conséquent les en décharge.

Ce qui avoit été dissout dans l'eau se dissout encore une fois, & comme cette matiere épaisse & doucereuse étoit dans son origine mêlée avec les sérosités dans les vaisseaux de la plante, elle se mêle sans peine & comme naturellement avec la rosée, qui, comme on le sçait, est une substance aqueuse ; & c'est là sans contredit la raison qui prouve que la grande transpiration des plantes en été ne cause pas toujours la maladie appellée le suc miellé ; parce que, comme nous l'avons dit ci-dessus, il est, avant qu'il n'ait eu le tems de faire quelque impression sur la plante, & que les insectes s'y soient encore logés, emporté par les rosées. Si au contraire il restoit plus long-tems, il se répandroit sur toutes les parties de la plante, en fermeroit les pores, arrêteroit par conséquent sa croissance & enfin occasionneroit son dépérissement par les piquures des insectes qui y seroient attirés.

Il y a des nuits où il y a très peu de rosée, alors le suc épais reste sur les feuilles ; il y a tout à craindre pour la récolte ; mais s'il pleut le jour suivant, la pluie lave & emporte le suc ; s'il ne pleut pas, on peut espérer que la rosée suivante produira le même effet : on peut même espérer jusques à la troisiéme nuit après deux nuits séches, pourvu qu'il fasse un peu de vent le matin. Le vent après la pluie ou après la rosée est un excellent remede contre cet accident. On doit en sentir la raison : aussi remarque-t-on que les bleds semés dans des champs ouverts sont moins sujets à cette maladie que ceux qui sont dans des champs clôturés.

Chaque amendement a ses désavantages. Il est question de sçavoir les éluder, autrement on risque beaucoup de voir le bénéfice

F ij

altéré. Mais si les enclos & les engrais rendent les productions plus sujettes au suc miellé, ils les défendent de beaucoup d'autres inconvéniens, & augmentent le produit du septuple.

Après avoir fait connoître au Cultivateur la cause du suc miellé & tous les accidens qui peuvent le produire, donnons-lui tous les moyens possibles de le prévenir.

CHAPITRE XXVII.

Comment on peut prévenir le suc miellé.

L Orsqu'on a un bon sol, qu'il est bien cultivé, que la récolte est en bon état & vigoureuse on doit se tenir sur ses gardes contre le suc miellé. Il faut avoir ses terres ensemencées, beaucoup plus étendues & plus découvertes que celles qu'on met en pâturage. Il faut pratiquer dans les enclos des ouvertures de distance en distance qui soient de la hauteur de cinq pieds. Cette méthode-ci est, comme on le voit, fort nouvelle, cependant elle est une de celles qui peut servir le plus efficacement contre cette maladie aux récoltes qui sont dans des champs clôturés.

Lorsque nous avons parlé des nielles nous avons aussi parlé de la nécessité qu'il y a que l'air passe librement à travers les plantes de toute espèce ; or le passage de l'air est plus ou moins bouché dans les clôtures. Comme il n'y a que certains vents qui nuisent aux plantes, on doit bien clôturer les parties des champs sur lesquelles ils soufflent ; de sorte que les ouvertures élevées de cinq pieds que nous conseillons de pratiquer dans les autres parties du champ donnent un libre passage aux autres vents sans que la récolte coure aucun risque. Mais comme le mal arrive quelquefois dans les champs ouverts de même que dans les enclos, nous convenons que l'expédient que nous proposons ne peut pas toujours être bien efficace.

Le Cultivateur doit visiter ses récoltes, lorsqu'il fait chaud, les jours qui sont sans vent, & que les nuits sont séches & sans rosée ; s'il voit les nouveaux épis décolorés, & si en les touchant ses doigts emportent un suc épais, signe certain du desséchement de sa récolte ; c'est une preuve enfin que les vaisseaux sont bouchés ; l'extrémité de la plante souffre le plus de ce suc miellé, & si après s'y être logé pendant quelque tems, il en disparoît ensuite emporté par la rosée ou par la pluie, l'épi reste toujours dans un état de langueur, quoique le reste de la plante paroisse & soit en effet en vigueur.

Il y a peu de moyens propres à prévenir cette maladie avec quelque succès. Voici cependant ce que nous conseillons. Comme nous supposons à présent, qu'on doit connoître ses terres les plus sujettes au suc miellé, & qu'il est certain que le froment est plus sujet à cet accident que les autres grains, principalement quand l'engrais a été tout récemment répandu sur le sol ; on ne doit pas semer la première fois du froment, on doit au contraire le faire succéder à quelqu'autre récolte.

On remarque que de toutes les espéces de froment, celle qu'on appelle barbu est la moins sujette à la maladie du suc miellé ; parce que les sucs que ce froment tire de la terre pour sa nourriture & sa croissance sont moins épais que ceux qui servent à la végétation des autres espéces. N'étant pas aussi gluants quand le soleil les fait monter hors des extrémités des plantes, ils ne portent pas le même préjudice.

Ainsi l'on voit que la nature nous donne ici une leçon & qu'elle nous invite à avoir recours à l'art pour l'imiter : il est donc question de faire ensorte que les sucs des plantes soient moins épais. Les engrais, nous l'avons fait voir, produisent différens effets. Or on sçait d'après l'expérience que les sucs qui sont fournis aux plantes par les fumiers dont on enrichit le terrein sont extrêmement épais, & que ceux que la suye rend le sont beaucoup moins, quoique les récoltes soient également abondantes ; il faut donc que le Cultivateur donne la préférence à ce dernier engrais dans les terres qu'il a reconnues pour être plus sujettes à la maladie. D'ailleurs si nous donnons ce conseil ce n'est que d'après beaucoup d'expériences qui nous en ont fait sentir toute l'efficacité.

Enfin si l'on fait un examen suivi d'année en année de la qualité de ses récoltes, on aura lieu de remarquer que le froment qui est semé le plus tard est le plus sujet à être attaqué, & qu'au contraire celui qu'on séme de bonne heure en est très-rarement infecté ; nous ne connoissons pas jusqu'ici de moyen plus efficace pour se mettre à couvert de cet accident : le suc miellé arrive ordinairement dans un certain tems de l'été ; de sorte que le bled qui se trouve alors le plus tendre en est le plus affecté. Lorsqu'au contraire il a eu le tems de prendre des forces & que sa tige & ses feuilles ont acquis une certaine consistance, il ne craint plus tant des effets de

cette maladie. Un Cultivateur induſtrieux doit prendre toutes les
précautions poſſibles à l'égard de ſes récoltes en général & plus encore à l'égard du froment. De tout le tems de l'année le mois d'Août
eſt le plus favorable à la ſemaille de ce grain.

Pour peu d'attention que l'on apporte dans l'exécution des
moyens que nous venons d'indiquer pour prévenir le ſuc miellé,
on n'en a rien à craindre : nous oſons promettre à ceux qui les
mettront en pratique , qu'ils verront leur récolte floriſſante,
tandis que celle de leur voiſin languira.

CHAPITRE XXVIII.

Des remedes contre le ſuc miellé.

LOrſque les pluies & les vents emportent le ſuc miellé qui s'eſt
raſſemblé ſur les plantes, toutes les allarmes du Cultivateur
doivent ſe diſſiper ; mais auſſi lorſque la pluie eſt quelques jours
après l'accident arrivé ſans tomber, on court grand riſque ſi l'on
n'apporte pas un prompt ſecours aux plantes.

Lorſqu'après que le ſuc miellé s'eſt logé ſur la plante, une petite
pluie douce & ſans vent tombe quelques jours après, on doit viſiter ſes terres pour voir ſi ce ſuc eſt emporté. Nous avons obſervé que
ces pluies douces ſont quelquefois plus préjudiciables qu'avanta-
geuſes; ce qui arrive lorſque la matiere morbifique n'attaquant
que les ſommités des plantes, ou les tiges, ou même les feuilles
ſeules il ſurvient une pluie douce qui diſſout le ſuc épais, & qui n'é-
tant pas aſſez abondante pour bien laver la partie affectée, & en emporter la cauſe du mal, la répand au contraire comme une eſpéce
de vernis ſur la plus grande partie de la plante, au lieu qu'auparavant elle n'en affecte qu'une ou quelques parties. Nous avons même obſervé que lorſque le ſuc miellé étoit ainſi répandu par de
petites pluies, il cauſoit le plus de ravage. Mais alors il faut aller au
ſecours de la nature qui n'a pu completer le remede.

Il faut envoyer dans le champ des gens robuſtes & diligens qui
portent une branche de frêne avec toutes ſes feuilles ; ils ſe diſtri-
buent entr'eux le terrein & frapant légerement avec cette branche ſur les plantes ils font tomber & emportent avec les feuilles de
ladite branche l'humidité qui s'eſt mêlée avec le ſuc miellé ; il n'y a

pas de méthode plus certaine pour détruire ce suc épais après une petite pluie.

Si après l'accident arrivé il ne survient point de pluie, il faut observer s'il n'y auroit point de rosée ; s'il y en a & s'il fait du vent, on n'a rien à craindre, le suc sera dissipé. Mais s'il n'y a que de la rosée & point de vent, il faut faire usage avant que le soleil n'ait de la force, du remede que nous venons d'indiquer ; car si on laisse la rosée jusqu'à ce que le soleil l'ait faite évaporer, il est certain que le suc reste, puisqu'il est bien vrai qu'il n'y a que les parties aqueuses qui s'évaporent : au lieu que si avant cet effet du soleil on emporte, ou si l'on fait tomber la rosée, le suc est dissipé & la plante garantie de ses effets.

Au lieu de branches de frêne on peut se servir d'une longue corde : deux hommes, une heure avant le lever du soleil, entrent dans le champ, ils marchent de front ou parallèlement dans les sillons à la distance de la longueur de la corde, que l'on fait passer en allant toujours en avant sur les sommités des plantes, qui affessées légerement par le poids de la corde, se relevent à mesure que l'on avance, & par cet ébranlement se déchargent de la rosée qui emporte avec elle le suc miellé, lequel dissout dans la rosée & tombé sur le sol devient un engrais excellent. Cette méthode, on le voit bien, est d'une exécution facile, prompte & presque toujours infaillible.

S'il n'y a ni pluie ni rosée & que l'on ait de l'eau dans le voisinage des champs, on peut fixer une espéce d'éventail de fer blanc percé de trous comme une passoire au bout d'une pompe, on arrose le champ, après quoi on se sert des branches de frêne ou de la corde. Ce que nous venons de dire touchant les bleds est applicable aux houblons & à toutes les autres espéces de productions.

LIVRE VIII.

Des Herbes naturelles & artificielles, en deux parties.

PREMIERE PARTIE.

CHAPITRE PREMIER.

LE terrein d'une ferme se divise en pâturages & en terres labourées. Nous croyons avoir suffisamment instruit notre lecteur
dans les livres précédens sur la connoissance des sols, sur la maniere de les cultiver, de les labourer & de s'y procurer de bonnes récoltes de différentes sortes de grain, ce qui assurément est le
point important pour le Cultivateur. Il est question dans ce livre-
ci de la maniere dont il faut cultiver les terres à pâturages : pour
peu qu'on ait de connoissance de l'Agriculture en général, on voit
l'importance du sujet qui va fixer toutes nos attentions.

On distingue dans les terres à pâturages deux sortes d'herbe, la
premiere, celle qui croît naturellement, dont les semences sont
répandues par le vent, & qui parviennent à leur parfait accroissement, sans art & sans recevoir aucun secours de la part du Cultivateur, & c'est ce qu'on appelle herbe commune ou naturelle ; la
seconde se nomme herbe artificielle, parce qu'il faut nécessairement la cultiver ; telles sont le trefle, le sain-foin ou la bourgogne, la luzerne, la spargule, en quelques pays appellée sparcete le
ray-gras & autres. Il faut dans la culture parfaite de ces herbes donner au terrein des labours aussi bien suivis & faits avec autant
d'attention que ceux qu'exigent les terreins à froment. Il est cér-
tain que les Cultivateurs qui ne connoissent point les avantages de
certe culture s'épouvantent d'abord des frais & des peines que
l'on leur demande pour ces herbes, persuadés qu'ils sont qu'elles
ne sçauroient dédommager. Mais, grace au ciel, l'exemple commence à faire impression ; le voile du préjugé tombe, & il n'est guéres
à présent de personne qui cultive un peu qui ne sente tous les avan-

tages

tages qui réfultent d'une bonne culture des herbes artificielles.

Si l'on confulte les Botaniftes on voit qu'ils comptent deux ou trois cents efpéces différentes d'herbes communes ou naturelles. Entrer dans ce détail, d'ailleurs très-utile, mais très-fuperflu, relativement à notre plan, feroit jetter l'efprit de notre lecteur dans la confufion de toutes ces diftinctions, fans pouvoir lui promettre le moindre avantage. Eft-il en état de diftinguer l'herbe de la baffe-prairie d'avec celle des hauts prés, & ces deux fortes d'avec l'herbe courte que l'on appelle duvet? il eft plus que fuffifamment inftruit.

CHAPITRE II.

Des Herbes naturelles & de leur divifion en Herbes de prairie & en Herbes de pâturages.

TOus les Auteurs font mention de deux fortes de terreins dans lefquels l'herbe commune ou naturelle vient, fçavoir les prairies & les pâturages. On entend par le mot de *prairie* un terrein où l'on doit faucher l'herbe pour en faire du foin, & par celui de *pâturage* le terrein où on laiffe librement pâturer le bétail; d'autres Cultivateurs entendent par le premier l'herbe qui croît dans les bas-fonds près des rivieres; & par le fecond, l'herbe qui croît fur les hauteurs: toutes ces diftinctions font très-impropres; puifqu'en effet un Cultivateur judicieux fauche, fuivant certaines occafions & certaines circonftances l'herbe des bas-fonds & celle des hauteurs, & qu'en d'autres au contraire il fait pâturer fon bétail tant dans les bas-fonds que fur les hauteurs; de forte qu'à parler proprement, les termes *prairie* & *pâturage* ne fervent qu'à défigner cette partie des terres de la ferme qui ne font point labourées, pour les diftinguer de celles qui le font.

Nous avons déja fait fentir combien il eft important de bien diftribuer & avec proportion un domaine en terres labourables & en terres à pâturages. Il faut avoir de quoi nourrir beaucoup de bétail, parce que les champs à bled demandent le fecours de beaucoup de fumier. Il y a des Cultivateurs dans certains cantons, comme par exemple dans la Baffe-Normandie, qui mettent leur terrein entier en pâturages & qui y trouvent du profit: point de terres labourées chez eux, parce qu'ils fe livrent tout entiers au commerce

Tome V. G

des bœufs. Il n'en est pas de même de ceux qui veulent recueillir des grains, ils ne peuvent point mettre tout en labour, il faut qu'ils aient des pâturages ; de sorte que si les pâturages & les autres terres ne sont point en proportion aussi juste qu'il est possible, on peut dire que la ferme est mal distribuée, & qu'il y a toujours quelque chose qui cloche.

On n'attend sans doute point que nous donnions une regle générale pour fixer cette proportion; elle tient tellement à la nature du terrein, à l'espéce de culture que l'on pratique, à la quantité de fumier dont on a besoin, à la nature du climat, & à tant d'autres circonstances qui dépendent du local, que nous nous exposerions à desservir le Cultivateur au lieu de le favoriser ; il n'y a que l'expérience qui puisse servir de guide sur ce point. D'ailleurs il est fort aisé de faire tous les changemens nécessaires, relativement aux circonstances. Nous avons indiqué la façon de mettre un terrein à bled en pâturage & de convertir les pâturages en terres propres au bled.

Il y a en effet des terres si propres au bled & qui sont situées si favorablement pour se procurer une très-grande abondance de fumier, que le bon sens veut qu'on en mette la plus grande partie en labour; il y a de même d'autres terres qui par leur nature & par leur situation font plus favorables aux pâturages ; & alors le Cultivateur se comporteroit imprudemment s'il n'en mettoit la plus grande partie à cet usage.

En général on récolte une plus grande quantité de foin dans les bas-fonds que sur les hauteurs. Mais celui que produisent ces derniers terreins font plus doux & plus nourrissans. La quantité d'eau qui ordinairement séjourne dans les bas-fonds, rend l'herbe plus grossiere. Nous voyons le jonc végéter avec vigueur dans les endroits humides, & il y a plusieurs espéces d'herbes auxquelles nous ne faisons point attention, qui participent beaucoup de sa nature, & qui par conséquent alterent la qualité du foin que l'on récolte sur les terreins humides.

L'herbe des hauteurs exige à la vérité qu'on lui donne le secours des engrais, au lieu que les bas-fonds & les terreins sujets aux inondations n'en ont pas besoin. Tout débordement de riviere laisse après son écoulement un limon qui sert d'engrais & qui renouvelle par conséquent la vigueur du sol.

Il y a encore outre l'herbe des bas-fonds & celle des hauteurs, une troisiéme espéce ; c'est celle qui croît près du rivage de la mer ou près des rivieres dans lesquelles la marée remonte ; comme nous avons une certaine quantité de ce terrein dans le Royaume, dont on peut tirer de grands profits, nous donnerons ici une place à la culture qu'il exige.

Nous allons donc traiter féparément de ces trois fortes d'herbes, & donner la meilleure façon poffible de les cultiver & d'amender les terreins qui en produifent.

CHAPITRE III.

De L'herbe qui croît fur les hauteurs.

QUant à cette herbe, il faut d'abord examiner la fituation & l'efpéce particuliere du fol. Quant au premier cas, il eft de certains dégrés d'expofitions très-favorables à l'herbe, comme il en eft d'autres au contraire qui lui font nuifibles ; auffi voit-on les collines couvertes d'un vert plus beau & plus fourni que les montagnes.

Une colline en pente douce eft la fituation la plus avantageufe à l'herbe commune ou ordinaire ; parce que ce terrein eft ordinairement humide dans le fond, ce qui eft très-effentiel pour la végétation de l'herbe, & que la pente occafionne l'écoulement de la trop grande humidité, ce qui eft également néceffaire pour obtenir de l'herbe fine & douce ; au lieu que fur les fommets des hauteurs il y a ordinairement beaucoup de fources, qui, à force de miner le terrein le changent en fondriere.

Règle générale, l'herbe ne réuffit pas là où il n'y a point d'eau, & elle eft d'une mauvaife qualité là où l'eau abonde. Les fommets des montagnes privés de fources, la trop grande expofition & la maigreur du fol ne produifent qu'une herbe rare.

Nous avons donné déja tous les documents néceffaires pour le defféchement des fondrieres ; nous ne parlons ici que de la fituation naturelle des terreins ; mais fur les côtés des hauteurs & des collines il fe trouve des fols & de l'humidité qui produifent abondamment de l'herbe fine, douce & favoureufe qui ne participe point du tout de la groffiéreté & de la nature du jonc ou des autres herbes de mauvais goût qui alterent l'herbe & diminuent la valeur de celle qui vient fur les hauteurs qui font en fondrieres, ou près des rivieres.

Le fol des prairies baffes eft généralement noir & riche, ce qui favorife confidérablement la végétation de l'herbe fine; mais elles perdent par leur trop grande humidité la fupériorité que leur donne fur les autres terres la richeffe de leur terrein.

On trouve dans les hauteurs autant de différens fols que nous en voyons dans les terres labourées. Il y en a qui font graveleux; d'autres qui font loameux ou pierreux ou crayeux, ou argilleux; mais de tous ces terreins le loameux eft celui qui produit l'herbe la mieux conditionnée; celle d'un fol argilleux eft ordinairement groffiere à caufe de l'humidité qu'il retient & qui ôte prefque toute la qualité à fes productions & principalement à l'herbe; celle d'un fol crayeux eft toujours baffe; celle du graveleux eft clair-femée. Sur un fol loameux qui eft de la meilleure efpéce, l'herbe eft au contraire abondante, douce & fine; & c'eft ici le cas où le Cultivateur doit renouveller d'attention lorfqu'il veut entreprendre la proportion que nous lui confeillons de mettre entre fes terres labourables & fes terres à pâturages. Les autres efpéces de fols produifent par une culture convenable des bleds qui font excellens, au lieu que pour fe procurer en abondance de la bonne herbe, il faut néceffairement donner la préférence à un fol loameux, ou à la côte d'une hauteur qui eft en pente douce.

Lorfque le fol d'un pâturage eft argilleux, il convient, fi l'on le peut, de le convertir en terre labourée, parce que l'on peut aifément l'amender avec du fable; au lieu que l'on ne peut & que l'on ne doit point faire ufage de cette reffource s'il eft en pâturage. Nous pouvons en dire autant des fols graveleux, des pierreux, des crayeux que l'on peut en effet rendre par la culture auffi propres que le loameux à produire des récoltes abondantes de bled. Mais quant à l'herbe qu'ils produifent, de quelque façon qu'on les fecoure, elle ne peut jamais acquérir la qualité de celle que produifent les fols loameux.

Nous avons obfervé que dans quelques provinces les fols des hauteurs font noirs & riches comme ceux des prairies baffes; mais ils contiennent toujours dans le fond une trop grande humidité; cependant l'herbe y eft plus fine que dans les prairies baffes. Nous avons auffi obfervé dans plufieurs provinces que les fommets des hauteurs & des collines font généralement féches & leurs côtes humides. Dans ce cas l'herbe des fommets eft meilleure que celle-ci.

De tous les fols l'argilleux eft celui qui eft le moins propre à produire une herbe abondante & bonne: parce que, comme nous

l'avons établi par des principes inconteftables, il retient trop long-
tems l'eau en hiver; & qu'en été il fe deſſéche trop & que par conféquent il fe crevaſſe aifément.

Lorfque l'on trouve fur une hauteur de la terre-meuble noire
qui reſſemble à celle qui forme ordinairement le fol des prairies
baſſes & que la côte de la hauteur n'eſt pas trop humide; cette efpéce
de fol & cette fituation font très-favorables à la végétation d'une
herbe fine & abondante; mais auſſi elles font très-fujettes à être ra-
vagées par des vers; les fols loameux n'y font pas fi générale-
lement fujets; autre raifon qui doit déterminer le Cultivateur à
donner la préférence à loam pour fe procurer une abondante quantité d'herbe fine & douce; d'ailleurs nous avons déja dit que le
fol loameux ne retient point ordinairement l'humidité en hiver,
& qu'il n'eſt point fujet à fe deſſécher & à fe crevaſſer en été.

De toutes ces obfervations il réfulte une certaine certitude pour
le choix des fols qui conviennent le plus aux différens deſſeins des
Cultivateurs; vérité inconteftable puifqu'elle eſt appuyée de l'expérience; un terrein en pente loameux & médiocrement humide,
eſt le meilleur & le plus propre à produire une herbe fine & abondante; fi l'on peut inonder de tems en tems cette efpéce de terrein
avec des eaux de fource, on fe procure des avantages confidérables, parce qu'un femblable terrein qu'on peut ainfi fecourir
quand on veut, de l'arrofement, & dont les eaux s'écoulent naturellement fans y féjourner, ne peut qu'être très-favorable à l'herbe
pour peu qu'on veuille fe rappeller les principes que nous avons établis. Nous devons cependant prévenir que ces fols demandent d'ê-
tre de tems en tems rafraîchis par des engrais convenables & analogues à leur nature; on ne doit point s'allarmer d'une telle dépenfe, attendu que la quantité de foin & la richeſſe de l'herbe qu'ils
produifent dédommagent bien de cette attention & de ce facrifice.
Plus les fols des hauteurs font pauvres, plus fouvent ils exigent
qu'on renouvelle leurs principes par des engrais. Mais auſſi il eſt
certain que les plus dépouillés, quand ils font ainfi fecourus font
rentrer avec profit la mife dehors. Auſſi nous réfervons-nous de traiter cet article important avec toute l'exactitude poſſible.

CHAPITRE IV.

De l'Herbe qui croît dans les bas-fonds.

ON comprend sous la dénomination des terreins bas ou de bas-fonds; les prairies & les terres marécageuses. Tout terrein situé dans le bas est sujet à être inondé, soit par la sortie des rivieres, soit par les eaux qui se précipitent des hauteurs pendant l'hiver. Ces deux espéces d'inondations sont très-avantageuses pourvu qu'on ait l'attention de faire écouler les eaux & de se prémunir contre les débordemens des rivieres qui arrivent contre la saison.

Les eaux des pluies détachent des terres labourées qui sont sur les hauteurs les particules les plus fines de la terre-meuble, & des engrais qu'on y a répandus & les portent dans les pâturages situés au pied des collines; c'est ce qui y rend l'herbe si fournie & si abondante.

Les inondations causées par le débordement des rivieres produisent les mêmes avantages. En effet, on peut remarquer que les eaux s'épaississent & jaunissent, ce qui ne peut venir que de ce qu'elles se sont chargées des particules les plus fines des sols par où elles ont passé; de sorte que pour peu qu'elles séjournent sur le terrein inondé elles les y déposent à mesure qu'elles rentrent dans leur lit, ce qui rend une herbe très-abondante, mais qui est grossiere à cause de la surabondance d'humidité, qui favorise la germination des mauvaises herbes qu'on ne trouve point ordinairement sur les hauteurs. Il y a une très-grande différence entre les prairies sujettes à être inondées par accident & celles que l'on inonde à volonté; parce que quant aux premieres, le débordement peut survenir à contre-tems, & emporter ou détruire toute la récolte; au lieu que les dernieres dépendent de la volonté du Cultivateur & qu'elles ne peuvent être que favorables dès qu'il les donne avec intelligence.

En Italie la nécessité force les Cultivateurs à se servir de machines pour élever & arroser leurs pâturages situés sur des hauteurs surprenantes, ils n'ont point d'autre ressource que ce méchanisme pour conserver la verdure, privés qu'ils sont de toute inondation accidentelle: ainsi lorsqu'on a des terreins situés sur les bords des rivieres & si hauts qu'ils ne peuvent être inondés, il faut avoir recours à l'art, pour en élever les eaux & s'en fervir dans les occafions qui ordinairement ne laiffent pas d'être fréquentes.

Les terres marécageufes font non-feulement fujettes aux inondations, mais encore elles font très-fouvent couvertes d'eau qui vient des fources qui s'y trouvent : nous avons donné ci-devant tous les documens néceffaires pour bien les deffécher, comme auffi pour rendre utiles les terres marécageufes qui font falées ; c'eft pourquoi nous y renvoyons le lecteur.

CHAPITRE V.

Des accidens auxquels les pâturages font fujets.

ON vient de voir ce que l'on peut efpérer de chaque efpéce de pâturage relativement à fon fol, à fa fituation & à fon dégré d'humidité. Nous allons à préfent confidérer les divers accidens auxquels tout pâturage quelconque eft fujet, & qui par conféquent en diminuent la valeur. Il y en a de trois fortes ; le premier vient des mauvaifes herbes ; le fecond de tout le fatras que l'on répand fur le terrein ; le troifiéme confifte dans les dégâts que les fourmis & les taupes font ; il n'eft rien de plus difficile que de détruire ces animaux. Ils élevent des monticules fur le terrein qui le rendent très-irrégulier & d'une fauchaifon quelquefois impraticable.

Les mauvaifes herbes font de plufieurs fortes, & plus ou moins nuifibles. Nous appellons ici mauvaife herbe toute herbe qui n'eft pas de l'efpéce d'herbe commune ou ordinaire. Qu'on ne nous prenne point ici à la rigueur. Nous convenons cependant qu'il y a des plantes utiles qui viennent volontiers parmi l'herbe & qui n'alterent point la qualité ni ne diminuent la valeur du foin ; telles font le trefeuil blanc qui eft une efpéce de treffle, le trefeuil rouge, qui eft une efpéce de treffle fauvage & plufieurs autres, &c.

Les grandes mauvaifes herbes font celles qui embarraffent le plus le Cultivateur ; telles font l'ortie, la patience, & les mâches, qu'il faut, fi l'on veut perfectionner les pâturages, avoir l'attention & la patience de déraciner avec un outil convenable.

Les fatras que l'on trouve fur le terrein, tel que des éclats de brique & de verre, fortent ordinairement des fumiers que l'on a répandus. Il faut donc employer les femmes & les enfants à décharger le terrein de toutes ces matieres superflues & nuisibles, parce qu'elles rendent la fauchaison difficile.

CHAPITRE VI.

Des fourmillieres & des monticules des Taupes.

LOrsqu'on a déchargé le terrein des fatras & que l'on a dé-raciné les mauvaises herbes, il est en état & propre à être fauché, à moins qu'il n'y ait des fourmillieres & des monticu-les faits par les taupes.

Il y a des Cultivateurs qui prétendent que les élévations que les fourmis font ne portent aucun préjudice aux pâturages : mais ils se trompent, même à tous égards. Si on laisse subsister un de ces mon-ticules ; les fourmis se multiplient à l'infini & en forment d'autres ; de sorte qu'en très-peu de tems tout le terrein en est couvert, & que l'herbe n'y profite pas. D'ailleurs en supposant que ces éléva-tions ne portassent aucun préjudice à l'herbe, mais que ces inéga-lités rendissent le terrein désagréable à la vue ; il y a une observa-tion qui s'éleve contre cette négligence : la voici ; c'est que les bestiaux se dégoûtent de cette herbe au point qu'ils ne daignent point y toucher. Quand même il n'y auroit que cette raison, elle est plus que suffisante pour déterminer le Cultivateur actif & judi-cieux à ne pas suivre l'exemple de ceux qui par paresse ou par né-gligence laissent multiplier les fourmillieres. Cet article est d'une si grande importance pour lui que s'il y a des pâturages infestés de ces animaux nous lui conseillons de ne négliger ni peines ni dépen-ses pour les détruire ; nous lui promettons des avantages qui le dé-dommageront.

Il y a plusieurs méthodes pour en venir à bout : en voici quelques-unes entre lesquelles on pourra choisir. Mais si le terrein est consi-dérablement travaillé par ces animaux, il faut nécessairement avoir recours à la charrue, dont nous ferons mention ci-après.

Il y a des personnes qui enfoncent dans le monticule une pêle de bois dont les bords sont garnis de fer, on la retire ; ensuite on l'enfonce une seconde fois en croisant. Par cette opération on cou-pe le gazon en quatre parties que l'on renverse, ensuite on léve la terre de dessous avec le nid des fourmis ; cela fait, on remet les

quatre

ties de gazon à leur place afin qu'elles se rejoignent, ce qui ne tarde pas à arriver.

Il n'est point à présent de Cultivateur un peu expérimenté qui n'apperçoive tous les désavantages de cette pratique qui étoit autrefois généralement reçue. Premierement on laisse sur le terrein un trou qui ne peut être que très-incommode ; secondement, il est moralement impossible qu'il ne reste dans les parties du gazon coupé quelques fourmis, qui certainement doivent se multiplier à l'infini en très-peu de tems ; elles travaillent de nouveau & le monticule se releve d'autant plus aisément que faisant leurs opérations sous le gazon elles sont à couvert de leurs deux grands ennemis, les oiseaux & le mauvais tems.

Il reste à sçavoir ce qu'on faisoit de la terre que l'on avoit levée avec la fourmilliere. On étoit autrefois dans l'usage de bien briser cette motte & de la répandre sur la superficie du terrein ; de sorte que par-là, au lieu de détruire on ne faisoit que disperser ces animaux. Rien ne les empêchoit de se rassembler, ils se réunissoient en effet assez souvent ; ou si cette réunion leur devenoit trop difficile, forcés par la nécessité ils choisissoient le premier endroit favorable & y formoient une nouvelle peuplade ; de sorte que par une méthode si mal-entendue on se donnoit vingt fourmillieres en prétendant en détruire une.

Il y a des Cultivateurs qui enlevent la terre du nid, & qui la jettent sur le tas de fumier, où ils disent que les fourmis sont détruites par la fermentation ; mais l'expérience prouve qu'il y en a beaucoup qui échapent à son action & qui portées avec le fumier sur le terrein, suffisent pour renouveller le mal en se multipliant encore de nouveau : cette méthode est donc aussi défectueuse que la précédente, on doit donc s'en défier également.

Il est bien étonnant qu'on ait été si longtems à trouver un moyen efficace pour détruire ces petits animaux : nous avons inventé une charrue dont le bois du soc doit être de frêne ou d'orme de la largeur de cinq pouces en quarré & garni d'un acier de bonne trempe : on la fait tirer par deux chevaux : elle est la même que la charrue à écobue qu'on a vu pour les défrichemens. Toute la différence consiste en ce qu'il faut nécessairement employer pour le soc du bois de frêne ou d'orme.

On coupe avec cet instrument au travers des monticules sous lesquels les fourmis ont leur nid, à une profondeur convenable, on les emporte en entier & la surface reste unie. Le petit nombre de

Tome V.   H fourmis qui restent dans la terre est exposé aux oiseaux & à toutes les injures de l'air. Il est très-rare qu'elles s'en garantissent. On répand immédiatement après sur la surface pelée de la graine de foin qui se trouve quelques jours après de niveau avec le reste du terrein. On peut donc en un jour faire autant d'ouvrage que dix ou douze hommes en une semaine.

Le conducteur de la charrue peut la faire couper plus ou moins profondément en haussant ou baissant plus ou moins les manches. Elle coupe à travers le terrein le plus dur, pourvu qu'on ait assez de force pour la guider & pour la tirer.

Nous venons de dire qu'il faut semer immédiatement après qu'on a pelé l'espace; c'est pourquoi, pour remplir cet objet, une personne qui porte un sac de graine, suit toujours la charrue, & tandis qu'elle la jette, d'autres personnes doivent prendre soin du gazon & de la terre qu'on a levé & dans laquelle est le nid des fourmis; il faut mettre ces gazons en tas de la maniere indiquée dans le chapitre du brûlis, & y mettre le feu quand ils sont desséchés.

Lorsqu'il n'y a qu'un petit nombre de fourmillieres, on fait le tas dans un des coins du terrein & on les y réduit en cendres. Mais quand le nombre est considérable, on les emporte hors du terrein & on les brûle dans un endroit inutile, comme, par exemple, sur une pelouse. On prend ensuite les cendres que l'on répand sur le même pâturage, parce qu'elles forment un engrais des plus riches.

Nous avons déja fait observer que les pâturages des hauteurs demandent d'être rafraîchis de tems en tems par quelqu'engrais, & certainement il n'y en a pas de plus efficace que ces cendres-ci. On observe que ces monticules sont plus fréquens sur les pâturages élevés, (la fourmis en effet déteste l'humidité) & c'est aussi là que ces cendres sont plus utiles. Quoique nous ayons déja dans le livre des engrais donné toutes les instructions possibles sur la façon de les adapter à ces différens sols; nous nous sommes un peu arrêtés sur l'article des fourmillieres, parce que nous avions à proposer différentes méthodes de tirer quelque parti des gazons élevés par les fourmis, c'est à présent au Cultivateur à faire son choix.

Cependant la plus prompte & la meilleure, suivant nous, est de brûler les fourmillieres; d'autres cependant les portent hors du terrein & les laissent pourrir ensemble sans y faire aucun mêlange de fumier. Par ce moyen l'humidité les pénétre d'outre en outre, & les fourmis sont forcées de les déserter ou d'y périr parce qu'elles n'y trouvent point d'endroit sec où elles puissent se réfugier & vivre.

Il eſt vrai qu'ils ſont très-longtems à pourrir ; mais lorſque la putréfaction eſt conſommée toute cette vermine eſt détruite, & l'on
peut alors, ſans rien craindre, répandre cette terre qui eſt un engrais très-efficace.

On ſe rappelle ſans doute que nous avons dans le livre des engrais recommandé l'uſage d'une foſſe à fumier couverte ; on peut
donc encore par cette méthode très-utile jetter les fourmillieres
dans cette foſſe parmi la boue des foſſés, le fumier de cheval & l'eau
qui y découle des étables & des écuries. Toutes les matietes qui
y ſont contenues ſont ſi humides & dans une ſi grande fermentation, qu'il eſt impoſſible que les fourmis y vivent & que leurs œufs
conſervent le principe de vie qu'ils contiennent. Ces fourmillieres
non-ſeulement augmentent la quantité de fumier mais encore
ajoutent à ſa qualité. Cette compoſition eſt d'une nature ſi excellente que l'on peut l'employer avec un égal ſuccès & ſur les terres labourées & ſur les terreins à pâturages ſans craindre le retour
des fourmis.

Nous entendons ici par œufs de fourmis des petites loges où ces
beſtioles reſtent en repos pendant un tems avant que d'acquérir des
aîles. La raiſon nous prouve que ces loges ne peuvent pas être des
œufs, parce qu'elles ſont plus groſſes que l'individu qu'on ſuppoſe
les avoir pondus. Nous voyons en effet que les abeilles, les
papillons & autres animaux qui acquierent des aîles, ſubiſſent un
ſemblable état d'inaction ou de repos, avant qu'ils n'aient acquis
leur conformation parfaite.

Le quatriéme moyen de faire un uſage aſſuré & avantageux des
fourmillieres pour le terrein, c'eſt de les mêler avec de la chaux &
du fumier tout frais. Voici la façon de procéder à ce mêlange,
lorſqu'on les a portées hors du terrein; on étend ſur la terre un
lit de ces gazons, on répand par-deſſus une ſuffiſante quantité de
chaux mêlée avec le fumier. On fait ſur cette couche un ſecond
lit de gazons ſur leſquels on répand encore une nouvelle couche de ce mêlange, & l'on continue de même juſqu'à ce que toute la terre des fourmillieres ſoit entaſſée.

On laiſſe ainſi, ſans y toucher ce mêlange migeotter pendant
dix ou quinze jours, & l'on trouve que la chaux a détruit les fourmis. M. *Hall* dit que la méthode eſt plus aſſurée lorſque l'on n'emploie que la chaux. » On fera mieux d'étendre, dit cet auteur,
» une couche de ces gazons & d'y répandre une bonne quantité de
» chaux; on poſe enſuite un nouveau lit de gazons ſur lequel on

H ij

» fait une nouvelle couche de chaux , continuant ainfi lit fur
» lit jufqu'à ce qu'on ait employé tous les gazons : on laiffe ainfi
» ce mélange pendant quinze jours , après quoi on y mêle une bonne
» quantité de fumier frais. Cette compofition étant ainfi prépa-
» rée, on peut la répandre fur le terrein d'où l'on a tiré les four-
» millieres ; l'efficacité de cet engrais , continue le même au-
» teur , dure pendant fix ans fur une terre à pâturage ; l'expérien-
» ce m'a fait voir que le fumier , la terre & la chaux mêlés en-
» femble forment l'engrais le meilleur dont on puiffe faire ufage
» pour les terreins à herbe ».

   Nous avons prouvé ci-devant que toutes les fubftances animales
réduites en putréfaction , font très-utiles & très-favorables à la
végétation. Or la terre qui dans le cas dont il eft ici queftion, eft
mêlée avec le fumier & la chaux , eft impregnée de la fubftance animale , ayant fervi de retraite à des millions de fourmis, & devant
être chargée de leurs excréments; circonftance qui ajoute confidérablement à l'efficacité de l'engrais & qui augmente par conféquent
le bénéfice du Cultivateur ; de forte que par les moyens que nous
venons d'indiquer on gagne quarante fois plus que la dépenfe, &
que les pâturages fe trouvent bien entretenus, agréables à la vue &
bien en état d'être fauchés ou pâturés.

   L'eau qui féjourne fur un terrein à pâturage eft ce qui l'endommage le plus : nous avons déja donné les moyens de remédier
à cet inconvénient dans le chapitre des defféchemens : on peut
le confulter.

CHAPITRE VII.

De la maniere de nettoyer un terrein à pâturage, des buiffons, des troncs & des chicots d'arbriffeaux.

NOus avons montré la maniere de décharger un terrein des herbes nuifibles, comme orties, patience, mâches, &c. Voyons à préfent comment on peut le dégager des buiffons, des troncs & des chicots des arbriffeaux, qui par la pareffe ou par la négligence des Cultivateurs réduifent fouvent les hauts prés à la moitié de leur valeur.

Tout ce que nous allons communiquer au lecteur eft fondé fur des expériences que M. *Hall*, cet auteur auffi véridique que profond dit avoir faites lui-même ou fur celles que des perfonnes ont faites d'après fes confeils. » Je fis, dit cet auteur, dernierement con-
» noiffance avec un Cultivateur qui avoit fur des hauteurs un pâ-
» turage de dix-huit acres dont l'herbe étoit douce & favoureu-
» fe, mais qui étoit extrêmement rare, parce que le terrein étoit
» couvert de brouffailles & de genêt épineux. Ce terrein lui étoit
» à charge, perfonne ne vouloit le louer. Je l'encourageai à le faire
» nettoyer & à fe fervir, pour en venir à bout à peu de frais, de
» l'inftrument inventé par M. *Gabriel Plot*, qui en fait mention
» dans fon traité intitulé : *La découverte des tréfors cachés de l'A-*
» *griculture.*

On appelle cet inftrument le *déracineur* ; il reffemble à une fourche à fumier, autrement dite *tire-fient*. On en fait le manche d'une piéce de bois de frêne arrondie, à laquelle on donne quinze à feize pieds de longueur. Les trois dents de fer doivent être longues de vingt pouces, & dentelées fur les côtés ainfi qu'un peu recour-bées. Ces trois dents fortent d'une groffe maffe de fer dans laquelle le manche eft fixé. Celui qui doit faire ufage de cet inftrument doit porter avec lui une forte corde longue de huit pieds, & un rou-leau de bois fort épais, & un mahieu bien pefant. Quand il atta-que la premiere brouffaille ou genêt épineux, il fait entrer par for-ce & en biais les trois dents fous la racine, de forte que le bout fu-périeur du manche fe trouve élevé au-deffus de fa tête. Alors il en-fonce la fourche en terre à grands coups de mahieu jufqu'à ce qu'il

ne voie plus les dents ; alors il pofe le rouleau fous le manche près
des dents , ce qui fait lever le manche de dix ou douze pieds ;
il fe faifit alors de la corde qui eft attachée au bout du manche , &
la tire de toute fa force. Lorfqu'on connoît la force du levier , on
doit fentir qu'il n'y a point de racine qui puiffe tenir contre cet inftrument qui eft bien fimple. Nous avons fait arracher les racines les
plus fortes & même les fibres qui avoient jufques à fept pieds de
longueur.

C'eft ainfi qu'avec deux journaliers affez forts pour fervir cet
inftrument qui coûte peu & qui dure, pour ainfi dire, à jamais,
on peut nettoyer entiérement un terrein de tous buiffons & racines fuperflues , fans le rompre beaucoup ; au lieu que , quelque
économie que l'on mette en ufage,il en coûte vingt fois plus , en pro-
cédant avec la hache & la bêche , l'unique méthode que les Cultivateurs ordinaires connoiffent & mettent en pratique ; il faut même encore obferver , que par cette derniere voie il y a des racines
rompues qui reftent dans la terre , & qui en peu de tems reprodui-
fent de nouveaux buiffons dont le terrein fe trouve encore couvert ;
de forte que l'on eft obligé de répéter très-fouvent cette opération qui , comparée à celle que nous confeillons , eft extrêmement difpendieufe , fans pouvoir fe promettre de guérir radicalement le mal.

Après qu'on a ainfi déchargé le fol de ces brouffailles , des buiffons & des arbriffeaux on raffemble une certaine quantité d'engrais , compofée de fumier bien pourri, de boue de riviere, de terre fur laquelle on a fait des meules de foin. Après avoir répandu cette compofition , & l'avoir laiffée, par le fecours des pluies , s'incorporer au fol , on voit le terrein de ftérile qu'il étoit, devenir le printems fuivant un des plus beaux pâturages, foit par la quantité, foit
par la qualité du fourrage qu'il produit. L'expérience prouve que
cette culture récompenfe du décuple les frais & les peines de celui qui la pratique ; & la raifon vient à l'appui : il eft bien certain
que les racines de l'herbe ne trouvant plus à mefure qu'elles piquent, aucun obftacle à vaincre de la part de celles des buiffons,
qui par leur nature font beaucoup plus fortes , pompent une
nourriture plus abondante , puifqu'elles profitent de celle que ces
plantes gourmandes confommoient , ce qui devient fuffifant pour
que l'herbe fe propage & végéte avec beaucoup de vigueur.

On vient de voir par le détail précédent que cette opération peut
aifément s'exécuter. Ainfi tout Cultivateur qui a quelque terrein

altéré par un semblable inconvénient devroit se procurer un instrument semblable. Nous sommes très-convaincus qu'en le mettant en usage, on pourroit fertiliser une grande partie des terreins du Royaume, qui dépouillés & stériles n'attendent que cette culture. On fait ordinairement cette opération après la récolte, parce que par-là le terrein a le tems de se reposer pendant l'hiver : la pousse, comme l'expérience le prouvera à ceux qui suivront notre avis, est forte & belle au printems suivant.

CHAPITRE VIII.

De la maniere d'amender par les Brûlis les pâturages couverts de Mousse.

LA mousse est de tous les ennemis celui que les pâturages ayent le plus à craindre. Par-tout où elle prend le dessus, l'herbe est non-seulement clair-semée, mais encore très-basse & par conséquent d'une végétation très-languissante. Dans ce cas on ne s'apperçoit d'abord qu'avec quelque difficulté de la cause du mal. Mais si l'on se donne le soin d'examiner le terrein de près, on découvre un tapis de mousse jaunâtre répandu sur la superficie, au travers duquel les tiges de l'herbe ne percent qu'avec beaucoup de peine. Le mal augmente peu à peu, parce que la mousse étend ses branches & ses jets, s'épaissit insensiblement & couvre entierement le terrein ; de sorte que la végétation de toute autre plante y étant considérablement traversée, ne s'y fait que très-imparfaitement.

Les terreins qui abondent en humidité sont fort sujets à cette maladie de même qu'aux joncs & à une espéce d'herbe que nous appellons arbustueuse, parce qu'elle tient de la nature des arbrisseaux. A tous ces accidens même remede : c'est-à-dire le brûlis, pratiqué comme nous l'avons indiqué ci-devant. Il n'y a pas d'autre moyen de détruire les racines de la mousse & celles des herbes pernicieuses & nuisibles à la végétation de la bonne herbe.

On fait ordinairement cette opération dans le mois d'Octobre. Les tas de gazon étant réduits en cendres, on les répand sur la superficie, & ensuite on les enterre dans le sol par le secours de la charrue. On jette de la graine de foin cueillie sur un terrein égale-

ment humide. On obfervera furtout que fi la graine vient d'un fol
fec, elle ne réuffira point ; de même fi la graine eft cueillie fur
un terrein humide pour enfemencer un fol fec, on ne doit point
s'attendre à un grand fuccès. De-là l'on voit combien il importe d'a-
voir l'art d'adapter les femences à la qualité & à la nature du fol
qu'on veut enfemencer. Il faut pratiquer des tranchées en deux
ou trois endroits du terrein pour éconduire les eaux de pluie qui
par leur féjour entretiennent la trop grande humidité. On a vu
dans le chapitre des deffléchemens la maniere de le faire. Par-là en
fuivant cette méthode on fe procure une nouvelle récolte de foin,
parce que l'on a renouvellé fon fol. On peut s'attendre à la faire
abondante, & même la premiere année, & à la voir aller en augmentant jufques & y compris la troifiéme, après quoi fi l'on ne prend
point des précautions elle diminue.

Nous avons déja fait obferver dans une partie de cet ouvrage que
le brûlis produit un effet des plus fenfibles, mais qu'il ne dure que
très-peu d'années & qu'il laiffe le terrein dans un état de ftérilité
plus marquée que celle qu'il avoit ci-devant, foit relativement au
bled, foit relativement à l'herbe. Mais comme les principes qu'il
donne au fol, durent trois années, il faut avoir l'atttention de renouveller, ou, pour mieux dire, de rafraîchir le fol avec des engrais
convenables. Il faut, au bout de deux ans, y répandre dans le mois
d'Octobre une bonne quantité de marne ; nous donnons la préférence à ce mois, parce que les pluies qui tombent ordinairement
dans ce tems, portent dans l'intérieur du fol les parties les plus
fines de la marne, & que les parties les plus dures de cet engrais
font rompues & divifées par les gelées de l'hiver ; de forte que
cette fubftance a pénétré le cœur du fol avant le printems.

Si l'on n'a point de la marne on peut y fuppléer par un mélange
compofé de bourbe d'étang, ou de mare & de fumier bien pourri &
de la terre qui fe trouve au bas des meules de foin. On répand cette
compofition fur le terrein, & l'on eft certain d'entretenir les principes de fertilité qu'on lui a donné avec le brûlis.

CHAPITRE

CHAPITRE IX.

De la maniere d'améliorer les terreins à pâturages par des engrais.

LE fumier eſt l'engrais que l'on emploie ordinairement pour les pâturages. Plus il eſt mol & pourri & plus il leur eſt favorable. Le plus grand nombre des Cultivateurs ſe contente de cette amélioration. Leur ſpéculation ne s'étend pas plus loin ; mais nous avons fait obſerver que les ſols des pâturages étant auſſi variés que ceux des terres à bled, exigent auſſi la variété des engrais. Nous allons conſéquemment indiquer les engrais convenables aux différens ſols dont nous avons ci-devant ſuffiſamment diſcuté les différentes natures & propriétés.

Le vieux fumier mêlé avec la bourbe des étangs ou des mares, eſt l'engrais le plus favorable que l'on puiſſe donner aux pâturages dont le ſol eſt un loam gras, ou un loam mêlé d'une grande quantité de terre molle. On le répand ordinairement depuis le mois de Septembre juſqu'au mois de Février, ſuivant les circonſtances particulieres, ou ſuivant l'uſage que le Cultivateur veut faire de ſon terrein ; le milieu de l'hiver eſt cependant le tems le plus favorable pour cette opération, parce que la gelée rompt & diviſe les parties les plus dures de l'engrais, & que les pluies qui ſurviennent les portent inſenſiblement dans le cœur du ſol, tandis que le ſoleil n'a pas aſſez de force pour en faire évaporer la vertu, ce qui en effet ne peut point arriver dans ce tems où le ſoleil eſt très-foible, avantage le plus marqué pour le Cultivateur.

On met le fumier par petits tas, de diſtance en diſtance ; on a des ouvriers qui les étendent le plus régulierement qu'il eſt poſſible, & l'on paſſe enſuite la herſe que nous avons décrite. On la fait paſſer légerement ſur le terrein juſqu'à ce que l'engrais ſoit bien diviſé & bien également diſtribué. Il ne reſte pas long-tems à découvert ; l'herbe qui pouſſe alors avec vigueur l'enſevelit bientôt. Voilà la méthode la plus uſitée & la plus en uſage de bien engraiſſer les terres à pâturages.

Lorſqu'on apperçoit un peu de mouſſe ou d'herbes *arbuſteuſes* dans les pâturages, & que l'on voit qu'il y en a en ſi petite quantité qu'il ne vaut point la peine de recourir à la méthode que nous

Tome V.   I

avons prescrite, c'est-à-dire, de couper le gazon & de le brûler; il faut y répandre deux fois l'année, en Octobre & au commencement de Février, un mélange de deux parties de cendres de charbon sur une partie de cendres de bois humectées avec de l'urine.

Lorsqu'un terrein est froid & qu'il n'est pas absolument humide, il faut faire usage de beaucoup de fiente de pigeon, ou de volaille mêlée avec de la terre & des cendres de charbon de terre: on répand ce mélange vers la fin de Février, & comme il n'y a point de composition qui forme d'engrais plus riche; on sent combien il est important de le distribuer uniment & avec attention. En le répandant dans cette saison, il parvient jusques aux racines de l'herbe vers le tems de la pousse, ce qui produit vingt feuilles au lieu d'une; de sorte qu'en suivant une culture si bien entendue on décuple deux fois la production.

Un sol de loam dans la composition duquel il entre beaucoup de sable & peu d'argille, a le cœur chaud, il est léger & grumeleux, & produit une herbe excellente. La marne argilleuse est l'engrais qui lui est le plus analogue & le plus favorable. On choisit le commencement de l'hiver pour la répandre. Autrement elle ne se trouveroit pas dissoute entièrement pour le printems, & ne s'étant pas convenablement incorporée au sol il n'auroit point la consistance & l'onctuosité qu'il acquiert lorsqu'on lui donne cet engrais dans le tems que nous indiquons & qui double & triple même la récolte de foin. L'effet de cette marne dure au moins dix ou douze ans.

Il y a une espéce de loam qui est fréquent dans les pâturages, c'est un terrein loameux mêlé de gravier, qui est brun, froid & pauvre. La craye molle est l'amendement le plus convenable qu'en puisse lui donner. Il faut bien se garder d'y faire usage de la craye dure, elle lui seroit plus nuisible que favorable: on préfere le mois de Novembre pour administrer cet engrais. Les gelées le rompent & divisent, & les eaux des pluies qui sont ordinairement assez fréquentes dans cette saison le portent dans l'intérieur du sol; de sorte que l'on n'en apperçoit pas sur tout le terrein de partie plus grosse qu'une noisette vers le 25 Mars.

On trouve quelquefois dans les pâturages situés sur les hauteurs une espéce de sol brunâtre mêlé de beaucoup de rocaille & d'autres pierres. La chaux est l'engrais le plus analogue à cette espéce de terre. Nous en avons fait connoître toute l'efficacité lorsque nous avons parlé des terres à bled. Son effet est le même sur les terreins à pâturage de la nature de ceux dont nous parlons ici.

Lorfqu'un fol abonde beaucoup en fable, l'herbe y eſt rare mais elle y a beaucoup de qualité. Il faut alors avoir recours à l'argille molle mêlée avec un fixiéme de fable. Nous ne connoiſſons point d'engrais qui puiſſe mieux s'adapter à ce fol; parce que le fable que l'on fait entrer dans ce mélange briſe l'argille, & que les pluies qui furviennent la font entrer dans le fol auquel elles donnent de la confiftance & du corps. L'expérience prouve que l'on n'a rien à craindre de la petite quantité de fable que nous conſeillons de mêler avec l'argille.

Voilà à peu près les différens engrais qui produiſent les meilleurs effets fur les différentes eſpéces de fol, & les différens tems auxquels il convient de les répandre. Le Cultivateur eſt ſuffiſamment inſtruit fur cette partie qui eſt l'ame & le fondement de la bonne Agriculture : il n'eſt donc queſtion à préſent que de le raſſurer ſur les frais qui preſque toujours l'effrayent & le détournent des améliorations. Mais nous avons déja proteſté que nous n'affirmerions rien dans cet ouvrage que d'après l'expérience ; or c'eſt d'après elle que nous aſſurons non-feulement la rentrée des dépenſes, mais encore des profits immenſes & qui paroiſſent même incroyables à ceux qui n'oſent point entreprendre.

CHAPITRE X.

De la maniere de cultiver en général les pâturages.

LA faculté de faire pâturer les beſtiaux dans certaines faiſons, & en d'autres de récolter du fourrage pour les nourrir dans les écuries ſont les deux objets qu'on ſe propoſe de remplir en faiſant des pâturages.

Il eſt donc bien néceſſaire de faire connoître à l'Agriculteur le tems qui eſt le plus favorable pour laiſſer ſes beſtiaux dans les pâturages & celui de les en retirer pour donner le tems à l'herbe de monter en foin. Or ces tems varient ſuivant l'état des terreins & ſuivant leur différente ſituation.

Dans les cantons où les Cultivateurs ont la reſſource des engrais, & où ils font deux récoltes de foin, l'uſage eſt de retirer les beſtiaux des prairies vers le milieu de Février. En d'autres cantons, on ne les retire que vers la fin de Mars, & en d'autres encore qu'au premier jour de Mai.

Nous obferverons ici, & le lecteur doit y faire attention, qu'il n'y a point de méthode plus mal-entendue que de laiffer trop long-tems les beftiaux fur les terreins à foin. L'herbe pouffe au printems; fi donc on la fait manger dans cette faifon, & s'il furvient un tems chaud & fec, privée qu'elle eft des effets des pluies, loin d'acqué-rir une croiffance vigoureufe elle ne végéte que lentement & fe re-trait. De-là on voit combien plus il eft avantageux de retirer de bonne heure les beftiaux, puifque l'expérience prouve que la récolte du foin paye au décuple ce facrifice.

Nous fuppofons donc qu'on faffe fortir les beftiaux des terres à foin vers le milieu de Mars, & qu'on les prépare bien, c'eft-à-dire, qu'on les nétoye bien & qu'on les rende bien unies; ce qui affurément n'eft pas bien difpendieux; puifque cette opération eft confiée à des femmes & à des enfans qui n'ont d'autre foin à remplir que celui d'enlever les branches d'arbres, & les pierres; des hom-mes viennent enfuite qui répandent le fumier que les beftiaux y ont fait, & détruifent les taupieres. Cette tâche remplie on a l'attention de faire rouler le terrein pour le rendre de niveau & propre à être fauché avec facilité.

Au commencement de l'hiver le piétinement des beftiaux, prin-cipalement dans les endroits qui abondent en humidité rend le fol fcabreux & inégal. L'herbe par conféquent y eft auffi inégale; au commencement du printems les vers travaillent, fur-tout pendant les nuits tempérées, douces & humides. Les taupes labourent fous la fuperficie & pouffent des monticules; les fourmis ne font pas moins actives: ainfi le Cultivateur eft attaqué de tous côtés, & précifément dans un tems où le terrein demande à être préparé pour la récolte du foin. Un feul inftrument le met à couvert de tous ces ravages; c'eft le rouleau dont, comme on peut le re-marquer, l'effet eft plus infaillible dans cette faifon que dans tou-te autre; parce que les gelées de l'hiver & les premieres pluies du printems ont ramolli & rompu les parties du terrein; de forte que le rouleau ne peut manquer de brifer & d'affaiffer toutes les petites irrégularités, & de rendre la fuperficie plane & de niveau, ce qui rend la fauchaifon beaucoup plus aifée & plus commode.

Ce rouleau doit être de bois & avoir fa fuperficie très-unie: on fent qu'il doit être gros, parce que plus il eft pefant & plus il pro-duit d'effet: le tronc d'un orme fain eft très-propre à faire un bon rouleau. Mais il faut le dépouiller de toute fon écorce.

Nous avons déja indiqué tous les moyens poffibles d'enlever &

de détruire les fourmillieres. Le rouleau peut en partie faire éviter la peine & la dépense de cet article. On fçait que les fourmis ne fe mettent guéres à leur travail que vers le commencement du printems. Le rouleau étant d'un certain poids affaiffe & détruit leur ouvrage & en écrafe une grande partie. Le refte fe difperfe, de forte que cette vermine ne peut plus caufer du mal du moins pour l'année.

Le rouleau eft encore d'une utilité importante en ce qu'il comprime la terre autour des racines de l'herbe, & garantit par ce moyen les jeunes pouffes des accidens que produit la variation des tems, article d'une très-grande conféquence, puifque la grande quantité de la récolte en dépend.

On obferve que les gelées font fatales aux plantes que l'on cultive dans les jardins lorfque le printems eft un peu avancé, parce que la chaleur rend les froids des nuits beaucoup plus nuifibles. Il en arrive autant à l'herbe encore tendre; or la compreffion de la terre que le rouleau produit la garantit des effets de ce froid. Dans les mois fuivans, autre accident à redouter : fi la féchereffe continue, l'ardeur du foleil brûle les racines quand elles ne font pas bien couvertes d'une terre ferme, or la compreffion du rouleau remédie à cet inconvénient, elle les met à l'abri des ardeurs du foleil.

A tous ces avantages que le Cultivateur retire de l'ufage de cet inftrument, nous en ajouterons encore un autre, c'eft que la terre étant comprimée autour des racines, l'herbe ne fe couche point, article dont il n'eft pas bien difficile de fentir la conféquence; cet accident qui eft également pernicieux à l'herbe & au bled, vient de la légereté de la terre & de ce qu'elle eft extrêmement aërée & poreufe autour des racines. Lorfque le bled & l'herbe font montées à une certaine hauteur, un coup de vent les abat : mais fi l'un & l'autre font bien foutenus vers les racines, ils fe relevent auffi-tôt que le vent eft appaifé. Les vents rompent rarement la tige du bled, & encore moins celle de l'herbe; de forte qu'ils fe relevent facilement, à moins que la terre ne foit mouvante à leur racine; lorfque la terre n'eft point ferrée auprès des racines des plantes elle céde au mouvement de la tige, qui une fois renverfée refte dans la même fituation, au lieu que lorfqu'elle eft bien comprimée tout autour elle réfifte au mouvement de la tige. Or le rouleau rend la terre ferme & empêche par-là l'herbe & le bled de fe renverfer.

Il refte donc à faire fentir au lecteur combien il lui importe de paffer le rouleau également & doucement fur toutes les parties du terrein; parce que fi on le fait paffer avec précipitation il ne produira pas tous les effets que l'on peut efpérer. Cette opération faite avec le foin que nous exigeons, le Cultivateur doit vifiter fes haies pour obferver fi elles font en bon état & pour y faire toutes les réparations convenables, abandonnant du refte la végétation de l'herbe aux foins de la nature. On peut laiffer paître fes beftiaux dans les bas-fonds quinze jours ou trois femaines de plus que fur les hauteurs, à moins que la faifon ne foit très-humide; ce qui ne laiffe pas d'être d'un très-grand fecours.

Mais fur-tout, nous le recommandons encore, auffi-tôt qu'on a retiré les beftiaux des terreins à foin, il faut avoir grande attention à les applatir & mettre de niveau après les avoir déchargés de toutes fortes de fatras & de décombres, afin que les faucheurs ne trouvent point de difficulté & qu'ils puiffent plonger leur faulx d'un ou deux pouces plus près de la fuperficie; l'on voit affurément combien cet article eft important dans des terreins d'une vafte étendue; car un pouce de foin vers la racine en vaut au moins trois de la tige. Que l'on ne penfe point qu'une fauchaifon fi raz du fol puiffe nuire au regain; il ne tire point fa nourriture des racines de la vieille herbe; mais bien des pouffes tendres & jeunes que la racine a produites; on obferve que plus elles font fauchées de près, plus vigoureufement elles pouffent: ainfi l'on voit que plus la fauchaifon porte près de la fuperficie plus elle eft avantageufe à tous égards.

Si l'on veut d'ailleurs fe repréfenter que deux pouces font la huitiéme partie de la récolte, & ajouter que, comme nous venons de l'obferver, plus l'herbe eft voifine de la racine, plus elle eft fubftantielle, on fentira invinciblement que la méthode que nous prefcrivons ici eft la plus avantageufe qu'on puiffe pratiquer. Auffi n'ajouterons-nous rien de plus pour la faire recevoir. L'expérience qu'on peut faire & les calculs qu'on peut prendre pour bafe de cette pratique en démontreront toujours l'utilité. Il eft cependant, nous le difons à la honte du plus grand nombre des Cultivateurs, furprenant qu'elle foit abfolument négligée. On fait prix pour la fauchaifon d'un efpace quelconque de terrein; on difpute beaucoup, & l'on croit avoir confidérablement gagné lorfqu'on a obtenu quelque rabais: erreur d'autant plus préjudiciable, qu'au lieu de difputer du prix, on devroit principalement infifter fur la hauteur à laquelle il faut couper l'herbe.

CHAPITRE XI.

De la façon de faucher.

Près qu'on a ainsi préparé le terrein, il faut s'attacher à connoître le tems où il demande d'être moissonné ; parce que si on le fauche avant ou après sa maturité, on en perd considérablement.

Lorsqu'un pré a reçu les secours des engrais qui lui sont analogues & qu'on en a retiré les bestiaux au plus tard vers le milieu de Mars, il arrive souvent que le foin a acquis sa parfaite maturité vers le milieu du mois de Mai : il est des Cultivateurs qui s'imaginant se procurer un regain beaucoup plus abondant, sont dans l'usage imprudent de le faucher avant ce tems. Nous ne concevons point sur quel calcul ils peuvent fonder une semblable pratique ; car il est certain qu'ils perdent beaucoup plus sur la première récolte qu'ils ne peuvent gagner sur la seconde. Or il n'est personne qui ne convienne que l'on doit toujours avoir beaucoup plus en vue la première que la seconde.

Toute plante fleurit dans un tems quelconque de l'année ; l'herbe n'est point exceptée de cette régle que la nature a établie. Les feuilles sont d'un verd vigoureux & beau avant & pendant que la plante est en fleur. Mais la fleur passée, les feuilles commencent à se faner peu à peu. Les feuilles forment le foin avec les tiges & en forment la plus grande partie. Or l'herbe commune fleurit vers la fin de Mai ou vers le commencement de Juin : c'est donc là la saison la plus propre & la plus favorable pour la fauchaison. Le foin rend toujours un bon prix, & ce prix dépend de sa bonté, & sa bonté du tems peu ou moins favorable dans lequel on le fauche, & de la maniere dont on le fait.

Plus la couleur du foin est verte, plus il est estimé : or cette couleur tient, pour ainsi dire, entièrement à la maniere de le faire. Il faut cependant que cette couleur se trouve dans l'herbe, nous en convenons, sans quoi on auroit beau la sécher & la tourner, on ne viendroit jamais à bout de la lui donner.

L'odeur agréable du foin ajoute aussi beaucoup à sa valeur, & cette qualité-ci dépend, ainsi que la précédente, du tems dans lequel on le fauche. Enfin , principe certain & inconteſtable & duquel il faut néceſſairement partir : tous les végétaux ont un tems d'accroiſ-ſement & un état de perfection ; tout l'art du Cultivateur conſiſte donc à obſerver exactement & à ſaiſir le moment de cet état. Or la plante eſt dans ſon état de perfection lorſqu'elle fleurit ; c'eſt donc alors le tems de faucher l'herbe. Auſſi remarque-t-on que c'eſt préciſément dans ce tems-là que les Apothicaires font leur proviſion , ſans doute parce qu'ils ſçavent bien que les végétaux ſont dans leur pleine vigueur. C'eſt donc aux Cultivateurs à partir de cette même obſervation pour les imiter à cet égard.

On voit à préſent combien il importe de viſiter ſes prairies vers la fin du mois de Mai & au commencement de Juin , & d'exami-ner les ſommités des tiges de l'herbe : on apperçoit les petites têtes qui commencent à ſe gonfler , & de petits filaments blancs, qui ne s'y montrent que ſur la ſurface dans certaines eſpéces d'herbes ; en d'autres ils ſont ſuſpendus à la diſtance des boutons d'une cin-quiéme partie d'un pouce : ces filaments ſont la fleur de l'herbe : quand ils paroiſſent, le tems du foin approche.

Il faut bien prendre garde cependant de ne point ſe décider ſur quelques pieds d'herbes que l'on voit fleurir. Il convient au con-traire, d'examiner ſi tout le pré eſt fleuri, & ſi les tiges commencent à brunir vers les racines. Voilà la marque infaillible d'une parfaite maturité, & qui annonce le tems de la fauchaiſon.

Tout Cultivateur qui s'en rapporte entiérement aux ouvriers qu'il met en œuvre , perd, comme nous l'avons fait obſerver ci-deſſus, au moins un ſixiéme de ſa récolte par le peu de ſoin avec le-quel les faucheurs rempliſſent leur tâche : il faut néceſſairement les ſuivre ſoi-même dans leur travail ou les faire obſerver par des gens de confiance : il faut, avant que de faire prix avec eux, leur faire voir que le terrein eſt uni & bien nettoyé , afin qu'ils n'ayent aucune excuſe à apporter lorſqu'on les ſurprend , ne fauchant point l'herbe raz du ſol. Nous ne ceſſons point de le répéter, ſi l'on ne ſe donne point cette attention, cette négligence porte préjudice au moins d'un dixiéme, ou d'un huitiéme de la récolte. Lorſque l'on a fauché l'herbe, il faut la faire ſécher avec ſoin ; article qui va faire le ſujet du Chapitre ſuivant.

CHAPITRE

CHAPITRE XII.

De la maniere de faire le Foin.

L'Herbe fauchée, bien tournée au foleil & enfin bien féchée, change de nom, & l'on ne la connoît plus que fous celui de foin. Voilà en deux mots tout le procédé de la fenaifon. Mais quelques éclairciffemens ne feront point ici fuperflus fur le détail de cette opération. Nous venons de donner des inftructions pour connoître la parfaite maturité de l'herbe & le tems auquel il convient de la faucher dans fa belle couleur verte; nous allons à préfent donner quelques documents qui mettront le Cultivateur en état de la lui conferver ainfi que l'odeur agréable qu'elle doit avoir.

Chofe certaine & de laquelle on ne doit point douter ; la perte de la couleur du foin eft toujours fuivie de celle de la faveur , & par conféquent de la diminution du prix. Mais comment prévenir ces inconvéniens ? le voici : il faut laiffer l'herbe dans la même fituation qu'elle a été fauchée pendant deux jours & demi, au bout duquel tems on l'étend & on l'expofe aux rayons du foleil pendant le refte du jour. Il faut le foir la mettre en petits tas & la laiffer ainfi pendant la nuit. Le matin, auffi-tôt que la rofée s'eft diffipée , on étend ces petits tas & on laiffe l'herbe dans cet état pendant toute la journée ; vers le foir on la remet comme ci-devant.

On voit qu'en fuivant cette méthode on donne au foin le tems de profiter des influences de l'air & des rayons du foleil pendant le jour, & qu'on le met pendant la nuit à couvert des rofées, qui altéreroient infailliblement la couleur, l'odeur & par conféquent la qualité du foin.

Le matin il faut encore une fois étendre le foin par rangées tout le long du terrein , fituation qui, comme on le voit , eft extrêmement propre à le faire bien fécher, outre que l'on a l'avantage de le remettre en tas avec plus de facilité , en cas qu'il furvienne de la pluie , qui ne peut guéres lui porter du préjudice lorfqu'il eft ainfi difpofé. Auffi-tôt que le beau tems revient, il faut encore l'étendre par mêmes rangées. Après qu'il eft ainfi bien féché , on en fait de gros tas vers le foir, auxquels on ne touche point jufques à deux heures après le lever du foleil ; alors fi le tems eft beau on

défait ces tas & on les étend encore, & ils féchent parfaitement ;
puifque trois heures de vent & de foleil font alors plus d'effet qu'un
jour entier en un autre tems.

Lorfque nous recommandons d'étendre encore le foin après
qu'il a été mis en gros tas, c'eft que la partie extérieure peut être
très-féche tandis que la partie intérieure eft encore humide ; d'ailleurs cette partie fuinte toujours un peu & elle pourroit donner un goût échauffé à tout le tas. Ainfi nous exhortons les Cultivateurs a ne point perdre de vue cette précaution : elle eft des
plus importantes. On ne fçauroit croire combien le foin acquiert une très-mauvaife qualité lorfque l'on ne met point en ufage cette méthode : nous convenons qu'elle eft un peu plus embarraffante & peut-être même plus difpendieufe que la méthode ordinaire : mais l'expérience démontre fa fupériorité à tous égards.

Si le tems continue d'être favorable, la fenaifon s'acheve avec
fuccès. Nous obferverons à nos lecteurs, que s'il furvient de la
pluie, il faut bien fe donner de garde de tourner le foin qui a été
mouillé tandis qu'il étoit étendu ; il faut au contraire le laiffer fécher
dans la fituation où il fe trouve ; ce qui fe fait promptement, attendu que dans cette faifon les pluies ne font point ordinairement
d'une longue durée. Si on le tournoit ainfi mouillé, l'humidité de
la terre l'altéreroit beaucoup, au lieu que le foleil & l'air féchent
en peu de tems la partie humectée, lorfqu'on la laiffe dans la même fituation qu'elle étoit pendant la pluie.

Après qu'on a défait les tas & qu'on les a encore une fois étendus pendant quelques heures. On peut ramaffer le foin & le charger.

On obfervera cependant que s'il eft mêlé de groffes mauvaifes
herbes, il faut le laiffer plus de tems expofé à l'air, afin qu'elles
ayent le tems de fe décharger de cette humidité dont elles abondent : car fi on enferme le foin avant qu'elles foient bien defféchées ; cette humidité s'échauffe, fe communique à tout le foin,
lui donne un goût de moifi ou d'échauffaifon, ce qui lui ôte prefque entièrement fa qualité.

On doit donc, à caufe de l'incertitude du tems, fe procurer le
plus d'ouvriers qu'il eft poffible, pour pouvoir, avec un peu de célérité, mettre en pratique toutes les inftructions que nous venons
de donner : mais plus on a de gens plus on doit les fuivre de l'œil, afin
que tout fe faffe en régle & avec diligence.

CHAPITRE XIII.

Du regain & de l'ufage des terreins en pâturages pendant l'hiver.

TOut Cultivateur qui conduit fes prairies artificielles avec un peu d'intelligence, fçait que pour les bien cultiver & les bien entretenir on doit être auffi attentif a bien nétoyer le terrein & à le bien mettre de niveau pour le regain que pour la premiere récolte de foin. Mais le regain eft toujours de beaucoup inférieur au premier foin; ainfi on a tort de s'y trop fier : il faut en effet que le tems foit des plus favorables pour avoir un regain qui vaille la peine & la dépenfe d'être fauché. Les profits qui en réfultent font des plus modiques, & l'on court de très-grands rifques; de forte que pour peu que l'on calcule avec exactitude la fomme des rifques, des frais & de la peine, & qu'on la compare avec celle du produit, il reftera pour certain qu'il vaut mieux abandonner aux beftiaux les prairies après la premiere fauchaifon.

On fçait qu'il eft bien difficile de fe procurer chaque année une récolte de foin dans les terreins qui ne font pas bien cultivés, & qui ne font point fecourus des engrais qui leur font analogues. On ne peut dans ces circonftances s'empêcher de donner au fol au moins une année de repos fur trois. Mais pendant cette année de jachere le terrein, loin d'être inutile, produit au contraire un bon pâturage pour les beftiaux : l'herbe y eft en effet d'autant plus abondante que comme on ne la laiffe pas monter en foin, les feuilles fe multiplient près de la racine & que le fumier de ces animaux améliore & enrichit le fol.

Il eft bien évident que l'herbe ne peut qu'acquérir pendant cette année de jachere; d'autant plus que les racines n'ayant point à fournir de la nourriture à la tige; les feuilles en profitent. Lorfque la tige au contraire grandit, elle confomme, comme on le fent bien, beaucoup plus de fuc & par conféquent les feuilles en reçoivent moins. Lorfque la femence commence à mûrir, tous les foins de la nature fe portent vers cette partie, qui eft la fin de la croiffance de la plante.

Après ce détail, on ne peut qu'être convaincu des avantages qui réfultent d'une année de jachere pour les terreins à foin:

comme la tige du foin épuife les racines & fair périr les feuilles, il eft bien évident que les récoltes de foin doivent beaucoup plus épuifer le terrein, que les beftiaux en y pâturant pendant une ou deux faifons.

Lorfque l'on réferve un terrein à foin pendant une année entiere pour y faire pâturer des beftiaux, les tiges font mangées à mefure qu'elles s'élevent. Les feuilles étant rongées il en repouffe de nouvelles qui les remplacent ; mais celles-ci étant auffi-tôt mangées n'ont pas le tems d'épuifer les racines ; de forte qu'elles confervent leur force & leur vigueur ; tandis que le terrein eft moins épuifé par leur croiffance il eft rafraîchi & amélioré par la fiente des beftiaux qui y pâturent.

C'eft ainfi que l'on doit fe conduire pendant l'année de jachere lorfque le défaut de culture & le manque d'engrais la rendent néceffaire. Le Cultivateur doit donc, fuivant les circonftances qui le forcent, élever fon regain ou pour le faucher ou pour y mettre fes beftiaux.

S'il doit le faire manger fur pied, il doit y mettre premierement les bœufs & les vaches, enfuite les moutons, qui trouvent une abondante nourriture ; tandis que les premiers ne pourroient plus feulement y vivoter. On laiffe, après avoir fait fortir les moutons, repofer le terrein pendant quelques femaines, & l'on y remet encore une fois les beftiaux.

Ce que l'on vient de lire renferme toute la conduite que l'on doit tenir dans la culture des pâturages & les ufages que l'on doit en faire.

SECONDE PARTIE.

De la culture des Herbes artificielles.

CHAPITRE XIV.

Des Herbes artificielles en général.

LEs herbes artificielles font à proprement parler d'une origine étrangere à celles qui viennent dans les prés. On les éleve par la culture, parce qu'elles ne viennent point naturellement en abondance comme l'herbe commune , que pour cette raifon on a appellée herbe naturelle , pour la diftinger de celles qu'on éleve par une culture exacte & fuivie.

Il y a fouvent d'excellentes raifons qui engagent à femer de l'herbe dans un champ qui a porté du bled. Dans l'ancienne culture on femoit des champs femblables avec de l'herbe commune ; mais aujourd'hui on y féme de la graine de quelque herbe artificielle ; & l'on trouve que les profits qui en réfultent l'emportent de cinq de plus fur l'ancienne méthode.

Nous avons fait voir combien il étoit avantageux de varier de tems en tems les femences que l'on jette fur un même terrein ; or les herbes artificielles favorifent parfaitement cette culture, puifqu'elles donnent au fol tous les avantages d'une jachere, & produifent en même tems des profits confidérables.

L'expérience prouve qu'il eft fouvent avantageux de femer du grain ou des légumes là où l'herbe ne croît qu'avec peine, mais cela ne réuffit qu'à force d'engrais & de labourage, & ne dure qu'une faifon. Il en eft de même des herbes artificielles ; recevant une culture convenable elles végétent auffi dans les endroits où l'herbe commune n'eft que foible & languiffante. On les féme auffi avec fuccès fur un terrein que les récoltes de bled ont épuifé ; fi l'on fe rappelle les obfervations que nous avons faites dans le livre fixiéme , on n'en fera point furpris. Comme les racines de bled ne plongent

point à une grande profondeur, elles ne peuvent dépouiller de
ſes principes que la ſuperficie du ſol ; les racines des herbes artificielles au contraire portent les leurs à beaucoup plus de profondeur, & trouvent dans cette couche toute la nourriture qui leur
eſt néceſſaire ; de ſorte que quoique l'herbe artificielle ſoit très-
vigoureuſe, la partie ſupérieure du ſol ſe repoſe & acquiert de
nouveaux principes de fécondité.

Nous avons obſervé que les légumes améliorent le terrein en
ombrageant la ſuperficie & en la rendant plus molle, tandis qu'ils
ne la conſtituent en aucune dépenſe, puiſqu'ils n'en tirent point
leur nourriture. Mais les herbes artificielles donnent encore beaucoup plus d'ombre, & quoiqu'elles ſoient beaucoup plus voraces, elles
ne l'alterent point ni ne l'affoibliſſent, parce qu'elles ſe nourriſſent aux dépens de la couche qui eſt plus profonde que celle
qui fournit le ſuc nourricier aux racines du bled & de l'herbe commune.

Tout ce que l'on met en uſage en Agriculture pour amender les
terres a un rapport direct à ces deux principes, ſçavoir l'engrais
ou la jachere. Les engrais portent par eux-mêmes des principes qu'ils
communiquent au ſol. Par la méthode de la jachere, on tient la
terre ouverte aux influences de l'air ; cependant il eſt certain que
la terre acquiert de la fertilité, ſoit qu'elle ſe trouve-expoſée ou
non à l'air.

Dans le jardinage, par exemple, lorſque les vrais Cultivateurs
n'ont point des engrais en abondance, ils ont, pour y ſuppléer,
recours à une méthode auſſi ſinguliere qu'utile. Ils ouvrent des trenchées dans le terrein une fois en deux ou trois ans pour lui donner
de la fertilité. Ils les font à une profondeur ſuffiſante pour tirer
une certaine quantité de terre-meuble à la place de laquelle on
met celle de la ſuperficie. Par cette opération on ne prétend donc
que ſubſtituer à une terre épuiſée une terre qui étoit en jachere ; &
c'eſt l'objet que les herbes artificielles rempliſſent, même avec plus
de ſuccès quoique d'une maniere différente.

Dans la méthode pratiquée pour le jardinage la ſuperficie du ſol
où la récolte précédente croiſſoit eſt enterrée ſous la terre qu'on a
tirée des tranchées, qui acquiert de nouvelles forces & de nouveaux ſucs pour fournir encore de nouvelles récoltes. Dans la méthode des herbes artificielles, la couche inférieure du ſol, ſans être
remuée, s'épuiſe en nourriſſant des plantes dont les racines plongent aſſez profondément pour y prendre leur nourriture, tandis

que la partie supérieure se repose, ou que du moins la dépense qu'elle fait n'est pas assez considérable pour mériter d'être mise en ligne de compte, que d'ailleurs elle est ombragée par les tiges & les branches des productions, & qu'elle s'enrichit des rosées, des pluies, des fumiers que les bestiaux que l'on y fait pâturer y déposent. Voilà, du moins nous le pensons, le système de l'amélioration par les herbes artificielles, mis dans un assez grand jour. Nous ajouterons que l'expérience prouve que cette méthode pratiquée pour les champs est de beaucoup supérieure à celle que l'on met en usage pour la culture des jardins.

CHAPITRE XV.

Du Trefle rouge ou mielleux, appellé clover, *du sol qui lui convient, & de la maniere de le semer.*

LE clover & les autres plantes que l'on cultive sous la dénomination d'herbes artificielles, n'ont aucune ressemblance avec l'herbe commune ni dans la forme ni dans la maniere de croître : on leur a donné ce nom, parce qu'on les substitue au défaut des herbes communes, & que l'on en tire presque tous les mêmes avantages.

Il ne faut point s'équivoquer sur le *clover* : il y a le rouge commun qu'on appelle *clover* sauvage. Celui dont il est ici question, est une plante basse, qui ne s'éleve guéres de terre : ses racines sont fibreuses & blanchâtres, dont quelques-unes se répandent presque horizontalement sous la superficie, mais dont les autres (& c'est le plus grand nombre) plongent perpendiculairement dans le sol; qu'on en arrache une d'une terre ordinaire on croira qu'elle ne porte que trois pouces ou tout au plus six, au lieu que celles que l'on arrache d'un terrein bien cultivé, ont depuis seize jusqu'à dix-huit pouces de longueur; mais elles sont si atténuées vers l'une de leurs extrémités, qu'il faut se servir d'un microscope pour pouvoir les distinguer.

Les tiges du clover ont des jointures qui sont plus ou moins nombreuses, suivant que la plante reçoit plus ou moins de nourriture. Chaque tige a trois jointures dont chacune est surmontée de feuilles, qui poussent en grand nombre de la racine; elles sont nuancées au milieu; ses fleurs sont rouges & sont amoncelées en touffes aux fommités des branches. Elles reffemblent aux fleurs des pois, à cette différence près qu'elles font plus petites, plus étroites, plus longues & moins ouvertes. La femence eft dans une efpéce de petite coffe. Au-deffous de la partie inférieure de chaque fleur on trouve une goutte de jus aufſi doux que du miel.

Voilà à peu près la defcription de cette plante qui varie, foit en groffeur, foit en hauteur, foit dans fa façon de s'étendre, fuivant le dégré de culture que l'on lui donne : le clover cultivé fe marie fort bien avec le clover fauvage, que l'on trouve ordinairement mêlé avec l'herbe commune dans les pâturages fecs. Cette efpéce-ci eft petite, & ne monte que très-peu, elle devient plus confidérable dans les champs cultivés : il y a aufſi un clover que l'on appelle de *fer*. Il eft encore plus petit que le fauvage, mais très-doux, & ne diffère des autres que par fon extrême petiteffe ; les Hollandois & les Flamands font les premiers qui ont eu l'idée de cultiver le clover. On ne pourroit qu'être très-furpris de la quantité que ces Cultivateurs infatigables en tirent d'un acre de terrein.

Les fols les plus abondans en principes font ceux qui favorifent le plus la végétation de cette plante, qui exige que l'on donne au terrein les mêmes préparations qu'on lui donne pour l'enfemencer de bled. Il eft cependant effentiel d'avertir le Cultivateur qu'il ne faut point femer le treffle fur un terrein riche nouvellement labouré. Auffi a-t-on l'attention de ne le femer qu'immédiatement après qu'on a moiffonné du bled : alors il rend une abondante récolte & donne une préparation parfaite au fol pour recevoir encore une fois du bled.

Un fol loameux mêlé avec la terre molle, & qui eft léger & chaud eft celui qui eft le plus analogue à la végétation de cette plante. Il faut bien labourer le terrein que l'on lui deſtine ; c'eft pourquoi on le féme avec tout le fuccès imaginable fur un terrein où l'on vient de récolter du bled ; parce qu'on fuppofe qu'il a été bien labouré, & que la couche qui doit fournir la nourriture de cette nouvelle production n'eft point épuifée, puifque, comme nous l'avons déja fait obferver, la racine du bled n'en a reçu aucun fecours, ne plongeant point affez profondément.

Si l'on veut femer du treffle fur des fols d'une nature différente de ceux que nous venons de nommer, il faut leur donner la même culture que celle qu'on leur donneroit fi l'on vouloit y femer du bled, c'eft-à-dire qu'il faut les fecourir de marne, de fumier, de chaux & d'autres engrais convenables.

Il

Il eſt aſſez uſité de ſemer du treſſle avec de l'orge. Voici le défectueux de cet uſage. Le treſſle l'étouffe, parce que dans un été
humide, par exemple, la végétation de cette herbe eſt rapide &
accélérée; & qu'au contraire ſi l'été eſt ſec elle manque totalement. Pour éviter que l'orge ne ſoit endommagée lorſque l'on ſéme ces deux productions ſur le même terrein, il faut d'abord ſemer l'orge & attendre qu'elle ait monté au moins à trois pouces de
la ſuperficie pour y ſemer le clover. On tire alors à la main à travers le
champ un petit ſémoir dans lequel la ſemence eſt contenue. Cette
méthode a un ſuccès plus aſſuré que celle de jetter la ſemence au
hazard. Ce petit inſtrument ne porte aucun préjudice à l'orge pour
peu que le ſemeur ſoit adroit & attentif.

En ſuivant cette pratique, comme l'orge a devancé le treſſle,
elle ne craint plus d'en être étouffée; & ſi la ſaiſon eſt ſéche elle
l'ombrage & lui procure une fraîcheur qui le ſoutient & le fait végéter avec vigueur.

On peut, ſi l'on veut, ſemer le treſſle avec l'avoine: mais ſi on
les ſéme enſemble à la main, il faut choiſir un beau jour qui ſoit
bien calme; parce que la ſemence de cette herbe eſt ſi légere que le
vent l'emporteroit, & que le terrein ſeroit ſemé très-irrégulierement. Il vaut donc beaucoup mieux ſe ſervir pour le clover du
petit ſémoir à main après qu'on a ſemé l'avoine. Si l'on veut avoir
de bonne heure une récolte de clover, quoiqu'il ſoit ſemé avec
du grain, il faut préférer de le ſemer avec de l'avoine noire le
plutôt qu'il eſt poſſible.

Les Mars ne ſont pas les ſeuls grains que l'on peut mêler avec
le clover, il réuſſit également bien, ſemé avec du froment ou
du ſeigle d'hiver au commencement du mois d'Octobre. Cette
méthode eſt plus avantageuſe que toute autre. Nous avons obſervé
qu'un été ſec traverſe conſidérablement la croiſſance du jeune
clover, attendu qu'il n'y a pas de plante qui demande plus la pluie
dans ſa jeuneſſe. C'eſt par cette raiſon qu'elle réuſſit toujours avec
l'avoine noire, parce qu'étant ſemées enſemble de bonne heure,
le clover profite des pluies du printems. Mais il réuſſit encore mieux lorſqu'on le ſéme au commencement de l'hiver avec
du froment ou du ſeigle; parce qu'alors il jouit longtems de
l'humidité, & que la ſéchereſſe ni le ſoleil ne peuvent point lui
nuire. D'ailleurs il ſe fortifie beaucoup, & lorſqu'on moiſſonne le
bled ou le ſeigle il eſt épais & vigoureux.

On pourroit peut-être craindre qu'une récolte de clover croiſfant parmi le froment n'appauvrit ce grain, ou qu'elle ne fût elle-même très-pauvre à caufe de la grande quantité de nourriture que cette plante confomme ; mais fi l'on fe rappelle nos obfervations, toute crainte fe diffipera. L'un le clover) pouffe fes racines en pivot & profondément, l'autre (le froment) les pouffe horizontalement & ne fe nourrit, à proprement parler, qu'aux dépens de la fuperficie du fol.

Quoiqu'en général on préfere le commencement du printems pour femer le clover tout feul, nous confeillons, d'après l'expérience, de le femer au contraire en Octobre : il eft vrai que fa croiffance peut être beaucoup traverfée par les froids d'un hiver rigoureux ; mais quelle eft la production qui n'en eft pas plus ou moins altérée ? & nous obferverons à nos lecteurs que le clover n'eft point tendre, & que par conféquent il en reçoit moins de dommage que toute autre production. Si l'hiver n'eft point d'une rigueur extrême il jette des pouffes très - vigoureufes & fe fortifie tellement dans la terre, qu'au commencement de l'été fuivant il rend une récolte très-abondante ; après quoi il continue & augmente en valeur.

Autre avantage qui réfulte de le femer en Octobre, c'eft qu'il n'eft point traverfé par les mauvaifes herbes ; au lieu qu'en le femant au printems toutes ces plantes gourmandes fe multiplient tellement qu'elles l'étouffent.

Plufieurs Cultivateurs voulant changer un terrein à bled en pâturage, le fément avec du ray-gras. Dans ce cas il vaut mieux femer ces différentes graines en différens tems, quoiqu'elles doivent croître enfemble : le froment eft le meilleur grain qu'on puiffe femer avec le rai-gras & le clover. On féme le ray-gras enfemble avec le froment en Octobre, & le clover de bonne heure le printems fuivant, afin qu'il puiffe profiter des pluies qui arrivent ordinairement dans le commencement de cette faifon, & acquérir par-là une hauteur convenable en été.

Autre raifon qui doit déterminer à le femer de bonne heure au printems, c'eft qu'on ne peut alors couvrir la femence que par le fecours du rouleau ; or, nous avons fait voir combien l'ufage de cet inftrument eft avantageux au bled dans fa jeuneffe, & combien au contraire il lui eft nuifible quand les tiges font bien formées ; c'eft pourquoi nous n'en dirons pas davantage. Il eft feulement queftion ici de faire obferver au Cultivateur que quand il féme fon clover au printems avec du froment & du ray-gras, il vaut mieux le femer avec le petit fémoir tiré à la main de la maniere que nous l'avons déja indiqué.

Le clover n'est pas aussi sensible aux froids de l'hiver qu'à la sécheresse de l'été ; pour peu que le sol couvre & embrasse étroitement ses racines, il résiste aux rigueurs de l'hiver ; d'ailleurs si l'on craint que les froids ne traversent sa croissance lorsqu'il est encore jeune & tendre ; il faut y mettre les moutons avant la rigueur de la saison pour qu'ils en mangent les jeunes pousses ; par-là on remplit deux objets, celui de nourrir ces animaux, & celui de faire par leur piétinement fouler & affermir la terre autour des racines, qui n'ayant point de sommités à substanter pendant l'hiver, poussent des feuilles & des tiges vigoureuses le printems suivant.

Nous recommandons, comme nous l'avons fait pour les autres productions, beaucoup de soin dans le choix de la semence de celle-ci : il y en a de différentes couleurs, comme la jaunâtre, la rougeâtre, & la noirâtre. La premiere est la meilleure : mais elle est encore plus parfaite lorsqu'elle est d'un jaune verdâtre. La rougeâtre est passable ; mais la derniere (la noirâtre) n'a presque point de qualité. Voilà le choix indiqué quant à la couleur ; il faut encore qu'elle soit nette, saine & qu'elle ait une peau luisante : cette circonstance-ci principalement indique sa bonté. Si elle est poudreuse & obscure, c'est un signe certain qu'elle a été humectée ou qu'elle a été altérée par des insectes.

Les Cultivateurs ne s'accordent point sur la quantité de semence de treffle qu'il convient de donner par acre : les uns prétendent qu'il en faut six livres, les autres douze & même quatorze : M. *Hall* dit que suivant les expériences réitérées qu'il a faites, & d'après celles de plusieurs autres Cultivateurs expérimentés, il a vu que huit livres de semence bien choisie sont la moindre quantité qu'on peut en donner à un acre. On peut, continue cet auteur, assurer que neuf livres sont la véritable quantité nécessaire. Ceux qui en emploient plus de dix livres, endommagent, dit-il, leur récolte autant que ceux qui n'en sément que six. L'expérience prouve, nous avons déja fait cette observation, que la trop grande quantité de semence produit les plus petites récoltes.

Quant à ceux, ajoute M. *Hall*, qui n'en sément que six livres, ils sont dans une erreur également dangereuse ; parce que la plante dont il est ici question ne s'élève pas beaucoup au-dessus de la superficie. Elle est extrêmement petite, comparée avec les autres herbes artificielles ; c'est pourquoi elle n'exige pas, comme les autres plantes, de certaines distances qui favorisent tant leur végétation. En épargnant la semence, on ne s'expose point à des suites

L ij

fâcheufes quant aux plantes, qui s'élevent beaucoup de terre, & qui pouffent beaucoup de tiges furmontées d'épis, comme, par exemple, le bled. Mais à l'égard du treffle, & d'autres plantes femblables ; cette épargne peut être préjudiciable de deux façons, 1°. en privant d'une récolte beaucoup plus abondante, que le terrein auroit facilement rendu. 2°. En ne préparant point fuffifamment le terrein pour le bled que l'on doit lui confier dans la fuite, effet dont on ne peut point jouir, parce que la terre n'a pas été fuffifamment couverte, & que par conféquent cette efpéce de jachere eft très-imparfaite.

CHAPITRE XVI.

De la maniere de nourrir les beftiaux de clover tout verd.

LE clover eft une nourriture fi fubftancielle, qu'on peut nourrir avec un acre de terrein qui en eft femé autant de bétail qu'avec fix acres d'herbe commune. Il faut bien fe donner de garde d'y faire entrer les beftiaux pour le pâturer; parce qu'ils le foulent avec les pieds & qu'ils en gâtent beaucoup ; il faut donc préférer de le couper verd & de le leur donner dans l'écurie. Nous parlerons dans la fuite de la maniere de le faucher pour en faire du foin.

Les beftiaux font fi friands du treffle verd, que fi on leur en donnoit fuivant leur appétit, ils fe donneroient des indigeftions qui pourroient les faire périr. C'eft pourquoi outre les raifons que nous avons rapportées ci-deffus, on ne doit point les lâcher dans un champ qui en eft femé : il faut au contraire pour les habituer à ce fourrage fi nourriffant, leur en donner d'abord en petite quantité. D'ailleurs il faut avoir égard à la conftitution de ces animaux : les uns fupportent des alimens nourriffans plus facilement que les autres. Il faut pour ceux qui font moins robuftes mêler ce fourrage avec de la paille & les y accoutumer par dégrés. On doit préfumer que nous traiterons d'une façon plus détaillée cet article important, quand nous arriverons aux maladies des beftiaux & aux régles que nous devons prefcrire pour les conferver en bonne fanté.

Mais fi enfin on veut les lâcher dans le treffle. Il faut que ce foit vers le midi & que le jour foit chaud. Cette nourriture eft très-dangereufe lorfqu'elle eft encore chargée de rofée. En fuppofant

donc que le foleil a pompé toute l'humidité ou qu'un vent fec l'a
évaporée ou fait tomber, il convient de ne les laiffer le premier
jour dans ce pâturage que l'efpace de demi-heure, & le jour fuivant
pendant une heure, & on augmente ainfi infenfiblement le
tems jufqu'à ce qu'ils y foient habitués. Mais fur-tout, & c'eft ici
le point important, on obfervera toujours de ne pas leur en permettre l'entrée avant midi.

Il faut encore avoir égard au tems ; car nous fçavons d'après
l'expérience que par un tems humide le clover eft très-préjudiciable aux chevaux. Nous avons fait fentir combien il étoit dangereux
de leur en donner lorfqu'il eft encore chargé de rofée. Or il eft
beaucoup plus à craindre quand il eft humide que lorfqu'il eft fec ;
il faut donc prendre toutes les précautions que nous indiquons,
en donnant cette nourriture, qui à cela près eft excellente : d'ailleurs, outre les rifques que nous avons fait voir que l'on couroit en
faifant ufage de cette nourriture pendant qu'elle eft humide, il eft
certain que les beftiaux en gâtent beaucoup par leur piétinement.

L'ufage de femer le ray-gras avec le clover eft avantageux à
tous égards ; le principal avantage qui réfulte de ce mêlange confifte en ce qu'il entretient les beftiaux en très-bonne fanté : cette
plante eft à peu près de la même nature que l'herbe commune, qui,
comme on le fçait, eft de toutes les nourritures celle qui leur eft
la plus propre & la plus naturelle : le ray-gras corrige & tempere la
force du clover, & il augmente en même tems la quantité de
fourrage ; car fes racines s'étendent horizontalement fous la furface, au lieu que celles du cloverplongent profondément, de forte
que cette production réuffit auffi parfaitement avec le ray-gras
qu'avec le bled, fans que leurs feuilles ni leurs racines s'embarraffent ou fe gênent. Le treffle, comme nous l'avons dit, s'étend
près du fol & fes branches donnent de l'ombre aux racines du
ray-gras, elles confervent le terrein humide, tandis que les feuilles étroites du dernier s'élevent & paroiffent au-deffus du premier
fans rencontrer aucune difficulté.

Il eft cependant à obferver, comme nous l'avons fait d'après
plufieurs expériences, que le treffle & le ray-gras femés enfemble
ne font pas fi propres à donner de bonnes préparations au terrein
pour le mettre en état de recevoir du bled, que lorfqu'on y féme le
treffle tout feul.

Nous avons déja dit que le clover améliore le terrein en donnant de l'ombre à la fuperficie & en tirant fa nourriture d'une cou-

che qui eft très-profonde; de forte que la fuperficie a le tems de fe rétablir, & d'acquérir de nouveaux principes de fertilité, au lieu que le ray-gras ne pouffe guéres plus avant fes racines que le bled. Ainfi la couche où le bled doit prendre fa nourriture rifque de fe trouver épuifée.

Il refte donc pour certain qu'il eft bien plus avantageux de femer le clover fans mêlange lorfque l'on deftine le terrein à du bled, & qu'au contraire lorfque l'on ne veut point en faire cet ufage, on doit le femer mêlé avec du ray-gras : mais enfin lorfque l'on veut, preffé par certaines circonftances, les femer enfemble fur un terrein auquel on doit bientôt confier du froment, il faut obferver que la quantité du ray-gras foit de beaucoup inférieure au treffle, au lieu que lorfqu'il doit refter long-tems en pâturage, le ray-gras doit ex-céder de beaucoup; de forte qu'après ces inftructions générales, il nous paroît que le Cultivateur eft en état de fe conduire relative-ment aux circonftances & à la fituation où il fe trouve.

Que le clover foit donné humide ou en trop grande quantité il eft également nuifible aux vaches & aux chevaux, & fi par ha-zard il ne produit pas d'abord cet effet fur les vaches, du moins al-tere-t-il la qualité du lait : il eft vrai que l'on peut obvier à cet in-convénient en y mêlant un peu de ray-gras.

Le clover n'eft ordinairement bien vigoureux que pendant trois ans, après quoi il décline tellement, qu'il ne vaut point la peine de le cueillir ni de le laiffer fur le terrein. Si au bout des trois ans on veut femer du bled on trouvera le terrein très-propre à cette pro-duction; mais fi l'on en veut encore exiger du clover, il faut le labourer au bout des trois ans, le préparer par le fecours des engrais analogues, enfin le cultiver comme fi on le deftinoit à porter du bled, il faut le femer avec du nouveau treffle; voilà la feule & la plus affurée façon de s'en procurer du bon pendant trois autres années.

Il y a cependant une expérience à faire à ce fujet. Nous avons déja dit & comme prouvé que lorfqu'on ne fauche l'herbe com-mune que pendant deux ans confécutifs, & qu'on lui donne une efpéce de jachere pendant la troifiéme année, en ne la fauchant point, mais la faifant manger aux beftiaux, elle fe renforce & fe ré-tablit avec affez de vigueur, pour mériter d'être fauchée pendant deux autres années confécutives. Si de même l'on ne fauchoit pas le clover la troifiéme année, & fi l'on permettoit aux beftiaux de le manger fur pied, peut-être fe rétabliroit-il ainfi que l'herbe commune & pourroit-il être fauché pendant deux autres années. M. *Hall* dit en avoir vu faire l'expérience sur un terrein bien médiocre, & il ajoute que l'on la fit avec succès. Or si l'on peut réussir sur un sol qui n'abonde point en principes, combien plus d'avantage n'y auroit-il point à pratiquer cette méthode sur un sol substantiel.

Les Hollandois, cette nation économe, même sur les plus petits objets sont les premiers qui ont introduit l'usage de couper le clover verd, & de le donner dans l'écurie aux bestiaux au lieu de le leur faire manger sur pied. En suivant cette méthode ces animaux en effet ne sont point sujets à s'incommoder, comme nous avons déja observé que cela arrive lorsqu'on les laisse en manger suivant leur appétit : d'ailleurs on épargne considérablement en le leur donnant en verd ; parce qu'il diminue beaucoup lorsqu'on le fait sécher pour en faire du foin.

Il n'y auroit point de meilleure nourriture que le clover pour les vaches s'il ne donnoit pas un mauvais goût au lait. Il est cependant aisé d'y remédier soit en mêlant un peu de ray-gras, soit en les nourrissant pendant le jour de ce fourrage & en les lâchant pendant la nuit dans un pâturage d'herbe commune ; par-là on remplit le double objet, de se procurer beaucoup de lait & d'en corriger le mauvais goût qui est inévitable par l'usage du clover seul.

C'est en Hollande qu'on a observé pour la premiere fois que les cochons sont très-avides du clover, & qu'il est si abondant en suc qu'ils s'engraissent d'une maniere surprenante ; mais il faut bien se donner de garde de les lâcher dans un champ de clover, parce qu'ils l'infecteroient avec leur fumier & leur urine, & qu'ils le détruiroient soit en piétinant, soit en fouillant, de sorte qu'ils s'en dégoûteroient eux-mêmes. Il faut donc prendre le parti de le leur donner peu à peu dans l'auge ; rien ne les nourrit mieux & ne les engraisse plus promptement.

Le clover verd ou sec est aussi une nourriture très-avantageuse pour les moutons ; cette plante est d'une très-grande ressource pour nourrir les agneaux domestiques, ce qui est un article très-important lorsqu'on est voisin de quelque grande ville. Les brebis s'en nourrissent en été dans les champs, & en sec pendant l'hiver. Il n'y a point de nourriture qui les fasse plus abonder en lait.

Ce fourrage, soit en verd soit en sec est aussi une excellente nourriture pour les chevaux. Tant d'avantages réunis font voir combien il est utile & avantageux pour le Cultivateur de ne pas négliger la culture de ce fourrage.

Il eſt des Agriculteurs qui ont voulu eſſayer du clover avec des pois ou avec des féves ; mais le ſuccès n'a point répondu à leurs eſpérances. En un mot, nous terminons ce Chapitre en aſſurant que l'on ne doit le ſemer que ſeul, ou mêlé avec le ray-gras, métho-de dont nous avons démontré toute l'utilité, ou avec du froment, ou avec de l'orge, ou enfin avec de l'avoine.

CHAPITRE XVII.

De la maniere de faucher le Clover, & de la maniere d'en faire du Foin, & de ſa qualité.

C'Eſt au Cultivateur à ſe rendre compte à lui-même du nom-bre de ſes beſtiaux & par conſéquent de la quantité de clo-ver dont il peut avoir beſoin, ſoit en verd, ſoit en ſec. Nous avons déja fait obſerver les avantages qui réſultent de ne faucher un champ de clover que deux années de ſuite. Mais il eſt ſi vigoureux & croît ſi rapidement qu'on peut le faucher deux fois l'année, la pre-miere vers la fin de Mars, quelquefois plutôt ou plus tard, ſui-vant la ſaiſon ou la qualité du ſol. C'eſt aux Cultivateurs à obſerver le tems précis dans lequel il commence à fleurir & de ſaiſir ce mo-ment comme le plus favorable à la fauchaiſon ; parce qu'en effet ſes tiges & ſes feuilles ſont alors dans leur état de véritable croiſ-ſance.

Ses fleurs ſont raſſemblées en touffes aux ſommités des bran-ches en forme de boutons verds, ronds & filandreux. Il faut ob-ſerver le dégré de maturité de ces eſpéces de boutons, & commen-cer à faucher dès qu'on s'apperçoit qu'ils commencent à s'ouvrir pour donner une iſſue à la fleur : d'ailleurs le champ ne fleurit pas tout à la fois. Ainſi dès que l'on voit que les boutons commencent à ſe gonfler, & qu'on apperçoit par-ci par-là quelques fleurs écloſes, il eſt tems d'y mettre la faulx ſi l'on veut avoir un foin bien condi-tionné. Il eſt des Cultivateurs qui prétendent qu'il eſt plus avan-tageux d'attendre que toute la production ſoit en fleurs : mais c'eſt une erreur des plus groſſieres. En voici la raiſon :

Il n'y a point lieu de douter que le premier objet du Cultivateur dans la culture du clover ne ſoit de ſe procurer un foin bien condi-tionné & de conſerver les racines de la plante dans un état vigou-

reux,

reux. Or le foin eft dans fon état le plus parfait lorfqu'il commence à fleurir, & les racines ne font point encore épuifées : elles font au contraire dans leur véritable vigueur : comme elles n'ont plus à fournir de la nourriture aux boutons qui font aux fommités des tiges, quand on a faifi ce moment de faucher, elles repouffent avec une force étonnante, & donnent une feconde récolte très abondante vers la fin de l'été. Si l'on attend au contraire que toute la production foit en fleur, on en trouve une grande partie qui eft montée en femence, les racines font épuifées & n'ont plus par conféquent cette vigueur qui eft fi néceffaire pour la pouffe d'une feconde récolte.

La fenaifon du trefle eft la même que celle de l'herbe commune. Comme cette plante contient beaucoup d'humidité, il faut avoir le foin de la faire bien fécher, & ne pas s'étonner de fa grande diminution à mefure qu'elle féche : le foin du trefle, fauché dans une faifon convenable, bien defféché, & fait avec foin, eft une des nourritures les plus fubftantielles, elle eft faine & d'ailleurs très-propre à engraiffer toutes fortes de beftiaux ; il arrive quelquefois, & cela dépend de la faifon, qu'on peut le faucher trois fois dans l'année ; fçavoir en Mai, en Juillet & en Automne. Mais ce cas eft extrêmement rare dans les pays Septentrionnaux, parce que cette plante demande beaucoup plus de chaleur que l'herbe commune, puifqu'en effet elle a plus de fuc qui eft fujet à s'altérer ; & quand la faifon eft bien favorable, la feconde récolte appauvrit tellement la troifiéme qu'elle parvient rarement à une parfaite maturité.

Lorfqu'on a befoin de la femence, il faut laiffer fur pied la feconde récolte jufques vers la fin de Septembre : la femence ne commence à paroître dans les coffes des boutons que vers la fin du mois d'Août, quelquefois cependant un peu plutôt, ou quelquefois plus tard fuivant la faifon & fuivant la nature du fol. Il s'écoule depuis ce tems jufqu'à fa parfaite maturité, au moins trois femaines ou un mois. La tige au bout de ce tems commence à jaunir ou à brunir & la femence devient jaunâtre. Il n'y a plus alors à attendre il faut faucher, mais choifir autant qu'on le peut un jour fec. On en fait enfuite du foin que l'on met à couvert jufques au printems, fans en féparer la femence. Dès qu'on arrive à la fin du mois de Mars, on le bat à la maniere du bled, pour en féparer la femence : on féche enfuite au foleil la partie coffeufe qu'on bat encore une fois, on la féche encore une fois & on la remue bien avec des rateaux.   M

La difficulté que les Cultivateurs ont trouvé à bien séparer la semence de son enveloppe les détermine à semer le tout ensemble ; ce qui réussit très-bien lorsqu'on le fait avec le petit sémoir tiré à la main ; au lieu qu'en semant à la volée le champ est semé très-irrégulierement, puisqu'il y a en effet des endroits où le clover vient par touffes, & d'autres où il n'en paroît point du tout. On observera que la semence de la premiere année a beaucoup plus de qualité que celle de la seconde, & que par conséquent il faut lui donner la préférence.

CHAPITRE XVIII.

Des sols qui sont favorables au sain-foin & de l'utilité de cette plante.

NOus avons rendu compte de la nature du sain-foin dans la partie de cet ouvrage, où nous avons fait voir tous les avantages de la charrue, appellée le *Cultivateur*. Ainsi pour éviter la répétition nous ne considérerons ici que l'utilité de cette production & la méthode de la cultiver.

Deux raisons puissantes doivent déterminer le Cultivateur à donner la préférence au sain-foin sur le clover. La premiere, c'est qu'il monte plus haut & que par conséquent il abonde beaucoup plus ; la seconde, c'est qu'il dure aussi beaucoup plus que le clover. Nous avons observé à nos lecteurs que le clover ne dure guéres que trois ans, le sain-foin au contraire dure quatre fois autant & même plus. Pour faire durer le clover on ne peut le faucher que deux ans de suite, & il faut y mettre les bestiaux pour le faire manger la troisiéme année sur pied ; le sain-foin au contraire n'exige rien de tout cela dès que le terrein en est bien couvert. Le bled réussit parfaitement bien sur un terrein qui vient de porter cette production.

Tous les sols, à l'exception du crayeux, sont assez favorables à la végétation du sain-foin. Il réussit très-bien dans les sols les plus pauvres ; soit qu'ils abondent en pierres, soit que le sable y domine, il plonge ses racines à une très-grande profondeur ; de sorte qu'il conserve toujours la verdure de son feuillage lors même que les autres productions sont entierement desséchées par la chaleur de l'été : cette récolte est d'une ressource infinie pour les Cultivateurs qui n'ont point une certaine abondance d'engrais. Il n'y a point de plante plus capable de fe fournir de la nourriture ; il perce à travers les crevaffes des pierres & va chercher des fucs à une profondeur où l'on ne croiroit jamais qu'une plante femblable pût atteindre.

Les expériences heureufes qu'a fait un Cultivateur, (le fieur de Pommiers) méritent d'autant plus d'être rapportées qu'elles ne peuvent manquer de donner de l'émulation.

„ J'avois femé, dit ce Cultivateur, du fain-foin en différentes „ terres en 1749, il leva en fi petite quantité que je le fis ren„ verfer avec la charrue, il en refta environ trois cordes d'une nature „ ingrate & pierreufe que je laiffai pour fervir d'aifance afin que „ l'on ne gâtat pas mes champs par des fentiers. Je fus étonné „ quelques années après d'y voir le fain-foin très beau. Mon éton„ nement fut extrême en voyant qu'il s'étoit multiplié par la grai„ ne qui s'étoit répandue. Je vis par-là que la terre ne fe refufoit „ pas à cette plante ; mais que j'avois manqué en quelque chofe „ en la femant, foit en me fervant de graine trop vieille, foit „ par quelqu'autre inconvénient. L'année 1757 j'achetai de la „ graine : la bonne foi de celui de qui je la tenois m'étoit con„ nue : j'en femai un quartier de terre que j'avois loué jufqu'à ce „ tems dix fols par an. Je ne le fumai pas : il étoit en pente : la „ partie fupérieure n'avoit tout au plus que quatre pouces de „ bonne terre mêlée de beaucoup de cailloux, la partie inférieure „ au contraire étoit une terre forte propre à bâtir. Cette vallée „ avoifinoit une luzerne, qui n'avoit fait, malgré les engrais, „ que très-peu de progrès ; elle étoit jaunâtre, peu garnie & à „ peine avoit-elle atteint fix pouces de hauteur. Dans le terrein „ de même nature le fain-foin vint d'une beauté parfaite. Le „ haut m'annonçoit une récolte affez abondante. Je conçus dès „ l'inftant les plus hautes efpérances. Mais malheureufement, „ pendant l'hiver les vaches & les moutons y entrerent ; leurs tré„ pignemens avoient arraché une partie du plant : le refte languif„ foit ; en voici le produit :

„ En 1758 : 38 bottes de .   .   .   .   9 liv.
     3 bichets ou mefures de graine à 40 f. le bichet . . . 6
„ En 1759 : 40 bottes de   10
     4 bichets de graine à 8

Total .   .   .   . 33 liv.

d'autre part 33 liv.

» En 1760 : 50 bottes à 24 l. le cent . . . . . . 12 l.
    6 bichets de graine à 40 fols 12

Total 57

» Sur quoi il y a de façon . . . . 4 liv.

Reste 53

» Ainfi ce quartier de terre, quoique maltraité par les bestiaux, a
» produit net en quatre années 73 livre, ce qui donne, felon
» l'ancienne amodiation, trente-fix pour un d'augmentation.
» Quoique je ne l'aye point fumé, je me fuis apperçu, au mois
» d'Octobre 1761, qu'il a totalement réparé fes pertes, qu'il eft
» bien garni, & il annonce une excellente récolte.

» Je femai en 1758 un demi-arpent de terre où je recueillois
» ordinairement du bon feigle ; il eft en pente, & les cailloux
» étoient fi abondans que j'en fis ôter plus de foixante tombereaux
» pour le rendre fauchable. Ce champ auroit été loué vingt fols
» par an : on jugera de la différence par le produit ;

» En 1759 : 300 bottes de foin à 30 liv. le cent. . . . . . 90 liv.
    17 bichets de graine à 40 fols 34
» En 1760 : 350 bottes de foin à 24 liv. le cent 84
    27 bichets de graine à 40 fols 54
» En 1761 : 300 bottes de foin à 15 liv. 45
    30 bichets de graine à 40 fols 60

Total 367

» les regains ont payé les façons & au-delà.

On voit par ce calcul que le demi-arpent de terre a rapporté
en trois années trois cents foixante-fept livres.

La même année 1761, continue le même auteur, » je femai
» vingt cordes de terre d'une nature bien différente : elle eft en
» plaine graffe & humide : on y avoit mis autrefois une luzerne :
» rien n'avoit pu la rendre bonne.

» En 1759 je recuillis 70 bottes de foin à 30 liv. . . . . . 21 liv.
    4 bichets de graine à 40 fols 8
» En 1760 : 100 bottes 24
    6 bichets de graine 12
» En 1761 : 100 bottes 15
    7 bichets de graine 14

Total 94

,, Le regain a monté plus haut que la dépenfe. Par conféquent ces ,, vingt cordes valant tout au plus douze fols par an, ont rapporté ,, pendant trois années 94 livres ; ce qui donne plus de cinquante ,, pour un de bénéfice.

Un fuccès auffi prodigieux frappa fenfiblement notre Cultivateur ; fes efpérances fe trouvoient comblées. Un avenir riant & utile s'offrit à fon efprit : il réfolut de multiplier fes expériences : elles ne fruftrerent point fon efpoir. Nous allons l'entendre.

,, J'avois, dit-il, un demi - arpent de terre rempli de cailloux : ,, un particulier l'avoit enfemencé deux fois de feigle fans lui ,, donner du fumier, j'y mis de l'avoine en 1758, ce qui ache- ,, va de l'épuifer. Je le femai en 1758, au mois de Juillet, je n'y ,, mis, de même qu'aux autres, aucun engrais.

,, En 1760 je recueillis 75 bottes de foin.	18 liv.
4 bichets de graine	8
,, En 1761 : 160 bottes à 15 livres le cent , . . , .	24
12 bichets de graine	24
Total	74

,, Le regain a payé les frais.

,, Cette mauvaife terre dont on auroit beaucoup de peine à reti- ,, rer dix fols par an, a produit en deux ans foixante & quatorze ,, livres. Que ne doit-on pas attendre les années où cette plante ,, eft dans toute fa force ?

Notre Cultivateur, enchanté par des avantages fi réels faififfoit toutes les occafions de fe procurer de ces prairies artificielles. Suivons-le encore ; fon exemple ne peut être que très-utile.

Produit :

,, Je recueillis en 1760, 75 bottes de foin	18 liv.
4 bichets de graine :	8
,, En 1761 : 160 bottes à 15 livres le cent	24
12 bichets de graine	24
	74

,, Le regain a payé les frais.

,, Cette mauvaife terre dont on auroit eu peine à tirer dix fols ,, par an, a produit en deux ans foixante & quatorze livres : que ,, ne doit-on pas attendre les années où cette plante fera dans fa ,, force ? Encouragé par un avantage auffi réel, je faififfois tou- ,, tes les occafions de me procurer une quantité de ces prairies ar-

„ tificielles. Un particulier avoit à Cheroy (qui est le lieu que
„ j'habite) cinq quartiers de terre d'une nature si mauvaise, qu'el-
„ le se refusoit au bled, & n'avoit produit en 1759, que sept ger-
„ bes d'avoine. Plusieurs essais infructueux l'avoient fait décider
„ qu'elle resteroit inculte ; je l'achetai 30 livres, & l'on regar-
„ da cet achat comme une folie ; je l'ensemençai en 1760, au
„ mois de Juillet, sans fumer. Elle produisit en 1761 :

200 bottes de foin à 15 liv.	30 liv.
8 bichets de graine à 40 s.	16
	46

„ Cette terre condamnée à la stérilité, m'a rapporté dès la
„ premiere année seize livres plus que l'achat, & au mois de No-
„ vembre, le foin étoit d'un verd admirable, bien garni, & pro-
„ mettoit une abondante récolte pour les années suivantes.

„ En 1760, je semai un quartier de terre forte, propre au
„ froment, j'y mêlai de l'orge qui devint abondant, & produisit
„ en 1761,

100 bottes de foin de . . . . . , . .	15 liv.
5 bichets de graine de	10
	25

„ J'avois un arpent de terre légere, mais assez bonne pour pro-
„ duire du méteil ; je le semai en 1760 avec du bled Sarrazin ; la
„ semence du dernier avoit été répandue trop dru ; cela arrêta
„ le progrès de la plante, mais ne la détruisit pas ; le plant étoit au
„ printems 1761 petit, & je n'osois espérer aucune récolte, ce-
„ pendant il me donna

100 bottes de foin de	15 liv.
4 bichets de graine	8
	23

„ Il m'a paru à l'automne dernier fort & vigoureux, la plan-
„ te est large, & tout fait espérer une abondante récolte. Remar-
„ quez que ces exemples sont d'autant plus frappans, que c'est le
„ produit de la premiere année, qui est toujours bien inférieur
„ aux suivantes, & qui l'emportent de beaucoup sur les premie-
„ res. Ces premiers présens encouragent le Cultivateur & lui don-
„ nent tout à espérer de l'avenir.

„ J'avois essayé plusieurs espéces de terres, elles avoient jus-
„ ques-là répondu à mon attente ; j'en variai la culture en 1760.
„ Je semai une grande piéce de bled, je la fis herser ; j'y mis en-
„ suite ma semence, je la roulai légerement avec un cylindre ;
„ une partie de cette terre étoit bonne, l'autre pierreuse, négli-
„ gée depuis long-tems, regardée même comme un fonds ingrat,
„ qui ne payoit point sa culture. Le bled vint beau dans la bonne
„ partie, & languissant dans le reste. Le sain-foin peu délicat
„ se trouva égal par-tout, d'un verd noir, & ne le céda à aucun
„ des autres.

„ J'ai huit arpens d'une piéce, dont la moitié est une terre froi-
„ de, propre au froment ; l'autre plus légere, courte, je l'ai se-
„ mée en sain-foin en 1761 ; il a levé parfaitement, & donne
„ tous les signes d'une fécondité admirable.

„ Quel doute peut-on former après des épreuves aussi suivies ?
„ Le sol le plus ingrat, les fonds les plus heureux se sont empres-
„ sés à me fournir l'herbe la plus succulente, & très-abondante ;
„ j'ai vu des côteaux méprisés par le Propriétaire, devenir entre
„ mes mains, sans dépense, de riches prairies ; ces endroits
„ auparavant si tristes, qui auroient pu passer pour le symbole
„ de la misere, ont étalé au mois de Mai la pompe la plus bril-
„ lante ; une fleur majestueuse, entremêlée de feuilles d'un beau
„ verd, n'ont laissé voir qu'un parterre riant ; la grandeur & l'é-
„ paisseur des plantes ont dérobé à l'œil la difformité du terrein.

„ Je vais souvent dans un pays inculte, & presque totalement
„ abandonné ; encouragé par mes expériences, j'ai fait semer un
„ morceau de terre que j'ai trouvé être le plus mauvais ; il a suivi
„ le sort des autres, il est venu très-beau : je ne négligerai rien
„ pour perfectionner cette culture dans les années prochaines.

„ La luzerne & le treffle, quoique excellens pour l'améliora-
„ tion des terres, ne peuvent entrer en comparaison avec le
„ sain-foin ; s'ils produisent beaucoup dans des espéces de terre,
„ le dernier viendroit encore plus abondamment. Je m'informai
„ en 1760 du plus grand produit des luzernes fumées ; il n'égala
„ pas la récolte de mes sain-foins qui ne l'étoient pas. La luzerne
„ a toujours des endroits foibles ; l'autre au contraire est égal par-
„ tout. Le treffle par son peu de durée, ne peut être d'aucune
„ utilité à présent. La misere empêchera le Cultivateur d'en faire
„ la dépense, la crainte de n'y pas trouver ses terres propres l'arrê-
„ tera ; mais on se servira très-utilement de ces herbes, si on les
„ féme dans les terres où le sain-foin sera épuisé.

„ Pour femer le fain-foin , il faut que la terre ait au moins
„ deux façons ; trois produiront un meilleur effet , en fournif-
„ fant à la jeune plante le moyen de jetter de profondes racines.
„ Quand la terre eft très-meuble , on la herfe bien, on féme en-
„ fuite la graine ; il en faut au moins cinq bichets , mefure de
„ Cheroy , par arpent. Cette mefure pefe quarante livres en bled.
„ On paffe enfuite légerement un rouleau par-deffus.

„ Toute l'année eft propre à cette femaille , on ne doit point
„ craindre que les oifeaux dévorent la graine. Le pigeon a beau
„ être affamé , il n'y touche point. J'ai retrouvé dans un colom-
„ bier au printems la graine que j'y avois mife l'automne. Son
„ enveloppe la défend de tout accident, excepté du grand froid.

„ Il faut que la graine foit nouvelle , qu'après avoir été battue ,
„ on la faffe fécher en couche légere au grenier. Il faut la re-
„ muer cinq ou fix fois le jour , jufqu'à ce qu'elle ait exhalé fon
„ feu. Sans ces précautions, les principes de vie périffent; il n'en
„ léve qu'une partie, & le peu d'attention du Cultivateur fait que
„ l'on regarde des pays entiers comme n'y étant point propres.

„ J'avois entendu parler d'une Ferme près de Nangis , à quel-
„ ques lieues de Nemours , dont le tiers des terres étoit en prés
„ artificiels. Un Anglois , difoit-on , la faifoit cultiver à la ma-
„ niere de fon pays. J'y allai au mois d'Août 1760. J'y vis de
„ vaftes enclos , dont les foffés étoient fort larges. Le treffle &
„ la luzerne étoient très beaux. Mais les fain-foins l'étoient peu ,
„ on n'en voyoit que quelques plants. Le terrein n'étoit pas
„ rempli. Le Fermier qui me conduifoit , me dit que la terre fe
„ refufoit à cette plante , que fon maître lui avoit ordonné de
„ planter à la cheville ce qui étoit vuide.

„ Le peu qui paroiffoit étoit très-beau, d'un verd admirable ,
„ cela me le fit examiner avec attention. J'apperçus une infinité
„ de petits plants, que la graine répandue par la faulx avoit pro-
„ duits ; ils fuffifoient pour peupler; mon guide ne vit cela qu'a-
„ vec furprife : fi la terre , lui dis-je , produit fi bien , fans le fe-
„ cours de l'art , que ne fera-t-elle pas , quand vous lui confierez
„ une femence propre à la végétation : Ces plants , qui ont levé
„ fans être enterrés , vous apprennent qu'il faut prendre garde en
„ femant qu'elle ne foit pas mife trop avant, elle ne peut percer
„ la terre; il fut convaincu que la mauvaife culture étoit l'obftacle
„ qui s'étoit oppofé aux biens qu'on en peut attendre. Il dure
„ très - longtems dans les terres qui ne font pas trop chaudes :

la

,, la mauvaise Beauce, & une partie du Gatinois en ont beaucoup
,, de cette espéce ; il y dure cinq, six, même sept ans sans dépérir ;
,, il fertilise la terre d'une façon singuliere. Celle qui ne produi-
,, soit que du seigle, quand le sain-foin y périt, étant labourée,
,, donnera un très-beau froment. L'avoine vient haute, nette,
,, grainée. Le Cultivateur, loin de craindre sa destruction, y trouve
,, de nouvelles richesses. Il y a des terres où les ronces, l'épine noi-
,, re, les chardons, &c. sont si fort enracinés, qu'aucune espéce
,, de labourage ne peut les extirper. Le sain-foin les détruit sans
,, ressource. J'avois un terrein si plein de ces mauvaises herbes,
,, que les Laboureurs ne le cultivoient qu'avec peine ; dès la se-
,, conde récolte tout disparut.

,, Cette fécondité sera sensible, on pourra ensuite, pendant neuf
,, années, le semer d'un autre pré artificiel, & observer de laisser
,, un espace de tems suffisant, pour que les sels propres à la plante
,, qui sont épuisés, soient réparés. Je conseillerois après le
,, sain-foin, de mettre de la luzerne & du treffle, & de reve-
,, nir enfin au sain-foin. On jouira sans interruption, & sans dé-
,, pense d'un fourage excellent & abondant. On sera étonné de
,, voir que le froment qui ne pouvoit croître dans une terre atté-
,, nuée, produira l'image riante de l'abondance, & se présentera
,, de tous côtés ; le Cultivateur verra avec transport les mêmes
,, champs, où quelque tems auparavant ses plus grands travaux
,, n'étoient que médiocrement récompensés.

,, Il faut rendre les peuples heureux, les enrichir même, ré-
,, pandre l'abondance dans tous les ordres, les mettre en situation
,, de fournir aisément, & sans murmure, les subsides d'où dé-
,, pendent la conservation de l'Etat.

,, On a vu par les premiers Chapitres de cet ouvrage que
,, souvent une guerre dispendieuse ôte au Prince bienfaisant qui
,, gouverne, le moyen d'aider les malheureux. Ce que je propose
,, le fera, & d'une façon rapide. Trois ou quatre années peuvent
,, entierement changer la face du Royaume. Ce misérable qui fait
,, trente arpens de terre par saison, n'a que soixante à quatre-vingt
,, brebis, trois ou quatre vaches il ne recueille pas, & il est livré
,, à toutes les horreurs dont j'ai parlé. Au lieu de semer ces trente
,, arpens en bled, il n'en fera la premiere année que vingt-neuf,
,, & en sémera un de sain-foin. Il faut pour environ six francs de
,, graine : la seconde année, il en recueillera assez pour en ensemen-
,, cer trois, il réduira ses bleds à vingt-sept arpens. La troisiéme

„année, il pourra en femer cinq de la faifon des bleds, & fuccef-
„fivement, il ôtera quinze arpens, il en aura encore vingt-cinq par
„année. Au bout de quatre ans, il aura affez de foin pour nourrir
„quatre cent moutons, dix à douze vaches, pourra fumer dix &
„douze voitures fur chaque arpent.

„Tout Lecteur judicieux voit que ce Laboureur n'a befoin de
„faire aucune avance, que fes richeffes viennent aifément, &
„par gradation. Dès la feconde année, il refpire, il a affez de
„fourrage pour fes chevaux. Il augmente dans la troifiéme fes
„beftiaux. Les grains fe fentent déja du bien-être du maître. Il
„eft même fûr que ces mêmes biens n'exigent pas de plus for-
„tes dépenfes. Un Berger menera auffi bien un nombreux trou-
„peau, une feule vachere conduira également les beftiaux, les
„chiens ne feront pas plus voraces; une fource inépuifable de biens
„coulera fans interruption. En outre, comme le nombre des
„vaches peut décupler, par une nourriture fucculente, par les
„regains dont on leur abandonnera une partie, elles donneront
„une crême, & plus abondante & plus parfaite. Je ne parle pas
„des fromages, dont on tire un fi grand parti. Je ne donnerai
„même pas la façon de les perfectionner. On a porté cette partie
„à un tel point, qu'elle eft un objet intéreffant du commerce.
„Les veaux nourris avec abondance deviennent grands, forts;
„le rebut du laitage, le petit lait nourriffent une quantité de
„porcs, de dindons, qui fans ces fecours, ne s'élevent que diffi-
„cilement.

„Une révolution fi prompte, des faits auffi prodigieux éton-
„neront fans doute, je l'ai prouvé d'une façon bien fenfible. Un
„Laboureur d'une paroiffe voifine de mon domicile, admiroit la
„beauté de mes prairies, il envioit, difoit-il, mon bonheur.
„Il me raconta que fon Seigneur en avoit femé l'année précéden-
„te, qu'il n'avoit pas pu réuffir; & que puifqu'un homme auffi
„puiffant avoit échoué, il regardoit toutes les tentatives, que
„l'on feroit comme inutiles; je combattis fes préjugés, je lui
„vendis de la graine, qui ne devoit être payée, felon nos con-
„ventions, qu'après un fuccès complet. Ce Cultivateur atten-
„doit l'événement avec crainte. Il n'avoit même aucune efpérance,
„mais il fut agréablement trompé; il eut une récolte abondante,
„& ne fçavoit, en me payant, comment m'exprimer fa recon-
„noiffance. Une infinité de terres prefqu'inutiles alloient, di-
„foit-il, lui procurer des biens que la fortune lui avoit refufés. On

„doit juger par ce trait combien il eſt facile d'en faire autant.

„ Je ne ſuis redevable de mes ſuccès qu'à la bonne culture;
„ils ſe refuſeroient au meilleur terrein, s'il n'étoit auſſi bien
„travaillé que les chenevieres. Le Laboureur le plus miſérable
„peut m'imiter, je n'ai encore vu aucun ſyſtême qui ne fût diſ-
„pendieux, & par conſéquent au-deſſus des forces du plus grand
„nombre. Une culture différente de l'uſage révolte le payſan. Les
„préjugés l'emporteront toujours, ſi on ne l'y amene par dégrés. Ce
„que je propoſe eſt de ſa ſphère. Je lui fais donner avec ſa char-
„rue deux ou trois, même quatre labours, juſqu'à ce que la terre
„ſoit propre à recevoir la ſemence: il fait cela tous les jours pour
„les bleds, chanvres, &c. Cette herbe venue, il la fauche, la
„fane. Quand elle périt, il la rompt, y met du grain, ſon tra-
„vail eſt le même; il emploie tous les inſtrumens ordinaires de
„ſon labourage, il le comprend, & je n'en ai encore vu aucun qui
„n'ait goûté avidement le projet, n'ait été même ſaiſi d'admira-
„tion, & empreſſé de le mettre en uſage en en voyant le ſuccès.

„ Celui qui ſemoit en bled trente arpens par an, & que j'ai
„réduit à vingt-cinq, trouvera peut-être le moyen de ne point
„diminuer ſon labourage. Il y en a très-peu qui n'ayent des terres
„en friche; elles ſeroient miſes en valeur, à meſure que le maî-
„tre prendroit des forces. Les endroits ſtériles bien engraiſſés
„donneroient d'abondantes récoltes, & deviendroient à leur tour
„des prairies.

„ Si ce moyen donne au pauvre la faculté de s'enrichir, l'homme
„aiſé ira plus vite. Il donnera à ces champs deſtinés pour prai-
„ries des fumiers qui doubleront la récolte; il jouira dès la ſecon-
„de année, il ne partagera avec perſonne le produit de ſes trou-
„peaux, ne ſera lié par aucun bail onéreux. Cette précieuſe plante
„répondra aux ſoins qu'on en prendra; elle répandra ſes bien-
„faits à proportion de la dépenſe. Je me tais ſur le prompt avan-
„tage que procurent les richeſſes; mon ſeul but regarde ces pays
„où la miſère eſt preſque générale. Je viens d'en tirer notreCultiva-
„teur. Il faut le ſuivre dans ſa carriere. Ce que j'ai expoſé le
„démontre ſenſiblement.

„ Notre Cultivateur reſpire enfin. Les maux qui l'accabloient
„commencent à ceſſer. Il paye ſes créanciers, achete les beſtiaux
„pour ſon compte. La taille n'a plus rien qui le révolte. Au bout
„de ſix ans, s'il s'apperçoit que la premiere piéce ſemée dépérit,
„il en prend une pareille quantité de ſon labourage, fume beau-

„ coup : la terre mieux engraiffée depuis quelques années eft plus
„ friable. Le fain-foin que l'on y féme végéte d'une façon fingu-
„ liere, & fon abondance l'emporte du triple fur les premieres années:
„ malgré fes foins , fes terres ne porteront qu'avec peine de l'or-
„ ge : on ne l'aura même que languiffant les années féches ; les
„ cinq arpens de fain-foin qu'il détruira en produiront d'une fa-
„ çon furprenante. Il eft fûr que ce grain l'emporte de beaucoup
„ fur l'avoine, & ce n'eft pas un médiocre profit d'avoir des ter-
„ res où il réuffit parfaitement. L'année d'après on y fémera du
„ froment, qui deviendra beau, net : le produit en fera très-con-
„ fidérable. Tous les ans on jouira par gradation du même avanta-
„ ge , en ôtant le fain-foin d'une portion de terrein, & en en fe-
„ mant dans une autre.

„ L'abondance des récoltes ne caufe pas plus de dépenfe au
„ Cultivateur; il ne met pas plus de femence, ne laboure pas plus
„ fréquemment fes champs; les bleds ne font pas fciés à plus haut
„ prix, que dans ces tems malheureux, dont le fouvenir l'effraye
„ encore ; fa maifon remplie de volailles , de beftiaux, fournit
„ abondamment à fa nourriture. Le rebut, l'inutile d'une infinité
„ de denrées lui donneront de nouvelles richeffes. Les animaux y
„ trouvent une nourriture abondante. Des biens jufques-là in-
„ connus s'offrent de tous côtés. Il vend toutes les femaines des
„ veaux , de la volaille, du beurre, du fromage; le profit fera même
„ en peu de tems fi confidérable, qu'en peu d'années tout fe fentira
„ de l'opulence du maître ; les chevaux feront plus forts, étant
„ mieux nourris ; les harnois & plus folides & plus commodes.
„ L'ouvrier qui trouvera un avantage à le fervir , fe furpaffera
„ lui-même pour perfectionner fon ouvrage. Le manœuvre at-
„ taché au Cultivateur fe fervira des mêmes moyens en raifon de
„ proportion : ils ont tous ordinairement deux à trois arpens
„ de tèrre, une ou deux vaches ; la même méthode les mettra à
„ l'aife; ils feront bien nourris, bien payés de leurs travaux; les
„ mariages feront plus fréquens; la population fera en peu d'an-
„ nées fenfible , parce que tous trouveront une occupation avan-
„ tageufe. Le Laboureur étant à l'aife , ne négligera rien. Sa pau-
„ vreté l'avoit arrêté jufques-là ; mais le bien-être lui donne de
„ nouvelles idées ; il fait garder des piéces expofées , fait bêcher
„ les endroits où les chevaux ne peuvent labourer , entretient
„ bien fa vigne, n'épargne pas la dépenfe pour faire produire à
„ fon jardin, & l'utile & l'agréable ; s'il a quelques terres trop

„ pleines de roches, il les fait planter en bois, fait tirer des
„ marnes ; enfin il occupe une infinité de bras, qui jufques-là
„ avoient regardé le mariage comme le centre de la mifere, il le
„ leur rend riant : l'avenir même ne leur offre que du gracieux.
„ Ils efpérent que leurs enfans les feconderont, & contribueront
„ à leur rendre leur condition plus aifée. On fent que tout ce que
„ j'avance, non-feulement eft poffible, mais même conféquent.
„ Je ne propofe pas une Société, où l'on fera valoir à force d'ar-
„ gent un bien de campagne ; tout cela feroit inutile : on a vu que
„ fans grande dépenfe, on peut amener les biens à leur plus
„ grande perfection. L'expérience des autres ne m'a point décidé,
„ j'ai effayé en grand, j'ai fuivi par la méthode la plus fimple, la
„ nature pas à pas, elle n'a point varié, & j'ai même vu furpaffer
„ mes efpérances : je me croirois coupable de lèze-humanité, fi
„ je ne faifois part à ma patrie des découvertes que m'a procuré un
„ travail opiniâtre de quatorze ans. Un effai qui réuffit ne
„ fait jamais régle pour une feule fois. J'ai gardé le filence, tant
„ que j'aie vu ma méthode sûre, & le fuccès égal. Au bout de
„ plufieurs années, le troupeau qui n'étoit compofé que de foi-
„ xante à quatre-vingt bêtes languiffantes, augmente jufqu'à
„ quatre cents. Une nourriture abondante les rendra forts & vi-
„ goureux ; les brebis éleveront aifément leurs petits ; les ri-
„ gueurs de l'hiver n'influeront que peu fur la propagation, &
„ les biens de toutes efpéces viendront en foule. Tantôt on ven-
„ dra une quantité de laines, tantôt une troupe de moutons, une
„ autrefois une portion de brebis, dont on craint la ftérilité. Ne
„ pourroit-on pas même fe fervir de l'ancien ufage de les traire ?
„ Je ne doute pas qu'une bonne nourriture ne leur donnât un
„ lait délicat, que les fromages n'en fuffent bons & ne payaffent
„ au moins le berger. Que rifque-t-on de faire une épreuve auffi
„ fimple ? l'ufage n'en feroit pas nouveau. Le fromage de brebis
„ tenoit le premier rang dans les repas champêtres, fi vantés par
„ les anciens. Le mélange peut même faire quelque chofe de
„ plus parfait. Ceux que l'on vend pour le commun, faits de lait
„ écrêmé, auroient meilleure qualité qu'ils n'ont, fi l'on y mêloit
„ celui de brebis.

„ On m'objectera que par ma méthode, je multiplie & les va-
„ ches & leur produit ; qu'il eft inutile par conféquent de traire
„ les brebis ; que les fromages feroient trop communs, & que la
„ dépenfe du Cultivateur l'emporteroit fur le profit. Je réponds

„que les Villes fe fentent de la mifere de la campagne. Les ou-
„vriers font obligés de mener la vie la plus frugale, le pain feul
„compofe prefque toujours leurs repas. Si l'aifance eft une fois ré-
„pandue par la bonne culture, tout s'en fentira; les Marchands,
„tous les états employés, bien payés, ne plaindront plus une
„meilleure nourriture; ils confommeront une prodigieufe quan-
„tité de denrées, qui en leur rendant la vie plus douce, contri-
„bueront à la circulation; on ne verra plus les habitans d'un
„pays naturellement gras & fertile, plus malheureux que ceux
„d'une terre difgraciée par la nature.

Nous avons fuivi mot pour mot l'auteur de ces expériences, per-
fuadés que nous fommes qu'il ne prétend point en impofer, & qu'é-
tant vraies, on ne les fçauroit trop mettre fous les yeux des Agriculteurs pour les encourager à la culture d'une herbe artificielle qui
produit autant d'avantages, principalement de ceux qui ne peuvent
point fe procurer la quantité d'engrais dont ils ont befoin.

CHAPITRE XIX.

De la maniere de femer le Sainfoin, & de la culture qu'il demande.

ON peut femer le fain-foin feul ou avec du bled, ou avec
du ray-gras : mais le mêlange que l'on en fait avec cette derniere plante n'eft pas fi avantageux que celui du ray-gras avec le clover; parce que le fain-foin eft très-propre par lui-même à couvrir la
terre, & qu'il n'incommode point, comme le clover, les beftiaux qui
en mangent.

On le féme ordinairement avec beaucoup de fuccès mêlé avec
l'orge : pour cet effet on donne trois labours au terrein fur lequel
on répand auffi une certaine quantité d'engrais, comme par exemple, la fuye : enfuite on féme l'orge, & après l'avoir herfée on répand le fain-foin à la volée; il faut fur-tout avoir le foin de le
bien diftribuer également; on a même la précaution de femer deux
fois le même endroit. On herfe enfuite légerement le terrein après
y avoir fait paffer le rouleau dès qu'on a donné le premier herfage
à l'orge. Cette opération eft également utile après qu'on a femé le
fain-foin. Comme il eft des Cultivateurs qui le mêlent avec l'a-
voine, il eft à propos de dire qu'ils tireront de grands avantages de la
même méthode.

On peut, si on le veut, semer cette production dans le printems. Mais nous conseillons de préférer le mois d'Octobre, on se procure ainsi une récolte une année plutôt. Quant au choix de la semence, il faut qu'elle soit nette, pesante, séche & d'une peau luisante. Si l'on séme à la volée il faut en jetter au moins cinq ou six boisseaux par acre, au lieu que quatre suffisent lorsqu'on se sert du sémoir : lorsque l'on le mêle avec le ray-gras, on met ordinairement par acre un boisseau de ce dernier sur cinq du premier.

Si après avoir semé le sain-foin seul, il fait de la sécheresse lorsqu'il commence à monter, il est certain que sa croissance sera retardée, il aura même beaucoup de peine à se rétablir, si l'on n'a point l'attention de l'arroser par le moyen d'un tonneau placé sur une charrete & percé de plusieurs trous dans la partie qui porte sur l'arriere-train.

Il faut observer que le sain-foin est une plante forte & dure, lorsqu'il est une fois bien établi dans la terre ; mais il est très-tendre & très-susceptible des intempéries de l'air pendant la premiere année de sa croissance. Ses sommités principalement sont très-sensibles; c'est pourquoi le Cultivateur ne doit point y mettre pendant ce tems ses gros bestiaux ; parce qu'il est si doux & qu'ils en sont si avides qu'ils le rongeroient de trop près & qu'ils endommageroient la partie supérieure de la racine, & que leur piétinement la fouleroit ; nous conseillons de ne pas même y lâcher les moutons.

La méthode la plus avantageuse que l'on puisse mettre en usage, c'est de le faucher la premiere année & de bien recommander aux ouvriers de ne pas porter leur faulx trop près de la racine : l'année suivante on peut le faire manger par les moutons : il a après cela acquis assez de force pour qu'on puisse, sans courir aucun risque, le faire faucher ou le faire manger par les bestiaux.

Nous avons dit que le sain-foin se soutient en vigueur pendant douze années, bien entendu cependant que sa durée dépend de la nature du sol & de la culture qu'on lui a donnée. Il s'épuise plutôt dans certains endroits qu'en d'autres : il faut alors labourer le terrein & le semer encore une fois avec du sain-foin ou avec du bled, ou bien encore mieux rafraîchir le terrein avec des engrais & sans le labourer : la marne est le plus parfait amendement qu'on puisse lui donner.

Ce fourrage est une excellente nourriture pour les bestiaux. Il les engraisse sans leur causer aucune infirmité : on le fait ordinairement manger dans le printems, mais il faut avoir la précaution de

ne pas mettre dans la piéce de gros beſtiaux pendant un tems humide, parce qu'ils le fouleroient par leur piétinement, & que par
conſéquent ils y porteroient un très-grand préjudice.

La pouſſe du printems, pour peu qu'elle ſoit vigoureuſe, ſuffit
pour les bœufs & pour les vaches. Il ſe rétablit ſuffiſamment après
avoir été mangé ; puiſqu'on peut le faucher une fois ; après cette
fauchaiſon vient une nouvelle pouſſe qui, quoique jeune & plus
foible que les précédentes, ſuffit pour nourrir le moutons & pour
les engraiſſer en très-peu de tems. Lorſqu'on le donne en verd aux
vaches il les rend très-abondantes en lait qui n'a pas le goût particulier & fort que le clover lui communique.

CHAPITRE XX.

De la maniere de faucher le Sain-foin, & des uſages de ſon Foin.

L'On vient d'obſerver que le ſain-foin donné en verd eſt une
nourriture excellente pour les bêtes à corne ; il n'eſt pas moins
vrai que le foin qu'on en fait eſt le meilleur dont on puiſſe faire
uſage pour les beſtiaux & pour les chevaux.

On a le ſoin de retirer vers la fin de Mars les beſtiaux du champ
de ſain-foin quand on veut le laiſſer croître pour en faire du foin ;
au bout de deux mois il eſt en état d'être fauché. Il faut y mettre la
faulx dès qu'on voit un grand nombre de fleurs déployées, mais ſi
l'on attend qu'elles ſoient tombées, le foin ſera ligneux & par
conſéquent très-imparfait. Il faut lui donner, pour le ſécher, beaucoup plus de ſoins & de peines que pour ſécher l'herbe commune, mais moins qu'au clover, parce que ſes feuilles & ſes tiges ne
ſont pas ſi abondantes en ſuc.

CHAPITRE

CHAPITRE XXI.

De la Luzerne , du Sol qui lui convient & de la maniere de le semer.

LA luzerne est une plante qui , outre son utilité , est très agréable à la vue : sa racine est longue & d'une épaisseur considérable; ses tiges sont fermes, droites & rameuses. Ses feuilles sont très-nombreuses ; ses fleurs sont bleuâtres , & se rassemblent en petites touffes, derriere lesquelles est une espéce de petites cosses qui sont entrelassées.

Il n'y a pas de plante qui fût plus en recommandation chez les Romains ; ils n'épargnoient ni peines ni soins pour lui donner une excellente culture : ils l'appelloient *medica* , tous leurs poëtes & leurs auteurs qui ont écrit sur l'Agriculture en font très - souvent l'éloge. Ils la préféroient à tout autre fourrage pour la nourriture des bestiaux , & l'expérience moderne nous prouve bien évidemment qu'ils lui donnoient avec raison cette préférence ; elle rend au moins autant de profit que le sain-foin ; & la facilité avec laquelle nous en engraissons les bestiaux ne sert qu'à nous prouver la vérité de ce que les anciens nous ont dit sur son utilité & sur sa vertu.

Cette plante est beaucoup plus savoureuse que le clover & le sain-foin. Elle vient parfaitement dans toute espéce de sol. Les anciens connoissant parfaitement sa valeur & son utilité la semoient sur les sols les plus abondans en principes , après les avoir cultivés par des labours souvent répétés , & les avoir amendés avec les engrais les plus analogues. Cependant nous observerons à nos lecteurs qu'ils la semoient trop dru ; ce qui faisoit qu'une très-grande quantité de tiges qui étoient trop ombragées par celles qui gagnoient le dessus , se pourrissoient , & altéroient même le reste de la production.

Comme la racine de la luzerne est grosse & qu'elle a un chevelu fort épais elle soutient facilement un grand nombre de tiges : & c'est ce qui la rend si utile au Cultivateur. Or de semblables plantes demandent d'être à une certaine distance les unes des autres : c'est de ce point important que dépendent les grands profits qu'on peut retirer de la luzerne. En la semant dru, les tiges deviennent affamées ,

& au lieu de jouir de l'agréable fpectacle d'un champ couvert d'un certain nombre de tiges vigoureufes & floriffantes, on ne voit qu'un nombre infini de petites plantes pauvres, languiffantes & prefque entierement dépéries. Cette raifon-ci jointe à la précédente vient à l'appui de ce que nous avons avancé fur l'ineptie des Romains quant à la culture de cette plante.

On doit conclure de cette obfervation qu'il n'y a pas de métho-de plus affurée & plus profitable pour cultiver la luzerne, que celle que des expériences fouvent répétées avec un égal fuccès ont intro-duit : on entend que nous parlons ici du fémoir & du *Cultivateur*, parce que nous avons fait voir combien cette culture eft analo-gue & favorable, particulierement aux plantes dont les racines plon-gent à une grande profondeur. Or celles de la luzerne s'étendent fous la fuperficie affez profondément, par le moyen des fibres groffes & nombreufes qu'elles ont; les profonds labours que l'on donne entre les rangs, rompent la terre autour de fes fibres, qui s'étendent faci-lement à proportion de l'ameubliffement; avantages qui ne font point attachés à la méthode ancienne & qui font inféparables de la nouvelle. Les diverfes expériences multipliées que nous avons rapportées, & que nous avons tous les jours fous les yeux, graces au goût que certaines perfonnes ont pris pour l'Agriculture, nous font voir combien il eft avantageux de rompre & de divifer la terre au-tour des plantes pendant leur croiffance. Or la nouvelle méthode nous procure toute cette utilité pendant tout le tems que la luzer-ne couvre les rangs; il eft donc bien certain que tout Cultivateur qui travaille avec un peu d'intelligence & qui dépouille le préjugé, lui donnera la préférence.

Pour tirer tout le parti poffible de la luzerne, il faut l'entretenir dans un état de vigueur. Alors elle pouffe des rejettons en abon-dance toutes les fois qu'on la fauche. Elle donne jufques à fept ré-coltes par an, dit M. *Hall*, dans les parties méridionales de la France & en d'autres endroits, cinq ou fix, fuivant la faifon & la fitua-tion. On pourroit dans les parties plus Septentrionales du Royaume en tirer plus de récoltes que ne peuvent croire ceux d'entre les Cultivateurs qui ne connoiffent point parfaitement la nature de cette plante, ni les avantages infaillibles de la nouvelle culture.

Nous obferverons en paffant qu'on peut en avoir impofé à no-tre Auteur. Nous fçavons bien que l'on met dans le Languedoc quatre fois la faulx dans la luzerne, mais nous ignorons qu'il y ait quelque endroit dans le Royaume où l'on ait l'avantage d'en faire fept récoltes dans une année.

La croiffance de l'herbe commune parmi fes tiges eft le plus grand danger auquel la luzerne foit fujette ; elle dépérit à vue d'œil à mefure que l'autre pouffe avec vigueur. Celle-ci s'étend-elle ? la luzerne dépérit totalement ; mais par la nouvelle culture on remédie à ce mal, parce qu'en remuant la terre qui eft dans les intervalles, on fait évaporer l'humidité qui entretient l'herbe commune, & la luzerne tire toujours de nouveaux principes de cette terre ameublie & abreuvée des influences de l'air.

Lorfque nous parlerons des herbes nuifibles, nous en ferons connoître une qui porte un préjudice auffi grand à la luzerne que l'oro-banche aux féves & la vrilliere à la paille & même à l'épi du froment. Aucun auteur n'en a parlé, il femble même qu'elle ait été ignorée de tous les écrivains. Cependant nous fommes témoins des grands ravages qu'elle fait fur la luzerne; ils font fi grands qu'on pourroit avec raifon l'appeller *étrangle-luzerne*, comme on appelle l'oro-banche *étrangle orobe*.

Nous la renvoyons aux herbes nuifibles pour avoir le tems de prendre encore des informations fur le nom & fur les qualités de cette funefte plante. Quant à fa deftruction, nous ne connoiffons que le *Cultivateur* qui foit propre à la détruire, encore même ne rempliroit-il pas entièrement cet objet, fi des hommes ne venoient à fon fecours en l'arrachant entre les rangées.

CHAPITRE XXII.

Des Sols convenables à la Luzerne.

TOut fol quelconque, pourvu qu'il ait de la profondeur, eft pro-pre à la végétation de la luzerne On doit concevoir qu'une plante qui plonge fes racines à une telle profondeur, doit être favo-rablement ou défavorablement affectée par la nature des couches qu'elle rencontre fous la fuperficie. » Il m'eft arrivé, dit M. *Hall*, » qu'une luzerne cultivée avec foin ne profitoit pas : m'en ap-» percevant, j'ai fondé le terrein, j'ai trouvé fous le fol un lit d'ar-» gile tenace & gluante qui entretenoit l'eau autour des racines » & qui les refroidiffoit au point que plufieurs tiges mouroient & » que les autres languiffoient entièrement.

De cette obfervation il eft aifé de conclure qu'un hiver rigoureux fait périr une luzerniere dont le sol porte sur un fond argilleux, tandis que dans un autre champ dont le fonds est d'une nature, sinon absolument opposée, mais du moins différente, aucune tige ne dépérit. Un sol loameux où le sable domine, dans la composition duquel il entre un peu de terre molle, est le terrein le plus favorable à la végétation de cette plante : dans les parties Septentrionales du Royaume il faut bien se donner de garde de la semer dans les sols absolument sablonneux & dans ceux dont l'humidité est constamment entretenue par de petites sources, à moins que ces sols ne soient situés dans les pays chauds où la luzerne ne réussit jamais mieux que sur les bords des rivieres & des ruisseaux.

Nous ne recommandons pas ici la culture ennuyante & dispendieuse que l'on donnoit anciennement à la luzerne. Cependant il est à propos de prévenir l'Agriculteur, que s'il en séme sur un sol pauvre, il est indispensable de l'amender le plus qu'il lui sera possible avec des engrais qui lui sont le plus analogues. Cette pratique ne sera sans doute point approuvée par ceux qui prétendent que le *Cultivateur* doit suppléer à tout. Nous avons déja avancé que cette culture étoit la plus convenable à cette production; mais nous ne cesserons de recommander le secours des engrais à ceux qui veulent se procurer des récoltes fréquentes dans la même année. Nous avons observé à une barriere de Paris, combien cette culture que M. *Thull* a prétendu établir, est peu favorable à la luzerne; on y porte à la vérité la faulx deux & même trois fois dans l'année; mais la modicité de ces trois récoltes ne font qu'indiquer le grand besoin que ces terres ainsi cultivées ont de fumier ou de tel autre amendement convenable.

CHAPITRE XXIII.

De la maniere de semer la Luzerne.

SI nous consultons la méthode que les anciens suivoient, nous voyons qu'ils donnoient toutes les préparations les plus exactes au terrein & qu'ils l'ensemençoient ensuite de luzerne au commencement d'Avril. En Italie, & dans les provinces méridionales de la France, on la séme en Mars & en Octobre : par-là nous voyons combien mauvais étoit l'usage établi chez les Romains qui la semoient si tard au printems, d'autant plus que relativement au climat dominant de ce pays ils étoient obligés de l'arroser à cause de la grande rareté des pluies. La méthode pratiquée actuellement dans ce pays tient à de bien meilleurs principes ; mais enfin en général il vaut beaucoup mieux la semer en Octobre ; parce que les jeunes tiges ont le tems d'établir leurs racines pendant l'hiver, & que l'humidité de la saison favorise beaucoup leurs premieres pousses.

La différence qui est entre le climat qui règne en Italie & celui des provinces Septentrionales du Royaume est si grande, qu'il seroit absurde de vouloir introduire dans ces dernieres la culture de la luzerne pratiquée par les habitans de la premiere ; c'est pourquoi nous prévenons les Agriculteurs des provinces Septentrionales qu'ils doivent bien se donner de garde de semer ce fourrage en Octobre, parce qu'ils risquent de voir toutes leurs espérances trahies par les rigueurs d'un hiver un peu dur. Il vaut sans doute mieux semer vers la mi-Avril.

On observera sur-tout que si on séme en Mars, les pluies qui peuvent survenir traversent considérablement la végétation de la luzerne ; puisqu'il arrive même très-souvent que les grandes pluies réduisent la semence à putréfaction, & que si les gelées surviennent après que les jeunes tiges ont percé la superficie, toute espérance de récolte s'évanouit.

Par la pratique de la nouvelle culture on peut aisément déterminer la quantité de semence qu'il faut pour un acre. Il faut faire en sorte que les tiges se trouvent distantes les unes des autres dans les rangs au moins de sept pouces, & que chaque rang de haye d'intervalle deux pieds huit pouces ; c'est ainsi que l'on peut aisément faire uſage entre les rangs de la charrue appellée le *Cultivateur*, & fournir aux racines une abondance de nourriture qu'elles ne reçoivent point de toute autre culture quelconque. C'eſt ainſi que lorſque les tiges ſeront parvenues à leur parfaite croiſſance, elles pouſſeront depuis cent juſques même à deux cent tiges latérales.

Lorſque l'on ſéme ainſi la luzerne en Avril, l'humidité & la température de l'air animent d'une maniere ſurprenante ſa végétation & accélerent ſa croiſſance. Dès que l'on voit qu'elle a acquis une certaine hauteur, il faut faire arracher les mauvaiſes herbes des côtés des rangs & faire éclaircir les plantes lorſqu'elles ſe trouvent trop épaiſſes, prenant la précaution d'en laiſſer quatre des plus vigoureuſes dans l'eſpace de quatre pieds. Les Laboureurs ne doivent point du tout toucher aux intervalles qui ſont entre les rangées ou rayes, mais ſeulement en arracher les mauvaiſes herbes, & ameublir la ſuperficie du terrein autour des rangs.

Cette opération faite, on donne le tems à la production d'acquérir une bonne hauteur, & lorſque les intervalles ſont couverts d'herbes, on les laboure avec le *Cultivateur* en pratiquant un ſillon au centre de chaque intervalle, & l'on répéte ce labour auſſi ſouvent que les mauvaiſes herbes repouſſent avec vigueur & recouvrent le terrein.

Par cette méthode la luzerne fait des progrès juſqu'à ce que l'herbe commence à croître entre les rangées & ſes tiges ; alors il faut faire un bon ſillon de chaque côté de tous les rangs, de façon à jetter la terre du côté des intervalles ; après quoi on herſe le terrein en le croiſant. La herſe emporte les herbes qui croiſſent entre les tiges ſans leur porter aucun préjudice, elle entraîne auſſi celles que la charrue a arrachées ou coupées ; enſuite on retourne ſur les rangs la terre des ſillons qu'on a faits ci-devant ; par-là on remplit deux objets également avantageux, celui de décharger le terrein des mauvaiſes herbes & celui de fournir à la production une nouvelle nourriture très-ſubſtantielle.

Si par négligence on a abandonné la luzerne à elle-même au point que l'herbe commune ait gagné le deſſus & que la récolte dépériſſe, il faut avoir recours à la charrue à quatre coutres ; avec cet inſtrument on déchire ou l'on rompt le gazon, quelque épaiſ-ſeur qu'il ait. On fait le tour de chaque rang en jettant la terre des ſillons la premiere fois vers un rang, & là terre des ſillons du ſecond rang vers l'intervalle, & l'on continue ainſi juſqu'à ce que l'on ait fait un ſillon de chaque côté de tous les rangs. La ſeconde fois, on remet par un second labour la terre des sillons où elle étoit avant le premier labour, pour ne pas porter du préjudice aux plantes en les laissant trop long-tems surchargées de cette terre des sillons. Voilà l'unique moyen qu'on puisse sûrement pratiquer pour détruire l'herbe & pour rétablir la récolte.

CHAPITRE XXIV.

Des avantages de la Luzerne & de la maniere de s'en servir.

LE grand nombre de récoltes que la luzerne produit dans le cours d'une année, la richesse & la salubrité de cette plante doivent la rendre recommandable chez les Agriculteurs. On peut en faire tous les usages que l'on fait des autres herbes artificielles, excepté cependant qu'il faut bien éviter d'y mettre les bestiaux pour la faire manger sur pied. Ils la fouleroient & porteroient par conséquent un très-grand préjudice aux récoltes suivantes ; on peut en donner pendant l'été aux bestiaux une partie quoiqu'elle soit nouvellement fauchée, & faire du foin de l'autre pour s'en servir l'hiver, ou pour la vendre.

Lorsqu'on la donne verte pendant le printems elle a la qualité purgative au commencement, mais ensuite elle les engraisse : si cependant (& c'est à quoi il faut bien prendre garde) si on leur en donne d'abord en trop grande quantité elle leur est nuisible : elle les gonfle. Pour prévenir cet accident, il est à propos de la leur donner mêlée avec un peu de paille ou avec du ray - gras. Ce mêlange fait qu'elle fortifie & engraisse les bœufs & les chevaux ; il rend les vaches abondantes en lait, d'une excellente qualité : par l'usage de cette méthode on peut être assuré que la luzerne se soutiendra long-tems bien vigoureuse ; il seroit même assez difficile de pouvoir fixer le tems de son épuisement.

Il faut, pour faucher cette production, quand on la destine à en faire du foin, attendre qu'elle soit en fleur ; mais non donner aux fleurs le tems de se déployer : elles se réunissent en touffes aux sommités des tiges. Lorsque l'on voit ces touffes bien formées, il est tems de mettre la faulx dans la production. Alors les racines sont pleines de suc & sont si vigoureuses qu'elles pousseront des rejettons de cinq ou six pouces de hauteur pendant le tems de la fenaison.

On attend pour faire la seconde récolte que la luzerne ait acquis un état à peu près semblable au premier, & l'on se comporte ainsi successivement jusques à l'hiver : en se conduisant de la sorte on se procure des récoltes successives & abondantes de foin excellent pendant tout l'été ; & plus on se sert du *Cultivateur*, plus promptement les récoltes se succédent.

Mais pour rendre les pousses plus promptes & plus nombreuses, il faut avoir l'attention de veiller sur les ouvriers que l'on met en œuvre dans la premiere fauchaison, pour les faire faucher uniment & régulierement. On observera sur toutes choses de ne pas s'équivoquer sur la maniere de faire bien sécher cette plante, lorsqu'on veut en faire du foin. Il arrive souvent qu'elle paroît séche quoiqu'en effet elle ne le soit pas, & alors si on la renferme encore humide elle se gâte & altere même l'autre foin, si l'on en met auprès.

Si l'on veut élever de la luzerne pour se procurer de la semence, il faut avoir l'attention de la semer au sémoir dans un sol graveleux, sec & chaud, & dans une bonne exposition. Les tiges y deviendront nombreuses : il faut bien se donner de garde de les faucher. Les fleurs y seront abondantes ainsi que les cosses dans lesquelles la graine mûrira parfaitement pour peu que la saison soit favorable.

CHAPITRE XXV.

Du Treffle houblonné.

IL y a plusieurs espéces de treffles ou de plantes qui ont trois feuilles à chaque nœud de leurs tiges ; & pour les distinguer on leur donne un nom différent. Le treffle dont il est ici question, a ses feuilles qui se tiennent en petites touffes, qui ont la figure du houblon ; c'est sans doute pour cette raison qu'on l'a distingué sous la dénomination de treffle houblonné, ou clover houblonné, en latin *trifolium lupulinum*. Et comme on connoît plus d'une espéce de ce treffle, on préfere de cultiver la plus grosse.

Quoique ce treffle soit le plus gros de toutes les espéces, il est cependant la plus petite de toutes les herbes artificielles, dont nous venons de parler. Mais aussi s'il n'est pas si élevé que les autres

herbes,

herbes, en revanche il a des tiges plus nombreuses & plus rameuses, & plus touffues.

La racine de cette plante est blanchâtre, mince & fibreuse, ses feuilles sont petites, ovales, d'un verd pâle : elles sont nombreuses, & se tiennent par trois sur chaque nœud des tiges, qui sont naturellement de huit ou dix pouces de hauteur, & se réunissent en touffes ou boutons ronds, qui ressemblent beaucoup au houblon.

Des cosses d'une couleur obscure & à peu près de la même figure que les touffes des fleurs, servent d'envelope à la semence.

Le treffle est une plante d'autant plus avantageuse & estimable qu'elle brave toutes les injures du tems & des saisons ; il a déja acquis assez de croissance à l'arrivée du printems pour pouvoir servir de fourrage aux bestiaux. Il a encore une qualité qui doit être bien précieuse au Cultivateur, puisqu'il est extrêmement savoureux & salubre.

Sa végétation réussit en général assez bien sur un terrein quelconque ; mais le sol loameux, riche & léger est de tous celui qui lui est le plus favorable : il est aussi un sol où il languit : c'est l'argilleux humide. On peut le semer seul ou mêlé avec du bled. On peut aussi, pour épaissir l'herbe commune & lui donner une meilleure qualité, y jetter de la semence de treffle houblonné.

Quand on veut en semer, on peut s'éviter la peine de séparer la semence de ses enveloppes ; mais alors il faut en jetter deux boisseaux par acre, au lieu qu'il n'en faut que douze livres pour la même quantité de terrein lorsque l'on jette de la semence seule. Comme le treffle n'acquiert jamais une certaine grandeur, on peut le semer à la volée. Tandis qu'il est sur pied, ses tiges mûrissent successivement & répandent leur graine, de sorte que la production se fournit d'elle-même suffisamment & s'épaissit sans autre secours. Cela est si vrai que si on le laisse venir en foin on voit un nombre innombrable de jeunes tiges. Quant au tems de la semaille, le Cultivateur est le maître de choisir ou de l'automne ou du printems à sa commodité.

Le sol qu'on destine au treffle ne demande point de grandes préparations, il faut seulement avoir l'attention de couvrir bien légerement la semence dès qu'on l'a jettée. Lorsqu'on veut mettre en bled un champ de trefle houblonné, il ne faut qu'enterrer le trefle par un labour profond, ce qui empêche qu'il ne monte avec le bled & qu'il ne lui nuise.

Lorsqu'on veut le semer sans séparer la semence de ses enveloppes, il faut choisir un jour calme ; autrement le vent la répandroit irrégulierement sur le terrein. Après quoi il faut passer le rouleau ; il n'est pas moins favorable de le herser légerement de peur de trop enterrer la semence, ce qu'il faut absolument éviter.

Le trefle houblonné, mêlé avec le clover, en corrige les mauvais effets ; on met, pour bien proportionner ce mêlange, cinq parties de semence de clover sur une de semence de trefle houblonné, séparée de ses enveloppes. Il y a des Cultivateurs qui trouvent, disent-ils, beaucoup de difficulté à détruire cette plante, quand elle a une fois bien pris racine sur un terrein : mais l'expérience nous apprend que pour en venir sûrement à bout il n'y a qu'à l'enterrer par un labour bien profond.

CHAPITRE XXVI.

De la Spargule ou Sparcette en certains pays.

CEtte plante est, selon M. *Hall*, peu connue parmi les Cultivateurs Anglois ; il déclare qu'elle est d'une bien moindre utilité que les autres herbes artificielles, dont nous venons de parler : elle est assez cultivée en Languedoc ; mais à dire vrai, nous n'en avons point beaucoup entendu vanter les avantages ; cependant comme on la cultive beaucoup en Flandre & qu'il y en a une espéce que l'on juge pouvoir procurer de grands avantages dans les terreins qui sont situés près de la mer, nous trouvons à propos d'en parler suffisamment pour instruire le Cultivateur qui par la situation de son terrein pourroit en entreprendre la culture avec succès.

Cette plante est une herbe sauvage qui vient naturellement dans les champs de bled. Elle n'exige pas une culture bien embarrassante. Elle peut être de quelque utilité dans l'arriere-saison quand les autres herbes sont mangées.

La spargule est une petite plante foible dont les fleurs sont petites & feuilletées ; elle a une grande quantité de graine contenue dans une espéce de capsule : il y en a de cinq espéces ; la spargule sauvage qui croît parmi le bled ; la petite spargule annuelle dont la semence est feuilletée ; la spargule à fleur rouge, qui vient actuellement dans les terreins secs ; la spargule de mer, qui est très-commune dans les terres marécageuses, situées près de la mer ; la petite spargule de mer dont les fleurs sont bleuâtres.

Nous parlerons ici de deux sortes qui sont la spargule commune, & la spargule de mer. La première est une plante foible mais fort branchue. Sa racine est blanche, petite & fort fibreuse ; ses tiges s'élevent à huit ou dix pouces & sont divisées en plusieurs petites branches délicates qui sont d'un verd pâle ; ses feuilles qui se trouvent rassemblées sur chaque nœud de la tige sont étroites ; ses fleurs sont aux sommités des branches, & quoique fort petites elles sont très-perceptibles à cause de leur grande blancheur.

Elle se plaît beaucoup plus sur un sol mol mêlé de sable que sur tout autre ; cependant elle réussit assez bien dans les terreins les plus stériles & les plus exposés. On la sème au mois de Mai & de bonne heure en automne. Elle monte promptement & n'est pas long-tems à couvrir le terrein de verdure, mais d'une maniere irréguliere & comme si elle avoit été clair semée.

Elle fait une nourriture très-salubre pour les bestiaux : ils en sont même très-avides & s'en engraissent fort bien. En Flandres qui est l'endroit où on la cultive le plus ; on la leur donne en verd dans l'écurie. Elle rend les vaches abondantes en lait, & anime les poules à la ponte. On jette ordinairement dix livres de semence par acre. On herse après qu'on l'a semée à la volée, & trois mois après elle peut être fauchée. Il y a beaucoup de terreins dans le Royaume près des rivages de la mer qui sont entiérement négligés, parce qu'on ne connoît point d'herbe utile qui y prospere. Il y a la spargule de mer que nous présentons ici aux Cultivateurs qui ont des terreins situés le long de la mer ; elle est aussi salubre & plus savoureuse que la spargule commune, dont nous venons de parler.

La spargule de mer ressemble à la commune, sa végétation est la même, les fleurs & les feuilles de l'une & de l'autre se ressemblent beaucoup. Mais celle de mer est plus courte, plus droite & a la tige plus grosse. Elle est assez commune sur le rivage de la mer. Elle est très-aisée à connoître sans autre description. Des Cultivateurs dignes de foi qui en ont fait l'expérience, nous ont assuré ainsi que M. *Hall* qu'elle est plus nourrissante que la spargule commune.

Elle est si abondante sur les bords de la mer que deux hommes pourroient en ramasser dans un jour au mois de Juillet une très-grande quantité. C'est précisément dans ce tems qu'il faut s'en pourvoir, pour avoir la semence, que l'on sépare des tiges en la battant à la façon du bled ; on peut la semer à peu de frais : elle produit la même année une récolte abondante & dans un tems où l'on en a le plus besoin, c'est-à-dire dans l'arriere-saison.

P ij

Lorfqu'on l'a battue il faut, après avoir féparé les tiges, étendre la femence fur un plancher pour lui donner le tems de fe durcir ; ce qui arrive dans le courant d'une femaine , après quoi elle eft
propre à être femée. Pendant ce tems on laboure une piéce de terrein inutile, on fait les fillons bien profonds , & on y paffe la herfe.
Enfuite on jette à la volée dix livres de femence par acre , & l'on
fait paffer le rouleau pour la faire entrer un peu dans le fol.

On peut ainfi s'attendre à une auffi bonne récolte dont les avantages font auffi grands que ceux qu'on peut tirer de la culture de
la fpargule commune : c'eft une nourriture très-faine , riche & qui
convient à tous les beftiaux d'une Ferme : ainfi tout Cultivateur fitué
fur les bords de la mer, ne peut que profiter beaucoup en mettant
en valeur par cette culture tant de terreins incultes dont la vue ne
peut & ne doit que l'affliger. Si les terreins font marécageux qu'il
ait recours aux documens que nous avons donnés fur le deffechement
des terres marécageufes fituées près de la mer.

CHAPITRE XXVII.

Contenant quelques Obfervations fur le Ray-gras.

LEs obfervations que nous avons été obligés de faire fur le
fentiment que M. de Lille avoit adopté touchant le ray-gras ,
ne l'ayant point convaincu nous avons cru devoir ajouter ici l'expérience que nous avons faite à *Ableiges* chez M. le comte de
Maupeou : cet illuftre citoyen auffi diftingué par fa naiffance que par
fon amour pour l'Agriculture a bien voulu nous procurer tous les
moyens poffibles de faire des effais qui puiffent nous donner des
éclairciffemens utiles. En effet, M. de Lifle prétendant que nous
nous trompions nous-même, nous a envoyé une tige du prétendu
ray-gras, qu'il dit avoir fait un très-mauvais fourrage pour les
chevaux. Nous avons en main de quoi le convaincre de fon erreur.
Monfieur de Maupeou à qui nous l'avons préfentée nous a affuré
qu'elle eft bien différente de celle du ray-gras qu'il a femé à fa terre
d'Ableiges , & qu'il a donné en fourrage à fes chevaux. Voici fes
propres paroles :

» La femence de ray-gras, Monfieur, que vous m'avez envoyée
» & que j'ai cultivée, fuivant vos inftructions, a parfaitement réuf-

» ſi. Je vous avoue que le Mémoire de M. de Lille m'avoit préve-
» nu contre cette plante : mais comme je chéris paſſionnément
» tous les eſſais qui tendent au bien commun, j'ai bien voulu
» tenter celui-ci. Je n'ai qu'à m'en louer : mes juments en mangent
» avec avidité : je le leur donne ſans mélange : & j'obſerve avec
» ſoin leur fumier pour voir ſi la remarque de M. de Lille eſt juſ-
» te. Soyez aſſuré que tout concourt à mettre en recommanda-
» tion cette plante : mes juments la digerent parfaitement & ne
» ſont nullement attaquées de cette mélancolie qui a ſi fort allar-
» mé le célébre aſſocié : je vous prierai donc, Monſieur, de me
» procurer le plutôt poſſible une certaine quantité de ſemence,
» pour que je puiſſe étendre juſqu'à un certain point cette pro-
» duction & augmenter par ce moyen ſi facile mes fourrages.
» Dans tout ce que je pourrai vous être utile vous pouvez m'em-
» ployer avec confiance : je dois me prêter avec empreſſement à
» tout ce qui peut concourir à rendre votre zéle patriotique
» efficace. Je ne ſçaurois trop vous exhorter, Monſieur, à continuer
» votre entrepriſe, elle eſt d'autant plus louable que l'on vous
» voit vous y livrer tout entier par un amour peu commun pour le
» bien général. Vous êtes citoyen : & les vrais citoyens ſont ſi rares,
» qu'en vérité l'on devroit élever des autels à ceux dont les tra-
» vaux ſont marqués au coin du patriotiſme. Ne m'oubliez pas,
» je vous prie, pour la ſemence de ray-gras : faites qu'elle ſoit auſſi
» fidelle que celle que vous m'avez déja envoyée; & ſoyez perſua-
» dé que perſonne ne vous aime & eſtime plus ſincérement que moi.

En voilà aſſez, ſans doute, pour faire revenir M. de Lille de ſon
ſentiment : au reſte, qu'on ne penſe point que nous ayons prétendu l'humilier par cette conviction : la façon dont nous nous
ſommes énoncés ſur ſon compte dans le Chapitre dernier du tome
ſixiéme, eſt le langage d'un cœur véritablement pénétré des ſentimens les plus reſpectueux: on ſent de quelle importance il étoit pour
l'Agriculture de ne pas laiſſer prendre faveur à une opinion qui
l'auroit privée d'une de ſes plus grandes reſſources ; car enfin le
ray-gras venant abondamment ſur toutes ſortes de ſols, il eſt bien évident que s'il fait une excellente nourriture pour les beſtiaux, il
ſeroit triſte que les Cultivateurs n'oſaſſent point en entreprendre
la culture, étant ſéduits par les raiſons qu'une perſonne qui ſe diſtingue dans cet art établit contre cette plante.

Nous ajouterons ici une autre obſervation qui peut conduire à
un très-grand bien. Il eſt des perſonnes qui ont penſé que l'herbe

que l'on appelle *herbe longue*, à cause de ses tiges longues, & le ray-gras, n'étoient que la même plante, c'est une erreur. L'herbe *longue* croît sur les bords des ruisseaux : elle a des tiges qui portent ordinairement six aunes de longueur.

La culture de cette plante seroit très-avantageuse, elle tiendroit sans doute le premier rang parmi les herbes artificielles : mais il n'est pas possible de la cultiver ; elle est extrêmement rare dans les lieux même où elle se plaît ; cette rareté ne peut être que l'effet du préjudice que les tiges qui s'entrelassent se portent réciproquement. D'ailleurs, elle demande un sol riche & humide ; elle consomme beaucoup de suc pour sa végétation. Les moutons en sont extrêmement avides. Elle donne une très-grande abondance de lait aux vaches, mais il est aqueux & n'est nullement propre à faire du beurre. Une autre raison qui en rend encore la propagation & la culture si difficile c'est qu'outre qu'il lui faut un sol très-abondant en principes, il n'est pas possible de se procurer de la semence, parce que rarement elle parvient à sa parfaite maturité.

Mais il est un autre objet bien important & qui est recommandé par Messieurs de l'Académie d'Agriculture, de Commerce & des Arts de Bretagne. On pourroit, disent-ils, étendre beaucoup plus les prairies artificielles, en choisissant tant de bonnes herbes qui forment les prairies naturelles, & en les cultivant suivant la maniere dont on cultive celles dont nous avons déja parlé & dont on tire tant d'avantages. Ces essais sont du ressort des Agriculteurs aisés : c'est à eux seuls qu'est réservée la gloire d'amplifier l'Agriculture de ces découvertes. Ces opérations ne peuvent point entrer dans la sphere de la culture ordinaire des Fermiers & des Cultivateurs dont les facultés sont bornées. Nous ne doutons pas que Messieurs de l'Académie qui ont donné cette idée ne la mettent en pratique pour encourager par leurs succès, les gens de la campagne qui ne peuvent ordinairement entreprendre que d'après des essais qu'ils ont vu réussir.

Il est certain que sur deux cents cinquante ou soixante plantes dont le foin ordinaire est composé, on en pourroit trouver beaucoup, qui cultivées à part enrichiroient l'Agriculture. On ne sçauroit trop multiplier les ressources. Plus elles sont abondantes & variées, & plus on porte d'aisance dans certains pays, où le terrein reste inculte & aride & devient par conséquent de toute inutilité tant pour le propriétaire que pour l'Etat.

LIVRE IX.

*Des Racines que l'on peut faire venir avec beau-
coup d'avantage dans les Champs.*

CHAPITRE XXVIII.

Des avantages que produisent les Racines semées dans les champs.

PLufieurs Cultivateurs fe font enfin avifé d'élever dans les
champs des racines que l'on ne cultivoit autrefois que dans les
jardins. Ils en ont fenti tout l'avantage : il eft donc important de
donner toutes les inftructions que les Cultivateurs peuvent defirer
pour fe conduire avec fuccès dans cette culture ; nous deftinons ce
livre à cet objet. Il feroit à fouhaiter que nous puffions les rendre fi fatisfaifantes qu'elles infpiraffent le defir de rendre cette culture plus générale. Nous avons lieu de l'efpérer pour peu qu'on
veuille fe rendre aux expériences faites & par lefquelles on a appris
qu'il y a des racines qui par une bonne culture viennent auffi parfaitement dans les champs que dans les jardins & qu'il ne peut
par conféquent en réfulter que de très-grands avantages pour tout
Agriculteur qui voudra fuivre exactement nos documents.

De toutes les racines, il y en a trois dont nous recommandons
particulierement la culture : les navets, les pommes de terre &
les carrotes ; le débit en eft en certains endroits très-confidérable, elles ne peuvent que porter de très-grands profits par-tout où
la confommation en eft grande. Nous avons déja donné beaucoup
d'inftructions fur les navets dans la partie de cet ouvrage où nous
avons traité de la nouvelle agriculture avec le fémoir & le *Cultivateur.* Nous y renvoyons le lecteur pour éviter les répétitions relativement à certaines particularités qui regardent cette culture
pratiquée fuivant la nouvelle méthode. Nous nous bornerons à
donner ici des inftructions pour les élever dans les champs felon
la méthode ordinaire & à faire connoître les moyens de leur faire

acquérir la même douceur & la même qualité des navets cultivés dans les jardins.

CHAPITRE XXIX.

Du Sol qui convient le plus aux Navets & de la maniere de les femer.

ON obferve qu'en donnant aux navets la culture du fémoir & du *Cultivateur* un fol médiocre abonde affez en principes pour les faire profpérer ; parce qu'en les traitant ainfi les labours fréquens qu'on leur donne entre les rangs renouvellent fouvent leur nourriture, au lieu que fuivant la culture ordinaire, étant privés de ces fecours fouvent répétés ils demandent un bon fol qui foit en état d'y fuppléer.

Une terre molle noire avec un petit mélange de fable, ou bien un fol riche loameux, mêlé d'une certaine quantité de terre molle font les fols les plus favorables aux navets des champs. Il ne faut point fe faire illufion. Si l'on veut avoir des navets des champs qui aient autant de qualité que ceux des jardins, il faut choifir un fol riche, léger & chaud. Les fols qui abondent en fable font à la vérité fort chauds, mais ils n'ont pas affez de principes. Les fols argilleux font trop pefants & trop froids & par conféquent ne peuvent, au lieu de la favorifer, que traverfer confidérablement la végétation des navets.

Nous avons déja indiqué la quantité de femence qu'il faut jetter fuivant les différentes méthodes de cultiver ; nous croyons devoir ici faire obferver que la femence des navets demande d'être bien couverte & d'avoir tout autour d'elle la terre bien ferrée & bien comprimée, & cela eft fi vrai que pour peu qu'on néglige cette attention on rifque de ne pas avoir de récolte.

L'expérience prouve que la herfe commune déchire trop le fol & enterre trop profondément la femence. Il n'y a point d'inftrument qui la couvre plus légerement qu'une herfe qui au lieu d'être armée de dents de fer ou de bois, a de petits buiffons attachés à la place des dents ; on fe fert enfuite d'un rouleau pefant pour affaiffer tout le terrein. On fe fert auffi de rouleaux de bois qui font comme dentelés avec de petites chevilles, après qu'on a ainfi comprimé le terrein on jette la femence, enfuite on paffe deffus une herfe à buiffons.

Les

Les mouches font, nous l'avons déja dit, les grands ennemis des navets : cependant il n'eſt pas abſolument impoſſible de les garantir en partie de leur incurſion & des ravages qu'elles font. Il faut pour cela tremper la ſemence dans la ſauce dont nous allons donner la compoſition.

Recette.

Prenez une égale quantité de chaux en pierre & de ſuye de bois. Faites chauffer tant ſoit peu une quantité d'urine dont vous vous ſervez pour mêler peu à peu ces deux drogues. La chaux ſe diſſout & la compoſition devient d'une conſiſtance molle. Verſez encore ſur ce mêlange un peu d'urine, & quand le tout eſt froid, verſez-en ſur la ſemence. Laiſſez le tout enſemble pendant vingt-quatre heures, après quoi ſemez de la maniere que nous avons preſcrite ci-deſſus.

CHAPITRE XXX.

De la maniere dont le Cultivateur doit ſe comporter après qu'il a ſemé ſes Navets.

LE premier ſoin du Cultivateur conſiſte à conſerver les jeunes pouſſes, & à bien examiner ſi elles ſont attaquées des mouches. Cette racine n'en eſt jamais ſi endommagée que lorſqu'elle eſt encore à ſa premiere feuille : lorſqu'elle en a acquis pluſieurs ces inſectes n'en font plus de cas. Malgré la recette que nous venons de donner, nous avouons qu'il eſt impoſſible de mettre la production entiérement à couvert. Il eſt bien vrai que le goût des drogues qui entrent dans cette compoſition ſe communique aux premieres feuilles, qui peuvent par ce moyen échaper à ce danger plus aiſément que ſi l'on n'a point pris la précaution de tremper la ſemence : » Mais j'ai vu, dit M. » *Hall*, ces animaux ravager en-» tiérement une récolte quoiqu'on eût pris cette précaution. Alors, dit le même auteur, » il n'y a point de plus ſûr & de plus court ex-» pédient pour réparer le mal que de ſemer de nouveau dans le » même terrein.

Quand la récolte échape à ce danger elle court riſque d'être affamée par la grande abondance des mauvaiſes herbes. Il y en a

de plufieurs efpéces qui croiffent parmi les navets, mais une particulierement qui leur eft très-nuifible, c'eft une petite rave blanche
qui dans la premiere pouffe du navet lui reffemble tellement par
fa feuille & par fa maniere de croître, qu'en voulant l'arracher,
on prend fouvent la bonne production pour cette herbe & qu'on
la laiffe à la place des navets ; parce que ceux-ci n'ont pas encore
acquis affez de racine pour qu'on puiffe les diftinguer de la plante
qui leur reffemble & qui leur porte tant de préjudice. Les moutons
fçavent bien mieux les diftinguer que les plus habiles Cultivateurs ;
de forte que fi cette herbe fait beaucoup de ravage dans un
champ femé de navets, il n'y a pas de plus fûr moyen pour la détruire que d'y lâcher ces animaux, qui tant qu'ils en trouveront ne
toucheront point du tout aux véritables navets. On devroit beaucoup s'attacher à la bien connoître pour la bien diftinguer. La différence confifte dans la couleur, dans la groffeur & dans la divifion
de fes feuilles.

Cette mauvaife herbe étant détruite, on doit s'attacher à obferver fcrupuleufement les diftances que nous lui avons ci-devant recommandé de mettre entre les navets. Si on les a femés à la volée,
ils viennent trop dru ; il eft donc abfolument indifpenfable de les
éclaircir & de les réduire à un certain nombre. On fait cette opération avec la houe à la main, avec laquelle on déracine les mauvaifes
herbes, on remue la terre autour des navets, & avec laquelle enfin
on les laiffe à une diftance convenable les uns des autres.

Les navets dans certains endroits font d'une très-grande reffource pour nourrir les beftiaux dans l'écurie. Pour cet effet on en
arrache tous les jours une certaine quantité : » J'ai fouvent vu, dit
» M. *Hall*, des Cultivateurs occupés à ce travail, commencer
» par un coin du champ & le dépouiller ainfi entiérement, de
» forte qu'une partie du terrein étoit à nud, tandis que l'autre
» étoit encore très-garnie : rien, continue le même auteur, de plus
» abfurde que cette pratique ; on a chaque jour l'occafion d'amé-
» liorer fon terrein & d'amplifier fa récolte, & faute d'intelligen-
» ce on perd plus de la moitié du profit qu'on pourroit avoir.

» Il n'eft pas, dit le même auteur, de Cultivateur qui puiffe
» révoquer en doute que les navets cultivés fuivant la nouvelle
» méthode ne foient beaucoup plus gros que ceux qui ne reçoi-
» vent d'autres foins que ceux que l'ancienne méthode prefcrit ;
» avantage inféparable des diftances que l'on met entre les na-
» vets. Tous ceux qui adoptent & qui défendent la nouvelle cul-

» ture difent, & c'eft avec raifon, que cette racine cultivée fui-
» vant la méthode ancienne s'affame par la proximité. Or voi-
» ci affurément une belle occafion d'éclaircir les navets avec uti-
» lité. Lorfqu'on en arrache pour nourrir les chevaux, il n'y a qu'à
» le faire de façon que le refte de la récolte fe trouve convenable-
» ment éclairci. En prenant cette précaution on rompt & divife
» la terre, ce qui affurément eft un très grand avantage. Les na-
» vets qui reftent font à une plus grande diftance les uns des au-
» tres & deviennent par conféquent plus gros. Par cette grof-
» feur que nous avons dit être quelquefois étonnante, le Cultiva-
» teur fe trouve dédommagé de ceux qu'il a fait arracher. Et
» pour peu que l'on veuille en comparer avec foin la récolte,
» on trouvera qu'elle n'eft diminuée qu'en nombre & nullement
» en quantité.

D'après une obfervation fi judicieufe & confirmée par l'expérience, on voit qu'il eft beaucoup de Cultivateurs qui par défaut
d'intelligence & par leur peu de defir de s'inftruire fe privent de
beaucoup d'avantages. Nous finiffons ce Chapitre en faifant remarquer que par navets nous entendons ici parler du *turnips* qui eft
fi recommandable chez les Anglois, & qu'il faut le diftinguer
de ce gros navet rond & applati, dont la fubftance eft blanche, &
qui réuffit fi bien dans le Limoufin & dans l'Auvergne. Le *tur-*
nips eft d'un blanc jaunâtre, loin d'être auffi aqueux que l'autre qui
malgré ce défaut ne laiffe pas d'avoir fon mérite, il eft farineux,
à peu près comme le petit navet de freneufe, fi eftimé à Paris, par
conféquent plus fubftantiel, plus nourriffant & plus propre à rendre
un beurre qui a plus de confiftance & plus de qualité. Nous traiterons
à fond cet article lorfque nous parlerons des profits qui réfultent
du laitage.

CHAPITRE XXXI.

De l'usage des Navets.

Lorsqu'un Cultivateur a son bien situé près d'une grande ville, il doit sentir que son intérêt exige qu'il ne donne à ses chevaux que ses navets les plus imparfaits. Les plus beaux doivent être réservés pour le marché. Voyons à présent quelle est la méthode la plus avantageuse pour les faire manger aux chevaux & aux bestiaux. On a cru pendant quelque tems qu'il falloit les diviser en morceaux avant que de les leur présenter ; mais l'expérience a fait voir que cette pratique leur portoit préjudice; parce que ces animaux les avaloient sans les mâcher. Comme il est des personnes qui par la précipitation avec laquelle elles mangent & par le peu de soin qu'elles apportent à une bonne mastication sont sujettes à de grands maux d'estomac : de même aussi les bestiaux, sont par la même cause exposés aux mêmes incommodités : il est donc certain qu'on les expose moins en leur donnant les navets tout entiers , & même plutôt à l'écurie qu'au champ. D'ailleurs par cette derniere attention ils feront moins de dégât, & engraisseront plus vîte , puisqu'au lieu d'errer çà & là & de piétiner les navets ils sont tranquilles dans l'écurie , & par conséquent plus favorablement pour remplir les vues du Cultivateur.

Cependant il y a un inconvénient à engraisser ces animaux avec cette espéce de fourrage. Cette nourriture donne à leur chair un goût désagréable , mais il est aisé d'y remédier. Il faut alors quinze jours ou trois semaines avant que de les envoyer à la boucherie, les nourrir avec du foin. Lorsque, comme on le prétend , on voit quelqu'un de ces animaux qui ne veut point manger des navets, ce qui arrive bien rarement , on n'a qu'à les faire bouillir, ils en mangeront & s'accoutumeront insensiblement à les manger cruds.

Si l'on craint les mouches, nous faisons observer qu'outre la façon de tremper la semence que nous avons ci-dessus indiquée , il faut encore répandre légérement des cendres de bois sur la récolte aussitôt que les plantes paroissent sur la superficie ; nous pouvons assurer d'après des expériences souvent répétées , que ces cendres les détruisent, conservent & concourent très-efficacement à la croissance des plantes.

Le navet n'a point, après la mouche, de plus grand ennemi que la petite chenille noire. Lorsqu'on s'en apperçoit, il faut d'abord observer le tems qu'il fait. S'il est sec, il faut passer le rouleau sur le terrein le matin de fort bonne heure; parce que c'est dans ce moment que ces insectes prennent leur nourriture : étant comprimés entre le rouleau & la terre qui est dure & séche, ils seront écrasés, & cette pression du rouleau, au lieu de nuire aux navets accélérera au contraire leur croissance. Observez sur-tout de ne jamais faire usage de cet instrument pendant un tems humide.

Les escargots que l'on peut aussi détruire par le même moyen attaquent aussi les navets. Ainsi il faut y avoir recours; mais si les navets sont parvenus à une hauteur telle qu'on ne puisse en faire usage, il faut mettre des canards sur le terrein, ils sont avides de ces animaux; & bien loin de porter quelque préjudice, ils améliorent au contraire le terrein avec leur fiente.

CHAPITRE XXXII.

De quelques méthodes particulieres pour faire cultiver des Navets.

ON peut se procurer une bonne récolte de navets en les semant sur le chaume aussi-tôt après qu'on a enlevé le bled de dessus le terrein. Il ne faut dans ce cas que herser dès qu'on a jetté la semence, & ces navets se trouveront avoir assez poussé le printems suivant pour nourrir les brebis & les agneaux.

Si l'on veut donner à la terre une espéce de jachere on peut laisser la récolte sur pied jusques au mois d'Avril, & alors on en fera usage pour les moutons, d'autant plus que dans ce tems presque toutes les provisions sont épuisées. Le succès de cette récolte dépend de la saison. Si l'hiver est doux elle réussit parfaitement : mais s'il est extrêmement rigoureux, elle manque absolument : mais au reste, la perte, comme on le voit, n'est pas bien considérable.

On ne réussit pas moins, en semant les navets parmi de gros pois un peu auparavant qu'on ne les coupe. Il ne faut d'autre soin pour une semblable récolte que de répandre une bonne quantité de femence parmi les tiges des pois ; parce qu'on rifque, comme on doit l'imaginer, d'en perdre une partie : le piétinement des moiffonneurs pendant qu'ils cueillent les pois, fert à enfoncer la femence dans la terre & à comprimer un peu le fol : ce qui, nous l'avons déja fait obferver, contribue confidérablement à la croiffance des navets.

Outre les avantages que l'on tire de cette méthode, il en eft encore un autre, c'eft que les navets pouffent vigoureufement, & qu'ils font dans cette arriere-faifon moins fujets qu'au printems à être piqués & rongés des mouches. Au refte, fi malgré les frimats ces infectes paroiffent, on peut employer les moyens que nous avons indiqués ci-deffus pour les détruire & l'on jouit d'une bonne récolte d'hiver.

Lorfqu'ils font parvenus à une hauteur raifonnable, il faut leur donner une façon avec la houe à la main, foit pour ôter les mauvaifes herbes, foit pour éclaircir les navets qui étant femés de cette maniere, pour ainfi dire, à tâtons, ne peuvent être que placés très-irrégulierement & par conféquent trop drus en certains endroits, & trop clair-femés en d'autres. Il faut, quand cela arrive, les tranfplanter. D'ailleurs on tire encore de cette efpéce de labour un autre avantage, c'eft de rompre le fol, qui doit, fans contredit, avoir acquis trop de fermeté.

On peut auffi femer avec fuccès des navets fur un terrein qui vient de produire des féves ; mais il faut dans ce cas-ci avoir l'attention de donner un labour au fol & herfer le terrein après les avoir femés. Si l'hiver eft doux, la récolte eft abondante ; mais fi au contraire l'hiver eft rude elle fouffre beaucoup.

CHAPITRE XXXIII.

De la Pomme de terre.

LA pomme de terre eft une racine très-utile. On peut aifément la cultiver. Cette production ne craint point les expofitions les plus ouvertes. Il n'eft point de plante à laquelle il faille une culture moins recherchée & moins fuivie. Ses racines font un compofé de plufieurs parties fphériques qui font attachées enfemble à une tête ; elles font longues, groffes comme des raves, fes racines font liées enfemble par des filaments qui s'étendent très-loin en tout fens. Les tiges font nombreufes & hautes de trois pieds, rameufes & garnies de feuilles, qui font divifées en plufieurs parties, mais cette divifion eft très-irréguliere. Les fleurs font larges, tantôt de couleur pourpre obfcur, tantôt de couleur blanchâtre. C'eft en conféquence de cette variété peu importante, comme auffi de la couleur de la peau extérieure des racines, qu'on a divifé la pomme de terre en deux efpéces: pomme de terre rouge & pomme de terre blanche : le fruit eft une groffe pomme.

Cette plante eft venue en Europe de l'Amérique Septentrionale. En Irlande elle eft en général la nourriture du peuple : on la cultive beaucoup en Angleterre & l'on en tire de très-grands avantages.

En Amérique on s'en fert au lieu de pain & de caffave : elle eft d'un goût qui approche beaucoup de celui de la châtaigne. Il eft bien étonnant qu'en France cette culture ne foit pas plus étendue : on fçait en Dauphiné quels avantages on peut en attendre : nous avons le témoignage de M. *de la Morliere* fils, de Grenoble, qui en a fait des récoltes fur des terreins très-médiocres dont le produit excéde celui de la meilleure récolte de froment.

CHAPITRE XXXIV.

Du fol qui eft le plus favorable à la végétation des pommes de terre & de la maniere de les planter.

L A pomme de terre eft une racine dure qui vit par-tout. Mais elle n'étend bien fes racines que dans les fols qui lui font analogues. La terre molle profonde & légere & qui a un certain dégré d'humidité lui eft très-favorable. Un fol riche loameux ne lui eft pas moins propre. Si le fol eft loameux fans être bien abondant en principes, il faut lui donner le fecours du fumier.

Il eft impoffible que la pomme de terre réuffiffe dans un fol purement argilleux, parce que fes racines ne peuvent point s'étendre dans cette efpéce de terre dont les parties font intimément liées & par conféquent trop tenaces : elle n'a pas plus de fuccès dans un fol graveleux ; parce que comme cette efpéce de terrein ne retient rien, les racines y manquent de nourriture. Il en eft de même du fol de craie ; il n'est nullement propre à sa végétation par la même raison. Mais un sol qui n'est pas purement sablonneux est très-favorable à la pomme de terre, pourvu qu'il soit secouru des engrais qui lui sont analogues, parce que les racines ont dans cette espéce de terre la liberté de s'étendre.

La pomme rouge réussit beaucoup mieux sur le sol sablonneux : mais il s'en faut de beaucoup qu'elle ait autant de qualité que celle de la même espéce qui vient dans un sol riche loameux ; encore moins approche-t-elle de la bonté de celle qui vient dans une terre molle, où les racines sont toujours plus grosses & plus nombreuses. Cependant il faut convenir que l'on peut facilement amender les terreins sablonneux pour les rendre propres à cette production. Le fumier bien pourri, par exemple, mêlé avec la boue du fond des mares d'eau est l'amendement le plus propre à remplir cet objet.

Dès qu'on a fait le choix du sol il faut planter la pomme ; cette opération, quoique facile, demande cependant qu'on suive les instructions suivantes, sans quoi on risque de perdre toute la récolte. Un labour est indispensable pour bien rompre le sol ; ensuite l'on fait des trenchées ou sillons de six pouces de profondeur à la distance d'un pied l'un de l'autre. Et c'est dans ces sillons qu'on doit poser les plus petites racines de pomme qu'on peut trouver ; on les met distantes de six pouces, observant sur-tout qu'elles soient bien saines & belles ; on les couvre ensuite avec la herse que l'on passe sur tout le terrein. Cette opération se fait ordinairement à la fin du mois de Février.

Lorsque l'on voit les mauvaises herbes avoir atteint assez de hauteur pour qu'on puisse les distinguer de la pomme, il faut en décharger le terrein avec la houe à la main ; cette façon rompt & divise la terre, en sorte que la production profite beaucoup plus des pluies & des rosées. On répéte encore une fois ce labour lorsque les mauvaises herbes repoussent ; après quoi on laisse les pommes aux soins de la nature, qui remplit si bien sa tâche qu'elles deviennent hautes, vigoureuses & assez fortes pour étouffer par elles-mêmes toutes les plantes qui leur déroboient leur nourriture.

Cette racine ne demande ni d'autre culture ni d'autre soin. Les profits sont considérables. Un été suffit pour conduire la récolte à sa perfection. On a tout lieu de s'adonner à cette culture avec toute espérance de succès. Il est impossible qu'il y ait quelque Cultivateur qui puisse objecter quelque chose de raisonnable contre

une

une culture fi aifée & en même tems fi avantageufe. Auffi ne fçaurions-nous affez la recommander, & nous nous eftimerions très-heureux fi nous venions à bout d'en infpirer le goût au point de la rendre univerfelle dans le Royaume. Elle eft à tous égards fi utile foit pour les habitans de la campagne foit pour les animaux, qu'il n'eft pas poffible qu'on ne l'adopte.

CHAPITRE XXXV.

De la maniere de conferver les Pommes de terre.

ON plante, comme nous venons de le dire, les pommes de terre dans le mois de Février, & on les arrache vers la mi-Septembre avant que les gelées ne les altérent. On commence à les cueillir dans la partie du champ qui eft la plus expofée. Après qu'on les a cueillies on les met dans une cave où l'on a eu la pré-caution de répandre beaucoup de fable pour les garantir de la gelée; on prend les plus groffes à mefure que l'on en a befoin; on réferve les plus petites afin de les planter au printems.

Si on les plante dans un fol qui leur foit analogue, qui foit bien rompu, divifé & ameubli par des labours & animé par de bons engrais, chaque racine produit au moins dix groffes pommes, quelquefois même treize & quatorze; ce qui eft encore bien plus furprenant; il arrive quelquefois qu'une racine en fournit dix-huit : mais ceci eft rare; ainfi ce feroit induire à erreur que d'ofer le donner comme ordinaire & fréquent.

Il faut bien fe donner de garde d'attendre les gelées avant que de les cueillir. Cet article-ci eft important : car les plantes font fouvent frapées & altérées par la gelée avant que nous la fentions. Ainfi dès que l'on s'apperçoit que les feuilles de cette production commencent à jaunir il faut procéder à la moiffon des pommes de terre. Il eft des Cultivateurs qui coupent les tiges & les feuilles quand elles jauniffent, prétendant par-là mettre la racine à couvert des impreffions de la gelée. Rien de plus oppofé au bon fens, puifque c'eft au contraire priver les racines de la défenfe que la nature leur donne, & donner entrée à la gelée par la partie coupée des tiges; ainfi l'on voit qu'un femblable ufage eft fi peu raifonné & qu'on fe met à même en le pratiquant de perdre toute fa récolte.

Il eſt auſſi des perſonnes qui ſéduites par une fauſſe eſpérance s'i-
maginent que les pommes de terre groſſiſſent toujours de plus
en plus pendant qu'on les laiſſe dans la terre , & qui par conſéquent les y laiſſent pendant tout l'hiver, prenant toutefois la précaution de les couvrir avec de la fougere & de la paille. Mais on
ſent combien cette méthode eſt dangereuſe & combien elle eſt
inutile : car l'expérience prouve qu'elles ne groſſiſſent plus dans la
terre après les premieres gelées. Ainſi en ſe comportant ainſi on ne
fait que riſquer de perdre toute la récolte malgré le ſoin que l'on
prend de la couvrir , ſoin qui d'ailleurs eſt toujours plus ou
moins diſpendieux , puiſqu'il prend du tems , & que le tems en
Agriculture eſt la premiere & la principale dépenſe qu'un Cultivateur qui en connoît le prix met en ligne de compte : une cave bien
ſablée eſt l'endroit le plus favorable pour bien conſerver les pommes de terre.

Lorſque le tems de les moiſſonner eſt arrivé , un homme armé
d'une fourche à trois pointes les léve de terre , & les femmes &
les enfans qui le ſuivent les mettent en tas. Après quoi on les porte à la ferme où on les lave légérement , on les expoſe pour les faire
ſécher deux ou trois jours au ſoleil & enſuite on les met dans des
caves ſablées.

Il y a des Cultivateurs qui creuſent des foſſes de trois pieds de
largeur & de cinq de profondeur. On répand dans le fond du ſable &
l'on garnit les côtés de paille de froment bien ſéche. On remplit
ces foſſes ainſi arrangées de pommes que l'on recouvre avec de la
paille , ſur laquelle on éleve une bordure de terre bien ſéche : cette
méthode eſt excellente , les pommes s'y conſervent admirable-
ment pendant tout l'hiver.

Nous avons , comme on l'a vu , diſtingué ces pommes en blanches
& en rouges. Mais il y en a encore une autre eſpéce à laquelle on ne
porte point toute l'attention qu'elle mérite. C'eſt l'eſpèce jaune qui
eſt ordinairement très groſſe & qui a une peau extrémement
mince. Les Irlandois qui ſont ceux qui ſçavent le mieux cultiver cette
racine en font beaucoup de cas ; ils la cultivent avec tant de ſoin ,
qu'ils la tiennent ſéparée des autres , non-ſeulement à cauſe de ſa
groſſeur , mais encore , ce qui eſt très-important , parce qu'elle ré-
ſiſte aux gelées.

Les grands riſques que l'on court à cultiver cette racine , ſe
bornent aux grands dégâts que les gelées font. En effet , pour peu
qu'elles ſoient fortes , elles pénétrent la racine qui ne plonge qu'à

une très-petite profondeur : car on remarque qu'en plantant les premieres racines à fix pouces de profondeur, celles qu'elles produifent loin de plonger fe portent au contraire vers la fuperficie, ce qui les expofe beaucoup à l'impreffion des gelées. Or ce n'eft point fans raifon que les Irlandois s'adonnent par préférence à la culture de la pomme jaune puifqu'ils ont obfervé que bien différente en ce point des autres efpéces, toutes les racines que les premieres produifent, plongent plus profondément, ce qui les met à couvert de la gelée. Auffi ces Cultivateurs ne les ôtent-ils point de terre pendant l'hiver. Ils ne les arrachent qu'à mefure qu'ils en confomment. On nomme cette efpéce, pommes de terre de *Munfter*.

Un autre avantage que l'on trouve dans cette pomme & qui n'eft point dans les autres : c'eft qu'elle dure en terre pendant plufieurs années à caufe de la profondeur de fes racines. Mais *M. Hall*, malgré cet ufage établi en Irlande, recommande aux Cultivateurs de ne point le fuivre : » j'ai toujours remarqué, dit-il, » que cette racine profitoit beaucoup mieux par une nouvelle » plantation ; c'eft pourquoi, continue le même auteur, on doit en » décharger le terrein & le bien rompre & ameublir une fois en » trois ans, & l'on fe trouvera bien récompenfé de la dépenfe & du » travail : j'exhorte auffi beaucoup, dit-il, „ à ne point fuivre la mé- » thode de ceux qui plantent des quartiers de pomme au lieu de » racines entieres. Il eft certain qu'ils croiffent : mais il l'eft en- » core plus que les racines entieres réuffiffent mieux.

CHAPITRE XXXVI.

Des Carrotes.

LA carrote eft l'unique racine dont nous ferons mention ici, nous réfervant à parler des autres moins connues dans un autre tems. La carrote eft longue, épaiffe. Sa couleur varie beaucoup. Il y a une infinité de nuances depuis l'orange le plus chargé, jufqu'à la couleur de paille la plus pâle. Ses feuilles font larges & agréablement divifées en un nombre infini de petites parties dont chacune forme une efpéce de feuille. La tige, quand la carrote eft en fleur, s'éleve au milieu des feuilles à la hauteur de quatre pieds ; les feuilles de la tige font irrégulieres & reffemblent à celles de la racine, excepté toutefois qu'elles font plus petites & plus pâles. Ses fleurs font petites & blanches : elles fe raffemblent en touffes arrondies aux fommités des branches , & font fuivies de femences nombreufes, petites, légeres, rondes & d'une couleur pâle.

On diftingue trois efpéces de carotes, à raifon de trois couleurs principales qui y dominent, fçavoir la carote rouge-obfcur , la carote orangée & la carote blanche. La premiere eft celle dont on fait plus de cas en Angleterre. La blanche eft la plus cultivée en Italie & en France où l'on cultive auffi beaucoup l'orangée.

CHAPITRE XXXVII.

Du choix du Sol.

IL faut choifir pour cette racine un fol profond, riche & fec, comme par exemple, un terrein loameux, qui contient beaucoup de fable, une bonne quantité de terre molle & très-peu d'argile; ce fol a encore befoin d'être fecouru de quelques engrais & de quelques labours bien profonds; il faut les donner ces labours immédiatement avant que de femer. Quant aux engrais on doit les répandre un an auparavant. Qu'on ne croye point que nous prétendions par-là que l'on laiffe ce terrein en repos pendant ce tems , la récolte deviendroit trop difpendieufe; un Cultivateur judicieux fçait l'employer en y femant des pois qui outre la grande récolte qu'ils produifent, tendent la terre molle par l'ombre qu'ils y répandent avec leurs tiges, fans cependant épuifer les principes provenans de l'engrais qu'on y a répandu. Après qu'on a récolté les pois on rompt le terrein & l'on féme les carotes dont on peut fe promettre une très-abondante récolte.

Si l'on nous demande raifon de cette méthode ; la voici : il eft certain que la carote tire de très-grands fecours de la richeffe que l'engrais communique au fol; car plus il abonde en principes & plus la carote gagne en groffeur. Mais nous ferons obferver que fi le fumier eft frais & nouveau, le fol eft très-fujet aux vers; ce qui eft plus à craindre que toute autre chofe dans un champ de carotes; parce que ces infectes en font extrêmement avides. Or pour peu que cette racine foit attaquée ou rongée des vers , elle ne peut plus fervir à rien. On voit donc bien combien il eft important de fe fervir d'un fumier qui foit bien vieux & bien pourri, que l'on doit répandre fur le terrein un an auparavant que d'y femer la carote.

Les Jardiniers fe fervent de la bêche pour rompre le terrein où ils veulent femer les carotes. Mais la charrue à quatre coultres va auffi profondément que la bêche, & la multiplicité de ces coultres coupe, divife & rompt beaucoup plus le fol. Par cette méthode on fe procure dans les champs des carotes auffi parfaites que celles de jardin.

CHAPITRE XXXVIII.

De la maniere de femer les Carotes.

POur que la femence de carote foit bonne & qu'elle vienne bien, il faut la choifir rude, de couleur pâle, & d'une odeur douce; elle ne vaut rien fi elle eft moifie ou corrompue. Il faut labourer le terrein au commencement du mois de Mars : il faut faire fuivre la charrue par deux femmes ou deux garçons, pour emporter les pierres ou autres matieres que l'on léve avec la charrue. Le terrein étant bien labouré, on y paffe la herfe avec exactitude. enfuite on choifit autant qu'il eft poffible un jour calme pour enfemencer à la main. On prend très-peu de femence à la fois, & l'on fait en forte que les grains tombent féparément ; parce que fans cette attention ils font très fujets à tomber enfemble par rapport à l'inégalité de leurs furfaces : on doit, autant qu'on le peut, les jetter de façon que chaque grain foit diftant l'un de l'autre au moins de trois pouces. Lorfqu'ils ont percé la fuperficie on prend le foin de les éclaircir avec la houe à la main.

Après que l'on a femé on fait paffer deffus le terrein un rouleau bien pefant, ce qui preffe la femence dans la terre, & empêche que le vent, s'il en furvient, ne l'emporte. Enfuite on y paffe une herfe légere dont les dents font très-courtes, opération qui répond exactement à celle du rateau des Jardiniers.

CHAPITRE XXXIX.

De la maniere de conduire une récolte de Carotes & des usages auxquels on peut les employer.

AUssi-tôt que les carotes ont atteint une certaine hauteur, on enléve toutes les mauvaises herbes avec la houe à la main, & l'on les éclaircit au point qu'il y ait au moins entre chaque carote sept pouces de distance. Ainsi cultivées, elles croissent avec vigueur, leurs feuilles ombragent tout le terrein & traversent absolument la croissance des mauvaises herbes.

Vers la fin de Novembre les feuilles jaunissent ou rougissent. Ce signe avertit le Cultivateur qu'il est tems de les arracher & de les mettre dans un endroit sec pour les conserver dans du sable jusqu'à ce qu'on s'en serve.

Lorsqu'on veut se procurer de la semence on laisse les carotes sur pied pendant l'hiver : on choisit pour cet effet celles qui sont plus vigoureuses & qui se trouvent dans la partie du champ la plus séche, la plus chaude, & qui est le plus à couvert du vent de Nord. Les tiges s'éleveront de bonne heure l'été suivant, & la semence aura acquis sa parfaite maturité vers la mi-Août.

Parvenue à sa maturité, on coupe les carotes, on les expose au soleil & à l'air pendant quelques jours, jusqu'à ce qu'elles soient séches. On a le soin de les retourner fréquemment : ensuite on les bat comme on bat le bled, pour en séparer la semence, laquelle étant séparée, demande d'être exposée à l'air quelques jours avant qu'on ne la vende ou qu'on ne l'emploie. C'est ainsi que la semence est bien colorée & d'une odeur douce, qualités qui sont requises, pour qu'elle prospere.

LETTRE écrite à M. DUPUY d'Emportes, de l'Académie de Florence.

A Paris ce 7 Octobre 176ᴥ

IL n'y a point, Monſieur, de Propriétaire de terre, de Laboureur, de Citoyen, qui ne doive étudier votre excellent ouvrage
le Gentilhomme Cultivateur. Je l'ai lu, & je le relis avec le plus grand
plaiſir. Il n'y a perſonne, Monſieur, qui ne deſire que vous continuyez
une inſtruction d'autant plus utile, que vous avez eu le génie de vous
mettre à la portée de tout le monde : ce travail ne peut que vous
attirer la reconnoiſſance de tous ceux qui cultivent, & une attention très-particuliere de la part du Gouvernement.

Voilà, Monſieur, des ſentimens de la ſincérité deſquels vous
ne douteriez pas ſi j'avois l'honneur d'être connu de vous. D'a-
près cet aveu, j'oſe eſpérer que vous voudrez bien être perſuadé
qu'aucun eſprit de critique ne m'anime, ſi je prends la liberté
de hazarder mes remarques ſur quelques paſſages qui ſe trouvent
dans votre ouvrage, mais uniquement l'amour de la Patrie dont
vous êtes également animé. C'eſt ce qui me fait croire que vous
verrez avec plaiſir un ſentiment contraire au vôtre, qui pourra
peut-être vous engager à de nouvelles combinaiſons, dont le public retirera de l'utilité.

Le paſſage que j'attaque ici n'eſt pas de vous, Monſieur, mais vous
paroiſſez en avoir adopté la doctrine, en faiſant imprimer ſans
aucun correctif *tom. III. pag. 36,* du Gentilhomme Cultivateur, la
Lettre d'un Correſpondant. J'y trouve, p. 50, ces deux lignes :
„L'encouragement & la perfection de l'Agriculture ſe rédui-
„ſent à deux points, hommes & argent, récompenſe & puni-
„tion.

Je conviens, Monſieur, que *les hommes & l'argent* ſont abſolument néceſſaires à l'*Agriculture* : mais *les hommes & l'argent* ne
ſont qu'une ſuite de l'*Agriculture encouragée*, & ne ſçauroient jamais être *le principe de l'encouragement & de la perfection de l'A-
griculture.*

Dans une matiere de cette importance, la premiere, j'oſe le
dire, à laquelle les empires doivent leur attention, on doit bien
prendre garde d'équivoquer & de ne pas donner des conſéquences

pour des principes. Il me femble que *le Correfpondant* a tombé, fans s'en appercevoir, dans cette erreur. Je ne veux fur cela, Monfieur, d'autre juge que lui-même, car il me paroît d'ailleurs trop aimer fa patrie pour ne pas invoquer ici fon patriotifme & fa bonne foi.

L'Agriculture réduite au feul objet de nourrir *les hommes* fera toujours peu floriffante. *Les hommes* ne refteront jamais dans un pays adminiftré fur ce principe, parce que la nourriture n'eft pas la feule chofe qui leur foit néceffaire pour foutenir leur vie, & qu'une *Agriculture* qui ne fournit qu'à la nourriture du Citoyen, ne peut produire l'*argent* qui lui eft néceffaire pour fes autres befoins, & pour renouveller dans toute leur vigueur les travaux indifpenfables de l'*Agriculture.* Quelle que foit la maffe d'*argent*, originairement portée dans un tel pays, quel que foit le nombre d'*hommes* qui s'y eft établi, ce pays fera bientôt dépeuplé, & les champs cultivés y deviendront bientôt des deferts arides.

Si ce raifonnement, Monfieur, vous femble auffi jufte qu'il me le paroît, il s'enfuit évidemment que les *hommes & l'argent* ne fçauroient être *le principe de l'encouragement & de la perfection de l'Agriculture*, quand même on y ajouteroit *la récompenfe & la punition*, ce qui forme, felon le Correfpondant, le *Code entier de l'Agriculture de France.*

Je vous avoue, Monfieur, que fans ces derniers mots, j'aurois douté que le Correfpondant eut voulu écrire pour la France. *Récompenfe & punition !* .... eh! quel François y a jamais été fenfible ? a-t-il bien réfléchi fur le caractere particulier de la Nation, fur celui de l'homme en général ? quel eft l'homme qui peut être excité au travail par *l'efpoir de la récompenfe*, ou la *crainte de la punition*, quand il verra que le fruit de fes travaux ne peut remplir fes befoins ? Le François moins qu'aucun autre; mutin & raifonneur, il n'obéit fouvent qu'en ridiculifant l'ordre le plus raifonnable : hardi & entreprenant d'ailleurs, comment ne franchira-t-il pas toutes les bornes pour pouvoir méprifer *les récompenfes* & être fouftrait *aux punitions*, quand un travail ne fera pas affez intéreffant pour l'attacher par fes profits ? tous ceux qui ont un peu férieufement étudié le caractere du François, fe refuferont difficilement à l'évidence de ce que je dis ici.

Récompenfe & punition eft donc un moyen encore plus infuffifant qu'*hommes & argent* pour *l'encouragement & la perfection de l'Agriculture* en France.

Après

Après ces succinctes observations sur le principe établi par votre Correspondant, me sera-t-il permis, Monsieur, de vous présenter le mien ? Je vais d'abord vous exposer l'idée que je me suis faite de l'*Agriculture & de ses effets* : je passerai ensuite aux moyens que je crois les plus propres à l'encourager & à la perfectionner en France.

L'*Agriculture* est la source *de toutes les richesses* : *les richesses* font l'aliment de l'*Agriculture* : il faut donc que l'*Agriculture* amene *les richesses*, & *que les richesses* à leur tour prodiguent le plus pur de leur substance à l'*Agriculture*; il est donc clair qu'un état agricole doit être en même tems commerçant, parce que le *commerce seul* amene *les richesses* qui fixent *les hommes*, & que *les hommes & les richesses* font nécessaires au soutien & à la perfection *de l'Agriculture*.

Mais l'*Agriculture* ne fournit que foiblement *au commerce*, & le *commerce* ne peut rendre à l'*Agriculture* ce qu'elle exige quand l'un & l'autre ne peuvent donner aux *hommes* des fruits raisonnables de leurs travaux.

Cet axiome entraîne des combinaisons profondes & entendues: ce n'est point ici le lieu de les tenter : il suffira de dire que le *commerce* ne sçauroit avoir d'entraves que l'*Agriculture* ne dépérisse en raison proportionnelle, & que sans *Agriculture* on ne sçauroit avoir qu'un *commerce précaire & souvent dangereux*.

La France a les deux mers à sa disposition: des ports & des endroits pour en faire en quantité suffisante : un climat doux & tempéré : un sol étendu, fertile, qui ne se refuse à presqu'aucune production : enfin un peuple actif, brave & industrieux. La France est donc faite pour être agricole & commerçante avec plus d'avantage qu'aucun autre pays, & devenir par ces deux moyens bien entendus, l'Empire le plus riche, le plus peuplé, le plus puissant de l'univers.

La France est cependant bien éloignée de cet état desirable : la raison en est simple. L'*Agriculture* ne fournit point au *Commerce* tout ce qu'elle pourroit lui fournir ; & le *commerce*, faute de cet aliment, ne sçauroit procurer à *l'Agriculture* tous les secours dont elle auroit besoin. Quand l'*Agriculture* ne peut pas vendre son bled, que le *Commerce* ne peut pas l'acheter, il faut que l'*Agriculture* périsse & que le *commerce* languisse : tant qu'on croira plus utile d'acheter des chanvres dans le Nord, que de consommer les nôtres, & même d'en vendre à l'étranger, comme nous le pourrions

Tome V.   S

faire, il faudra bien que notre *argent* aille fertiliser des champs étrangers, & que les nôtres restent en friche.

Si je ne me trompe pas, Monsieur, il me paroît évident que l'on aura beau faire passer *des hommes* dans un pays, & y porter *de l'argent*, si ce pays n'a pas un débouché libre pour *le Commerce*, jamais *l'Agriculture* n'y prospérera, & n'y pourra être encouragée ni perfectionnée, parce qu'elle se réduira nécessairement à la nourriture des habitans, ce qui sera toujours fort peu de chose. *Hommes & argent, récompense & punition*, ne peuvent donc être *le code* d'aucun pays sur *l'Agriculture*, & encore moins un *principe* pour *l'encouragement & la perfection* de cet art en France.

Je pourrois pousser ces exemples plus loin: mais en voilà assez pour bien faire saisir l'idée que je présente.

D'après ces légeres notions, Monsieur, il vous paroîtra peut-être vrai qu'il faut, pour *l'encouragement & la perfection de l'A-griculture*, d'autres moyens que ceux indiqués par votre Correspondant. Serai-je plus heureux dans mon choix? vous en jugerez, Monsieur; voici ceux que j'imagine qu'on devroit essayer.

L'honneur & la liberté: présentez aux François ces deux idoles de son cœur, vous lui ferez faire les choses les plus étonnantes, c'est là, j'ose le dire, le vrai code de toute bonne opération en France.

En conséquence, il faudroit donc *pour l'encouragement & la perfection de l'Agriculture*,

1°. Rendre la liberté indéfinie du commerce du bled, par un Edit enregistré dans tous les Parlements.

2°. Rendre le sel marchand par tout le Royaume afin qu'on puisse en donner aux bestiaux & en engraisser les terres.

3°. Soulager les Laboureurs sur les impôts, en rendre l'assiette & la perception telle, qu'il n'ait jamais d'augmentation arbitraire à craindre, quand il a augmenté sa culture & ses bestiaux.

4°. Rendre la perception des droits sur le commerce si claire & si aisée qu'elle ne fasse plus perdre aux Négocians un tems infiniment précieux, en les engageant même souvent dans des frais considérables, & soulager tout le commerce sur les droits.

Si ces quatre moyens étoient adoptés par les Ministres, & que le Roi eut la bonté d'y ajouter des récompenses honorifiques qui ne lui coûteroient rien, en faveur de ceux qui se distinguent, soit en Agriculture, soit dans le commerce, je crois que vous seriez obligé de multiplier amplement les éditions de votre excellent Ouvrage;

vous n'auriez jamais affez d'exemplaires pour tous ceux qui chercheroient de folides inftructions fur l'amélioration des terres.

J'entends déja dire que mes moyens apporteroient un grand vuide dans les coffres du Roi : je prouverois aifément le contraire : mais ce n'eft pas ici le lieu d'agiter cette queftion, elle n'entre point dans mon objet préfent qui étoit de vous faire entrevoir que je penfe que *l'encouragement & la perfection de l'Agriculture* dépendent bien moins de l'habileté du Cultivateur, d'une population & d'une richeffe (paffez-moi l'expreffion) factices & forcées, que d'une adminiftration bien entendue & bien fuivie. Je voudrois bien l'avoir rempli à votre fatisfaction autant qu'une lettre peut le permettre : rien ne feroit plus flatteur pour moi.

Souffrez à préfent, Monfieur, que j'aye l'honneur de vous dire que je ne puis être de votre avis fur un point bien délicat, dont vous parlez en plufieurs endroits de votre ouvrage : c'eft *l'intérêt de l'argent.*

Vous paroiffez defirer qu'une loi le fixe à un taux plus bas qu'il n'eft : mais cela eft-il poffible ? je ne le penfe pas : je crois même que ce moyen eft dangereux. C'eft au commerce à fixer le taux de l'intérêt, & il le fixe toujours felon fes befoins, malgré toutes les loix que peuvent faire les Princes. Je ne vous répéterai point ici ce que j'en ai dit dans ma differtation intitulée, *Sur le commerce du Nord*, parce que je pourrai bien traiter cette matiere plus en grand dans un autre ouvrage : tout ce que j'y ajouterai c'eft que je ne crois pas qu'une telle loi pût foulager le Cultivateur fur cet article. Le légiflateur feroit toujours trompé par le commerce, qui forceroit le Cultivateur à fuivre l'impétuofité du torrent, ou à fe voir refufer les fecours qu'il chercheroit. D'ailleurs, Monfieur, *le bas intérêt de l'argent* a fes inconvéniens : c'eft la preuve d'un grand numéraire : un grand numéraire de beaucoup de richeffes, beaucoup de richeffes renchériffent tout, & fur-tout la main-d'œuvre.

Permettez-moi à préfent de me féliciter que cette occafion m'ait procuré le plaifir de vous affurer que je ferai toute ma vie avec la plus fincere eftime,

Monfieur,

Votre très-humble & très-
obéiffant ferviteur,
D'EPREMESNIL.

S ij

RÉPONSE au Mémoire de M. D'EPREMESNIL.

QUOIQUE nous ayons protefté, Monfieur, dans le commencement de cet ouvrage de ne point y accorder de place aux Mémoires
qui tiendroient au fyftême, nous avons cru devoir violer cet engage-
ment. Notre reconnoiffance ne peut fe taire lorfqu'une perfonne d'un
mérite auffi diftingué que vous nous accorde fes fuffrages. Vous
avez fait des preuves publiques des connoiffances profondes que vous
avez acquifes fur le Commerce & fur l'Agriculture. Nous nous fentons très-encouragés à fournir notre carriere lorfque nous avons la
fatisfaction de voir que les premiers pas que nous avons faits
font approuvés des perfonnes qui comme vous font en état de décider & qui ne décident jamais que d'après de mûres réflexions.

Si nos concitoyens nous fçavent quelque gré de notre zéle, nous
fommes au comble de nos vœux : quant au gouvernement, ce feroit
bien mal faire l'éloge de notre Nation, fi l'efprit patriotique
étoit affez rare parmi les François, pour que le Monarque fût
obligé de jetter un regard d'admiration fur les citoyens qui ne font
que remplir leurs devoirs en fe rendant utiles. Ce feroit pour le
coup annoncer que cet efprit s'eft évanoui, & que la frivolité &
l'intérêt perfonnel ont pris le deffus : en France les Rois ont l'a-
vantage de compter autant de vrais enfans qu'ils comptent de
fujets. C'eft l'amour filial qui difpofe de tous nos mouvemens &
qui les régle ; tout autre principe feroit violence au caractere dominant de la Nation.

D'ailleurs, Monfieur, quand même nous aurions voulu épargner au public la peine de porter fes regards fur les épanchemens
de notre reconnoiffance, nous n'aurions pu nous difpenfer d'in-
férer votre Mémoire dans cet ouvrage, il roule fur des objets trop
importants.

Nous vous prions, Monfieur, de penfer de nous ce que vous
nous priez de croire de vous, & que nous croyons en effet. Vous
le méritez à tous égards. Soyez perfuadé qu'aucun efprit de critique ne produira les obfervations que nous allons prendre la liberté
de faire fur celles que vous préfentez au Correfpondant qui nous a
envoyé un Mémoire fur l'encouragement de l'Agriculture, & qui
fûrement profitera des lumieres que vous lui donnez.

Vous convenez, dites-vous, Monfieur, *que les hommes & l'ar-*

gent font abfolument néceffaires à l'*Agriculture* ; mais, ajoutez-vous les hommes & l'argent ne font qu'une fuite de l'*Agriculture* encouragée & ne fçauroient jamais être le principe de l'encouragement & de la perfection de cet art.

Nous croyons, Monfieur, que fi l'on vouloit pénétrer trop avant dans cette difcuffion, on s'expoferoit à confondre les caufes & les effets ; car fi l'on vouloit rechercher votre idée, il faudroit, en remontant vers les tems les plus reculés, vers les tems enfin de l'enfance du monde, avancer que l'Agriculture a donné les hommes; ce qui, pris dans ce fens, ne feroit point propofable. D'ailleurs, voyez les peuples fauvages qui errants & vagabonds ne cultivent nulle part, ne fe multiplient-ils pas autant que les autres peuples agricoles ? Nous convenons bien que l'Agriculture augmente les hommes en raifon du dégré floriffant qu'elle acquiert : mais il ne fera jamais permis de foutenir que ce foit elle qui ait donné les hommes dans les premiers tems : il falloit premierement qu'ils exiftaffent pour qu'elle fût d'abord pratiquée & mife en état de rendre cette abondance de productions qui pouvoient contribuer à l'augmentation de la population.

Ainfi, Monfieur, notre Correfpondant peut fort bien avoir avancé *hommes* & *argent* pour *le code d'Agriculture* fans avoir pris les conféquences pour des principes.

Il eft certain qu'une Agriculture réduite à nourrir feulement les hommes, feroit toujours peu floriffante, fi fuivant la faine philofophie, on peut donner cette qualification à un pays, à un Royaume où il faut abfolument, pour qu'il fleuriffe, le livrer fans réferve à toutes les frivolités & à tous les caprices d'un luxe dont le goût ne tient qu'au moment.

Il ne feroit point impoffible, Monfieur, de vous prouver qu'un Royaume qui n'auroit que les diverfes productions de l'Agriculture ne pût à la rigueur fe fuffire à lui-même, & fe fuffire, nous ofons l'avancer, d'une façon à faire envier fon bonheur par fes voifins.

D'une bonne culture fortent de bons grains qui fervent à la fubfiftance des hommes, des chanvres, des lins, qui paffés par les différentes préparations fervent en partie à les couvrir; des pâturages bien gras qui produifent des beftiaux ; d'une partie de ces beftiaux viennent les laines bien conditionnées & les peaux parfaites moyennant l'apprêt qu'on leur donne. Des vignes bien expofées & cultivées avec foin produifent beaucoup de vin exquis ; de ce vin fortent les eaux de vie, liqueur précieufe qui feroit l'antidote univerfel, fi on l'avoit réduite au feul ufage auquel elle eft propre. Voilà donc, Monfieur, tous les citoyens d'un Royaume agricole bien nourris, bien vêtus par les feuls échanges qu'ils pourroient faire contre l'induftrie de ceux qui feroient employés aux arts, & qui ne feroient jamais réduits à l'état précaire où nous voyons réduits tant d'états commerçants; comme par exemple la Hollande.

Croyez-vous, d'après ce tableau, qu'un Royaume fût peu floriffant, puifqu'il trouveroit dans lui-même tous les premiers néceffaires ? Vous concevez bien, Monfieur, que nous n'avons point prétendu parler ici de ces befoins que les caprices du luxe créent tous les jours, & qui, s'ils augmentent toujours à proportion, nous feront éprouver toute l'amertume de la mifere dans le fein même de l'opulence ; parce que la terre entiere ne pourra fournir de quoi les fatisfaire.

Tous les hommes, Monfieur, ne fe conduifent point par le même motif. La récompenfe encourage les uns, & la punition fait marcher les autres. Lents & pareffeux, ceux-ci ont befoin d'être intimidés par la punition. Nous appellons punition, le mépris, le caractere de déshonneur que l'on attache à la nonchalance : & nous ofons dire que fi cet aiguillon ne fuffit point, il faut ufer, quoi qu'à regret, de la punition dans le fens que vous paroiffez prendre ce mot. Les hommes fans action dans une Société, font des chenilles qui vivent aux dépens de la graine, de la feuille & du fruit de ce grand arbre dont toutes les branches doivent concourir à la confervation de la tige, comme la tige concourt à leur croiffance.

Récompenfe & *punition* font donc les deux armes dont tout Gouvernement un peu policé doit fe fervir envers quelque nation que vous puiffiez imaginer; ainfi *hommes & argent, récompenfe & punition* peuvent très-bien être le principe d'une bonne Agriculture.

Jufqu'ici nous ne voyons pas que notre Correfpondant fe foit trompé. Nous pouvons être dans l'erreur ; peut-être nous auriez-vous deffillé les yeux fi vous étiez entré dans les détails que vous avez paffé fous filence pour ne pas trop étendre les bornes d'une lettre.

Nous réfléchiffons encore, Monfieur, fur le caractere de la nation, elle eft, comme les autres, fenfible à la récompenfe. *Eh, quel Françsois*, dites-vous, *y a jamais été fenfible ?* Tous, Monfieur, & nous ofons répondre ainfi affirmativement, parce qu'il en eft des récompenfes comme des punitions ; comme celles - ci ne fe reftraignent point aux punitions afflictives, de même les autres ne fe bornent point aux récompenfes pécuniaires ; auffi l'Efpion Turc obferve-t-il très-judicieufement que le Roi de France a un fond inépuifable de forces & de puiffance : c'eft la gloire, l'idole de fes fujets. Vous vanterez tout autant que vous voudrez la liberté ; jamais vous ne ferez voir que cette fource foit fi abondante pour les autres Etats que la gloire l'eft pour notre augufte Monarque. Faut-il de l'argent, on crée des charges ; & fur le champ on trouve que les fonds dont on a befoin, font remplis. Le titre de Confeiller du Roi a été de tout tems pour nos Souverains une corne d'abondance. Faut-il trouver des hommes pour oppofer des armées nombreufes à nos ennemis, foudain nos recrues font complettes, nos officiers s'eftiment trop heureux que le Prince veuille bien leur permettre d'aller facrifier leurs biens & leur vie pour la défenfe de l'Etat.

Or la gloire que l'on attache à des actions femblables en eft la récompenfe : vous ne direz pas peut-être que le François n'y eft point fenfible ; eh, quelle nation peut lui être comparée fur ce point? La gloire eft l'ame de fon exiftence.

Oui, fans doute, nous en convenons, l'Agriculture eft la fource des véritables richeffes ; c'eft une vérité que nous avons pris à cœur dans le courant de notre ouvrage. *Il faut donc, ajoutez-vous, Monfieur, qu'elle amene les richeffes, & que les richeffes à leur tour fe prodiguent à l'Agriculture ; il faut donc qu'un état agricole foit en même tems commerçant, parce que le commerce feul amene les richeffes qui fixent les hommes.* Mais *l'Agriculture ne fournit que foiblement au commerce, & le commerce ne peut rendre à l'Agriculture ce qu'elle exige, quand l'un & l'autre ne peuvent donner aux hommes des fruits raifonnables de leurs travaux.*

Cet axiome eft vrai & entraîne, comme vous le dites, à des combinaifons profondes & étendues. il eft également certain que quand un Royaume s'eft créé des befoins auxquels il ne peut fatisfaire qu'en recourant à l'étranger, fi le commerce des denrées ne l'emporte point, ou du moins n'équivaut point à ce que l'on tire de cet étranger, le commerce eft précaire, qu'il entraîne infenfiblement le dépériffement de l'Agriculture & qu'en cela même il eft très-dangereux.

La France, nous l'avons dit comme vous, a l'avantage par fa fituation, par le génie induftrieux de fes peuples, par la multiplicité

de ſes ports ſur les deux mers, de pouvoir remettre le commerce &
l'Agriculture en état de ſe communiquer réciproquement un aliment des plus ſubſtantiels.

Nous ſommes enchantés de vous voir revenir en partie à la fin
de votre lettre au puiſſant aiguillon que nous avons indiqué ſous le
mot de récompenſe & que vous donnez ſous celui d'*honneur.*
Vous propoſez la liberté ; ſi par-là vous entendez parler de la liberté
de commerce, comme la ſuite de votre lettre le fait voir, il eſt certain qu'il n'y a rien de plus déſirable pour l'accroiſſement de l'A-
griculture & du commerce. Les quatre moyens que vous propoſez
ſont très-bien vus ; mais il y en a qui feroient un trop grand vuide
dans les revenus du Roi. Rendre, par exemple, le ſel marchand,
comme vous le dites, ſeroit un ſacrifice trop cher. Il ſuffiroit ſeulement de le réduire à quatre ou cinq ſous : alors la conſommation
augmenteroit, les revenus du Roi n'en ſeroient point altérés, & les
terres & les beſtiaux profiteroient de cette nouvelle reſſource.

Lorſque nous déſirerions voir une loi qui fixât l'argent à un taux
plus bas, nous n'avons pas cru, comme vous, que la choſe fût impoſſible, encore moins nous paroît-elle dangereuſe : Vous donnez, Monſieur, au commerce ſeul le droit de fixer l'intérêt. Per-
mettez-nous, Monſieur, de vous repréſenter qu'il ne lui eſt point
dû. Il a le droit à la vérité d'en déterminer le titre, parce que
maître des matieres qu'il vend, il en proportionne le prix au titre
de l'argent ; ainſi, quoiqu'il ne puiſſe pas détruire ſur ce point ce
que le Souverain a fait, il lui impoſe cependant la loi en le forçant
de prendre les marchandiſes dont il a beſoin au prix qu'il leur aſſigne.

D'ailleurs, Monſieur, vous nous obſervez que le commerce
ſe riroit de la loi, parce que le commerçant voyant un très-grand
profit ſur tel ou tel achat, il payeroit ce qu'on voudroit exiger de
lui, aſſuré qu'il ſeroit d'emprunter avec avantage, puiſqu'il verroit
toujours un profit certain dans la choſe achetée. Il eſt vrai que le
commerce peut braver clandeſtinement la loi du Prince ſur ce
point ; mais s'enſuit-il que la loi ne fût pas ſage ? Combien de mil-
lionnaires qui ne prêtent leur argent que ſur des fonds, & qui ai-
meroient mieux l'hypotéquer à trois ou quatre pour cent ſur de
bonnes terres bien connues que de le confier à douze pour cent à
des commerçants qui n'ont que leur crédit pour repréſenter ; crédit qui tient tellement au hazard, aux riſques, aux entrepriſes hardies & imprudentes & encore plus aux dépenſes exceſſives auxquelles le luxe illimité du ſiécle l'expoſe, & qui le tiennent toujours
dans

dans un état si violent & si précaire ; que l'on vit dans les allarmes jusqu'au remboursement?

C'est cet argent, Monsieur, que la cupidité rend si cher, que nous voudrions forcer de sortir des coffres forts par une loi émanée du trône pour le faire venir au secours de l'Agriculture, accablée par le taux excessif.

Nous avons outre cela beaucoup plus insisté sur notre loterie dont le produit auroit sans doute formé un fond considérable pour secourir l'Agriculture ; alors le Cultivateur actif & industrieux viendroit avec sûreté & avec confiance s'engager par corps à rembourser les sommes qu'il emprunteroit de la caisse de cette loterie, assuré qu'il seroit qu'il faudroit que des terres fussent bien vuides de principes, pour ne pas payer les trois pour cent de l'intérêt & rendre au moins trois de profit.

Voilà, Monsieur, les observations que nous avons cru devoir opposer à quelques-unes des vôtres : heureux si elles servent au moins à donner du jour à celles dont vous nous avez fait part. Animés l'un & l'autre de cet esprit patriotique, nous serions au comble de nos vœux, si pour le bien de la cause commune on pouvoit en tirer quelque induction qui lui fût favorable. Toutes les fois, Monsieur, que vous voudrez bien nous communiquer vos remarques, vous nous verrez justifier nos opinions, ou nous rendre aux vôtres. Nous sommes aussi sensibles que vous pouvez l'être au plaisir que vous avez pris à nous lire. Nous tâcherons à l'avenir de justifier cette idée par notre attention & par l'estime sincere que nous conserverons toujours pour vous.

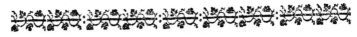

LIVRE X.

Du tort que les insectes, les animaux & les mauvaises herbes font aux arbres, aux racines & aux herbes, divisé en trois Sections.

SECTION PREMIERE.

CHAPITRE PREMIER.

Des Insectes & premierement des Fourmis.

LEs insectes font petits. Il est étonnant que ces individus, malgré leur petitesse, portent de si grands préjudices aux récoltes ; sans doute que, comme ils ont la faculté de se multiplier beaucoup, c'est par leur grand nombre qu'ils font tant de ravage : il convient donc, pour les faire bien connoître & pour que le Cultivateur s'en garantisse, de parler de leurs différentes espéces, de leur nature, de leurs qualités, des accidens qui les font abonder en certains tems, & des moyens d'en préserver les arbres. Nous avertissons d'avance que tous les documens que nous allons donner sur ce point important font autorisés par l'expérience.

Les fourmis, par exemple, portent beaucoup de préjudice en élevant des monticules dans les pâturages ; nous avons enseigné les moyens de les détruire ; elles portent également préjudice aux terres ensemencées, par les grands larcins qu'elles font. Elles prennent toujours le moment de faire leur butin de semence avant qu'elle ne germe. Les oiseaux en dérobent aussi beaucoup avant & après qu'elle commence à pousser. Nous devons donc indiquer au Cultivateur le moyen de se mettre à couvert de ces insectes. Or pour qu'il y parvienne, il faut lui apprendre à les appercevoir avant que la semence ne pousse, parce que plus tard il ne seroit plus tems de chercher à y remédier.

Les fourmis multiplient beaucoup. Les mâles ont des aîles, au lieu que les femelles n'en ont point. Celles qui font de la plus grosse espéce se tiennent dans les bois & font peu de mal. Les petites fourmis font les plus nuisibles. Leurs œufs font petits & ronds, & c'est cette extrême petitesse qui fait qu'on ne les apperçoit que rarement, & que peu de monde y fait attention. Ce qu'on appelle communément œufs de fourmi est une espéce d'écaille mince ou d'étui où l'animal est enfermé jusqu'à sa formation parfaite, & comme il n'est point alors en état de se mouvoir, les autres en ont soin & le mettent en lieu de sûreté.

Ces animaux rongent les tendres bourgeons des arbres & même certains fruits ; mais ils causent un dommage bien plus sensible dans les champs de bled nouvellement ensemencés. Les fourmis s'insinuent dans les crevasses de la superficie pour chercher le grain ; elles en gâtent plus qu'elles n'en rongent ou qu'elles n'en emportent ; plus le grain du froment est petit & plus elles l'attaquent, parce que plus il est petit, plus il a la peau mince ; d'ailleurs pesant moins & étant plus aisé à saisir, elles l'emportent avec beaucoup plus de facilité. Elles attaquent la meilleure espéce d'orge, mais elles attendent qu'elle se soit un peu ramollie dans la terre.

Elles font aussi fort avides de la linette, ou semence de lin, de celle de chanvre & de celle du colsat. Quant au seigle & aux légumes, elles ne les attaquent que lorsqu'elles font pressées par une nécessité très-urgente. Si elles ne leur déclarent la guerre qu'à la derniere extrémité, ce n'est que parce que leur enveloppe est épaisse, & que leur farine est amere.

La premiere attention que nous exigeons du Cultivateur, c'est de découvrir les nids que l'on trouve ordinairement sous les hayes ou autour du tronc de quelques vieux arbres ou bien sur les petites élévations du terrein : on couvre leurs nids avec de la paille mouillée, à laquelle il faut mettre le feu ; cette fumée les fait périr. Si à la premiere fois qu'on fait cette opération on ne les détruit pas entierement, il faut la répéter, & prendre toujours le soin de la faire après le soleil couché, parce qu'alors toute cette petite république est rassemblée dans son asyle : lorsqu'on veut les détruire dans les jardins on n'a qu'à verser à la même heure de l'eau bouillante dans leurs nids.

Mais comme on peut craindre leur retour, on se guérit de cette crainte en répandant sur le terrein de la chaux ou de la suye, ou des cendres , matieres que ces infectes déteftent, & qui forment d'ailleurs de très-bons engrais & qui achevent de les détruire au point que le terrein n'en fera plus attaqué de long-tems.

CHAPITRE II.

Des Guêpes.

IL y a tant defpéces de guêpes qu'on peut dire qu'elles font innombrables. Ces animaux pondent leurs œufs vers la fin de l'été fous la furface du fol, d'où fortent des vers épais montés fur fix pates, qui après un certain tems acquierent des aîles & paroiffent fous la véritable forme de guêpe. Tandis que cet infecte eft encore en ver il ronge les racines des herbes & du bled , & fait quelquefois dans une récolte un ravage horrible : il attaque toutes les efpéces de grains & de légumes; voici la façon de le détruire.

Il faut avant que de jetter la femence fur le terrein y porter de la paille mouillée. On en fait des tas , & au foleil couchant on y met le feu. Ces infectes fe tiennent cachés pendant le jour dans des buiffons & dans les hayes , mais ils voltigent ainfi que les hiboux dès qu'ils apperçoivent le crépufcule. Alors par cette opération ou on les détruit ou du moins on les chaffe du terrein. Ils craignent la fumée au moins autant que les fourmis. On en verra un certain nombre périr & le refte s'enfuir & fe difperfer.

Les mêmes engrais qui fervent à tuer les fourmis fervent auffi à tuer les guêpes. Mais pour dégager entierement un terrein de tous ces infectes , il convient d'y répandre de la chaux auffi-tôt après qu'on l'a enfemencé. Nous avons déja confeillé de tremper le grain dans des faumures avant que de le femer. Pour fe garantir des guêpes il eft bon d'ajouter à ces faumures ou fauces les drogues & les matieres qui font les plus nuifibles à ces infectes , & de toutes il n'y en a pas une qui foit plus propre à remplir cet objet que l'urine.

CHAPITRE III.

Des Vers.

IL y a trois efpéces principales de vers ; fçavoir, le grand ver rouge, le petit qui eft de la même couleur & celui qui eft de couleur
olive. Tous les vers ont l'un & l'autre fexe, ce qui fait qu'ils fe
propagent confidérablement. Les petits vermiffeaux font de toutes
les efpéces celle qui porte le plus de préjudice aux récoltes ; ils fe
trouvent ordinairement dans les fols les plus fertiles, outre que
l'on y en apporte beaucoup avec les fumiers. Ils attaquent le bled
dans l'inftant même que le germe fe développe & que le grain fe
gonfle. On a vu quelquefois ces infectes détruire les deux tiers
d'une récolte.

On peut les détruire, felon M. *Hall*, en fichant des clous à moitié
dans la partie inférieure de la charrue qui pénètre dans la terre.
A mefure que la charrue marche ils déchirent & coupent les vers,
tandis que d'un autre côté ils brifent & ameublissent le fol. On
peut auffi brûler de la paille mouillée dans différens endroits du terrein. La fumée qu'elle rend peut feule faire périr tous les petits vermiffeaux qui fe trouvent près de la furface & qui font précifément
ceux qui font le plus grand ravage.

Mais il n'eft pas, nous le répétons encore, de méthode plus affurée pour détruire ces infectes que de tremper le bled qu'on doit
femer dans une faumure dans laquelle on fait entrer de la couperofe. Quelques Cultivateurs fe font imaginé qu'une décoction de
chanvre fuffifoit pour les détruire : mais nous pouvons affurer d'a-
près l'expérience que cette méthode eft de toutes celle qui produit le moins cet effet. Après que l'on a trempé le bled dans une
faumure couperofée, on n'a qu'à arrofer le bled avec de la lefcive
de cendres & répandre par-deffus de la chaux ; enfuite le bled
étant ainfi préparé on le féme. Le goût de ces deux ingrédiens font
plus conftans que celui des autres drogues, & par conféquent il ne
peut manquer d'être plus efficace.

CHAPITRE IV.

Des Limaçons.

NOus venons de faire voir au lecteur quels sont les ennemis de sa récolte lorsque le bled est encore en substance dans la terre ; voyons à présent quels sont ceux qu'il doit combattre pendant que le bled fait sa premiere pousse. De tous nous n'en connoissons point de plus nuisible , de plus nombreux ni qui soit plus difficile à détruire que la limace ou limaçon nud. Il y en a de deux espéces , sçavoir le gros noir & le brunâtre. Il y en a encore de rouges. Le noir est celui qui détruit le plus ; l'autre échappe plus aisément aux regards du Cultivateur , parce qu'il est de la couleur même du sol. Le rouge ne fait pas à beaucoup près tant de ravage que les deux précédens ; toutefois il en fait , il mérite par conséquent l'attention de l'Agriculteur. Ces insectes multiplient extraordinairement dans les endroits abrités ; ils se multiplient même si promptement , qu'il est comme impossible de les détruire , si l'on n'est extrêmement actif & vigilant.

J'ai connu , dit M. *Hall*, un Cultivateur qui avoit un jardin d'un acre & qui tuoit chaque jour pendant l'été cinquante ou soixante limaces , & cela pendant vingt ans , & qui au bout de ce tems en trouvoit autant que la premiere année.

Ces insectes mangent dans les jardins le cœur des herbes nouvellement plantées , & dans les champs ils lévent la surface du sol , mangent la premiere pousse du bled , dans laquelle se trouvent , comme nous l'avons fait observer , la tige , le germe de l'épi & de tous les grains qu'il auroit produits. Le petit limaçon brunâtre s'attache plus au froment & autres grains ; le gros est plus avide de légumes. Le rouge s'attache beaucoup à la premiere pousse du bled & de plusieurs autres grains , ainsi qu'à celles de bonnes herbes des prairies.

Il faut remarquer qu'on ne remédie point au mal que ces insectes font en trempant le bled dans des saumures , parce que le goût de toutes les drogues dont ces sauces sont composées ne se porte point à la pousse de la plante. L'expérience prouve qu'on en trouve en plus grande quantité dans les champs amendés par le fumier ,

& qu'ils font moins communs dans les champs qu'on a fertilifés avec de la chaux & de la fuye. De-là le Cultivateur peut conclure qu'il faut qu'il mêle des quantités égales de chaux & de fuye nouvelle pour les répandre fur fon terrein huit jours après qu'il a femé fon bled. Ces engrais donneront de la vigueur à la récolte & empoifonneront la plus grande partie de ces infectes.

On obfervera fur-tout de faire cette opération peu de tems après la pluie, ou bien de grand matin, qui eft le tems pendant lequel ces animaux fe trouvent fur la fuperficie. La chaux tombant fur eux les tue, & le goût de toutes ces matieres fe confervant pendant plufieurs jours fur le fol devient un préfervatif contre ceux qui ont échapé. Lorfque le champ n'eft pas d'une bien grande étendue, on peut faire un mélange de marc de fuif que l'on trouve chez les chandeliers, & des lies de favon, cette compofition les détruit entiérement.

CHAPITRE V.

Des Cigales.

Lorfque les cigales fe jettent fur une récolte elles y font un ravage affreux, principalement dans les bleds de Mars auffi-tôt qu'ils commencent à paroître hors de terre : elles les mangent de façon qu'ils ne pouffent plus & qu'ils fe pourriffent dans la terre.

L'expérience prouve que ces animaux fuyent tout ce qui eft amer ; c'eft pourquoi plufieurs Cultivateurs font bouillir de l'abfynthe dans de l'eau dont ils arrofent leurs champs. M. *Hall* préfere avec raifon la coloquinte bouillie dans de l'eau dont il veut qu'on arrofe la récolte. Il affure que ce mélange eft un remede qu'il a trouvé d'après plufieurs expériences infaillible contre ces infectes.

CHAPITRE VI.

De la Locuſte ou Sauterelle.

IL y a quelquefois des nuées de ſauterelles qui ſe jettent ſur les récoltes. Alors la récolte entiere court riſque d'être dévorée ſans
que le Cultivateur avec tous ſes ſoins puiſſe parer le coup. Cependant comme ces animaux après avoir ravagé un champ paſſent à
l'autre, c'eſt au Cultivateur à ſe tenir prêt par ſa vigilance, il peut
employer la compoſition de coloquinte , & nous lui promettons
qu'il garantira ſa récolte.

CHAPITRE VII.

Des Chenilles.

IL y a tant d'eſpéces de chenilles qu'il eſt preſque impoſſible
de les indiquer : elles ſont de jeunes papillons dont la forme,
la groſſeur & les couleurs ſont autant diverſifiées que celles de leurs
peres. La nature a donné au papillon l'inſtinct de pondre ſes œufs
ſur quelque plante particuliere. C'eſt de ces œufs que les chenilles
viennent ; de ſorte que la plante leur ſert de berceau & en même
tems de nourriture. Il n'y a point d'inſecte plus vorace que la chenille , auſſi fait-elle un terrible ravage.

Après qu'elle a vécu un certain tems ſous la forme de chenille,
elle s'ourdit une toile dans laquelle elle attend ſa nouvelle façon
d'être, qui eſt celle de papillon. Ces inſectes altérent autant les
arbres que les moindres plantes, en ce qu'ils mangent en très-peu
de tems toutes leurs feuilles. Or ſi l'on ſe rappelle toute l'utilité dont
nous avons démontré que la feuille eſt pour la conſervation des végétaux , on ſentira néceſſairement le grand préjudice que ces animaux leur portent en rongeant leurs feuilles.

Les chenilles font un ravage qui n'eſt pas moins grand dans les
champs enſemencés de légumes.

Il faut qu'un Cultivateur vigilant s'attache à découvrir leurs
nids dans les plantations d'arbres, après la chûte des feuilles : car
leurs

leurs œufs reftent dans les toiles ourdies par les papillons pendant tout l'hiver, & c'eft au printems que les chenilles en fortent en même tems que les premieres feuilles. On trouve ordinairement ces nids de toile aux extrémités des branches des jeunes arbres. On coupe le bout de ces branches pour détruire cette vermine.

Lorfque le Cultivateur s'apperçoit que ces infectes fe font jettés fur fes récoltes, il faut qu'il faffe fondre du goudron dans un pot de terre & qu'il y mêle un peu de fleur de foufre. On laiffe refroidir ce mêlange, on le divife en plufieurs petits morceaux. On met enfuite de diftance en diftance des tas de paille dans le champ, & fur chaque tas on ajoute un de ces morceaux, on met le feu qui fait fondre le goudron & enflamme le foufre; la fumée qui en fort fuffit pour détruire ces infectes.

Si on ne réuffit pas abfolument à la premiere fois on n'a qu'à répéter l'opération, & fûrement on remplira fon objet; pourvu toutefois qu'on ait arrangé les tas de paille de façon que la fumée puiffe fe communiquer à tout le terrein. On fent qu'il faut, pour en venir plus facilement à bout, choifir un tems calme & fur-tout prendre garde qu'il ne faffe point du vent.

Voici encore une autre méthode pour détruire cette vermine dans les jardins & dans les petites plantations. On fait bouillir du tabac dans de l'urine, on y ajoute de la lie de favon, & l'on arrofe de ce mêlange les chenilles, qui dans l'inftant fe gonflent & s'enflent au point qu'elles ne peuvent manquer de périr.

CHAPITRE VIII.

Du Vermiffeau à fix pates.

NOus ne connoiffons point d'infecte qui détruife tant le bled que le vermiffeau à fix pates. Il eft blanchâtre, épais, court, & a une tête dure & rouge; fes pates font extrêmement courtes. On le trouve ordinairement parmi les racines de l'orge & d'autres grains, où il ronge la premiere pouffe à mefure qu'elle fort de l'enveloppe, & fe nourrit de la fubftance blanchâtre du bled qui dans cet état reffemble exactement à de la crème : de forte que la pouffe fe deffêche & que la femence périt entierement.

Tome V. V

Cet insecte est produit par cette espéce de guêpe qu'on appelle escarbot, & qui se trouve le plus communément dans les hayes sur le déclin du jour en été ; rien de plus difficile à détruire que ce petit animal ; parce qu'il se tient presque toujours dans la terre à certaine profondeur ; il n'est cependant point absolument impossible de prévenir le mal qu'il peut faire, en détruisant les escarbots avant qu'ils ne déposent leurs œufs qui donnent l'existance à cette vermine vorace.

Nous avons déja dit qu'une fumée puante avoit toute l'efficacité desirable pour chasser ou pour détruire toutes les espéces de guêpes. On n'a donc qu'à brûler sous les hayes toute matiere quelconque qui est propre à rendre beaucoup de fumée puante, & l'on chassera de ses champs ou même l'on détruira ces insectes pernicieux.

CHAPITRE IX.

Des Mouches.

LEs espéces de mouches sont aussi difficiles à déterminer que celles des guêpes & des chenilles ; elles ne sont pas moins nuisibles aux récoltes ; on remarque même que les plus petites leur portent beaucoup plus de préjudice que les grosses : ces dernieres en effet volent d'un endroit à l'autre, sont errantes & vagabondes, & se nourrissent ordinairement des végétaux inutiles ou des autres insectes qui par leur petitesse étant beaucoup plus foibles deviennent leur proie ; au lieu que les premieres se tiennent toujours rassemblées & se logent sur les branches des arbres ou sur les feuilles des plantes utiles dont elles pompent les sucs, & en empêchent par conséquent la circulation naturelle.

On ne manque point dans les auteurs de beaucoup de recettes qu'ils conseillent d'employer pour détruire ces petits animaux. Ils exigent qu'on en arrose les plantes qui en sont infestées. Mais nous osons assurer d'après l'expérience qu'il n'y a pas de méthode plus sûre que celle de la fumée ; parce qu'elle s'étend beaucoup plus & que son effet agit plus généralement & même plus efficacement.

Une certaine quantité de plumes brûlées avec la paille mouillée rend la fumée si épaisse & si puante que nous avons souvent réussi à chasser entiérement cette vermine : il est vrai qu'il arrive quelquefois qu'elle revient après que la fumée s'est dissipée; c'est pourquoi nous conseillons de chercher à les détruire entiérement.

La fumée de souffre en étouffe à la vérité un certain nombre qui est logé dans un endroit resserré. Mais elle ne peut point se répandre sur un champ entier; au lieu que l'or-piment se répand bien plus au loin. Une drachme de cette drogue rend autant de fumée qu'une grande quantité de paille ou de chaume; & l'odeur en est beaucoup plus désagréable. Voilà le meilleur remede que nous puissions indiquer contre ces insectes innombrables qui dévastent les récoltes.

Il faut donc mettre toute son attention à employer de l'or-piment naturel & non de l'artificiel. Il faut choisir pour cette opération un jour qu'il ne fasse point de vent, ou bien s'il en fait, se placer de façon que le vent porte la fumée dessus la récolte. On allume ensuite un peu de charbon : on met dessus une pele à feu une once d'or-piment en poudre; il s'en éleve aussitôt une fumée épaisse & blanchâtre d'une odeur très-désagréable. Le vent empêche que celui qui fait cette opération ne soit incommodé, il la répand sur une grande partie du terrein. Si le champ est d'une petite étendue, une seule fumigation suffit. Si au contraire il s'étend beaucoup, il faut la répéter dans deux ou trois endroits. Qu'on ne pense point, comme quelques Cultivateurs ignorants le croient, qu'elle est nuisible aux productions. C'est une erreur d'autant plus dangereuse que cédant à une fausse crainte on laisse sa récolte en proie à ces insectes qui la dévastent totalement.

❀❀❀❀❀❀❀❀❀❀❀❀❀❀❀❀❀❀❀❀❀❀❀❀❀❀❀❀❀❀

SECTION SECONDE.

Des dommages caufés par des Animaux plus gros.

CHAPITRE X.

Des Souris.

Nous avons déja donné toutes les inftructions néceffaires pour que le Cultivateur fe trouve en état de garantir fes ré- coltes de l'attaque de ces animaux. La recette qu'on a vue eft infailli- ble, pour peu qu'on fe prête aux attentions que nous avons exigées.

Nous ajouterons ici en forme de fupplément à ce Chapitre, qu'on peut encore fe dégager de ces animaux par une autre recette. Il eft vrai qu'on ne fera que dégager un terrein aux dépens du ter- rein voifin. Faites bouillir de l'abfynthe dans une fuffifante quantité d'eau où l'on aura mis de la fuie : jettez-en dans tous les trous que vous trouverez fur la fuperficie du fol ; fur-tout faites cette opéra- tion dans un tems brouineux, ou un peu pluvieux, afin que le goût fe conferve jufqu'à ce que cette liqueur foit parvenue au fond du réduit où ces animaux fe tiennent cachés. Si le trou n'a pas beaucoup de profondeur il eft fûr qu'ils mourront ne pouvant point réfifter à l'effet de la fuye. Nous avons vu quelques Cultivateurs jetter pre- mierement dans les trous de petites pierres de chaux vive & ver- fer par-deffus la compofition dont nous venons de parler. Il eft cer- tain que fi le fond du trou fe trouvoit près de la fuperficie les fouris périffoient.

CHAPITRE XI.

Des Taupes.

Les taupes font des ennemis fouterreins qui portent un préju- dice notable, foit dans les pâturages foit dans les terres à bled. Elles fe nourriffent des racines des plantes & font fingulierement avides de celles du bled. Mais le grand préjudice qu'elles portent ne confiste point tant dans la quantité qu'elles mangent qu'en ce qu'elles minent considérablement le terrein, & que par-là elles soulévent & éventent les racines qui n'ayant plus de confistance ne peuvent plus fournir à la tige le suc nourricier qui lui est nécessaire pour son accroissement. On ne sçauroit croire le ravage qu'une seule taupe fait dans un champ de bled. Elle souleve le tiers d'un acre de terrein dans un jour, & presque toujours dans le tems où le bled a acquis la moitié de sa croissance.

Quoique les terreins les plus secs soient les plus exposés aux dévastations de ces animaux, les humides ne laissent pas d'en ressentir les effets. On ne peut guéres prévoir leur arrivée : il est cependant important de bien examiner ses terres pour s'en appercevoir le plutôt qu'il est possible, pour éviter leurs ravages. Toutes les instructions que nous pouvons communiquer sur ce point, se réduisent à conseiller au Cultivateur de bien observer s'il y en a dans son terrein dans le tems des labours, & de ne rien négliger pour les détruire.

On doit aussi avoir l'attention de s'informer s'il y en a dans les terres voisines. S'il n'y en a point, on peut espérer de s'en délivrer, quoique nous ne le promettions point avec certitude, parce que ces animaux arrivent quelquefois inopinément, & sans qu'on puisse imaginer d'où ils sortent. Quelquefois même ils ont fait une très-grande partie du mal sans qu'on s'en soit apperçu. Au reste cet animal est sans défense & n'a point de ruse ; il se cache sous la surface du sol ; mais son propre travail le trahit. Il est aisé de suivre ses traces & de le percer avec un fer pointu, tandis qu'il souleve la terre. On fait aussi des trapes avec lesquelles on le prend. Cet instrument est assez commun & n'est point cher d'autant plus qu'il est aisé à faire. D'ailleurs il y a des gens qui par métier détruisent les taupes à un prix très-modique ; de sorte que tous les soins du Cultivateur se réduisent à ce seul point ; c'est de veiller à leur arrivée : car dès qu'une fois on les découvre, leur perte est assurée pour peu qu'on y apporte d'attention.

Il y a des Cultivateurs dans certains endroits qui chassent les taupes de leur terrein avec la fumée de paille mouillée & de soufre. Mais cette méthode est d'autant plus imparfaite, que l'on ne fait en cela que les chasser dans les terres des voisins, qui ont le même moyen à employer pour les renvoyer ; de sorte que l'effet de cette ressource n'est que momentané. Il faut donc se déterminer à payer les gens qui font le métier de les détruire, & fur-tout les mettre dans le champ auffi-tôt qu'on s'apperçoit de l'arrivée de ces animaux.

Comme l'on finiffoit d'imprimer ce Chapitre il nous eft arrivé une lettre qui contient une recette contre les taupes : il paroît qu'elle peut être très-utile. M. le comte de la *Violaye* en a fait l'expérience, elle lui a réuffi.

MONSIEUR,

J'ai vu dans la table générale des Matieres du Gentilhomme Cultivateur que vous donneriez le moyen de fe défaire des taupes, cet animal qui dévafte tous les champs. J'ai cru entrer parfaitement dans vos vues en vous communiquant une recette dont j'ai fait l'expérience avec fuccès.

On prend à volonté une certaine quantité de noix en coquilles. On les fait bouillir dans une quantité fuffifante d'eau de leffive commune pendant trois heures. On les retire & l'on s'en fert au befoin.

On ouvre chaque noix par le milieu & l'on en met dans chaque trou de taupiniere une moitié.

On obferve fur-tout d'en mettre à chaque trou.

L'on ignore jufqu'à préfent fi ces noix font périr les taupes, ou fi elles les chaffent ; on préfume cependant qu'elles périffent, parce que l'épreuve que j'ai faite fur une piéce de prairie qui eft entourée de trois côtés de marais & d'eau, fait voir qu'elles doivent avoir péri, puifqu'on ne s'eft point apperçu qu'elles ayent fait du ravage aux environs ni par-delà le côté qui refte libre pour leur retraite. Ce canton de prairie eft borné d'un côté par un canal qui a cinq pieds d'eau, & des deux autres par des marais & terres humides qui ont une grande profondeur.

J'ai fait l'épreuve au mois de Février 1762, & jufqu'à préfent je n'ai point, grace au ciel, apperçu une feule trace de taupe.

Je fouhaite, Monfieur, que mon expérience que je vous communique avec bien du plaifir, puiffe tenir une place utile dans votre excellent ouvrage que je lis & relis toujours avec la même fatisfaction. Je fuis, &c.

CHAPITRE XII.

Des Oiseaux.

IL n'y a que les Cultivateurs proprement dits qui puiſſent dire à combien d'accidens les récoltes ſont ſujettes, combien ils ſont par conſéquent obligés de ſe donner des ſoins & des peines pour s'en garantir. Les oiſeaux leur ſont pour le moins auſſi nuiſibles que les inſectes rampants. Le bled, par exemple eſt expoſé à la voracité des petits oiſeaux depuis qu'on l'a ſemé juſqu'au moment qu'on l'engrange. Ces animaux ſuivent le ſemeur & ſe raſſaſient à leur gré. Après que le ſemeur a fini ſon opération, ils cherchent ſur la ſuperficie tous les grains que la herſe n'a pu couvrir entierement, ils béquetent même dans la terre & ne laiſſent point d'en atraper un grand nombre de ceux qui ſont couverts. Ainſi l'on voit combien peut être conſidérable le larcin qu'ils ſont au Cultivateur, ſur-tout ſi l'on calcule à peu près ce que ces grains mangés auroient produit s'ils étoient venus en partie à bien.

Le bled, quoiqu'il ait commencé à pouſſer n'eſt pas plus à couvert de ces larcins. Le corbeau s'apperçoit de la premiere pouſſe avant le Cultivateur, & l'on ſçait qu'il en déracine beaucoup. Tout ce que l'on ſéme devient une nourriture propre à ces animaux ; tout leur eſt bon. Auſſi dans l'ancienne méthode, quoique bien éloignée de la perfection de la nouvelle, a-t-on l'avantage de jetter plus de ſemence qu'un terrein n'en peut comporter, & par ce moyen d'être en quelque façon aſſuré qu'il en reſte toujours aſſez malgré la voracité des animaux.

Cependant que l'on ne tire point de cette obſervation une conſéquence contraire à la nouvelle culture. Car ceux qui la pratiquent ſont, comme on a pu le voir dans les Chapitres où nous en avons vu tous les détails, beaucoup moins expoſés aux dommages que les oiſeaux peuvent cauſer dans l'ancienne ; parce que la ſemence tombe toute entiere à une certaine profondeur, où elle eſt à couvert de ces animaux. Mais le tems du grand danger eſt, quand le bled commence à percer la ſuperficie ; parce que les corbeaux & d'autres oiſeaux déracinent la ſemence à quelque profondeur qu'elle ſoit dès qu'ils apperçoivent la premiere pouſſe.

C'eſt pourquoi il faut quinze jours après avoir ſemé les Mars, & environ vingt-ſix jours après avoir ſemé le froment ou le ſeigle en automne , avoir l'attention d'envoyer de jeunes gens armés de piſtolets dans les champs une heure avant le ſoleil levé , où on leur donne l'ordre de reſter juſqu'à une demie heure après le ſoleil couché ; ils ont le ſoin de tirer de tems en tems pour épouvanter & chaſſer les oiſeaux : on peut auſſi tuer deux ou trois corbeaux qu'on expoſe dans les champs au bout de quelques perches pour ſervir d'épouvantail. Ce n'eſt qu'une ſujettion de quelques jours ; & ſûrement l'argent qu'on donne à ces jeunes gens qui gagnent ordinairement fort peu de choſe ſe trouvera bien employé.

Quant aux petits oiſeaux, il n'y a pas de meilleur moyen de les épouvanter que de mettre quelqu'épervier au bout de quelque perche. Il eſt certain que dès que ces petits animaux en appercevront dans le champ ils s'en écarteront auſſi-tôt.

On peut auſſi tremper la ſemence dans certaines ſaumures dont le goût déplaiſe aux oiſeaux. Il n'y a pas de méthode meilleure dans la culture ancienne que de faire ſuivre le ſemeur par une perſonne armée d'un fuſil ou d'un piſtolet & qui faſſe feu de tems en tems ſur les oiſeaux.

Voilà tous les documens que nous pouvions donner ſur les dangers que les récoltes courent de la part des animaux & ſur les moyens de s'en défendre ; nous allons à préſent faire connoître le préjudice que certaines plantes leur portent.

SECTION III.

SECTION TROISIEME.

Des dommages causés par les mauvaises Herbes.

CHAPITRE XIII.

De la nature des mauvaises Herbes.

IL est de certaines plantes dont les vents répandent çà & là la semence, & par-tout où cette semence tombe, elle germe, croît & pousse en tige; il en est d'autres dont les racines sont si vivaces que le moindre chicot qu'on en laisse dans la terre pousse avec vigueur & en tige & en feuilles; c'est de cette différente façon de végéter & de croître que sortent les plantes qu'on divise en deux espéces, en permanentes ou perpétuelles & en annuelles, ou de l'année. Les permanentes sont celles qui viennent des racines qu'on a laissées dans la terre, & les annuelles celles qui portées par les vents indifféremment en tous lieux, tombent sur un terrein, y germent, s'y dévelopent & enfin y végétent comme si elles étoient cultivées soigneusement.

Il faut absolument qu'on ait l'attention de déraciner les mauvaises herbes permanentes en labourant la terre, & ensuite les annuelles avec la charrue que nous avons appellé *Cultivateur*, ou bien avec la houe à la main. Il faut d'abord être persuadé qu'il est impossible d'empêcher & de prévenir la croissance des mauvaises herbes. On peut à la vérité par le secours d'une culture bien suivie en diminuer la quantité; mais on ne doit point se promettre de détruire entiérement leur semence, ou leurs racines. Plus un champ est clôturé exactement & moins il est sujet aux mauvaises herbes, parce que leurs semences qui sont portées par les vents ne peuvent point passer à travers les hayes & les feuillages des arbres; voilà aussi la raison pour laquelle le bas des hayes est toujours couvert de mauvaises herbes annuelles.

De même, plus on a l'attention de bien labourer un champ moins il abondera en racines de mauvaises herbes permanentes. Mais mal-

Tome V.　　　　　　　　　　　　　　　　X

gré tous les soins qu'on y apporte, il y a toujours beaucoup de mauvaises herbes dont la croissance est plus vigoureuse & plus prompte que celle des productions utiles, parce qu'elles sont nées dans le sol & sous le climat, & que par conséquent elles doivent mieux y réussir que celles qu'on y cultive & éleve à force d'art.

C'est de-là sans contredit que viennent les grands avantages qui résultent de la nouvelle culture, puisqu'il n'y en a pas de plus efficace pour détruire de tems en tems les mauvaises herbes pendant la croissance de la récolte, & que le sol reçoit fréquemment de nouveaux labours, ce qui fournit une nourriture aux plantes qu'on cultive; au lieu qu'en suivant l'Agriculture ordinaire, les mauvaises herbes croissent avec les bonnes, & comme, par la raison que nous venons de rapporter, elles doivent être plus vigoureuses, elles dérobent aux récoltes la plus grande partie de la nourriture & par-là les appauvrissent au point que les bonnes plantes sont presque toutes retraites & rabougries, tandis qu'elles sont d'une végétation vigoureuse & florissante.

CHAPITRE XIV.

Des différentes espéces de mauvaises Herbes.

EN général il faut regarder toute plante qui croît sans être semée ni plantée dans une récolte quelconque comme une mauvaise herbe à l'égard de cette même récolte; la raison en est bien sensible; puisqu'il est vrai de dire que le Cultivateur ne cultive le terrein qu'afin que la production dont il veut l'ensemencer profite de tous les soins qu'il se donne par toutes les préparations qu'il exige. Or s'il y a une plante étrangere qui y survient, elle doit être regardée comme parasite, puisque ce n'est pas pour elle qu'on a préparé le terrein.

Régle générale, toutes les mauvaises herbes qui viennent de semence sont en plus grande quantité, & celles qui viennent des racines sont plus difficiles à extirper & à détruire. Le laiteron & le seneçon se multiplient considérablement dans les jardins, & la bougrane ou arrête-bœuf a la racine si dure qu'elle résiste aux efforts des instrumens d'Agriculture; elle est si vigoureuse dans toutes ses parties que le moindre chicot de racine tant soit peu couvert de terre pouſſe avec une célérité & une vigueur étonnantes.

Il y a de mauvaiſes herbes qui s'élevent promptement & de ſemence & de racine. La ſemence du pas d'âne, par exemple, eſt,
ainſi que celle du laiteron & du ſeneçon portée par le vent, & ſa
racine eſt auſſi dure & auſſi vorace que celle de la bougrane.

Le chiendent vient ordinairement de la racine : il s'étend ſi
promptement & ſi loin qu'il eſt très-pernicieux. L'ortie commune a des racines rampantes qui s'étendent beaucoup, tandis que d'un
autre côté ſa ſemence eſt ſi légere qu'elle eſt portée & répandue par
le vent. Les racines de la fougere ſont auſſi rampantes ; le mellilot
eſt déteſtable non - ſeulement à cauſe de la faculté qu'il a de ſe
beaucoup multiplier, mais encore parce qu'il eſt d'une odeur inſou-
tenable. On remarque qu'outre le préjudice que cette herbe porte à
la végétation des bonnes plantes (car elle les appauvrit beaucoup)
elle leur communique encore un mauvais goût ; l'ail ſauvage a auſſi
cette pernicieuſe propriété.

Il faut abſolument avoir recours à la charrue à quatre coultres lorſqu'on veut détruire dans un champ les mauvaiſes herbes à racines
rampantes & fortes, & après que l'on a labouré il faut les entaſſer
avec des rateaux & les emporter à chaque labour que l'on donne ;
enſuite on ſéme le champ ſuivant la nouvelle méthode, afin de ſe
ménager la commodité de pouvoir labourer entre les rangs de
tems en tems avec le *Cultivateur.* C'eſt ainſi qu'on parvient en peu
d'années à détruire les mauvaiſes herbes ; au lieu qu'en ſuivant la
méthode ancienne, elles ſont, pour ainſi dire, indeſtructibles,
& qu'il en coûte des frais immenſes chaque année pour les arracher ; opération qui eſt toujours imparfaite puiſqu'il faut la répéter
par le peu d'effet qu'elle produit.

Il eſt bien vrai que dans l'Agriculture ordinaire, on peut par de
profonds labours & par la herſe dont on renouvelle ſouvent l'uſage, déchirer & enlever la plus grande partie des racines des mauvaiſes herbes permanentes ; mais nous avons fait obſerver que les
moindres croiſſent & ſe multiplient parmi les grains que l'on ſéme & qu'elles ſe fortifient pendant la croiſſance de la récolte ; au lieu
que cette imperfection ne ſe trouve point dans la nouvelle méthode ; puiſque l'on peut arracher juſques aux plus petits chicots d'entre les rangs du bled par le moyen des intervalles qu'on a l'attention
de ménager, & comme ces mêmes intervalles doivent former les rangées de la récolte ſuivante, le terrein ne peut manquer d'être abſolument déchargé en peu de tems de toutes ces plantes voraces, qui

traversent tant la végétation des plantes utiles. Par-là l'on doit voir si l'on doit héfiter à donner la préférence à la nouvelle méthode.

CHAPITRE XV.

De la maniere d'ôter les mauvaifes Herbes d'un champ.

L'On vient de voir la façon dont il faut déraciner les mauvaifes herbes permanentes ; voyons à préfent comment on peut déraciner les annuelles. Dans ce cas-ci comme dans le précédent, la nouvelle méthode mérite à tous égards la préférence : mais s'il y a des Cultivateurs, comme en effet il s'en trouve beaucoup, qui ne veuillent point la mettre en ufage, c'eft-à-dire, qui ne veuillent point laiffer de fi grands intervalles, nous leur propofons un milieu, c'eft de faire les intervalles plus étroits, mais toutefois de façon que les ouvriers puiffent, avec la houe à la main, remuer commodément la terre & déraciner les mauvaifes herbes d'entre les rangs de bled. Nous propofons cette méthode comme une amélioration très-utile dans l'ancienne culture. Par ce moyen les houeurs nettoyent non-feulement les intervalles, mais encore arrachent les mauvaifes herbes qui croiffent dans les rangées de bled. Cependant nous l'affirmons d'après l'expérience, cette méthode n'approche point de la perfection de la nouvelle ; parce qu'il eft certain qu'avec quelque foin que les houeurs travaillent il ne fe peut pas qu'ils ne laiffent quelques chicots des racines dans la terre ; de forte qu'à la première pluie qui furvient on ne doit point être furpris fi l'on voit tout de nouveau la terre couverte des herbes qu'on croyoit avoir détruites ; au lieu qu'avec le *Cultivateur* on leur ôte tout moyen de fe reproduire, parce que l'on arrache avec cet inftrument entierement les racines.

Mais fi enfin il fe trouve des Cultivateurs fi dévoués à la méthode ordinaire, qu'ils aiment mieux facrifier leurs propres intéréts à une routine qui n'a pour tout mérite que d'être une erreur ancienne, autorifée par un long ufage, nous leur recommandons d'avoir recours à la jachere d'un été, pour fe procurer le tems de donner de fréquens labours bien profonds aux terreins qu'ils voient couverts de mauvaifes herbes tant annuelles que permanentes.

Si l'été est sec il est certain qu'on viendra à bout d'en détruire une très-grande partie en les arrachant ainsi de tems en tems & en les exposant à l'ardeur du soleil. Mais malheureusement il y a des semences qui se conservent toute une année entière sans germer ; telle est la semence de l'avoine sauvage, & de plusieurs autres plantes funestes. Car on observe qu'il y en a dont les semences restent même douze ou dix-huit mois en terre sans pousser. Ces semences échapent aux effets de la jachere d'un été ; elles ne doivent pousser que le printems suivant ; alors elles croissent avec vigueur comme si la jachere avoit préparé le sol pour aider à leur prompt accroissement. On voit donc que quoique la jachere d'un été soit le meilleur moyen auquel les Agriculteurs qui suivent obstinément l'ancienne méthode, puissent avoir recours, n'est pas bien efficace. Ils détruisent à la vérité momentanément quelques mauvaises herbes ; mais par la nouvelle culture on les extirpe totalement & l'on a l'avantage de ne point perdre une saison qu'il faut, suivant l'usage ancien, sacrifier aux effets aussi incertains que médiocrement efficaces de la jachere.

Nous ajouterons encore que les semences des mauvaises herbes qui restent si long-tems en terre sans germer & qui échapent aux différens labours que l'on donne pendant la jachere d'un été, ne sont pas la seule cause de la grande quantité des mauvaises herbes qui paroissent dans la production qu'on sème sur le terrein après ce tems de repos qu'on lui a donné. La grande quantité de semence qui est mêlée avec le fumier & les autres engrais ordinaires, & celle que d'un autre côté les vents y apportent, prouvent évidemment que la méthode par laquelle on détruit les mauvaises herbes pendant que les récoltes sont sur pied, mérite à tous égards la préférence à celle qui ne peut être pratiquée qu'avant la semaille.

Le fumier est l'engrais dont on fait le plus universellement usage. Il est principalement composé de paille de bled dans laquelle se trouvent mêlées les tiges & la semence des mauvaises herbes ; il ne se peut donc point que le Cultivateur, en amendant son sol, ne répande en même tems les semences de ces plantes nuisibles qui végétent avec une grande célérité dans un terrein bien cultivé, & comme elles croissent en même tems que la récolte, on ne peut les détruire que pendant ce tems : c'est pourquoi on met des gens dans les champs pour les arracher : mais le terrein étant foulé par leur piétinement reçoit plus de dommages qu'ils ne lui rendent de service avec leurs mains. Voilà l'inconvénient qui résulte des mauvaifes herbes annuelles lorfque le terrein eft cultivé fuivant la méthode ordinaire.

Quant aux herbes permanentes, on fent bien qu'on ne peut arracher leurs racines fans porter un très-grand préjudice aux bleds : il n'y a d'autre reffource à mettre en pratique que de couper les tiges auffi près des racines qu'il eft poffible. Mais l'on voit auffi combien ce remede eft momentané & imparfait ; car la racine refte dans toute fa vigueur & pouffe des rejettons qui remplacent bientôt ceux que l'on a coupés ; ils font même plus nombreux & confomment par conféquent beaucoup plus de nourriture ; de forte que par-là le remede eft encore pire que le mal.

On obvie à tous ces inconvéniens en pratiquant des intervalles & en fe fervant du *Cultivateur*. La raifon & l'expérience qu'on a faite autorifent cette vérité ; il feroit à fouhaiter, & nous ferions au comble de nos vœux, fi toutes les obfervations que nous avons faites jufqu'ici pouvoient accréditer cette excellente méthode. Nous fçavons, il eft vrai, qu'il y a des terreins dont la fituation, ou la nature le rend impraticable. Ce n'eft point les propriétaires de femblables terres que nous prétendons convertir. L'ancienne méthode eft toute la reffource qui leur refte ; auffi leur confeillons-nous de ne point s'en départir, mais de l'améliorer autant qu'il leur fera poffible, en fuivant à la lettre les documents que nous avons répandus dans le livre du labourage.

CHAPITRE XVI.

De la Barbe de Moine.

CEtte plante-ci reffemble affez à la cufcute & à la goute de lin, elle en eft même une efpéce : La barbe de moine ne donne jamais de feuilles, elle ne pouffe que des filets longs auffi déliés que des cheveux ; ils font rougeâtres & ont la faculté de s'attacher auffi intimément aux corps voifins que le lierre aux arbres. Ces filets font de diftance en diftance chargés de petits pelotons qu'on appelle les fleurs ; ils font d'une feule piéce, taillés en maniere de godet, compofé en quatre quartiers blanchâtres & qui font ordinairement de couleur de chair ; à ces pelotons ou fleurs fuccédent de petites capfules rondes membraneufes & qui renferment quatre ou cinq femences brunes auffi menues que celles du pavot. Il y a une autre efpéce de barbe de moine ou de cufcute, appellée épithim, qui s'attache aux plantes de thym, en latin *cufcuta minor five epithymum*. Ses filamens font encore plus déliés, & fes fleurs plus petites. Elle s'accroche auffi à d'autres plantes; celle que l'on voit fur la planche & qui étrangle un pied de luzerne & dont nous prétendons parler ici, s'appelle *cufcuta major*, *caffuta* ou *caffitha*, elle a les filamens un peu plus gros que des cheveux & des paquets de fleurs affez confidérables; elle s'attache à toutes fortes de plantes, aux vignes, au genêt, au lin & principalement à la luzerne où elle fait un ravage affreux. On a cru pendant longtems que cette plante n'avoit point de racines & que par conféquent elle tiroit toute fa nourriture des plantes fur lefquelles elle s'entortille, & que par cette raifon même elle devoit participer de la vertu de la plante à laquelle elle s'accroche; mais aujourd'hui on ne doute plus qu'elle n'ait des racines, puifqu'elle vient de femence: l'on ne voit point que l'epithim tienne beaucoup du thym, puifqu'on met cette efpéce de cufcute au nombre des purgatifs, & que le thym n'a nullement cette propriété.

Cette plante vient fur prefque tous les terreins quelconques qui font incultes; preuve bien certaine qu'un fol ne peut en être dégagé qu'à force d'être cultivé. Elle fe prolonge jufques à neuf ou dix pas, & s'accroche à tout ce qu'elle trouve fur fon chemin, la façon dont elle s'entortille porte un préjudice notable. On n'a qu'à voir par exemple les dégâts qu'un feul pied de cette plante caufe dans une luzerne. Si elle ne faifoit que s'accrocher, peut-être les plantes parviendroient-elles, quoiqu'avec langueur, à leur maturité; mais elle fait plus, à l'inftar du lierre, elle ferre de fi près fon appui qu'elle l'étouffe.

Cette plante eft d'autant plus dangereufe dans l'ancienne culture qu'on ne peut lui déclarer d'autre guerre que celle de bien féparer la graine d'avec les grains qu'on veut femer, ce qui eft bien difficile à pratiquer; puifque, comme nous l'avons déja dit, elle eft fi petite qu'à peine on peut la diftinguer. Il n'y a donc que la culture des intervalles & du *Cultivateur* qui puiffent la détruire, parce qu'elle végéte fi promptement qu'à peine on en a coupé la tige, femblable à l'hydre elle en reproduit auffi-tôt plufieurs autres.

Cependant on pourroit, en jettant, par exemple, la femence de la luzerne dans de l'eau un peu falée, éviter de la perpétuer, parce qu'il est certain que la semence de la cuscute surnage & que celle de la luzerne plonge. Observez que si l'on veut faire la même opération avec de l'eau toute simple, on ne réussira que très-imparfaitement, puisqu'il est certain que la plus grande partie de la semence coulera au fond de l'eau avec celle de la luzerne.

CHAPITRE XVII.

Des Plantes non-seulement nuisibles mais encore venimeuses.

UN instinct naturel donné à chaque individu pour sa propre conservation lui enseigne à éviter, & l'avertit de s'abstenir des choses qui peuvent lui être nuisibles, mais l'appétit prévaut quelquefois sur cet avertissement de la nature; au lieu de cet instinct l'auteur de la nature a donné à l'homme un flambeau bien plus lumineux, c'est la raison. Mais dans l'enfance incapables d'en faire encore tout l'usage possible, nous courons des risques; & ces risques même subsistent pour le grand nombre, quoique dans un âge plus avancé. Combien en effet de personnes qui ne sont pas instruites de la nature & de la propriété de certaines plantes! aussi allons-nous du mieux qu'il nous sera possible faire connoître au Cultivateur les plantes nuisibles communes; & pour remplir plus parfaitement cet objet important, nous en donnerons la description.

Le Cultivateur secouru de toutes ces lumieres pourra les détruire par-tout où il les trouvera, tant pour la conservation de ses bestiaux que pour la sûreté de sa famille & des gens qui travaillent ses terres : nous rendrons compte de leurs effets pernicieux & nous n'avancerons rien que d'après l'expérience.

CHAPITRE XVIII.

De la Jusquiame.

CEtte plante croît naturellement sur les bords des fossés ? elle est extrêmement commune presque par-tout. Sa racine est grosse, épaisse, longue & d'une forme irréguliere; il s'en éleve huit ou dix feuilles larges, longues, & d'une couleur blanchâtre ou

d'un

d'un verd grifâtre, fes feuilles font dentelées fur les côtés, elles ont une odeur puante.

La tige s'éleve au milieu de ces feuilles : elle eft blanchâtre, dure & rameufe ; elle monte à peu près à la hauteur de deux pieds. Les branches fupérieures s'étendent beaucoup. Plufieurs feuilles qui font femblables à celles de la racine croiffent fur la tige : elles ont une odeur également défagréable.

Les fleurs font nombreufes & larges, elles forment à peu près la figure d'une cloche ; elles font de couleur pâle & nuancées d'une couleur pourpre ; enfuite viennent des vaiffeaux épais, courts, qui font remplis de petits grains bruns. C'eft la femence.

Il n'y a point de partie dans cette plante qui ne foit un véritable poifon ; elle jette ceux qui en mangent dans une léthargie qui eft toujours accompagnée des convulfions les plus violentes.

Les beftiaux mangent quelquefois les jeunes feuilles de cette plante, & ils tombent dans une efpéce de léthargie dont nous donnerons dans la fuite le détail. Point de remede s'ils en ont mangé une certaine quantité : les cochons en mangent quelquefois les racines, & ils font auffi-tôt attaqués de la même maladie. Les poulets en mangent la femence : mais s'ils en ont mangé beaucoup, ils meurent auffi-tôt.

On a vu des payfans qui avoient mangé par méprife des racines de cette plante, mourir dans des convulfions horribles. Voilà fans doute des raifons plus que fuffi fantes afin que chaque Cultivateur ait l'attention d'arracher cette plante par-tout où il en trouve. Les femences de la jufquiame blanche dont on fe fert dans la médecine font d'une plante abfolument différente.

CHAPITRE XIX.

Du Ros-folis.

CEtte plante qui peut facilement être apperçue puifqu'elle monte à fix pouces de hauteur pouffe plufieurs queues ou fibrilles longues, velues aux fommités ; à ces queues font attachées de petites feuilles prefque rondes concaves & qui ont la figure d'un cure-oreille de couleur vert-pâle, garnies de poils rouges, fiftuleux, d'où quelques gouttes de liqueur fuintent ; de forte que ces feuilles

Tome V.   Y

font toujours mouillées comme d'une rofée, même dans les tems des ardeurs les plus violentes du foleil. Il s'éleve d'entre ces feuilles deux ou trois tiges rondes menues, dépouillées de feuilles, portant à leurs fommités de petites fleurs à plufieurs feuilles, difpofées en rofe, blanches, foutenues par des calices qui reffemblent à des cornets dentelés & attachées à des pédicules fort courts. A ces fleurs fuccédent de petits fruits, qui font à peu près de la groffeur d'un grain de bled, & qui en ont auffi la figure; ils renferment les femences. Ses racines font déliées & fibrées. Envain quelques botaniftes l'ont crue propre à guérir de la pefte, de la phtyfie, à guérir des plaies, enfin de l'épilepfie; d'autres qui l'ont mieux connue & qui font plus prudens, défendent de s'en fervir intérieurement; parce qu'elle eft extrêmement cauftique, & qu'étant appliquée fur la peau elle l'ulcere: il y a quelques autres efpéces de Ros-folis. Ce nom lui a fans doute été donné à caufe des gouttes d'eau qui coulent au travers des poils de ces feuilles & qui font ramaffées en rofée.

Cette herbe croît ainfi que la précédente dans les bas marécageux; les moutons en font avides à caufe de fon acidité: elle leur donne la rogne; ceux qui en mangent beaucoup font incurables.

CHAPITRE XX.

De l'Herbe pédiculaire, ou Staphifagria, *Herbe aux poux.*

LA racine de cette plante eft compofée d'un grand nombre de fibres. Sans doute que ce nom ne lui a été donné qu'à caufe de la reffemblance que fes feuilles ont avec celles de la vigne fauvage, qui en grec a un nom compofé ainfi qu'en françois, de deux mots ςυφὶς qui veut dire raifin, & ἄγρα qui veut dire fauvage. Cette plante pouffe une tige à la hauteur d'un pied & demi: elle a des feuilles longues, larges, découpées profondément en plufieurs parties, & attachées à de longues queues.

Ses fleurs font à plufieurs feuilles inégales de couleur blanche; lorfqu'elles font paffées il leur fuccéde des fruits compofés chacun de plufieurs grains verdâtres qui renferment des femences groffes comme des petits pois, triangulaires, noirâtres, d'un goût âcre & brûlant. Cette femence appliquée eft fort propre à faire mourir les poux.

Elle est abondante dans les prairies humides. Les moutons la mangent avec plaisir, principalement dans les endroits où il y a peu d'autres herbes. Elle leur corrompt entierement le sang; de sorte qu'un troupeau bien sain & bien vigoureux devient en quinze jours de tems tout galeux. La laine tombe & les moutons se trouvent tout-à-coup couverts de vermine.

Nous donnerons dans la suite tous les moyens les plus sûrs de guérir cette maladie, en attendant nous nous contentons de prévenir notre lecteur que pour commencer cette guérison; il faut tenir les moutons sur des hauteurs pour les écarter de cette plante nuisible.

CHAPITRE XXI.

De la Laureole.

L A racine de cet arbuste est composée de plusieurs fibres longues & dures; sa tige est de la grosseur d'un pouce & couverte d'une écorce brunâtre. Tout l'arbuste est d'environ trois ou quatre pieds de hauteur, ses feuilles sont principalement aux sommités des branches; elles sont longues, larges & fermes: elles sont d'une couleur verd foncé & ressemblent à celles du laurier commun.

Les fleurs croissent en touffes au-dessous des feuilles; elles sont petites & vertes. Les fruits ou bayes, quand elles sont mûres, ont une couleur noirâtre, elles sont de figure longue & ont un gros noyau.

On ne trouve ordinairement cet arbuste que sur les hauteurs. Lorsque les bestiaux mangent un peu de ses feuilles leur bouche devient enflammée, & lorsqu'ils en mangent beaucoup ils ont de superpurgations très-violentes suivies de flux de sang, qui résistent à tous les remedes que l'on peut faire, ce qui se termine enfin par la mort de l'animal. Nous ferons connoître dans la suite aux Cultivateurs tous les moyens qu'il faut mettre en usage pour guérir cette maladie. Mais il vaut beaucoup mieux les prévenir en déracinant ces plantes nuisibles.

CHAPITRE XXII.

De la Ciguë.

NOus ne parlons pas ici de cette espéce de ciguë qui croît dans les jardins, qui ressemble au persil & qui est une plante très-malsaine. Nous n'avons en vue que la ciguë sauvage qui croît dans les hayes à la hauteur d'une aune & demie & dont la tige est nuancée de verd & de pourpre.

Sa racine est blanche, épaisse, longue & d'une odeur désagréable ; les feuilles qui s'élevent de la racine sont larges de deux pieds, divisées en de petites parties innombrables, mais d'une façon réguliere & qui plaît beaucoup à la vue, elles sont de couleur verd foncé.

La tige se léve au milieu de ces feuilles, elle est aussi grosse que le bras d'un enfant, elle monte à la hauteur de cinq pieds ; elle est d'un verd foncé, agréablement nuancé de pourpre.

Les fleurs sont petites & blanches & se rassemblent en grapes aux sommités des branches. Les semences sont rondes, de couleur verd-pâle ; il y en a deux près de chaque fleur.

Il y a plusieurs autres espéces de ciguë, particulierement celle qui croît dans les endroits aquatiques. Elle a la tige d'une grosseur remarquable. Toutes les espéces de ciguë contiennent du poison ; mais celle des hayes est de toutes celle qui est la plus dangereuse.

Les tiges & les semences contiennent un poison des plus actifs : Il est des personnes qui prétendent que sa racine n'a point de mauvaise propriété. Mais il faudroit, pour ajouter foi à cette opinion, qu'elle fût fondée sur l'expérience.

On sçait que cette plante étoit fort en usage chez les Athéniens. On en exprimoit le jus & on le faisoit boire aux criminels pour les faire mourir. C'est avec le jus de cette plante qu'ils firent mourir Socrate.

Les funestes propriétés de ce végétal sont si connues que les hommes sçavent se tenir en garde contr'elle. Mais il est certain que quant aux bestiaux, plusieurs des maladies dont ils sont affectés, qui embarrassent les laboureurs & les maréchaux & qui ne se terminent que par la mort, font caufées par les jeunes pouffes de ciguë qu'ils mangent ; il y a cependant des oifeaux qui en mangent les femences fans que leur fanté en foit affeétée, mais elle eft fatale à tous les autres animaux.

CHAPITRE XXIII.

De la Morelle.

CEtte plante ne croît pas ordinairement aux environs des villes ni des maifons. Sa racine eft groffe , longue , & rampe fous la fuperficie du fol, il s'en éleve plufieurs larges feuilles de couleur de verd foncé, elles n'ont point de dentelure.

La tige eft groffe & ronde, divifée en plufieurs branches & haute d'environ trois pieds , elle eft garnie de feuilles femblables à celles de la racine.

Les fleurs font faites en cloche, elles font de couleur de pourpre obfcur; elles font placées aux fommités de la tige. Enfuite vient le fruit qui eft d'un noir luifant & qui eft gros comme une merife. Il eft ordinairement dans fa parfaite maturité à la fin de Juillet ou au commencement d'Août.

Les enfans en mangent quelquefois , mais prefque jamais impunément : une feule baye leur donne des convulfions. S'ils en mangent plus d'une ou deux ils meurent quelques heures après dans des convulfions horribles. M. *Hall* dit en avoir vu deux mourir avant qu'ils ne puffent s'en retourner chez eux. On fuivit, dit cet auteur, leurs traces que l'on diftinguoit par le fang qu'ils avoient rendu par le fondement depuis la plante jufqu'à l'endroit où ils expirerent dans des convulfions affreufes.

CHAPITRE XXIV.

De la Filipendule vulgaire.

CEtte plante vient toujours fur le bord des eaux ; fa racine eft compofée de plufieurs parties groffes & longues qui reffemblent par la couleur & par leur forme aux pannets & qui font d'un goût âcre. Les feuilles qui s'élevent des grosses divisions de la racine sont grandes, d'un verd pâle & divisées en un très-grand nombre de segments.

Plusieurs tiges s'élevent ensemble, elles sont divisées en plusieurs branches & montent à la hauteur de trois pieds. Elles sont garnies de feuilles semblables à celles de la racine, elles sont aussi de la même couleur.

Les fleurs sont jaunâtres & petites, elles croissent en touffes aux sommités de la tige; chaque fleur a près d'elle deux petites semences.

Quand on coupe la racine il en sort un suc blanc comme du lait, mais qui devient jaune aussi-tôt après. Il y a des personnes, dit M. *Hall*, qui ayant mangé de ces racines, soit crues, soit bouillies, sont mortes après des convulsions horribles.

CHAPITRE XXV.

De la Mercuriale.

CEtte plante est très-commune dans les hayes; sa racine est longue & mince & divisée en plusieurs branches qui s'étendent horizontalement sous la superficie du sol. Sa tige est ronde & d'un verd-pâle, elle n'a point de branches; elle monte à la hauteur d'un pied; elle est à sa sommité garnie de quelques feuilles dentelées légerement; elles sont d'un verd-clair assez agréable à la vue.

Les fleurs de cette plante sont si peu de chose qu'il ne vaut point la peine d'en parler. Elle est dans toute sa vigueur de bonne heure au printems; comme elle est verte & fraîche il y a des personnes qui ont été tentées de la faire bouillir. M. *Hall* assure qu'il y a eu des familles entieres qui en ont été empoisonnées.

CHAPITRE XXVI.

De l'Aconite appellée Napel.

CEtte plante croît communément dans les bois. Sa racine est grosse, longue & blanchâtre il en sort plusieurs feuilles soutenues par des pédicules longs & rouges; elles sont d'un verd foncé

& divifées, ou, pour mieux dire, compofées de plufieurs petites feuilles.

La tige s'éleve au milieu de fes feuilles, elle eft ronde, droite, rougeâtre & de la hauteur de deux pieds : elle eft garnie de feuilles femblables à celles de la racine, lefquelles froiffées dans les doigts rendent une odeur très-défagréable.

Les fleurs fe tiennent raffemblées en longues touffes fur de petites tiges aux fommités de la plante ; ces petites tiges fortent du fein des feuilles. Les fleurs font petites & blanches, les fruits ou bayes pendent en forme de grapes de grofeille, ils font d'un noir luifant, & mûriffent en automne. Les enfants qui en ont mangé font morts dans les convulfions. Les jeunes pouffes de cette plante empoifonnent les beftiaux.

CHAPITRE XXVII.

De la Renoncule d'eau.

IL n'eft prefque perfonne qui ne connoiffe la renoncule commune des prairies, elle a la propriété d'être chaude & aftringente : mais il y a une renoncule qui croît dans les endroits aquatiques, & qui empoifonne ceux qui en mangent. Sa racine eft un compofé de plufieurs filamens fins & blancs, d'où s'élevent plufieurs feuilles enfemble, larges & rondes, mais divifées irrégulierement vers leurs bords en trois parties ou plus. Leur furface eft unie & luifante & de couleur verdâtre, tirant un peu fur le jaune-pâle.

La tige s'éleve au milieu de ces feuilles à la hauteur de deux pieds, elle eft groffe & d'un verd-pâle & divifée en plufieurs branches. Elle eft garnie de feuilles femblables à celles de la racine ; elles font de la même couleur.

Les fleurs font aux fommités des branches. Elles font jaunes & très-petites & reffemblent pour la figure aux fleurs de la renoncule commune ; mais elles font d'une couleur plus pâle.

Les femences font petites & vertes, elles fe tiennent enfemble & forment des touffes rondes ; elles tombent auffi-tôt qu'on les touche.

Cette plante eft fort commune fur les bords des mares d'eau : fes feuilles pouffent dès le commencement du printems. Elles occafionnent beaucoup de maladies aux bœufs & aux vaches dans cette faifon. On remarque, dit M. *Hall*, que les perfonnes qui en mangent meurent en riant.

CHAPITRE XXVIII.

Du Cotyledon, ou Umbilicus veneris, autrement le nombril de Vénus.

UN nombre de tiges auffi minces que du fil un peu gros, qui font d'un verd pâle blanchâtre & qui rampent irrégulierement fur la terre, forment cette plante, quelquefois fes tiges s'élevent un peu, mais rarement. Les racines de ces tiges ne font que de petites touffes de fibres. Les feuilles que l'on voit fur quelques-unes de ces tiges font rondes & de la largeur d'une piéce de vingt-quatre fous; elles font dentelées irrégulierement fur leurs bords: elles font minces & blanchâtres.

On la trouve communément dans les terreins bas marécageux, où elle rampe & fe cache fous les autres herbes. Les Cultivateurs ne l'apperçoivent point; mais les moutons fçavent la découvrir; ils en font avides à caufe de fon acidité, ils en mangent abondamment: elle leur donne cette maladie terrible qu'on appelle la rogne & qui détruit des troupeaux entiers.

CHAPITRE XXIX.

De l'If.

L'If eft un arbre qui conferve toujours fa verdure, il reffemble un peu au fapin & au picca, fon bois eft fort dur & rougeâtre. Il a des feuilles fort étroites, & longues d'un pouce rangées des deux côtés des branches; elles reffemblent à celles du fapin; fes fleurs fe forment en petits bouquets ou chatons de couleur verd-pâle, compofés de quelques fommets remplis de pouffiere très-fine, taillés en champignon & recoupés en quatre ou cinq crenelures. Ces chatons ne laiffent aucune graine après eux; car les fruits naiffent fur le même pied mais en des endroits féparés. Ces

fruits

fruits ont des bayes molles rougeâtres, pleines de fuc, creufes fur le devant en forme de grelot & remplies chacune d'une femence.

Ses racines font courtes, grêles & prefque à fleur de terre. Cet arbre eft venimeux, & le parfum de fes feuilles fait mourir les rats. Il rend malades ceux qui dorment à fon ombre ou qui y prennent le frais, fur-tout vers Narbonne, opinion toutesfois qui eft fans fondement, du moins fi on veut s'en rapporter aux Médecins ; cependant *Strabon* affure que les Gaulois empoifonnoient leurs fléches avec du fuc de cet arbre. *Plutarque* avance qu'il eft feulement venimeux lorfqu'il commence à fleurir parce qu'il eft en féve. Suivant *Mathiole* l'if fait mourir non-feulement les bêtes qui ne ruminent pas, mais encore celles qui ruminent. Le même auteur affure que fes bayes donnent la fievre & le flux de ventre à ceux qui en mangent. Cependant il eft beaucoup d'auteurs qui en ont une opinion toute différente, comme *Théophrafte*, *Cobel* & *Gerard*.

Suivant M. *Hall*, qui n'avance jamais rien que d'après l'expérience, les enfans mangent fans en être incommodés la partie fucculente du fruit. Mais, ajoute le même auteur, les beftiaux qui mangent des feuilles ou de jeunes pouffes de cet arbre font attaqués de maladies qui ordinairement font incurables & qui les font mourir ; &, dit le même auteur, s'ils en mangent beaucoup ils meurent fur le champ.

CHAPITRE XXX.

Du Chardon.

IL faut fans doute que cette plante-ci foit bien rare en Angleterre, puifque notre auteur Anglois ne fait mention que d'une efpéce de chardon appellé le chardon à bonnetier ou chardon à *foulon*, en latin *curduus fullonum* ou *dipfacus*, & qu'il en recommande la culture conféquemment aux manufactures d'étoffes de laine qui font également multipliées & floriffantes en Angleterre. Or fi, comme nous l'avons fait obferver, toute plante qui n'eft pas cultivée, vient dans un terrein cultivé pour une production quelconque, mérite d'être regardée comme parafite, il eft certain qu'il eft étonnant que M. *Hall* n'ait point déclaré la guerre à tant d'autres

Tome V. Z

eſpéces de chardons auſſi inutiles à tous égards qu'ils ſont préjudiciables à tout terrein cultivé qui en produit ; ou bien il faudra en revenir à conclure que ſans doute le climat d'Angleterre traverſe la végétation de cette plante & que par conſéquent l'auteur pouvoit la paſſer ſous ſilence.

Le commun des Cultivateurs donne le nom de chardon à toute ſorte d'herbe épineuſe & piquante. Quelques ouvriers en laine appellent chardon une plante dont les têtes ſervent à cardonner les étoffes, & c'eſt de-là que vient le terme propre de l'art *chardonner* les étoffes. L'on dit auſſi d'une plante qu'elle a les feuilles de chardon lorſqu'elles ſont découpées ſur leurs bords en quelques ſegments qui ſont armés de piquans de la même maniere que les chardons ordinaires en ſont fournis.

Le chardon eſt parmi les Botaniſtes le nom propre d'un genre de plantes dont les fleurs ſont à fleurons poſés ſur des embrions qui deviennent des graines chargées d'une aigrette. Ces fleurons ſont renfermés dans un calice, qui eſt d'abord arrondi, & qui s'évaſe enſuite dans ſa maturité ; il eſt formé par pluſieurs écailles appliquées les unes ſur les autres & terminées toujours par un piquant.

·Il y a pluſieurs eſpéces de chardons ; les unes ſont épineuſes de tout côté & par leurs feuilles & par leurs tiges & par leurs têtes, d'autres ne le ſont que par leurs feuilles & leur tête ; d'autres enfin n'ont que la tête armée de piquans, & dans quelques-unes de ces dernieres eſpéces preſque toute la marge des écailles qui forment le calice eſt armée de ces ſortes de piquans. Les feuilles de chardon ne ſont point ſemblables dans toutes les eſpéces : les unes les portent entieres, comme le chardon étoilé à feuilles de giroflée jaune ; dans d'autres elles ſont larges, pliſſées & coupées en ſegments larges ou étroits, ſemblables aux feuilles de l'Alcantes ou coquelicot, de la chicorée & de la corne de cerf. Le chardon Notre-Dame, en latin *carduus marianus*, *ſive lacteis maculis notatus* les a larges & marquées de veines & de taches blanches.

Le chardon à bonnetier dont nous donnerons, d'après M. *Hall,* la culture, autrement dit chardon à foulon eſt un chardon dont les bonnetiers & les foulons de laine ſe ſervent pour carder la laine & pour tirer le poil des draps.

Sa racine eſt ſimple, blanchâtre, chargée de quelques groſſes fibres, & qui donne des feuilles longues d'un pied & d'un pied & demi ſur quatre pouces de large : elles ſont d'un verd clair, ridées, un peu

velues, dentelées fur leurs bords, relevées en-deffous d'une groffe
côte épineufe & plus tendre que dans les feuilles des tiges. Sa tige
fort feule de la même racine & s'éleve à la hauteur de quatre à cinq
& même de fix pieds de hauteur. Elle eft groffe comme le doigt,
droite, canelée & épineufe, garnie de feuilles oppofées & tellement jointes à leur bafe qu'elles embraffent la tige qui les enfile.
Ces feuilles fe terminent en pointe & font plus petites & plus étroites que celles du bas, mais plus fermes & plus épineufes. De leurs
aiffelles fortent des branches oppofées & divifées en deux autres
branches qui portent à leurs extrémités une tête longue de deux
ou trois pouces, quelquefois plus, compofée de plufieurs écailles fermes & terminées en pointe, lefquelles forment comme des alvéo-
les aux fleurs qui fortent d'entre elles & qui font des fleurons pâles
légerement lavés de pourpre, découpées à leurs bords en quatre
fegments un peu écrafés ou obtus ; elles portent fur des embrions qui
deviennent autant de femences oblongues, canelées & à quatre
pans.

On diftingue ce chardon en cultivé & qui a les écailles de fa tête
terminées par une pointe crochue, & en fauvage, qui les a toutes
droites. Les cardeurs ne fe fervent que du cultivé en Angleterre ; mais en France où on ne le cultive point ils fe fervent du fauvage. L'eau qui fe raffemble fur la bafe de fes feuilles eft recommandée pour les maladies des yeux.

Le chardon-benit, *carduus fylveftris*, *hirfutior*, *five carduus
benedictus* eft un chardon qui fait en médecine un fudorifique recommandable. On le trouve en plufieurs endroits du Royaume de
France ; mais comme il n'eft pas bien commun en Angleterre, la
nation le cultive dans les jardins. Sa racine eft blanchâtre, charnue
& divifée en quelques branches ; elle donne des feuilles découpées
comme celles du laitron ; elles font gluantes & épineufes au toucher, velues : il s'éleve d'entre elles une tige branchue prefque
dès fa naiffance, droite en partie & en partie couchée fur terre ;
garnie de feuilles alternes, des aiffelles defquelles fortent de petites branches terminées par une tête épineufe & écailleufe, remplie de fleurons jaunes découpés en cinq. Ces têtes font groffies
par quatre ou cinq feuilles vertes, dentelées & armées de piquants
fur leurs bords & à leurs extrémités. Ces feuilles forment une efpéce de chapiteau qui diftingue ce genre de fes femblables. Lorfque la fleur eft paffée, chaque embrion de graine qui foutenoit un
fleuron devient une femence oblongue, étroite, grifâtre & garnie
d'une aigrette blanche : Z ij

Le chardon étoilé ou chauffetrape, en latin *carduus stellatus ; five calcitrapa*, est une espéce dont la racine est grosse & longue comme celle des petits raiforts qu'on appelle raves à Paris, longue d'un pied au plus, de la grosseur du doigt vers son collet, blanchâtre, chargée de quelques fibres branchues & qui donne plusieurs feuilles velues, couchées sur terre, longues de trois à quatre pouces, découpées comme celles du bluet ou du coquelicot, mais d'un verd gai. De leur milieu part une tige branchue, arrondie, blanchâtre, haute d'un ou deux pieds, chargée de feuilles pareilles à celles du bas, mais plus découpées. Les extrémités de ces tiges & branches portent des têtes écailleuses, épineuses, grosses comme des noisettes & dont les épines sont longues de plus de demi pouce, blondes & disposées en maniere d'étoile, lorsque la tête ne s'est point évasée & que les fleurons qui sont pourpres ne paroissent point ; sa semence est oblongue, lisse, polie, plus petite que la graine de perroquet, appellée autrement *carthama*.

Cette plante croît communément à la campagne sur le bord des chemins & dans les lieux incultes.

Chardon hémorroïdal, en latin *cirsium arvense ;* on mettoit autrefois cette plante parmi les chardons parce qu'elle est remplie de piquants ; on l'a appellé hémorroïdal parce qu'il se forme quelquefois des nœuds à sa tige à cause des piquûres d'insectes, & que l'on prétend que ces nœuds portés dans la poche garantissent des douleurs des hémorroïdes. Cette plante a sa racine blanchâtre & rampante : elle donne dans sa longueur des tiges hautes d'un pied & demi, plus menues que le petit doigt, canelées, moëlleuses & longues de quatre à cinq pouces sur quelque chose de moins d'un pouce de largeur, découpées & plissées sur leurs bords, armées de piquants très-fins, vertes en dessus & pâles ou blanchâtres en dessous. Lorsque cette tige n'est point piquée & qu'elle ne forme pas un nœud vers son extrémité, elle se divise en quelques branches qui portent des têtes allongées, à écailles, dont les piquants sont foibles & à fleurons d'un pourpre pâle, portés sur des embrions qui deviennent des semences couleur d'alun & chargées d'aigrettes. Cette plante vient communément dans les champs & dans les vignes: mais on ne trouve ces sortes de nœuds que lorsqu'elle naît dans des lieux humides à l'abri de quelques arbres.

Le chardon se multiplie beaucoup & porte beaucoup de préjudice à toutes les récoltes avec lesquelles il croît. Nous avons vu des champs couverts entiérement de cette plante étouffer des récoltes entieres. Comme fa racine eft rampante elle fe nourrit aux dépens de la couche du fol qui étoit deftinée à la nourriture du bled & de quelques autres grains qui ne plongent pas plus profondément leurs racines.

Il n'y a pas de meilleure méthode pour l'extirper que la charrue à *Cultivateur*, bien entendu qu'on a labouré le champ fuivant la nouvelle méthode : s'il eft cul tivé fuivant l'ancienne il faut de toute néceffité avoir recours à la charrue à quatre coultres dont il faut faire fréquemment ufage pendant l'été pour arracher les racines, les retourner fouvent & les expofer aux ardeurs du foleil qui les deffèche & les rend inhabiles à fe reproduire.

La vigne n'eft pas moins endommagée par cette plante ; mais il eft plus aifé de l'en dégager ; il faut y mettre des femmes qui avec des mitaines l'arrachent. On obfervera fur-tout de ne point attendre pour faire cette opération, qu'elle foit montée en graine; car pour peu que la femence foit avancée & qu'il en tombe fur la terre, le foleil lui fait acquérir fa parfaite maturité & la rend par conféquent très-propre à fe reproduire : d'ailleurs la plus grande partie du dommage eft caufé, lorfqu'on l'a laiffée croître jufqu'au point feulement de fleurir. Le plus prudent eft donc de l'arracher auffi-tôt qu'on la voit paroître, de la mettre en tas hors de la vigne ou du champ, de la laiffer un peu fécher & d'y mettre le feu.

Elle eft également préjudiciable aux bas-prés humides. Si elle y abonde au point, comme il arrive quelquefois, qu'il ne paroiffe que des chardons, il n'y a pour toute reffource qu'à fe déterminer à renverfer la terre avec la charrue, & à y paffer enfuite à différentes reprifes la charrue à quatre coutres. Mais fi elle n'y eft point en fi grande abondance on y met comme dans les vignes, des femmes & des enfans pour les arracher & pour les emporter hors de la prairie.

Le chardon Notre-Dame ou chardon laité, en latin *carduus albis maculis notatus*. Il eft ainfi appellé à caufe des taches blanches qui font répandues fur fes feuilles; les racines de cette plante font groffes, longues & pouffent plufieurs feuilles d'un pied & demi, larges d'environ un demi pied, découpées fur leurs bords, comme ondées, armées de piquants affilés & d'un verd gai en-deffus & comme veinées par des taches d'un blanc de lait dans les endroits de leurs principales nervures. Ses tiges font droites, chargées de quelques feuilles femblables à celles du bas, mais moins amples ; elles font terminées par quelques branches qui portent des têtes écailleufes, fort épineufes ; fes fleurs font purpurines ; fes femences font groffes comme celles du carthame , noirâtres & fort adouciffantes. On en mange les jeunes pouffes comme celles de quelques autres chardons.

Le chardon rolland, en latin *eryngium vulgare* , ou le panicaut, ou le chardon à cent têtes.

Sa racine eft longue de plus d'un pied, groffe comme le doigt, brune en-dehors, blanche en dedans, douceâtre, compofée d'une écorce épaiffe , tendre , & d'un nerf ou cœur ligneux. Elle donne quelques feuilles fermes , féches & piquantes, découpées en trois ou quatre fegments longs d'un pouce & demi, ou de deux pouces fur moins d'un pouce de largeur, dentelées fur leurs bords, & d'un verd pâle.

La tige qui fort d'entre ces feuilles eft haute d'un ou deux pieds, plus mince que le petit doigt, canelée & chargée de feuilles pareilles à celles du bas, mais plus arrondies & plus découpées. Cette tige fe divife enfuite en plufieurs branches, qui portent chacune une tête groffe comme le pouce , longue d'un demi pouce, garnie à fa bafe de quelques petites feuilles qui forment une efpéce de fraife ; chaque fleur eft compofée de cinq petites petales blanchâtres & foutenues par un calice qui devient enfuite un fruit à deux femences, jointes enfemble. Le panicaut marin fe diftingue du vulgaire par fes feuilles qui font plus arrondies , moins découpées & plus pliffées, & par leur couleur.

Il y a encore beaucoup d'autres chardons comme le chardon d'âne *carduus afininus*, le chardon de Paris, *carduus Parifienfis* qui a les mêmes qualités que le chardon bénit. Le chardon rampant , qui fait un ravage affreux dans les hauts-prés & dont les racines plongent fi profondément qu'on ne peut l'extirper qu'en faifant un fréquent ufage de la charrue à quatre coutres , &c.

Tous ces chardons enfin quels qu'ils foient & à quelque production qu'ils fe mêlent font des plantes gourmandes auxquelles on ne fçauroit déclarer une guerre trop conftante à caufe du dégât qu'ils font par leurs larcins à toutes les récoltes.

CHAPITRE XXXI.

Des Poules, des Coqs, des Poulets, des Chapons, & des soins qu'on doit prendre de ces animaux ; premierement du choix du Coq, & de celui des Poules.

NOus avons, quoique d'une façon bien abrégée, fait sentir dans le cinquiéme volume tous les avantages qui résultent des soins & des attentions que la femme du Cultivateur donne à cette branche de l'économie rurale. Nous avons fait voir combien il importe de ne point mêler les races, parce que ce mélange les fait dégénérer. On a vu dans ce même volume comment il faut procéder au choix du coq & des poules. Nous y avons proscrit toutes ces espéces de poules que la curiosité a introduites & que la vue de l'utile devroit bannir. Point de poule à plumage frisé, ou à pate emplumée.

Les premieres ayant leur peau à découvert, sont toujours affectées ou de la chaleur ou du froid & doivent être par conséquent très-lentes ou très-paresseuses à la ponte.

Les secondes, par les plumes qu'elles ont à leurs pates, sont dans les tems humides ou pluvieux toujours chargées de boue, ou refroidies par l'humidité & sont par conséquent très inhabiles à la ponte. On a beau les échauffer, elles ne pondent guéres qu'en été & sur la fin du printems, & au commencement de l'automne. D'ailleurs elles sont très-sujettes à la vermine ; parce que quelque soin que l'on se donne pour tenir le poulailler propre & net elles marchent dans leur propre fiente, s'empêtrent les plumes des pates. Cette fiente s'y desséche & produit de la vermine qui ronge ordinairement cette espéce de poules, qui par conséquent est plutôt faite pour la curiosité de certains Cultivateurs riches que pour l'utilité de ceux qui doivent mettre tout à profit.

La poule de Caux mériteroit sans contredit la préférence sur toutes les autres espéces. Mais elle a une qualité qui devient un défaut, comme ses œufs sont extrêmement gros, elle s'use, comme nous l'avons fait observer, beaucoup plutôt que l'espéce ordinaire à laquelle nous conseillons de s'en tenir, à moins qu'on ne soit voisin de quelque ville à grande consommation.

Un coq, comme nous l'avons dit , gros , d'un corfage plein , bien fait & vif, droit, fier , & d'un port majeftueux , voilà en racourci toutes les qualités que l'on doit chercher dans le choix que l'on fait des coqs, ajoutez qu'il doit avoir le corps long , les jarrets gros, le col long & rengorgé, il doit être lefte & libre dans fes mouvemens & fur-tout bien emplumé , fa crête & fes barbes doivent être grandes , & d'un rouge extrêmement vif. Nous renvoyons pour toutes les autres circonftances à ce que nous en avons dit ainfi que de la poule au cinquiéme volume. Toutes les inftructions que l'on y trouve font plus que fuffifantes pour guider la femme économe.

CHAPITRE XXXII.

De la façon de nourrir & de faire propager les Poules.

ON a vu auffi dans le tome cinquiéme la maniere d'animer la ponte des poules. Nous ajouterons feulement qu'il faut alternativement leur donner une nourriture échauffante , & une nourriture rafraîchiffante. Lorfque l'on voit qu'elles ne fe prêtent point volontiers aux empreffemens du coq , il eft certain que le chenevi leur donnera de l'ardeur. Mais il faut bien prendre garde que le long ufage ou la trop grande quantité de cette nourriture les jette dans l'extrémité oppofée , qu'elles deviennent fi vives dans la copulation , qu'elles laiffent échaper par leur trop grande activité le germe ; ce qui fait que les œufs fe trouvent en partie clairs quand on veut les faire couver. Cette remarque eft effentielle , on ne fçauroit y faire trop d'attention.

La véritable marque que nous puiffions indiquer, & par laquelle on peut connoître fi une poule eft dans cet état tempéré fi defirable pour la propagation; c'eft lorfque pendant que le coq grate autour d'elle elle continue toujours de grater & de béqueter la terre. Si au contraire elle va d'elle-même s'acroupir auprès du coq, il faut alors la rafraîchir , parce qu'elle eft trop ardente ; & enfin fi peu fenfible aux empreffemens du coq elle fuit , & ne fe laiffe prendre, pour ainfi dire , que de force , il faut alors avoir recours au chenevi.

Il ne faut point donner un trop grand nombre de poules à un coq.
Neuf

Neuf ou onze tout au plus lui suffisent. Ce dernier nombre même peut l'énerver & l'épuiser : il faut donc multiplier les coqs à proportion des poules sur le nombre de neuf poules par coq.

Que l'on observe sur-tout de proportionner la grandeur des coqs à celle des poules ; attention non-seulement négligée, mais encore traversée par un usage universel. Tout le monde affecte d'avoir de grands coqs, n'importe quelle est la grandeur des poules. On ne sçauroit croire combien cette méthode est contraire à la propagation de ces animaux. L'œuf d'une petite poule se trouve trop borné pour le dévelopement & l'extension des rudimens d'un individu plus grand ; de sorte que quoique le poulet vienne à éclore il ne réussit point, parce qu'il a langui, & que les parties de son corps ayant été gênées dans leur principe, elles sont mal constituées & font que l'individu ne fait que vivoter pendant quelque tems au lieu de tendre à son parfait accroissement.

Pour les poules ordinaires, il faut donc prendre un coq qui soit d'une taille proportionnée à leur grandeur. Il faut le choisir bien vif ; nous nous servirons même du terme d'*asticoteur* ou querelleur : si dans sa tendre jeunesse on le voit souvent vainqueur de ses camarades, il mérite d'échaper à la castration. Propre qu'il est à la propagation, on doit le conserver pour peupler. Ainsi les plus petites attentions en économie rustique deviennent importantes par les bons effets qu'elles produisent ; il faut donc en s'amusant, lorsque les poulets commencent à sentir les aiguillons de l'amour, & qu'ils commencent à se battre, remarquer celui qui triomphe le plus souvent ; on le verra toujours roder autour des poules, qui quelquefois le regardant comme un enfant, le méprisent, mais qui aussi quelquefois se laissent aller aux entreprises vives & hardies de ce jeune animal.

CHAPITRE XXXIII.

De la maniere de nourrir les Poules.

LEs poules & les coqs étant bien choisis, il est question de leur prescrire un régime qui les anime à la copulation & qui les conserve dans un état robuste & vigoureux. Ces animaux paroissent être en général abandonnés à leur sort. Cependant il est certain que quand cette branche de l'économie ne serviroit qu'à procurer une meilleure nourriture au Cultivateur, on devroit lui donner une partie des attentions & des soins que nous allons indiquer.

Il est certain qu'un poulailler bien conduit peut rendre de très-grands profits. Or les soins que cela exige & qui peuvent être rendus par une servante de la ferme à laquelle la femme du Cultivateur donne ses ordres ne prennent point un tems assez considérable pour pouvoir être mis en compte avec les frais & les dépenses de la régie.

La maniere de tenir toujours en bon état les poules & de les rendre propres à la ponte, la voici :

Nous avons dit que pour remplir cet objet avec succès il faut que les poules soient dans un état tempéré, c'est-à-dire, qu'elles ne soient ni trop ardentes ni trop lentes à l'accouplement. Or c'est par le régime qu'on leur fait garder qu'on obtient ce milieu si favorable à leur propagation.

On conserve une partie des eaux des lavures de la cuisine, les croutes & les miettes qui tombent à terre ou qui restent sur la table pendant le repas des ouvriers & des gens de la ferme; on rassemble tous les débris des herbages & des légumes qu'on emploie dans la cuisine. On met toutes ces différentes substances dans un chaudron que l'on remplit ou à peu près des lavures des assiettes, on fait bouillir le tout jusqu'à une certaine consistance avec du son, tantôt d'orge, tantôt de seigle, tantôt de froment. Cette opération faite, on appelle les poules en été entre six & sept, & en hiver entre huit & neuf heures du matin. On leur donne ce mélange & on les laisse ainsi jusques entre onze heures & midi en hiver, & neuf & dix heures en été : on les appelle, pour leur donner du grain que l'on leur jette à terre. Il n'en faut que très-peu pour chaque poule : s'il y a, par exemple, vingt-cinq poules on leur jette vingt-cinq poignées qui à la rigueur n'en doivent faire que douze bien complettes. Nous entendons que la poignée se prend à une main seule.

Cette opération faite, les poules s'en vont & cherchent la nourriture qui leur est nécessaire pour le reste de la journée, & l'on a le soin de les faire rentrer toutes le soir dans le poulailler dont on verra la construction.

On observera que dans le tems de la moisson il faut absolument supprimer le grain, parce qu'elles trouvent assez de quoi se nourrir aux champs, & qu'on leur donne la liberté de battre la campagne.

Le printems & l'été sont les deux saisons les plus favorables pour faire couver les poules. On peut aussi le pratiquer dans les autres saisons mais cela entraîne d'autres soins : toutesfois lorsque l'on est voisin de quelque grande ville on y trouve bien du profit.

Lorsque l'on fait couver les poules en été ou au printems, il faut avoir une pièce dans la ferme, attenante au poulailler, mais qui en soit exactement séparée par une bonne cloison, & exposée au midi. Cette séparation que nous exigeons devient absolument nécessaire, parce qu'autrement les couveuses seroient ou distraites ou dérangées par les autres poules ou même par les coqs qui quelquefois veulent s'aviser de couver, fonction qu'ils remplissent fort mal.

D'ailleurs comme il faut également laisser les pondeuses libres dans le poulailler, & qu'elles pondent quelque fois à l'heure qu'il faut faire manger les couveuses, on les dérangeroit ; elles iroient très-souvent faire leurs œufs dans quelque cachote où ils se gâteroient, ou seroient mangés.

Il faut varier le son de la pâté du matin suivant que les poules sont ou serrées ou relâchées pour les tenir toujours en chair. Il faut aussi prendre garde qu'elles n'engraissent point, parce qu'elles deviendroient paresseuses.

Toutes les farines des différens grains peuvent être employées dans ce mélange. Il ne faut seulement que les changer suivant les circonstances que nous venons de détailler.

Le Sarrazin sur-tout doit être employé avec prudence parce qu'il est de tous les grains celui qui les engraisse le plus. L'usage du chénevi doit également être modéré, parce que la trop grande quantité les échauffe à un tel point qu'elles deviennent maigres & séches & par conséquent impropres à la ponte.

Rien de plus défavorable que les verminières que quelques auteurs recommandent, & que certains Cultivateurs trop zélés & trop aveuglés pour tout ce qui tend à l'économie, pratiquent. Ils doivent observer que leurs poules dépérissent à vue d'œil, que les poulets sont d'un mauvais goût, que leur chair sent toujours les entrailles, & que les œufs même ont un goût désagréable.

Ces verminières se font avec des cadavres des animaux que l'on enterre près de la ferme ; on laisse un soupirail pour que l'air s'y insinue & corrompe la chair ; de cette corruption vient une quantité de vers inconcevable qui servent à la nourriture des poules.

D'ailleurs il y a un inconvénient auquel on devroit faire une très-grande attention, quand même cette méthode produiroit tout l'effet que l'on desire ; & cet inconvénient, le voici : il s'exhale de cette verminiere des exhalaisons puantes qui corrompent tout l'air que les gens de la Ferme respirent. Ce qui est d'une très-grande conséquence.

Un auteur célébre donne la construction d'une verminiere singuliere avec laquelle, dit-il, on nourrit à peu de frais une grande quantité de volaille. Nous accéderions au sentiment de cet auteur, si du moins il prescrivoit pendant quinze jours ou trois semaines un régime particulier pour la volaille que l'on voudroit manger. Par cette précaution on lui feroit perdre le mauvais goût que lui communiquent les vers ; ceux que les poules attrapent sortant de terre, sont bien différens. Comme ils sont pour ainsi dire insipides & inodores, ils n'influent point du tout sur le goût de la chair de ces animaux : on fait, ajoute le même auteur, une fosse d'une grandeur proportionnée à la quantité de volaille qu'on a à nourrir. Les quatre côtés doivent être égaux, elle doit avoir quatre pieds de profondeur sur un terrein un peu incliné pour que les eaux qui peuvent être en-dessous s'épanchent & qu'elles n'y croupissent pas ; si le terrein est de niveau on l'éleve avec de la terre, on le ferme tout autour d'une bonne muraille bien maçonnée de la hauteur de trois à quatre pieds, on met au fond de cette fosse-creusée, ou de cette élévation quand le terrein est de niveau, une couche de paille de seigle hachée bien menu de l'épaisseur de quatre pouces ou d'un demi pied. Sur cette couche on fait un lit de fumier de cheval ou de jument tout récent que l'on couvre de terre légere, & bien divisée & ameublie, sur laquelle on répand du sang de bœuf ou de chévre, du marc de raisins, de l'avoine & du son de froment, le tout bien mêlé ensemble. Ces premieres couches faites on les répéte alternativement dans le même ordre, on ajoute seulement, quand on est parvenu à la moitié de la fosse, des intestins de moutons de brebis & d'autres bêtes. Enfin on recouvre, quand la fosse est plus qu'aux trois quarts remplie, toutes ces matieres avec de fortes broussailles qu'on charge de grosses pierres, afin que les vents ne puissent pas les emporter ou déranger, & que les poules ne puissent y aller grater ou béqueter ; la premiere pluie qui survient, fait pourrir cette composition. De ce mélange une quantité prodigieuse de vermine s'engendre on la ménage & on la distribue aux poules avec ordre ; parce que si on la leur laissoit à diſcrétion, toute la verminiere ſeroit bientôt ravagée.

En bâtiſſant la verminiere on laiſſe une porte à l'Orient ou au midi que l'on ferme avec de la pierre ſèche juſqu'enhaut. C'eſt par cette porte qu'on entame la verminiere en ôtant de ces pierres qui ſont ſur le haut, la quantité qu'il faut pour une ouverture ſuffiſante par laquelle on puiſſe tirer à chaque fois la quantité de vermine qu'on veut donner aux poules quelques heures après qu'on leur a donné un peu de grain au ſortir du poulailler.

Un homme avec trois ou quatre coups de bêche tire tous les matins la proviſion pour toute la journée. Cette eſpéce de nourriture amuſe beaucoup la volaille. On a toujours l'attention de jetter dans la foſſe au fumier ce qui reſte de cette compoſition de la journée précédente, c'eſt de tous les engrais le plus ſubſtantiel.

On obſervera de vuider toujours la verminiere par un ſeul & même endroit; car ſi l'on y faiſoit deux ou trois ouvertures elle ſe détruiroit en peu de tems. On peut quelques jours après qu'on y a fouillé laiſſer la porte ouverte pour que la volaille ait la liberté d'aller grater dans le vuide qu'on y a fait.

Il ne faut toucher aux buiſſons qui couvrent la verminiere qu'à meſure que l'on en ôte ce mêlange; parce que ſi ce qui reſte n'étoit pas couvert, la volaille y feroit beaucoup de dégât en gratant par deſſus.

Nota, que la verminiere doit être ſituée en un lieu chaud & à l'abri des vents, afin que la volaille puiſſe s'y tenir commodément.

Afin que la proviſion ne manque point, il faut avoir le ſoin de faire deux ou trois verminieres pour s'en ſervir ſucceſſivement, ſe donnant ſur-tout bien de garde d'en tenir plus d'une ouverte à la fois pour la vuider, & la remplir. Par ce moyen cette nourriture ſe renouvellant continuellement on ſe trouve en état de nourrir beaucoup de volaille à peu de frais.

On ne ſe ſert de cette nourriture que pendant l'hiver. Au printems, en été & en automne les poules trouvent aſſez de vermine dans la cour de la Ferme & aux environs. Elles aiment beaucoup les mures: il eſt donc important de leur procurer cette nourriture. On peut ſe procurer quelques mûriers que l'on plante aux environs de la Ferme. Qu'ils ſoient blancs ou noirs, n'importe, le fruit de l'un & de l'autre de ces arbres leur plaît beaucoup.

Il y a une ronce qui porte des mûres noires, elle ſe trouve ordinairement dans les hayes, nous avons fait voir dans le livre des clôtures combien elle ſert à épaiſſir & à rendre les hayes impénétra-

bles non-feulement aux hommes mais encore aux animaux de toute efpéce ; fon fruit eft excellent pour toute forte de volaille. Il
rend fa graiffe blanche & la chair délicate. Il feroit donc bon d'en
mettre beaucoup dans les hayes qui entourent les champs les plus
voifins de la Ferme : car nous obferverons ici en paffant qu'il faut
autant qu'il eft poffible, éviter que ces animaux ne s'écartent de
la Ferme ; parce qu'ils font fujets aux paffans ou à certains animaux
de proye.

Il faut commettre, fi la femme du Cultivateur ne peut le faire
par elle-même, une perfonne active, vigilante, qui ait le foin de
nourrir la volaille, de la faire rentrer le foir dans le poulailler
qu'elle ferme, de la faire fortir le matin & de la reconnoître de
tems en tems dans le courant de la journée. Cette perfonne doit auffi
être attentive à lever les œufs à mefure que les poules pondent
pour les mettre féparément par jour, & ne pas les confondre &
être par-là en état de les diftinguer avec plus de certitude & en faire
l'ufage que l'on veut.

Il faut encore avoir l'attention de bien nettoyer de huit en huit,
ou pour le plus tard de quinze en quinze jours le poulailler, jufques même aux perches fur lefquelles les poules fe mettent ; la
petite échelle exige le même foin. Toute faleté enfin doit en être
exclue.

On ramaffe exactement toute cette fiente, on la jette dans la
foffe au fumier, ou bien on la garde féparément dans un recoin
de la Ferme qui ne foit point expofé ni aux rayons du foleil ni au
vent du Sud.

On ne fçauroit s'imaginer combien on contribue à la fanté de la
volaille en parfumant le poulailler. *Serrez* confeille d'y brûler de
l'encens, du benjoin ; ces fortes de caffolettes font bonnes à la
vérité ; mais perfonne n'ignore que le feu décompofe tous les
corps & en fait évaporer trop fubitement les huiles effentielles,
Caufes principales & uniques du bon effet qu'on attend de cette
opération. Il vaut donc beaucoup mieux charger l'air du poulailler de ces mêmes huiles effentielles, en les y incorporant, pour
ainfi dire avec le ventilateur dont nous avons déja recommandé l'u-
fage pour les étables & écuries. D'ailleurs on a par cet inftrument
non-feulement l'avantage d'imprégner l'air de particules aroma-
tiques & falubres, mais encore de le renouveller entierement. Pour
cet effet on a un foufflet afpirant & un foulant ; le premier afpire
l'air extérieur de l'atmofphere, tandis que le dernier chaffe dehors
par un tuyau l'air renfermé dans le poulailler.

On fait paffer le tuyau du foufflet afpirant par un récipient exactement fermé dans une boëte de bois faite exprès ; on met dans ledit récipient une certaine quantité de l'élixir que nous avons recommandé & dont les effets ont été jufqu'ici merveilleux, ou de telle autre liqueur aromatique & falubre que l'on voudra. L'air extérieur attiré par le foufflet & porté dans ce récipient s'étant chargé des particules de la liqueur, fort par un autre tuyau adapté audit récipient, & fe communique à la piéce qu'on veut ventiler. On obferve fur-tout de bien fermer toutes les portes & ouvertures, afin qu'il n'entre d'autre air pendant l'opération dans la piéce ventilée que celui qui eft fourni par le foufflet afpirant.

La perfonne chargée du gouvernement du poulailler doit avoir l'attention de rafraîchir avec de la paille nouvelle tous les nids, examinant fur-tout s'il n'y a point des poux ou autre vermine quelconque : s'il s'y en trouve on doit avoir recours à de l'eau dans laquelle on aura fait bouillir du tabac & du ftaphifagria ; on trempe dans cette eau toute bouillante une éponge avec laquelle on lave exactement les nids. Par ce moyen on détruit non-feulement toute cette vermine, mais encore les œufs innombrables qu'elle dépofe en très-peu de tems par-tout où elle fe plaît.

Nous ferons ici obferver que l'on fera beaucoup mieux de faire les nids avec du foin qu'avec de la paille, parce qu'il eft plus mol, & qu'il n'engendre point tant de vermine.

CHAPITRE XXXIV.

De la maniere de tenir les Poules dans un état propre à les faire pondre conflamment.

LEs poules ne pondent point communément en tout tems. Il y a trois faifons pendant lefquelles elles font exactes à pondre, pourvu que l'on leur donne toutes les attentions que nous avons prefcrites. Il y en a cependant qui robuftes & fortes pondent prefque dans toutes les faifons : mais elles font rares. En général l'hiver eft extrêmement contraire à la ponte. On peut toutefois par l'art imiter les faifons qui lui font favorables.

Pour y parvenir, il faut avoir égard à trois points capitaux, la conftitution de la poule, le lieu où on l'enferme, & la nourriture

que l'on lui donne. Il faut d'abord choifir quelques poules bien marquées , d'un bon corfage & d'un âge raifonnable , comme par
exemple de deux ans que l'on enferme dans une chambre chaude & claire avec un coq alerte & vigoureux. On leur donne une
nourriture forte , comme l'orge bouillie que l'on leur fait manger
un peu chaude , & on ajoute de tems en tems à ce régime de l'a-
voine toute crue. La graine de fpargule favorife beaucoup la
ponte.

On raffemble les miettes qui tombent de la table , que l'on
mêle avec les criblures de toutes fortes de grains. On leur en donne
de tems en tems , mais non à difcrétion , parce qu'outre que
cette nourriture les engraifferoit trop , elle les échaufferoit à ou-
trance , ce qui , comme nous l'avons déja fait obferver , les exté-
nueroit au point qu'elles périroient.

Mais fi malgré toutes ces attentions & la propriété de ces différentes nourritures elles fe rallentiffent , il faut avoir recours à
la graine de chénevi qu'il faut leur adminiftrer avec modération.

Comme dans cette chambre elles n'ont point la faculté de grater & d'attraper quelqu'infecte ou quelque pointe d'herbe , on doit
faire enforte qu'elles aient continuellement à manger quelque
chofe : l'eau deftinée à leur fervir de boiffon doit être tenue claire
& nette. Nous avons vu des femmes de ménage y verfer quelquefois un demi feptier de vin blanc fur une pinte d'eau , prétendant
par ce mêlange les animer à la ponte.

Lorfqu'on a fait le choix des poules que l'on deftine à cet ufage , qu'on les a ainfi conduites pendant quelques jours , on doit
s'attacher à bien diftinguer les pareffeufes pour ne plus les tenir
renfermées , attendu qu'elles troubleroient les pondeufes , & que
d'ailleurs l'entretien de ce poulailler particulier deviendroit trop
difpendieux.

Parmi les matieres précédentes que nous venons d'indiquer pour
nourrir ces poules , les unes font laxatives & les autres aftringen-
tes. La gouvernante obfervera la fiente pour varier la nourriture ,
fuivant que les poules feront plus ou moins conftipées , ou plus ou
moins relâchées. Nous donnerons les remedes propres à les guérir
des maladies qui leur viennent de l'une ou de l'autre de ces deux
caufes.

CHAPITRE

CHAPITRE XXXV.

De la maniere de faire couver les Poules.

JUsqu'ici nous avons détaillé la façon de choisir & de nourrir les poules. Ce détail deviendra plus intéreſſant & plus utile par l'addition que nous y ferons lorſque nous donnerons la deſcription du nouveau poulailler : voyons à préſent la maniere la moins équivoque de les faire couver avec ſuccès.

De toute la volaille la poule eſt celle qui a le plus beſoin de ſe multiplier pour ſe renouveller. Puiſqu'elle eſt de ces animaux celui qui vit le moins de tems. Cet animal eſt à ſon âge de caducité depuis cinq, ſix, juſques à ſept ans. Ainſi ſa vie, comme on le voit, eſt extrêmement courte, elle l'eſt encore bien plus pour les bonnes couveuſes, parce qu'il n'eſt rien qui les uſe plus que l'incubation. *Serres* prétend qu'elles ſont hors de ſervice & caduques à l'âge de quatre ans. L'expérience dément ſon opinion ; puiſqu'il eſt vrai que pour avoir de bonnes couveuſes il faut les prendre depuis trois ans juſqu'à cinq. Or cette expérience prouve bien que puiſque ces animaux ont principalement à cet âge la chaleur néceſſaire pour faire éclore des œufs, ils ne ſont point dans la décrépitude qui eſt toujours précédée & accompagnée de la diminution de la chaleur naturelle.

La nature a mis dans le cœur de ces animaux comme dans celui de tous les autres ce penchant qui tend continuellement à la multiplication de ſon eſpéce. Auſſi voit-on les jeunes poules, dès qu'elles ont atteint neuf ou dix mois, ou tout au plus un an, deſirer paſſionnément les approches du coq, faire des œufs, & lorſqu'elles ont atteint dans leur ponte le nombre qu'elles peuvent faire éclore & qui monte ordinairement à dix-ſept ou dix-huit, commencer à glouſſer, qui eſt un ramage par lequel elles annoncent qu'elles veulent couver.

Mais comme leur ponte, ou les pouſſins qu'elles feroient éclore dans les divers endroits de la campagne ſeroient expoſés à trop d'accidens, la femme de ménage leur prête tous les ſecours néceſſaires pour mettre leur petite famille à couvert des animaux de proie & des injures de l'air. On a donc des endroits où les poules en

Tome V. Bb

sûreté & tranquilles peuvent couver; on a l'attention de leur donner dans le même endroit les grains qu'on leur deftine & de l'eau, afin qu'elles ne fe dérangent point trop long-tems de leurs œufs, & qu'ils ne puiffent point par conféquent fe refroidir.

On remarquera avec nous que toutes les poules qui gloussent ne font point cependant propres à cette opération : lorfque, par exemple, elles n'ont que deux ans, elles font encore trop vives ou trop dissipées pour bien s'acquitter de cette fonction. Il y en a même qui à cet âge font encore extrêmement farouches & par conféquent d'autant moins propres à cet objet, qu'il faut que la poule qui couve fe laiffe manier fur les œufs par la gouvernante du poulailler.

De toutes les poules celles qui ont des ergots comme les coqs, font le moins propres à couver. Il faut donc choifir, pour qu'elles répondent à nos vues, celles qui font paifibles & d'un accès facile, qui font d'une bonne & forte conftitution & qui font bien emplumées.

Le tems le plus favorable pour faire couver les poules eft le commencement du printems pour avoir des poulets avancés & qui foient un peu grands à l'arrivée de l'été, que l'on puiffe chaponner avant la S. Jean. Ceux qui viennent plus tard ne forment jamais de gros chapons, parce que les froids affez fréquens en automne arrêtent leur croiffance. Les poulettes qui naiffent plutôt font les mieux conftituées & les meilleures pondeufes : anciennement on étoit fi prévenu contre la volaille tardive, qu'on n'en faifoit point de cas, affuré qu'on étoit que les poulets étant tardifs & éclos vers la fin de Juin ou plus tard, ne pouvoient acquérir leur parfait accroiffement, quelque foin qu'on en eût & quelque nourriture qu'on leur donnât.

Il ne faut pas cependant les profcrire au point de ne pas en faire venir abfolument dans cette faifon. Le printems eft quelquefois contraire à ces animaux & en fait beaucoup périr. Il faut donc bien alors s'en procurer des tardifs pour fuppléer à la difette des autres: quoique ces poulets ne viennent point fi gros que ceux qui font nés dans le printems, ils font cependant affez bons, mais il eft vrai qu'ils ne parviennent jamais à ce dégré de graiffe dont les autres font fufceptibles, & que quant aux poulettes, quoiqu'elles faffent des œufs on ne doit point les garder pour remplacer les anciennes, parce qu'elles feroient dégénérer la race au point qu'à la troifiéme année elle feroit fi chétive qu'on n'en feroit aucun cas : &

c'eſt à quoi la femme du Cultivateur ne porte point toutes les attentions qu'elle devroit. Elle eſt ſurpriſe de ce que ſa volaille devient petite, grêle & de peu de rapport; & elle ne ſçait point ſans doute que ce changement n'eſt que l'effet de l'imprudence qu'elle a de conſerver les jeunes poules tardives pour remplacer les anciennes.

Outre que le foin eſt, comme nous l'avons déja dit, moins ſujet que la paille, à produire de la vermine, il eſt encore plus chaud, ſe raſſemble mieux, & par conſéquent donne moins d'accès à l'air extérieur; nous voudrions, qu'à l'imitation des nids conſtruits par les autres animaux, on y fît une couche de duvet afin que la poule puiſſe plus facilement changer de ſituation ſans expoſer les œufs à être refroidis. Cet article-ci ſera encore traité d'une maniere plus étendue quand nous parlerons du nouveau poulailler.

CHAPITRE XXXVI.

De la maniere de choiſir les Oeufs que l'on veut faire éclore.

IL faut choiſir les plus grands œufs; parce qu'ils produiſent, comme nous l'avons dit, les plus grands poulets; & ſi l'on veut avoir, dit *Serres*, plus de mâles que de femelles, il faut en mettre ſous la poule un plus grand nombre de pointus, que d'obtus ou arrondis, attendu, continue le même auteur, que ſuivant les anciennes obſervations, les premiers produiſent des mâles & les derniers des femelles. Nous ferons voir l'abſurdité d'une opinion ſemblable & qui eſt indigne de l'idée avantageuſe & bien méritée à beaucoup d'autres égards, que nous avons donnée de cet auteur.

On doit préférer les œufs récemment pondus à ceux qui le ſont depuis quelque tems, parce qu'ils ont plus de facilité à éclore, & que rarement ils ſont *clairs*, pourvu qu'on ſuive pendant tout le tems de l'incubation les documens que nous avons donnés & que nous donnerons enſuite. Les plus peſans ſont les plus propres à être couvés; les légers & qui ſurnagent dans l'eau commune, rarement réuſſiſſent, ou ſi par hazard ils viennent à éclore ils produiſent des pouſſins foibles, ou informes ou très-mal conſtitués.

Nous recommandons ſur-tout, avant que de mettre les œufs ſous la poule, de les effayer l'un après l'autre dans l'eau : cette épreuve guidera sûrement la femme du Cultivateur.

Pour bien procéder, prenez de l'eau fraîche ; plongez-ly vos œufs, profcrivez tous ceux qui fe tiendront fur la fuperficie, & ne mettez fous la poule que ceux qui plongent au fond du vafe. Non-feulement ceux-ci font préférables pour mettre à couver, mais ils le font encore pour la table.

D'ailleurs il réfulte, fuivant *Serres*, un autre avantage de cette opération, c'eft que cette même eau rafraîchit les œufs & les met tous au même dégré, de forte que les pouffins viennent tous enfemble. Quant à la lune, nous n'en difons rien ; tous les Cultivateurs de la derniere claffe ont tant de foi aux influences de cet aftre, que ce feroit entreprendre l'impoffible que de vouloir triompher d'un préjugé accrédité dans tous les tems : nous ne nous amuferons donc point ni à le combattre ni à le défendre : puifqu'il eft bien certain qu'il devient très-indifférent dans l'article dont il eft ici queftion.

Mais il n'en fera pas de même de celui que l'on révere dans certains pays où l'on croiroit perdre toute la couvée, fi on ne mettoit un nombre impair d'œufs fous la poule, ou bien fi on les touchoit avec la main en les mettant dans le nid. On veut que pour éviter cet inconvénient on fe ferve d'un vafe plat de bois, l'on exige qu'on ne les compte point un à un, & fur-tout qu'on mette entre les œufs de petites échardes de laurier, ou des clous de fer pour garantir du tonnerre que l'on prétend faire mourir les pouffins dans les œufs lorfqu'ils font à demi formés. Tous ces ufages qui tiennent entierement à la fuperftition ne doivent point s'accréditer chez les perfonnes fenfées.

Mais fi les anciens fe font quelquefois abandonnés à des ufages abfurdes, ils nous en ont laiffé que nous devons fuivre avec d'autant plus de confiance que la bonne phyfique vient à leur appui : par exemple il eft bien raifonnable de croire que l'on doit mettre fous la poule un plus petit nombre d'œufs lorfqu'on la fait couver plutôt que plus tard. Dans le premier cas il eft certain que comme la faifon eft froide, la poule échauffera avec moins de difficulté dix ou douze œufs que dix-fept ou dix-huit ; parce qu'il eft évident que ceux qui fe trouveroient aux extrémités des aîles ne recevant point autant de chaleur que ceux qui font immédiatement fous le corps de la poule, ne peuvent fe développer que difficilement ou que très-imparfaitement. Auffi recommandons-nous essentiellement à la gouvernante du poulailler, de ne pas passer le nombre de dix, ou tout au plus de douze si elle fait couver en Janvier ou en Février. Si c'est en Mars, on peut en donner quatorze ou quinze, & enfin la couvée entiere en Avril. D'ailleurs il y a des poules plus ou moins fortes : ainsi c'est à la gouvernante à se conduire conséquemment aux instructions que nous venons de mettre sous les yeux du lecteur & de proportionner le nombre des œufs à la saison & à la constitution de la poule.

CHAPITRE XXXVII.

De la maniere de se procurer des Poulets en hiver.

QUiconque cherche à se procurer des poulets en hiver, entreprend une chose plus difficile qu'utile & qui tient plus à la curiosité qu'au profit. Cependant si la gouvernante du poulailler entraînée par le haut prix que les poulets ont en hiver, lorsque l'on est voisin de quelque grande ville, veut braver toutes les difficultés, il est juste que nous lui donnions tous les moyens possibles de les diminuer. Il faut donc entre les poules que l'on a renfermées dans une piéce bien chaude pour se procurer des œufs frais, choisir celles qui sont les mieux marquées que l'on retire dans une petite chambre bien chaude où on leur donne de la bonne nourriture & une boisson propre & claire ; leur émiettant de tems en tems du pain dans du vin. On leur donne aussi, pour les échauffer, de la feuille & de la graine d'orties bien desséchées & réduites en poudre. Ce régime les fait infailliblement pondre, de sorte que lorsqu'elles ont fait environ dix-sept ou dix-huit œufs, elles changent de ramage & commencent à gloussier : *Serres* conseille de leur donner alors le nombre d'œufs que nous avons prescrit en pareille saison, & de les leur faire couver dans un nid que l'on place derriere le four, ce que nous proscrivons, préférant de les mettre sur de mauvais lits de plume que l'on destine à cet usage & que l'on met dans une chambre seulement exactement close, & dont les croisées, quoique fermées, sont au midi. La chaleur du four est trop inégale pour pouvoir produire un effet assuré.

Le même auteur indique un autre moyen bien simple de se procurer sûrement des poulets dans la même saison. Il faut, dit-il, avoir des pigeons patus ou patés, c'est-à-dire qui ont de la plume aux pates, lesquels couvent tous les mois de l'année, & qui font éclo-re ceux de poule quand on en met à la place de ceux qu'ils ont pon-du : mais l'auteur n'a sans doute point observé que son moyen tient beaucoup plus à l'agréable qu'à l'utile de l'économie rurale. On sçait que ces pigeons font dispendieux, qu'ils demandent d'être bien nourris, & que leurs pigeonneaux au bout de quinze jours va-lent beaucoup plus que des poulets de trois ou quatre mois. Or, certainement ce seroit acheter trop cherement les effets du moyen que l'auteur cité nous donne ; celui que nous prescrirons sera plus étendu, moins dispendieux & par conséquent réunira l'utile & l'a-gréable ; nous le ferons voir dans la description de notre nouveau poulailler.

D'ailleurs on doit prévoir sans doute tous les soins & toutes les attentions que doivent exiger des poulets qu'on est obligé d'élever sans mere ; ainsi lorsque nous avons proposé cette ressource, loin d'avoir prétendu la faire adopter, nous n'avons voulu, en en faisant connoître toute la dépense & les peines, que la pros-crire de cette branche de l'économie.

Nous ne nous attacherons point ici à donner l'art de faire éclore des œufs par une chaleur artificielle. Cette méthode d'ailleurs très-défectueuse, n'est point pratiquable par les Cultivateurs pro-prement dits, à cause des soins & des attentions suivies qu'elle exi-ge. Nous renvoyons cet article à l'agréable de l'économie rurale. Nous l'appellons défectueuse, parce qu'en effet comme il est très-difficile d'entretenir le même dégré de chaleur dans les étuves ou fourneaux où l'on met les œufs, il est certain que les pouffins qui en résultent sont toujours mal constitués ; que d'ailleurs ils sont su-jets à des fluxions & des rhumes qui les font périr, & qu'il en est parmi ceux qui ont l'avantage d'éclore à qui il manque quelque membre, ou qui en ont trop, ce qui forme des monstres qui rare-ment viennent à bien : tant il est vrai que la nature se réserve à elle seule l'état parfait que l'art qui veut l'imiter ne sçauroit attein-dre. En voilà donc assez de dit sur ce point relativement à notre objet.

CHAPITRE XXXVIII.

Du logement convenable à la Poule & à ses Poussins.

LE point essentiel pour conduire à bien la couvée consiste à donner aux poules couveuses un endroit retiré, exposé au midi, à couvert du mauvais tems, éloigné du grand bruit pour que les poules ne soient pas distraites. Enfin il est question de les tenir en lieu sec & chaud. Toutes les précédentes précautions ne sont nécessaires que lorsque l'on les fait couver dans la premiere saison, mais elles deviennent surabondantes dans le tems où toutes les poules, (nous parlons de celles qui sont bien constituées & que nous avons conseillé de choisir de préférence, lorsqu'on veut peupler un poulailler) dans le tems, disons-nous, où toutes les poules gloussent & demandent à couver. Comme c'est ordinairement vers le premier mois de l'été qu'elles sont pressées de cette envie, le poulailler tel que nous le construisons, peut suffire pour cette opération. Mais alors il faudroit avoir la précaution de fermer leurs nids avec une espéce de claye de bois, afin qu'elles ne soient point distraites par les coqs ou par les autres poules qui ne couvent point. Il est certain que dans ce tems le poulailler, par l'exposition que nous lui donnons, seroit assez chaud : mais il ne l'est pas moins que le bruit que fait le reste de la volaille & les empressemens des coqs qui vont les regarder dans leurs nids, peuvent beaucoup les distraire & les dégoûter même de l'incubation ; ce qui perd les œufs sans ressource, parce qu'étant fermées, & desirant sortir elles deviennent impatientes au point de béqueter leurs œufs & de les casser. Nous voudrions donc, & c'est d'après l'expérience, que pour rendre cette branche de l'économie plus fructueuse & plus utile, on pratiquât à côté du poulailler une petite piéce bien clause où le jour ne fût pas bien grand, & que l'on y fît des nids placés de façon que les couveuses ne pussent pas se voir, & garnis sur le devant d'une claye qui empêchât qu'elles se pussent rendre visite.

Autre précaution à prendre & qui est ou ignorée ou négligée par la plûpart des ménageres ; c'est de bien nettoyer les nids & de les parfumer d'une bonne odeur, soit afin que les poules qui sont desti-

nées à y reſter vingt-un ou vingt-deux jours, y reſpirent un air ſalubre, & non échauffé comme il arrive ordinairement, ſoit pour
qu'elles s'y plaiſent & que par conſéquent elles reſtent conſtamment ſur leurs œufs ; ce qui aſſure le ſuccès de la couvée.

On ſent que les nids doivent avoir ſur le devant une petite élévation, afin que les œufs ne tombent point quand la poule ſe remue. Il faut auſſi les faire concaves, afin que les œufs une fois
bien placés ne ſe dérangent point lorſque l'on veut faire ſortir la
poule de ſon nid, ſoit pour la faire manger, ſoit pour la faire vuider,
& que l'on veut qu'elle rentre. Nous exigeons auſſi qu'après avoir
fait les nids avec de la paille, ou encore mieux avec du foin, par
les raiſons que nous en avons données, on y faſſe, à l'imitation des
oiſeaux, un lit de plume ou de duvet, d'abord afin que les œufs s'y
échauffent mieux, qu'ils conſervent plus long-tems leur chaleur,
& que les pouſſins dont la peau eſt ſi tendre, ne ſe bleſſent point
en ſortant de la coque, comme il arrive quelquefois, ſur-tout lorſque les nids ſont faits avec de la paille.

Il y a des poules, par exemple, qui ſont ſi attachées à leur couvée
qu'elles n'en ſortent qu'avec peine, c'eſt à quoi la gouvernante du poulailler doit bien prendre garde. Il faut qu'elle ait l'attention de les
lever & de leur faire prendre l'air au moins une fois par jour pour
qu'elles ſe vuident à leur aiſe ; car elles ſont quelquefois ſi jalouſes
de leurs œufs, qu'elles ſe retiennent pour ne pas lâcher leur fiente
& pour ne pas les quitter ; cependant il faut bien prendre garde de
ne pas les laiſſer trop long-tems hors de leurs nids, de peur qu'elles ne ſe refroidiſſent & que les œufs ne perdent leur chaleur.

Nous avons obſervé que beaucoup d'œufs manquoient dans une
couvée par la curioſité impatiente des gouvernantes, elles les touchent ſouvent, curieuſes qu'elles ſont de ſçavoir ſi l'incubation
réuſſit, curioſité des plus déplacée : parce qu'elles dérangent les
œufs, & que les poules, voulant enſuite les arranger pour ſe mettre à leur aiſe, ou les caſſent, ou leur donnent une poſition qui
traverſe l'incubation.

Il ſuffit ſeulement de tourner deux fois les œufs pendant la couvée : pour cela on a l'attention, comme nous l'avons dit dans le
livre concernant l'établiſſement de la Ferme, de marquer chaque
œuf d'un côté pour ne pas ſe tromper lorſqu'on procédera à ce changement : à ce ſoin il faut en joindre un autre, c'eſt de faire manger les poules deux fois par jour ; car il y en a qui ſe laiſſeroient
plutôt mourir de faim que de quitter un inſtant leurs œufs. Les
poules

poules d'Inde, par exemple, si l'on n'a pas l'attention de les faire sortir du nid, y expirent d'inanition.

Nous ferons sentir l'avantage qu'il y a de faire couver des poules d'Inde par préférence aux poules.

Il y a aussi des poules qui sont impatientes & dissipées, qui n'aspirent qu'à sortir de leur nid. Il faut leur donner une nourriture très-ordinaire lorsqu'on les fait sortir pour manger, & lorsqu'on les remet sur les œufs, avoir, par exemple, quelques grains de chenevi, ou de froment, ou de millet, ou même un peu de pain trempé dans du vin tempéré avec de l'eau, & dès qu'elles se sont arrangées sur leurs œufs, leur donner l'une ou l'autre de ces choses à manger dans la main ; on n'aura pas plutôt pratiqué deux ou trois fois cette méthode qu'on les verra soudain après avoir pris un peu de nourriture & un peu de boisson, courir se remettre sur leurs œufs, pour avoir la béquée à laquelle elles sçavent qu'elles doivent s'attendre.

S'il arrive que des poules lasses de couver, ou peut-être gourmandes, comme nous en avons vu, béquetent & mangent les œufs : il n'y a pas de plus sûr remede que celui que nous allons indiquer. Il faut faire durcir un œuf sous la braise & tout aussi-tôt l'ouvrir imperceptiblement dans plusieurs endroits & le présenter à la poule : aussi-tôt elle béquete, mais elle se rebute, parce qu'elle se brûle. On n'a qu'à répéter deux ou trois jours de suite cette petite amorce, & on la verra se corriger de ce défaut.

CHAPITRE XXXIX.

Des premiers soins que l'on doit aux Poulets nouvellement éclos.

EN visitant souvent son poulailler la gouvernante se trouve à même de secourir les poussins qui veulent éclore, qui quelquefois trop foibles pour pouvoir rompre la coque de l'œuf qui est trop dure, languissent & même y périssent. Dans ce cas, c'est à elle à lever peu à peu dès qu'elle entend le poussin pioler, quelques éclats de la coque, prenant bien garde de ne point déchirer avec ses ongles le poussin, qui, pour peu qu'il fût blessé, périroit tout de suite. Il faut donc vers le dix-neuviéme, ou vingtiéme jour qu'elle fasse une visite exacte dans tous ses nids pour donner les secours

Tome V. Cc

que nous venons d'indiquer, aux pouffins qui ne peuvent pas fe faire par eux - mêmes une iffue affez grande pour fortir de la coque.

Quelquefois ces petits animaux ayant été privés de la chaleur continuelle de la poule ou par le dérangement des œufs, ou par la négligence de la gouvernante qui ne les a pas tournés, font fi foibles qu'ils ne peuvent point franchir la coque; il faut alors faire tiédir du vin avec une partie égale d'eau, on y ajoute un peu de fucre, & la gouvernante trempe fon doigt dans le vafe où eft cette liqueur, & en mouille un peu le bec du pouffin, qui en piolant en avale un peu & prend de nouvelles forces.

Si la gouvernante a eu l'attention vers le onziéme ou douziéme jour de mirer fes œufs pour voir s'ils ont pris; elle peut remarquer ceux qui paroiffent avoir moins de vigueur que les autres pour, lorfque la fin du tems de l'incubation approche, donner aux pouffins que les œufs contiennent, les fecours ci-deffus mentionnés.

La véritable & la plus fûre méthode qu'il y ait pour diftinguer ces œufs, c'eft de les mirer exactement l'un après l'autre; & voici comment on y procéde; on prend un tamis, ou mieux encore un tambour d'enfant dont la peau eft bien tendue, on le met au foleil, & l'on y expofe les œufs l'un après l'autre, on remarque fi après qu'ils y ont refté environ une minute, l'ombre de l'œuf vacille; fi l'ambrion qui en fentant cette vive chaleur s'agite, eft bien vigoureux, il donnera de vives fecouffes, que l'on apperçoit au mouvement plus ou moins fenfible de l'œuf.

La gouvernante marque alors de nouveau les œufs qui ont été les moins ébranlés & les place fous la poule le plus avantageufement pour qu'ils ne manquent point de chaleur, & vifite vers le dix-neuviéme ou vingtiéme jour la couvée pour fecourir lefdits pouffins, qui font ordinairement ceux qui ne peuvent éclore & dépouiller leur coque qu'avec beaucoup de peine.

Elle doit, à mefure que les pouffins naiffent, les laiffer fous la mere au moins un jour entier & même davantage en attendant que les autres viennent, il n'eft pas befoin de leur donner de la nourriture; lorfqu'au vingt-uniéme jour il y a des œufs qui ne font point ouverts ou éclatés en quelque partie, & où l'on n'entend point le piolement du pouffin, il faut les jetter.

Nota: Nous avertiffons, lorfqu'on mire les œufs de la maniere que nous avons indiquée, que l'on feroit parfaitement bien de jetter ceux dans lefquels on n'apperçoit aucun mouvement; ils ne font que porter préjudice à ceux qui ont de la difpofition à venir à bien en pompant une partie de la chaleur de la poule qui ferviroit à accélérer & à faciliter la naiffance de ceux qui ont donné de bons fignes de vie lorfqu'on les a expofés de la maniere indiquée ci-deffus au foleil.

Le tems de l'incubation fini, on fort les pouffins du nid, on les loge avec la mere dans un grand panier pour un ou deux jours feulement. Ce panier doit être garni en dedans d'étouppes pour qu'ils n'aient point froid. Enfuite on les accoutume peu à peu à l'air ; on les parfume avec du romarin, ou de la lavande pour les garantir de bien des maladies auxquelles ces petits animaux font fujets, même dès l'inftant de leur naiffance : mais dès qu'au bout de fept ou huit jours on veut commencer à les accoutumer au grand air, comme par exemple fous l'auvent que nous confeillerons de faire devant le poulailler ; il faut les mettre fous une cage à petites clarieres afin qu'ils puiffent, lorfqu'ils veulent courir, entrer & fortir à leur aife fans cependant que la mere forte. Par ce moyen ils ne s'éloignent point de la poule. Cependant on ne les mettra fous l'auvent que quand le jour eft bien chaud & qu'il fait un beau foleil, le duvet de ces animaux n'étant point capable de les garantir de la moindre froidure.

Il faut dans ce commencement être exact à leur renouveller la nourriture & à leur en donner en petite quantité chaque fois. Le millet crud eft celle qui leur convient le plus après l'orge & le froment qu'il faut faire bouillir. Les miettes de pain trempées dans du vin leur donne du courage & de la force. Si l'on voit qu'ils ne mangent point de bon appétit on peut avoir recours aux miettes de pain trempées dans du lait ou dans le caillé. Il eft des ménageres qui leur donnent quelquefois des jaunes d'œufs durcis qu'elles émiettent le plus finement qu'il leur eft poffible. Cette méthode eft excellente lorfqu'on s'apperçoit que la fiente de ces animaux eft trop liquide. Mais dans tout autre cas elle eft nuifible, parce que cette nourriture les conftipe au point qu'ils meurent fubitement.

Les porreaux hachés bien menu, dit *Serrez*, leur fert de médecine & leur fait un très-grand bien, pourvu qu'on ait l'attention de ne leur en donner que de tems en tems & en petite quantité. Il faut fur-tout faire enforte qu'ils ne manquent jamais de nourriture à mefure qu'ils avancent en âge, pendant le tems qu'ils font encore fous la tutelle de la gouvernante. Le millet eft la principale, en fuppofant toutefois que l'on eft dans un pays où l'on cultive beaucoup ce grain. On doit bien s'imaginer que nous ne prefcrivons point ce régime dans les pays Septentrionnaux où la dépense que cauferoit l'ufage de ce grain excéderoit plus de deux tiers le produit de ces animaux : il faut dans de tels pays fubftituer au millet le bled Sarrazin, & afin qu'un tel régime ne leur porte point de préjudice, il faut de tems en tems leur donner de l'orge bouilli, ou des criblures de froment qui doivent auffi être bouillies, ou enfin des miettes de pain telles qu'elles tombent de la table.

Comme l'air contribue beaucoup à la croiffance de ces animaux, pourvu qu'il foit tempéré l'on ne doit pas être furpris fi nous exigeons qu'on les mette le plutôt poffible fous l'auvent, pour qu'ils fe familiarifent avec fes impreffions, faifant enforte toutefois que le foleil donne dans l'endroit où on les place ; il eft vrai qu'au commencement il ne faut pas les y laiffer trop long-tems, parce qu'il pourroit altérer leur tempérament qui dans leur grande jeuneffe eft extrêmement foible & délicat.

Il faut, par-tout où on les place, que le manger & le boire ne leur manquent point parce qu'ils béquetent continuellement.

Lorfqu'ils ont atteint un certain âge, comme par exemple, cinq ou fix femaines, on les abandonne aux foins & à la tendre vigilance de leur mere, qui toujours attentive fur tout ce qui environne fa chere famille, prend le foin de les faire manger, les appellant fans ceffe dès qu'elle apperçoit quelque chofe de propre à éguifer leur appétit & les couvrant de fes aîles au premier danger qui les menace.

Lorfque les poulets ont atteint l'âge que nous venons d'indiquer, on peut, pour éviter la multiplicité des poules, confier plufieurs couvées à une feule, qui eft en état d'en conduire au moins trois douzaines ; par ce moyen on économife, puifque dès qu'on a ôté à une bonne poule fes pouffins, elle fe remet à pondre, ce qui devient très-avantageux.

On peut encore, d'après *Serrez*, & d'après *Liger* qui l'a exactement copié pour épargner les poules, fe fervir de chapons qu'on inftruit à conduire les poulets. On choifit pour y bien procéder, difent ces deux auteurs, des chapons bien conftitués & d'un gros corfage, qui foient jeunes & éveillés : on leur plume le ventre, on le leur frotte avec des orties, enfuite on les enivre avec la foupe au vin : on les tient à ce régime trois ou quatre jours pendant lefquels on les enferme dans un tonneau bien couvert d'une piéce de bois percée de plufieurs trous ; on les tire de cette prifon pour les tranfporter dans une cage où on leur donne d'abord deux ou trois poulets

qui font déja affez grands , lefquels en mangeant enfemble , fe
familiarifent avec les chapons qui de leur côté les careffent &
les couvrent de leurs aîles ; & comme ces petits poulets foula-
gent en quelque façon la partie plumée des chapons , ils les reçoivent avec plaifir. Enfin ces animaux , continuent les mêmes auteurs , devant , pour ainfi dire , ou croyant devoir leur entiere guérifon aux poulets , portent envers eux leur reconnoiffance fi loin ,
qu'ils ne les abandonnent plus ; de forte que dès que la ménagere
s'apperçoit de cette reconnoiffance elle peut leur donner dans la
fuite en en augmentant chaque jour le nombre , autant de poulets
à conduire qu'ils en peuvent couvrir.

Cette méthode abfurde & dont on vient de voir les prétendues
raifons qui le font encore plus , ne doit point prendre faveur. Nous
avons vu des chapons conduire , il eft vrai , une bande de poulets.
Il eft certain qu'ils les couvrent quand ils fe préfentent & qu'ils les
conduifent à la campagne. Mais il s'en faut de beaucoup qu'ils
ayent cette vigilance tendre & active que les poules ont. Auffi s'en
perd-il confidérablement par cette méthode.

L'ufage que nous recommandons pour épargner les poules eft
plus naturel & n'a pas befoin de toutes ces grandes préparations
que les deux auteurs cirés exigent. On peut donc , & l'on doit
préférer de donner deux ou trois couvées à une bonne poule qui
rendra un compte bien plus exact de la famille que l'on lui a confiée
que tous les chapons les plus verfés à conduire des poulets.

D'ailleurs fi l'on veut faire ufage des chapons , il n'eft befoin
que de choifir les mieux emplumés & de leur donner pendant
trois ou quatre jours du pain à la main en préfence de deux ou trois
poulets qui béquetent avec eux ; après quoi on leur donne feulement une fois du pain trempé dans du vin bien fort jufqu'à ce qu'ils
foient ivres ; on les met enfuite dans une cage où l'on leur donne
deux ou trois poulets , avec lefquels ils mangent & vivent de
très bonne intelligence. On en augmente enfuite peu à peu le
nombre jufqu'à ce qu'ils aient celui qu'on leur deftine. A cette attention on joint encore celle de mettre un grelot au col du chapon , afin que les poulets qui quelquefois s'éloignent , l'entendent
& viennent le rejoindre ; ce qui prouve bien que ces animaux n'ont
point le même attachement que les poules , qui d'ailleurs ont leur
glouffement auquel les poulets font fi habitués qu'au moindre
fignal que la poule leur donne par ce ramage , on les voit accourir &
fe ranger auprès d'elle.

On voit donc bien, & c'eſt d'après l'expérience que nous parlons, que le frottement d'ortie devient fort inutile ; nous diſons même plus, il eſt contraire à l'objet qu'on ſe propoſeroit ; puiſqu'il eſt vrai de dire que l'eſtomac du chapon étant devenu douloureux par ce frotement ; il ne pourroit ſouffrir les approches des poulets qui voudroient ſe mettre à couvert ſous lui : pour ſe procurer un grand nombre de poulets & pour en même tems conſerver les poules dans leur ponte, il eſt fort avantageux de faire couver des poules d'Inde : leur grand corſage, la bonne chaleur, & la grande affection qu'el-les ont pour les œufs dès qu'on les a miſes deſſus, doivent les faire préférer. On leur en donne juſques à trente - cinq, & c'eſt dans ce cas-ci où le chapon pourroit être employé à conduire cette nombreuſe famille, ſi mieux on n'aime, comme nous le conſeil-lons, la diſtribuer à pluſieurs poules qui en conduiſent d'autres.

De tous les tems propres à chaponner les poulets le mois de Juin, eſt ſans contredit le plus favorable ; c'eſt pourquoi on ne doit point laiſſer paſſer ce tems ſans faire cette opération à tous les poulets qui ſont aſſez grands pour qu'on puiſſe diſtinguer les parties. Ce-pendant toute la ſaiſon de l'été eſt favorable à cette opération. On châtre auſſi les poulettes afin de rendre leur chair plus fine & plus délicate.

Quant à la lune que certains auteurs veulent que l'on choiſiſſe vieille pour la caſtration, nous diſons que ces vieux uſages doi-vent être mépriſés ; il n'en eſt pas de même pour la qualité du jour, il faut qu'il ſoit clair & ſerein, parce que la plaie ſe cicatriſe bien plus aiſément que dans un tems humide.

Il y a tant de différentes façons d'engraiſſer la volaille, que nous ne ſçavons préciſément laquelle nous devons indiquer à la gouvernante.

Les uns plument le deſſous & le ventre des chapons & les lo-gent chacun en particulier dans une petite caſe où l'animal ne pou-vant remuer engraiſſe fort facilement. Les autres les mettent dans des cages que l'on place dans des lieux obſcurs & les empâtent juſqu'à ce qu'ils ſoient combles de graiſſe.

D'autres craignant que la lumiere ne les diſtraie trop & ne les empêche d'acquérir ce dégré de graiſſe ſi faſtidieuſe que certai-nes perſonnes deſirent, leur crevent les yeux.

Toutes ces différentes méthodes ne valent point la plus ſimple qui eſt de les mettre dans une chambre ou dans une cour qu'on a le ſoin de nettoyer de tems en tems & de leur donner des grains, comme par exemple, du Sarrazin, du millet, de l'orge, du bled de

Turquie bouilli, & enfuite deux fois dans le jour des criblures de froment mêlées d'un peu de feigle dans le commencement; après qu'on les a tenus quelque tems à ce régime, on ne leur donne plus pour toute nourriture que des boulettes faites de toutes fortes de farines & principalement d'orge & de Sarrazin détrempées dans du lait. On leur fupprime entierement l'eau à laquelle on fubftitue du lait entier. Il faut remplir parfaitement le jabot, & ne leur renouveller cette nourriture qu'après qu'il eft abfolument vuide.

On fent que par cette méthode l'animal doit être d'une chair plus fine & plus tendre & que la graiffe n'en doit point être fi faftidieufe ni fi jaunâtre que celle qui réfulte de tous les autres moyens dont on fe fert.

Au refte, c'eft ici le cas où nous pouvons abandonner le Cultivateur à fon propre choix. C'eft à lui à fuivre l'une ou l'autre méthode, fuivant que la confommation & le prix qu'il tire de fa volaille lui font plus ou moins favorables.

CHAPITRE XL.

Des maladies des Poulets, & premierement de la pépie.

CEs animaux font, ainfi que les quadrupedes, fujets à des maladies; mais elles peuvent être facilement guéries.

La jeune volaille principalement eft fort fujette à la pépie. La difette ou la malpropreté de l'eau eft la fource de cette maladie. Quand les poulets manquent d'eau, l'humidité naturelle de la bouche fe durcit au bout de la langue & forme cette efpéce d'écaille que l'on appelle pépie & qui n'eft qu'une pélicule racornie qui les empêche de manger. Lorfque l'eau eft malpropre, elle eft chargée de particules nitreufes & corrofives qui defféchent cette même humidité, d'où doit s'enfuivre néceffairement le même mal. On ne fçauroit croire, par exemple, combien l'eau des foffes à fumier eft préjudiciable à ces animaux. Mais, dira-t-on, comment empêcher ces animaux d'en boire ? Très-facilement : ce n'eft que par la difette de toute autre eau qu'ils ont recours à celle-là. Donnez-leur fous l'engard ou auvent une eau renouvellée tous les jours, vous les verrez toujours revenir à cette auge pour boire.

Il eft important d'obferver à tems les poules qui font attaquées de cette maladie, parce que le remede eft très-aifé.

On prend la poule malade ; on en affujettit le corps entre fes jambes & l'on appuie le pouce gauche à un angle du bec & l'index à l'autre ; on lui ouvre par ce moyen le bec ; enfuite on grate légerement la pélicule avec l'ongle ou avec une aiguille, on l'arrache & fépare de la langue que l'on mouille après l'opération d'une goutte de vinaigre ou d'un peu de falive ; quelques-uns y mettent un grain de fel marin. Quant à nous nous préférons une goutte de lait bien butireux, on en oint l'extrémité de la langue, qui, comme on fe l'imagine, eft très-fenfible, & nous exigeons qu'on ne permette point à l'animal de boire au moins d'un quart-d'heure.

CHAPITRE XLI.

De l'inflammation qui furvient au Croupion.

CEtte maladie eft une petite tumeur enflammée qui fe place à l'extrémité du croupion. Il n'eft point de volaille qui en eft affectée, qui n'ait le plumage hériffé & qui ne languiffe. Ce fymptome eft le plus caractériftique qu'il y ait de cette maladie : il n'y a point à s'équivoquer.

Quant à la caufe de cette maladie, il n'eft pas bien difficile de la découvrir. Elle ne peut être autre qu'un fang épaiffi, qui communique ce défaut à la lymphe. C'eft une preuve certaine que l'animal eft extrêmement échauffé ; puifque la conftipation précéde toujours cette maladie.

La maniere de la guérir la voici : on cherche d'abord cette enflure ; on l'ouvre avec un couteau bien trenchant ; on ferre latéralement la playe avec les doigts & l'on fait fortir toute la matiere : enfuite on la lave avec du vinaigre bien chaud ; & l'on peut être affuré de la guérifon.

Il y a des femmes qui fe contentent d'ouvrir avec une aiguille ; méthode très-pernicieufe, parce que la matiere ne trouvant point relativement à fa quantité & à fon épaiffeur une iffue affez libre féjourne, cave en-dedans & très-fouvent carie l'os, ce qui entraîne le dépériffement de l'animal.

Il faut encore obferver que la coction de la matiere foit faite, autrement l'opération devient trop douloureufe & la cure trop longue. Nous exigeons encore que l'eau-de-vie tempérée d'autant d'eau tiéde, de, ait la préférence fur le vinaigre; cette derniere liqueur crifpe trop par fon acidité les lévres de la plaie.

Nous recommandons fur-tout de tenir pendant quelques jours les animaux, auxquels on a fait cette opération, à un régime ra-fraîchiffant; il confifte à leur donner de la verdure, comme de la laitue, du fon d'orge & de feigle bouilli dans une fuffifante quan-tité d'eau: en fuivant exactement cette méthode nous affurons d'a-près l'expérience que l'on ne perdra point de volaille.

CHAPITRE XLII.

Du cours de ventre.

CEtte maladie vient au poules d'une trop grande quantité de nourriture humide. Il faut donc, lorfqu'elles en font atta-quées, leur donner pendant quelques jours des écoffes de pois que l'on fait auparavant tremper dans de l'eau bouillante. Mais fi ce ré-gime fuivi exactement pendant deux ou trois jours, ne fufpend point le flux, il faut ajouter à cette recette un peu de racine de Tormentille réduite en poudre; ce remede eft prefque infaillible.

Mais celui de tous qui produit le plus prompt effet, c'eft la ra-clure de corne de cerf réduite en poudre impalpable dont on met une pincée infufer dans du bon vin rouge, & l'on en donne fept à huit gouttes le matin & autant le foir.

Mais en employant ce dernier remede il faut bien prendre garde que le cours de ventre ne foit pas une indigeftion; car alors il de-viendroit funefte à l'animal. On fent donc bien que ce n'eft ni le premier ni le fecond jour qu'il faut l'adminiftrer, puifqu'il arrive fouvent que les indigeftions durent autant de tems; mais bien le quattriéme & le cinquiéme, parce qu'alors on peut hardiment décider que l'animal eft attaqué d'un cours de ventre.

CHAPITRE XLIII.

De la constipation.

ON ne doit attribuer cette maladie dont la volaille est souvent attaquée, qu'à une trop grande quantité de nourriture sèche & échauffante. Les criblures de bled, par exemple l'avoine, le chénevi, la graine de spargule continuées trop longtems à la volaille la rendent sujette à cette maladie, que l'on guérit en lui donnant du pain trempé dans du bouillon de tripes. Mais il arrive quelquefois que le mal ne céde point à ce remede. Il faut alors avoir recours à l'écume du pot que l'on ôte avec une écumoire; on y ajoute un peu de farine de seigle & de la laitue hachée bien menu; on fait bouillir un peu le tout ensemble, & on le donne pour régime.

Mais si le mal opiniâtre se refuse encore à ce remede, pour lors il faut faire usage de deux onces de manne que l'on délaye dans la précédente composition à laquelle pour cet effet on donne un peu plus de liquidité : on y met tremper du pain, la volaille en mange, & l'expérience prouve qu'il n'y a point de constipation qui ne se dissipe par ce régime.

*CHAPITRE XLIV.

Du mal aux yeux.

LA volaille est extrêmement sujette à ce mal. Il y en a de deux sortes, l'ophtalmie ou inflammation qui vient d'une grande chaleur intérieure, causée par le trop grand usage du chénevi & autres graines aussi échauffantes, & la fluxion catherreuse qui vient d'une nourriture trop humide, ou de la qualité de l'air qui dans certains tems est si humide & si chargé de brouillards que les hommes même en sont incommodés.

Dans le premier cas il faut faire usage d'un collyre fait avec de l'alun & de l'eau de plantin.

M. *Hall* dit avoir employé avec beaucoup de succès le mélange fuivant ; prenez égales quantités de l'herbe appellée *éclaire*, de *lierre terreftre* & d'*ancufe*, exprimez-en bien le fuc : lorfque vous en avez une chopine vous y ajoutez quatre cuillerées de vin blanc, frottez-en foir & matin les yeux de l'animal.

Dans le fecond il faut avoir recours à l'eau-de-vie mêlée avec une égale quantité d'eau, en frotter matin & foir les yeux de l'animal & avoir l'attention de le nourrir avec des graines échauffantes, celle de fpargule, par exemple, doit être préférée, & à fon défaut les criblures de froment, & tous les matins du fon de froment bouilli dans les lavures de la vaiffelle.

Si ce régime ne produit point d'amendement, on ne peut y parvenir qu'en faifant ufage de la recette qui fuit.

Prenez un peu de manne, une pincée de rhubarbe de moine, la véritable feroit meilleure, mais elle eft trop chere. Paîtriffez bien le tout avec une fuffifante quantité de farine de feigle fur laquelle vous laiffez tomber neuf ou dix gouttes de fyrop de fleurs de pêcher. Donnez à ce mélange la confiftance & la forme de pillules de la groffeur d'un pois. Faites-en avaler deux le matin & deux le foir, ayant toujours le foin de frotter deux fois par jour les yeux avec le premier collyre que nous venons d'indiquer, & l'animal eft guéri radicalement.

CHAPITRE XLV.

De la Vermine qui attaque la Volaille.

CHaque animal eft attaqué d'une vermine particuliere qui le tourmente beaucoup, lorfqu'on n'a point l'attention de le tenir bien proprement : quant à celle qui inquiéte la volaille & altére confidérablement fa fanté, elle n'eft produite que par une eau mal-propre, ou par les ordures que l'on laiffe vieillir dans le poulailler.

Il faut, lorfque la volaille eft attaquée, faire bouillir la quatriéme partie d'une livre d'Ellebore blanc dans quatre pintes d'eau jufqu'à la réduction d'une pinte & demie ; on paffe cette liqueur à travers un linge, & l'on ajoute une once de poivre & demi-once de tabac grillé ; on lave avec ce mélange l'animal, qui après deux ou trois bains de cette efpéce fe trouve radicalement guéri : par les

foins que nous devons prefcrire lorfque nous ferons la defcription
de notre poulailler , on fe fouftraira à cette néceffité, parce que
l'on verra qu'il eft prefqu'impoffible que la volaille foit attaquée
de la vermine.

CHAPITRE XLVI.

Des enflures ou tumeurs ulcéreufes.

ON voit fouvent fur le corps de la volaille de petites tumeurs
ulcéreufes qui la font languir. Lorfque l'on voit une poule
abbatue & qui a fon plumage hériffé, c'eft le fymptome véritable de
cette maladie, qui n'eft caufée que par une mauvaife nourriture ou
par une eau de mauvaife qualité. La façon de la guérir : la voici.

Faites fondre enfemble une égale quantité de réfine , de beurre & de goudron , faites-en un onguent dont vous frottez la partie affligée après cependant l'avoir détergée avec du lait chaud
coupé d'une égale quantité d'eau. Deux ou trois panfemens femblables font ordinairement fuivis de la guérifon.

CHAPITRE XLVII.

Du Catherre ou fluxion catherreufe.

LE catherre eft une fluxion ou une efpéce de diftillation d'humeur qui attaque les poules lorfqu'elles ont été longtems expofées au froid, ou quand elles ont été trop longtems expofées au foleil. Quelquefois auffi cette maladie a pour caufe la réplétion du
cerveau.

Il eft aifé de connoître quand les poules font attaquées de ce mal.
Elles reniflent fréquemment & ont un râlement qui leur caufe
fouvent une efpéce de toux ; on voit même que par cette efpéce
de mouvement convulfif elles s'efforcent de repouffer la matiere
âcre qui leur tombe du cerveau dans le gofier ; & en effet elles
l'expectorent quelquefois , mais jamais fuffifamment pour fe guérir. Si l'on prend bien garde à la matiere qu'elles chaffent dehors
en touffant , on verra que c'eft une matiere âcre & purulente qui

par le féjour qu'elle a fait dans le gofier a acquis, de tranfparente qu'elle étoit d'abord, cette efpéce de confiftance & de couleur qui conftituent le pus.

D'autres fymptomes accompagnent encore cette maladie. Les poules font dégoûtées & ne mangent qu'avec répugnance. Pour les en guérir il faut prendre, dit *Liger*, une petite plume avec laquelle on leur traverfe les nazeaux pour faciliter l'écoulement des humeurs; & lorfque la fluxion fe jette, comme il arrive quelquefois, fur les yeux ou à côté du bec, & fi elle forme une tumeur, il faut l'ouvrir & faire fortir la matiere, bien déterger la plaie avec du vin chaud & y mettre enfuite un peu de fel qui foit auffi broyé qu'il eft poffible.

CHAPITRE XLVIIL

Des inflammations des Yeux.

LEs poules font, ainfi que tous les autres animaux, fujettes à l'ophtalmie ou inflammation des yeux. Cette inflammation leur caufe fouvent une douleur fi vive dans cette partie naturellement délicate qu'elles ne peuvent ni manger ni boire.

Il n'y a point de remede plus fûr contre cette maladie que de leur baffiner les yeux avec de l'eau de pourpier, ou avec du lait de femme ou bien avec du blanc d'œuf que l'on agite & fouette avec un morceau d'alun.

On peut encore leur laver cette partie avec du vin éventé. Comme cette maladie n'a pour caufe qu'une lymphe trop âcre & chargée de fels qui rongent & picotent les yeux, il faut, pour détourner la caufe morbifique pendant que l'on applique l'une ou l'autre des recettes ci-deffus prefcrites, tenir le ventre libre par un régime de fon de feigle, de poirée hachée menu & d'un peu de manne; & pour que l'animal puiffe réfifter aux évacuations, il faut de tems en tems lui donner un peu de millet, qui fert à aiguifer fon appétit. Pour la boiffon on donne de l'eau dans laquelle on jette un peu de poirée pilée. Cette recette eft excellente contre la conftipation.

CHAPITRE XLIX.

De la Taye ou Cataracte.

IL eſt certain que la taye ou cataracte n'a point d'autre cauſe que celle de l'inflammation : ainſi on voit bien que les mêmes remedes que nous avons preſcrits contre cette maladie peuvent avoir le même ſuccès dans celle-ci : on ajoute ſeulement l'uſage des drogues qui ſont propres à briſer & atténuer cette humeur, comme le ſucre candi, l'urine ou l'alun, qui en effet ſont les vrais ſpécifiques. Il y a des ménageres qui ſe ſervent du ſel ammoniac & de miel mêlés enſemble à parties égales. Il y en a auſſi qui enlévent la cataracte avec la pointe d'une aiguille. Il eſt certain que cette méthode eſt la plus ſûre, mais il faut avoir beaucoup d'adreſſe & bien de l'attention à aſſujettir la tête de l'animal, afin qu'il ne faſſe aucun mouvement pendant l'opération. Il faut, après y avoir procédé, humecter l'œil avec du lait de femme, afin que l'impreſſion ſubite de l'air ne l'altere point. Nous voudrions même que dès que l'opération eſt faite on eût le ſoin de mettre la poule dans un endroit obſcur après lui avoir introduit dans le bec & fait avaler quelques boulettes compoſées de poirée hachée, de ſon de ſeigle & de millet mêlés enſemble juſqu'à la conſiſtance de pillule ; & qu'on l'y tînt juſqu'au lendemain, lui donnant peu à peu du jour, juſqu'à ce qu'enfin la lumiere ne lui fît plus une impreſſion violente ; le troiſiéme jour après l'opération on n'a plus rien à craindre.

CHAPITRE L.

De la Phtiſie.

IL n'eſt guères de phtyſie qui ne ſoit précédée de l'hydropiſie, & la volaille eſt très-ſujette à cette maladie. La cauſe du mal eſt ordinairement ou dans le gigier, ce qui approche beaucoup de l'hydropiſie de poitrine à laquelle les hommes qui en ſont attaqués échapent rarement ; ou elle eſt dans les inteſtins, ou enfin dans les vaiſfeaux cutanés. Dans le premier cas cette maladie fi dangereufe pour les hommes & qui eft la pierre d'achopement de la médecine, eft très-curable dans les poules. Il n'y a qu'à leur donner pour toute nourriture de l'orge bouillie, mêlée avec de la poirée, & pour boiffon du fuc de cette même plante avec un quart d'eau commune.

Dans le fecond cas même remede : mais quant au troifiéme, l'animal eft fans reffource, parce que toutes les parties vitales tombent infenfiblement en défaillance.

Ainfi la phtyfie qui vient de l'une ou de l'autre des deux premieres hydropifies, eft très-curable, au lieu que la derniere ne laiffe aucun efpoir de fuccès, quelque foin qu'on fe donne.

CHAPITRE LI.

Des Poules d'Inde.

CEt animal qui nous eft venu en Europe de l'Afrique & des Indes, quoique très-difficile à élever, rend pourtant de grands profits : les intempéries de l'air prennent beaucoup fur fa fanté, fur-tout fur celle des jeunes dindons. Auffi faut-il porter toute fon attention, lorfqu'on veut en peupler fa cour avec fuccès, à leur donner une retraite bien clofe qui les mette à couvert des froidures de la nuit, & des pluies & du vent pendant le jour. Le dindon eft encore plus fujet que l'autre volaille aux rhumes & autres maladies caufées par le mauvais tems. Il faut bien fe donner de garde de les loger dans le même poulailler que l'on deftine aux poules, il feroit impoffible en effet que les barres de traverfe qui fervent de juchoir aux poules ordinaires fupportaffent les dindons. Leur groffeur eft fi différente qu'il eft indifpenfable de donner à ces barres le double & même le triple d'épaiffeur. De plus, il faut faire des marches par lefquelles ils puiffent monter pour aller fe percher : la porte par laquelle la gouvernante de la volaille entre, eft fuffifante pour faire entrer & fortir les dindons. On a feulement la précaution de pratiquer deux petites croifées fermées avec des barres de fer & garnies de fil d'archal. Le bas du poulailler doit être pavé & couvert d'une littiere que l'on renouvelle au moins de quinze en quinze jours. Il n'eft point néceffaire de pratiquer de petites loges comme dans l'autre poulailler pour la ponte des poules d'Inde ; attendu qu'elles se plaisent à pondre çà & là, ce qui doit exciter la vigilance de la gouvernante pour que les œufs ne se perdent point, ou qu'ils ne soient point mangés par les animaux & sur-tout par les pies qui en sont extrêmement friandes. Si elles voient une poule d'Inde fréquenter un endroit retiré & s'accroupir par exemple dans quelque buisson ou quelque haye, elles rodent autour pour découvrir l'œuf : elles le béquetent & le mangent ; de sorte que dans la suite la poule d'Inde n'a pas si-tôt pondu que la pie qui s'en apperçoit de quelque arbre voisin où elle est perchée n'attend que l'instant que la pondeuse quitte son nid, pour aller manger l'œuf.

On observera de faire ce poulailler voûté, si on le peut, sans s'exposer à de grands frais, & de le bien blanchir. On y pratique quelques nids où l'on peut mettre dans la saison la plus propre les poules d'Inde couver. Cependant nous conseillerons toujours de mettre les couveuses dans des endroits retirés, afin que les mâles ne les troublent point dans leur fonction.

Les œufs des dindes n'éclosent pas si promptement que ceux des poules ; il faut un tiers de tems de plus, c'est-à-dire que l'incubation dure au moins trente jours. Aussi doit-on, quand on veut faire venir des poulets & des dindons de la même couvée, mettre sous la couveuse de dix jours plus tard les œufs de poule, afin que les uns & les autres éclosent en même tems.

Comme les poules d'Inde ne sont pas aussi fécondes en œufs que les poules communes, elles ont leur pontes limitées à deux ou trois fois dans le courant de l'année, elles en font ordinairement depuis dix jusqu'à douze à chaque ponte. La première commence ordinairement dans les pays méridionaux vers la mi-Février, & la derniere vers le mois de Septembre.

Quant au choix de ces animaux, lorsqu'on veut faire une peuplade, il faut observer de choisir les mâles ainsi que les femelles, bien gros & bien éveillés. Il y a des auteurs qui donnent la préférence pour le plumage à la couleur blanche ou gris pomelé. C'est une erreur. Nous sçavons d'après l'expérience que les dindes à plumage noir ont une chair plus fine & plus délicate, qu'elles sont plus fécondes, & que les mâles qui sont de cette couleur sont beaucoup plus vigoureux. Les pates courtes & le corsage grand, voilà les deux signes caractéristiques des poules d'Inde bien constituées & très-propres à remplir les vues de la ménagere, soit pour les mâles soit pour les femelles. On

On ne doit ordinairement donner à chaque mâle que cinq ou six femelles. Leur nourriture, si l'on s'attachoit à les tenir dans la basse-cour, seroit très-dispendieuse, & il est certain que les frais excéde-roient le produit : mais on a la ressource dès qu'ils ont atteint l'âge de se passer de mere, de les envoyer aux champs sous la garde d'une petite fille ou d'un garçon, qui les fait sortir le matin, les ramene vers les dix ou onze heures pour les reconduire encore après midi dans la campagne jusqu'au soir, tems auquel on leur donne quelques grains pour les accoutumer à se retirer sans s'écarter, amorcés qu'ils sont par cette nourriture qu'ils sçavent qu'ils trouve-ront.

Il n'y a point dans la volaille de toute espéce de couveuse plus affectionnée & plus assidue que la poule d'Inde. C'est pourquoi on ne peut mieux faire que de lui confier l'incubation de ses œufs : les poules s'en acquittent fort bien, mais il ne faut leur en mettre des-sous que cinq ou six œufs : d'ailleurs il arrive quelquefois que comme l'incubation est plus longue de neuf ou dix jours, la poule se las-se & se rebute & abandonne les œufs croyant qu'ils n'ont point réussi, parce que le tems de l'incubation des siens propres est échu. Cependant il faut bien employer cette ressource lorsqu'on commence à établir cette volaille dans une Ferme, à moins, ce qui n'est qu'à la portée des Cultivateurs aisés, qu'on ne veuille faire tout d'un coup la dépense d'acheter le nombre de dindons qu'on estime nécessaire pour la peuplade qu'on se propose d'établir.

Si nous avons recommandé des lieux chauds pour l'incubation des poules communes, combien plus doit-on être attentif à en choi-sir pour celle des poules d'Inde. Si lorsque la saison est belle & chaude on veut les faire couver dans les nids pratiqués dans leur poulailler, il faut nécessairement qu'il y ait devant l'ouverture une espéce de chassis de fil d'archal, ou par économie une espéce de claye faite avec de l'osier pour qu'elles ne soient point troublées par les mâles ou autres volailles qui rodent par-tout. Il faut sur-tout bien prendre garde que les souris ou les rats n'ayent quelque accès facile ; car il est certain que ces animaux détruisent les œufs.

Nous avons oublié de dire que l'on peut mener paître les dindons dans les prés nouvellement fauchés, & que pour leur faire ac-quérir une graisse bien délicate, on peut les mettre, après qu'on a vendangé, dans les vignobles où ils profitent avec avidité des gra-pes qui ont échapé à la vigilance des vendangeurs.

Nous avons fait observer dans l'article de la ronce, quand nous avons parlé des haies, qu'il n'y a point de nourriture dont les dindons soient si friands, & qui leur donne une chair si délicate que le fruit de cet arbrisseau : ainsi il faut que la ménagere recommande à la petite fille à qui elle confie la garde de ses dindons, de les faire passer toujours en les ramenant le soir le long des hayes, & de battre avec sa gaule les ronces pour en faire tomber le fruit afin que ces animaux s'en repaissent.

CHAPITRE LII.

De la maniere dont on doit gouverner les Dindons.

DEs que les petits sont éclos, il faut les mettre à couvert du froid, & bien prendre garde, en les maniant, de les presser trop violemment : il ne faut jamais les laisser manquer de nourriture : ils sont extrêmement délicats & si peu adroits que leur mere même ne sçait pas se mettre à couvert du trépignement des autres animaux de la Ferme; elle les tue quelquefois en les foulant à ses pieds, lorsqu'on les lui abandonne trop jeunes ; c'est pourquoi pour mettre ces petits animaux à couvert de cet accident, on les renferme dans des cages avec leurs meres dans une piéce retirée & où le soleil donne : on les conduit ainsi jusqu'à ce qu'ils aient acquis une certaine vigueur.

Le froid aux pieds traverse si fort leur croissance & altere tellement leur santé que l'on doit éviter avec soin de les renfermer dans des chambres carrelées ou dans des rez-de-chaussée pavés de pierre ; aussi se doit-on bien rappeller l'attention avec laquelle nous avons recommandé de couvrir au moins tous les quinze jours le pavé du poulailler d'une littiere nouvelle. Les fraîcheurs que ces animaux ressentent aux pieds leur donnent la goute & très-souvent la mort. Ainsi l'on voit bien que le plancher de bois est ce qui leur convient le mieux dans leur enfance. Lorsqu'il ont acquis un certain âge, on les accoutume insensiblement à la fraîcheur du pavé & aux intempéries de l'air, qu'en effet ils bravent dans la suite beaucoup plus impunément que les autres animaux de la Ferme, puisqu'ils se plaisent par préférence à coucher à la belle étoile sur les arbres, & que les rosées & les fraîcheurs de la nuit ne portent aucun préjudice à leur santé.

La premiere nourriture qu'il convient de leur donner dans leur enfance, eſt un mêlange de jaunes d'œufs durcis & de miettes de pain blanc ; mais comme ce régime prendroit trop de tems à la gouvernante : on peut, lorſqu'ils ſont nés en parfaite ſanté, donner du millet, du panis ou de l'orge cuits. On leur donne auſſi de tems en tems des laitues bouillies & hachées bien menues que l'on mêle avec du pain bien finement émietté & du caillé ou du fromage mou. On ſubſtitue de tems en tems à ce régime celui de la ſoupe au vin, ou au lait, pour aiguiſer leur appétit ; mais lorſqu'ils ſont d'une conſtitution foible, ou maladifs, il faut néceſſairement s'en tenir au régime des jaunes d'œufs & de la mie de pain, & ajouter l'attention de tremper de tems en tems leur bec dans du vin, pour leur donner de la vigueur.

Lorſqu'ils ont atteint leur adoleſcence dont on peut fixer le commencement à l'âge de quatre mois. Leur nourriture devient beaucoup plus facile & moins diſpendieuſe. On fait bouillir des laitues & beaucoup d'orties avec du ſon, de quelque grain quelconque : on les hache bien menu : on en fait de groſſes boules que la gouvernante qui s'accroupit devant eux tient dans ſes mains & leur préſente. On les voit tous à l'envi l'un de l'autre béqueter dans ces orties & les dévorer pour ainſi dire ; lorſqu'ils ont fini leur repas on les abandonne à la vigilance de la mere qui les promène çà & là, pour les apprendre à chercher leur vie, bien entendu toutefois que s'ils ſortent de la cour on leur donne un gardien qui ait le ſoin de les ramener le ſoir à la Ferme le long des hayes, comme nous l'avons recommandé ci-deſſus.

Il y a des auteurs qui prétendent qu'on ne doit point châtrer les mâles des poules d'Inde, parce que, diſent-ils, ils ont les parties génitales fort avant dans le corps & que celui qui fait l'opération riſque de les tuer en portant la main trop avant ; ces mêmes auteurs ajoutent que cette opération devient même inutile, parce que ces animaux ſont moins chaloureux en amour que les coqs ordinaires ; mais ces obſervations ſont fauſſes, parce que premierement l'on voit que les parties génitales ſont autant à portée que celles des coqs ordinaires & que par conſéquent l'opération n'expoſe point à des ſuites plus dangereuſes ; ſecondement, l'expérience prouve que la chair des dindons qui ont ſubi la caſtration eſt beaucoup plus fine & plus délicate, & qu'ils s'engraiſſent plus facilement. *Serrez* paroît être de notre ſentiment. D'ailleurs quand même il nous ſeroit contraire, nous ne laiſſerions pas de recommander cette

opération aux ménageres qui veulent tirer un bon parti des dindons qu'elles élévent avec tant de foin.

Avant que de fermer ce chapitre nous ferons obferver qu'après
les autres marques que nous avons indiquées ci-deffus pour le choix
des mâles; il y en a une qui eft la principale, c'eft que le mâle fe
pavonne très-fouvent autour des femelles & qu'il ne s'en fépare jamais. Cette marque eft infaillible, elle répond du mâle, pourvu que
les femelles foient également bien choifies.

Cette volaille-ci n'eft point comme la volaille ordinaire ; il
n'eft pas néceffaire de l'enfermer pour lui faire acquérir ce dégré de
graiffe qui étonne quelquefois : au contraire il faut la laiffer au grand
air, & fur-tout la tenir dans les champs nouvellement moiffonnés ;
fa chair n'en eft que plus fine, & fa graiffe plus délicate.

CHAPITRE LIII.

Des maladies des Poules d'Inde.

LEs maladies des poules d'Inde font à peu près les mêmes que
celles des autres efpéces de volaille. Ainfi on peut s'en tenir
à celles dont nous avons ci-deffus prefcrit les remedes concernant
les poules. Ils peuvent également fervir aux oyes, aux canards, aux
paons, &c.

Mais il y a une maladie qui eft comme particuliere aux poules
d'Inde & qui leur eft ordinairement funefte pour peu qu'on la
néglige. C'eft la goute. La moindre fraîcheur que ces animaux
fentent aux pieds, fur-tout quand ils font encore dans leur grande
jeuneffe, leur donne ce mal : il faut, lorfqu'ils en font attaqués,
avoir l'attention de leur laver fréquemment les pieds & les jambes
avec du vin chaud, & de les tenir chaudement dans une chambre
où l'on jette de la paille & même un peu de foin.

Quant à tous les autres maux qui leur font communs avec les
poules, il faut recourir aux différentes recettes que nous avons
prefcrites.

LIVRE XI.

Des maladies des Bestiaux, divisé en quatre Sections.

SECTION PREMIERE.

Des maladies des Bœufs & des Vaches.

CHAPITRE LIV.

De la Fièvre.

NOus entamons ici un article qui, quoique bien important, est extrêmement négligé. Les bestiaux font cependant très-difficiles à remplacer pour les Cultivateurs ordinaires, qui en général ont dans le Royaume des facultés très-bornées. Cependant il est des gens qui sans principes & sans intelligence s'avisent d'entreprendre la cure de ces animaux que les Cultivateurs encore plus bornés qu'eux leur confient. Ces charlatans en imposent par quelque nom de maladie qu'ils sçavent & qu'ils font valoir avec effronterie, persuadés qu'ils font que ceux qui les consultent ne peuvent les contredire. Peu versés dans les connoissances de l'économie animale, ils prescrivent à tort & à travers des remedes dont ils ne connoissent ni la nature ni les propriétés ; échos des imposteurs qui les ont précédés & instruits ; ils abusent comme eux à leur grand avantage de la confiance aveugle du Cultivateur, lui volent son argent & lui font périr ses bestiaux.

Notre but est de remédier à ce grand inconvénient par les instructions que nous allons donner, instructions établies sur l'expérience & que l'on doit par conséquent faisir avec empressement : nous nous manquerions à nous-même si oubliant que nous travaillons pour l'utilité générale, nous respections les entreprises impudentes de tant de charlatans que le Gouvernement devroit

profcrire , en leur fubftituant à fes dépens des perfonnes expéri-
mentées qui encouragées par le Miniftere tourneroient toutes
leurs attentions vers cette branche de l'Agriculture abandonnée
aux impoftures de gens fans aveu.

Lorfque nous avons donné la préférence aux bœufs fur les chevaux , nous avions des raifons pour l'établir. Nous ne les rap-
porterons point ici : elles nous écarteroient trop de l'objet de ce
livre. Il fuffit de dire qu'il s'en faut de beaucoup que les bœufs &
les vaches foient expofés à autant de maladies que les chevaux. On
fent combien cette raifon feule doit être déterminante en faveur
des bœufs.

Il eft extrêmement important pour le Cultivateur de bien connoître les maladies qui attaquent ordinairement ces animaux , &
la méthode de les guérir. Comme leurs maladies ne font pas fi compliquées que celles du cheval, la cure en eft bien plus facile. Il
eft vrai qu'il y en a qui réfiftent, comme toute l'Europe l'a éprouvé
depuis quelque tems, à toutes les reffources de l'art. La petite vérole
qui domine & fait tant de ravage aujourd'hui dans la Norvége , en
eft une preuve convaincante.

Les indigeftions font ordinairement la caufe des fiévres dont
les vaches & les bœufs font attaqués. Voici quels en font les fymptomes : l'animal écume & panche la tète , fes yeux font appefantis ,
il eft affecté d'un tremblement dans tous fes membres & fe plaint.
Il eft brûlant, inquiet, ne mange point, mais voudroit toujours boire. Voilà tous les fignes caractériftiques des fiévres dont ces animaux font attaqués. Il faut bien fe donner de garde de les confondre avec les fymptomes de quelques autres maladies.

Il en eft des beftiaux comme des hommes. Il eft très-peu de maladies qui ne foient accompagnées de la fiévre , les fymptomes de la
fiévre paroiffent donc avec ceux des maladies qui la caufent ; &
c'eft ce qui expofe tous les charlatans dont nous avons parlé, à confondre les effets avec la caufe , c'eft-à-dire, les fymptomes d'une
maladie avec la maladie même. Ainfi lorfque le Cultivateur apperçoit les fymptomes dont on vient de voir le détail, il faut qu'il examine bien s'ils ne font point compliqués avec ceux des maladies
que nous allons faire paffer fous fes yeux : s'ils le font, il faut avoir
recours aux remedes que nous prefcrirons contre la maladie qu'ils
indiquent , & comme elle eft la caufe de la fiévre, on verra celle-
ci difparoître à mefure que la véritable maladie fe détruira.

Mais quand on ne voit point d'autres fymptomes que ceux que

nous avons décrits pour la fièvre, la méthode qui suit les détruira insensiblement.

Il faut d'abord saigner l'animal. Quant à la quantité de sang qu'il faut tirer, on ne peut que la fixer sur la plus ou moins grande violence de la fièvre ; toutefois nous ferons observer que l'on doit faire une saignée beaucoup plus abondante à un bœuf qu'à une vache à lait. On peut en tirer en toute sûreté deux pintes à un bœuf ; tandis qu'on ne doit au contraire en tirer tout au plus qu'une pinte à une vache à lait. Si malgré la saignée les symptomes augmentent, on peut la réitérer vingt-quatre heures après. Mais il faut sur toutes choses tenir après la saignée l'animal bien chaudement & lui supprimer toute nourriture.

On fait bouillir ensuite une grande quantité de feuilles de plantin, environ six poignées d'agrimoine dans trente-deux pintes d'eau. On passe cette liqueur dans un linge & l'on en donne à boire à l'animal tant qu'il en veut. On observera que chaque fois qu'on en donne il faut que cette boisson soit plus que dégourdie.

Le jour suivant, il faut de huit en huit heures administrer une demi-once de thériaque de Venise dans deux pintes de biere. Après qu'on a observé ce régime on présente du bon foin arrosé avec de l'eau froide, & l'animal se rétatablit peu à peu.

Attention capitale qu'il faut avoir : c'est de frotter & nettoyer assidûment les lèvres de l'animal pendant tout le cours de la maladie, autrement il ne mange ni ne boit. On le tient dans l'étable jusqu'à sa parfaite guérison : on lui donne même quelques soins particuliers quelques jours après qu'il est guéri. Il en est de ces animaux comme de nous-même. C'est risquer la rechûte que de nous abandonner au commencement de notre convalescence.

CHAPITRE LV.

De la constipation.

COmme les bœufs & les vaches sont par leur nature très-peu sujets à cette maladie, le Cultivateur doit la regarder comme très-dangereuse lorsqu'ils en sont attaqués, & y remédier avec beaucoup de précaution ; car si l'on donnoit à ces animaux les purgations dont on fait ordinairement usage pour les chevaux, on leur cauſeroit un cours de ventre plus dangereux encore que la conſtipation même. Nous aſſurons d'après l'expérience qu'on peut leur adminiſtrer avec toute confiance le remède qui ſuit :

Prenez un quarteron de manne ordinaire diſſoute en une pinte & demie de bierre ; on ajoute une chopine d'huile d'olive, & ſix onces d'electuaire lénitif; on mêle bien le tout enſemble : on donne un poiſſon & demi & même deux de cette potion tous les matins & tous les ſoirs, juſqu'à ce que l'animal en ait pris la moitié ; on continue ainſi tous les matins juſqu'à ce qu'il ait tout bu. Obſervez qu'il faut qu'elle ſoit adminiſtrée chaude, car ſi on la lui faiſoit avaler froide, il auroit des trenchées violentes. C'eſt ainſi que l'on le verra ſe remettre peu à peu & ratraper ſa premiere ſanté.

Nous avons auſſi fait l'expérience avec ſuccès de la moëlle de caſſe un quarteron, autant de manne, deux onces de tamarins, le tout diſſout dans quatre pintes d'eau : on en donne matin & ſoir un poiſſon juſqu'à ce que toute la potion ſoit employée.

CHAPITRE LVI.

Du cours de Ventre en général.

LEs bœufs ſont plus ſujets à cette incommodité qu'à la précédente. Cette maladie eſt très-difficile ſi on ne s'y prend point à tems ; ces animaux dans le commencement de cette maladie rendent une matiere un peu claire, empreinte cependant de la couleur naturelle des excréments : elle devient dans la ſuite, ſi on n'y met ordre, plus pâle & cuiſante, elle cauſe à l'animal des douleurs très-aiguës ; dans la ſuite cette matiere devient ſanguinolente.

On doit principalement s'attacher à bien diſtinguer ces différens dégrés de la maladie ; car il faut dans ces différens cas des remédes différens. Nous allons donc la conſidérer ſous ces trois points de vue, & indiquer les remedes qui nous ont paru, d'après l'expérience, les plus convenables & les plus efficaces.

Pour le cours de ventre ordinaire, faites bouillir des racines fraîches de biſtorte dans quatre pintes d'eau, paſſés la liqueur, ajoutez-y quatre onces de blanc d'Eſpagne & une once de diaſcordium fait ſans miel. Donnez à l'animal une chopine de cette compoſition pofition bien chaude trois fois dans vingt-quatre heures jufqu'à parfaite guérifon. Nous avons remarqué quelquefois qu'une feule dofe produifoit de fi bons & fi prompts effets que l'animal étoit guéri : mais quand cela même arrivoit nous avions la précaution de lui en donner une dofe foir & matin pendant deux jours de fuite, pour nous garantir de la rechute.

Quant au cours de ventre par lequel l'animal jette des matieres âcres. Si le remede prefcrit ci-deffus n'a pas arrêté le mal, ou fi le Cultivateur n'a point obfervé la maladie dans fon commencement, il faut faire ufage de la recette fuivante.

Réduifez en poudre groffiere une demi-livre de racine de tormentille & faites-la bouillir dans quatre pintes d'eau jufqu'à la diminution de deux pintes. Exprimez-en le jus à travers un linge & ajoutez-y deux pintes de vin rouge de Bordeaux, un quarteron de blanc d'Efpagne, deux onces de diafcordium fans miel, & une once de terre du Japon. Mêlez bien le tout & donnez-en à l'animal une chopine par dofe trois fois dans les vingt quatre heures jufqu'à parfaite guérifon. Il faut que cette boiffon foit adminiftrée chaude.

Autre recette. Prenez une once d'huile d'amandes douces, mêlez-la avec une demi-chopine de vin cuit, dans lequel on met infufer pendant fix heures deux onces de raclure de corne de cerf dans un vaiffeau bien couvert. Il faut bien fouetter ce mélange avec une efpéce de goupillon, & on le donne à l'animal matin & foir jufques à fa parfaite guérifon. Obfervez qu'à chaque fois il faut que la dofe foit adminiftrée chaudement.

Nota, que le vin cuit fe fait pendant les vendanges. On prend cette premiere goutte qui s'épanche du raifin, que l'on appelle moût, en latin *muftum*, & l'on en fait bouillir une certaine quantité, ayant l'attention d'écumer affidûment pendant que l'on fait cuire le vin. Lorfqu'il ne paroît plus d'écume, on le laiffe refroidir & on le tranfvafe dans les bouteilles que l'on bouche bien exactement pour s'en fervir dans le befoin.

Il n'eft point de Cultivateur qui a des vignes dans fon domaine qui ne dût faire fa provifion de cette efpéce de vin ; d'autant plus qu'outre le befoin qu'il peut en avoir pour en donner à fes beftiaux, il peut s'en fervir à table en guife de vin de liqueur.

De toutes les recettes contre le cours de ventre dont nous parlons ici, il n'en eft pas de fi efficace que cette derniere.

Tome V. F

CHAPITRE LVII.

Du cours de ventre avec du sang, autrement dit, flux de sang.

CEtte maladie attaque quelquefois tout d'un coup les bœufs & les vaches, mais plus souvent faute de soin, ou pour avoir administré des remedes peu convenables, ou parce que le flux dont nous venons de parler résiste aux remédes les plus éprouvés.

Voici à peu près la progression de cette maladie quand les deux précédentes ont été négligées ou mal traitées. Une humeur âcre, se jette sur les boyaux, la matiere que l'animal rend est claire & lui donne des douleurs cuisantes. Dans la suite du tems cette humeur par le séjour qu'elle fait dans les boyaux & par l'acrimonie qu'elle contracte en ronge & détache le *mucus* ou l'humeur mucilagineuse; ce qui se manifeste par l'écoulement d'une matiere qui est pâle : mais la mucosité des intestins écoulée, l'humeur âcre agit alors contre la membrane intérieure, la ronge & la déchire, de sorte que la matiere qui étoit précédemment pâle est sanguinolente ; symptome qui annonce que la maladie est très-dangereuse.

Il n'y a point dans ce cas de secours plus prompt & plus efficace que la saignée ; mais il faut la faire avec modération, & ensuite piler demi-livre d'écorce de racine séche de tormentille, six onces d'écorce séche de grenadier & deux livres de feuilles & racines de plantin, qu'il faut faire bouillir dans six pintes d'eau jusqu'à la réduction de quatre, on ajoute alors deux onces de cinnamome en poudre : on donne à ce mélange quelques bouillons de plus : on le passe dans un linge quand il est refroidi, & l'on y ajoute trois onces de sang de dragon pulvérisé & un quart d'once d'alun de roche : on mêle bien le tout ensemble & l'on en donne un poisson & demi par dose trois fois dans les vingt-quatre heures, il faut que cette boisson soit chaude.

Nous avons vu cette maladie céder, pour ainsi dire, subitement à l'elixir salubre que nous avons déja annoncé & dont nous avons la possession. On en donne seulement vingt gouttes dans un poisson de bon vin dans lequel on a fait infuser pendant six heures deux onces de raclure de corne de cerf. A la troisiéme dose les douleurs se rallentissent, & à la sixiéme l'animal est hors de dan-

ger, & il se rétablit d'autant plus aisément que cet élixir lui donne
de l'apétit à mesure que le mal se dissipe : il n'est point en effet de
reméde plus spécifique pour donner de l'action à l'estomac.

On n'a pas besoin de faire chauffer cette potion-ci : donnée froide elle produit mieux & plus promptement son effet.

CHAPITRE LVIII.

Du cours de Ventre compliqué avec un grand échauffement par tout le corps.

LE cours de ventre est quelquefois & même souvent accompagné
de la fiévre. Il faut dans ce cas marier & administrer des remédes qui attaquent les deux maladies à la fois. La recette suivante est appuyée de plusieurs expériences très-heureuses.

Coupez en petits morceaux six onces de racine de l'herbe appellée *herba benedicti :* sa fleur est petite & jaune, & sa racine a l'o-
deur des clous de girofle : faites bouillir cette racine dans six pintes d'eau jusqu'à la réduction de quatre, ajoutez vers la fin une
once de cinnamome & deux onces de bois des teinturiers; passez à
travers un linge, & ajoutez à la colature une once de serpentine
de Virginie, réduite en poudre, & une pinte de gros vin rouge de
Bordeaux : celui de *Queiries* doit être préféré ; donnez-en une chopine bien chaude deux fois dans l'espace de vingt-quatre heures,
& couvrez l'animal d'une mauvaise couverture de laine si vous
en avez, ou de plusieurs paillassons joints ensemble avec de la
ficelle. Sur-tout observez que l'étable soit bien fermée. On présu-
me sans doute, sans que nous en ayons jusqu'ici averti notre lecteur, que dans toutes ces maladies on met à part l'animal qui en est
attaqué.

CHAPITRE LIX.

De l'obstruction dans le Foye.

LEs bœufs & les vaches sont fort sujets à cette obstruction dont voici les vrais symptomes ; tous les mouvemens de l'animal indiquent une très-grande inquiétude accompagnée d'une très-grande difficulté de se remuer. Les lévres & le nez deviennent farineux & secs, particulierement le matin. L'œil est abbatu.

La sécheresse du nez & des lévres est un symptome qui peut paroître singulier, mais il n'en est pas moins un signe vrai de cette maladie ; car quand l'animal se porte bien, il a une petite goute d'eau transparente qui lui pend au nez tous les matins, & qui disparoît pour peu qu'il soit incommodé : il est bien vrai que ce signe n'indique point particulierement l'obstruction dans le foye ; mais il sert beaucoup à la confirmer lorsque les autres symptomes l'annoncent : voici le reméde le moins infaillible contre cette maladie.

Prenez une livre de feuilles, tiges & racines coupées bien menu de la grande célandine, mettez-la dans huit pintes d'eau, faites bouillir pendant quelques minutes, ajoutez demi-livre de racine de garence, dix onces de tamarin & quatre onces de racine fraîche de fenouil. Faites bien bouillir ce mêlange & passez ensuite cette décoction par un linge.

Ramassez ensuite à peu près un litron de cloportes qu'on trouve aisément autour du bois pourri & sous des pierres ; broyez-les dans une pinte de vin blanc, exprimez-en le jus & ajoutez-le à la liqueur précédente. Il faut, chaque fois qu'on veut en administrer, secouer la composition : on la donne chaude à la dose d'une chopine chaque fois. Il faut tenir l'animal à ce régime soir & matin pendant dix jours. C'est assez ordinairement le tems dans l'espace duquel la guérison se complette. Cependant il peut arriver qu'elle soit retardée ; mais ce remede, nous le disons d'après de fréquentes expériences, opére toujours son effet.

CHAPITRE LX.

Du piffement de fang.

CEtte maladie eft affez ordinaire aux vaches ; elle leur devient fatale fi on ne l'attaque point à tems : en voici le reméde.

Il faut d'abord tenir l'animal bien chaudement jufques à parfaite guérifon, tirez-lui trois demi-feptiers de fang & donnez-lui la boiffon fuivante.

Exprimez le jus d'une grande quantité de l'herbe Robert. Donnez-en un demi-feptier foir & matin, & la guérifon eft comme affurée dans trois jours de tems.

Il eft certain, d'après l'expérience, que cette plante eft un fpécifique infaillible contre ce mal & qu'elle le guérit en très-peu de tems. Mais il y a bien d'autres maladies dont le piffement de fang n'eft que le fymptome, & alors ce même remede fi efficace ne produit aucun effet ; de forte que nous confeillons d'en donner cinq ou fix fois, & fi l'on voit que le piffement de fang continue, il faut avoir recours au reméde fuivant.

Prenez une grande quantité de cette même plante & autant de l'herbe appellée la bourfe à pafteur, faites bouillir ces deux plantes pendant quelques minutes, ôtez la décoction de deffus le feu, paffez-la à travers un linge & laiffez-la refroidir, diffolvez-y enfuite deux drachmes de fucre de plomb: ajoutez - y cent gouttes d'efprit de vitriol ; fecouez bien le tout enfemble & donnez-en à froid de quatre en quatre heures jufqu'à parfaite guérifon.

Si ce reméde n'emporte point le mal, recourez au fuivant, il eft plus cher, mais il eft plus affuré.

Prenez quatre chopines de jus de l'herbe Robert, jettez-y quatre onces de tamarins, autant de catolicon, & cinq drachmes de rhubarbe de moine, faites infufer le tout pendant quatre heures fur les cendres chaudes dans un pot bien couvert: paffez la décoction par un linge, & ajoutez enfuite quatre onces de fyrop de grenade : donnez-en de quatre en quatre heures un demi-feptier. Obfervez qu'il faut adminiftrer cette potion bien chaudement.

CHAPITRE LXI.

Du découlement du nez.

CEtte maladie qui sous la dénomination de morve est si dangereuse & si funeste aux chevaux, ne vient dans les bœufs &
les vaches que d'un rhume que l'on ne peut guérir qu'avec beaucoup de difficulté, parce que ces animaux penchent toujours la tête. Si l'on néglige cette maladie dans son commencement elle en
produit d'autres.

Il faut tenir l'animal attaqué chaudement dans l'étable, lui tirer environ une pinte de sang, & lui donner une demi-once de thériaque de Venise, dissout dans une pinte de bierre bouillie. Si
l'on a du bon vin ce n'est que mieux : on donne cette boisson
chaude soir & matin.

Sur-tout il faut avoir l'attention de donner une bonne nourriture pendant le reméde, & de frotter soir & matin le dedans des narines avec deux ou trois plumes d'oye trempées dans un onguent
chaud, composé de beurre frais & de fleurs de soufre.

CHAPITRE LXII.

Des Vers.

CES animaux sont attaqués des vers qui se logent ordinairement
dans les boyaux ; ces insectes les tourmentent beaucoup,
les empêchent de profiter, les rendent inquiets & intraitables. Dans
ce cas il faut avoir recours au reméde suivant.

Prenez des sommirés de sabine, des feuilles de pate d'ours, coupez le tout bien menu, & mêlez-le avec un peu de sel de Mars ;
faites-en une espéce de pâte avec du beurre, divisez-la en petits
bols, & donnez tous les matins de bonne heure pendant une semaine. Observez de ne donner à manger que trois heures après
qu'on a donné le remede, & de donner à boire tout autant que
l'animal le desire.

Si ce reméde n'a point l'effet desiré, il faut l'appuyer de celui qui fuit. Faites diffoudre une demi-once de favon noir dans deux pintes de bierre nouvelle qui n'a point fermenté , & donnez-en tous les matins, après que vous lui avez fait avaler les bols ci-deffus prefcrits, & vous verrez l'animal infailliblement fe rétablir en peu de jours.

Autre recette qui ne le céde point à la précédente. Prenez deux onces de manne, une demi-livre de fommités d'abfynthe réduites en poudre, fix bonnes poignées de chicorée fauvage, un quarteron de bayes de genievre: faites bouillir le tout dans huit pintes d'eau jufqu'à la diminution de fix dans un vafe bien couvert. Paffez la decoction & ajoutez-y deux onces de fyrop de fleurs de pêcher; donnez-en matin & foir une chopine bien chaudement , après avoir deux heures auparavant fait prendre un bol compofé de vingt grains d'a-quila alba , d'autant de rhubarbe en poudre , incorporés enfemble avec le fyrop de chicorée fauvage, & sûrement les vers ne réfif-teront plus.

CHAPITRE LXIII.

Des Vers dans la queue.

OUtre les vers qui fe forment dans le corps des beftiaux , il y en a qui fe forment & vivent dans leur queue, & qui les épuifent par les grandes inquiétudes qu'ils leur caufent. Ils devien-nent maigres, atténués : leur dos s'affoiblit au point qu'ils peuvent à peine fe relever quand ils fe couchent : leur air & tous leurs mou-vemens annoncent une langueur étonnante.

Lorfque le Cultivateur voit un bœuf ou une vache dans cet état , il n'a qu'à examiner le deffous de la queue, & il verra que le poil eft tombé, qu'il y a un nombre infini de petits ulceres, & que la queue eft rongée, principalement dans les nœuds. Or ces ulceres ne font caufés que par les vers qui y font & qui la rongent. Lorfque la queue de l'animal eft malpropre, ce qui à la honte du plus grand nombre des Cultivateurs arrive très-fouvent, les mouches qui voltigent autour de ces animaux vont dépofer leurs œufs dans cette partie qui eft la plus malpropre, & de ces œufs que la cha-leur de l'animal & de la fiente defféchée qu'il a dans cette partie font éclore, fortent cette multitude de vers, qui rongent la queue

& y forment tous les ulceres qui occafionnent la chûte du poil &
enfin la phtyfie. Après un certain tems ils tombent par terre où ils
durciffent s'ils ne font pas écrafés, & enfuite deviennent mouches.
La génération de ces vers ne manque jamais. La malpropreté de la
queue attire d'autres mouches qui y dépofent leurs œufs, de même
que dans la viande qui commence à fe gâter; de forte que la maladie
s'accroît de plus en plus. Les chaleurs de l'été font ordinairement
commencer ce mal; mais dès qu'il eft une fois établi, il continue
pendant toutes les faifons.

Comme cette maladie n'a d'autre principe que la malpropreté
caufée par les excréments & l'urine qui faliffent la queue & principalement par les vuidanges qui s'y colent après que les vaches ont
vélé, il n'y a pas de plus sûr moyen de mettre ces animaux à couvert
de cette maladie que de prépofer une perfonne par qui l'on fait nettoyer les queues des vaches à lait de trois en trois, ou de quatre en
quatre jours; & de tems en tems celles des bœufs; ce panfement
plaît beaucoup à ces animaux; n'étant plus tourmentés par les
vers ils profitent beaucoup mieux. Il faut, pour bien faire cette opération, prendre de l'eau de favon & en frotter la queue, même à
contre-poil avec une broffe bien forte.

Voilà le vrai moyen d'obvier à cette maladie; mais fi elle eft une
fois établie, on fait bouillir quatre pintes d'eau que l'on verfe
bouillante fur une livre & demie de chaux fine dans un grand vafe
de terre. On remue bien ce mêlange pendant le bouillonnement.
On le couvre quand il eft refroidi, & on le laiffe repofer toute la nuit,
& on fait découler l'eau le matin dans un autre vafe où on la garde
pour le befoin.

On met les animaux qui font attaqués de la vermine dans l'étable où on les tient bien féchement. On leur frotte la queue premierement avec des flanelles trempées dans des lies de favon, ou à leur
défaut dans l'eau de favon, enfuite avec des broffes, & afin de la
mieux nettoyer on en coupe le poil auffi raz qu'il eft poffible;
après quoi on lave avec ladite eau de chaux. Il faut répéter cette
opération une fois tous les jours, & fi elle ne produit point l'effet
qu'on en attend, voici le moyen qui nous refte à indiquer.

On réduit en pâte une certaine quantité de fommités de rhue &
de fabine, & l'on y ajoute un peu d'ellébore blanc & d'ocre en poudre, un peu de fuye de bois avec autant de fel. On mêle toutes ces
drogues avec un peu de beurre : de ce mêlange réfulte un onguent;
cela fait, on nettoye la queue de la maniere que nous venons de
prefcrire

prescrire, on la fend tout le long, & en dedans jusqu'auprès de l'os, & on oint la plaie & même le reste de la queue avec l'onguent dont on vient de voir la recette.

Si après avoir oint la plaie trois' ou quatre fois avec cet onguent, la vermine résiste, il faut recourir à l'usage de l'onguent Napolitain, dans lequel, comme on le sçait, le vif-argent entre : il faut surtout l'administrer légerement de peur qu'il n'excite la salivation, ce que l'on peut éviter en tenant le ventre libre, objet d'autant plus facile à remplir que ces animaux sont, comme nous l'avons fait observer, fort rarement constipés. On doit s'appercevoir de l'effet de la premiere friction. Si la seconde, & enfin la troisiéme ne réussissent point, il ne reste d'autre ressource que de couper la queue, d'engraisser ensuite l'animal pour le vendre au boucher.

CHAPITRE LXIV.

Des Ulceres qui se forment dans la chair.

LEs vaches sont naturellement sujettes aux ulceres. Il y a une espéce de mouche qui leur cause quelquefois cette maladie. Pour bien éclairer le Cultivateur sur cette maladie importante, nous allons la considérer sous ces deux points de vue.

Quand un ulcere se forme sans accident étranger dans la chair d'un bœuf ou d'une vache, l'épaisseur de la peau & la constitution froide de l'animal font qu'il mûrit très-lentement & qu'on a par conséquent beaucoup de peine à le guérir. Voici la méthode dont on peut faire usage pour aider la nature & accélérer la coction de la matiere morbifique. On fait bouillir des racines de lys blanc dans du lait & de l'eau jusqu'à ce qu'elles soient devenues molles; on les applique chaudes sur l'ulcere, & on les y tient jusqu'à ce qu'elles soient refroidies.

Plus fréquemment on réitere cette opération, plutôt la coction se fait & plutôt l'ulcere acquiert sa parfaite maturité. Alors on l'ouvre avec un fer chaud & on le presse latéralement avec les deux pouces pour en faire sortir la matiere : on met ensuite jusqu'à parfaite guérison l'onguent suivant sur la plaie. On met sur un feu doux un pot de terre dans lequel on a mis demi-livre de goudron & trois quarts de livre de térébenthine ; à mesure que ces substances commencent à fondre , on ajoute environ deux onces de sain-doux & l'on remue bien le tout.

M. de Réaumur, de l'Académie des Sciences , fut le premier qui découvrit que la grosse mouche qui inquiéte les bestiaux en automne, dépose ses œufs dans la playe qu'elle leur fait dans la peau. Du développement de ces œufs résultent des vers qui font enfler la partie blessée : de-là les ulceres dont on voit si souvent les vaches & les bœufs entierement couverts, quoique leur sang soit d'une excellente qualité & que toutes les parties internes soient très-bien constituées. On trouve un ver dans chacun de ces ulceres qui s'y nourrit de la matiere purulente qui s'y forme, jusqu'à ce qu'il ait acquis son parfait accroissement ; alors il quitte sa loge, tombe par terre où avec le tems il devient mouche.

Il faut ouvrir chacun de ces ulceres avec un couteau, en tirer le ver, l'écraser, & humecter la plaie une ou deux fois avec l'onguent ci-dessus prescrit. C'est ainsi que l'on délivre l'animal de ce tourment qui l'inquiette, & qui avec le tems le maigrit & le jette dans un état de dépérissement auquel on ne peut pas quelquefois porter de reméde.

CHAPITRE LXV.

De la maladie des Poulmons.

LEs vaches & les bœufs lorsqu'ils sont attaqués de cette maladie respirent avec difficulté & toussent avec une espéce de râlement. Pour remédier à cette maladie,

Prenez quatre gousses d'ail, écrasez-les, exprimez-en le jus qu'il faut mêler avec deux pintes de lait sortant du pis de la vache, & un demi-septier de goudron. On divise cette composition en quatre doses, dont on en donne une tous les matins jusqu'à parfaite guérison. Quoique le goudron ne se mêle pas bien avec les autres ingrédiens, on peut faire avaler cette composition, d'autant plus que ces animaux ne sont pas bien délicats & que d'ailleurs on se sert de la corne.

Si, comme il arrive quelquefois, le mal ne céde point à ce reméde, il faut avoir recours à la saignée & l'on verra qu'aussi-tôt après il fera son effet.

Si l'on préfume, ce que l'on connoît parfaitement à la fanté de l'animal, que la difficulté de refpirer ne lui vient que d'avoir avalé quelque plume qui s'eft arrêtée au paffage : il faut alors recourir au blanc de baleine, donné pendant quelques matins jufques à la dofe d'une once, & fondu dans une chopine de vin rouge ou de bierre, il aidera l'expectoration, pourvu que l'on ait l'attention d'adminiftrer cette potion bien chaude.

CHAPITRE LXVI.

De la faleté de la Peau.

PLus on tient par un panfement affidu la peau propre aux bœufs & aux vaches, plus ces animaux profitent. Or la faleté de la peau vient fouvent de la négligence du bouvier & de la vachere, & quelquefois du vice du fang, quelquefois enfin de ces deux caufes réunies.

L'herbe groffiere des pâturages bas & humides, mêlée avec beaucoup de mauvaifes herbes, porte ordinairement des vices dans le fang, & la bourbe de ces endroits marécageux falit la peau. Pour remédier à ces deux inconvéniens il faut d'abord changer de pâturage & mener les beftiaux dans des pâturages élevés & fecs, où l'herbe eft ordinairement fucculente, douce, & où le fol eft fec. Si la maladie vient uniquement de la malpropreté, ce changement feul que nous confeillons fera un remède infaillible.

Mais fi la maladie eft caufée par un vice qui s'eft communiqué au fang, il faut faire une faignée d'une pinte & demie aux bœufs, & de la moitié moins aux vaches. Il faut enfuite les mettre dans l'étable, les y tenir féchement, les laver & frotter pendant deux jours avec des broffes & des flanelles trempées dans des lies de favon ; le troifiéme jour on les lave & frotte avec l'eau de chaux, dont nous venons de donner ci-deffus la compofition : on réitére jufques à trois fois cette derniere opération, en mettant deux jours d'intervalle entre chaque friction. Il faut mêler de la fleur de foufre avec le foin qu'on leur donne pendant tout le tems qu'ils font dans les remédes ; par-là on adoucit leur fang tandis que les frictions nettoyent leur peau.

CHAPITRE LXVII.

De la chûte de la Luette.

LEs grandes fatigues & le refroidiffement expofent les bœufs &
les vaches à la chûte de la luette. Lorfqu'on a le bonheur
de s'appercevoir que la luette vient de tomber à un bœuf, le cas
n'eft pas dangereux puifqu'il n'eft rien de plus aifé que de la relever
& de la remettre & retenir dans fa place naturelle ; il n'en eft pas
de même lorfqu'il y a longtems qu'elle eft tombée ; il n'eft pas en
effet fi facile de la remettre ; & d'ailleurs remife qu'elle eft elle
retombe fort aifément. M. *Hall* dit avoir vu des bœufs qu'il avoit
fallu tuer à caufe de l'obftination de cette maladie.

On connoît la chûte de la luette par les inquiétudes que ce mal
donne aux animaux. Ils font tous leurs efforts pour manger & ne
peuvent rien avaler ; deforte qu'ils mourroient de faim fi on n'y ap-
portoit du remède. Voici la maniere de procéder à leur guérifon.

Il faut renverfer l'animal, mettre la main dans fa bouche pour
remettre la luette que l'on frotte de miel, dans lequel on a jetté
du poivre : après quoi on le fait relever. Demi-heure après on fait
une faignée d'une pinte & demie de fang, fi c'eft un bœuf, & de
trois quarts de pinte fi c'eft une vache. En fe comportant ainfi on
guérit cette maladie fans qu'on ait lieu de craindre fon retour.
Qu'on fe garde fur-tout, pendant quelques jours, de donner du foin :
tout fon régime doit fe borner à de l'herbe fucculente & fraîche :
on peut d'autant plus aifément tenir l'animal à cette nourriture,
que le bœuf n'eft guéres fujet à cette maladie que pendant l'été
& au commencement de l'automne, & que fi par hazard il en étoit
attaqué en hiver, les herbes artificielles de l'une ou de l'autre efpéce fuppléent aux herbes naturelles. Mais fi l'on fe trouve fans l'une ou
l'autre de ces reffources, comme il peut arriver en effet, ou l'utile
ufage des prairies artificielles n'a point encore pris faveur ; il faudroit alors arrofer légerement le foin d'un peu d'eau falée avant que
d'en donner au bœuf malade.

CHAPITRE LXVIII.

Du mal qui vient aux pieds des Bœufs & des Vaches.

LEs bœufs & les vaches sont très-sujets à un mal qui leur vient dans la fente des pieds. Dès qu'on voit donc un de ces animaux boitter, il faut le renverser à terre, bien nettoyer l'entre-deux du pied, le frotter jusqu'au sang, ensuite on écrase une certaine quantité de feuilles d'armoise qu'on fait bouillir dans du lait & de l'eau, & l'on en met entre les fentes & tout autour du pied où l'on fixe une compresse de filasse imbibée de cette décoction. On retient l'animal dans l'étable : cette seule attention le guérit.

Nous avons remarqué que ce mal n'avoit ordinairement d'autre cause que quelque saleté accidentelle. Ainsi le reméde le plus naturel est de bien nettoyer d'abord la partie affligée & d'y appliquer ensuite un cataplasme lénitif.

S'il y a réellement des ulceres dans les fentes du pied, il faut commencer par les nettoyer comme ci-dessus, & y appliquer du basilicon noir étendu sur une compresse de chanvre que l'on renouvelle tous les jours jusqu'à parfaite guérison.

Mais le plus sûr moyen de se garantir de cet inconvénient, c'est de faire ensorte que tous les soirs en faisant retirer les bestiaux, ils passent par une petite mare d'eau afin qu'ils aient les pieds nets. Cette attention assurément n'est pas bien onéreuse au Cultivateur ; puisqu'il n'a qu'à donner cet ordre à ceux qu'il a chargé de la garde de ses bestiaux, & à tenir la main à ce que l'on exécute sa volonté.

CHAPITRE LXIX.

Du haletement des Bestiaux.

LE haletement est une difficulté de respirer qui rend les bœufs foibles, maigres & languissans. Pour remédier à cette maladie on fait bouillir deux pintes de bierre dans laquelle on délaye une demi-once de mithridate & un scrupule de poudre de safran.

On donne cette boisson chaude tous les matins , pendant quatre jours , & il est rare qu'elle ne produise point l'effet que l'on desire. On donne du bon foin sec & l'on échauffe l'eau que l'animal boit.

Autre recette. Prenez une once de safran , autant de racine de fumeterre , quatre gros de blanc de baleine, autant de raclure de corne de cerf & autant d'iris de Florence réduits en poudre impalpable ; faites infuser le tout sur les cendres chaudes pendant six heures dans deux pintes de vin cuit , ou à son défaut de bon vin rouge ; passez l'infusion à travers un linge & donnez - en tous les matins & tous les foirs une dose bien chaude d'un poisson , jusques à parfaite guérison ; & faites garder pendant tout le tems que vous administrez le reméde , le même régime que nous avons prescrit ci-dessus.

CHAPITRE LXX.

De la Jaunisse.

Lorsque les vaches ou les bœufs sont attaqués de cette maladie ils ont les yeux & les lévres jaunes ; ils sont paresseux & foibles , ne mangent que peu & ne boivent presque point. Tous leurs mouvemens sont lents & annoncent le dépérissement de l'animal.

Pour remédier à cette maladie qui, pour peu qu'elle soit négligée , devient fatale à ces animaux, on écrase dans un mortier une grande quantité de feuilles & de tiges de la grande célandine & une poignée de rhue, on en exprime le jus qu'on mêle avec une égale quantité de jus de cloportes qu'on écrase aussi dans un mortier. On donne un poisson & demi de cette potion le matin, de trois jours l'un, pendant une semaine. La guérison, dit M. *Hall* , s'opere parfaitement dans cet espace de tems sans qu'on ait à craindre le retour.

CHAPITRE LXXI.

Du mal qui attaque le Fanon.

Rien de plus difficile que la cure de ce mal. C'est une inflammation externe, causée ordinairement par quelque vice dont le sang est infecté. La tumeur paroît premierement dans la partie inférieure du fanon ; elle est dure & enflammée ; de-là elle se répand sur toute cette partie & parvient jusqu'à la gorge, & dans ce dernier cas la maladie est ordinairement funeste ; parce que de la gorge elle peut se communiquer à l'estomac & aux entrailles ; elle devient même contagieuse par la respiration, communiquée aux autres bestiaux voisins, on peut la regarder comme une peste & même comme la maladie qui a régné pendant quelques années presque dans toutes les parties de l'Europe.

Il est donc bien évident que le commencement de cette maladie est comme le principe d'une peste qui commence. On sent combien le tems est précieux dans un cas semblable, & combien il importe d'en arrêter vîte les progrès dès qu'elle paroît.

Il faut faire fondre parties égales de résine & de térébenthine, on ajoute un peu de cire & l'on tient cet onguent tout prêt.

On fend la tumeur de la longueur de trois pouces ou plus si elle a fait plus de progrès, & on laisse la plaie saigner abondamment. On écrase dans un mortier une poignée de feuilles d'ellébore noir & l'on y ajoute du saindoux : on bat cette composition & l'on en met une quantité suffisante dans l'incision, on coud ensuite la plaie pour que l'onguent ne s'en échape point : il faut sur-tout tenir l'animal propre, chaud & tranquille pendant deux jours.

Après cette opération on r'ouvre la plaie, on en ôte le restant de l'ellébore, & on fait fondre une certaine quantité de l'onguent précédent. On en imbibe de la filasse que l'on fourre bien chaude dans la plaie. On réitére ce pansement tous les jours jusqu'à parfaite guérison.

Voilà l'unique méthode d'arrêter les progrès de cette maladie & même de la guérir lorsqu'il n'y a point de malignité décidée. Si l'on en soupçonne, il faut ajouter dans la composition de l'onguent parties égales de gomme élémi & de grains d'euphorbium.

Il faut d'ailleurs bien obferver fi le fanon eft feul attaqué & fi l'animal n'a point quelqu'autre partie affectée ; fi le fanon eft le feul affecté, on peut s'en tenir à ce que nous venons de prefcrire.

Mais de tous les remédes notre elixir falubre eft le moins douteux : on en baffine trois ou quatre fois la plaie avec une compreffe qui en eft imbibée & que l'on y laiffe & que l'on y contient avec l'onguent précédent. On en fait avaler foir & matin vingt gouttes dans un poiffon de vin & d'eau parties égales. Nous avons vu fouvent les effets heureux de ce reméde, même dans le cas de malignité marquée.

CHAPITRE LXXII.

De la tête, des lévres & des yeux enflés.

DAns cette maladie, la tête, les yeux & les lévres commencent par s'enfler, & cette enflure s'étend dans la fuite aux gencives & à la langue ; elle eft ordinairement fuivie d'une inflammation fi elle parvient à la gorge, à l'eftomac & aux entrailles, elle eft alors une véritable pefte, dont nous allons parler.

Les mauvaifes eaux font la caufe ordinaire de cette terrible maladie ; mais fa grande malignité vient d'un air infecté. Il ne faut point en chercher ailleurs la caufe ; lorfque le Cultivateur s'apperçoit que le tour des yeux de quelqu'une de fes vaches eft enflé, qu'il examine foudain les lévres fi elles font enflées, il doit obferver la langue & tout l'intérieur de la bouche. Ces différentes obfervations doivent être exactes ; puifque chaque dégré de ce mal demande un reméde différent.

S'il n'y a que les yeux, les lévres & tout l'extérieur de la tête qui foient enflés, il faut faigner l'animal, lui tirer beaucoup de fang, & lui donner auffi-tôt après la faignée la boiffon fuivante.

Faites chauffer deux pintes de bierre ou de vin, délayez fix gros de mithridate, ajoutez dix grains de fafran & une cuillere à caffé d'efprit de nitre. Donnez cette boiffon chaude de fix en fix heures, en obfervant fi l'enflure des yeux diminue. C'eft là le feul figne de l'effet du reméde.

Si l'enflure continue ou même fi elle augmente, il faut faire une faignée encore plus copieufe que la premiere, & au lieu de la boiffon

fon précédente il faut donner trois onces de fel de glauber diſſout dans de l'eau. Ce purgatif agit de façon à faire eſpérer quelque ſuccès. Si l'une & l'autre de ces deux méthodes manquent, il faut les continuer alternativement juſqu'à ce que le ſort de l'animal ſoit décidé d'une façon ou d'autre : cette maladie violente fait des progrès ſi rapides que nous ne prétendons point donner les recettes précédentes comme infaillibles, ainſi que nous l'avons fait dans la plus grande partie des maladies dont nous avons parlé précédemment.

Dans le ſecond cas, c'eſt-à-dire, lorſque l'intérieur des lévres & de la langue ſont affectés en même-tems que l'extérieur de la tête ; voici les ſymptomes qui l'indiquent. Les yeux ſont enflés & enflammés, les lévres ſont enflées & brûlantes ainſi que quelquefois la partie intérieure du col. La langue qui eſt le principal ſiége du mal eſt enflée, & couverte de boutons pleins de pus. Il faut alors les percer avec une lancette ou avec la pointe d'un couteau. L'opération faite, il faut laver la langue avec du vinaigre & du ſel ou mieux encore avec notre elixir ſalubre & la bien eſſuyer avec un linge propre pour en faire ſortir toute la matiere purulente.

Enſuite on procéde à une ſaignée copieuſe & l'on donne la doſe ſuivante bien chaude ſoir & matin.

Prenez trois quarts d'once de thériaque de Veniſe, deux gros d'anis pulvériſé, deux cuillerées de ſuc de rhue ; vous mettrez le tout dans une pinte de bierre bien chaude. Tenez l'animal auſſi chaudement qu'il vous ſera poſſible, & donnez-lui pour boiſſon ordinaire de l'eau chaude que l'on verſe à la façon du thé ſur une certaine quantité d'agrimoine. On doit faire chauffer cette boiſſon chaque fois qu'on en donne.

Mais comme par cette méthode on prétend ſauver l'animal par la voie des ſueurs, nous ne ſçaurions trop recommander de renouveller l'air par le ventilateur avec l'élixir ſalubre, pendant que les ſudorifiques font leur effet & qu'il tranſpire.

Il eſt des Cultivateurs qui s'impatientent de la lenteur de ces remédes & qui croient abréger la cure en donnant une purgation deux jours après qu'on a commencé de les adminiſtrer. Mais cette méthode ne porte ſur aucun principe qui puiſſe être admis par les perſonnes qui connoiſſent l'économie animale ; auſſi nous pouvons dire avec vérité que nous ne l'avons jamais vue réuſſir.

Au contraire nous avons vu pluſieurs de ces animaux périr dans l'effet de la purgation. Rien de plus conforme au principe. Com-

Tome V. Hh

me par les remédes fudorifiques on détourne la matiere morbifique vers les glandes cutanées, des purgations adminiſtrées pendant
l'effet de ces remédes ne peuvent que traverſer les effets & rappeller la cauſe de la maladie dans les parties vitales où elle fait des
ravages ſi prompts & ſi violents que l'animal ne peut que périr,
affoibli qu'il eſt d'ailleurs, & par la tranſpiration précédente & par
les effets de la purgation.

CHAPITRE LXXIII.

De la Peſte.

L A peſte eſt le dernier dégré de violence des deux dernieres maladies dont on voit le détail & le traitement. C'eſt une inflammation qui s'étend depuis la bouche juſques aux extrémités
des boyaux. Cette inflammation n'a d'autre principe qu'un ſang
vicié; & le ſang ne contracte ce vice que par le mauvais tems,
par les mauvaiſes eaux ou par une nourriture groſſiére & mal conditionnée. Cependant la peſte ne s'établit ordinairement dans un
pays que par l'air qui eſt chargé de particules corrompues, infectées & naturellement contraires à la ſanté des beſtiaux : il faut obſerver auſſi qu'il y a certains beſtiaux qui par la mauvaiſe qualité
de leur ſang & des humeurs qui le compoſent ſont plus ſuſceptibles
que d'autres des vapeurs peſtilentielles répandues dans l'air, mais
tous en général y ſont expoſés, & ce mal ſe répand : c'eſt une contagion; auſſi doit-on avoir l'attention de ſéparer des autres animaux
celui qui en eſt attaqué.

Le premier ſecours qu'on peut apporter dans cette maladie c'eſt
la ſaignée que l'on fait très-abondante non-ſeulement aux animaux de la Ferme qui en ſont attaqués, mais encore à ceux qui ſe
portent bien. Quant aux malades, la ſaignée ſert à diminuer ou du
moins à arrêter les progrès de l'inflammation. Quant à ceux qui ſe
portent bien, elle les garantit quelquefois de l'attaque, ou du
moins s'ils en ſont attaqués, les accès en ſont moins violens & la
maladie plus facilement curable.

Dès que les peſtiférés ont été ſaignés, il faut leur laver la bouche, la langue, les dents & les lévres avec du vinaigre chaud,
animé d'une certaine quantité de ſel.

On exprime enfuite une demi-douzaine de gouffes d'ail, on en mêle le fuc avec une égale quantité de teinture de myrrhe. On met un demi-feptier de ce mélange dans une chopine de biere chaude ou de vin & l'on y ajoute deux cuillerées de goudron; on donne cette boiffon auffi-tôt après qu'on a lavé, comme nous l'avons dit, les parties de la bouche, & l'on adminiftre ainfi la même dofe de quatre en quatre heures.

Si la violence du mal ne fe détend point le premier jour, il faut le jour fuivant répéter la faignée & continuer le même régime prefcrit ci-deffus.

M. *Hall* affure, & il eft digne de foi, que de tous les remédes qu'on a éprouvés pendant que cette contagion régnoit, celui-ci a été trouvé le meilleur. Il a guéri, ajoute cet auteur, un grand nombre de beftiaux que l'on comptoit perdus. Ainfi, continue-t-il, c'eft le meilleur préfervatif dont on puiffe faire ufage contre la pefte.

Il convient donc à tout Cultivateur qui voit dans fon voifinage des beftiaux attaqués de ce mal, de donner aux fiens, quoiqu'ils fe portent bien, la dofe prefcrite ci-deffus foir & matin pendant l'efpace de dix jours. On ne doit point affurément fe refufer à cette attention, pour peu que l'on confidére les rifques que l'on court de perdre tous fes beftiaux.

C'eft dans cette occafion que le ventillateur doit être principalement employé; nous ne fçaurions trop en recommander l'ufage, d'autant plus que fi l'on ne veut point employer l'élixir falubre qui eft un des plus grands préfervatifs contre la pefte; on peut au moins renouveller avec fuccès l'air des étables & écuries en le faifant paffer dans un récipient où l'on met quelque liqueur aromatique; ce qui produit toujours un effet très-avantageux pour les animaux.

Avant que de fermer cette Section nous croyons devoir donner un préfervatif que l'on affure avoir été éprouvé plufieurs fois avec fuccès. Il s'étend à toutes les maladies des bœufs, des vaches, des moutons & des chevaux : cette recette eft admirable fi elle produit tous les effets qu'on nous rapporte ; elle fut imprimée & publiée à Stockholm à l'imprimerie du Roi en Novembre 1745.

Prenez une once & demie de racine de ferpentine, une once & demie de camphre, autant de racine de valérienne, deux onces de racine d'énula-campana, autant de racine de livefche ou lifufticum, fix onces de bayes de laurier, une once & demie de racine d'angelique, autant de racine d'orties blanches, autant d'agaric, une once de racine d'*imperatoria*, en françois impératoire, & par quelques-uns appellée en latin *aftrantia*. Réduifez toutes ces racines en poudre & mêlez-les avec feize onces & demie de fel commun. On donne le matin à chaque bœuf trois pincées de cette compofition fur du pain rôti que l'on arrange de façon à pouvoir le faire avaler; on n'en met que deux pincées pour les vaches & une pour les moutons. Il faut que ces animaux foient à jeûn & qu'ils reftent fans rien boire ni manger jufques à midi. Il faut avoir foin de faire avaler à chacun fa dofe, & s'il y en a quelqu'un qui la rejette il faut réitérer. Après que l'animal a pris ce préfervatif, il ne court aucun rifque, foit qu'il foit malade lui-même, foit qu'il fe trouve avec d'autres qui font attaqués de quelque maladie.

SECTION SECONDE

Des maladies des Moutons.

CHAPITRE LXXIV.

De la Fiévre.

QUOIQUE les maladies des moutons ne foient pas en fi grand nombre que celles du gros bétail dont nous venons de parler, il n'eft cependant pas moins important pour le Cultivateur de les connoître, parce qu'il y en a en effet ou qui font mortelles ou très-difficiles à guérir, & que d'ailleurs il eft en ce point également expofé à être la victime des charlatans, ordinairement auffi ignorants fur les maladies de ces animaux-ci que fur celles des autres animaux de la Ferme.

Pour bien le conduire dans cette connoiffance qui lui eft fi néceffaire, nous allons expliquer leur nature, entrer dans la recherche de leur caufe, & prefcrire les méthodes de les guérir, qui nous ont paru les moins infaillibles après des expériences fouvent répétées avec un égal fuccès.

Lorfque le mouton eft attaqué de la fiévre, fa bouche & fes yeux font enflamés, fes pieds font brûlants. Cette maladie eft ordinairement caufée par le froid que cet animal fouffre.

Lorsqu'il n'y en a que deux ou trois qui soient attaqués dans la bergerie, le cas n'est pas si désespéré que lorsque le plus grand nombre l'est; parce que dans ce dernier cas l'expérience prouve que cette maladie est fatale.

Le premier reméde qu'il convient d'y apporter, c'est d'ôter la cause, c'est-à-dire de faire paître les moutons dans des endroits plus chauds & qui 'ont plus d'abri: on remarque que la grande chaleur de l'été cause quelquefois la fiévre aux moutons les plus foibles du troupeau. Alors il faut les faire paître sous des ombrages. Mais dans l'un & l'autre cas il vaut mieux tenir les malades tranquilles dans une bergerie séparée & les y nourrir de bonne herbe & abreuver d'une bonne eau. L'on peut compter, en se comportant ainsi, que les remédes suivants produiront tout l'effet qu'on peut désirer.

Il faut d'abord faire une saignée & donner la boisson suivante. Prenez une once de mithridate, délayez-le dans deux pintes de biere chaude ou à son défaut dans autant de bon vin vieux rouge. Ajoutez une demi-once de racine de serpentine de la Virginie & une drachme de cochenille en poudre. Cette quantité suffit pour quatre doses dont il faut donner une soir & matin à chaque mouton attaqué de la fiévre.

Si l'on s'apperçoit que l'animal est, comme en effet cela arrive souvent, difficile du ventre ou même entiérement constipé, il faut ajouter à chaque dose de la potion précédente une once d'électuaire lénitif. Mais si au contraire l'animal a le ventre libre, cet état contribuera beaucoup à sa guérison & par conséquent l'électuaire devient superflu. Nous n'avons guéres vu de fiévre résister aux quatre doses.

CHAPITRE LXXV.

Du cours de Ventre.

NOus venons de conseiller de laisser la nature prendre son cours quand le relâchement du ventre vient avec la fiévre. Mais il faut observer que si après que la fiévre s'est dissipée on n'arrêtoit point le cours de ventre il deviendroit dangereux. Pour en venir à bout, faites usage du reméde suivant.

Prenez un quarteron de raclures de bois des teinturiers, faites-les bouillir dans quatre pintes d'eau jusques à la réduction de deux. Lorfque la réduction eft prefque faite, mettez-y un peu de cinnamome. Paffez la liqueur à travers un linge & donnez-en un demi-feptier quatre fois par jour jufques à parfaite guérifon.

Ce reméde réuffit prefque toujours dans les cours de ventre qui accompagnent la fiévre ; & qui continuent après qu'on l'a diffipée. Mais fi dans d'autres cas il ne les arrête point , il faut ajouter à chaque dofe une once de diafcordium fans miel & dix grains de terre du Japon. On ne donne ce reméde que foir & matin lorfqu'on y a fait cette addition.

CHAPITRE LXXVI.

De la maladie de la Queue.

Lorfque le mouton eft attaqué du cours de ventre les matieres fécales qui coulent, faliffent fa queue , & cette matiere âcre naturellement devient plus mordante à mefure qu'elle y féjourne; elle y produit des ulceres qui rongent la queue , épuifent l'animal, & lui caufent des douleurs violentes. Cette maladie eft encore plus dangereufe lorfqu'elle eft caufée par un cours de ventre qui eft l'effet de la fiévre; parce que , comme on doit bien le concevoir, la fermentation du fang donne encore plus d'âcreté aux matieres. Auffi eft-ce ici le cas où l'on doit attaquer le fymptome avant la maladie , c'eft-à-dire , tâcher d'arrêter le cours de ventre & être attentif à tenir la queue bien nette & bien propre.

On peut arrêter le cours de ventre avec le reméde que nous avons indiqué dans le chapitre précédent. Il faut tondre la queue auffi raz qu'il eft poffible , la laver fréquemment avec de l'eau & du lait bien chauds, & enfuite avec l'eau de chaux. Tous ces foins étant rendus on lâche l'animal dans un pâturage fec ; après que deux jours fe font écoulés on examine la queue, & fi le mal continue on réitére le lait & l'eau & on l'oint après l'avoir bien lavée , avec un mélange de fain-doux & de goudron, parties égales.

Le mal étant guéri, on a encore l'attention de laver foir & matin la queue avec du vin rouge chaud coupé d'une quantité égale d'eau pour confolider la plaie & faire pouffer la laine. Il y a des

Cultivateurs qui font dans ce cas ufage du baume Samaritain. Cette méthode ne fçauroit être défapprouvée. Ce baume eft fimple : il eft compofé de parties égales de vin & d'huile d'olive que l'on bat bien enfemble jufqu'à ce que ce mélange acquierre la confiftance de baume.

CHAPITRE LXXVII.

Des maladies du Poulmon.

LEs moutons font de tous les animaux ceux qui font le plus fouvent attaqués des maladies du poulmon. On s'en apperçoit aifément à la difficulté avec laquelle ils refpirent & à la toux violente dont ils font tourmentés. Il faut être extrêmement vigilant à donner de prompts fecours : car pour peu que cette maladie foit négligée elle devient incurable & l'animal meurt ainfi que les hommes d'une efpéce de phtyfie ou confomption.

Il faut commencer d'abord par changer l'animal d'air & de pâturages. Si l'on ne prend point cette précaution on ne doit s'attendre à aucun effet des remédes que l'on adminiftrera. La froidure eft la caufe ordinaire de cette maladie, à laquelle par conféquent les moutons que l'on tient dans les pâturages bas & humides doivent être très-fujets; il faut donc alors les mettre dans des pâturages clôturés où l'herbe eft courte & le fol graveleux & où ils peuvent boire de l'eau de fource ou quelqu'autre eau coulante.

Enfuite on exprime le fuc d'une grande quantité de feuilles de pas de cheval & celui d'une égale quantité de feuilles & de racines de plantin. On en fait un mélange auquel on ajoute la quatriéme partie de fuc d'ail. Dès qu'on a compofé cette boiffon on ajoute une livre de miel, une once d'anis en poudre & une once & demie d'énula campana réduit en poudre. On donne un demi-feptier de cet apofême à chaque mouton malade une fois par jour; ce reméde, nous l'affurons, eft d'autant plus infaillible, que nous n'avons pas vu, en fuivant exactement cette méthode, un feul mouton périr.

CHAPITRE LXXVIII.

De la Jauniſſe.

IL n'y a point d'animal plus ſujet que le mouton aux obſtructions du foye. On connoît cette maladie à une couleur jaune répandue dans les yeux de l'animal ; dès qu'on s'en apperçoit il faut le mettre dans un pâturage ouvert , & ordonner au berger de le tenir toujours en mouvement ſans cependant le fatiguer, on lui donne enſuite le reméde ſuivant.

Faites bouillir deux livres de racine de fenouil, autant de racine de perſil, quatre livres de racine de chiendent, le tout haché bien menu dans ſeize pintes d'eau juſqu'à la réduction de la moitié : paſſez cette décoction par un linge que vous exprimez bien exactement.

Ecraſez enſuite dans un mortier de grande célandine ou eſclaire autant qu'il en faut pour en tirer trois pintes de ſuc que l'on ajoute à la précédente décoction avec trois drachmes de ſel de Mars. Mêlez bien le tout enſemble : faites-en chauffer tous les jours un poiſſon & demi que vous donnez à chaque mouton malade ; ce reméde opérera une parfaite guériſon, pourvu qu'en même tems on mette ces animaux dans un bon pâturage, qu'on leur donne de l'eau qui ſoit bonne & qu'on leur faſſe prendre un exercice modéré.

CHAPITRE LXXIX.

Des obſtructions qui ſurviennent au Goſier.

CEtte maladie attaque auſſi très - ſouvent les moutons. Les ſymptomes qui l'indiquent ſont à peu près les mêmes que ceux qui caractériſent l'altération des poulmons ; on remarque en effet que ceux qui en ſont affectés ont une reſpiration gênée & difficile, & qu'ils ont le râlement. Le principe de cette maladie ne doit être ordinairement attribué qu'aux mauvais pâturages & à des refroidiſſemens que ces animaux prennent. Il faut les mettre ſur les hauteurs, les tenir chaudement & leur donner le reméde ſuivant.

Prenez

Prenez une livre de miel & une chopine de bon vinaigre que vous mettrez dans deux pintes de fuc de pouliot : donnez une chopine de ce mélange bien chaud tous les foirs à chaque mouton.

Il eſt des Agriculteurs qui ont prétendu que le fuc de pouliot étoit la médecine univerſelle contre toutes les maladies, dont les moutons peuvent être attaqués ; c'eſt une erreur d'autant plus dangereuſe que nous voyons à notre grand regret qu'il n'eſt rien de plus ignoré aujourd'hui que les maladies des beſtiaux, & fur quoi l'on cherche ſi peu à s'inſtruire. Les remédes que nous préſentons dans cet ouvrage avec tant de confiance ſont établis fur des expériences que nous avons ſouvent répétées avec ſuccès.

CHAPITRE LXXX.

Des Vers.

CEtte maladie eſt un étourdiſſement qui vient ordinairement aux moutons que l'on met dans des pâturages ſi gras que l'abondance de cette nourriture ſucculente leur donne trop de ſang & cauſe cette eſpéce de vertige qui eſt très-ſouvent mortel ; c'eſt à peu près cette même maladie que nous avons déja déſignée ſous la dénomination de maladie de St. Roch, ſi connue dans le Berry depuis un certain nombre d'années, & qui y fait tant de ravage, comme nous l'avons déja obſervé dans le Chapitre où nous en avons traité & où nous en avons auſſi donné les cauſes & le traitement.

Il faut en général dans le vertigo faire une abondante ſaignée & donner de quatre en quatre heures un demi-feptier de fuc de racine de Valerienne ſauvage bien chaud. Lorſque l'animal touche à ſon rétabliſſement il faut l'envoyer fur des hauteurs ſtériles où il y ait quelque peu d'herbe qui ſoit bonne ; ſi malgré toutes ces attentions le mouton eſt attaqué une ſeconde fois, on peut regarder cette rechûte comme mortelle.

CHAPITRE LXXXI.

De la Crampe aux Jambes.

CEtte maladie faisit le mouton aux jambes, & il arrive souvent qu'un troupeau en est tout à la fois attaqué. Elle n'a d'autre cause que le froid & l'humidité. Les moutons qui couchent sous les arbres dans les saisons pluvieuses & qui reçoivent l'eau qui dégoutte des feuilles & des branches sont fréquemment attaqués de ce mal.

Il faut commencer par jetter ces animaux dans un pâturage sec, & le principe de la maladie étant ôté il est certain que les remédes produiront un bon effet. Faites bouillir du quinquefolium & de la moutarde sauvage dans une suffisante quantité de biere ou de bon vin blanc. Lorsqu'on s'imagine que le vin est bien imprégné du suc de ces deux plantes on le passe à travers un linge : prenez quatre pintes de cette décoction, ajoutez-y une pinte de suc de racine de Valérienne, donnez une chopine matin & soir à chaque mouton attaqué de cette maladie.

Outre cela il faut encore faire bouillir une grande quantité de feuilles de la même moutarde dans du vinaigre & en frotter à chaud les jambes de l'animal; c'est ici où nous exhortons les Cultivateurs à ne pas regretter leurs peines & leurs attentions, parce que s'ils négligent d'observer à la rigueur nos documents, ils courent risque de perdre tous leurs troupeaux; au lieu que s'ils nous suivent dans la méthode que nous prescrivons, rarement perdront-ils quelqu'un de ces animaux, rarement même seront-ils exposés à la rechûte.

CHAPITRE LXXXII.

De l'étourdissement proprement dit.

L'Etourdissement proprement dit & qui est bien différent du vertigo, dans lequel l'animal, nous avions oublié cette circonstance, ne veut ni avancer ni reculer, est l'effet ordinaire des jeunes

bourgeons d'arbres dont quelques-uns font nuifibles, que les moutons mangent avec avidité : ceux des chênes principalement les
conftipent au point, que l'étourdiffement dont nous parlons ici en
eft prefque toujours inféparable. Les fymptômes font à peu près les
mêmes que ceux du vertigo ; mais on voit combien la caufe eft différente & combien par conféquent ces deux maladies différent entre
elles ; nous ajouterons que les fymptomes de l'étourdiffement
font plus violents que ceux du vertigo : car dans l'accès l'animal
tremble de tous fes membres, ce qui n'arrive point dans le vertigo.

Pour remédier à ce mal, prenez une once d'affa fœtida que vous
mettez dans quatre pintes d'eau où vous la diffolvez ; donnez à
chaque mouton de trois en trois heures un demi feptier de cette
boiffon ; ce remède donne la liberté du ventre & rétablit le reffort dans les nerfs attaqués. Gardez-vous bien fur-tout de fuivre
la méthode abfurde des auteurs & des Cultivateurs qui d'après eux
fe contentent de mettre l'affa fœtida dans l'oreille du mouton malade. Il faut en faire avaler fi vous voulez que cette drogue produife
fon effet.

Lorfque les moutons font rétablis, c'eft au berger à avoir l'attention de ne plus les laiffer brouter des bourgeons d'arbre, & fûrement s'il y veille ils ne feront point expofés à la rechûte.

On peut, comme on le voit, conclure du détail de toutes les
maladies que nous venons de faire paffer fous les yeux du lecteur que
les moutons n'en font attaqués que par rapport au peu de foin qu'on
prend de ces animaux. En effet rien de plus ordinaire même parmi
les Cultivateurs qui ont une certaine réputation, que de les voir
fe comporter à l'égard de ces animaux comme s'ils n'en avoient
pas, & ne fe rappeller qu'ils en ont que dans le tems de la tonte
ou lorfqu'ils font obligés de les vendre.

Nous avons déja fait obferver que les pâturages bas n'étoient
point falubres, parce qu'ils abondent en humidité & en herbes qui
font très-nuifibles : pour peu que l'on s'attache à donner à ces animaux de bons pâturages, on les verra moins fujets aux maladies,
& très-faciles à guérir lorfque par événement ils en feront attaqués.

CHAPITRE LXXXIII.

De la Peau farineuse & chargée de boutons.

CEs animaux sont très-sujets à cette maladie par le peu de soin qu'on a de les tenir proprement & en lieu sec. Lorsqu'ils couchent dans des endroits humides ou sous des arbres pendant la pluie, leur peau devient farineuse & couverte d'une infinité de petits boutons; la toison tombe insensiblement. L'animal est en langueur & maigrit; tandis qu'au contraire les moutons que l'on tient sur des hauteurs dans des pâturages secs & salubres sont très-peu sujets à cette infirmité.

Rien ne contribue plus à la guérison que de les tondre si la saison le permet, sinon, il faut les laver avec des lies de savon & les bien frotter avec une brosse trempée dans de l'eau de savon bien chaude; ensuite on les lâche dans un pâturage net & sec jusqu'à ce qu'ils se soient bien séchés; on les reméne ensuite dans la bergerie pour les frotter avec de l'eau de chaux, & on leur donne une littiere neuve & bien séche. On réitere cette espéce de friction jusqu'à trois fois; on met deux jours d'intervalle entre chaque friction.

Si malgré cela la cure n'est point achevée, il faut frotter les parties affectées avec parties égales de goudron & de saindoux. On n'a pas besoin d'avoir recours aux remédes internes: parce que cette maladie ne communique point avec le sang.

CHAPITRE LXXXIV.

De l'inflammation de la peau avec des cloches.

ON commence ordinairement à appercevoir ce mal autour de la poitrine & du ventre, mais il s'étend aussi jusqu'aux autres parties. C'est une inflammation de la peau qui s'éleve en cloches, dans lesquelles on trouve une humeur âcre & nuancée de sang. Le sang dans cette maladie est plus ou moins affecté: c'est pourquoi il faut recourir à l'usage des remédes tant internes qu'externes pour la guérir.

On sépare d'abord du troupeau les moutons qui en sont attaqués, autrement toute la bergerie en seroit infectée. On met les malades dans un endroit où il y ait de l'herbe & de l'eau bien conditionnées ; sans cette précaution tous les remédes qu'on administreroit ne produiroient aucun effet.

Prenez demi-once de fleur de soufre & une once de miel, faites-en un onguent qu'il faut diviser en deux parties, dont vous délayez une dans une chopine de suc d'orties ; vous donnez cette boisson à chaque mouton malade tous les jours pendant l'espace de deux semaines ; ouvrez les cloches ou pustules pour en faire couler l'humeur, & humectez la playe avec du suc d'absynthe. Après quatre jours de ce régime il faut faire une saignée abondante, & le continuer ensuite jusques à parfaite guérison.

CHAPITRE LXXXV.

Des Vers aux pieds.

CEs animaux sont fort exposés à l'attaque des vers aux pieds, particuliérement lorsque l'on les tient dans des pâturages humides : ils ressentent dans la partie des douleurs violentes qui les minent peu à peu & les conduisent à un état de dépérissement.

Rien de plus facile à connoître que cette maladie ; lorsqu'un mouton en est attaqué il léve fréquemment le pied & le remet en place avec beaucoup de précaution. Si l'on examine le pied on y trouve une grosseur qui ressemble à une touffe de poil ; & c'est la tête du vers qu'il faut ôter avec soin & précaution ; parce que c'est une substance tendre, & que si on la casse dans le pied elle y cause une inflammation très-dangereuse, il faut cerner avec un canif ou un rasoir tout le tour de la tumeur & l'ôter doucement avec une petite pincette.

Ensuite il faut mettre sur la playe du goudron & du sain-doux, & faire passer l'animal dans un pâturage sec, parce que s'il y avoit une rechûte il seroit comme impossible de le guérir.

CHAPITRE LXXXVI.

De l'Éréfipele.

L'Eréfipele eft une inflammation violente qui fe manifefte fur la peau des moutons en différens endroits : dès que cette maladie paroît on peut être affuré que plufieurs moutons & même le troupeau en font infectés.

Nous apprenons par divers auteurs que nos anciens pouffoient leur efpéce de fuperftition jufques à enterrer tout vivans les piés en haut les moutons qui étoient attaqués de ce mal, à la porte de la bergerie, prétendant que c'étoit un charme par lequel on écartoit la maladie du refte du troupeau : loin d'adopter de femblables rêveries accréditées encore dans quelques endroits du Royaume, nous propofons des moyens comme infaillibles de parvenir à une parfaite guérifon.

Il faut féparer, fi le mal n'eft point général, les moutons malades de ceux qui fe portent bien, les faigner & leur préparer le reméde externe qui fuit ; car on remarquera avec nous que le fang ne participe point de cette maladie & que par conféquent il eft fort inutile de fatiguer ces animaux par des remédes internes.

Pilez une bonne quantité de feuilles de cerfeuil fauvage, ajoutez une quantité d'eau de chaux égale à celle du fuc que vous en avez exprimé : ajoutez encore de femence pulvérifée de fenugrec autant qu'il en faut pour donner à ce mélange la confiftance de bouillie : on laiffe refroidir : l'on frotte les parties enflammées avec cette efpéce d'onguent tous les foirs jufqu'à parfaite guérifon ; & l'on tâche d'en mettre de façon qu'il y en ait pendant toute la nuit, enforte que l'onguent faffe fon effet pendant que l'animal repofe.

On obfervera, avant que d'appliquer ce reméde, de rafer les parties affectées auffi près de la peau qu'on le pourra.

CHAPITRE LXXXVII.

Du mal des Yeux.

LE froid fait quelquefois tant d'impreſſion ſur les moutons que leurs yeux en ſont altérés au point qu'ils deviennent aveugles. Il y a auſſi d'autres accidens qui peuvent leur cauſer cette maladie. Il faut dans l'un & l'autre cas faire uſage du reméde qui ſuit.

Exprimez une certaine quantité de grande célandine ou eſclaire, & mettez-en quelques gouttes dans les yeux juſqu'à parfaite guériſon.

Si les yeux paroiſſent fort enflammés, on peut ajouter une égalité d'eau de plantin.

Mais ſi les yeux ſont chaſſieux par rapport à quelque rhume, il faut alors tous les matins les étuver légerement autour des paupieres avec une compreſſe trempée dans de l'eau où l'on verſe quelques gouttes de bonne eau-de-vie.

Nous avons dans le même cas fait uſage avec ſuccès de ſix gouttes de notre elixir ſalubre qu'on laiſſe tomber dans ſix cuillerées d'eau de fontaine, & dont on baſſine les yeux ſoir & matin juſqu'à la parfaite guériſon, qui n'a jamais été retardée juſqu'au cinquiéme jour.

CHAPITRE LXXXVIII.

De l'Hydropiſie.

ON remarque que le ventre du mouton eſt ſouvent expoſé à s'enfler par une quantité d'eau qui s'extravaſe tantôt entre la chair extérieure & le péritoine, & qui tantôt ſe loge dans le péritoine même. Dans le premier cas la cure eſt facile, dans le ſecond la maladie eſt incurable.

Dans le premier il faut faire la ponction & inſinuer dans l'ouverture que l'on fait une plume pour donner un libre paſſage à l'eau extravaſée, la plaie ſe cicatriſe d'elle-même ſi le mouton n'eſt point d'ailleurs affecté de quelqu'autre incommodité : mais ſi la maladie eſt longue l'animal devient ſi foible que la nature ne ſuffit point pour cicatriſer la plaie, il faut avoir recours à l'art : on panse tous les jours la plaie avec du goudron & du sain-doux.

Aussi-tôt que l'animal est guéri il faut l'envoyer dans un bon pâturage sec, & le vendre quand il est engraissé; car il est exposé à la rechûte par le peu de soin que nous voyons presque tous les Bergers avoir de leur troupeau.

Il y a encore une autre espéce d'hydropisie à laquelle ces animaux sont sujets. C'est l'hydropisie venteuse. Cette maladie est rare à la vérité : mais enfin ils en sont quelquefois attaqués & c'est toujours par la négligence des Bergers qui, lorsqu'il fait des vents impétueux, laissent leurs moutons exposés au lieu de les abriter ou de les reconduire à la bergerie.

Cette maladie; quoique facile à guérir, fatigue beaucoup l'animal. Les vents sont entre la peau & la chair & le gonflent considérablement.

Il faut faire la ponction en plusieurs endroits du corps & les vents s'échapent tout de suite; les plaies se guérissent d'elles-mêmes, si l'on a l'attention de faire l'opération dès que l'animal est attaqué.

CHAPITRE LXXXIX.

Du Tac ou de la Rogne.

LE tac est la maladie la plus destructive à laquelle les moutons soient sujets; & par conséquent celle contre laquelle le Cultivateur doit se tenir le plus en garde; elle est si contagieuse qu'elle attaque en peu de tems non-seulement tout le troupeau, mais encore elle se communique dans tout le canton. La négligence du Cultivateur est la premiere cause de ce mal. Les moutons qui paissent dans des communes ouvertes, y sont plus sujets que ceux que l'on met dans la bergerie, dont nous avons donné la description, ceux qu'on fait paître dans des endroits humides, sont plus sujets à cette maladie & à beaucoup d'autres. Il survient du froid & des pluies abondantes peu de temps après la tonte, qui entament la peau, & c'est ce qui fait le commencement de la rogne. Le défaut de nourriture & un herbage infecté de plantes nuisibles peuvent aussi l'occasionner.

Le premier des soins du Cultivateur doit donc être de préserver ses moutons de cette maladie funeste, en les écartant de
semblables

femblables pâturages, par cette attention il aura encore l'avantage de les garantir de beaucoup d'autres maladies dont nous avons ci-deſſus donné le détail & la cure. Lorſqu'il apprend que ce mal eſt répandu dans ſon voiſinage, qu'il veille aſſiduement à ne pas laiſſer ſon troupeau approcher de ceux de ſes voiſins. Nous obſerverons ici encore, en paſſant, que les pâturages bas ſont toujours dangereux, & particulierement dans les ſaiſons pluvieuſes.

Auſſi recommanderons nous comme un point capital, de tenir dans les temps pluvieux les moutons dans les pâturages élevés & de les nourrir en partie de foin, ou de quelque autre herbe arti-ficielle.

Les ſymptomes caractériſtiques de la rogne, les voici. Le blanc des yeux devient pâle & éteint ; toute la contenance de l'animal annonce ſon abattement, il devient foible à vue d'œil, ſa peau eſt ſale, pour peu qu'on touche la laine, elle tombe à poignées, ſes gencives pâliſſent & les dents ſont chargées d'un tartre très-épais ; l'animal eſt péſant & auſſi lourd que ſi les jambes ne pouvoient point ſoutenir le reſte du corps.

On imagine d'avance qu'il faut ſéparer ceux qui ſont attaqués de ceux qui ne le ſont pas, & enfermer les premiers dans une ber-gerie bien cloſe ; on leur donne fort peu d'eau, & pour nourriture du foin bien fin & de l'avoine, ce qui ſe pratique en plaçant des auges en dedans tout autour de la bergerie.

La ſaignée qu'on a voulu éprouver, eſt très-dangereuſe. Nous dirons, en paſſant, qu'on a remarqué que les moutons qui paiſſent dans les prés ſalés, n'en ſont jamais attaqués ; & c'eſt en partant de ce principe, que pluſieurs Cultivateurs en ont entre-pris la cure par l'uſage du ſel, & en effet ils ont réuſſi. *M. Hall* aſſure en avoir fait pluſieurs fois l'expérience avec ſuccès, mais pas toujours ſi infailliblement, ajoute le même Auteur, que plu-ſieurs Ecrivains le font eſpérer. Nous ſçavons bien que le ſel peut être un préſervatif aſſuré contre le tac ; mais nous ignorons que ce remede, quand la maladie eſt établie, ſoit un ſpécifique infail-lible.

On réduit le ſel de mer en poudre, & on en répand dans la nourriture ſéche que l'on donne quelquefois aux moutons comme un préſervatif ; lorſque ces animaux ſont attaqués, on en mêle avec les autres drogues dont on fait uſage pour les guérir.

On réduit en poudre une once de grains de maniquette ou de paradis, qui eſt une eſpéce de poivre, & quatre onces de bayes

Tome V. K k

féches de genievre. On ajoute deux livres du fel marin & demi-livre de fucre fin, on mêle exactement toutes ces poudres & l'on en répand fur le foin & l'avoine que l'on donne.

Il faut continuer ce régime pendant trois jours, & l'on examine bien les yeux de l'animal pour voir s'il y a quelque amendement; s'il y en a, on continue la même méthode; fi au contraire le mal refte dans fa vigueur, ou même augmente, il faut mettre tremper quatre livres d'antimoine dans huit pintes de biere pendant une femaine, après quoi on donne demi-feptier de cette boiffon foir & matin à chaque mouton qui eft attaqué.

Ou bien faites bouillir une demi-livre de racine d'herbe robert & deux livres d'herbe d'impératoire dans huit pintes d'eau jufqu'à la réduction de deux pintes. Sufpendez pendant que la décoction fe fait, un nouet dans lequel vous mettez deux onces de mercure crud; paffez à travers un linge les fix pintes qui reftent & verfez-en une pinte dans l'eau que vous donnez à boire à l'animal.

C'eft par ce régime & par le foin que nous recommandons de tenir les moutons proprement, féchement & chaudement, qu'on peut venir à bout de guérir le tac ou rogne; mais il arrive quelquefois que la maladie eft fi invétérée & fi favorifée de la mauvaife température de l'air, qu'elle eft prefqu'incurable.

Avant que de finir cette fection, il convient de mettre dans tout leur jour les grands avantages qui réfultent des moutons dans une ferme. Tout eft précieux dans cet animal qui, comme nous l'avons déja fait obferver, eft, pour ainfi dire, tout-à-fait négligé & abandonné de la part du Cultivateur propriétaire à la pareffe, & à l'inattention d'un berger infidelle, qui derriere un buiffon, ou fous un arbre à couvert des vents & des frimats, laiffe, les mains croifées, fa houlette fous le bras, le foin de fon troupeau à fes chiens. Ses gages vont toujours, que lui importe? Son inaction n'eft point obfervée de la part du maître, au bout de l'année il eft payé: cela lui fuffit. Nous croyons devoir réclamer contre une femblable conduite; nous en appellons à l'intérêt du Cultivateur, & nous l'invitons à comparer les profits qui réfultent de fes autres animaux de la ferme, avec ceux qu'un peu de vigilance le mettroit à même de tirer des moutons; fi nous parvenons à le déterminer à entamer ce calcul, la caufe que nous plaidons pour ces pauvres animaux fera bonne, & le Cultivateur en reffentira les effets heureux.

Quelle confommation ne fe fait-il pas en effet de cette viande pour la nourriture des hommes? Toutes les étoffes de laine c'eſt à ces animaux que nous les devons; leur peau fait une branche de com. merce conſidérable; quand même tous les avantages que ces animaux produiſent, ſe borneroient à ces trois articles, dès-lors le Cultivateur devroit ſe faire un point principal de leur éducation & de leur entretien. Mais il en eſt un qui l'emporte vis-à-vis l'Agriculteur ſur tous les autres & qui devroit le faire rougir d'abandonner ainſi ces animaux, c'eſt le fumier qu'ils donnent.

Il n'y a point de fumier qui ait des propriétés auſſi univerſelles que le fumier de mouton; de quelque nature que ſoit un ſol, il retire toujours de très-grands avantages de cet engrais. Il eſt celui qui de tous les amendemens contient le plus de ſels & d'huiles eſſentielles; ces huiles quoique volatiles ſe fixent aiſément dans le tiſſu des plantes que l'on confie à un terrein que l'on a engraiſſé de crotin de mouton; les ſols d'argile glaiſeuſe, ceux d'argile ordinaire, les terres légeres, celles qui abondent conſidérablement en ſable, toutes enfin reçoivent des principes agiſſants & efficaces du fumier de mouton.

Il n'en eſt pas de même des autres ſortes de fumiers, ils n'ont chacun, à proprement parler, qu'une propriété qui s'adapte à telle ou telle nature du ſol. Le fumier, par exemple, de cheval ne peut être employé que dans les terres d'argile glaiſeuſe & dans les terres glaiſes proprement dites; car ſi l'on en répandoit ſans mêlange ſur une terre légere ou ſur un ſol ſablonneux, bien loin d'être favorable, il en volatiliſeroit encore les principes qui ne ſont déja que trop volatiles.

Le fumier de mouton bien différent contient des ſoufres ou ſucs huileux qui garrotent les ſels de cette eſpéce de ſol; de ſorte qu'il les fertiliſe, tandis que celui de cheval le brûle & l'appauvrit.

Il opére de la même façon ſur les terres ſablonneuſes, puiſqu'il eſt certain qu'elles ſont à-peu-près de la même nature que les terres légeres.

Si l'on veut comparer le fumier de bœuf & de vache à celui dont nous parlons, nous trouverons dans ce dernier une ſupériorité étonnante. Le fumier de vache naturellement froid & humide contient des principes de fertilité, mais auxquels il faut donner un véhicule par quelque mêlange. Par exemple, employé dans les glaiſes, dans les argiles glaiſeuſes, ou dans de bons ſols de terre molle ſitués dans des bas fonds, loin de favoriſer la germination, il la traverſe au contraire, parce qu'il ne fait qu'ajouter au défaut dominant du terrein. Ses principes qui n'ont point de confiſtance, ſe délayent dans l'humidité & reſtent inactifs.

Le fumier de mouton au contraire chaud naturellement & rempli de principes qui abſorbent la plus grande partie de l'humidité, s'inſinue dans les feuilles de la plante quand elle commence à ſe développer, & en anime la végétation d'une maniere étonnante. Qu'on le mêle avec tout autre fumier quelconque, excepté celui de cheval, il remplit toujours les vues du Cultivateur & lui fait ſentir combien il doit de ſoins & d'attentions à un animal qui lui fournit un engrais dont les propriétés s'étendent à toute ſorte de terrein.

※※※※※※※※※※※※※※※※※※※※※※※※※※※※※

SECTION TROISIÉME.

Des maladies des Cochons.

CHAPITRE XC.

De la Fiévre.

LES cochons ont auſſi des maladies, mais elles ne ſont point en ſi grand nombre que celles des moutons. Comme nous avons pour objet de ne rien obmettre, dont le Cultivateur peut tirer quelqu'avantage, nous allons donner tous les ſignes qui caractériſent les maladies dont ces animaux ſont attaqués, & les remédes les plus efficaces.

Nous avons fait obſerver que tous les beſtiaux ſont ſujets à la fievre; les cochons n'en ſont pas plus exempts. Cet animal a naturellement un appétit qui le rend vorace. Mais la nourriture lui répugne dès qu'il eſt attaqué de la fievre; de ſorte qu'il maigrit & s'affoiblit, & que ſi on néglige de lui donner des ſecours, il dépérit entiérement.

Pour bien procéder à la guériſon, il faut commencer d'abord par lui faire une ſaignée abondante derriere l'oreille; mais comme il arrive quelquefois qu'après l'inciſion le ſang ne coule pas librement, il faut alors couper un peu de la queue. La ſaignée faite, on le tient bien chaudement & on lui donne des chapelures de pain trempées dans du bouillon avec un peu de pouliot haché bien menu. Cette nourriture lui plaît beaucoup, & comme il se trouve soulagé par la saignée, il en mange dès qu'on la lui présente, mais il faut la lui ôter aussitôt qu'il en a goûté. De cette façon on aiguise son appétit au point qu'il en devient vorace & qu'il l'avalera ensuite après qu'on y aura ajouté demi-once de *Philonium Romanum* sur quatre pintes desdites chapelures dont on ne lui laisse avaler qu'une petite quantité à la fois; on le tient après cela huit heures sans lui rien donner, par ce moyen on l'affame pour qu'il prenne sans répugnance le restant qui ordinairement opère sa guérison parfaite.

Si le jour suivant on voit que l'animal ne se porte pas mieux, il faut réitérer la saignée & lui donner la même sorte de potion. S'il mange ensuite avec appétit, c'est un signe certain de la guérison.

CHAPITRE XCI.

De la Ladrerie.

CEtte maladie vient au cochon de la grande quantité de mauvaise nourriture qu'il avale, elle se manifeste par une tumeur qui se jette sur les yeux & par la tête que l'animal tient fort penchée, il devient foible, languissant & refuse la nourriture.

Echauffez un breuvage dans lequel on met une demi-livre d'herbe hépatique grise & de l'ocre rouge gros comme un œuf avec assez de nitre en poudre pour couvrir une piéce de douze sols.

Le cochon sera tenté d'en manger, en supposant (ce que nous recommandons en effet) qu'on l'ait tenu trente-six heures sans lui laisser rien prendre, avant que de lui présenter ce mêlange; pour peu qu'il en avale, il faut tout aussitôt le lui ôter & le lui représenter de quatre en quatre heures; la seconde fois il en mangera un peu plus & son appétit reviendra peu-à-peu.

Observez sur-tout de mettre un peu de nitre & beaucoup d'herbe hépatique dans tout ce que vous lui donnez. Ce remédé opere ordinairement son effet, à moins que la maladie ne soit si invétérée qu'elle soit devenue incurable : ce qui arrive assez souvent. Nous prévenons fur-tout q** fi l'on n'a point l'attention de tenir l'animal proprement, les remédes n'opérent prefque point d'effet.

CHAPITRE XCII.

De la Jauniffe.

CEtte maladie fe montre d'abord par une couleur jaune dont les yeux de l'animal font chargés, cette couleur paroît aufli autour de fes levres, le deffous des machoires eft enflé : voilà en général les fymptomes caractériftiques de cette maladie, & voici le remède dont il convient de faire ufage.

Exprimez le fuc de grande celandine ou efclaire, vous y ajoutez une quatriéme partie de vinaigre ; pilez aufli une certaine quantité de cloportes ; préparez - en enfuite un breuvage chaud dans lequel vous mettez une pinte du fuc de celandine, mêlé avec le vinaigre & une demi - livre de cloportes en poudre. Il faut tenir l'animal pendant trois heures fans qu'il mange, avant que de lui préfenter ce breuvage, & fix heures après qu'il l'a pris.

S'il ne le mange pas tout-à-fait & qu'il marque quelque répugnance, il faut le lui ôter aufli-tôt qu'on s'apperçoit de fon dégoût & le lui repréfenter une demi-heure après ; c'eft ainfi qu'on peut engager un cochon à manger, quelque malade qu'il foit, & c'eft la vraie méthode pour guérir les maladies dont il eft attaqué ; en effet fi un cochon qui par fa nature eft un animal vorace, ceffe de manger, il dépérit fubitement & meurt même, fi on ne trouve le moyen de lui faire reprendre fon train ordinaire.

CHAPITRE XCIII.

Du mal d'Eftomac.

IL n'y a point d'animal qui ait naturellement l'eftomac plus à l'épreuve que le cochon. Mais fa grande voracité l'expofe fouvent à fouffrir de cette partie au point de vomir la nourriture qu'il a prife. Ce vomiffement fait des progrès rapides, fi on ne s'y prend pas à temps. Il faut d'abord commencer par changer la nourriture,

& même ajouter, s'il est nécessaire, une médecine à la nouvelle qu'on lui donne; mais ordinairement le changement que nous prescrivons, suffit pour rétablir les sucs digestifs de l'estomac.

Il faut, par exemple, le nourrir de feves dans un peu d'eau & lui supprimer tous ces alimens grossiers dont il est si avide. Si ce régime produit l'effet que l'on désire, il est fort inutile de le fatiguer par des médecines; mais au contraire si le mal persiste ou augmente, il faut mêler tous les jours une demi-once de mithridate avec sa nourriture; son estomac s'échauffera & se fortifiera, pourvu qu'on ait l'attention de lui continuer une bonne nourriture.

CHAPITRE XCIV.

De la Rougeole.

ON connoît à la rougeur des yeux, à la saleté de la peau & à la répugnance que ces animaux ont pour toute espéce de nourriture, cette maladie à laquelle ils sont fort sujets.

Il faut tenir le cochon qui en est affecté, à jeun pendant trente-six heures; on lui présente alors en petite quantité une nourriture chaude & bien préparée, on y ajoute quarante grains de sel de corne de cerf & deux onces de bol ammoniac. On continue ce régime jusqu'à parfaite guérison, & même quelques jours au-delà pour éviter la rechûte.

Observez sur-tout de lui renouveller souvent la litiere pour qu'il soit proprement & chaudement; rien ne favorise plus l'opération des remedes.

CHAPITRE XCV.

De la Léthargie.

LE cochon tombe quelquefois dans une espéce de léthargie; il s'assoupit pendant le jour & néglige la nourriture, de sorte que peu-à-peu il maigrit & périroit sans doute, si on ne lui donnoit un prompt secours.

Il n'est point étonnant que ces animaux soient attaqués de cette maladie, ils mangent beaucoup, font très-peu de mouvement, &

se nourrissent quelquefois d'alimens si nourrissans comme des vuidanges, de tripes, de charrognes, qu'ils abondent en sucs épais qui ne se dissipent & ne se divisent point assez, ce qui épaissit considérablement le sang qui par conséquent circule lentement dans tout l'individu & principalement dans les parties de la tête, delà vient cette pesanteur qui paroît accabler l'animal & qui le jette dans un assoupissement qu'il ne peut plus vaincre.

Comme cette maladie vient des causes que nous venons de détailler & d'une digestion imparfaite, il faut d'abord procéder à une saignée abondante que l'on fait derrière l'oreille, ou comme nous l'avons déjà dit, en lui coupant une partie de la queue.

Deux heures après la saignée on lui donne le matin à-peu-près une pinte de nourriture chaude dans laquelle on met une certaine quantité de suc de pourpier sauvage, il essaye d'en manger, parce que nous supposons qu'on l'a tenu long-temps à jeun ; il n'a pas plutôt avalé un peu de ce mélange qu'il vomit. Ce vomissement qui est un mouvement contre nature, met tous les ressorts en mouvement, le réveille & quelquefois le guérit à la première dose. Il est aisé de connoître la guérison ; on peut juger qu'elle est parfaite quand l'animal marche librement, qu'il est gai & qu'il ne demande pas mieux que de se promener.

CHAPITRE XCVI.

Du gonflement de la Rate.

DEs qu'un Cultivateur apperçoit quelqu'un de ses cochons pencher d'un côté en marchant, il doit être convaincu que la rate est enflée, ou qu'il y a quelque obstruction, & que s'il ne met aussi-tôt la main à l'œuvre pour le secourir, l'animal ne mangera plus, languira, & à la fin mourra. Cette maladie vient ordinairement d'un engorgement des glandes.

Il faut pour le secourir efficacement, exprimer le suc d'une bonne quantité de feuilles & de sommités d'absynthes, ajouter un peu de suc de pouliot & en donner une pinte dans la nourriture qu'on lui présente, jusqu'à ce qu'il soit entiérement rétabli. La guérison se connoît à sa marche libre & à sa tranquillité.

Si le mal résiste à ce régime, il faut de toute nécessité procéder

à

à la faignée que l'on fait de la maniere que nous avons indiquée ci-deffus, fupprimer pendant quatre heures toute efpéce de nourriture, & faire avaler quatre bols compofés comme ci-après.

Prenez dix grains de fcammonée, vingt-cinq grains de rhubarbe de moine réduite en poudre impalpable, mêlez le tout avec une fuffifante quantité de farine de bled de turquie, ou à fon défaut, de froment & avec une fuffifante quantité de fuc d'abfynthe jufqu'à la confiftance de bols. Vous les enveloppez de farine pour que le goût de l'abfynthe ne répugne point à l'animal, & pour boiffon vous lui donnerez tant qu'il en voudra de l'eau de fon bien chaude.

Rarement la maladie réfifte-t-elle à cette méthode.

CHAPITRE XCVII.

Du cours de Ventre.

IL n'y a point de maladie qui épuife fi promptement le cochon que le cours de ventre ; la mauvaife nourriture que fa grande voracité lui fait prendre, lui caufe ordinairement cette maladie qui agit d'autant plus vivement fur lui, qu'il eft naturellement relâché & que la mucofité de l'inteftin eft plus aqueufe que mucilagineufe.

Il faut pour arrêter le progrès de cette maladie, ajouter à la nourriture que l'on donne une demi-livre de coffes de glands. Nous entendons parler du calice dans lequel le gland eft enchaffé lorfqu'il n'a pas encore acquis fa parfaite maturité, temps auquel il fe fépare de cette efpéce d'enveloppe; fi le remede agit avec fuccès, continuez-le jufqu'à la guérifon; mais fi au contraire il ne répond point à vos vues, mêlez avec la nourriture une poignée de racines de tormentille hachées bien menu. Ordinairement cette derniere plante complette la guérifon.

Mais comme il peut arriver que par négligence on ait laiffé invétérer la maladie, il faut alors avoir recours au reméde fuivant.

Prenez de la racine de fumeterre féche & pulvérifée environ deux gros, de la rhubarbe de moine, ou mieux encore de la vraie un demi-gros, des coques d'œufs réduites en poudre impalpable un gros, incorporez le tout avec de la graiffe ou du beurre, n'importe, mettez-y une fuffifante quantité de grains de bled de Turquie grillés & réduits en poudre. Coupez cette espéce de pâte par petits morceaux qui ne soient pas plus gros que des lentilles, & mêlez-les avec du son un peu chaudement détrempé ; tenez six ou huit heures l'animal à jeûn avant que de lui présenter cette composition. Pressé par l'appétit il la mangera & les effets en seront assurés. Vous continuez tous les matins ce régime jusques à sa guérison complette.

CHAPITRE XCVIII.

Des Pustules ou Ulceres.

LEs cochons sont sujets à des tumeurs ou enflures dures, & à des ulceres qui se forment sur plusieurs parties de leur corps. Il faut bien observer le moment dans lequel elles commencent à se ramollir, pour les ouvrir dans toute leur étendue & presser les lévres de la plaie avec le pouce afin que la matiere sorte & que la suppuration soit complette. L'opération faite on oint toutes les ouvertures avec du goudron & du sain-doux : la cure est comme infaillible.

CHAPITRE XCIX.

De la saleté de la Peau.

LE cochon est naturellement sale, ce qui prouve combien il est important pour le Cultivateur de le tenir proprement, puisqu'il n'y a point d'animal qui pour cette raison soit plus sujet aux maladies de la peau : si l'on le met dans un toît humide, il est attaqué d'un rhume qui lui donne ordinairement la fiévre ; mais si en même tems qu'il est dans l'humidité il est dans les ordures, sa peau devient farineuse & se couvre de petits ulceres, qui le font dépérir à moins qu'on ne lui donne un prompt secours.

Mais si cette saleté puise son principe dans le sang il faut de toute nécessité avoir recours aux remédes internes ; on peut cependant essayer premierement les externes ; mais nous avertissons que la guérison sera très-douteuse ; au lieu qu'en faisant usage des uns

& des autres en même tems dans l'un ou dans l'autre cas on se met à couvert de la rechute.

On commence par saigner le cochon sous la queue, la saignée doit être au moins d'une pinte de sang. On prépare de l'eau de savon, on frotte une brosse de savon mol, on la trempe dans l'eau & on en frictionne l'animal.

Cette opération faite on le lave ensuite avec de l'eau de chaux, on tient son toît bien propre & on lui donne une bonne nourriture. Deux jours après on répéte encore une fois la friction & on le lave avec de l'eau de chaux.

Si après tous ces secours il ne guérit pas, on doit être assuré que son sang est corrompu. Il n'y a point d'autre chose à faire que de mêler une bonne quantité de fleur de soufre à tout ce qu'il mange; par-là, en faisant usage en même tems des remédes externes on doit se flatter de le guérir. Si la peau est entamée il faut la frotter avec du goudron & du sain-doux mêlés ensemble; on peut, pour accélérer la guérison, ajouter à ce mêlange des fleurs de soufre.

CHAPITRE C.

Du mal qui vient aux Oreilles.

CE mal vient quelquefois aux cochons de la boue & autres saletés qui s'attachent à leurs oreilles, mais plus souvent encore des morsures des chiens. Quelquefois ces deux causes concourent à augmenter le mal. Les chiens font des blessures & la saleté qui s'y rassemble forme des espéces de plaies purulentes. Voici comment il faut se comporter.

Lavez les oreilles avec du vinaigre bien chaud avec égales quantités de goudron & de saindoux, ajoutez un peu de savon. Répétez cette friction jusqu'à la cure parfaite.

Si le mal résiste, faites la même chose, & à la place du goudron & du sain-doux servez-vous du blanc-raisin, ayant l'attention d'y ajouter un peu de savon & de laisser tomber sur ce mêlange quelques gouttes d'eau-de-vie.

CHAPITRE CI.

Des boutons qui viennent fur la Peau.

CEtte maladie-ci eft très-funefte à l'animal ; elle le mine infen-fiblement au point qu'il dépérit totalement. C'eft une ef-péce de gale qui, fi l'on n'y porte reméde, fe communique avec le tems au fang, le corrompt, & met l'animal dans un état dont il ne revient point. La malpropreté du toît & une nourriture mal-faine engendrent cette maladie, d'autant plus dangereufe qu'elle eft contagieufe, & infecte en peu de tems tous les cochons qui com-muniquent avec ceux qui en font attaqués. Il n'eft donc point né-ceffaire de réveiller ici la vigilance du Cultivateur fur cet objet ; & il ne l'eft pas plus de lui recommander de féparer les animaux qui font attaqués. Pour procéder à la cure il faut commencer par met-tre une once de thériaque de Venife dans la nourriture qu'on leur donne.

On lave enfuite les boutons avec de l'eau de favon & on les frotte avec deux livres de faindoux après y avoir ajouté une pin-te de goudron & de fleurs de foufre autant qu'il en faut pour don-ner à ce mélange la confiftance d'un onguent ferme. On fait tous les foirs une friction jufqu'à ce que l'animal foit guéri. Il faut dans le commencement de la convalefcence le purger avec les drogues que nous avons indiquées ci-deffus.

Mais fi la maladie réfifte aux précédentes frictions, il faut ajou-ter à l'onguent une demi-once de mercure, & avoir l'attention de tenir le ventre libre.

SECTION QUATRIEME.

CHAPITRE CII.

Des maladies auxquelles les Chevaux font fujets, particulierement de la Morve, & des remédes dont on doit fe fervir.

IL feroit fort inutile de nous étendre ici fur l'utilité des chevaux, & de faire fentir toute la néceffité de donner tous les foins poffibles à un animal fi précieux. Nous ne nous attacherons point non plus à recommander la défiance contre les Maréchaux, dont l'ineptie a été fi bien mife au jour par tant d'écrivains modernes qu'en vérité il faudroit que le Cultivateur fût bien efclave du préjugé pour accorder encore fa confiance à des gens qui n'ont aucune connoiffance de l'économie animale; puifque des auteurs célébres qui n'ont point dédaigné d'écrire fur les maladies de ces animaux fe font groffiérement trompés fur celle qui a été jufqu'à préfent regardée comme incurable, & qui par conféquent fait le plus de ravage : on entend bien que nous parlons de la morve.

En effet de toutes les maladies auxquelles ces animaux font fujets, la morve eft la plus importante & généralement la moins connue. Beaucoup d'auteurs ont cru qu'elle étoit incurable; & elle l'étoit réellement fuivant la méthode ancienne : car fi un cheval en revenoit, nous pouvons affurer que la nature opéroit la guérifon, ce qui arrivoit fort rarement, & non ceux qui ne connoiffoient ni la nature ni le fiége du mal.

Mais depuis quelques années, des perfonnes inftruites ayant entrepris la guérifon des maladies dont les chevaux font attaqués, & ayant recouru par la voie de l'anatomie à la connoiffance des parties qui compofent cet animal, elles ont découvert les caufes, le fiége & la nature de la plûpart des maladies auxquelles il eft fujet.

Voilà la route éclairée que l'on a pris depuis quelque tems pour parvenir à la connoiffance de la vraie caufe des maladies des beftiaux, & des remédes qu'il convient de mettre en ufage. Or de

toutes les maladies il n'en est point assurément qui demandât & qui
méritât à plus d'égards cette étude suivie que la morve. On doit la
principale découverte qui a été faite de ce mal à un Maréchal des
Ecuries du Roi, qu'on appelle *Lafosse*. Cette découverte qu'il
présenta à l'Académie des Sciences fut très-bien accueillie. C'est cet
accueil favorable que l'on ne devroit jamais refuser aux personnes
qui, de quelqu'état qu'elles soient, travaillent pour le bien public,
qui encouragea cet homme utile à porter plus loin ses connoissances ; aussi le voit-on uniquement occupé de cet objet important.
Cet hommage que de semblables corps rendent au talent, de quelque part qu'il vienne, les honore infiniment ; quoi en effet de plus
glorieux pour eux s'ils sont véritablement citoyens, que de donner
leurs suffrages aux personnes qui par des connoissances acquises après
un travail aussi pénible qu'assidu se rendent utiles à la patrie ?

CHAPITRE CIII.

Ce que c'est que la Morve, & ses véritables symptomes.

LA morve est un écoulement qui se fait par les narines. D'abord
c'est une liqueur blanchâtre qui en découle ; ensuite à mesure
que la maladie prend vigueur, cette liqueur se rembrunit, &
enfin cette matiere devient avec le tems sanguinolente ; cet écoulement devient si abondant que l'animal dépérit à vue d'œil & devient dégoûtant.

Combien de chevaux cette terrible maladie n'a-t-elle point fait
périr. Ce n'est cependant point que nous la regardions comme incurable ni qu'elle le soit en effet. Mais comme de tout tems on a
ignoré sa nature & son siége on ne sçavoit quels remédes mettre en
usage pour la guérir.

On sera sans doute surpris que parmi tant d'opinions que l'on a
adoptées en différens tems sur cette maladie, il n'y en ait aucune
qui ait porté sur le vrai. Mais on reviendra bientôt de cette surprise, si, comme nous allons le faire voir, les ignorants & les sçavants
n'ont pas même soupçonné ni sa vraie cause ni son siége ; puisque
les uns l'ont placée dans les parties du corps les plus éloignées de celles où elle se manifeste & où elle est réellement.

Les plus anciens auteurs qui ont écrit sur cette matiere ont sup-

poſé le ſiége de la morve dans le cerveau ; ils croyoient qu'il ſe faiſoit une diſſolution de cette ſubſtance, & qu'elle découloit à la fin
par les narines, auquel écoulement ſuccédoit la mort de l'animal. Cette opinion, quoiqu'erronée, comme nous le ferons voir,
approchoit beaucoup plus du ſiége du mal que les auteurs qui les ont
ſuivis & qui en ont écrit.

Il en eſt qui ont imaginé que la morve avoit ſon ſiége dans l'épine
du dos, & que la moëlle allongée découloit par les narines. Cette
opinion abſurde mais accréditée jadis chez les Maréchaux, a encore aujourd'hui quelque crédit chez quelques-uns.

Des écrivains plus modernes ont ſuppoſé le ſiége du mal dans
le foye, d'autres l'ont placé dans les poulmons, d'autres dans les
rognons, & enfin d'autres dans la rate. M. *Saleyſel*, homme ſçavant croit qu'il eſt poſſible que ces parties ſoient le ſiége du mal, dont
il trace la route par la veine cœliaque juſqu'à la tête, où il le fait
ſe placer dans les glandes parotides, d'où enſuite la liqueur s'é-
panche & s'écoule par les narines.

On trouva dans ce tems tant de profondeur dans cette opinion,
qu'on crut devoir par ce reſpect qu'on a ordinairement pour ce
que l'on n'entend pas, la croire vraie. Le Maréchal & le Cultivateur qui la voyoit rendue par les expreſſions ſcientifiques, rendirent hommage & au ſentiment nouveau & au ſçavant qui l'avoit
enfanté, croyant qu'un homme qui mettoit en uſage des termes ſi
ſçavans ne pouvoit rien ignorer.

On a penſé depuis que le mal avoit ſon ſiége dans les poulmons ;
il a été des perſonnes qui ont cru que les enflures qui viennent à la
ganache & autour de la tête pouvoient bien être la cauſe de cette
maladie : on voit le Dictionnaire de Trévoux adopter la premiere
opinion, & l'on trouve la derniere rapportée avec les autres dans
l'Encyclopédie de Chambers.

Si nous ſommes entrés dans le détail de tous ces divers ſentimens,
ce n'eſt que pour mettre en garde le Cultivateur contre des erreurs
ſemblables. L'expérience, les diſſections & différentes obſervations prouvent combien on doit s'en défier & des méthodes qu'on
met en uſage en conſéquence des principes auſſi mal fondés.

Nous pouvons aſſurer qu'en général tous les remédes internes
ſont inutiles dans la cure de cette maladie. Il eſt vrai cependant
qu'il arrive quelquefois que le ſang de l'animal eſt corrompu
lorſqu'il eſt attaqué de la morve, ce qui, comme on l'imagine, doit
rendre la cure & plus longue & plus difficile, ſuivant la méthode

que nous allons prescrire. Mais dans le cas de complication on peut mêler parmi l'avoine que l'on donne au cheval du soufre & de l'antimoine, pour rétablir le sang.

CHAPITRE CIV.

Du vrai siége & de la véritable cause de la Morve.

APrès tout ce qu'on a écrit sur la morve, il devient évident, d'après les observations que l'on a faites sur la nature & les progrès de cette maladie, que sa cause n'est ni dans le cerveau ni dans la moëlle allongée, ni dans le foye; ni dans les poulmons, ni dans les rognons, ni dans la rate. L'anatomie au contraire, les observations & la méthode actuellement adoptée pour la guérir prouvent clairement que le siége est en effet dans la partie même où elle commence à paroître, & qu'elle est par conséquent située dans les glandes répandues dans la membrane pituitaire qui tapisse la partie intérieure des narines, & que nulle autre partie de l'animal n'en est affectée.

Lorsque la morve ne flue que par une des narines on observe que la glande maxillaire qui est du même côté attaqué est gonflée & enflammée; & que celle qui est de l'autre côté sain est dans son état naturel; mais que dès que la morve flue par les deux narines, l'une & l'autre glandes sont également affectées.

Lorsque ces glandes sont enflammées, l'écoulement de la matiere commence, & comme l'animal baisse la tête pour manger, cette situation favorise encore l'écoulement.

Il se pourroit bien que la morve procédât d'un froid qui affecte trop vivement l'animal, & ce mal, ce qui n'est point étonnant, augmente & prend vigueur, tandis que les Maréchaux s'efforcent d'en faire la cure par des potions qui ne peuvent produire aucun effet, puisqu'elles ne sont administrées que d'après des indications qui n'ont aucun rapport aux propriétés de tous ces médicamens.

Mais pour prouver aux personnes qui sont obstinément attachées aux opinions anciennes dont nous venons de parler, qu'elles sont absolument erronées & qu'elles ne peuvent jamais conduire à la guérison de ce mal; on a disséqué les poulmons, le cerveau, la rate, les rognons, le foye, la moëlle allongée des chevaux

vaux qui font morts de la morve, & on a trouvé toutes ces parties
très-bien conftituées, & nullement altérées ; il eft donc bien
évident que le mal n'y eft point placé ; il a au contraire fon fiége,
comme nous venons de le dire, dans les parties où elle commence d'abord à paroître, c'eft-à-dire dans les glandes de la membrane
pituitaire. Cette maladie vient d'un grand froid, fans qu'il y ait
aucune infirmité dans l'animal qui y participe : mais auffi elle peut
avoir pour principe une matiere morbifique qui, de la partie qu'elle affectoit, fe jette fur la membrane pituitaire, où elle peut faire des progrès violents par la mauvaife qualité du fang : ce cas-ci
eft particulier.

Si une mauvaife qualité du fang vient à l'appui de la morve, la
cure doit être néceffairement plus difficile & plus longue; toutefois
nous invitons les Cultivateurs à faire ufage de la méthode fuivante : il faut purifier & rafraîchir le fang par un mélange de foufre &
d'antimoine avec l'avoine que l'on donne à manger au cheval.
L'autre cas n'exige point de confidération particuliere ; car quoiqu'une autre maladie ait caufé la morve, la caufe s'étant fixée fur
la membrane pituitaire, dès qu'une fois elle s'y eft entiérement établie elle doit être confidérée de même que fi la morve s'y étoit
formée naturellement; l'on doit par conféquent employer la même
méthode.

Pour répandre un jour qui mette les principes que nous éta-
bliffons, plus à portée de tout Cultivateur quelconque : donnons un
détail plus circonftancié & de la nature & du fiége de la morve.
La membrane pituitaire (c'eft aux Cultivateurs proprement dits de
la derniere claffe à qui nous parlons) eft une peau fine mince &
extrêmement déliée qui couvre l'intérieur des deux narines du
cheval. Il y a dans le nez une cloifon ou féparation qui le divife en
deux parties égales, que l'on appelle les narines. Chaque partie
de cette cloifon eft couverte de cette peau dont nous venons de
parler, cette peau contient plufieurs petites glandes, qui fourniffent une certaine humidité qui la rend fouple & liffe. Quand ces
glandes font dans leur état naturel, l'humidité qu'elles rendent
s'écoule par le nez fans caufer aucun mal. Mais lorfqu'il furvient
quelque vice dans cette liqueur que les glandes fuintent continuellement ; elle eft fale & corrompue, & c'eft cet écoulement
qui eft purulent, que l'on appelle morve.

On fçait que la tête du cheval eft compofée de plufieurs parties.
Dans celle qui forme le front, exactement au-deffus des yeux, il

Tome V.   M m

y a deux cavités entre les deux plaques de l'os qui forment ce
qu'on appelle en terme d'anatomie les sinus frontaux. Le dedans
de ces sinus est tapissé de la même membrane que la cloison qui sépare les deux narines, & elle a dans cette partie des glandes comme dans les autres.

Toute cette membrane & les glandes dont elle est une espéce
de tissu sont le siége de la morve. Au commencement de la maladie
les glandes, principalement celles qui sont dans les sinus frontaux
ne font que s'enfler & se décharger de la trop grande quantité de
matiere dont elles abondent. Ce qui prouve évidemment qu'elles
sont le siége principal de la maladie; lorsqu'elle fait des progrès
ces sinus deviennent ulcéreux, & alors la matiere qui en découle
est plus épaisse & plus dégoûtante. Mais lorsque la maladie est à son
plus fort période toute la membrane de cette partie s'enflamme,
s'enfle & se trouve rongée; alors la matiere qui en découle est sanguinolente. Ce que nous avançons ne tient plus au systême; c'est un
fait réel autorisé des observations les plus exactes.

Que l'on ouvre & disséque la tête d'un cheval morveux, on trouve les glandes non-seulement enflées mais encore toute la membrane ulcérée & plus épaisse qu'elle n'est naturellement, les vaisseaux sanguins qui la composent sont plus pleins, leurs extrémités sont rongés, le sang qu'ils dégorgent se mêle avec la matiere qu'épanchent les glandes ulcérées. Voilà la véritable nature &
la vraie cause de cet écoulement qui se manifeste par les narines,
& par conséquent de la morve, cette maladie funeste qui a mis
jusqu'à présent tant de sçavants hommes en défaut.

Nous venons de faire voir qu'il y a des cavités naturelles à chaque
côté de la cloison qui sépare les narines, & que lorsque le cheval se
porte bien, les glandes qui y sont ne fournissent d'humidité qu'autant
qu'il est nécessaire pour humecter & lubrifier la peau; car dès qu'elles en fournissent une plus grande quantité, les sinus s'engorgent &
il s'y forme des obstructions très-dangereuses. C'est là précisément
ce qui arrive dans le cas de la morve. Les glandes des sinus deviennent ulcerées & s'y déchargent d'une abondance de matiere qui
y séjourne: cette observation est si vraye, qu'il n'est point de cheval mort de la morve & que l'on disséque, auquel on ne trouve les
sinus frontaux pleins de cette matiere.

De même aussi les glandes qui sont dans cette partie de la membrane qui couvre les côtés des sinus de l'os frontal, deviennent
enflés, enflammés & ensuite ulcérés; delà l'épaississement de la

membrane ; delà enfin les ulceres fanguinolens qui s'y forment : autant de preuves réunies en faveur du fyftême par lequel on établit le fiége de la morve dans la membrane pituitaire qui couvre intérieurement les narines & dans les glandes dont elle eft remplie & non dans le foye, ni dans quelle autre partie quelconque. Et cela eft d'autant plus vrai, que, comme nous l'avons déjà fait obfer-ver, dans toutes les diffections des chevaux morts de cette ma-ladie, cette membrane & les glandes fe trouvent enflées, enflam-mées & enfuite ulcérées, tandis que les autres parties ne font nul-lement affectées, à moins que l'animal ne fût attaqué de quelqu'au-tre maladie.

On trouve dans les chevaux morts de la morve les finus fron-taux remplis d'une matiere épaiffe, corrompue ; on y remarque auffi de plus grands changemens que dans les autres parties. Dans les chevaux au contraire qui ne font point morts de cette mala-die, on trouve la membrane mince, fine, molle & fouple, à peine on y apperçoit des vaiffeaux fanguins. Il eft cependant certain qu'il y en a, mais ils font fi atténués, qu'on ne peut les apperce-voir. Dans les chevaux morveux la membrane eft dans cette partie, épaiffe, dure, tendue, enflammée parfemée de vaiffeaux fanguins dont les extrémités & les parois font rongés. On trouve dans cha-que narine une fubftance qui reffemble à de la corne, & qui eft couverte de la membrane pituitaire comme la cloifon des nari-nes & des finus frontaux, & la membrane dans cette partie eft également épaiffe, enflammée, tendue, dure & ulcérée, & toute nuancée par les vaiffeaux fanguins qui font engorgés.

Il réfulte de tout ce que nous venons de faire obferver que com-me la membrane dont on vient de voir la defcription eft le fiége de la maladie, elle eft généralement affectée par cette maladie auffi-tôt qu'elle fe manifefte. Elle fe montre d'abord dans la partie de la membrane où les plus groffes glandes fe trouvent placées ; or on voit bien que nous entendons parler des finus frontaux ; de forte que l'on peut dire que ces glandes font particulierement le vrai fiége de la maladie, & qu'elle s'étend le long de la membrane pituitaire.

On remarque que la maladie fe borne ordinairement à cette partie, car rarement elle porte fes ravages jufqu'à quelqu'autre. Lorfque cette maladie eft extrême, on trouve la cloifon des narines qui eft cou-verte de cette membrane rongée par l'âcreté de l'humeur dont elle eft environnée. Mais dans toutes les diffections qu'on a faites juf-qu'à préfent, on n'a point trouvé d'autre os affecté.

Mm ij

Nous ofons nous flatter qu'après un tel détail il ne fe trouvera guéres de Cultivateurs qui ne foient réellement convaincus que le fiége de la morve eft uniquement dans la membrane pituitaire & dans fes glandes, & qui ne reviennent des fentimens erronés que leur ont fait adopter des Ecrivains auffi peu inftruits que curieux de rechercher les caufes, la nature & le fiége de ce mal qui a de tout temps été regardé comme incurable, mais dont cependant on peut entreprendre la guérifon avec fuccès en l'attaquant dans la partie même qui en eft le fiége.

Si le foye, le poulmon, le cerveau, ou quelqu'autre partie étoit, comme on l'a prétendu, le fiége de cette maladie, tout le corps de l'animal en fouffriroit directement ou indirectement, & il tomberoit dans un état de langueur qui le conduiroit peu à peu à la mort; au lieu que la mort vient aux chevaux qui d'ailleurs ont toutes les parties bien faines & qui fe portent bien. Et fi on les laiffoit vivre avec cette maladie, il eft certain qu'ils vivroient long-temps. D'ailleurs, nous le répétons encore, on trouve par la diffection que l'on fait de cet animal mort de la morve que toutes les autres parties font dans leur état naturel, ce qui prouve que jamais la caufe de cette maladie n'a été fournie par ces parties & que le mal ne peut même leur porter aucune atteinte.

CHAPITRE CV.

De la caufe de la Morve.

NOus avons dit que la morve pouvoit être caufée par un rhume, & rien de plus vrai. Il en eft des chevaux comme des hommes. Un rhume leur bouche le nez; mais il y a cette différence que les hommes peuvent par les différentes fecouffes qu'ils donnent aux fibrilles nerveufes de la membrane pituitaire, faire déboucher le conduit, dailleurs ils ont encore la reffource du crachement, fans compter les poudres fternutatoires dont ils peuvent faire ufage; au lieu que les chevaux n'ont pour tout fecours que le reniflement, fecours d'autant plus impuiffant que lorfque les chevaux font enrhumés, nous les voyons rarement parvenir par ce mouvement, à expulfer la matiere qui engorge les glandes pituitaires ou les finus frontaux.

Lorfqu'un cheval eft donc enrhumé & que le rhume tombe fur les narines, le Cultivateur doit bien fe rappeller que cette partie eft particulierement le fiége de la morve, & que le rhume s'y fixant, peut fort bien occafionner cette maladie, & que par conféquent il faut au plutôt mettre toutes les reffources en ufage pour guérir le mal. On connoit ordinairement lorfque le rhume s'empare de la membrane pituitaire par le reniflement du cheval, par les fré- quens mouvemens de fa tête & par l'humidité plus abondante qu'à l'ordinaire, qui coule de fes narines. Si l'animal eft en même temps difpofé à la fiévre, la membrane & les glandes fe gonflent, s'enflamment & tous les autres fymptomes paroiffent naturelle- ment. On voit donc bien tout le danger que l'on court en négli- geant le rhume des chevaux.

Dès qu'on s'apperçoit que le rhume tombe dans les narines du cheval, il faut faire une faignée abondante pour éluder la difpofi- tion inflammatoire, enfuite on lui donne deux fois par jour une boiffon bien chaude, & on le mene promener doucement. Il faut fur toutes chofes le tenir chaudement & proprement, & lui donner le lendemain de la faignée une purgation ordinaire. Si cela ne fuffit pas, réitérez le jour fuivant la faignée & faites-la auffi abondante que la premiere & continuez encore un jour le même régime. M. *Hall* dit l'avoir toujours pratiqué à l'égard de tous fes chevaux avec le plus grand fuccès; il croit & avec raifon avoir garanti plufieurs fois ces animaux de la maladie dont il eft ici quef- tion : il affure que fes voifins fuivant fon exemple, n'ont jamais eu non plus que lui des chevaux attaqués de cette maladie.

De même que le rhume, une indigeftion peut auffi caufer la morve, en corrompant le fang & en produifant une furabondance d'humeurs groffieres qui cherchent naturellement à s'épancher par les glandes de la membrane pituitaire. On fent bien que ces humeurs déjà mal cuites & mal digérées doivent faire un engor- gement & enflammer par conféquent, & même ulcérer par l'âcreté qu'elles acquierent en féjournant, la membrane pituitaire ; delà la morve qui eft alors d'autant plus dangereufe & difficile à guérir, que le fang eft empreint du vice qui l'a caufée : les remedes cepen- dant doivent être les mêmes, mais on ajoute l'attention de mêler du foufre & de l'antimoine avec la nourriture que l'on donne, par-là on purifie le fang & on empêche qu'il ne continue de porter la matiere morbifique dans la partie déja affectée, qui fe guérit en même temps par le fecours des remedes extérieurs que nous indiquerons bientôt. Mais nous avertiſſons que la moindre omiſſion ſur ce point n'occaſionneroit qu'une guériſon imparfaite de la membrane pituitaire, & que par conſéquent le vice reſtant dans le ſang, la rechûte ſeroit infaillible.

Mais avant que l'on n'entreprenne de guérir un cheval par la méthode que nous devons donner dans le chapitre ſuivant, il faut être aſſuré que la morve eſt réellement établie ; article ſur lequel on ne pourra point s'écarter, ſi l'on tient préſens à ſes yeux les différens ſymptomes que nous avons indiqués. Car il ne faut pas auſſi prendre pour morve tout écoulement du nez quelconque ; parce que l'on ſ's'expoſeroit à faire ſubir à ſon cheval une méthode pénible pour une légere indiſpoſition qui pourroit être guérie par une ſimple ſaignée ; ou bien on entreprendroit de guérir une maladie qui de ſa nature pourroit être incurable, & par-là on feroit tomber en diſcrédit la méthode preſque infaillible de guérir la morve, pour n'avoir pas réuſſi à la guériſon d'une maladie toute différente.

Pour éviter cet inconvénient, il faut bien remarquer la différence qu'il y a entre un rhume qui ſe fixe dans les narines & la morve. Nous avons fait voir qu'il peut en être le principe & la cauſe ; mais qu'il n'eſt pas la morve elle-même, & que l'on peut guérir avec beaucoup de facilité ce premier rhume. D'un autre côté un abcès dans les poulmons peut ſe décharger par les narines, & cette maladie peut d'après un examen peu exact, faire croire que l'animal eſt attaqué de la morve ; quoiqu'en effet ces deux maladies ſoient abſolument différentes par leur nature, par leur cauſe, & par leur ſituation, & qu'elles ne puiſſent être guéries par les mêmes remédes.

Lorſque l'on voit donc un écoulement par le nez, il faut bien obſerver la nature & la couleur de la matiere. Si elle eſt âcre, corroſive & d'une couleur dégoûtante, ſi la membrane pituitaire eſt enflée, enflammée & rongée de petits ulceres, ſi la matiere coule continuellement le cheval d'ailleurs ſe portant bien, on peut conclure avec confiance que c'eſt la morve, & l'on doit au plus vîte en entreprendre la guériſon.

D'un autre côté ſi la matiere eſt épaiſſe & blanche, & ſi l'intérieur du nez n'eſt ni enflé ni ulcéré, ſi la matiere coule peu tandis que l'animal eſt en repos dans l'écurie, & ſi l'écoulement au contraire augmente lorſqu'on le fait travailler, s'il reſpire difficilement, & s'il ſe forme en aſpirant l'air une eſpéce de râlement dans la poitrine, tous ces ſymptomes caractériſent l'abſcès du poulmon & non la morve, & nous ajoutons que la maladie eſt incurable,

CHAPITRE CVI.

De la maniere de guérir la Morve.

PAr la description qu'on vient de voir il est certain que la morve n'est autre chose qu'un amas d'ulceres dans la membrane pituitaire & dans les glandes. Il n'y a donc point de méthode plus sûre pour guérir cette maladie que de nettoyer & décharger la partie affectée de cette matiere âcre qui y séjourne ; ce qui seroit très-facile si le mal étoit dans l'extérieur du nez : mais comme il est interne, il faut faire l'opération à l'endroit le plus commode pour injecter les liqueurs détersives qui conviennent le plus dans la partie affectée où est le siége du mal.

C'est une espéce de trépan auquel il faut recourir : car il ne faut point se faire illusion : qu'on tente tant que l'on voudra la guérison de la morve par les remédes internes les plus efficaces, on ne parviendra tout au plus qu'à faire une cure palliative mais jamais radicale, de sorte que la rechûte est toujours certaine & même plus dangereuse que la premiere attaque.

Puisque les hommes sont en état de supporter la violence de cette opération, il n'est pas douteux que les chevaux sont encore bien plus en état par leur constitution vigoureuse d'y résister.

Mais avant que d'y procéder, il faut premierement bien remarquer, si la maladie n'est que dans une narine, ou si les deux en sont affectées ; dans le premier cas une seule ouverture suffit ; dans le second il en faut faire deux, une pour chaque narine à chaque côté de la tête un peu au-dessous des yeux. Il n'y a aucun danger en faisant cette opération ; les expériences qui ont été faites le prouvent suffisamment & doivent animer la confiance du Cultivateur.

D'ailleurs on sçait par l'anatomie que le cerveau des chevaux ne descend pas si bas que les yeux ; ainsi l'on peut faire sans danger deux ouvertures en-dessous.

On se sert d'une seringue pour injecter les liqueurs convenables, & l'on lave & déterge ainsi les parties affectées. On doit faire l'opération & conduire ces ouvertures de façon qu'en pointant la seringue en-haut on puisse injecter tout l'intérieur des sinus frontaux. Il seroit à souhaiter que l'on pût ouvrir vis-à-vis le sinus, mais il est situé trop haut. On courroit trop de danger à y faire l'opération à cause de la proximité du cerveau.

Quoique les sinus frontaux soient situés plus haut que les cavités dont nous avons fait la description & qui sont dans les côtés de la cloison des narines. Il ne faut point croire qu'ils soient plus difficiles à laver & à déterger que ces dernieres.

En faisant usage de cette nouvelle méthode qui est à présent généralement adoptée, du moins par les personnes qui connoissent la structure du cheval, on a deux objets importans, le premier c'est de faire l'ouverture pour y insinuer une seringue qui envoye les liqueurs convenables dans les parties léfées, afin que la membrane & ses glandes étant bien détergées & déchargées de la matiere morbifique la liqueur que l'on injecte puisse entraîner la matiere qui est au-dessus & qui par ce moyen trouve un passage libre.

Or celle qui est dans les sinus frontaux tombe alors d'elle-même & est emportée par les liqueurs que l'on injecte dans ces cavités; mais il n'en est pas de même de la matiere qui se trouve arrêtée dans les sinuosités de la cloison du nez, elles sont si profondes & si tortueuses que la matiere qui s'y loge ne peut plus s'échaper par les voies naturelles, de-là la nécessité indispensable de recourir encore à une nouvelle ouverture, mais comme elle doit être beaucoup au-dessous de la premiere on peut la faire avec encore beaucoup moins de danger.

Pour se procurer une ouverture qui facilite la détersion de ces cavités, il faut percer les divisions osseuses & faire ensuite plus bas une autre ouverture afin que la matiere morbifique mêlée avec la liqueur que l'on injecte découle librement. Pour procéder avec sûreté à cette opération, il faut auparavant avoir examiné bien attentivement la tête d'un cheval mort de cette maladie. Par-là on apprendra beaucoup mieux les directions que l'on doit donner à son instrument que par tous les documens qu'on donne de bouche ou par écrit.

Les ouvertures étant faites, il faut injecter avec force & boucher la narine, afin que les liqueurs que l'on injecte sortent par l'ouverture inférieure; par ce moyen toute la partie affectée se trouve bien détergée, & en répétant souvent les injections on guérit radicalement l'animal.

Si la liqueur & la matiere ne découlent point librement par l'ouverture inférieure, il faut y insinuer un fer pointu. La conformation particuliere des os qui forment cette partie peut arrêter la
matiere,

matiere, mais par le fecours dudit fer on débouche le paffage, & l'on donne un libre cours aux li queurs ; mais comme il arrive fouvent que l'ouverture faite avec ce fer fe referme trop tôt, pour éviter cet inconvénient, il faut l'entretenir en la brûlant avec un fer chaud.

On doit cette méthode, qui a été très-bien accueillie en France, & qui devroit l'être par-tout, au fieur Lafoffe.

CHAPITRE CVII.

Des liqueurs dont on compofe les injections pour guérir la Morve.

ON employe dans la cure de cette maladie plufieurs fortes d'injections que l'on fait fuccéder l'une à l'autre. La premiere dont on fait ufage, fe compofe de la maniere fuivante : & c'eft ici le cas où nous devons avertir le Cultivateur qu'il doit fuivre à la lettre notre marche, & ne pas en laiffer échapper la moindre circonftance.

Faites bouillir douze pintes d'eau. Au premier bouillon verfez-la dans un vafe affez grand pour contenir trois fois la même quantité. Vous y jettez peu à peu trois livres de chaux la plus fine & la plus déliée. Il fe fait une fermentation & une ébullition : lorfque la liqueur n'eft plus en mouvement & qu'elle eft refroidie, l'eau fe clarifie & devient tranfparente à mefure que la chaux fe précipite dans le fond du vafe ; lorfque l'on voit que la chaux eft tombée au fond & qu'elle y forme une efpéce de poudre blanche, décantez, c'eft-à-dire, verfez par inclinaifon la liqueur qui furnage la chaux & laiffez-la repofer pendant toute la nuit ; vous trouverez le matin une efpéce de crême qui fe fera formée fur la fuperficie, ôtez-la avec une écumoire & mettez la liqueur dans une bouteille. Cette chaux a autant de force qu'il lui en faut pour déterger les finuofités de la cloifon du nez & les finus frontaux. On voit par les attentions que nous voulons que l'on apporte à la compofition de cette liqueur, que le plus fûr pour le Cultivateur eft de la compofer lui-même. Ce mêlange fait ajoutez fur deux bouteilles un demi-feptier de vinaigre & une demi-once de fel après la diffolution duquel la liqueur fe trouve entiérement compofée.

Les deux ouvertures étant faites dans les parties de la tête que nous avons indiquées, on chauffe cette liqueur, & lorfqu'elle a le degré de chaleur à pouvoir y fouffrir long-tems la main, on en remplit une feringue qui tient une pinte; on ferre les narines du cheval & l'on poufle le pifton avec force afin que la liqueur fe porte par les ouvertures aux parties affectées. Après qu'on a fait entrer la plus grande partie de l'injection, on laifle les narines ouvertes, & l'on voit découler la liqueur en partie par les narines & en partie par l'ouverture inférieure.

On réitere tout de fuite l'injection avec la même quantité de liqueur, on laifle enfuite le cheval prendre du repos pendant deux heures, au bout duquel temps on recommence comme ci-deflus, & l'on continue pendant quatre jours d'injecter foir & matin.

A cette efpéce d'injection faites-en fuccéder une autre que l'on fait comme vous allez voir.

Faites calciner deux gros de couperofe en poudre dans une poële jufqu'à ce qu'elle devienne une poudre grife & féche; ayez le foin de la bien remuer. Mettez cette poudre dans quatre pintes d'efprit de vin, ajoutez-y un peu de noix de gale raclée, fecouez ce mêlange & laiffez-le repofer pendant la nuit. Vous le trouverez le matin noir comme de l'encre.

Le fecond jour on avance les injections que nous avons recommandé de faire à quatre heures après midi, au lieu de les faire à fept ou huit, temps auquel il convient de faire chauffer la feconde liqueur. On en prend une chopine & l'on l'injecte de la même maniere que la précédente. On laifle repofer enfuite le cheval. On réitere cette injection-ci à huit heures du foir le quatriéme jour, laiffant, comme on le voit, un jour d'intervalle.

Après l'ufage de ces deux injections on fe fert d'une troifiéme qui fert à compléter la cure & qui fe fait de la maniere fuivante.

Prenez un quarteron d'alun, réduifez-le en poudre, ajoutez la même quantité de vitriol blanc, mettez au feu ce mêlange dans un creufet, il fe fond, & enfuite il fe féche: alors ôtez-le du feu & réduifez-le en poudre, mettez-le dans un grand vafe, verfez par-deffus quatre pintes d'eau de chaux, faites comme ci-deflus; remuez le tout avec un bâton & laiffez-le repofer toute la nuit; le lendemain matin décantez cette liqueur; ayez l'attention de ne point laiffer tomber le fédiment qui eft au fond, & ajoutez à cette liqueur ainfi clarifiée deux pintes de fort vinaigre; l'on met le tout enfemble en bouteille.

Les quatre premiers jours écoulés on fait les injections soir & matin avec cette derniere compofition, en obfervant d'injecter la feconde liqueur vers les huit heures du foir des jours pairs, avançant ces jours-là pour cet effet de quelques heures l'injection de la troifiéme liqueur.

Rien n'eft plus lumineux, plus fondé en principe & par confé-quent plus folide que cette méthode : ce n'eft que d'après beaucoup d'expériences également heureufes que nous affurons la parfai-te guérifon de l'animal. On voit qu'elle eft également peu difpen-dieufe & embarraffante. Il n'eft pas bien facile d'indiquer le tems qu'il faut pour compléter la guérifon, cette circonftance dépend du dégré de la maladie : mais nous avons obfervé en général qu'un cheval peut être guéri en trois femaines ou un mois. On a le plaifir de voir les progrès que les remédes font chaque jour par la diminu-tion de l'écoulement. Nous avertiffons toutefois de ne point imi-ter certains Cultivateurs qui, dès que l'écoulement a ceffé ceffent entiérement les injections. Cette pratique eft abfurde, il en eft des animaux comme des hommes ; ils n'ont point de maladie qui ne foit fuivie quand ils en reviennent d'une convalefcence. Ce tems qui eft précifément le tems décifif de l'individu, doit être ménagé. Il y a donc très-peu d'intelligence à fupprimer toutes fortes de médi-camens. Auffi recommandons-nous comme un point des plus im-portans de continuer les injections après la guérifon, au moins pendant quinzaine de trois ou de deux en deux jours.

Si la chair croît trop vîte & tend à fa réunion avec trop de célérité aux environs des ouvertures, il faut la brûler avec un fer chaud ; car il faut conferver le paffage libre pour l'entrée & la fortie de la liqueur. Sans cette précaution on s'expofe à renfermer le loup dans la bergerie. Si le cheval a d'ailleurs quelque incommodité il faut mêler du fafran & de l'antimoine avec l'avoine que l'on lui donne.

Autre efpéce d'injection.

Lorfque la morve a fon fiége précifément dans les finus fron-taux, & qu'il n'y a aucun principe de corruption dans la maffe du fang ; le reméde fuivant peut feul opérer le même effet que les trois injections précédentes.

Prenez un quarteron d'ellébore noir, autant de racine de bétoine réduifez le tout en poudre impalpable, mettez-le bouillir dans huit pintes d'eau auxquelles vous ajoutez deux pintes d'eau-de-vie, jufques à la réduction de huit pintes, injectez de la même façon que ci-deſſus, une chopine matin & ſoir, & frottez avec du ſuif fondu & en tout ſens toute la partie extérieure du nez du cheval. Injectez de quatre en quatre heures une chopine d'eau de ſavon ordinaire, & la morve ſe guérit parfaitement. Nous n'avons vu que deux fois adminiſtrer ce reméde, mais il a eu tout le ſuccès deſiré.

Nota, qu'on ne change point d'injection pendant toute la cure & que l'on a l'attention de purger le cheval dans les quinze premiers jours de ſa convaleſcence.

Nous ferons encore obſerver qu'en ſuivant la méthode des trois ſortes d'injections; il eſt très-prudent de purger le cheval dans les premiers tems de ſa convaleſcence; & qu'en ſuivant celle de la ſeule injection on mêle pendant le tems de la cure l'avoine avec du ſoufre & de l'antimoine.

Lorſque dans ce tems de la convaleſcence on veut, comme nous l'exigeons, purger le cheval, il convient de l'y préparer un ou deux jours auparavant, autrement elle fera très-peu d'effet. Il faut donc lui donner le jour précédent une certaine quantité d'eau de ſon qui ſoit chaude, le tenir tranquille, & lui faire prendre le lendemain à jeûn la purgation que l'on lui deſtine. Voici deux ſortes de médecine, & l'on peut choiſir.

Premiere Purgation.

Prenez une once & deux gros d'aloës en poudre, deux gros de crême de tartre, une once & demie de beurre frais, & demi-once de poudre d'anis : faites deux bols de ce mélange, que vous enveloppez encore de beurre afin que le cheval les avale plus aiſément, après quoi vous lui faites boire un demi-ſeptier de biere bien chaude.

La doſe, dit M. *Hall*, doit être plus ou moins forte, ſuivant que le cheval eſt plus ou moins groſſier; car, ajoute le même auteur, il y a autant de différence entre un cheval de charrete & un cheval fin, qu'il y en a entre le charretier & l'homme de cour.

Seconde Purgation.

Prenez une once d'aloës, un quart d'once de jalap en poudre, & une drachme de poudre de gingembre : mêlez le tout avec deux onces de beurre frais, faites-en deux ou trois bols que vous envelopez encore d'une ſuffiſante quantité de beurre, faites avaler, & donnez enſuite une chopine de biere chaude dans laquelle vous avez jetté auparavant quatre gros de criſtal minéral.

CHAPITRE CVIII.

De la conduite que l'on doit tenir à l'égard du Cheval le jour de sa purgation.

APrès qu'on a donné la médecine & la biere chaude de bon matin il faut promener doucement le cheval pendant un quart-d'heure ; on le ramene ensuite dans l'écurie où l'on ne lui donne rien à manger pendant deux heures.

Ce tems écoulé on lui donne une petite quantité de foin, & un quart-d'heure après un peu d'eau chaude. Une heure après donnez-lui un peu de son échaudé ; ensuite promenez-le un peu à l'air. C'est ainsi que l'on purge bien un cheval & que l'on étend plus ou moins les effets de la purgation par le plus ou le moins d'exercice qu'on lui fait faire & par le plus ou le moins de son échaudé qu'on lui donne, sur-tout si c'est du son de seigle.

Mais si, comme il peut arriver quelquefois, il se faisoit malgré toutes les attentions du Cultivateur une superpurgation violente, il faut avoir recours à la boisson suivante, elle est infaillible :

Boisson astringente.

Faites bouillir trois pintes de vieille biere ou de vin vieux & quelques croutes de pain bis, ajoutez une once de blanc d'Espagne & un quart d'once de dioscordium fait avec du miel ; si la premiere prise n'arrêtoit point la superpurgation en quatre ou cinq heures, redonnez la même quantité de blanc d'Espagne & doublez la dose du diascordium en une seule pinte de biere avec du pain. Vous verrez que la nature reprendra son ton.

Nous avons fait remarquer que les rhumes sont le plus souvent la cause de la morve ; il convient donc d'indiquer ici au Cultivateur toutes les attentions qu'il doit avoir pour ses chevaux lorsqu'il les ôte du pâturage ; puisque c'est principalement dans ce tems où ces animaux essuyent toutes les intempéries de l'air qu'ils sont le plus sujets aux rhumes, & c'est l'objet que nous nous proposons.

CHAPITRE CIX.

Des soins que l'on doit à un Cheval que l'on ôte du pâturage.

Rien de plus prudent & par conséquent de plus salubre que de purger un cheval lorsqu'on l'ôte du pâturage. Mais cette purgation ne doit avoir lieu qu'après l'avoir tenu huit jours au moins dans l'écurie. Pendant ce tems on lui donne deux fois par jour du son échaudé.

Pour peu qu'on néglige un cheval qui sort du pâturage, il est attaqué de maladies dont la cure est aussi difficile que longue : il importe donc essentiellement au Cultivateur d'en garantir ses chevaux en les tenant bien séchement. Les laisse-t-il dans une écurie où l'humidité abonde, ils deviennent galeux. Si c'est un cheval fin il ne faut point le laisser dans le pâturage au-delà de la S. Barthélemi, d'abord à cause des froidures, ensuite à cause du peu de nourriture qu'il trouve. Les rosées commencent dans ce tems à être piquantes, & l'herbe n'a presque plus de substance, elle est sans force.

Il est bon de faire le poil à un cheval fin aussi-tôt qu'on l'ôte du pâturage, & de choisir pour cela un beau jour chaud. On lui frotte ensuite tout le corps avec du savon, prenant bien garde qu'il n'entre rien dans ses yeux ni dans ses oreilles. On le lave ensuite avec de l'eau chaude & on l'essuie avec des lambeaux de flanelle, on lui fait ce pansement deux fois de suite, après quoi on le met dans l'écurie où on le frotte de nouveau avec un morceau de drap jusqu'à ce qu'il soit bien sec.

Lorsque nous recommandons cette attention pour les chevaux fins il ne faut point croire ne pas la devoir aux chevaux de la Ferme; au contraire, destinés à de plus violens & plus pénibles exercices, ce seroit bien peu priser les services importans qu'ils rendent si on leur refusoit les mêmes soins.

Il n'est rien de plus salubre pour un cheval que de lui ôter toute la crasse qui s'est rassemblée sur sa peau dans les pâturages. On le tient donc, après l'avoir bien décrassé, pendant une semaine au régime prescrit ci-dessus, & on lui fait une saignée & on le purge. Par ce traitement on le familiarise insensiblement avec sa nouvelle façon de vivre & on le garantit de toute sorte de maladie.

CHAPITRE CX.

De la maniere de guérir le Rhume.

LE danger de cette maladie négligée, doit réveiller toute l'at_tention du Cultivateur. Pour la cure,

Faites bouillir dans deux pintes de biere trois onces de reglisse divisée en filets fins ; passez la liqueur, exprimez autant qu'il vous est possible ; ajoutez trois drachmes d'énula campana, une drachme de poudre d'anis, un demi-septier d'huile & un quarteron de miel ; mêlez le tout & faites-le avaler chaud au cheval. Si la premiere dose est sans effet, répétez jusqu'à trois ou quatre fois.

Reméde pour un Rhume invétéré.

Mettez dans un grand vase six livres de farine de froment, mê-lez-y deux onces de poudre d'anis, une once de cumin, trois onces de graine de lin, une once & demie de fenugrec ; remuez bien le tout, ajoutez-y une demi-livre de poudre de reglisse, un quarteron de fleur de soufre, trois onces de bayes de laurier, trois onces de bayes de genevrier & trois onces d'énula campana.

Ces drogues remuées & mêlées, on prend six jaunes d'œufs que l'on fouette dans quatre bouteilles de vin blanc, ajoutez une livre & de-mie de miel, une pinte d'huile, mêlez le tout, ajoutez les poudres précédentes ; faites de ce mêlange une pâte, donnez-lui la consistance de bols de la grosseur d'un œuf de poule. Il faut la délayer quand on veut s'en servir. Deux de ces bols suffisent, on les délaye dans l'urine de cet animal matin & soir ; on lui donne durant quinze jours.

CHAPITRE CXI.

Contenant la description des Planches.

PLANCHE PREMIERE.

Meule particuliere pour le Foin.

COmme on est quelquefois obligé de retirer le foin avant qu'il soit bien sec, à cause des tems pluvieux qui surviennent ; ce foin s'échauffe, prend un mauvais goût, rend une odeur désagréable, & quelquefois même s'allume & se brûle. Les bestiaux s'en dégoûtent, le Cultivateur ne peut le vendre qu'à très-bas prix, de sorte qu'il risque de n'en point retirer de quoi le dédommager de ses peines & de ses frais.

La meule dont nous donnons ici le plan obvie à tous ces inconvéniens ; le foin s'y desséche & s'y conserve pendant très-long-tems aussi frais, d'aussi bon goût, & d'une odeur aussi agréable que si l'on venoit de le faucher. Le Cultivateur par ce moyen peut garder son foin sans craindre qu'il se gâte jusqu'à ce qu'il trouve l'occasion de le vendre à un prix qui lui convienne. Cette meule peut être portative ou à demeure ; en voici la description.

On bâtit un mur de la hauteur d'un pied & de la largeur du contour de la meule ; on laisse dans ce mur deux sentiers vuides qui se croisent exactement, & qui se rencontrent au centre ; ces deux sentiers faits en croix doivent avoir un pied de largeur ; & on les couvre avec une échelle de bois, y laissant une ouverture ronde au centre. On bâtit sur ce fondement la meule de foin, mettant dans le trou du centre une botte de paille, qu'on hausse à mesure que la meule s'éleve, afin de conserver l'ouverture du centre de la meule toujours ouverte.

On voit bien que l'air doit entrer par les sentiers ou ventouses du fondement, qu'il doit aboutir à l'ouverture ou soupirail du centre de la meule, que le foin a beau s'échauffer par son humidité, que cette humidité échauffée trouve une issue par le soupirail, qui empêche que le foin ne s'allume & ne se brûle ; & que le foin

ayant

étant toujours rafraîchi par un nouvel air, ne peut pas manquer de se conserver frais, d'une bonne odeur & d'un bon goût.

Si l'on joint à cette espéce de meule l'engard flamand, qui garantit les meules de foin de la pluie, & que l'on fait rouler d'un côté & d'autre à volonté, le Cultivateur aura tout ce qu'il lui faut pour conserver son foin toujours en bon état.

L'engard flamand est fait de bois léger, & couvert de chaume; il est ouvert d'un côté & fermé de tous les autres, on le fait assez large & assez haut pour couvrir trois meules de foin. On le pose sur des roulettes fortes, afin de le mouvoir aisément où l'on veut. On tient les meules de foin à découvert dans le beau tems, & quand on voit venir la pluie, on roule cet engard en dirigeant son mouvement de façon à couvrir les meules de foin, mettant son côté ouvert à l'exposition opposée à la pluie.

AAAA, les ventouses par lesquelles l'air extérieur rafraîchit celui qui est au soupirail du centre.

BBBB, échelles ou cremailleres couchées sur la partie supérieure de chaque ventouse & sur lesquelles le foin porte. Elles partent chacune de la circonférence & vont aboutir au vuide qui est dans le centre, c'est-à-dire au soupirail. *C*. Le centre, ou soupirail.

Il résulte encore d'autres avantages bien considérables de cette meule. Comme le foin se séche sans être exposé aux rayons du soleil, il conserve beaucoup mieux ses parties substantielles & nourrissantes, & cela est si vrai qu'un cheval est aussi parfaitement nourri avec une demi-ration qu'avec une ration entiere.

Combien cette méthode ne seroit-elle pas avantageuse, par exemple, dans un camp retranché où une armée n'a d'autre objet que de se tenir sur la défensive? cette meule seroit dans ce cas d'autant plus avantageuse qu'on pourroit la faire sur les mêmes dimensions d'un bon bois de charpente, & par conséquent mouvante, en la posant sur quatre roulettes d'une force proportionnée à sa grandeur.

PLANCHE SECONDE.

Fig. 1. A. L'yvroye.
Fig. 2. B. Pois chiche.
Fig. 3. C Lentille.
Fig. 4. D. Bled Sarrasin.
Fig. 5. E. Clover ou treffle mielleux.

Fig. 6. *F.* Sain-foin ou Bourgogne.
Fig. 7. *G.* Luzerne.
Fig. 8. *H.* Trefle houblonné.
Fig. 9. *I.* Rai-gras.
Fig. 10. *K.* Spargule ou Sparcette.

Description de la Planche premiere du Livre dixiéme.

A La julquiame.

B La ciguë.

C La morelle.

D La filipendule.

E La mercuriale.

F L'herbe S. Chriſtophe.

G La renoncule d'eau.

H L'if.

I Le cotyle-don de marais.

K La lauréole.

L L'Eſpéce rouge de roſ-ſolis.

M La luzerne entrelaſſée de la cuſcute ou barbe de moine qui ſerpente, comme on le voit, autour des tiges de la luzerne, & dont les tiges, quand elles ſont parvenues à la ſommité de cette herbe ſe réuniſſent de diſtance en diſtance & forment une eſpéce de réſeau.

N Le roſ-ſolis.

Description de la ſeconde Planche qui repréſente le nouveau Poulailler.

Fig. 1. Plan du poulailler. *A*, Plan du poële pratiqué dans le mur, & qui ſert à tempérer pendant la nuit les froidures de l'hiver. On ne ſçauroit croire combien cette attention favoriſe la ponte des poules, qui pendant cette ſaiſon ſont ordinairement ſtériles. *BBBB*, Auges pour mettre la graine & l'eau deſtinées à la nourriture des poules. On pratique à quatre pouces au-deſſus une eſpéce de toît qui empêche que les poules en voltigeant n'y faſſent tomber des ordures. On fait dans leſdites auges de petites traverſes de fil d'archal, ou pour épargner, d'oſier, poſées horizontalement afin que les poules en béquetant dans l'auge pour manger ne faſſent point répandre la graine.

CCCC, Nids pratiqués dans l'épaiſſeur du mur & dont les ouvertures doivent être faites en recouvrant la partie extérieure du nid, de façon que quand deux poules ſeroient à côté l'une de l'autre, chacune dans son nid, elles ne puissent point se voir.

Fig. 2. Elévation géométrale du bâtiment. *A A*. Porte d'entrée pour la gouvernante qui doit avoir l'attention de la tenir fermée. *B B*, Echelle par laquelle les poules montent au juchoir. *C C*. Poules qui vont se percher au juchoir. *D D*. Petites croisées que l'on ouvre ou ferme pour la commodité du poulailler, & qui font pour la plus grande sûreté de la volaille, fermées d'un châssis garni d'un treillage de fer.

Fig. 3, coupe & profil de l'intérieur du poulailler. *A*, poële. *B B B*, tuyau qui monte perpendiculairement jusqu'à la hauteur de l'amphithéâtre & sort par la lettre *C. D*, boule de fer pratiquée dans le milieu du tuyau au milieu de l'amphithéâtre & qui forme une espéce de réservoir de chaleur. *E E E*, niches pratiquées dans l'épaisseur du mur pour la ponte des poules. *F F*, échelles latérales qui leur servent à y monter. *G*, échelle qui sert aux poules à descendre de l'amphithéâtre pour aller pondre & manger, & remonter audit amphithéâtre. *H H H H*, amphithéâtre qui commence au niveau du dessus de la porte, & où les poules vont se jucher pendant la nuit, ainsi qu'on peut les voir dans la *figure* 2. aux lettres *I I I I* qui marquent des niches quarrées où chaque poule peut se remuer sans incommoder celles qu'elle a à ses côtés ; elles font à vuide par dessous pour que la fiente des poules tombe par terre. Les petites clisses qui les séparent, font d'osier, elles doivent avoir dix pouces de hauteur sur huit de largeur, & n'avoir pour pied qu'un petit bâton pointu que l'on fiche dans un trou pratiqué dans la barre de traverse sur laquelle la poule s'accroupit. Il faut qu'on puisse facilement les enlever pour les tremper de temps en temps dans de l'eau où l'on fait bouillir du tabac & du stafisagria ; avec ce soin jamais la volaille n'a de vermine. *K K K K*, barres de traverse qui doivent être quarrées afin que les poules s'accroupissent plus aisément : elles vont jusques en *L L L L*. Il faut leur donner trois pouces de large & un pouce & demi d'épaisseur pour n'être point obligé de les renouveller.

Fig. 4. extérieur de l'amphithéâtre. *A*, ouverture en rond par où les poules entrent. On a vu la description du reste, ainsi il n'est pas nécessaire de la répéter.

On observera sur-tout de bâtir le poulailler sur un terrein qu'on éleve au moins de deux pieds & demi au-dessus du niveau, afin que les poules ayent le pied sec & qu'elles ne soient exposées à aucune humidité. Son exposition doit être de l'Est à l'Ouest : on conſtruit un auvent afin que la volaille, lorſqu'il a plu ou qu'il pleut encore, puiſſe prendre l'air & ſe promener ſans ſe mouiller. On jette ſous cet auvent de mois en mois du ſable le plus atténué, par exemple celui des allées des jardins quand on le change pour en ſubſtituer d'autre ; lorſqu'on renouvelle celui de l'auvent, on garde à part bien précieuſement le vieux. C'eſt un engrais des plus efficaces pour toutes les terres, ſi l'on en excepte les ſablonneuſes, mais principalement pour les argiles glaiſeuſes. On pratique la même choſe pour l'intérieur du poulailler.

A l'extrémité du poulailler, qui eſt la plus expoſée au Midy, on pratique une cloiſon pour former une petite piéce où l'on met les couveuſes. Par ce moyen elles s'acquittent tranquillement de leur fonction & elles ſont chaudement : cette piéce au lieu d'être en terre ou pavée de pierres, doit avoir un plancher qui ſoit élevé au-deſſus du ſol, au moins de ſix pouces, afin que les petits pouſſins qui commencent à ſe promener, ne ſentent aucune fraîcheur aux pieds.

On garnit toute cette piéce de paniers faits d'oſier, dans leſquels on met de la paille, du foin & un peu de plume pour former les nids des couveuſes. On réſerve une partie de cette piéce pour mettre de mauvais lits de plume pour faire couver les poules d'Inde, qui comme nous l'avons fait obſerver, s'acquittent parfaitement de cette fonction & épargnent aux Cultivateurs beaucoup de poules, par le grand nombre d'œufs qu'on met ſous elles.

Il faut ſur-tout dès que le temps de l'incubation s'eſt écoulé, faire quitter le nid à la poule d'Inde & le vingt-troiſiéme jour paſſé lui ôter tous les œufs qui n'ont pas pu éclore & la faire ſortir ; autrement comme l'incubation de ſes propres œufs eſt plus longue, elle y reſteroit & ne feroit que s'épuiſer inutilement.

La Gouvernante doit être bien attentive à faire manger les poules d'Inde qui couvent, deux fois par jour. Elle doit même avoir l'attention de les ôter du nid pour les faire vuider, ſans quoi ces pauvres animaux ſont ſi attachés à leurs œufs, qu'ils mourroient plutôt que de les abandonner un inſtant.

S'il y a des poules qui ayent fait leurs œufs dans un nid du poulailler qui veulent les y couver, on peut dans l'été le leur permettre, pourvu toutesfois qu'on mette une eſpéce de claye à l'ouverture du nid, afin que les autres poules & les coqs ne les dérangent point.

Nota, que la plante que nous avons appellé célandine, ſe nomme plus univerſellement eſclaire ou chélidoine.

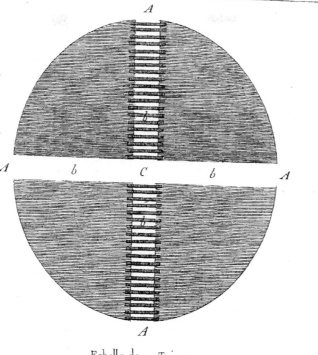

Echelle de 12 Toises.

1   2   3   4   5   6   7   8   9   10   11   12

Chalmandrier Sculp

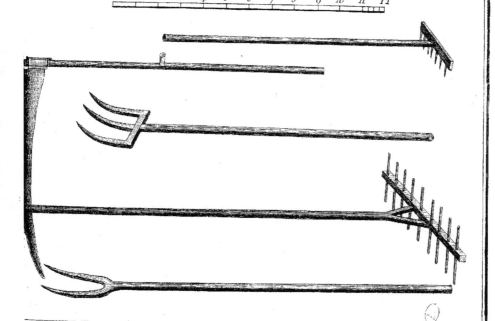

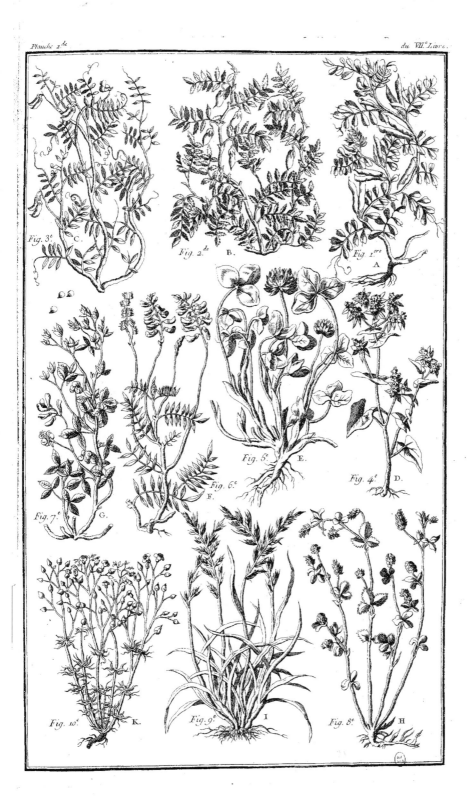

Fig. 3.^e   C.

Fig. 2.de   B.

Fig. 1.re   A.

Fig. 5.^e   E.

Fig. 6.^e   F.

Fig. 4.^e   D.

Fig. 7.^e   G.

Fig. 10.^e   K.

Fig. 9.^e   I.

Fig. 8.^e   H.

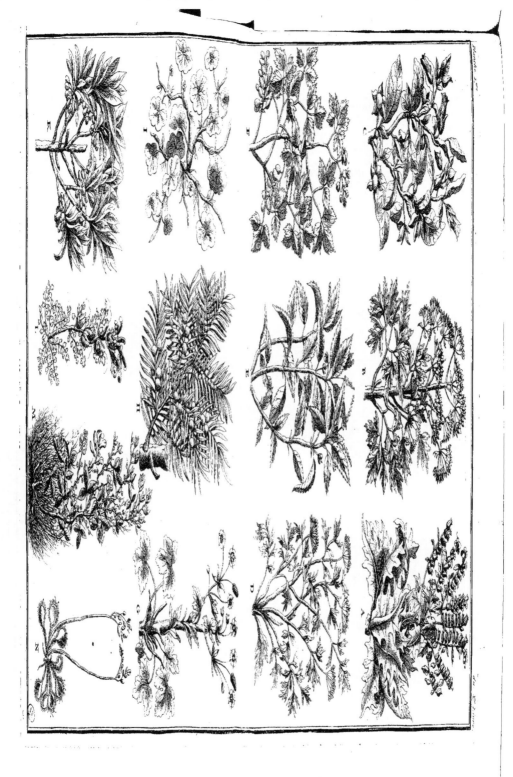

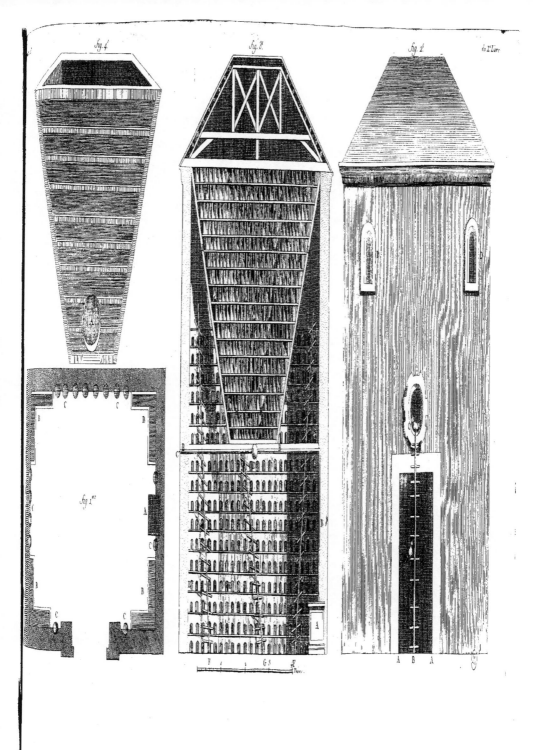

TABLE DES CHAPITRES

LIVRE SEPTIEME.

LIVRE HUITIEME.

PREMIERE PARTIE.

SECONDE PARTIE.

LIVRE NEUVIEME.

LIVRE DIXIEME.

Du tort que les Insectes , les animaux & les mauvaises herbes font aux arbres , aux racines & aux herbes , divisé en trois Sections.

SECTION PREMIERE.

SECTION II.

Des dommages causés par des Animaux plus gros.

SECTION III.

SECTION III.

Des dommages caufés par les mauvaifes Herbes.

LIVRE ONZIEME.

Des maladies des Bestiaux, divisé en quatre Sections.

SECTION PREMIERE.

Des maladies des Bœufs & des Vaches.

SECTION II.

Des Maladies des Moutons.

SECTION III.

Des Maladies des Cochons.

Fin de la Table des Chapitres.

LE GENTILHOMME

CULTIVATEUR.

TOME SIXIEME.

LE GENTILHOMME
CULTIVATEUR,
OU
CORPS COMPLET
D'AGRICULTURE,

TRADUIT de l'Anglois de M. HALL, & tiré des Auteurs
qui ont le mieux écrit fur cet Art.

Par Monfieur DUPUY DEMPORTES, *de l'Académie de Florence.*

*Omnium rerum ex quibus aliquid acquiritur, nihil eft Agriculturá melius, nihil uberius,
nihil homine libero dignius.* Cicer. liv. 2. de Offic.

TOME SIXIEME.

A PARIS,

Chez
- P. G. SIMON, Imprimeur du Parlement, rue de la Harpe.
- La Veuve DURAND, Libraire, rue du Foin.
- BAUCHE, Libraire, Quay des Auguftins.

A BORDEAUX,

Chez CHAPUIS, l'aîné.

M. DCC. LXIII.
Avec Approbation & Privilége du Roi.

LE GENTILHOMME

CULTIVATEUR.

Continuation du onziéme Livre & de la Section
quatriéme.

CHAPITRE PREMIER.

L eſt étonnant que l'on ſe plaigne continuellement de l'ignorance des Maréchaux, & qu'on ne ſe mette point en état de n'être plus leur dupe : une étude ſuperficielle des maladies des chevaux ſuffiroit cependant pour ſe décider avec diſcernement ſur le choix des perſonnes auxquelles on pourroit confier la cure de ces animaux ; ils ſont ſi utiles, qu'on devroit bien par intérêt s'inſtruire & acquérir des connoiſſances propres à ſe délivrer des raiſonnemens abſurdes de certains Maréchaux, gens ſans principes, & par conſéquent expoſés à chaque inſtant à rendre cet animal précieux la victime de leur ignorance.

Il ſemble que la médecine ait rougi par la ridicule vanité de ceux qui l'exercent, d'étendre ſes lumieres juſques ſur un animal qui réunit l'agréable & l'utile. Pour nous, après les recherches profondes que quelques Ecrivains modernes ont faites ſur cette matiere trop longtems négligée, nous nous faiſons une véritable gloire de préſenter aujourd'hui le fruit de nos obſervations au Lecteur, & de l'inviter à nous lire. Nous avons évité tout l'ennuyeux du ſyſtême, & nous nous ſommes réduits avec toute la préciſion poſfible aux avantages de la pratique ; trop heureux fi par l'attention que nous portons à nous rendre utiles, nous pouvons nous flatter d'avoir coupé les aîles à l'ignorance & donné affez d'émulation à nos concitoyens, pour s'inftruire dans une matiere auffi importante pour eux.... Si l'on trouve que nos recettes font trop difpendieufes, nous répondons d'abord qu'elles ne fçauroient l'être pour des animaux dont les travaux & les fervices font d'un fi grand prix, enfuite que nous avons eu l'attention de mettre à côté des drogues moins cheres pour nous conformer aux facultés d'un chacun.

A Dieu ne plaife que nous imitions le geai qui fe pare des plumes du pan. Nous ne nous donnons ici que pour compilateurs : nous avons glané dans tous les auteurs qui ont écrit le plus pertinemment fur les maladies des chevaux ; nous pouvons même dire que nous ne nous fommes point laiffé éblouir par leur réputation : tout le bon que nous avons pris chez eux, nous ne l'avons regardé comme tel, qu'après l'avoir confirmé par quelque expérience. Ainfi toute l'obligation que le Lecteur peut nous avoir, c'eft d'avoir choifi dans une foule d'inutilités les chofes utiles,& de les avoir raffemblées fous un point de vue commode pour lui ; nous les avons étayées de nos obfervations : nous avons eu l'attention de bannir tous les termes de l'art, qu'un lecteur peu verfé dans la matiere traite de termes barbares... Lorfque nous avons travaillé pour les Cultivateurs, nous n'avons pas prétendu interdire l'ufage de notre livre à la Nobleffe. N'être utiles qu'aux uns, c'eft ne l'être qu'à demi à la Société. Nos obfervations peuvent être d'une très-grande utilité pour les chevaux fins & délicats.

Si nous traitons avec un peu de caufticité les Maréchaux en général, nous le faifons avec plaifir : ceux qui s'attachent à leur profeffion, & qui s'y diftinguent, nous en fçauront gré ; peu nous importe que les autres s'en offenfent. L'ignorance, fur-tout lorfqu'elle eft orgueilleufe, ne doit point être ménagée : l'humilier, c'eft donner un nouveau luftre au véritable fçavoir.

Les remédes ne conviennent point aux Chevaux qui fe portent bien.

A entendre les Maréchaux, il faudroit de tems en tems faigner & purger les chevaux, principalement dans le renouvellement des faifons. Cet ufage que leur avidité fordide voudroit établir, & qu'en effet elle n'établit que trop, eft auffi défavantageux aux propriétaires, que favorable aux intérêts de ces gens, qui par état ne fe piquent d'autre gloire que de fe procurer une certaine aifance aux dépens de la crédulité & de l'ignorance de ceux qui les mettent en œuvre. Que l'on ait donc pour régle générale & invariable de donner des médecines aux chevaux aussi peu qu'il est possible, & d'éviter avec soin la ridicule attention de ceux qui font saigner, purger & donner des bols à leurs chevaux, quoiqu'ils jouissent d'une santé parfaite.

Un ménagement convenable dans leur nourriture, de l'attention à leur faire faire de l'exercice, le pansement exact & assidu, peuvent seuls prévenir les maladies, & en guérir la plus grande partie.

En France, en Allemagne & en Dannemarck on médicamentoit autrefois fort rarement les chevaux ; ces nations comptoient beaucoup sur les remédes que les Anglois appellent altérans ; mais il semble que cet usage louable ait beaucoup perdu de son crédit, surtout en France, où les gens du métier ont l'adresse de persuader la nécessité, principalement de la saignée. Il est vrai que les François ont l'usage du foie d'antimoine que les Anglois ont adopté avec d'autant plus de raison, que c'est une excellente drogue, & qu'on peut même en diverses occasions s'en servir avantageusement au lieu de purgatifs.

De la qualité du foin.

Comme le foin est un des articles les plus importans dans la nourriture des chevaux, on doit s'attacher à le bien choisir ; mais comme il arrive souvent que la disette du fourrage ne nous en permet pas le choix, on est obligé de se servir de celui qu'on a, quoique mauvais, alors on doit bien le secouer, pour en séparer la poussiere, parce qu'un semblable foin porte ordinairement le germe de la vermine.

Les féves sont la nourriture la plus forte ; elles ne sont propres qu'aux chevaux qui, sujets à des travaux forcés, font une dissipation extraordinaire, & qui doit être réparée, de peur qu'ils ne tombent en défaillance, & dans une espéce d'inanition. Il est cependant des cas dans lesquels on en donne aux autres chevaux.

Précaution dans l'usage du son.

Le son échaudé est une espéce de panade que l'on fait pour un cheval malade, & dont la digestion n'est pas aisée ; mais il n'est rien de plus dangereux que d'en donner fréquemment aux chevaux qui se portent bien : il relâche & affoiblit les boyaux. Les vers qui s'engen-

A ij

drent dans l'eſtomac , viennent ordinairement du ſon moiſi *
qu'on donne aux jeunes chevaux , ou des autres nourritures ſales dont
on ſe ſert pour les empâter , dans la vue de les vendre plus avanta-
geuſement. Ces chevaux ſont moûs & lâches ; & pour peu qu'on
les exerce, ſont couverts de ſueur, ce qui indique le relâchement des
fibres , & conſéquemment leur foibleſſe. Lorſqu'on eſt donc obligé de faire entrer le ſon dans la nourriture des chevaux , il faut
le choiſir frais moulu, doux & velouté.

L'avoine eſt le meilleur grain pour les Chevaux Anglois.

L'avoine parvenue à une parfaite maturité , eſt une nourriture
plus cordiale & plus ſolide que l'orge , & convient mieux à la
conſtitution des chevaux , comme l'expérience le prouve. Une quantité proportionnée de paille & de foin mêlés avec l'avoine , eſt quelquefois très-utile, & même néceſſaire aux chevaux dont l'eſtomac
eſt incommodé de vers, & à ceux qui ſont dégoûtés. Il y a des chevaux qui mangent la littiere ; & c'eſt le ſymptome d'un eſtomac dé-
pravé ; on doit alors donner de la paille coupée & ſaupoudrée de
craie : le vice qui eſt dans l'eſtomac eſt corrigé , & l'appétit revient.

Bonnes qualités des marais ſalés.

Les marais ſalés ſont un bon pâturage , ſur-tout pour les chevaux qui ont eu des indigeſtions, comme auſſi pour pluſieurs autres
maladies ; ils purgent plus par les ſelles & par les urines, qu'aucune
autre nourriture , & rendent la chair ferme. Les eaux de ces marais ſont , ainſi que l'herbe, empreintes des ſels de l'eau de la
mer : elles méritent donc la préférence.

Les grands avantages qui réſultent de la boiſſon de l'eau de la
mer , ſi fort recommandée parmi nous depuis peu , peuvent ſans
doute venir des bons effets qu'elle a produits dans les maladies chroniques des chevaux dont on déſeſpéroit , & qu'on a envoyés aux
marais , n'ayant point d'autre reſſource.

Herbe verte ſouvent néceſſaire.

L'herbe d'été eſt ſouvent néceſſaire, mais particulierement aux
chevaux gorgés de nourriture, & qui font très-peu d'exercice : il
eſt bon de les mettre à ce régime pendant un ou deux mois. L'herbe

---

* Selon Valiſnieri, Reaumur, Bertin, &c. ces vers ſont produits d'un œuf dé-
poſé par une mouche.

verte eſt principalement avantageuſe aux chevaux qui, à force de travail, ont les jambes enflées, les membres roidis, ou les mollettes; elle ne l'eſt pas moins à ceux dont les piés ſont affoiblis par le pus, ou offenſés par quelque cloud, ou quelqu'autre accident.

Précautions à l'égard du pâturage.

Les prés qui ſont ſitués près des grandes villes, & qui ſont beaucoup fumés, ſont un pâturage impropre aux chevaux, puiſque, ſuivant l'expérience, l'on s'apperçoit du préjudice qu'une telle nourriture leur porte.

Les chevaux ſe porteroient mieux, ſi on les tenoit au pré pendant toute l'année.

On peut tenir des chevaux dehors toute l'année, pourvu que l'on ait des écuries où ils puiſſent ſe mettre à couvert du mauvais tems, & où ils trouvent du foin. Traités de la ſorte, ils ſont rarement malades; leurs membres ſont toujours ſecs & nets; & par le ſecours du grain qu'ils mangent lorſqu'ils ſe retirent, ils deviennent plus propres à la chaſſe & au travail, que ceux que l'on tient conſtamment dans l'écurie.

Ménagemens pour les Chevaux qui reviennent de l'herbe.

Si lorſqu'on retire les chevaux de l'herbe, ils devenoient échauffés & conſtipés, il faut mêler du ſon & du foin haché avec leur avoine, & leur donner pendant quinze jours ou plus longtems du ſon échaudé; il faut pendant quelque tems modérer leur exercice ou travail, & leur nourriture, & l'augmenter après par dégrés.

Antimoine & altératifs quelquefois néceſſaires.

On leur donne quelquefois une égale quantité d'antimoine & de ſoufre mêlés avec l'avoine, pour adoucir le ſang, & tenir le ventre libre. On recommande l'uſage fréquent du foie d'antimoine en pareil cas, demi-once chaque fois. Il y a des auteurs qui croient qu'il réuſſit mieux après que le ſang du cheval a été peu à peu échauffé avec les drogues preſcrites ci-deſſus, ou avec l'antimoine & la gomme de gaïac, priſe auparavant pendant dix ou quinze jours.

Antimoines donnés en poudre très-fine.

Ces antimoines ne doivent point être donnés en poudre groſſiere, comme on le pratique généralement, mais en poudre très-fine; autrement ils ne produiront point d'effet, parce qu'ils ne paſſent point dans le ſang, ce qui doit être cependant l'unique objet de celui qui les adminiſtre.

L'herbe la plus propre à donner dans l'écurie.

Lorſqu'on donne le verd aux chevaux dans l'écurie, on doit prendre garde que l'herbe ſoit jeune, tendre & pleine de ſuc, ſoit que ce ſoit de l'orge ou de l'ivraie, ou du foin en herbe; il faut auſſi obſerver de la couper chaque jour; car lorſque l'herbe eſt anciennement coupée, elle devient pleine de fibres, deſtituée de ſuc, & tend à la corruption : de ſorte qu'elle engendre alors des obſtructions dans les boyaux, qui deviennent ſouvent d'une conſéquence dangereuſe, à moins qu'on ne procure à l'animal une évacuation, lorſqu'on s'apperçoit que la fiente a reſté un tems conſidérable avant que de pourrir ſur le fumier.

Précautions qu'il faut prendre lorſqu'on donne le verd aux Chevaux dans l'écurie.

Lorſque les chevaux perdent beaucoup de chair & de leur embonpoint, en mangeant le verd dans l'écurie, il faut leur donner une nourriture plus ſolide; car il n'en eſt pas de même en mangeant le verd dans l'écurie, que dans les pâturages; parce que lorſqu'ils ſont dans le pré, pour peu qu'on s'apperçoive qu'ils diminuent, on n'a qu'à les purger : ils ſe rétabliſſent bientôt.

On doit les nourrir à proportion de leur travail.

Il eſt impoſſible de preſcrire aucune régle fixe pour la nourriture; nous nous bornons donc à conſeiller de la proportionner au travail, & à ne jamais reſtraindre les chevaux à un régime particulier, ſoit qu'ils travaillent ou non.

Comment on doit ſe comporter pour prévenir le tic.

On doit avoir beaucoup plus d'indulgence pour les jeunes chevaux qui n'ont pas encore atteint entiérement leur accroiſſement, que pour ceux qui ſont parvenus à l'âge où ils ne croiſſent plus; mais s'ils ſont ſi peu d'exercice qu'il ſoit abſolument néceſſaire de diminuer la ration du foin, il faut toujours garnir le ratelier de paille, afin de les empêcher de contracter l'habitude de ronger leur crêche, & pour éviter le *tic.*

L'exercice contribue beaucoup à la santé des chevaux.

Un exercice convenable contribue beaucoup à entretenir un cheval en bonne santé & en vigueur. Il est essentiel de faire remarquer ici contre l'usage qui n'est que trop établi, qu'on ne doit jamais galopper un cheval, ou lui faire faire de violens exercices lorsqu'il est plein de nourriture, ou qu'il sort de l'abreuvoir; on doit d'abord le faire marcher lentement, & il change ensuite naturellement & de lui-même son pas.

Peu de personnes ignorent les attentions que l'on doit à un cheval après des exercices violens; la premiere & la plus essentielle est d'éviter avec soin qu'il ne se refroidisse, & qu'il ne boive de l'eau trop froide.

Quand est-ce que l'on doit donner le son & les féves.

L'usage, établi dans beaucoup d'endroits, de donner aux chevaux qui ont beaucoup fatigué, du son avec un peu de féves, avant que de leur donner l'avoine, n'est point blâmable, parce que ce travail les faisant extraordinairement suer, ils deviendroient, sans cette précaution, lâches & constipés. Le propre du son (nous l'avons déja dit) est de relâcher, & les féves empêchent le cours de ventre, auquel les chevaux qui ont les boyaux foibles, sont sujets, principalement pendant qu'ils forcent le travail.

Ménagement qu'on doit avoir pour les chevaux nouvellement achetés.

La plûpart des chevaux qu'on nourrit pour vendre, ont les interstices des muscles si gorgés de graisse, qu'on peut à peine connoître leur forme naturelle. C'est pourquoi on doit d'abord mener lentement un cheval qu'on vient d'acheter d'un maquignon; on doit le saigner & diminuer sa nourriture; l'exercice de la promenade pendant deux heures par jour, est l'exercice le plus convenable. Après l'avoir ainsi exercé pendant une semaine, ou pendant quinze jours, on peut le saigner de nouveau, & le préparer avec ce son échaudé, qu'on lui donne deux ou trois fois par semaine, à une purgation générale, qu'on peut lui faire avaler avec toute sûreté.

Autre observation sur les chevaux nouvellement achetés.

Lorsqu'on vient d'acheter un cheval, il faut non seulement diminuer sa nourriture, mais encore avoir l'attention de le tenir dans une écurie paſſablement chaude, autrement un changement ſoudain d'air produiroit ſur lui des effets dangereux.

CHAPITRE II.

Contenant des inſtruction générales ſur la ſaignée & ſur la purgation des Chevaux.

IL arrive fréquemment que les chevaux qui reſtent longtems dans l'écurie, ſans qu'on diminue leur ration, ont les yeux peſants, triſtes, rouges & enflammés, comme lorſqu'ils ont plus chaud que de coutume; & c'eſt ici le cas où la ſaignée réitérée de tems en tems peut produire d'excellens effets.

Les jeunes chevaux doivent auſſi être ſaignés lorſque leurs dents tombent, pour éviter, ou du moins éteindre l'ardeur fiévreuſe à laquelle ils ſont alors ſujets.

Mais de tous les cas où la ſaignée devient le plus néceſſaire, c'eſt, par exemple, dans les rhumes, dans les fiévres, chutes, contuſions, bleſſures des yeux, entorſes, & généralement dans toutes les maladies inflammatoires.

Saignée par meſure.

Il eſt aſſez prudent de ſaigner un cheval lorſqu'il commence à ſe mettre en chair par l'uſage du verd; & il ne l'eſt pas moins de ſçavoir toujours la quantité de ſang qu'on lui tire; nous penſons que deux pintes, ou tout au plus trois ſuffiſent, principalement lorſqu'on ſe croit dans la néceſſité de répéter la ſaignée. A cette attention il faut joindre celle d'obſerver ſcrupuleuſement la conſiſtance & la couleur du ſang après qu'il eſt refroidi, pour en tirer les indications néceſſaires à l'avancement de la guériſon, ou pour détruire les principes morbifiques qui pourroient produire des maladies.

Précaution qui regarde la purgation.

La purgation eſt ſouvent néceſſaire aux grands chevaux dans quelques maladies de l'eſtomac; mais elle doit être conduite avec beaucoup de précaution.

Il ne faut point perdre de vûe qu'un cheval ſe purge difficilement, & que le reméde ſéjourne ordinairement vingt-quatre heures dans les boyaux avant qu'on apperçoive quelque effet, ce qui ne ne doit point furprendre ; puifqu'elle a à parcourir l'efpace d'environ trente verges, & que conféquemment les remédes réfineux & les autres drogues impropres caufent fouvent par leurs violentes irritations des tranchées & des fueurs froides, & déchirent le velouté des boyaux , attaquent même quelquefois la membrane ; effet qui doit néceffairement enflammer, & enfuite mortifier la partie.

On a même obfervé que l'eftomac & les boyaux du cheval font beaucoup plus minces que l'eftomac & les boyaux des autres animaux de même grandeur, ce qui les rend plus fujets à l'irritation & à l'inflammation.

Quand la purgation eft à propos.

Les chevaux deftinés à refter dans l'écurie , qui ne prennent point l'air, & qui ne font point d'exercice proportionnément à leur nourriture, doivent être purgés une ou deux fois au printems, après avoir fait précéder une préparation par la faignée, par la diminution de nourriture, & après leur avoir donné des mélanges échaudés.

Cas qui la demandent le plus.

Les chevaux qui manquent d'appétit , ou par la trop forte nourriture, ou par des crudités, doivent être purgés une ou deux fois.

Il faut remarquer que les chevaux d'un tempérament chaud ne peuvent pas fupporter les purgations communes d'aloës : c'eft pourquoi on doit leur en donner qui foient douces & rafraîchiffantes.

Les purgatifs font toujours efficaces dans les rhumes fecs & opiniâtres ; mais il faut néceffairement y ajouter le mercure doux, pour leur donner plus d'action fur la matiere morbifique. Les fluides dont la circulation eft gênée, font boiter principalement les jeunes chevaux ; ils occafionnent des rhumatifmes dans tous les membres, & en retardent, ou même en fufpendent les fonctions. Cette maladie vient ordinairement de l'épaiffiffement du fang ; on doit donc s'attacher à le divifer & à l'atténuer ; & le mercure eft de tous les remédes le plus propre à remplir cet objet important ; mais il faut en aider l'action par des remédes qui humectent le fang.

Les chevaux qui font d'un tempérament humide, & qui font fujets aux enflures des jambes, defquelles enflures diftile une liqueur âcre & falée, ne peuvent être guéris par des moyens plus affurés que par les purgations.

La premiere purgation que l'on donne doit être douce, afin de mieux découvrir la qualité du vice qui domine dans les liqueurs.

Une erreur qui règne, & qu'il eſt néceſſaire de détruire, la voici: lorſqu'une médecine bien préparée ne fait point l'effet que le maréchal en attendoit, on craint que le cheval n'en devienne plus malade : idée fauſſe, & qui prouve l'ignorance de la plûpart des maréchaux. Si la purgation n'a point pris la route des ſelles, e'le a pris ſans doute celle des urines, ou quelque autre : & c'eſt à ce point-ci que les Cultivateurs & la Nobleſſe doivent s'attacher, pour ne pas voir accabler leurs chevaux de médecines, qui altérent leur conſtitution, & uſent leurs forces.

Les purgatifs opérent ſouvent beaucoup mieux lorſque la doſe eſt petite, & que l'on les mêle avec d'autres purgatifs.

Si on donne une médecine mercurielle, on doit porter beaucoup d'attention à la préparation ; on doit auſſi plus couvrir le cheval, & le tenir plus chaudement qu'à l'ordinaire.

Maniere de donner les Médecines.

On doit donner les médecines de grand matin, à jeun. Environ trois ou quatre heures après que le cheval a pris la purgation, on lui donne du ſon échaudé & un peu de foin ; mais ſi par hazard le cheval refuſe cette nourriture, ce qui arrive rarement, il faut lui donner ſimplement du ſon tout ſec ; on doit lui donner pour boiſ ſon du lait chaud, avec une poignée de ſon ; mais s'il refuſe, on ſupprime le dernier.

Le jour d'après la purgation, donnez-lui de bon matin du ſon échaudé ; s'il refuſe d'en manger, donnez-lui autant d'eau chaude qu'il en voudra, & tenez-le toujours couvert ; faites-le marcher doucement, ce que vous répétez deux ou trois fois par jour, à moins qu'il ne ſoit affoibli par la violente opération du purgatif, & le ſoir vous lui donnerez une ration d'avoine mêlée avec du ſon.

Comme les purgatifs demandent d'être ſecourus d'un grand lavage, il faut faire boire abondamment de l'eau chaude ; mais il arrive ſouvent que le cheval n'en veut point ; alors il vaut mieux lui permettre l'eau froide, parce que le purgatif ſans boiſſon ne produiroit aucun effet : d'ailleurs le cheval en eſt quitte pour quelques tranchées.

Nous donnons ici quelques recettes générales qui pourront ſervir dans l'occaſion aux perſonnes qui ne ſont point à portée de conſulter dans les cas preſſans.

Aloës ſuccotrin, dix drachmes.

Jalap & ſel de tartre, de chacun deux dragmes.

Gingembre rapé , une dragme.

Huile de gerofle , trente gouttes.

Faites-en un bol avec le syrop de nerprun.

Ou aloës , crème de tartre , de chacun une once.

Jalap , deux dragmes.

Gérofle en poudre , une dragme.

Faites-en un bol comme ci-dessus.

Ou la suivante , qui est en grande réputation parmi les gens ver-sés dans la connoissance des maladies des chevaux.

Aloës , dix dragmes.

Myrrhe en poudre , gingembre , de chacun demi-once.

Safran , huile d'anis , de chacun demi-dragme.

On peut ajouter demi-once de savon pour un cheval d'un tempé-rament vigoureux ; on peut même pousser jusqu'à une once , ou à peu près , lorsqu'il est extrêmement fort.

Lorsqu'on veut donner la médecine mercurielle , on lui donne la veille sur le soir deux dragmes de calomel mêlé avec une demi-once de diapente , & un peu de miel , & le lendemain matin le bol.

Quand on peut en faire la dépense , la purgation suivante est douce & très-bonne pour les chevaux de prix & délicats.

Du plus bel aloës succotrin , une once.

Rhubarbe en poudre , demi-once ou six dragmes.

Gingembre rapé , une dragme.

Faites-en un bol avec le syrop de roses.

Boisson purgative & rafraîchissante.

Séné , deux onces , que vous faites infuser dans une pinte d'eau avec trois dragmes de sel de tartre , & faites dissoudre dans la décoc-tion passée à travers un linge , quatre onces de sel de glauber , & deux ou trois dragmes de sel de tartre.

Cette potion est rafraîchissante , facile , & opere promptement ; elle mérite la préférence à toute autre dans les cas inflammatoires : elle passe dans le sang , & opere aussi par les urines.

Reméde pour les chevaux trop purgés.

Lorsque les chevaux perdent l'appétit après qu'ils ont été pur-gés , il convient de leur donner une boisson pectorale faite d'une infusion de camomille , & de graine d'anis & de safran , ou bien on peut leur donner le bol cordial.

S'il y a superpurgation , lorsque les effets du purgatif continuent long-tems, donnez une once de laudanum dans une chopine de vin rouge, & réitérez une fois chaque douze heures. Si malgré cette boisson le cheval ne change point d'état, il faut donner beaucoup d'eau de gomme arabique; & en cas de violentes tranchées, donnez-lui des remens de bouillons gras avec le laudanum, depuis cinquante jusqu'à cent gouttes.

Quand un cheval enfle.

Quand une médecine ne travaille point, mais au contraire fait enfler le cheval, & le réduit au point de refuser la nourriture & la boisson, ce qui est causé quelquefois par l'altération des drogues, ou par quelque coup d'air, les diurétiques chauds sont les seuls remèdes qu'on puisse employer avec succès; & ceux-ci sont les plus recommandés.

Boisson diurétique.

Une chopine de vin blanc mêlé avec une dragme de camphre, dissout dans un peu d'esprit de vin alors ajoutez deux dragmes d'huile de genievre, & autant d'huile d'ambre, & quatre onces de miel ou de syrop de guimauve.

Ou térébenthine de Venise, incorporée dans un jaune d'œuf, une once.

Baies de genievre & graine d'anis, de chacun une once.

Huile d'ambre, deux dragmes.

Faites-en un bol avec le syrop de guimauve.

Remarquez que lorsqu'une médecine fait enfler beaucoup un cheval, il ne faut point le faire monter, mais qu'il faut au contraire le mener doucement à la main jusqu'à ce qu'il ait poussé quelques ventosités, & fait quelques évacuations.

La boisson des Chevaux doit être rendue agréable.

Comme on observe que les chevaux mangent plus volontiers les choses douces & agréables au goût que celles qui sont ameres, désagréables & d'un mauvais goût, il faut avoir le soin de leur donner les médecines en bol, & tâcher de rendre leurs boissons le moins désagréables qu'il est possible, & de les adoucir, soit avec le miel, ou avec la réglisse. Les boissons qui sont préparées avec des poudres grossieres, déplaisent au cheval beaucoup plus que celles qui sont faites par infusion : les premieres raclent la langue, irritent les membranes du palais & du gosier, & produisent souvent la toux qu'on avoit même intention de prévenir.

Les bols doivent être ovales, & de la grosseur d'un œuf de pigeon, lorsque la dose est grande il faut la diviser en plusieurs bols, que l'on trempe dans l'huile pour faciliter leur descente.

Comme nous avons donné en général quelques purgatifs, nous observerons le même ordre pour les lavemens ; nous ajouterons quelques remarques & indiquerons les précautions qu'il faut prendre.

Il faut d'abord, avant que d'administrer les clysteres émolliens, avoir l'attention d'introduire la main dans le fondement, pour en faire sortir la fiente durcie, qui fermeroit le passage.

Une vessie & une canule d'une forme convenable, sont préférables à une seringue, parce que celle-ci pousse le clystere avec tant de force, que le cheval surpris le repousse dans l'instant, au lieu que lorsque la liqueur est pressée doucement de la vessie, elle ne le surprend point, ni ne l'inquiéte : de sorte qu'elle s'insinue aisément dans les boyaux, où elle a le tems de séjourner, & par conséquent de les rafraîchir & de les relâcher ; elle s'incorpore quelquefois si intimément à la fiente, qu'on ne peut point la distinguer. Ces clysteres émolliens sont d'une grande ressource dans la plûpart des fiévres ; & nous les préférons volontiers aux purgatifs, qui en général sont trop mordicans, sur-tout lorsque l'aloës entre dans la composition.

Clysteres nutritifs.

Les clysteres nutritifs ou nourrissans, sont très-utiles, & ont empêché beaucoup de chevaux de mourir de faim lorsque leurs mâchoires étoient si exactement fermées par les convulsions, que rien ne pouvoit entrer dans leur bouche.

Ils ne doivent point excéder la quantité d'une pinte ou de trois chopines, mais on les réitere souvent ; on doit aussi prendre garde de les faire trop gras ; on les fait ordinairement de pieds de mouton, ou de bouillon fait avec quelque viande, de lait & du ris passé, & autres choses semblables.

Clystere émollient.

Mauves & fleurs de camomille, de chacun une grosse poignée.

Baies de laurier, fenouil concassé, de chacun une once.

Faites bouillir le tout dans quatre pintes d'eau réduites à trois ; après avoir coulé cette décoction faites-y dissoudre une once de sucre rouge ; ajoutez une chopine d'huile de lin, ou d'autre huile commune, la premiere cependant est plus efficace : pour le rendre plus laxatif, ajoutez quatre onces d'électuaire lénitif, ou la même quantité de crême de tartre, ou de sel commun purgatif.

Clyftere purgatif.

Mauves, deux ou trois poignées.

Séné, une once.

Coloquinte, demi-once.

Baies de laurier, anis concaffé, de chacun une once.

Sel de tartre, demi-once.

Faites bouillir le tout un quart d'heure dans trois pintes d'eau; ajoutez à la décoction quatre onces de fyrop de nerprun, & demi-feptier d'huile.

Ce clyftere purge affez promptement; on peut le donner avec fuccès dans les cas qui demandent une évacuation prompte, comme dans les fiévres qui annoncent l'inflammation du poumon ou autres maladies qui ne peuvent être guéries que par la célérité des effets des purgattfs.

Mais en général le lavement peut être préparé avec moins de peine, comme avec deux pintes de gruau, quatre onces de cafle, une chopine d'huile & une poignée de fel; reméde qui peut produire d'auffi heureux effets.

Clyftere aftringent.

Ecorce de grenade ou de chêne, deux onces.

Rofes rouges, une poignée.

Faites-les bouillir dans deux pintes d'eau jufqu'à la moitié; paffez-les, & dans la colature faites diffoudre quatre onces de diaf-cordium, & ajoutez un feptier de vin rouge.

Ce lavement a des effets excellens dans tous les cas ordinaires où il faut des aftringens, mais il ne doit jamais être donné en plus grande quantité, parce que plus il féjourne dans les boyaux plus il eft falutaire.

CHAPITRE III.

Des Rhumes.

Comme la plus grande partie des fiévres & de plusieurs autres maladies auxquelles les hommes sont sujets, de même que les chevaux, procedent des refroidissements, nous avons pris le rhume pour former ce chapitre qui sert d'introduction aux maladies que nous devons traiter, comme rhumes, fiévres, pleurésies, &c.

Il seroit à souhaiter qu'on entendit mieux les effets de l'insensible transpiration; cette connoissance éclaireroit beaucoup sur la conduite qu'on doit tenir pour la cure de presque toutes les maladies : on peut dire cependant qu'elle est présentement démontrée avec tant d'évidence, que ceux qui l'ignorent ne peuvent s'en prendre qu'à eux-mêmes. Nous serions en quelque façon tentés d'en donner une idée générale, si nous ne nous étions prescrit des bornes. Le lecteur nous permettra donc de le renvoyer, s'il veut s'instruire sur ce point important, au Dictionnaire de Monsieur Chambers.

Ce que c'est que se refroidir.

Nous entendons par se refroidir, que les pores de la peau, qui dans un état de santé parfaite exhalent un fluide délié, comme la vapeur qui s'éleve de l'eau chaude, ou semblable à la fumée du feu, sont si resserrés & si bouchés, que ces vapeurs n'ayant pas un passage libre, ne peuvent plus sortir, & conséquemment refluent dans le sang, le vicient, comme font toutes les hétérogénéités, engorgent les vaisseaux, affectent la tête, les glandes du col & du gosier, le poulmon, & autres parties essentielles.

Les causes des rhumes.

Il seroit assez inutile d'entrer dans le détail des différentes causes des rhumes. Les plus ordinaires, & celles auxquelles on fait moins d'attention, sont de monter un cheval, ou de le faire travailler jusqu'à ce qu'il sue, & de le laisser dans cet état exposé à l'air. Changer un cheval d'une écurie chaude à une écurie froide, diminuer sa couverture, sans précaution, dans le changement des saisons, sont autant de causes infaillibles de rhumes violens, auxquels les chevaux sont exposés, principalement lorsqu'on ne les frotte pas bien après le travail.

Leurs symptomes.

La toux, une pefanteur, une triftefe qui affecte plus ou moins l'animal, à proportion du mal qu'il reffent, des yeux quelquefois mouillés, les glandes enflées autour des oreilles, des machoires gonflées, un nez qui coule, le râlement en refpirant, &c. font autant de fignes caractériftiques du rhume. Le rhume eft même quelquefois fi violent, que l'animal eft travaillé par une fiévre fi aiguë, qu'il bat des flancs, qu'il eft dégoûté de fa nourriture chaude, & refufe l'eau. Lorfqu'à ces derniers fymptomes fe joint celui d'une bouche gluante & d'une douleur intérieure, la fiévre eft extrêmement dangereufe.

Symptomes favorables.

Mais lorfqu'il touffe avec force, & qu'il renifle enfuite, qu'il n'a point perdu l'appétit, qu'il releve fes oreilles, & qu'il s'émeut avec vivacité dans l'écurie; qu'il fiente librement, que fa peau fent bon, & que le poil n'eft point hériffé, il n'y a point de danger. Il n'eft donc point alors néceffaire de lui donner des médecines; il fuffit de lui tirer trois pintes de fang, de le tenir bien chaudement, de lui donner du fon échaudé & de l'eau chaude autant qu'il en voudra : en fe comportanr ainfi, cette fimple diette redonnera au fang fa fluidité naturelle, & rétablira l'équilibre.

La Cure.

Si le mal augmentoit, & fi le cheval fentoit une chaleur exceffive, & refufoit de manger, il faudroit lui tirer encore deux pintes de fang; s'il eft d'un tempérament fort, il faut en venir, après le peu de fuccès de la faignée, aux drogues; mais il faut éviter avec foin de fe fervir des boiffons ordinaires que les maréchaux donnent, & qui font compofées de poudres dégoûtantes, qui d'ailleurs échauffent trop le fang, & mettent l'eftomac de l'animal à des épreuves trop violentes. Subftituez donc à ces médecines dangereufes deux onces d'anis, avec une dragme de fafran qu'il faut diffoudre dans trois demi-fetiers d'eau bouillante. Paffez cette boiffon dans la colature, & diffolvez-y quatre onces de miel, & vous ajouterez quatre cuillerées de bonne huile d'olive : on en fait ufage tous les foirs. A la place de cette médecine, on peut fe fervir du bol fuivant; mais fi le cheval eft refferré, obfervez exactement de lui tenir le ventre libre par des clyfteres émolliens, ou avec de la crême de tartre, diffoute dans l'eau qu'on lui fait boire trois ou quatre fois par jour.

Bol.

Bol.

℞ Anis, énula campana, fenouil, réglisse, racine ljaun, fleur de soufre, de chacun quatre onces; suc de réglisse, dissout dans un demi-septier de vin blanc; safran en poudre, une demi-once; huile d'olive & miel, de chacun une once; thériaque de Venise, une once; huile d'anis, une once; mêlez le tout ensemble, avec une quantité suffisante de farine de froment : si vous aimez mieux employer le bol du Docteur Braken, en voici la composition.

Bol cordial.

℞ Semence de fenouil, cardamome, anis, réduits en poudre, de chacun deux onces; fleurs de soufre, deux onces; safran, deux dragmes; suc de réglisse, dissout dans l'eau; huile d'anis, une demi-once; réglisse en poudre, une demi-once; fleur de farine, une quantité suffisante : réduisez en pâte un peu dure cette composition, en broyant bien toutes ces drogues ensemble dans un mortier de marbre.

Observations sur les bols.

Il faut observer que comme les bols sont composés ordinairement de drogues chaudes & pectorales, ils rendent la respiration libre, en les donnant en petite quantité, par exemple, de la grosseur d'un œuf; mais il faut s'en servir avec précaution dans le cas de fiévre, quoiqu'en général ils soient plus salutaires & supérieurs à tous les breuvages dont les maréchaux se servent ordinairement; il faut avoir le soin de les dissoudre dans une pinte d'eau & de vin bien chauds.

Cette méthode simple aura toujours un succès heureux dans les rhumes inopinés, pourvû qu'on y joigne l'attention de bien couvrir l'animal près la tête & le col, parce que, par ce moyen, on excitera l'écoulement du nez : lorsque le cheval mange bien, & renifle après qu'il a toussé, un exercice modéré accélérera son entier rétablissement.

On doit mettre du son échaudé dans la crêche, parce que la vapeur qui s'en éleve, contribue beaucoup à l'écoulement du nez, qui de tous les symptomes est le plus favorable, puisqu'il indique de la maniere la moins équivoque l'évacuation de l'humeur morbifique; il faut aussi veiller attentivement à la propreté de la crêche, & la tenir continuellement pleine de paille; il faut bien secouer le foin, & l'arroser d'eau, en donner souvent, mais fort peu chaque fois, de peur que la respiration de l'animal ne le corrompe : un seton peut quelquefois être de quelque utilité, sur-tout à un cheval chargé de chair, comme aussi une ou deux purgations douces après qu'il est guéri.

CHAPITRE IV.

Des Fiévres en général.

Comme nous ne nous attacherons point ici aux caufes, & que notre deffein n'eft point de nous jetter dans le fyftême, nous traiterons tout de fuite des fymptomes qui indiquent une fiévre actuelle.

Symptomes de la fiévre.

Les fymptomes de la fiévre font les inquiétudes, le cheval fe rangeant fouvent d'un bout du ratelier à l'autre, fes flancs battent, fes yeux font rouges & enflammés, fa langue eft féche & brûlante, il perd l'appétit, promene le foin dans fa bouche, mais ne le mâche pas; il flaire la terre; toute la capacité du corps eft beaucoup plus chaude qu'à l'ordinaire, quoique la peau ne foit pas corrodée, comme dans quelques maladies d'inflammation; il fiente fouvent, mais peu; fa fiente eft par petits pelotons fecs, durs, & d'un brun obfcur; il urine quelquefois avec beaucoup de difficulté, & fon urine eft haute en couleur; il femble qu'il a foif, mais il boit peu à la fois, & fouvent fon poux eft plein, précipité & dur.

La Cure.

Une faignée de deux ou trois pintes eft la premiere reffource qu'il faut mettre en ufage pour entamer la cure; mais la faignée ne doit pas être fi abondante, fi l'animal n'eft pas robufte & en bon état. On donne après la faignée une chopine de la boiffon fuivante, deux ou quatre fois par jour, ou une once de nitre en un bol fait avec le miel, on le donne trois ou quatre fois par jour à la place de la boiffon dont nous venons de parler; mais après le bol il ne faut point oublier de faire ufage de trois ou quatre cornets, de quelque petit breuvage.

Boiffon fébrifuge.

℞ Baume, fauge, fleur de camomille, de chacun une poignée; régliffe hachée, une demi-once; fel de prunelle ou nitre, trois onces; faites infufer le tout dans deux pintes d'eau bouillante: lorfque la liqueur fera prefque entiérement refroidie, coulez-la, & ajoutez le jus de deux ou trois citrons; ayez l'attention de l'adoucir avec un peu de miel.

Régime.

Le régime qu'on doit faire garder pendant la fiévre, confiste dans le fon échaudé, donné en petite quantité; mais s'il le refuse, on doit alors fubftituer l'eau froide à l'eau chaude, & en arrofer le fon, & mettre une poignée de foin choifi dans la mangeoire: il arrive quelquefois que le cheval en mange, refufant toute autre chofe. Sa couverture doit être modérée; une trop grande chaleur accompagnée d'un trop grand poids, ne convient point dans une fiévre dont la diffipation eft l'effet d'une tranfpiration forte, & non d'une fueur critique, qui fuffit quelquefois pour diffiper les fiévres dont les hommes font attaqués.

Si l'on apperçoit qu'un jour ou deux après il commence à manger du fon & du foin, on peut être affuré qu'il guérira, en continuant le même régime. Mais fi malgré les remedes prefcrits ci-deffus, le dégoût continue, il faut faire encore une faignée, continuer les mêmes boiffons en y ajoutant deux ou trois dragmes de fafran; on pourra même lui donner le clyftere fuivant, que l'on doit continuer tous les jours, principalement lorfqu'on voit que la fiente eft noueufe & féche.

Clyftere émollient.

℞ Mauves, deux poignées; fleurs de camomille, une poignée; femence de fenouil, une once; faites bouillir le tout dans trois pintes d'eau jufqu'à la réduction de deux; paffez la décoction, & ajoutez quatre onces de firop de fucre rouge, une chopine d'huile de lin, ou autre huile commune.

Remarque.

Deux pintes de gruau, du bouillon gras avec le firop de même fucre, pourroit produire un auffi heureux effet, en y ajoutant une poignée de fel: ces lavemens conviennent beaucoup mieux que ceux que les Maréchaux compofent ordinairement avec des purgatifs.

La boiffon apéritive qui fuit, eft d'un grand fecours dans les fiévres lorfqu'on fupprime le clyftere; mais auffi il faut continuer le bol, ou la boiffon de nitre, excepté le jour qu'on l'a donnée.

Remarque.

Comme le nitre eft de toutes les drogues qui entrent dans la compofition de cette boiffon, celle dont l'effet eft le plus affuré, il feroit peut-être auffi avantageux de le donner dans l'eau feule. Il eft vrai que le cheval pourroit s'en dégoûter, parce qu'il veut des médecines agréables: c'eft pourquoi les autres drogues deviennent, pour ainfi dire, néceffaires à cet égard.

C ij

Boisson apéritive.

℞ Crême de tartre, quatre onces ; sel de glauber, deux onces, dissouts dans du gruau, ou dans un autre liquide.

Remarque.

On peut donner encore pour cet effet quatre onces de sel de glauber, ou de crême de tartre, avec la même quantité d'électuaire lénitif, si la boisson ci-dessus prescrite ne lâche pas suffisamment le ventre.

Signes du rétablissement.

Ordinairement, quatre ou cinq jours après, le cheval commence à manger le foin, & paroît prendre du goût à la nourriture, quoique les flancs s'élevent assez fort pendant une quinzaine de jours. Cependant lorsqu'on s'apperçoit du retour de l'appétit, il faut se rappeller qu'il n'est rien de plus efficace pour le prompt rétablissement, que de le promener au grand air, & de lui tenir une littiere abondante & nette pour le faire reposer.

Observations pratiques.

Cette maniere simple de traiter la fiévre, est suivant les loix de la nature, & établie par une longue expérience. Elle doit donc être préférée à celle qui prescrit des remedes chauds. En se comportant ainsi dans le traitement des fiévres des chevaux, on diminue la quantité du sang, on favorise la secrétion de l'urine & la transpiration, on rafraîchit enfin, & l'on tempere les fluides en général, seul objet que le maréchal doit avoir, & qu'il remplit rarement par toute autre méthode, quelle qu'elle soit.

Nous laissons aux personnes judicieuses le soin de décider comment il est possible que les cordiaux vineux, les boissons fortes & chargées de poudres violentes, & autres semblables méthodes, produisent de bons effets, & si au contraire les rafraîchissans n'attaquent pas aussi efficacement la matiere fiévreuse dans le traitement des chevaux, que dans le traitement des hommes.

Fiévre compliquée.

Il y a une autre espéce de fiévre à laquelle les chevaux sont fort sujets, qui est d'une nature plus compliquée & plus irréguliere que celle dont nous avons parlé jusqu'à présent, & qui, n'étant pas traitée convenablement, devient souvent incurable.

Symptomes.

C'est une fiévre lente & accompagnée de langueur ; un grand abbattement, une chaleur intérieure, & un froid extérieur, caractérisent la fiévre dont nous parlons ; il arrive aussi quelquefois que l'animal fent des chaleurs dans toute fa capacité, mais elles ne font pas extrêmement violentes. Les yeux font humides & languiffans, la bouche eft continuellement mouillée : auffi voit-on l'animal boire rarement ; il mange peu, & ceffe auffi-tôt qu'il a pris une ou deux fois de la nourriture qu'on lui donne ; il a ordinairement le ventre libre ; fa fiente eft molle & humide, mais rarement graiffée ; il urine irregulierement, tantôt peu, & tantôt abondamment ; fon urine eft quelquefois haute en couleur, mais ordinairement pâle, avec peu ou point du tout de fédiment.

Mauvais fymptomes.

Lorfque l'animal perd journellement l'appétit, & qu'il refufe toute nourriture ; quand d'ailleurs la fiévre ne diminue point, ou au contraire augmente, le cas eft dangereux : l'on peut même le regarder comme défefpéré. Mais fi la fiévre diminue fenfiblement, fi fa bouche devient plus féche, fi le grincement des dents ne fubfifte plus, fi l'appétit lui revient, & s'il fe couche, (ce que peut-être il n'a pas fait pendant quinze jours,) l'efpérance de la guérifon eft fondée.

Il eft des cas dans les lefquels il faut confulter les maréchaux.

Les accidens divers & irréguliers qui accompagnent la fiévre lente, demandent un grand fçavoir pour en diriger la guérifon, & en général plus de connoiffances des fymptomes des maladies des chevaux, que n'en peuvent raifonnablement avoir les gens qui ne font point de la profeffion. C'eft pourquoi on doit recourir aux maréchaux habiles, & les confulter fur les fymptomes, mais fort rarement pour l'application du remede, qui, (nous le difons à leur honte,) eft au-deffus de leur capacité, quoiqu'on puiffe cependant en faire le choix, en faifant attention aux obfervations que nous avons mifes ici fous les yeux du lecteur.

Guérifon.

On peut d'abord faire une faignée qui ne paffe point trois pintes, & la réitérer à proportion des forces, de la plénitude, des douleurs intérieures, de la toux, & à proportion du penchant qu'il a à l'inflammation, lui donner enfuite la boiffon fébrifuge, en y ajoutant une once de racine de biftorte & trois dragmes de fafran : on peut diminuer la quantité de nitre, & augmenter le refte à proportion que les fymptomes l'exigent.

Régime.

Le régime doit être réglé. Point d'avoine, qu'elle ne foit échaudée, ou du fon arrofé ; on doit lui donner même fouvent à la main, parce qu'il arrive quelquefois que le cheval ne peut point porter la tête au ratelier.

Remarque.

Comme la boisson est absolument nécessaire pour tempérer le sang, si le cheval refuse de boire abondamment de l'eau chaude, ou du gruau, il faut se borner à ôter seulement la crudité à l'eau, & la laisser refroidir dans l'écurie. Il n'y aura point d'inconvénient à se comporter ainsi ; au contraire, on y trouvera beaucoup d'avantages. La chaleur de l'eau qu'on a forcé le cheval à boire pendant quelque tems, affoiblit son estomac, & lui ôte par conséquent l'appétit : inconvénient auquel l'eau froide remédie ordinairement.

Lorsque la fièvre augmente.

Si après ce traitement la fièvre augmente, si le cheval fiente peu, s'il urine souvent, l'urine étant atténuée & pâle, si la fiente est molle ou dure, & si l'humidité de sa bouche continue, quoique la peau soit quelquefois sèche, & d'autres fois humide, le poil étant hérissé, tous ces symptomes irréguliers sont les signes caractéristiques d'un danger imminent ; alors il faut lui donner la boisson, ou les bols suivans, attendu qu'en pareil cas, il n'y a point de tems à perdre.

Bol pour les fièvres compliquées.

℞ Diascordium, contrayerva, bistorte, de chacun deux onces ; réglisse coupée, une once ; safran, deux dragmes ; faites infuser le tout dans deux pintes d'eau bouillante, que vous tiendrez bien couverte pendant deux heures. Après avoir passé la décoction, vous y ajouterez un demi-septier de vinaigre distilé, quatre onces d'esprit de vin, deux onces de mitridate ou de thériaque de Venise : vous donnerez de cette boisson de quatre en quatre, ou de six en six, ou enfin, suivant le cas, de huit en huit heures.

Si le cheval est resserré, il faut absolument avoir recours aux lavemens, ou à la boisson apéritive ci-dessus prescrite ; si au contraire il a le ventre libre, il faut bien se donner de garde de le resserrer ; mais aussi, comme il arrive quelquefois que le dévoiement l'affoiblit, il faut alors se servir du diascordium, au lieu du mitridate ; & si le dévoiement augmente, donner des remedes plus forts & plus cordiaux.

Observation.

Souvenez-vous que le camphre est un des remedes les plus efficaces qu'on puisse employer dans cette espéce de fièvre, parce qu'il eſt très-agiſſant & très-atténuant, & que conſéquemment il favoriſe la ſecrétion des urines & la tranſpiration.

Il faut faire enſorte que le cheval boive abondamment, ſi l'on veut aider à l'opération de ces médicamens. Pour un cheval d'un prix modique, il faut donner, au lieu des remedes que nous venons d'indiquer, une once de diapente, & deux onces de mitridate, avec une forte infuſion de rhue, de diaſcordium & de biſtorte, de la maniere preſcrite ci-deſſus.

Faire attention aux ſymptomes.

L'attention la plus néceſſaire & la plus utile, conſiſte à obſerver l'urine; il faut auſſi remarquer ſi elle eſt trop abondante: il arrive quelquefois que cette grande évacuation diminue les forces de l'animal. Cette circonſtance exige que l'on mette en uſage les aſtringens convenables, en donnant à ſa boiſſon une préparation d'eau de chaux. Il arrive au contraire que quelquefois il urine ſi peu, qu'il y a tout à craindre que ſon corps & ſes jambes ne s'enflent: le remede ſuivant eſt en pareil cas indiſpenſable, & la reſſource la plus aſſurée.

Bol apéritif.

℞. Sel de prunelle, ou nitre, une once; baies de geniévre, thérébentine de Veniſe, de chacun une demi-once; faites-en un bol avec l'huile d'ambre; donnez deux ou trois bols par intervalle, avec une décoction de mauves adoucies avec du miel.

Signes du rétabliſſement.

Lorſque l'animal a la peau douce au toucher, les pieds & les oreilles d'une chaleur modérée, les yeux vifs & clairs, que l'appétit revient, qu'il repoſe bien, qu'il fiente & urine réglément, on peut en quelque façon le regarder comme entiérement rétabli.

Obſervation.

Il en eſt des animaux comme des hommes. La nature a des loix communes à tous les êtres animés. On ne doit pas trop donner à manger à un cheval qui eſt en convaleſcence, non plus qu'aux hommes, parce que l'eſtomac affoibli par un régime auſtere, ne peut pas remplir ſes fonctions lorſqu'il ſe trouve tout-à-coup chargé d'une quantité de nourriture dont il a perdu l'uſage par la maladie. Il faut donc faire garder un régime léger, & augmenter peu à peu la ration, ſuivant les forces qu'il acquiert, & la facilité avec laquelle il digere: ceci eſt fondé ſur l'expérience. On a vû des chevaux avoir des rechutes dangereuſes, occaſionnées par une trop grande nourriture & par des indigeſtions qui ſont toujours très-difficiles à guérir.

Observations pratiques.

La méthode que nous venons d'indiquer est la plus assurée pour le traitement de ces fiévres irrégulieres, compliquées & malignes. En effet n'est-il pas évident que la nature faisant des efforts violens pour se dégager, nous indique le secours dont elle a besoin pour exciter & hâter ses mouvemens? Or l'usage des médicamens que nous prescrivons avance la crise, & termine la maladie, comme le changement de l'urine & la peau l'indiquent. Nous avons remarqué, en donnant ces remedes, que l'urine étoit épaisse : signe assuré que la matiere fiévreuse se sépare du sang ; nous avons observé que la peau deve noit douce, & le poil luisant : ce qui indique certainement que la transpiration est libre. Qui ne sçait que ces deux fonctions sont d'une telle importance dans tous les animaux, que l'attention deveiller à leur continuation uniforme, est d'une conséquence absolue pour la conservation de la vie ?

Guérison de la fiévre intermittente.

Mais lorsque la fiévre compliquée devient intermittente, donnez une once de kina immédiatement après l'accès ; il faut même le réitérer de six en six heures jusqu'à ce que le cheval en ait consommé six onces.

Pourquoi tant de chevaux meurent de la fiévre.

La raison pour laquelle tant de chevaux meurent de la fiévre, est que les maîtres, ou ceux qui traitent ces animaux, n'ont pas la patience d'attendre que la nature indique la voie par laquelle elle veut se dégager. En second lieu on néglige ordinairement la premiere chose, qui est la saignée ; on fait continuellement avaler du pain trempé dans du vin avec du sucre, ou autre nourriture à peu près semblable par le cornet. Il semble que l'on craint que le cheval ne meure de faim dans peu de jours, faute de nourriture ; on le fatigue ensuite deux ou trois fois le jour avec des médecines ou des boissons spiritueuses, qui, (excepté dans quelques cas,) deviennent pernicieuses au cheval dont la nourriture est naturelle & simple, & dont l'estomac peu accoutumé à ce régime, se trouve très-incommodé, parce qu'un traitement si violent l'échauffe.

Fiévres épidémiques.

Par les fréquentes expériences que nous avons faires sur les rhumes & les fiévres épidémiques de nos chevaux, & suivant les observations que nous ont donné lieu de faire les rhumes & les fiévres des années 1732 & 34 nous avons vû clairement que la méthode la

plus

plus simple a le mieux réussi. De sorte qu'il faut tirer du sang jufqu'à trois pintes, si le cheval est gros & robuste ; & dans le cas où
les poumons ne seroient pas soulagés, & où au contraire ils seroient
chargés, & s'engorgeroient de plus en plus, il faut réitérer la
saignée, & placer un seton à la poitrine ou au ventre.

Méthode générale pour la guérison.

Détrempez le sang à force d'eau ou de boisson blanche ; nourrissez
l'animal de mêlange de son & d'eau chaude, & de foin arrosé ; si
dans ce rhume la fiévre survient, ce que les symptomes, dont nous
avons donné la description, vous indiqueront, donnez-lui une once de nitre trois fois par jour, dans de l'eau, ou préparé en bol
avec le miel ; rafraîchissez-le, & tenez-lui le ventre libre par la
boisson apéritive, dont vous ferez usage deux ou trois fois par semaine, ou au lieu de nitre, une once de tartre chaque jour, dissout dans
son eau. On pourra à la suite de ce traitement lui donner une ou
deux fois par jour, pendant le cours d'une semaine, des cordiaux
avec une infusion de réglisse édulcorée avec le miel, & ajouter une
chopine d'huile de lin ou d'olive, & la même quantité d'esquille
d'oximel, lorsque le flegme est gluant & la toux séche.

Précautions nécessaires.

Comme il arrive que dans ces cas les glandes du gosier sont beaucoup enflées, il est à propos de tenir la tête & le col plus chauds
qu'à l'ordinaire, pour procurer la liberté de la transpiration, & hâter
l'écoulement du nez, qui, dans le cheval, répond de la fin de
l'expectoration, comme il répond, dans les hommes, du crachement ;
mais on doit principalement éviter de seringuer le nez : méthode
pratiquée mal-à-propos par la plûpart des Maréchaux, pour avancer
cet écoulement. Cette imprudence le retarde au contraire & occasionne des enflures dans les parties voisines, comme dans les
glandes ; car il ne faut point perdre de vue que ces écoulemens
sont critiques, & doivent être l'effet de la nature, & que l'art
les suspend, au lieu de les favoriser. La purgation rafraîchissante
qui suit, peut être donnée à la fin de la maladie, & l'on peut la réitérer trois ou quatre fois.

Purgations rafraîchissantes.

℞ Séné, deux onces ; anis & fenouil concassé, de chacun demi-once ; sel de tartre, trois dragmes ; faites infuser le tout
pendant deux heures dans une chopine d'eau ; dans la décoction
faites dissoudre trois onces de sel de glauber, deux dragmes de
crême de tartre ; donnez-en le matin : on voit ordinairement les

effets doux de cette purgation avant la nuit : elle est, dans les fiévres & dans les inflammations, préférable à toute autre.

On doit faire attention au pouls.

Nous pensons qu'il n'est point inutile, avant que de terminer ce chapitre, de faire remarquer aux curieux que la considération du pouls du cheval est beaucoup plus nécessaire qu'on ne l'a cru jusqu'à présent. En effet, en tâtant le pouls, ne peut-on pas juger avec plus de certitude, & par conséquent plus efficacement du dégré du mouvement du sang & de son atténuation, ou de son épaississement, & recevoir des lumieres qui nous guident avec plus de sûreté dans les voies les plus courtes pour un parfait rétablissement? Par le calcul le plus exact qu'on ait pû faire jusqu'à présent de la vîtesse du pouls du cheval, on a trouvé qu'il rend environ quarante pulsations dans une minute ; de sorte qu'à proportion de l'accroissement au-dessus de ce nombre, la fiévre se forme, & que si les pulsations se répétent jusqu'à cinquante, dans l'intervalle de tems que nous venons d'indiquer, on doit regarder la fiévre comme très-violente, & par conséquent très-dangereuse.

Maniere de compter les pulsations.

On peut aisément découvrir combien de fois le pouls bat dans une minute avec une montre dans la bouche, ou avec un sablier à minute, pendant que la main est sur le côté du cheval, ou que l'on met le doigt sur une artere ; on voit ordinairement les pulsations des arteres qui sont à côté du col, de même que celles qui sont au-dessous de la poitrine, & celle qui est en dedans de la jambe.

La connoissance du pouls est d'une grande importance.

Une attention exacte au pouls, est un article si important pour porter un jugement solide sur les fiévres, qu'il y a lieu d'être surpris que cette connoissance ait été si long-tems négligée ; mais on revient de cette surprise lorsqu'on se rappelle combien les Maréchaux, en général, sont ignorans, & combien peu ils sont instruits de la circulation du sang. Combien en effet en trouve-t-on qui ne sçavent pas même distinguer une artere d'une veine ? Mais n'at-on pas plus lieu d'être surpris lorsqu'on voit la noblesse même confier la santé d'un si précieux animal à des gens si peu versés dans la matiere ?

C'est pourquoi nous ne sçaurions trop recommander l'attention scrupuleuse dont nous venons d'établir la nécessité. Il en est de la guérison des fiévres des chevaux, comme de celle des fiévres des hommes. C'est par le pouls que le médecin décide de la qualité de la fiévre; de même le Maréchal doit se servir de cette méthode pour connoître exactement la fiévre des chevaux, & en conséquence administrer des remédes efficaces. Nous ne voyons certainement pas de guide plus assuré pour régler le nombre de fois qu'il faut saigner, & pour fixer la quantité de sang qu'il faut tirer. Par le pouls on connoît s'il convient de faire la saignée avant la purgation, ou de purger avant que de saigner. En un mot par le pouls on regle & la quantité, & la qualité de la nourriture; & tout Maréchal qui ne le prend point pour boussole, s'écarte toujours des principes qui peuvent seuls le conduire à la guérison parfaite de l'animal. Ce qu'il y a de plus triste, c'est que par la négligence du pouls, ce sont ordinairement les plus beaux chevaux qui périssent, parce qu'ils sont les mieux nourris. Cette digression nous paroît d'autant plus pardonnable, qu'elle porte sur un point essentiel, comme on peut le sentir, pour peu qu'on ait de jugement: elle n'est pas tant du ressort de la théorie, qu'elle est une remarque pratique.

CHAPITRE V.

De la Pleuréfie & de l'inflammation des Poumons.

PErsonne, avant M. Gibson, n'avoit fait mention des pleuréfies & de l'inflammation des poumons; mais après des observations fréquentes, faites sur des carcasses de chevaux, il a remarqué que cet animal est sujet aux inflammations dont nous allons parler.

M. Gibson a trouvé de la matiere dans la plèvre, membrane qui tapisse toute la capacité interne de la poitrine; il s'est apperçu que dans certains chevaux la substance entiere du poumon étoit noire & pleine d'une eau gangreneuse; il a dans d'autres trouvé des abscès de diverses grandeurs, & enfin des inflammations dans les intestins. Afin donc que l'on puisse distinguer ces maladies, il convient de mettre sous les yeux du lecteur leurs différens symptômes, & nous nous servirons des propres termes de M. Gibson.

Signes de la pleuréfie & de l'inflammation du poumon.

La pleuréfie, qui est une inflammation de la plèvre, & la péripneumonie, qui est une inflammation du poumon, ont des symptômes

D ij

fort femblables, avec cette différence cependant que dans la pleuréfie le cheval a de grandes inquiétudes & change fouvent de
place ; la fiévre qui d'abord eft médiocre, s'accroît & devient tout-
à-coup violente ; au commencement il cherche & tâche de fe coucher, mais il fe reléve auffi-tôt, & retourne fréquemment fa tête
du côté malade : fymptôme qui fouvent induit à erreur plufieurs
Maréchaux qui prennent la pleuréfie pour des tranchées : ce fymptôme étant commun à ces deux maladies, fi toutefois l'on excepte la différence fuivante.

Comment on les diftingue des tranchées.

Dans les tranchées un cheval fe couche fréquemment & fe roule ;
& lorfqu'elles font violentes, il tombe dans une efpéce de convulfion : fes yeux font tournés en haut, & fes membres étendus en dehors,
comme s'il étoit mourant ; fes oreilles & fes pieds font quelquefois chauds, & quelquefois froids comme la glace ; il fue abondamment, & fes fueurs font froides ; il s'efforce fouvent d'uriner & de
fe vuider, mais avec une difficulté étonnante ; & tous fes fymptômes fe foutiennent ordinairement jufqu'à ce qu'il foit fecouru
& foulagé.

Mais dans la pleuréfie, les oreilles & les pieds font toujours brûlans, la bouche eft féche, le pouls eft dur & fréquent, même dans
l'inftant où il va mourir ; & quoiqu'il faffe dans le commencement
plufieurs mouvemens pour fe coucher, il allonge les reins autant
que la longueur du licol le lui permet, & ne fait pas le moindre
mouvement pour changer de fituation, mais il demeure haletant
avec une refpiration courte, & une difpofition à touffer jufqu'à ce
qu'il foit fecouru ou qu'il tombe.

Symptômes des poumons enflammés.

Dans l'inflammation des poumons, les fymptômes font les mêmes ; la feule différence confifte en ce que le cheval eft au commencement moins actif, & ne fe couche point du tout pendant tout
le tems de la maladie ; la fiévre eft forte ; il refpire difficilement, &
cette difficulté eft fuivie d'une petite toux ; la bouche eft féche &
brûlante. Lorfque dans cette maladie l'animal tient la bouche ouverte, il en fort avec abondance une matiere vifqueufe, une féro-
fité jaune ou rougeâtre qui en fortant de fon nez s'attache comme
de la glu à fes narines.

Dans la pleuréfie, les flancs du cheval s'élévent & font agités avec
violence, ce qui lui donne beaucoup d'inquiétudes ; on remarque
même que fouvent le cheval a le ventre relevé, au lieu que dans

l'inflammation des poumons, son ventre indique une grande plénitude, & le battement des flancs est régulier, si ce n'est après qu'il a
bu & qu'il s'est remis en place : ses oreilles & ses pieds sont le plus
souvent froids & suants.

Guérison de la pleurésie & de l'inflammation des poumons.

Le commencement de la guérison de ces maladies est le même.
On peut d'abord tirer à un cheval vigoureux trois pintes de sang, &
deux le jour suivant ; & si les symptômes résistent, il faut réitérer la saignée & la fixer à une pinte à la fois. Ce n'est, à proprement
parler, que par les promptes & abondantes saignées, souvent réitérées, qu'on peut compter sur la guérison ; mais si le cheval a eu
antérieurement quelque maladie, ou s'il est vieux, il faut saigner
moins abondamment & plus souvent.

M. *Gibson* recommande les sétons à chaque côté de la poitrine
& au ventre, & veut qu'on frotte les premieres côtes avec de l'onguent de vesficatoire.

Le régime & les médecines doivent être rafraîchissants, atté-
nuants, apéritifs & dissolvants ; il faut aussi donner des mélanges échaudés, beaucoup d'eau ou de gruau, & trois fois par jour le
bol suivant.

Bol.

℞ Sperme de baleine, nitre, de chacun une once ; huile d'anis,
trente gouttes ; assez de miel pour en former un bol. Après chaque
bol on donnera de l'eau d'orge, dans laquelle on aura fait bouillir
des figues & de la réglisse ; on peut y ajouter le suc de limon ; & si le
poumon est beaucoup oppressé & fatigué par la toux, donnez deux
ou trois cornets de la décoction trois ou quatre fois par jour, avec
quatre cuillerées de miel & d'huile de lin. Nous recommandons
sur-tout dans la pleurésie une forte décoction de bistorte adoucie avec
le miel, & donnée deux fois par jour. Elle brise & atténue le sang,
& dissipe l'inflammation qui, comme on sçait, n'est qu'une stagna-
tion causée par l'épaississement du sang. On la regarde en certains endroits comme un spécifique immanquable dans cette maladie ;
ce qui est prouvé par l'heureuse, & souvent répétée expérience qu'on
en a fait.

Les Clysteres sont nécessaires.

Il faut faire usage une fois par jour d'un clystere émollient, auquel on peut ajouter deux onces de nitre ou de crème de tartre.
On verra probablement deux ou trois jours après l'écoulement du
nez, & le cheval commencera à manger, si au contraire la mala-

die réfifte, que la chaleur continue, & que la refpiration foit gênée, il faut le refaigner, & lui donner le clyftere fuivant.

Clyftere purgatif.

R: Séné & guimauve, de chacun deux onçes; fenouil & bayes de laurier, de chacun une once; faites bouillir le tout dans cinq chopines d'eau, & réduifez la décoction à deux pintes; coulez, & ajoutez à la colature quatre onces de fel purgatif, deux ou trois onces de fyrop de nerprun, & demi-feptier d'huile de lin ou d'olive.

Si l'on s'apperçoit que le clyftere a produit des effers, comme on peut le connoître à la fraîcheur de l'animal, à la facilité de refpirer, & à la diminution des douleurs, répétez-en l'ufage le jour fuivant, à moins qu'il n'y ait eu après le premier une efpéce de fuperpurgation; alors il faut mettre un jour d'intervalle; & lorfqu'il commence à manger du fon échaudé & du foin trié, difcontinuez les bols, & continuez la décoction avec des clyfteres de tems en tems.

Veillez fur-tout à la nourriture du cheval, & à l'exercice que vous lui ferez faire. Vous ne pouvez vous difpenfer de donner pendant quinze jours ou trois femaines des laxatifs; ainfi donnez-lui pendant ce tems deux picotins de fon échaudé avec une cuillerée de miel & de fleur de foufre, ou deux ou trois petites rations d'avoine arrofée d'urine, à la place du fon; mais comme fon eftomac eft encore foible, il pourroit fe dégoûter du même régime. Pour diverfifier, donnez-lui un quart de boiffeau d'orge échaudée avec de l'eau, afin qu'elle foit adoucie, auffi-bien que l'eau qu'il boira. Il faut le mettre infenfiblement en exercice au grand air, & choifir des jours ferains; & lorfque vous voyez qu'il a recouvré fes forces, donnez-lui une ou deux médecines bien douces: celle de la rhubarbe eft la meilleure, quand le cheval en vaut la peine, ou bien fervez-vous de la médecine que nous avons déja prefcrite à ce fujet.

Pleuréfie extérieure, & fes fignes.

Il y a auffi une pleuréfie externe, ou inflammation des mufcles intercoftaux. Les fignes font une roideur du corps, des épaules & des jambes de devant, quelquefois une toux féche, le cheval retire en quelque façon fes parties lorfqu'on les touche, & c'eft précifément du mauvais traitement de ces pleuréfies que viennent les courbatures.

Guérifon.

La faignée, les pectoraux doux, & les purgations modérées, font les remédes internes dont il faut fe fervir; à cet ufage joignez celui de frotter les parties externes avec parties égales d'efprit de fel armoniac & d'onguent de guimauve ou d'huile de camomille.

Les inflammations extérieures tombent souvent dans le côté intérieur de la jambe de devant, & y forment des abscès qui terminent ce mal.

La membrane qui sépare les poumons, & principalement le diaphragme, est aussi souvent enflammée ; alors on ne peut, qu'avec peine, distinguer cette pleurésie de l'interne. La seule différence sensible qui se présente, consiste en ce que quand le diaphragme est considérablement enflammé, le cheval tient la machoire serrée & la bouche si exactement fermée, que rien ne peut y entrer, mais la même méthode peut servir à la guérison de cette maladie.

CHAPITRE VI.

De la Toux & de l'Asthme.

LE traitement inconséquent des maladies précédentes est ordinairement la source des toux fixes qui dégénerent en asthmes & en pousse.

On assigne à cette derniere maladie diverses causes ; cependant comme ce ne sont que des conjectures, nous n'insisterons point sur tout ce qui a été dit de ridicule & de peu réfléchi sur cette matiere ; mais nous nous artêterons aux remarques que nous avons eu l'attention de faire sur les dissections fréquentes que nous avons faites des chevaux poussifs.

Distinction des Toux externes.

Rien n'a plus embarrassé les praticiens que la guérison des toux fixes. Qu'est-ce qui peut en être la cause ? Ce n'est sans doute que le peu d'attention que l'on a eu de distinguer une toux d'avec l'autre ; car sans une connoissance exacte des différentes toux, il est impossible de trouver la véritable méthode de les guérir. De sorte que si un cheval est travaillé depuis longtems par une toux suivie d'une perte d'appétit & de foiblesse, il ne faut point douter qu'il ne tombe dans la consomption ou dans la phtysie & que les poumons ne soient engorgés d'une substance nouée & dure, qu'on appelle tubercule, qu'on a découvert par la dissection. Voyez Phtysie.

Signes d'une Toux humide.

Les signes suivans indiquent que la toux est causée par le phlegme,

& par une matiere visqueuse, qui engorge & bouche les vaisseaux des poumons.

Les flancs du cheval font un mouvement prompt ; il respire avec peine, mais il n'a point les narines ouvertes, comme quand il a la fiévre, ou quand il est poussif ; sa toux est quelquefois séche & quelquefois humide ; avant que de tousser il fait une voix rauque, comme lorsqu'il est enrhumé, & jette quelquefois de la bouche & du nez des phlegmes blancs & comme colés, sur-tout après qu'il a bu, ou lorsqu'il commence ou finit d'être exercé, ce qui le soulage ordinairement beaucoup. Il y a des chevaux qui rålent & dont la respiration est si gênée, qu'à peine ils peuvent se mouvoir, jusqu'à ce qu'ils aient pris quelque tems l'air, quoiqu'on les voie travailler aussi, & même plus vigoureusement qu'on n'a lieu de l'espérer.

Voilà exactement des cas que l'on doit regarder comme des signes non équivoques de l'asthme. On doit bien s'attacher à les distinguer des symptômes de cette respiration courte que nous remarquons dans certains chevaux, & qui n'est produite que par la trop grande quantité, ou par la mauvaise qualité de la nourriture, ou par le manque d'exercice, ou enfin parce qu'on les a ôtés de l'herbe en hiver. Mais heureusement cette maladie se guérit avec facilité : les seuls régime & exercice convenables, font deux ressources dans l'un & dans l'autre cas, que nous avons trouvées infaillibles.

Les asthmes que nous venons de détailler, sont souvent opiniâtres ; mais si un jeune cheval en est attaqué, & si la toux n'est point invétérée, il sera considérablement soulagé, si même il n'en est pas entiérement guéri, en suivant la méthode suivante.

Guérison.

Si le cheval a de l'embonpoint, faites une saignée abondante ; si au contraire il est maigre, ne tirez pas une si grande quantité de sang : il vaut mieux, & il est en effet plus prudent de se réserver la liberté de réitérer la saignée toujours proportionnément à l'oppression & à la difficulté de respirer.

Le Mercure est recommandé.

Comme dans ces cas l'usage du mercure est merveilleux, donnez-lui un bol mercuriel avec deux dragmes de calomel sur le soir, & le lendemain au matin un purgatif, si mieux vous n'aimez lui donner la purgation suivante, que M. *Gibson* recommande beaucoup.

Purgations altérantes.

℞ Galbanum, gomme ammoniac, assa-fétida, de chacun deux
dragmes ;

dragmes ; aloës hépatique, une once ; fafran, une dragme ; huile d'anis, deux dragmes ; faites-en un bol avec le miel.

On peut réitérer ce reméde par intervalles convenables avec les précautions ordinaires ; entre l'adminiftration de ce bol, donnez-lui pendant quelque tems le matin un des bols fuivans.

Bol pour la Toux obſtinée.

℞ Cinabre d'antimoine tamifé, fix onces ; fafran, une once ; gomme ammoniac, affa-fétida, de chacun deux onces ; de l'ail, quatre onces, dont vous ferez une pâte & formerez des bols avec une quantité fuffifante de miel.

Ces bols font extrêmement propres à ces maladies ; mais fi on les trouve trop difpendieux, on pourra donner le bol cordial avec la huitiéme partie d'efquille fraîche, ou de goudron, ou avec une quantité égale du bol ci-deffus battus enfemble. Mais ceux qui font en état de ne rien épargner pour la confervation d'un animal dont ils connoiffent le fervice, peuvent efpérer un plus prompt & plus parfait rétabliffement de l'ufage du baume du Pérou, du baume de foufre & des fleurs de benjoin, qu'on ajoute au bol cordial.

L'exercice & le régime expreffément recommandés.

L'exercice dans un grand air, & un régime modéré, font d'un grand fecours ; car les chevaux fujets aux oppreffions des poumons ne doivent jamais être bourrés de nourriture, parce que l'eftomac plein preffe le diaphragme, & gêne le reffort des poumons. Remarquez que la boiffon prife en trop grande quantité, produit des effets auffi fâcheux. On doit principalement leur retrancher le foin, le donner en petite quantité, & l'arrofer d'eau. Par un tel régime les chevaux peuvent fi bien fe r'avoir, qu'ils font en état de rendre de grands fervices, & je penfe que c'eft le premier de tous les objets qu'on doit avoir en vue.

Voici les fymptômes d'une toux féche, ou des afthmes.

Signes de la Toux féche ou des Afthmes.

Le cheval mange avec appétit, court & travaille avec ardeur ; fon poil eft vivant ; il a enfin tous les fignes d'une fanté parfaite. Cependant il touffe en certains tems, & cette toux eft continuelle & fans relâche ; mais il ne jette rien, ni par les narines, ni par la bouche, fi l'on excepte quelques eaux claires qui diftillent du nez, ce qui n'eft occafionné que par la grande violence de la toux. Quoiqu'elle ne foit pas périodique, on a cependant remarqué que certains chevaux en étoient attaqués le matin après avoir bu ; & c'eft ce qu'on peut proprement appeller *afthme nerveux*, parce qu'il eft comme

a juré qu'il affecte principalement les nerfs des parties membraneu-
ses des poumons & du diaphragme; & le cas paroît fort dangereux, si du moins il n'est pas absolument incurable : cependant la
jeunesse est dans les chevaux d'une aussi grande ressource que dans les
hommes, & si le cheval est jeune, la méthode suivante peut réussir.

Guérison.

Commencez par une saignée raisonnable; donnez ensuite pendant deux jours, vers le soir, une once de diapente, & le matin un
bol purgatif, tenant le cheval bien couvert, & lui faisant beaucoup
de litiere, mettez-le au son échaudé & à l'eau chaude.

Vous pouvez réiréter cette purgation tous les huit jours, avec un
bol mercuriel donné le soir.

Les bols suivans doivent être donnés ensuite un par jour, faites-
les de la grosseur d'environ un œuf de pigeon. Il faut, après les
avoir administrés, faire jeûner le cheval pendant deux heures, &
les continuer pendant deux mois, ou plus long-tems, si l'on veut
en voir l'efficacité.

Bols pour une Toux séche & obstinée.

R: Cinabre naturel, ou cinabre d'antimoine, une demi-livre;
gomme gayac, quatre onces; ammoniac, deux onces; autant de
myrrhe; savon de Venise, demi-livre : le cinabre doit être réduit
en poudre impalpable; il faut mêler le tout avec le miel, & en faire
des bols.

Observation.

Le mercure & les drogues pondérantes sont propres, par leur
poids, à ouvrir les obstructions des poumons, & à empêcher la formation des ulceres auxquels les tubercules des poumons sont sujets & qui causent ordinairement une maladie incurable : c'est la
phtysie. Les pectoraux ordinaires donnés seuls ne produisent aucun
effet dans les toux invétérées; leur efficacité se perd dans la grande
route qu'ils ont à faire avant que d'arriver aux poumons. Il convient donc de les mêler avec des apéritifs puissans, si l'on veut qu'ils
agissent; & nous osons avancer qu'ils sont, avec un tel mélange,
les seuls remédes sur lesquels on puisse compter.

Mais avant que de finir ce chapitre, il est nécessaire de faire
observer que les jeunes chevaux sont sujets aux rhumes pendant la
pousse des dents, que leurs yeux sont aussi affectés par la même cause. Il faut alors saigner, & resaigner même, lorsque la toux est
obstinée, & donner des mélanges chauds, ce qui suffit ordinairement pour appaiser cette maladie. Mais lorsque la toux est causée par

les vers, comme on l'a souvent remarqué, il faut avoir recours au mercure & à l'éthiops minéral, mêlés avec les bols pectoraux ou cordiaux, comme aux seuls remèdes qui sont infaillibles.

CHAPITRE VII.

De la Pousse.

ON n'a point eu jusqu'à présent une connoissance même superficielle de cette maladie ; mais M. *Gibson* penche à croire qu'elle tire son principe de la trop forte & trop hâtée nourriture qu'on donne aux jeunes chevaux que l'on éleve pour vendre. Par une telle imprudence les poulmons s'accroissent, & les parties contenues s'étendent à un tel point en peu d'années, & grossissent si extraordinairement, que la cavité de la poitrine n'a pas assez d'étendue pour les loger à leur aise, de sorte que leur fonction est gênée. Il n'est donc pas étonnant qu'une poitrine naturellement étroite, & des poulmons naturellement gros, causent la pousse. On a remarqué que les chevaux, parvenant à l'âge de huit ans, sont aussi sujets à cette maladie, que les hommes le sont, quand ils sont parvenus à un certain âge, à être attaqués de l'ahstme, de la pthisie, ou d'autres maladies chroniques.

Pourquoi les chevaux deviennent poussifs à l'âge de sept ou huit ans.

Si l'on demande la raison pour laquelle cette maladie se manifeste plutôt à cet âge, nous répondrons que c'est parce qu'alors les chevaux sont dans toute leur force, & dans leur parfait accroissement, qu'après six ans ils ne grandissent, ni n'épaississent, que leur ventre s'abbat, s'étend, & que toutes ces parties sont parvenues à toute leur étendue ; de sorte que le poids sur les poulmons & sur le diaphragme se trouve sensiblement augmenté. De quelque peu de consistance que ces raisons paroissent, les fréquentes dissections que nous avons faites des chevaux poussifs, nous ont donné des preuves incontestables de la grandeur énorme, non-seulement de leurs poulmons, mais encore de leur cœur, du péricarde & de la membrane qui sépare la poitrine, aussi-bien que de l'épaisseur remarquable du diaphragme.

Les parties affectées des chevaux poussifs.

On a observé une disproportion si grande, que l'on a vû des cœurs

& des poulmons presque deux fois plus grands qu'ils ne doivent l'être naturellement , & qui malgré ce défaut, étoient entiérement sains : on ne trouvoit même aucune altération dans le conduit de la respiration , ni dans les glandes.

De ces observations on doit conclure avec nous que cette grosseur énorme des poulmons , & l'espace qu'ils occupent , en empêchant l'action du diaphragme , sont la premiere & principale cause de la poussé : la substance des poulmons se trouvant plus charnue qu'à l'ordinaire , il est absolument conséquent qu'ils perdent dans la suite du tems beaucoup de leur jeu & de leur ressort.

Raisons de la difficulté de respirer.

Lorsque nous dirons que ce vice charnu des poulmons & cette grosseur peuvent occasionner la lenteur inégale de la respiration des chevaux poussifs , paroîtrons-nous trop systématiques ? En effet si l'on est observateur exact, on peut remarquer aisément qu'ils retirent leur souffle lentement , & que leur flanc se remplit & s'éleve avec beaucoup de difficulté , mais qu'il s'abbaisse précipitamment , & que leur respiration sort avec une violence égale , & de la bouche & des narines ; de sorte qu'un homme dans les ténébres n'a qu'à tenir sa main à la bouche & au nez du cheval , lorsqu'il veut découvrir s'il est poussif.

La Poussé est incurable.

En considérant ainsi la poussé, on peut avancer hardiment qu'elle doit être réputée incurable , & que tout ce dont on se vante , en prétendant la guérir , n'est qu'une pure frivolité : trop heureux si l'on trouve des gens qui sçachent de tems en tems en pallier les symptomes & en suspendre la violence. Nous nous bornerons donc à indiquer la méthode de la prévenir , en faisant à tems usage des remédes que nous allons prescrire ; & si quelquefois ils ne réussissent pas , (à Dieu ne plaise que nous prétendions en imposer,) nous croirons faire beaucoup en faveur du public, si nous lui présentons des remédes qui soient d'une efficacité infaillible pour en arrêter au moins la violence, & pour faire qu'un cheval, qui en est attaqué, soit de quelque service.

Symptomes de la Poussé.

Une toux séche & obstinée précéde ordinairement la poussé ; le cheval ne perd point l'appétit ; il a beaucoup de propension à la nourriture sale , il mange la paille & le foin qui sont tombés sur ses vaidanges ; il boit beaucoup. Afin donc de prévenir le plus qu'il est possible cette maladie, il faut d'abord saigner & lui donner la médecine prescrite ci-devant jusqu'à deux ou trois fois. A cette attention on doit joindre celle de lui faire prendre les bols suivans, dont l'efficacité a été éprouvée sur les toux les plus obstinées.

Bols pour la Pousse.

℞ *Aurum mosaicum*, en poudre fine, huit onces; myrrhe & énula campana, en poudre, de chacun quatre onces; baies de laurier, anis, de chacun une once; safran, demi-once; faites-en des bols avec l'oximel.

L'or mosaïque est composé de parties égales de mercure, d'étaim, de sel armoniac, & de soufre.

Régime pour les chevaux poussifs.

On doit leur donner fort peu de foin, & le peu qu'on leur en donne, doit être arrosé d'urine ou d'eau claire, ce qui les rend moins avides d'eau.

Ail recommandé.

Les sels volatils, dont l'urine est empreinte, doivent la faire préférer à l'eau, & c'est peut-être la raison qui accrédite l'ail dans ces cas. Une longue expérience nous a fait regarder cette plante comme extrêmement salutaire : on en donne deux ou trois gousses concassées & bouillies dans une pinte d'eau ou de lait.

En nourrissant un cheval poussif avec foin, & en lui faisant faire un exercice modéré, on le soulagera beaucoup. Il est vrai qu'il ne sera pas bien propre le premier été, à un grand travail; mais le second, il sera moins oppressé; peut-être même ne le sera-t-il pas du tout le troisième, & il supportera de grandes fatigues. On a remarqué qu'en tenant constamment un cheval poussif au pré, & en l'en tirant seulement pour s'en servir, il rendoit pendant plusieurs années de bons services.

Mais si quelqu'un s'attend à guérir un cheval, en l'envoyant à l'herbe, il se fait illusion, principalement s'il l'en tire après l'herbe du printems; il verra qu'à son retour à l'écurie, & par l'usage de la nourriture sèche, il sera plus oppressé, & aura la respiration gênée, à cause du changement d'air, & de la privation de la nourriture humide à laquelle il étoit accoutumé.

Nous avons encore eu souvent occasion d'observer que les chevaux que l'on envoyoit à l'herbe, pour les guérir d'une toux obstinée, en revenoient entièrement poussifs, sur-tout lorsque les pâturages sont gras & succulans; de sorte que ceux qui n'ont pas la facilité de les tenir constamment dehors, peuvent les nourrir pendant un mois ou deux avec de la nouvelle orge verte, de l'ivraie, ou autres herbes tendres.

On donne avec succès deux cuillerées de goudron commun, mêlé avec un jaune d'œuf, dissout dans de la biere chaude, ou du vin chaud : on le donne le matin au cheval, à jeun, deux ou trois fois la semaine, sur-tout les jours qu'il ne travaille point.

Mais afin de tirer quelques services de tous ces chevaux qui toussent ou qui poussent, il faut principalement tourner tous ses soins du côté de la nourriture & la proportionner toujours à leur travail & à leur repos, sur-tout ne leur donner que peu à la fois & souvent, & humecter ce que l'on leur donne à manger, pour qu'ils ne boivent pas trop, & enfin ne les faire jamais travailler que modérément. On peut leur donner le bol suivant une fois tous les quinze jours, ou toutes les trois semaines ; & comme il opére avec douceur, il n'exige point qu'on fasse garder l'écurie, que précisément les jours qu'on les donne : on peut les continuer deux ou trois mois pendant que la nourriture & l'eau chaude sont nécessaires.

℞ Aloës succotrin, myrrhe, galbanum, gomme ammoniac, de chacun six dragmes ; baies de laurier, deux dragmes ; dont vous ferez un bol avec une cuillerée d'huile d'ambre, & avec une quantité suffisante de sirop de nerprun.

CHAPITRE VIII.

De la Phthisie ou Consomption.

LOrsque la phthisie vient d'une altération des poulmons, ou d'un autre boyau principal, les yeux paroissent pesans, les oreilles & les pieds sont d'une chaleur humide, le cheval tousse violemment & par accès, il éternue beaucoup, & se plaint souvent, ses flancs s'élevent & se baissent rapidement, une matiere épaisse & jaunâtre lui coule du nez, il mange peu de foin, mais beaucoup de grain

Guérison.

A l'égard de la guérison, la saignée est la premiere ressource qu'on doit mettre en usage, mais elle ne doit point être abondante ; rarement doit-elle excéder une chopine ou trois demi-septiers, mais il faut la réitérer auffi fouvent que la refpiration eft plus courte qu'à l'ordinaire ; ajoutez l'ufage des pectoraux, pour fufpendre les fymptomes preffans ; mais comme on a découvert, par la diffection, que les glandes des poulmons & du méfantere font enflées, fouvent même durcies, toute la force des remédes fe trouve réunie dans le purgatif mercuriel ; il faut donner immédiatement après, & par intervalles la poudre fuivante.

Poudres altérantes.

℞ Cinabre naturel, ou cinabre d'antimoine, une once ; ajoutez la même quantité de gomme de gayac & de nitre ; donnez-en au cheval une once deux fois par jour, en humectant fa nourriture.

Le marais falé eft recommandé.

L'herbe d'été eft extrêmement utile, mais les marais font préférables : on peut même en attendre un fuccès plus affuré que des médecines. Ils font des grands changemens dans le fang & dans les fucs : un grand air & un exercice convenable font d'un fecours infini dans cette maladie.

Obfervations.

Il ne fera point inutile de remarquer que lorfqu'un cheval retombe fouvent après avoir laiffé entrevoir des efpérances de rétabliffement, qu'une matiere jaunâtre & épaiffe lui coule du nez, & qu'il devient maigre & fujet à fuer beaucoup, & qu'il a une efpéce de râle ; on doit regarder tous ces fymptomes comme autant de marques qui indiquent que la nature eft en défaillance, & que tous les traitemens feroient inutiles, qu'ainfi l'expédient le meilleur, & qui tend le plus à l'économie, eft de le faire tuer.

Remarques.

Comme plufieurs des médicamens indiqués ci-deffus, & dans le chapitre précédent, peuvent être regardés comme trop difpendieux pour des chevaux qui ne font pas de grande valeur : on peut y fuppléer par l'eau de goudron. Nous pouvons même affurer, étayés de plufieurs expériences, qu'elle eft excellente dans les toux & dans la difficulté de refpirer.

CHAPITRE IX.

De l'Apoplexie, des Vertigo, Syncopes, Convulsions, & de la Léthargie, Épilepsie & Paralysie.

LEs Maréchaux comprennent généralement sous deux dénominations toutes ces maladies, le vertigo & les convulsions, dans
lesquelles ils supposent toujours que la tête est directement affectée; mais en traitant de ces maladies, nous distinguerons celles
qui sont particulieres à la tête, comme y prenant leur principe,
de celles qui ne sont, à proprement parler, que les symptomes
d'autres maladies qui ont leur siége dans quelque autre partie dont l'affection se communique aux nerfs, & qui affectent par conséquent
la tête; nous prouverons qu'il y en a dont la source est directement
dans l'estomac ou dans les intestins ou dans d'autres parties.

Ainsi, en suivant cet ordre, nous nous flattons d'éviter les erreurs grossieres qui doivent nécessairement résulter du manque de
connoissance du siége de ces différentes maladies.

Dans l'apoplexie un cheval tombe tout-à-coup, sans autre sentiment ou mouvement que le battement des flancs.

Symptômes de l'Apoplexie.

Les avant-coureurs de l'apoplexie sont l'assoupissement; les yeux
sont pleins de sérosités & sont humides, quelquefois gros & enflammés; le cheval chancele, il est languissant & n'a point d'appétit; la tête est pendante, ou porte sur la crêche; il arrive quelquefois qu'il n'a que peu ou point de fiévre; à peine apperçoit-on quelque changement dans sa fiente & dans son urine; quand on le touche à la tête ou aux environs, il se cabre & se laisse tomber en arriere, & c'est ici le symptôme ordinaire dans l'apoplexie dont les jeunes chevaux sont attaqués; mais avec un prompt secours ils peuvent être guéris. Si l'apoplexie est causée par des blessures ou des
coups à la tête, ou par des matieres rassemblées dans le cerveau, il
faut observer qu'il y a une indication qui facilite le moyen de distinguer cette cause. Le cheval devient frénétique par accès, sur-
tout après qu'il a pris sa nourriture; il fait des écarts; alors on doit
désespérer de sa guérison, de même que lorsqu'il tombe tout-à-coup,
& que les flancs battent avec violence, sans qu'il puisse se relever
après qu'on lui a fait une saignée copieuse.

Seuls

Seuls secours qu'on puisse donner.

Tout ce qu'on peut faire dans ces cas si pressans, est de faire promptement l'ouverture de plusieurs veines à la fois, & de tirer quatre ou cinq pintes de sang, de lui tenir la tête & les épaules hautes, en les soutenant avec quantité de paille. S'il échappe de l'accès, faites plusieurs sétons; donnez-lui soir & matin des clysteres composés d'une forte décoction de séné & de sel; soufflez-lui dans les narines une fois par jour une dragme de poudre d'*azarum* ou cabaret : elle est propre à exciter un grand écoulement; il faut ensuite lui donner deux ou trois purgations d'aloës; & pour éviter la rechute, on doit s'attacher essentiellement à atténuer le sang, & lui rendre sa fluidité, objet que l'on remplira en lui donnant une demi-once d'antimoine & de crocus metallorum, pendant un mois, ou (ce qui vaut encore mieux,) la même quantité d'antimoine & de gomme de gayac.

Où l'Apoplexie n'est pas dangereuse.

Si l'apoplexie vient d'une pletore, ou de trop de nourriture, & de peu d'exercice, ou enfin de l'épaississement de sang, (cas assez fréquent parmi les jeunes chevaux qui, quoiqu'ils fassent des écarts, aient des vertigos, & tombent quelquefois tout d'un coup, sont cependant très-curables par la méthode ci-dessus prescrite,) une nourriture laxative avec du son & de l'orge, doit être mise en usage pendant quelque tems; il faut aussi réitérer la saignée, mais en petite quantité.

Quant aux autres maladies de la tête, comme léthargie, épilepsie, dite ordinairement *mal caduc*, vertigo, frénésie, rage, convulsion & paralysie; comme la plûpart de ces maladies doivent être traitées suivant la même méthode que nous avons indiquée pour le traitement de l'apoplexie, nous n'en parlerons point séparément, mais nous mettrons sous les yeux des lecteurs quelques régles particulieres pour les distinguer, suivant le plan que nous nous sommes proposé.

Pour distinguer les convulsions & l'épilepsie, qui très-souvent sont causées par les vers & les ulceres de l'estomac & du diaphragme, de celles qui ont leur siége dans la tête, nous devons entrer dans le détail des symptômes qui caractérisent les unes & les autres. Ce moyen bien établi nous garantira des méprises que l'on fait tous les jours dans l'administration des remédes; & comme plusieurs d'entre les maréchaux sont assez bornés pour prendre l'épilepsie pour des tranchées, nous entrerons dans un détail assez circonstancié pour les mettre en état de les diftinguer chacune par fes fymptômes particuliers.

Diftinction de l'Epilepfie & des tranchées.

Dans l'épilepfie le cheval fait des écarts, a des vertigos; fes yeux font fixés, il n'a aucun fentiment, il urine & fiente infenfiblement, il tournoie & tombe tout d'un coup; il eft quelquefois fans mouvement; fes jambes font tendues comme s'il étoit mort; il n'a de mouvement que dans le cœur & dans les poumons, ce qui caufe une agitation violente dans les flancs; il tremble tellement de tous fes membres, qu'il frappe non-feulement la litiere, mais encore le pavé; & après tous ces fymptômes qui fe fuccédent & reparoiffent pendant trois ou quatre heures, il revient & écume; la matiere qu'il jette eft blanche & féche comme l'écume d'un cheval en fanté lorfqu'il ronge fon mors.

Defcription des Tranchées.

Mais dans toutes les efpéces de tranchées de ventre, foit qu'elles foient occafionnées par des affections des boyaux, foit qu'elles viennent des rétentions d'urine, un cheval fe léve, fe couche fouvent, fe roule & s'agite; & lorfqu'il veut fe coucher, il fait ordinairement les mêmes mouvemens qu'il fait lorfqu'il fe porte bien pour arranger fa litiere; il ne refte point ordinairement fort long-tems étendu: voyez le chapitre des tranchées de ventre.

L'Epilepfie & les Convulfions viennent de différentes caufes.

L'épilepfie & les convulfions peuvent être caufées par des coups à la tête, ou par des exercices trop violens, ou par une plénitude de fang appellée *pletore*, ou par un fang corrompu, ou par des indigeftions qui peuvent occafionner ces maladies. La tête peut être en effet affectée par fympathie des nerfs: car une douleur violente dans quelque partie du corps excite des convulfions lorfque les nerfs & les tendons font affectés comme par bleffure, piqûre, meurtriffure, & par des ulceres, ou par des amas de matiere, ou par les piqûres des vers: on a remarqué qu'une longue conftipation donnoit auffi quelquefois des convulfions.

Les jeunes Chevaux fujets aux Convulfions par les Vers.

Les jeunes chevaux parvenus à l'âge de quatre ou de fix ans, font fort fujets à la maladie des vers qui font dans l'eftomac, principalement au printems; les chevaux de carroffe y font encore plus fujets que les chevaux de felle; ils en font faifis fans qu'aucun fymptôme en ait indiqué l'accès: ainfi il faut bien prendre garde s'il n'y en a point dans leur fumier; fi l'on y en trouve, il n'y a point de doute qu'ils en ont dans l'eftomac, furtout lorfqu'il y a peu de tems qu'on les a achetés du marchand.

Lorfque les convulfions viennent de l'altération du diaphragme, ou de quelque boyau, on peut les diftinguer des précédentes par les fymptômes qui les précédent. Le cheval perd d'abord l'appétit, il devient foible, fans cœur & fans force dans le travail, & fa refpiration devient courte au moindre exercice.

Defcription des Convulfions qui viennent de l'Eftomac & des Boyaux principaux.

Nous allons donner dans les propres termes de M. *Gibfon* la defcription naturelle de cette crampe univerfelle ou convulfion qui roidit tout-à-coup les mufcles du corps, & ferre tellement les mâchoires du cheval, qu'il eft prefque impoffible de les ouvrir. Auffi-tôt, dit il, que le cheval eft faifi, fa tête & fon nez font élevés vers le ratelier; fes oreilles font droites, & fa queue eft retrouffée; fon regard eft empreffé comme celui d'un cheval qui a faim & auquel on donne du foin, ou comme un cheval fier dont on réprime la fougue, de forte que ceux qui ne font point verfés dans les maladies de ces animaux, ne s'imagineroient jamais qu'il foit malade; mais ces mêmes ignorans font bien-tôt après éclairés, lorfqu'ils voient d'autres fymptômes fe développer, fon col fe roidit, il eft prefque inébranlable; s'il vit quelques jours dans cet état, il s'éleve des nœuds dans fes parties tendineufes, tous les mufcles de l'avant-main & de l'arriere-main font fi fort retirés, fe rétréciffent & fe tendent avec tant de roideur, qu'on diroit que l'animal eft cloué au pavé avec fes jambes ouvertes & écartées; fa peau eft fi fort colée fur toutes les parties de fon corps, qu'il eft prefque impoffible de la pincer; vainement tenteroit-on de le faire marcher; il tombe foudain; fes yeux font fi immobiles par l'inaction des mufcles, qu'on diroit qu'il eft mort: il ronfle & éternue fouvent: il halete continuellement par une difficulté de refpiration, & ce fymptôme fe foutient jufqu'à ce qu'il tombe roide mort, ce qui arrive en peu de jours à moins qu'on n'ait le bonheur de faire une prompte & favorable révolution.

Dans tous ces cas, on doit premierement faigner copieufement le cheval, excepté ceux qui font ou exténués, ou vieux, ou qui ont beaucoup travaillé: dans ceux-ci il faut ménager le fang & leur donner enfuite le bol fuivant.

Bol nerveux.

℞ Affa-fétida, une demi-once; caftor de Ruffie en poudre, deux dragmes ; racine de valerienne, une once. Faites-en un bol avec du miel & de l'huile d'ambre.

On peut d'abord lui donner ce bol deux fois par jour, & enfuite une fois délayé avec une décoction de melilot ou de valerienne, adoucie avec la reglisse & le miel.

Il faut lui donner entre les bols des médecines laxatives & des clysteres émolliens pour tenir le ventre libre ; mais après lui avoir donné le bol précédent pendant huit ou dix jours, donnez-lui une fois par jour celui qui suit.

Autre Bol nerveux.

℞ Cinabre d'antimoine, six dragmes ; assa-fétida, une demi-once : aristoloche, myrrhe, baies de laurier, de chacun deux dragmes ; faites-en un bol avec la thériaque & avec l'huile d'ambre.

Voilà en général la méthode la plus courte & la plus sûre pour traiter cette maladie ; mais lorsqu'on soupçonne qu'elle est causée par les vers, qui très-souvent la produisent, on doit commencer par les médecines mercurielles préparées de la maniere suivante.

Bol mercuriel.

℞ Mercure doux & philonium, de chacun une demi-once ; faites-en un bol avec la conserve de rose, & donnez-le sur le champ au cheval.

On peut réitérer la moitié de la dose dans quatre ou cinq jours : donnez-lui ensuite trois ou quatre cornets de l'infusion suivante, trois ou quatre fois par jour jusqu'à ce que les symptômes diminuent, & remettez-le après à l'usage du bol précédent.

Infusion.

℞ Pouliot & rhue, de chacun deux grosses poignées ; assa-fétida & castor, de chacun une once ; safran & reglisse coupée, de chacun deux dragmes : faites infuser le tout dans deux pintes d'eau bouillante ; si l'on ne met point de castor, il faut ajouter une once d'assa-fétida.

On peut aussi lui frotter les mâchoires, les tempes, le col, les épaules, l'épine du dos & les reins, & la partie où l'on trouve la plus grande contraction & la plus forte roideur avec l'onguent suivant.

℞ Onguent de nerf & onguent de guimauve, de chacun quatre onces ; huile d'ambre, deux onces : faites-en un onguent avec une quantité suffisante de camphre & d'esprit de vin.

Mais pour les chevaux de peu de valeur.

℞ Rhue, pouliot & tabac de chacun une poignée, bouillis dans une pinte d'eau de forge : laissez les drogues dans la décoction pour vous en servir dans le besoin.

Friction très-utile dans toutes les Convulsions.

M. *Gibson* rapporte les succès extraordinaires de cette méthode & des frictions réitérées, qu'il dit être d'un grand secours dans les maladies convulsives; il assure qu'elles empêchent que la mâchoire ne se ferme : il veut qu'on les applique avec diligence de deux en deux ou de trois en trois heures, par-tout où il paroît quelque contraction ou quelque roideur; car un cheval en cet état ne se couche point que ses douleurs ne soient du moins un peu diminuées.

M. *Gibson* rapporte une observation particuliere faite sur un cheval dont les mâchoires resterent si exactement fermées pendant deux semaines, qu'il ne put être nourri & médicamenté que par des clysteres : il dit que cet animal n'ayant pu recouvrer qu'au bout de quinze jours l'usage de ses mâchoires, quoiqu'il les remuât avec moins de roideur; il se détermina, connoissant la vertu laxative de l'opium, à lui en donner une demi-once dans un de ses clysteres; il dit que l'effet en fut si prompt & si favorable, qu'il se trouva encouragé à en continuer l'usage de la maniere suivante.

℞ Pilules de Matthieu, une demi-once; assa-fétida, une once; formez-en un bol : il donna ce bol en une seule dose, & le réitéra une fois : avec ce secours, & l'usage des médecines données deux fois par semaine & d'une purgation douce, le cheval se rétablit parfaitement.

Sétons quelquefois dangereux.

Les sétons dans les cas que nous venons de détailler, ne produisent pas de bons effets, parce que la peau est si tendue & si retirée, qu'ils suppurent rarement, & qu'ils occasionnent quelquefois la mortification; de sorte que si on veut les appliquer, on ne doit le faire que sous les mâchoires & à la poitrine.

Traitement de la Paralysie.

Dans la paralysie où l'animal perd l'usage d'un ou de plusieurs membres, on doit donner les remédes internes ordonnés ci-dessus, afin d'échauffer, d'animer & atténuer le sang; il faut ensuite frotter les parties affectées avec le liniment suivant.

Liniment chaud & repercussif.

℞ Huile de térébenthine, quatre onces; onguent de nerf & huile de baies de laurier, de chacun deux onces; camphre en poudre fine, une once; huile d'ambre rectifiée, trois onces; teinture de cantarides, une once.

On doit pendant un tems considérable humecter les parties affectées avec ce liniment, afin de le faire pénétrer, & sur-tout lorsque les parties de derriere font offenfées, on doit en bien frotter le dos & les reins.

Traitement de la léthargie.

Il ne faut point fe fervir dans la léthargie de violents purgatifs, mais bien de clyfteres laxatifs, avec le cinabre & les gommes ; il faut auffi fe donner bien de garde de faire des faignées trop abondantes, à moins que le cheval ne foit jeune & robufte : les fétons & les évacuations ne conviennent point aux vieux chevaux, il n'y a que les volatils qui puiffent leur être favorables.

Lorfque le cheval fe rétablit, on peut fe fervir deux ou trois fois du bol fuivant avec d'autant plus de confiance, que fon opération eft douce.

Purgatif altérant.

℞. Aloës fucotrin, une once ; myrrhe, demi-once ; affa-fétida & gomme ammoniac, de chacune deux dragmes ; fafran, une dragme : formez-en un bol avec du fyrop.

Traitement des maux de tête caufés par la conftipation.

Lorfque la conftipation caufe des douleurs à la tête, il faut premierement nettoyer l'anus avec la main, enfuite donner abondamment des émolliens & des clyfteres huileux avec une boiffon laxative, jufqu'à ce que l'évacuation foit complette : la nourriture doit être apéritive pendant quelques jours, elle confifte principalement en fon échaudé avec la fleur de foufre, l'orge échaudée, &c.

Nous nous flattons que la méthode que nous venons de détailler, donnera des lumieres fuffifantes pour connoître la nature & le fiége de ces maladies, & pour les traiter convenablement fans que nous entrions dans le détail de leurs caufes, qui dans plufieurs cas font impénétrables, & c'eft fans doute cette grande difficulté qui a fait dire des chofes abfurdes aux écrivains même les plus réputés.

CHAPITRE X.

De la Gourme & des Avives.

LA gourme eft une maladie à laquelle les poulains & les jeunes chevaux font fort fujets ; elle fe manifefte par une enflure entre les mâchoires ; elle s'étend quelquefois aux mufcles de la langue ; elle eft fuivie d'une grande chaleur, d'une grande douleur & inflammation : jufqu'à ce que la matiere foit formée, le cheval avale avec la plus grande difficulté.

Les fymptômes.

Les fymptômes font une chaleur extraordinaire accompagnée de fiévre avec une toux douloureufe ; quelques chevaux perdent entiérement l'appétit, d'autres ne mangent que peu par la douleur qu'ils reffentent en mâchant & en avalant : lorfque l'enflure commence en dedans des mâchoires, elle eft plus long-tems à mûrir que lorfqu'elle eft au milieu : quand elle fe forme parmi les glandes & fe divife par conféquent en plufieurs petites tumeurs, la cure eft ordinairement lente, parce qu'elle vient à fuppuration par divers endroits ; quand elle fe forme à la partie fupérieure au-deffus de l'orifice de la trachée artere, elle eft beaucoup plus dangereufe, parce qu'il y a lieu de craindre la fuffocation ; cependant de toutes les gourmes celle qui nous a paru toujours la plus dangereufe, eft celle dans laquelle, outre les fymptômes que nous rapportons, le nez du cheval coule ; ce que quelques-uns appellent gourme bâtarde.

Guérifon.

Comme cette maladie paroît être critique, la meilleure méthode confifte à fecourir la nature en aidant la matiere à parvenir à fa parfaite maturité, objet qu'on remplira en tenant la partie conftamment humeêtée avec l'onguent de guimauve, & en couvrant chaudement la tête & le col du cheval ; mais comme toutes les tumeurs qui fe forment dans les parties glanduleufes fuppurent lentement, le cataplafme fuivant peut fuppléer à cette lenteur : il eft même excellent pour toutes les tumeurs, il faut l'appliquer deux fois par jour.

Cataplafme fuppuratif.

℞ Feuilles de guimauve, dix poignées ; racine de lys blanc, une demi-livre ; femence de lin & de fenugrec concaffés, de chacun quatre onces : faites bouillir le tout dans deux pintes d'eau, jufqu'à ce qu'il foit réduit en confiftance de cataplafme, ajoutez quatre onces d'onguent de guimauve & une certaine quantité de graiffe de lard, pour l'empêcher de durcir & de fécher.

Par cette méthode on vient à bout dans cinq ou fix jours de faire former la matiere & d'amener la tumeur à fuppuration : fi la matiere fort avec facilité, il n'eft point néceffaire d'aggrandir l'ouverture, mais bien de la panfer avec l'onguent fuivant étendu fur des étoupes, en continuant toujours le cataplafme pour aider à

la coction, & prévenir & empêcher qu'il ne reste quelque dureté.

Onguent digestif.

℞ Résine & poix de Bourgogne une demi-livre ; miel commun &
térébenthine, de chacun une demi-livre ; cire jaune, un quarteron ; graisse de lard, une livre : faites fondre ensemble toutes ces
drogues, & lorsque vous les aurez tirées de dessus le feu, vous y
ajouterez une once de verd de gris en poudre fine, & les remue-
rez jusqu'à ce qu'elles soient bien incorporées ensemble.

Saignée quelquefois nécessaire.

Si la fiévre & l'inflammation sont violentes, & si la tumeur menace de boucher le passage de la respiration, il faut tirer une quantité raisonnable de sang, & tempérer l'inflammation par beaucoup
de gruau mêlé avec l'eau chaude.

Observation.

Si l'écoulement du nez accompagne la gourme, le cheval est en
danger, & principalement s'il continue pendant & après la suppuration, le cheval s'affoiblit extraordinairement ; afin donc de
prévenir ce symptôme, donnez-lui pendant quelque tems une once
de quinquina, ou une forte décoction de gayac haché : on a souvent éprouvé que le gayac arrête cet écoulement, & qu'il est en général efficace pour dessécher toutes sortes d'ulceres dans les chevaux.

Mais si quelque dureté subsiste, après que les plaies ont suppuré
& qu'elles sont consolidées, il faut frotter avec l'onguent mercuriel, & purger l'animal quand il aura un peu recouvré ses forces.

Description des avives.

Les avives différent seulement de la gourme en ce que les enflures des glandes sous les oreilles du cheval, qui sont les parties principalement attaquées, viennent rarement à suppuration, & qu'au
contraire elles transpirent & se dissipent peu à peu par le secours
des couvertures chaudes, du frottement de l'onguent de guimauve,
& d'une ou deux saignées raisonnables ; mais si nonobstant cette
méthode l'inflammation continue, on doit accélérer la suppuration
par les remédes indiqués pour la gourme.

Lorsque ces enflures viennent aux vieux chevaux, elles sont des
signes certains d'une grande malignité, & souvent d'un marasme
ou affoiblissement des parties internes & un avant coureur de la
mort : on peut préparer de la maniere suivante l'onguent mercuriel
mentionné ci-dessus.

Onguent

Onguent mercuriel.

℞ Mercure crud, une once ; térébenthine de Venife, une demi-once, mêlés enfemble dans un mortier, jufqu'à ce qu'on n'apper-çoive plus aucun globule du mercure : ajoutez enfuite deux onces de graiffe de cochon.

Quelques auteurs recommandent d'abord l'ufage de cet on-guent, afin de diffiper les enflures & d'empêcher qu'elles ne vien-nent à fuppuration : il faut faigner & purger dans le tems même qu'on l'adminiftre ; mais nous croyons que cette méthode eft dangereufe pour les jeunes chevaux, & nous regardons toujours la fuppuration comme la voie la plus sûre pour eux : cette préfé-rence eft fondée fur l'expérience.

CHAPITRE XI.

Des maladies des Yeux.

POur donner une intelligence parfaite des maladies des yeux, nous les confidérerons comme produites par différentes cau-fes, foit par des caufes externes qui affectent la prunelle, foit par des caufes internes qui affectent les humeurs de la prunelle : nous confidérerons auffi l'œil comme naturellement foible, foibleffe caufée par un mauvais arrangement des parties, ce qui peut fouvent venir de naiffance.

Par cet ordre nous établirons un jugement folide pour l'applica-tion des collires & d'autres médicamens néceffaires, & nous indi-querons les cas dans lefquels il eft non-feulement abfurde, mais encore extrêmement pernicieux de les appliquer.

Guérifon des maux externes.

Dans toutes les maladies récentes externes des yeux, comme celles qui viennent de coups, chûtes, morfures, fuivies d'enflures de la paupiere & d'un écoulement de l'œil, il faut d'abord baffiner fouvent avec une éponge trempée dans de l'eau de fource & du vinaigre la partie affligée ; & fi la paupiere eft fort enflée, appli-quer par-deffus un cataplafme fait de pepins de pomme bouillie, ou cuite à la braife, ou de conferve de rofe & de vinaigre avec un blanc d'œuf : lorfque l'enflure diminue, l'une ou l'autre de ces eaux eft fuffifante pour completter la guérifon.

Tome VI. G

Collire rafraîchiſſant.

℞ Vitriol blanc, une demi-once, ſucre de plomb, deux drag-mes, diſſous dans une chopine d'eau, à quoi on pourra ajou-ter, lorſque l'enchifrenement eſt grand & l'inflammation diminuée, une demi-once de ceruſe : il faut baſſiner trois ou quatre fois par jour la paupiere avec une éponge propre trempée dans cette eau, ou bien on peut ſe ſervir d'une plume & en faire couler quelques gouttes dans l'œil.

Remede de M. Gibſon.

M. *Gibſon* recommande l'eau ſuivante fondé ſur les expériences heureuſes qu'il en a fait.

℞ Boutons de roſes infuſés dans un demi-ſeptier d'eau bouillante ; quand elle eſt froide, coulez l'infuſion, & ajoutez vingt grains de ſucre de plomb.

On doit s'en ſervir comme de la premiere ; mais nous croyons qu'on peut, ſuivant la circonſtance, augmenter la doſe du ſucre de plomb, qui nous ſemble trop petite.

Symptômes extraordinaires.

Il arrive quelquefois que l'inflammation eſt ſi grande par la violence du coup ou de quelqu'autre cauſe externe, que la peau qui enveloppe l'œil n'a plus ſon tranſparent, qu'elle eſt épaiſſe, blan-châtre, ou de couleur de perle. Dans ce dernier cas, le cheval ne voit que confuſément : c'eſt une petite lueur. Dans le premier, il eſt entiérement aveugle, auſſi long-tems que l'œil eſt ainſi affecté.

Comment cela arrive.

Cela peut venir de la ſtagnation de la lymphe qui ne circule plus, ou des ſucs de la cornée, qui dans leur état naturel ſont clairs & déliés, mais dont le changement eſt cauſé par l'inflammation : il ſe forme quelquefois une puſtule blanche ſur la cornée, elle eſt de la groſſeur d'un grain de raiſin : elle ſoulage beaucoup & accélere la guériſon lorſqu'elle creve.

Les dégrés d'inflammation & d'obſtruction ſont la principale choſe qu'il faut obſerver dans toutes ces maladies : c'eſt l'unique bouſſole qui peut guider dans la doſe des remédes précédens, que l'on doit toujours donner proportionnée aux ſymptômes qui indi-quent la violence de l'inflammation.

Guériſon des inflammations.

Si le cheval eſt d'une forte conſtitution, & s'il a un certain em-bonpoint, il faut réitérer la ſaignée & lui appliquer un ſéton : il faut le mettre au régime du ſon échaudé & de l'orge : ſur-tout évitez avec soin pendant quelques jours de lui donner de l'avoine, féves, ou autre chose d'une mastication difficile, & n'oubliez point de lui donner la boisson rafraîchissante & apéritive de deux jours l'un; ce régime produira des effets meilleurs que la purgation d'aloës.

Si l'inflammation & l'humidité des paupieres & de la partie inférieure de l'œil continuent, ajoutez une once de miel à quatre onces des eaux prescrites ci-dessus; si vous n'aimez mieux bien bassiner la partie avec une once de miel rosat & demi-dragme de sucre de plomb dissous dans trois onces d'eau de source, à quoi vous pouvez ajouter, lorsque l'œil est fort humide, une ou deux cuillerées de vin rouge, qui aidera à épaissir la matiere & à la dessécher.

Comment ôter les escarres.

Si l'escarre épaissie restoit adhérente, on peut l'enlever en soufflant dans l'œil, parties égales de vitriol & de sucre candi pulvérisés.

Le Docteur *Bracken* recommande beaucoup le verre réduit en poudre très-fine avec le miel & un peu de beurre frais, comme il recommande aussi l'onguent suivant.

Onguent pour l'escarre des yeux.

℞ Onguent de tutie, une once; miel rosat, deux dragmes; vitriol blanc brûlé, un scrupule: frottez-en l'œil deux fois par jour avec une plume.

L'*aqua saphirina* & le suc d'esclaire, autrement appellée chélidoine, ou, dans certains endroits, célandine, sont ordonnés dans semblables cas: on met quelques gouttes de l'une ou de l'autre tous les jours dans l'œil; elles servent aussi pour les contusions & autres maladies des yeux; le reméde suivant est extrêmement bon par les épreuves qu'on en a faites.

Onguent pour les contusions.

℞ Esclaire, romarin, de chacun une poignée; résine, une demi-once: hachez le romarin & l'esclaire, & faites-les bouillir à un feu modéré dans trois chopines de crême, jusqu'à ce que la décoction devienne semblable à une huile verte; ensuite passez-les à travers un linge, & conservez-les dans un vase pour le besoin: il faut en mettre gros comme une féve soir & matin dans l'œil du cheval.

Voici le fameux onguent du Chevalier *Sloane*, où nous avons pris la liberté de doubler la dose d'aloës.

Onguent du Chevalier Sloane.

℞ Tutie préparée, une once; pierre hématique préparée, deux scrupules; du meilleur aloës, vingt-quatre grains; perles préparées, quatre grains : mettez le tout dans un mortier de marbre, & mêlez-le avec une suffisante quantité de graisse de vipere.

Cette préparation aussi-bien que plusieurs autres secrets, a été fort estimée pendant le tems qu'elle a été secrete ; mais depuis qu'on en a découvert la composition, on s'est apperçu qu'elle ne differe en rien des compositions ordinaires, excepté que l'on substitue la graisse de vipere à la graisse de lard ou au beurre frais ; cependant cet onguent peut être préféré aux eaux des yeux, parce qu'il a plus de consistance & qu'il peut rester plus long-tems sur la partie affligée.

Précautions convenables.

Sur-tout rappellez-vous toujours qu'on a observé depuis long-tems que l'œil dans le commencement de l'inflammation est si tendre, que les collires préparés avec la tutie & autres poudres, irritent la maladie, & que par conséquent pendant que l'œil est dans cet état vous devez préférer l'usage des végétaux & des solutions des sels.

Maniere de panser les blessures des Yeux.

Il faut panser les blessures des yeux avec le seul miel de roses, ou avec un peu de sucre de plomb mêlé parmi ; on y ajoute peu de jours après la huitiéme partie de teinture de myrrhe : toutes les autres façons précédentes pour l'inflammation qui s'ensuit, sont prescrites ; qu'on n'obmette pas sur-tout les saignées, les sétons, & des purgations douces & rafraîchissantes.

Observations.

Lorsque les humeurs de l'œil sont épaissies & que le mal est dans la prunelle, les applications externes de drogues mordicantes non-seulement sont inutiles, mais encore sont extrêmement préjudiciables par les irritations qu'elles causent ; il est donc important de les éviter.

Dans tous les cas de cette espéce, soit que les yeux soient lunatiques, ce qui n'est autre chose que des cataractes qui se forment, ou qui sont formées & suivies d'un écoulement de l'œil, les évacuations générales, avec des altérans internes, peuvent seuls être de quelque utilité. Passons à la description des maladies internes & de leurs symptômes.

Symptômes des Yeux appellés Lunatiques.

Cette maladie paroît ordinairement, lorsque le cheval a atteint sa sixiéme année ; alors l'œil devient trouble, la paupiere est enflée & souvent fermée ; il coule ordinairement de l'œil le long de la mâchoire une eau claire & si âcre qu'elle brûle & entame quelquefois la peau : les veines de la tempe fous l'œil & le long du nez, font enflées & pleines, quoiqu'il arrive de tems en tems que l'œil coule peu.

Cette maladie va & revient, paroît & difparoît jufqu'à ce que la cataracte foit parvenue à fa maturité ; alors toutes les douleurs & l'écoulement de l'œil ceffent, ce qui fe fait ordinairement dans l'efpace de deux ans : il y a des chevaux qui ont des retours plus fréquens les uns que les autres.

Defcription de la Cataracte féche.

Il y a une autre forte de cataracte qui précéde la vraie, & qui n'eft point accompagnée d'humeur qui coule de l'œil : dans celle-ci l'œil n'eft jamais fermé, mais paroît de tems en tems gros & trouble, pendant lequel tems le cheval ne voit abfolument rien diftinctement. Remarquez que lorfque les yeux font enfoncés, & qu'ils dépériffent & s'éteignent, la cataracte prend beaucoup de tems pour parvenir à fa maturité.

Evénement général.

Ces cas finiffent généralement par la perte d'un œil, ou même par celle des deux yeux. Les fignes les plus favorables font, lorfque les attaques viennent plus rarement & que leur durée eft plus courte, que les humeurs ne portent point fur la cornée, qu'elle conferve fon tranfparent, & que la prunelle eft groffe & pleine.

Les tentatives qu'on a fait jufqu'à préfent pour guérir les cataractes, n'ont fervi tout au plus qu'à en pallier & modifier les fymptômes ; cependant nous avons éprouvé que des foins donnés à tems réuffiffoient quelquefois : c'eft pourquoi il faut appliquer les fétons au cheval & le faigner par intervalles convenables, excepté lorfqu'on voit que les yeux font enfoncés : en ce cas, l'un & l'autre feroient pernicieux. Durant la violence des fymptômes il faut donner le rafraîchiffant recommandé ci-deffus, en lui faifant prendre tous les jours une once de nitre préparé en bol avec du miel, & en le baffinant aux environs de l'œil avec du verjus ou du vinaigre rofat.

Mercure recommandé.

Afin de prévenir une rechûte & ouvrir les vaiffeaux du cryftallin, qui dans ce cas eft toujours opaque & qui perd entiérement fon tranfparent lorfque la cataracte eft formée, & pour empêcher autant qu'il eft poffible les obftructions, le mercure eft le feul reméde fur lequel on puiffe principalement compter. Ainfi donnez de deux jours l'un, ou quatre jours de fuite le matin, deux dragmes de calomel mêlé avec la conferve de rofes¹, & enfuite donnez-lui le bol ordinaire.

Il faut pendant ce tems redoubler fes foins pour le cheval : après avoir réitéré ce reméde, donnez-lui les poudres altérantes avec le cinabre & le gayac, pendant quelques femaines ou un mois : fi vous vous appercevez de quelque fuccès, vous pouvez battre (les poudres) dans un mortier avec des cloportes, & vous en formerez un bol dont vous donnerez une once & demie par jour : fi ces remédes ne produifent point les effets defirés, employez le turbith, fuppofé que le cheval foit d'une certaine valeur, c'eft la drogue dont on puifle le plus efpérer des effets avantageux ; mais pour un cheval de bas prix, donnez pendant quelque tems une forte décoction de gayac, vous y ajouterez le mercure crud de la maniere fuivante.

Boiffon altérante.

R: Gayac haché, une livre ; antimoine crud lié dans un linge : faites bouillir dans huit pintes d'eau de forge réduite à quatre : donnez-en une pinte par jour.

Le Docteur Braken confeille de fouffler dans les narines du cheval une fois par jour un grain de la poudre fuivante.

R: Turbith minéral, deux dragmes ; affarabacca en poudre, demionce mêlés enfemble & mis dans une bouteille bien bouchée, pour s'en fervir au befoin.

Quelques-uns recommandent beaucoup la ligature des arteres temporales, fur-tout lorfque les yeux font gros & pleins : par ce moyen on contient l'impétuofité de la circulation du fang dans les yeux ; mais cette opération eft au contraire très-préjudiciable aux yeux lorfqu'ils font enfoncés & dépériffent : elle les prive de leur nourriture ; tout ce qu'on pourroit permettre dans ce cas feroit la ligature des veines.

Qu'eft-ce que les mailles ?

Les mailles font une enflure de nature fpongieufe, qui croiffent au-dedans du coin de l'œil : elles font quelquefois fi larges qu'elles couvrent une partie de l'œil : il faut dans ce cas-ci en venir à l'opération. On ne coupe qu'une partie de la maille : les Maréchaux font ordinairement fujets à en couper trop. La plaie doit être panfée avec le miel rofat, & s'il s'éleve un fongus il faudra y mettre la poudre d'alun brûlé, ou la toucher avec le vitriol bleu.

CHAPITRE XII.

La Colique ou Tranchées de ventre, ou douleurs de boyaux, produites par accidens imprévus.

IL paroît que la connoiffance des Maréchaux & l'intelligence qu'ils croient avoir des coliques & tranchées des chevaux eft bien bornée, fi du moins nous en jugeons par l'uniformité des remédes & de la méthode qu'ils emploient indifféremment dans toutes les coliques dont ces animaux font attaqués ; mais comme nous avons eu fouvent occafion de remarquer que cette maladie part de différentes caufes, nous concluons que la maniere de la guérir doit auffi varier : autrement les mêmes remédes qui peuvent réuffir à certaines coliques, aggraveront dans d'autres les fymptômes : c'eft pour éviter un travers fi préjudiciable que nous jugeons à propos de divifer ces maladies en trois efpéces différentes ;

Différentes efpéces de Coliques.

La colique venteufe, la colique appellée tranchée féche, & la colique bilieufe ou enflammée : nous les diftinguerons chacune en particulier par les fymptômes qui les caractérifent, & de cette connoiffance nous conduirons à la méthode qui eft la plus propre à chacune.

Symptômes de la Colique venteufe.

On connoît aifément la colique venteufe par les fymptômes fuivans. Lorfque le cheval fe couche fouvent & fe léve tout-à-coup, mais d'une maniere gênée, on diroit qu'il ne fait ce mouvement que par reffort : il frappe fon ventre avec les pieds de derriere : il piétine de ceux de devant & refufe la nourriture ; & lorfque les tranchées font fortes il a des convulfions violentes : fes yeux font tournés en haut : il a les jambes tendues comme s'il étoit mourant ; fes pieds font tantôt chauds, tantôt froids. Il tombe dans de grandes fueurs, qui font fuivies d'une humidité froide ; il s'efforce fouvent d'uriner, & tourne fréquemment la tête vers les flancs : il tombe enfuite, fe roule & fe tourne fur le dos ; fymptôme qui eft caufé par une rétention d'urine, qui eft prefque toujours inféparable de la colique venteufe : il y a lieu de croire que ce font les excrémens qui, en comprimant le col de la veffie, interceptent le cours de l'urine.

Les Chevaux qui ont le tic y font beaucoup fujets.

On vient de voir les fymptômes généraux de la colique & tranchées caufées par les vents ; ce qui vient fouvent de ce que le cheval a bu de l'eau froide quand il avoit chaud ; parce que la matiere de la tranfpiration retenue & preffée par le froid, refoule dans les boyaux, & alors les chevaux font beaucoup enflés. Ceux qui ont le tic font les plus fujets à cette maladie, parce qu'ils tirent continuellement une grande quantité d'air.

Guérifon.

La premiere chofe qu'on doit faire, c'eft de vuider le boyau avec la main trempée dans l'huile ; par ce moyen on ouvre le chemin aux vents renfermés, on dégage le col de la veffie, & on remédie conféquemment à la fuppreffion d'urine. Les Maréchaux donnent ordinairement un coup de flamme aux barres de la bouche ; ce qui affurément ne peut être d'aucune utilité, puifqu'il eft facile de voir que les vaiffeaux ne font point affez grands pour remplir l'objet qu'ils fe propofent : il vaut bien mieux tirer du fang des reins ou du col ; ce qui fait toujours grand bien aux jeunes chevaux fanguins & pleins d'humeurs.

Le bol fuivant procure toujours du foulagement dans ces cas.

Bol apéritif dans les Coliques venteufes.

℞ Térébenthine de Venife & bayes de genievre, de chacun une demi-once ; fel de prunelle ou falpêtre, une once ; huile de genievre, une dragme ; fel de tartre, deux dragmes : faites-en un bol avec tel fyrop que vous voudrez : on peut le donner tout entier avec une décoction de genievre.

Si le cheval ne lâche point des vents, & s'il n'urine pas abondamment, il n'eft point foulagé, & la maladie refte dans toute fa vigueur ; c'eft pourquoi, une heure ou deux après, donnez-lui un autre bol, & ajoutez-y une demi-dragme de fel d'ambre, ce que l'on peut, dans le cas de néceffité, réitérer jufqu'à trois fois. Il faut faire marcher ou trotter le cheval, mais ne pas le fatiguer au-delà de fes forces, ni, comme le pratiquent quelques-uns, le traîner jufqu'à ce qu'il foit rendu.

On peut lui donner le clyftere fuivant dans l'intervalle des bols, ou feul, & le réitérer fuivant le cas.

Clyftere pour les Vents.

℞ Fleurs de camomille, deux poignées ; anis, coriandre & fenouil, une once, poivre long, demi-once : faites bouillir le tout dans trois pintes d'eau réduites à deux, ajoutez-y un demi-feptier
d'eau

d'eau-de-vie de genievre, huile d'ambre, une demi-once, & huile de camomille, huit onces.

Les bols & la boisson suivante sont aussi très-bons & très-propres à guérir les tranchées causées pour avoir bu de l'eau froide, étant dans une grande chaleur, ou par un refroidissement occasionné par un violent exercice.

Bols pour les Vents.

℞ Anis en poudre, graine de cumin & de fenouil, de chacun une once; camphre, deux dragmes; pariétaire d'Espagne, une dragme; huile de genievre, quinze gouttes; faites-en un bol avec le syrop que vous voudrez, & faites-lui avaler ensuite une chopine ou deux de biere ou de vin, ou la boisson suivante.

Boisson pour les Vents.

℞ Thériaque de Venise, deux onces; pilules de Matthieu, deux dragmes; camphre dissout dans un peu d'esprit de vin, une dragme; anis en poudre, une once: mêlez le tout dans trois demi-septiers de biere ou de vin.

L'une ou l'autre de ces recettes est très-avantageuse; mais comme on n'a pas toujours en main les drogues qu'il faut, & comme on ne peut pas quelquefois se les procurer, nous allons indiquer une ou deux boissons dont le succès n'a point été équivoque, & qui sont d'une préparation facile; observez principalement de faire bien frotter le cheval, de le faire bien couvrir & de lui donner une littiere de paille fraîche, jusqu'au ventre.

Boisson aisée à préparer.

℞ Savon de Castille, ou savon dur, salpêtre, de chacun une once; baies de genievre & gingembre, une demi-once; térébenthine de Venise ou résine dissoute dans un jaune d'œuf, mêlés dans une chopine de biere ou de vin chaud, ou dans une décoction de baies de genievre dans laquelle on aura fait bouillir un gros oignon; ce qu'on peut réitérer jusqu'à trois fois. Ou

℞ Eau-de-vie, bonne huile d'olive, de chacun une chopine, & le donnez en boisson.

Mais en cas que le succès ne répondît point à l'espérance, faites bouillir une once de poivre ou de gingembre dans une pinte de lait, & ajoutez-y une poignée de sel & un demi-septier d'huile d'olive: donnez cette boisson raisonnablement chaude, & le cheval sera purgé dans deux ou trois heures.

Signes de rétablissement.

Les signes qui indiquent que le cheval se rétablit, sont, lorsqu'il

Tome VI. H

refte couché tranquillement fans treffaillir ou fe rouler , & fans
avoir les jambes ramaffées , & lorfqu'il ceffe de piétiner : s'il eft une
heure dans cet état de tranquillité , on peut fe raffurer , il n'y a
plus de danger.

Defcription de la Colique bilieufe ou enflammée.

La colique dont nous allons parler eft la colique bilieufe ou
enflammée , qui outre les fymptômes de la colique venteufe eft
accompagnée de la fiévre & d'une grande chaleur ; le cheval halete
& a la bouche féche ; il pouffe généralement un peu d'excrémens
détachés & détrempés d'une eau brûlante qui , lorfqu'elle eft chargée d'une couleur noirâtre ou rougeâtre , répand une odeur cadavé-
reufe , & indique que la mortification eft prochaine.

Guérifon.

Il faut d'abord faire une faignée de trois pintes , & fi les fymptômes ne fe relâchent pas , en faire une feconde ; il faut enfuite lui
donner des lavemens deux fois par jour : ces lavemens doivent être
émolliens ; on y fait diffoudre deux onces de nitre pour rafraîchir
les boyaux enflammés : faites-lui prendre abondamment de l'eau de
gomme arabique , & de trois en trois heures de la boiffon fuivante ,
jufqu'à ce qu'il ait fienté plufieurs fois , & donnez-lui-en enfuite feulement matin & foir jufqu'à ce qu'il ait fienté plufieurs fois , &
jufqu'à ce qu'il foit parfaitement guéri.

Boiffon purgative & rafraîchiffante.

℞ Séné , trois onces ; fel de tartre , une demi - once ; infufez le
tout pendant une heure dans une pinte d'eau bouillante : paffez la
décoction & ajoutez deux onces d'électuaire lénitif , ou quatre onces de fel de Glauber.

Mais fi la maladie réfifte à cette méthode , & fi l'inflammation &
la fiévre augmentent , fi enfin l'urine eft chargée de la couleur dont
nous avons parlé ci-deffus , l'événement fera fatal. Le feul reméde fur lequel on puiffe compter en pareille occafion , eft une forte
décoction de kina , dont on donnera une chopine de trois en trois
heures , & par-deffus un poiffon de bon vin rouge.

Clyftere fortifiant.

On peut auffi prendre une pinte de cette décoction pour la donner
en clyftere avec deux onces de térébenthine de Venife diffoute
dans deux jaunes d'œufs ; une once de diafcordium , & une chopine de vin rouge , deux clyfteres par jour. Si le cheval fe rétablit ,
donnez-lui enfuite deux ou trois douces purgations de rhubarbe.

Mais à un cheval de bas prix , il faut donner le remède fuivant , que
nous avons vu quelquefois réuffir dans cette maladie.

Bol altérant.

℞ Diapente, une once ; diascordium , une demi-once ; myrrhe en poudre, deux dragmes : faites-en un bol avec deux dragmes d'huile d'ambre , & le donnez deux ou trois fois par jour.

Colique séche.

La colique dont il nous reste à parler est celle qu'on appelle tranchées séches, ou colique causée par la constipation, & qui se manifeste par la fréquente, mais vaine envie que le cheval a de se vuider, par la noirceur & la dureté de la fiente , par le mouvement fréquent de sa queue, par son urine extrêmement chargée, enfin par la grande agitation , & par les impatiences du cheval qui en est attaqué.

Guérison.

Dans ce cas, on doit examiner le boyau , le vuider, s'il est nécessaire, avec la main , après l'avoir trempée dans de l'huile , & lui donner ensuite des clysteres émolliens deux fois par jour, & la boisson purgative que nous avons ci-dessus indiquée jusqu'à ce que les boyaux soient dégagés & les symptômes dissipés.

La nourriture dans les tranchées doit être de son échaudé, de gruau chaud , ou d'eau blanchie, avec une once de gomme arabique dissoute dans une pinte d'eau , & mêlée avec d'autre eau.

Il paroît par la description & par la division que nous avons faite des coliques & des tranchées, aussi-bien que du traitement propre à chacune de ces maladies, que nous prouvons assez évidemment qu'il est essentiel à un Maréchal de les connoître distinctement pour les bien traiter. Il n'est pas moins évident que dans chacune de ces maladies on doit se défier des remédes violens & qui échauffent, ou que si l'on les met en usage , on doit le faire avec précaution , même dans la premiere colique venteuse, où cependant il faut les employer ; mais il n'arrive que trop souvent que lorsque, comme les Maréchaux, on les compose avec l'huile de térébenthine, le genievre, le poivre, la saumure, ils augmentent la maladie, parce qu'ils irritent la vessie, échauffent le sang & enflamment les intestins, jusqu'à les faire tomber en mortification ; & nous sçavons par des expériences souvent répétées , que ce sont là les signes invariables que nous avons observés dans les chevaux qui meurent de cette maladie. Nous avons en effet remarqué, après avoir bien scrupuleusement examiné les boyaux, qu'ils étoient enflammés & couverts de taches rouges & livides & qu'ils étoient même quelquefois noirs, brûlés & pourris, par la violence de l'inflammation.

CHAPITRE XIII.

Du Flux ou grand Cours de Ventre.

COmme il est assez difficile de distinguer quels sont les cours de ventre qui doivent être arrêtés, & quels sont ceux qu'il faut au contraire aider, nous croyons qu'on nous sçaura gré si nous donnons quelques régles générales qui pourront servir de guides dans ces sortes de maladies.

Si un cheval qui d'ailleurs est en parfaite santé, vient, après avoir été fortement galopé, ou après avoir été refroidi, ou après avoir trop mangé, ou avoir pris une mauvaise nourriture, ou enfin ayant une petite fiévre, vient, disons-nous, à avoir un cours de ventre modéré, donnez-vous bien de garde de l'arrêter, ayez plutôt attention à le favoriser par une nourriture apéritive; mais s'il continue long-tems, & si à la longue la mucosité des boyaux est mêlée avec sa fiente, s'il perd l'appétit & son embonpoint, il est tems alors de le secourir par des médecines convenables: s'il rend une grande quantité de matiere visqueuse & couverte de graisse, donnez-lui la boisson suivante, & réitérez-là de deux jours l'un pendant trois fois.

℞ Electuaire lénitif, crême de tartre, de chacun quatre onces; résine jaune en poudre fine, une once; huile fine, quatre onces, mêlés avec une chopine de gruau.

Le bol suivant donné seul est fort propre à remplir le même objet, si on le donne deux fois par semaine avec du son échaudé & du gruau chaud.

Bol altérant.

℞ Aloës succotrin, une demi-once; diapente, une once: faites-en un bol avec le suc de réglisse dissout dans de l'eau, & une cuillerée d'huile d'ambre; à quoi on peut ajouter deux dragmes de myrrhe & deux dragmes de safran; & quand on peut en faire la dépense, une demi-once de rhubarbe.

Lorsque le dévoiement est suivi de fiévre, il faut d'abord donner une demi-once de rhubarbe avec une demi-once d'électuaire lénitif; le soir après ce purgatif, une demi-once ou plus de diascordium dans une chopine de vin rouge bouilli avec la canelle, & réitérer tous les jours, & donner le bol de rhubarbe tous les deux ou trois jours.

Mais si le mal augmente, ce qui est indiqué par la plénitude du ventre & la tension des flancs, donnez-lui le clystere suivant, & ajoutez jusqu'à une once de diascordium à sa boisson du soir.

Clystere astringent.

Ŗ Fleurs de camomille, roses rouges, de chacun une poignée, grenade & balaustine, de chacun une once : faites bouillir le tout dans deux pintes d'eau, & réduisez-les à une : passez la décoction & faites-y dissoudre deux ou trois onces de diascordium, & une once de mithridate ; vous ajouterez ensuite une chopine de vin rouge : réitérez ce reméde une fois par jour.

Boisson astringente.

Mais si la violence du mal résiste à tous ces remédes, donnez une once d'alun de roche avec une demi-once du bol deux fois par jour, ou dissolvez le double de cette quantité d'alun & du bol cordial dans deux pintes de boisson faite avec la raclure de corne de cerf ; vous pouvez ajouter une chopine de vin rouge, & vous en donnerez deux ou trois fois par jour.

Signes d'indigestions.

Il y a des chevaux dont l'estomac & les boyaux sont foibles, ils rendent ordinairement leur nourriture sans en avoir fait la digestion ; leurs excrémens sont mous & d'une couleur pâle : ils mangent peu & ne prennent point d'embonpoint. Pour remédier à ce mal, donnez la purgation suivante deux ou trois fois, & ensuite une pinte d'infusion tous les matins.

Purgation stomacale.

Ŗ Aloës sucotrin, six dragmes ; rhubarbe en poudre, trois dragmes ; myrrhe & safran, de chacun une dragme : faites-en un bol avec le syrop que vous voudrez.

Boisson stomacale.

Ŗ Gentiane, écorce d'orange, de grenade, balaustine, canelle, clous de girofle, de chacun une once ; fleurs de camomille & de centaurée, de chacun une poignée : faites bouillir le tout dans quatre pintes de vin rouge ou de biere forte.

Description du flux de Sang.

Le flux de sang est une maladie dont les chevaux ne sont que fort rarement attaqués ; cependant comme il arrive quelquefois qu'ils font le sang, nous devons avertir que si ce flux est suivi de tranchées & de grandes douleurs d'entrailles, on doit promptement l'arrêter, autrement il perdra bientôt la vie ; c'est pourquoi nous donnons ici un clystere & une boisson, l'un & l'autre très-propres à dissiper ce symptôme.

Bol astringent.

℞ Ecorce de chêne, quatre onces ; racines de tormentille, deux onces ; corne de cerf brûlée, trois onces : faites bouillir le tout dans trois pintes d'eau de forge ; coulez la décoction, & ajoutez-y deux onces de diascordium, quatre onces d'amidon, & une demi-dragme d'opium.

Boisson astringente.

On peut aussi préparer un clystere avec la même quantité de bouillon gras d'amidon & d'opium, afin de conserver le mucus ou mucosité des boyaux, & émousser les matieres qui les irritent.

℞ Craie tendre, deux onces ; mithridate ou diascordium, une once ; racine d'Inde, une demi-dragme ; laudanum liquide, cinquante ou soixante gouttes : le tout doit être dissout dans une chopine d'eau de corne de cerf ; ajoutez-y quatre onces d'eau de canelle, ou un demi-septier de vin rouge : donnez-en deux fois par jour. Pour boisson ordinaire, donnez la gomme arabique dissoute dans la décoction de corne de cerf, ou dans de l'eau naturelle.

Observation nécessaire.

On doit aussi observer que ces flux sont des suites de longues maladies, telles que le farcin, les fiévres putrides, ou quelquefois d'un vice inflammatoire dont le sang est empreint, & où on a négligé de saigner à propos ; ces flux provenus des causes dont nous venons de parler, sont ordinairement funestes, sur-tout lorsque les matieres que le cheval rend sont glaireuses & puantes, & qu'elles coulent aussi par le nez : dans ces cas on doit conclure que la masse du sang est dissoute & que les fluides sont corrompus, & comme ils ressemblent aux maladies colliquatives qui terminent la vie des hommes, elles sont de même incurables dans les chevaux.

Remédes pour les Chevaux constipés.

Lorsque les chevaux sont sujets à la constipation, quelle qu'en soit la cause, il faut leur donner des laxatifs, tels que la crême de tartre, le sel de *Glauber* & l'électuaire laxatif, quatre onces chaque fois, dissoutes dans la biere ou le vin chaud, le petit lait, ou l'eau ; vous les donnerez de deux jours l'un le matin. Ce remède produira l'effet désiré, sur-tout si vous l'aidez d'un clystere émollient, huileux, préparé avec une poignée de sel, de son échaudé, ou d'orge, avec une once de fenugrec, donné à tems : cette méthode préviendra la constipation.

Obfervation.

Mais s'il eſt d'un tempérament fort , & s'il eſt conſtipé naturellement ; ſi d'ailleurs il mange bien & ſe porte bien, il n'en réſultera
aucun inconvénient : on remarque au contraire que ces chevaux
ſont ceux qui ſupportent le plus la fatigue & réſiſtent le mieux au
travail.

CHAPITRE XIV.

Des Vers.

LEs Auteurs ont parlé de trois ſortes de vers dont les chevaux
ſont attaqués ; les premiers ſont les *bots* , ainſi appellés par
les Anglois , & qui incommodent beaucoup les jeunes chevaux au
printems ; les ſeconds ſont les *rotondis* , qui reſſemblent aux vers
de terre; les troiſiémes ſont les *aſcarides* , & qui ſont à peu près
de la forme d'une groſſe aiguille à coudre : ils ont la tête plate.

Deſcription des bots ou vers de l'Eſtomac.

Les bots qui s'engendrent dans l'eſtomac des chevaux , & qui cau-
ſent quelquefois des convulſions , ſemblent être de grands vers com-
poſés d'anneaux circulaires ; ils ont de petites pattes aiguës , & les
côtés de leur ventre ſont hériſſés de petites pointes aiguës : il eſt
vraiſemblable que ces pointes ſont autant de crampons dont ils ſe ſervent pour s'attacher à la partie où ils s'engendrent, & d'où ils tirent
leur nourriture juſqu'à ce qu'ils ſoient parvenus à leur véritable
accroiſſement ; les œufs dont ils ſont produits ſont diſperſés par
petits pelotons autour de l'orifice de l'eſtomac, & ſont placés ſous la
partie interne ou ſous la membrane veloutée de l'eſtomac ; de ſorte
que dès qu'ils ſont formés & qu'ils ont pris vie, ils paſſent du lieu
de leur naiſſance en avant , & s'attachent à la partie muſculeuſe ou
charnue de l'eſtomac, il faut quelquefois les tirer avec force pour
les en arracher : ils ſe nourriſſent du ſang de cette partie, qu'ils ſu-
cent comme des ſangſues, la criblent, l'ulcerent, & y font quelquefois un ſi grand & ſi prompt ravage que le cheval en meurt.

Signes des vers.

Les ſignes des vers ſont différens : on voit les bots qui incommodent les chevaux au commencement de l'été toujours attachés
à l'anus , & ſortir ſouvent avec les excrémens qui ſont d'une couleur

jaunâtre comme du foufre fondu : ils ne font point dangereux, mais ils rendent le cheval inquiet, & le mettent mal à fon aife. C'eft ordinairement au commencement du mois de Mai & de Juin que les chevaux font attaqués de cette maladie ; quinze jours après, ou tout au plus trois femaines, on n'en voit plus : ceux au contraire qui fe logent dans l'eftomac font extrêmement dangereux, parce qu'ils caufent des convulfions, & qu'il y a rarement des fignes qui les faffent découvrir avant qu'ils aient pris vie, & avant qu'ils aient jetté le cheval dans une efpéce d'agonie.

L'autre efpéce de vers eft plus importune que dangereufe, & on les découvre par les fymptômes fuivans.

Le cheval eft maigre & fatigué, fon poil eft redreffé : rien de ce qu'il mange ne lui profite ; il frappe fouvent fon ventre avec fes pieds de derriere : il a quelquefois des tranchées, mais qui ne font point accompagnées de ces violens fymptômes inféparables une colique ou une fuppreffion d'urine : il ne fe roule ni ne s'agite point, mais il a feulement des inquiétudes, fe couche tranquillement fur le ventre pendant un peu de tems, enfuite fe léve & mange ; mais le figne le plus caractériftique qu'il eft attaqué de cette vermine, eft quand il en rend avec fes excrémens.

Guérifon des bots.

La guérifon des bots dans l'eftomac fe fait en donnant abondamment de la ptifane faite avec les fommités d'abfynthe, dans laquelle on fait bouillir une once de mercure crud dans un nouet. Il faut réitérer cette boiffon par intervalle convenable. On peut enfuite donner l'æthiops minéral, ou quelqu'un des remédes prefcrits ci-après.

Mais on guérit des vers qui font nichés dans l'anus avec une poignée de favignier coupé bien menu, & mêlé parmi l'avoine ou le fon mouillé : ajoutez-y deux ou trois gouffes d'ail : vous en donnerez deux ou trois fois par jour. Il faut auffi donner entre deux une purgation d'aloës, ou la fuivante que d'heureufes expériences ont rendue extrêmement recommandable.

Purgation vermifuge.

℞ Aloës fucotrin, dix dragmes ; jalap, une dragme ; ariftoloche & myrrhe en poudre, de chacun deux dragmes ; huile de favignier & d'ambre, de chacune une dragme ; fyrop de nerprun autant qu'il en faut pour un bol.

Mais comme la caufe générale de ces vers vient d'un appétit déréglé & d'une mauvaife digeftion, on doit premierement avoir recours

cours au mercure, & enfuite à toutes les drogues qu'on fçait être propres à fortifier l'eftomac & à favorifer la digeftion de ces infectes : ainfi nous confeillons de donner fur le foir deux dragmes de calomel avec une dragme de diapente, mêlés avec la conferve d'hyacinte, & le matin la purgation précédente. Il faut réitérer l'une & l'autre de fix en fix, ou de huit en huit jours, fi mieux on n'aime la purgation mercurielle qui fuit, qui, quoique moins difficile à faire, n'eft pas moins efficace.

℞. Mercure crud, deux dragmes ; térébenthine de Venife, une demi-once : broyez bien le tout enfemble jufqu'à ce qu'on ne diftingue plus le mercure ; ajoutez enfuite une once d'aloës, une dragme de gingembre rapé, trente gouttes d'huile de favignier, & une fuffifante quantité de fyrop de nerprun pour en faire un bol.

Différentes préparations.

On peut donner un de ces bols tous les fix jours, avec les mêmes précautions qu'on prend à l'égard des médecines mercurielles.

On doit donner plufieurs femaines de fuite les diverfes préparations d'antimoine & de mercure, pour expulfer & détruire entierement cette vermine ; on peut donner tous les jours une once d'æthiops minéral & deux dragmes de mercure fublimé, incorporé dans un peu de bol cordial. Les poudres de cinabre prefcrites, comme on le verra dans la fuite, ne font pas moins efficaces : lorfque les vers s'engendrent par la quantité ou la qualité de la nourriture, on peut donner avec fuccès la rhue, l'ail, la tanaife, la fabine, le buis & plufieurs autres plantes, mêlées avec leur nourriture, auffi-bien que le tabac haché, depuis une demi-once jufqu'à une once par jour.

De la mauvaife digeftion.

Comme la génération des vers procéde quelquefois (nous l'avons déja fait remarquer) de la foibleffe de l'eftomac & d'une digeftion imparfaite, il faut dans ce cas donner au cheval la boiffon amere fuivante, pour le fortifier & rectifier fa digeftion, & c'eft le feul moyen dont on puiffe faire ufage pour empêcher la génération de cette vermine.

Boiffon ftomacale.

℞. Racine de gentiane, de zodoaire & de galenga, de chacun deux onces ; fleurs de camomille & de centaurée, de chacun deux poignées ; kina en poudre, deux onces ; limaille de fer, une demi-livre ; baies de genievre, quatre onces : faites infufer le tout pendant huit jours dans deux pintes de vin & quatre pintes d'eau. Il faut de tems en tems agiter le vaisseau, & en donner une chopine matin & soir.

CHAPITRE XV.

De la Jauniße.

LEs chevaux sont fort sujets à cette maladie, qu'on connoît par un brun jaunâtre qui se répand sur leurs yeux; le dedans de la bouche, les lévres, la langue & les barres du palais, sont jaunes: le cheval est pesant & triste, & refuse toute sorte de nourriture. Il a une fiévre lente, qui augmente à mesure que la jaunisse fait des progrès: ses excréments sont durs & secs, & d'un jaune pâle, ou d'un verd pâle-clair: son urine est ordinairement d'un brun-obscur; & lorsqu'on la laisse séjourner sur le pavé, elle paroît rouge comme du sang. Le cheval fiente avec difficulté & avec douleur; & si on ne lui porte un prompt secours, il tombe dans la frénésie: le côté du ventre est quelquefois dur & tendu. Dans les chevaux qui sont vieux & qui ont quelque maladie du foie, il n'y a presque point de guérison à espérer. La maladie se termine ordinairement en violente diarrhée qui fait périr l'animal: mais au contraire, lorsque le mal est récent & que le cheval est jeune, il n'y a rien à craindre, pourvu toutefois qu'on observe exactement la méthode suivante.

Il faut principalement faire des saignées abondantes; & comme le cheval est dans cette maladie sujet à la constipation, donnez un clystere purgatif, & le jour d'après la purgation suivante.

Purgation pour la Jauniße.

℞ Rhubarbe d'Inde en poudre, une once & demie; safran, deux dragmes; aloës sucotrin, six dragmes; syrop de nerprun, une quantité suffisante. Si la rhubarbe est trop dispendieuse, supprimez-là, & substituez-lui la même quantité de crême de tartre & demi-once de savon, avec trois dragmes de plus d'aloës; ce qu'on peut réitérer deux ou trois fois, donnant par intervalles les bols & la boisson suivante.

℞ Æthiops minéral, une demi-once; cloportes, deux onces; savon de Castille, une once: faires-en un bol, & le donnez tous les jours, & par-dessus une chopine de la décoction suivante.

Boisson apéritive.

℞ Racines de garance, racine-jaune, dite carotte, de chacun quatre onces; bardane coupée, demi-livre; rhubarbe de moine, quatre onces; reglisse coupée, deux onces : faites bouillir le tout dans quatre pintes d'eau de forge, réduisez-les à trois, passez la décoction, & adoucissez-là avec le miel.

On peut aussi donner les bols de savon & de racine de bardane, jusqu'à la quantité de trois ou quatre onces par jour. Cette recette réussit dans la plus grande partie des maladies récentes.

Lorsqu'on met en usage ces différens secours, la maladie diminue ordinairement dans huit jours : on s'en apperçoit par le changement de couleur, qui se fait aux yeux & dans la bouche; mais malgré ces signes de guérison il faut continuer les remédes jusqu'à ce que la cause soit entièrement déracinée : mais si la maladie leur résiste opiniâtrément, il faut employer des remédes plus souverains, par exemple le mercure, & le réitérer deux ou trois fois, & donner ensuite les bols suivans.

Bols altérans pour la Jaunisse.

℞ Sel de tartre, deux onces; cinabre d'antimoine, quatre onces; cloportes vivans, limaille d'acier, de chacun trois onces; safran, une demi-once; savon de Venise, demi-livre : faites-en un bol de la grosseur d'un œuf de pigeon avec le miel; donnez-en un tous les jours vers le soir, avec une chopine de la boisson précédente.

Observation.

Remarquez qu'il est bon de donner pendant la convalescence deux ou trois purgations douces, & d'appliquer un séton, si le cheval est gras.

CHAPITRE XVI.

Des maladies des Rognons & de la Vessie.

LEs signes qui indiquent que les rognons sont endommagés ou affectés, font une foiblesse dans les reins & au fond du dos, une difficulté d'uriner, une grande défaillance, la perte de l'appétit & les yeux mourans, l'urine épaisse, salée, & quelquefois chargée de sang, sur-tout après que le cheval a été violenté. Rarement un cheval qui a cette partie affectée peut-il reculer sans sentir une douleur violente ; ce qui le rend indocile : on remarque à la vérité le même figne dans les chevaux qui ont un effort des reins, ou qui ont eu une entorfe ; mais avec cette différence que l'on ne voit point de couleur fufpecte dans l'urine des derniers, excepté qu'elle eft un peu plus colorée qu'elle ne doit l'être naturellement.

Reméde.

La faignée abondante eft le fouverain reméde : elle eft très-propre à prévenir l'inflammation, d'autant plus que fi la difficulté d'uriner eft accompagnée de la fiévre, on peut alors conjecturer que les rognons font enflammés. J'ai remarqué par plufieurs expériences qu'un féton au ventre eft d'un grand fecours. On peut donner les bols fuivans deux ou trois fois par jour avec une chopine de décoction de guimauve, dans la quelle on diffout gomme arabique & miel de chacun une once.

Bol fortifiant.

℞ Luculatellus balfamique, une once ; fperme de baleine, fix dragmes ; fel de prunelles, une demi-once : formez-en un bol avec du miel, & fi vous voyez l'urine empreinte de fang, ajoutez une once de terre du Japon.

Mais fi la fiévre continue, faignez abondamment, donnez des clyfteres émolliens, & beaucoup de boiffon rafraîchiffante & purgative, jufqu'à ce que vous ayez châtié la fiévre. Si malgré ces remédes le cheval urine encore avec difficulté & douleur, donnez le bol fuivant deux ou trois fois par jour jufqu'à ce que l'urine coule avec liberté, & qu'elle foit dégagée de tout fédiment mêlé de pus.

Bol diurétique.

℞ Baume de Copaü ou térébenthine de Venife & favon dur, de chacun une once ; nitre, fix dragmes ; myrrhe en poudre, deux dragmes : faites-en un bol avec du miel, & donnez tout de fuite au cheval une décoction de guimauve.

Obfervation.

Cependant comme cette maladie eft plus opiniâtre que toute autre, elle pourroit bien ne pas céder à cette méthode ; de forte que fi l'urine continue à être chargée & puante, fi le cheval perd entiérement l'appétit & fon embonpoint, c'eft un figne infaillible de l'ulcération des rognons qui conduit immanquablement à la phthifie, & la maladie eft incurable.

Caufes de la fuppreffion d'urine.

On ne peut point douter que la fuppreffion d'urine ne foit caufée par l'inflammation des rognons, comme elle l'eft par leur paralyfie.

parce qu'elle les rend incapables de faire leur fonction, qui est de
séparer l'urine du sang. Dans le dernier cas, la vessie est ordinairement vuide, de sorte que le cheval ne montre aucune envie d'uriner, & que s'il demeure quelques jours en cet état, il s'enflera &
sera couvert par-tout de pustules, signes assurés de la mort. Si la suppression vient de la premiere cause, c'est-à-dire de l'inflammation,
saignez abondamment, & traitez le cheval comme nous avons dit
ci-dessus, ou bien donnez-lui des clysteres apéritifs & des diurétiques forts, tels que les bols suivans, de quatre en quatre heures ;
car s'il n'urine point en trois heures, il est en grand danger.

Bol apéritif & diurétique.

Baies de genievre concassées, une once ; sel de prunelles, six
dragmes ; huile de térébenthine, demi-once ; camphre, une dragme ; huile de genievre, deux dragmes : formez-en un bol avec du
miel, & lui donnez ensuite deux ou trois cornets de décoctions &
de miel, ou celui-ci qui est plus fort, & qu'il faut par conséquent
donner avec précaution.

Autre bol plus apéritif.

℞ Cantharides bien séches, depuis un scrupule jusqu'à une demi-
dragme, camphre dissout dans l'huile d'amande, depuis une dragme jusqu'à deux ; savon de Venise, une once : faites-en un bol avec
du syrop de guimauve.

Lorsqu'on a donné ce dernier bol, il faut faire boire quantité
d'eau dans laquelle on aura dissout de la gomme arabique : on peut
aussi lui donner en même-tems le clystere suivant.

Clystere purgatif.

℞ Aloës & térébenthine de Venise, de chacun deux onces battus dans un jaune d'œuf ; jalap en poudre, deux dragmes ; baies
de genievre & de laurier concassées, & bouillies dans deux pintes
de décoction de mauve : coulez le tout, & mêlez-le avec les drogues précédentes, & ajoutez une chopine d'huile de lin.

Si malgré cela le mal continue, frottez bien les reins du cheval
avec deux parties d'huile de térébenthine & une d'huile d'ambre,
& y appliquez un cataplasme d'ail, de moutarde, de camphre & de
savon gris, & couvrez-le d'une couverture épaisse ; donnez-lui
ensuite une médecine douce le matin. Voilà les remédes les plus
efficaces dont on puisse faire usage dans cette maladie.

Comment on doit traiter la suppression d'urine.

Lorsque la suppression d'urine n'est pas causée par les vents, ou
par la dureté des excrémens qui compriment le col de la vessie,

comme nous l'avons obfervé au chapitre de la colique, elle l'eft ou par l'inflammation, ou parce que le cheval s'eft retenu trop long-tems : alors les chevaux font de fréquens mouvemens pour uriner, fe campent les jambes ouvertes, font pleins, & ont les flancs tendus. Il faut dans ce cas faire des faignées copieufes, donner la boiffon fuivante, & la réitérer de deux en deux heures pendant deux ou trois jours, jufqu'à ce que le cheval foit foulagé.

Boiffon pour la fuppreffion d'urine.

℞ Térébenthine de Venife battue avec un jaune d'œuf, une once; nitre ou fel de prunelle, fix dragmes; un poiffon d'huile d'olive & une chopine de vin blanc.

Si cette boiffon ne produit pas les effets defirés, on peut donner le bol diurétique précédent, mais il faut fupprimer la myrrhe.

Donnez auffi abondamment de la décoction de guimauve ; prenez-en une pinte dans laquelle vous diffoudrez une once de nitre & de gomme arabique, avec deux onces de miel.

Comment traiter la diabete.

Les chevaux qui font fujets à l'incontinence d'urine, qu'on appelle diabete, guériffent rarement de cette maladie, lorfqu'ils font vieux ou d'une foible conftitution : ils perdent bientôt la chair & l'appétit, deviennent foibles; leur poil fe hériffe, & ils meurent gangrénés & pourris : mais il y a quelque efpérance de guérifon lorfque les chevaux font jeunes, fi l'on a l'attention de ne point leur donner trop d'eau, ou de nourriture mouillée, & de donner la boiffon fuivante.

Boiffon pour la diabete.

℞ Kina, quatre onces; racine de biftorte & de tormentille, de chacun deux onces; gomme arabique, huit onces : faites bouillir le tout dans huit pintes d'eau de chaux réduites à la moitié, & en donnez trois chopines par jour.

Faites boire au cheval deux ou trois pintes d'eau de chaux par jour : cette méthode eft auffi d'un heureux ufage, lorfque les chevaux urinent le fang, & s'ils rendent le fang en grande abondance, vous pouvez leur donner le bol fuivant.

Bol pour les cas où les Chevaux urinent le fang.

℞ Bol armoniac, une once; terre du Japon, une demi-once; alun de roche, deux dragmes : faites-en un bol avec la conferve de rofes, & donnez-le de fix en fix heures.

Comme cette maladie eft ordinairement caufée par les exercices trop violens, il faut néceffairement des faignées légeres, mais les réitérer fouvent, jufqu'à ce que l'orifice des vaiffeaux fe foit contracté & rétabli dans fon état naturel.

CHAPITRE XVII.

Du Gras-fondu.

PAr gras-fondu on entend un écoulement gras & huileux qui fe fait avec les excrémens ; c'eft la graiffe qui fe fond dans le corps d'un cheval, lorfqu'on lui fait faire des exercices violens pendant une grande chaleur. On remarque que cette fonte eft toujours accompagnée de fiévre, de chaleur, d'inquiétudes, de tremblemens, de grandes douleurs internes & d'une refpiration courte ; & quelquefois même on apperçoit des fymptômes de pleuréfie : fes excrémens font entremêlés de graiffe ; il a un grand cours de ventre : quelque tems après la faignée on trouve fur fon fang une croute épaiffe & adipeufe, de couleur blanche ou jaune ; la partie coagulée eft ordinairement mêlée de colle & de graiffe qui la rend fi gliffante qu'elle ne peut s'attacher aux doigts. L'autre partie que l'on appelle le ferum, eft gluante & vifqueufe : le cheval perd en peu de temps la chair & la graiffe, qui probablement fe diffout & s'abforbe dans le fang. Les chevaux qui échapent à cette attaque deviennent maigres, leur peau eft collée aux os, leurs jambes s'enflent & reftent enflées jufqu'à ce que les fucs aient été rectifiés, & qu'ils aient repris chacun leur couleur. Si la guérifon n'eft point radicale, la maladie dégénere en farcin ou autres maladies auffi opiniâtres, & dont la cure eft très-difficile, pour ne pas dire impoffible.

Guérifon.

Faites d'abord une faignée abondante, & réitérez-là fucceffivement pendant trois jours, mais en plus petite quantité. Il faut auffi lui appliquer deux ou trois fétons, & lui donner tous les jours des clyfteres émolliens & rafraîchiffans pour appaifer la fiévre & deffécher la matiere graffe des inteftins : faites-lui boire beaucoup d'eau chaude, ou de gruau avec la crème de tartre ou le nitre, afin de détremper & atténuer le fang, qui dans ce cas tend à l'aigreur.

Lorfqu'il n'y a plus de fiévre, que le cheval a recouvré l'appétit, il faut lui donner une fois par femaine, pendant un mois, une douce purgation d'aloës, pour diffiper l'enflure des jambes ; mais fi la dofe n'excéde pas une demi-once ou fix dragmes, elle lâchera doucement, & avec les autres drogues qu'on y joindra, elle paſſera dans le ſang, & agira par les urines & la tranſpiration, comme on pourra le connoître par la grande quantité d'urine, & par le doux & le luiſant de ſon poil; c'eſt pourquoi pour compléter la cure, lorſ-que vous voyez ce changement favorable, donnez-lui la purga-tion ſuivante qui, réitérée pendant quelque tems, remplira vos ſouhaits.

Purgation altérante.

℞ Aloës ſucotrin, ſix dragmes; gomme de gayac en poudre, de-mi-once; antimoine diaphorétique, poudre de myrrhe, de cha-cun deux dragmes: faites-en un bol avec le ſyrop de nerprun, ſi mieux vous n'aimez le faire avec une once d'aloës, ſix dragmes de diapente, & une cuillerée d'huile d'ambre.

Remarque.

Ces remedes n'empêchent point ordinairement un cheval de tra-vailler deux ou trois jours dans la ſemaine, & ne lui ôtent ni l'appé-tit, ni l'embonpoint; mais au contraire lui conſervent l'un & l'autre.

CHAPITRE XVIII.

Du Dégoût, de la Gale, & de la Peau qui s'attache aux côtes.

QUoique le dégoût vienne de différentes cauſes, on peut cepen-dant dire qu'il eſt ordinairement l'avant-coureur d'une mala-die a laquelle on ne s'attend pas, ou la ſuite de quelque maladie mal traitée. Lorſqu'un cheval eſt dégoûté, ſon poil ſe hériſſe & pa-roît craſſeux, ſale, malgré le panſement aſſidu qu'on lui fait; la peau eſt couverte de craſſe qui s'éleve par écaille: on a beau l'étril-ler, le poil en eſt toujours fourni, parce que la tranſpiration qui eſt imparfaite en fournit continuellement de nouvelle: il y a des che-vaux qui dans cette maladie ont même des puſtules, mais de diffé-rente grandeur; d'autres ont tous les membres couverts de croutes; d'autres enfin ſont couverts d'une humidité accompagnée d'une gran-de chaleur & d'une eſpéce d'inflammation: les humeurs ſont ſi âcres, & la démangeaiſon eſt ſi violente, qu'ils ſe frottent conti-nuellement juſqu'à ſe déchirer la peau. On en voit qui n'ont ni écailles, ni croutes, ni inflammation, mais qui ont un regard mal-
ſain;

fain, qui font languiffans, pareffeux & qui aiment à dormir; d'autres font feulement maigres & ont la peau collée aux côtes; d'autres enfin ont des douleurs qui les font chanceler, & quelquefois comme s'ils avoient un rhumatifme; de forte que dans le dégoût des chevaux on peut voir prefque toutes les autres maladies chroniques.

Guérifon.

La méthode fuivante a ordinairement un fuccès favorable dans celles qui font féches : il faut d'abord faire une faignée de trois ou quatre livres de fang, & enfuite donner la purgation qui fuit, & que l'on doit réitérer une fois la femaine & même tous les jours pendant quelque tems.

Purgation altérante.

℞ Aloës fucotrin, fix dragmes; gomme ammoniac, demi-once; antimoine diaphorétique & myrrhe en poudre, deux dragmes : faites-en un bol avec du fyrop de nerprun; dans les jours d'intervalle, vous donnerez une once de la poudre fuivante matin & foir mêlée avec la nourriture.

Poudres altérantes.

℞ Cinabre naturel, ou cinabre d'antimoine réduit en poudre impalpable, une demi-livre; antimoine crud, de même quatre onces; gomme de gayac de même, c'eft-à-dire réduite en poudre, quatre onces : faites-en un paquet pour feize jours.

On doit donner de cette poudre jufqu'à ce que le poil foit devenu vif & luifant, & que les fymptômes difparoiffent; mais fi le cheval eft d'un bas prix, donnez-lui deux ou trois purgations ordinaires, & une demi-once d'antimoine avec la même quantité de foufre deux fois par jour. Si l'on s'apperçoit que les croutes de la peau ne fe détachent pas, il faut recourir aux frictions avec l'onguent mercuriel : il eft néceffaire d'obferver que pendant la friction le cheval doit être tenu bien fec & abreuvé d'eau chaude. Il m'eft arrivé fouvent d'avoir guéri ces dégoûts avec cet onguent, & avec le fecours des médecines purgatives.

Defcription du dégoût humide.

Le dégoût humide n'eft autre chofe qu'un fcorbut humide, qui paroît & coule fur différentes parties du corps, fuivi quelquefois d'une grande chaleur & même d'inflammation; le col du cheval enfle fi fort en peu de tems qu'il en fort une grande quantité de matiere chaude falée qui, fi l'on n'en arrête les progrès, fe raffemble fur le garrot & engendre la fiftule, fuite ordinaire de cette

Tome VI. K

maladie lorsqu'elle est opiniâtre ; mais dans quelques chevaux elle disparoît presqu'aussi-tôt après s'être montrée.

Cure.

Il n'y a pas dans une circonstance semblable de ressource plus prompte que la saignée copieuse : tenez-vous sur-tout en garde contre les remédes repercussifs , & donnez des médecines rafraîchissantes deux fois par semaine ; vous donnerez aussi quatre onces d'électuaire laxatif avec autant de crême de tartre , ou ce dernier avec quatre onces de sel de *Glauber* ; animez-le , si vous voulez, de deux ou trois dragmes de jalap en poudre détrempé dans du gruau , & donnez-le le matin à jeun.

Après deux ou trois de ces purgations , donnez pendant quinze jours tous les matins , deux onces de nitre fait en bol avec du miel ; & s'il lui fait du bien , donnez-le lui encore pendant quinze autres jours.

Remarque.

Il est bon d'observer qu'on peut mêler les poudres indiquées ci-devant parmi son grain : on peut substituer à leur place deux pintes par jour d'une forte décoction de raclure de bois de gayac ou du bois de campêche, qu'on doit continuer, comme les autres altérans, pendant longtems , sur-tout lorsque la maladie est opiniâtre : il est essentiellement nécessaire de le tenir au régime rafraîchissant & laxatif, comme son échaudé ou orge.

Traitement de la peau collée aux Côtes.

Mais si le cheval a la peau collée aux côtes , il faut absolument lui donner parmi sa nourriture, pendant un mois ou plus, une once de fenugrec ; & comme cette maladie est souvent causée par les vers on doit aussi faire usage des médecines mercurielles, & ensuite des poudres de cinabre que nous avons prescrites ci-dessus : mais observez que cette maladie n'étant ordinairement que le symptôme d'une autre, vous ne devez jamais perdre de vue la cause ; & qu'ainsi étant l'effet des dégoûts des fiévres & autres maladies, il faut, pour un bon traitement, s'y prendre de différentes manieres.

Description de la Gale.

Un cheval galeux a ordinairement la peau tannée, épaisse & ridée, sur-tout aux environs de la criniere, des lombes & de la queue; le poil qui reste dans cette partie est droit & rude ; les oreilles, les yeux & les sourcils sont sans poil ; cependant la peau n'est point écorchée, ni ne se pele point comme dans le dégoût suivi d'inflammation.

Mais lorfqu'un cheval gagne cette maladie par contagion, elle eft d'une guérifon infaillible, pourvu qu'on frotte tous les jours le cheval, & qu'on lui donne de tems en tems une purgation pour purifier le fang, en cas que le virus y ait paffé ; après quoi on donne l'antimoine & le foufre pendant quelques femaines : il y a encore d'autres remèdes extérieurs qui font propres à guérir cette maladie, tels que la craffe d'huile, la poudre à canon, l'onguent de foufre, & le tabac trempé dans l'urine.

Lorfque la gale eft caufée par une mauvaife nourriture & par la corruption du fang, il faut changer la nourriture, & donner à propos du foin & du grain. Comme il eft des perfonnes qui veulent elles-mêmes préparer l'onguent mercuriel, nous avons mis ici fa véritable préparation.

Onguent mercuriel.

℞ Vif-argent, une once ; térébenthine de Venife, un quart-d'once : broyez-les bien enfemble jufqu'à ce que le mercure ne paroiffe plus, & ajoutez-y par dégrés quatre onces de fain-doux.

CHAPITRE XIX.

Du Farcin & de l'Hydropifie.

LE véritable farcin eft une maladie des vaiffeaux fanguins, qui ordinairement s'étend à proportion, & qui invétérée en épaiffit tellement les tégumens, qu'ils deviennent roides & tendus comme des cordes. Il feroit inutile de donner ici les différentes fortes de farcins : tous les farcins en général ne different les uns des autres que par les différens progrès que cette maladie fait. Nous nous bornons à entrer dans le détail des fymptômes qui la manifeftent & qui font bien fenfibles.

Symptômes.

On voit au commencement de cette maladie plufieurs petites enflures ou boutons, en forme de grains de raifin ou de bayes, fortir des veines, & caufer, lorfqu'on les touche, des douleurs violentes ; d'abord ils font durs, mais ils deviennent enfuite des puftules tendres, d'où, lorfqu'on les perce, découle une matiere huileufe & fanguinolente, & fe changent après en ulceres.

Dans certains chevaux ils ne paroiffent d'abord qu'à la tête. Dans

K ij

les uns ils font fur la jugulaire extérieure ; dans les autres, fur la veine du col, & fe portent vers le bas droit à la partie intérieure de celle inférieure de l'épaule vers le genouil. Il eft auffi des chevaux dans lefquels le farcin paroît fur les parties de derriere aux environs des paturons, & le long des groffes veines fur la partie intérieure de la cuiffe, s'élevant vers l'aîne & la bourfe ; il paroît auffi quelquefois aux flancs, & s'étend vers le bas-ventre, partie où il eft le plus incommode.

Quand eft-ce qu'il eft moins dangereux.

Lorfque le farcin paroît feulement à la tête, on le guérit avec facilité, principalement lorfqu'il n'affecte que le front & les mâchoires, parce que dans ces parties les vaiffeaux font extrêmement déliés & petits ; mais la guérifon en eft beaucoup moins facile, lorfqu'il affecte les lévres, les narines, les yeux, les glandes qui font fous la mâchoire, & autres parties femblables ; qui font molles & détachées, principalement lorfque la veine du col eft devenue cordée. Quand le commencement du farcin fe manifefte en dehors de l'épaule ou de la hanche, on le guérit facilement ; mais lorfqu'il s'éleve fur les ars ou veines du col, & que ces veines s'enflent beaucoup & deviennent cordées, la guérifon eft difficile ; elle l'eft beaucoup plus encore lorfque les veines crurales du dedans de la cuiffe font cordées & environnées de boutons qui affectent les glandes de l'aîne & les corps caverneux de la verge.

Lorfque le farcin commence fur les paturons ou les parties inférieures, la cure en eft incertaine, à moins qu'on n'en arrête à tems les progrès ; car les enflures dans ces parties deviennent fi exceffivement grandes, & les membres font fi défigurés par les ulceres qui les rongent, qu'un cheval qui en eft infecté, devient à peine propre aux plus vils travaux.

Mais quand le farcin ne fe répand point de la partie, où il a commencé à paroître fur une autre, ce fymptôme annonce du moins qu'il eft curable, & il ne l'eft pas beaucoup au contraire, quand il fe communique rapidement d'un côté à l'autre ; ce figne indique en effet une grande malignité : mais il eft encore bien plus dangereux lorfqu'il vient fur l'épine du dos : le danger eft plus grand pour les chevaux gras & pleins de fang, que pour ceux qui n'ont qu'un embonpoint médiocre.

Lorfque le farcin eft contagieux, comme il arrive quelquefois, il s'éleve en divers endroits à la fois, forme des ulceres & fait couler des deux narines une abondance de matiere verdâtre & fan

guinolente, qui ne se termine ordinairement qu'en pourriture.
Les spécifiques généraux sont d'un foible secours.

Par la description assez exacte que nous venons de donner du farcin on voit aisément combien se font illusion ceux qui comptent
sur une simple boisson spécifique, ou sur un simple bol, pour attaquer & détruire cette maladie jusques dans son principe. Nous
avons déja dit qu'il y a des farcins dont les symptômes indiquent
qu'ils ne sont pas dangereux, & ils sont du nombre de ceux que l'on
guérit par beaucoup de ménagement, soit dans la nourriture,
soit dans le travail du cheval. La simple saignée même enlève radicalement celui qui vient sur les plus petits vaisseaux, comme ceux
du front & des mâchoires ; de-là vient l'erreur de ceux qui venant à bout de guérir cette maladie par quelque boisson, lorsqu'elle se place dans les parties qui la rendent d'une guérison facile,
croient que cette efficacité est la même dans tous les différens dégrés du farcin ; mais les personnes un peu versées dans la connoissance de cette maladie conviennent qu'on ne peut la guérir
qu'avec des remédes adaptés aux divers symptômes qui se présen-
tent dans les divers progrès qu'elle fait, comme lorsqu'elle s'empare
des plus petits vaisseaux, ou lorsque les plus grosses veines sont
cordées, & que les pieds, les paturons & les flancs sont attaqués,
& enfin lorsque se manifestant d'abord seulement sur un côté, elle
se porte aussi sur l'autre & affecte tout le corps.

Premier dégré du farcin.

Lorsque le farcin commence de paroître à la tête, il s'éleve sur les
mâchoires & sur les tempes, & ressemble à un filet de poisson,
sur les petites branches duquel s'élevent çà & là des petits boutons
semblables à des baies de laurier : il enflamme quelquefois l'œil, &
quelquefois des petites pustules s'élevent le long du nez : le farcin
paroît souvent sur la partie extérieure de l'épaule, s'étend le long
des petites veines & y cause une inflammation : on le voit quelquefois paroître près du garrot & sur la partie intérieure de la hanche.
A tous ces signes qui indiquent que le mal n'a point de profondeur & qu'il n'attaque que la superficie, c'est-à-dire les plus petits vaisseaux, on doit conjecturer que la cure n'en est point difficile,
pourvu que l'on suive à tems la méthode suivante ; car le farcin
le plus simple peut devenir une des maladies les plus dangereuses, si
on le néglige dans sa naissance.

Saignée presque toujours nécessaire.

Par le détail qu'on vient de voir, on sent que cette maladie

eſt inflammatoire, que par conſéquent ſon ſiége eſt dans les vaiſſeaux ſanguins, elle demande donc néceſſairement de copieuſes
ſaignées, principalement dans les chevaux gras & en embonpoint :
ce ſecours en arrête d'abord les progrès ; mais obſervez que ſi au
contraire le cheval n'eſt point gras & eſt d'une conſtitution foible, les trop fréquentes & abondantes ſaignées lui ſont extrêmement nuiſibles.

Mais dès que le cas permet la ſaignée, on doit exactement donner, après l'avoir faite, quatre onces de crême de tartre & d'électuaire lénitif, de deux jours l'un pendant une ſemaine. Par ce
moyen on rafraîchit le ſang & l'on tient le ventre libre : donnez enſuite trois onces de nitre par jour, pendant trois ſemaines ou un mois,
& frottez les boutons avec l'onguent ſuivant.

Onguent pour les Boutons.

℞ Onguent de ſureau, quatre onces ; huile de térébenthine,
deux onces ; ſucre de plomb, une once ; vitriol blanc en poudre,
deux dragmes : mêlez-les enſemble & mettez-les dans un pot pour
vous en ſervir dans le beſoin.

Cette méthode attaque vigoureuſement les boutons & les diſſipe
ſouvent ; il n'en reſte que de petites marques que le poil recouvre
bientôt. Lorſque ces boutons percent & coulent, ſi la matiere qui
en ſort eſt bien épaiſſe & dans une coction parfaite, la guériſon n'eſt
ni longue ni difficile ; mais afin d'établir une guériſon complette,
& pour diſſiper juſqu'aux traces qui reſtent quelquefois ſur la peau,
donnez tous les jours pendant la quinzaine deux onces de foie d'antimoine, & diminuez pendant quinze autres jours la doſe d'une
once : de cette façon on empêchera le farcin non-ſeulement de porter ſur les plus petits vaiſſeaux, mais encore on l'extirpera en peu
de tems.

Lorſque les groſſes veines ſont affectées, la guériſon eſt plus difficile.

Lorſque le farcin s'établit dans les plus gros vaiſſeaux ſanguins,
la guériſon eſt ſans comparaiſon beaucoup plus difficile ; mais il
faut toujours l'entreprendre de bonne heure : c'eſt pourquoi dès
que vous appercevez les veines du col ou de la cuiſſe cordées, ſai-
gnez d'abord du côté oppoſé, & abondamment, ſi le cheval eſt
replet, & appliquez à la partie affligée le liniment qui ſuit.

Liniment pour les veines cordées.

℞ Huile de térébenthine dans une bouteille, ſix onces ; de vitriol,
trois onces : verſez peu à peu la derniere ſur la premiere, autrement la bouteille éclateroit. Lorſqu'elle aura fini de fermenter, ce

que l'on connoît par la ceſſation de la fumée, vuidez-en davantage, ainſi de même juſqu'à ce que le mêlange ſoit fait.

Ce reméde eſt un des plus eſtimés pour le commencement du farcin; mais lorſqu'il a gagné les parties charnues & détachées, comme les flancs ou le ventre, il faut mettre parties égales d'huile de vitriol & d'huile de térébenthine.

Frottez les parties premierement avec un lambeau d'étoffe de laine, & appliquez de ce liniment ſur les boutons & par-tout où il y a des enflures, deux fois par jour; donnez la médecine rafraîchiſſante de deux jours l'un, & enſuite trois onces de nitre par jour pendant quelque tems. Il faut continuer ce traitement juſqu'à ce que les boutons mûriſſent, & que les lévres & les bords ne ſoient plus épais ou calleux, & alors on peut avec confiance eſpérer la guériſon; cependant pour l'établir encore plus ſolidement & éviter la rechûte, il faut donner le foie d'antimoine ou l'antimoine crud de la façon preſcrite ci-deſſus; & pour faire revivre la peau & l'adoucir, frottez-la avec de la craie & de l'huile.

Le farcin ſur les flancs difficile à guérir.

Lorſque le farcin commence aux flancs & du côté du bas-ventre, il vient quelquefois d'une ſimple piquûre d'éperon; la douleur & la cuiſſon ſont des ſignes certains pour diſtinguer le farcin accidentel d'avec celui qui ne l'eſt pas: les poils hériſſés qui s'élevent tout autour des puſtules & boutons, la matiere qui en ſort toujours mêlée de pus & qui eſt d'une conſiſtance gluante, graiſſeuſe, ſont des ſignes certains du farcin qui vient de la piquûre de l'éperon: dans ce cas il faut, après avoir baſſiné avec le mêlange précédent juſqu'à ce que les ulceres ſoient conſolidés, que l'enflure ne ſubſiſte plus, il faut, diſons-nous, pour empêcher que les boutons ne s'étendent, & pour les diſſiper, frotter avec l'un ou l'autre de ces mêlanges juſqu'au milieu du ventre, & en même tems donner les antimoines comme nous allons les preſcrire.

Mélange réſolutif & répercuſſif.

℞ Eſprit de vin, quatre onces; huile de vitriol, de térébenthine, de chacun deux onces; vin blanc, vinaigre ou verjus, ſix onces, mêlés enſemble. Ou

℞ Eſprit de vin rectifié, quatre onces; camphre, une demi-once; vinaigre ou verjus, ſix onces; vitriol diſſout dans quatre onces d'eau ordinaire, mêlés enſemble.

Il arrive quelquefois que le farcin reſte caché pendant long-tems dans les membres les plus bas, & fait des progrès ſi lents, qu'on le prend fouvent pour de la graiffe, ou pour un coup de pied, & il paffe généralement pour une humeur qui s'y eft fixée. Afin de diftinguer ces deux caufes l'une d'avec l'autre, nous obferverons qu'un coup de pied eft ordinairement fuivi d'une foudaine enflure, ou d'une contufion qui vient ordinairement à fuppuration. La graiffe eft auffi une enflure unie qui perce autour du bandage de la partie poftérieure du paturon : mais le farcin commence ordinairement fur la jointure du paturon par un bouton, & s'étend en haut par nœuds.

Méthode générale pour la guérifon.

L'on fufpend fouvent les progrès du farcin, & on l'empêche de s'étendre avec des remédes fimples ; par exemple avec un cataplafme de verjus & de fon, appliqué autour de la partie affligée & renouvellé tous les jours ; s'il s'éleve des chairs baveufes, il faut y porter l'huile de vitriol ou l'eau forte, une heure avant l'application de ce cataplafme ; car lorfque la maladie eft locale, comme nous la fuppofons ici, on peut la guérir avec les remédes extérieurs.

Lorfque la maladie devient invétérée & réfifte à la méthode prefcrite ci-deffus, & que les vaiffeaux ne fe détendent pas, M. *Gibfon* recommande le mélange fuivant.

Mélange pour un farcin invétéré.

℞ Huile de lin, un demi-feptier ; de térébenthine en pierre, trois onces ; teinture d'eupolium & d'ellebore, deux dragmes ; huile de bayes de laurier, deux onces ; dito d'origanum, demi-once ; eau forte double, demi-once : après que l'ébullition eft paffée, ajoutez deux onces de goudron des barbades.

Frottez-en les veines cordées & par-tout où il y aura des enflures, une ou deux fois le jour, mais fi les orifices font bouchés de chairs baveufes ou d'une peau fi épaiffe, que les ulceres ne puiffent pas fuppurer, dans l'un ou l'autre cas il faut abfolument faire une ouverture avec un petit fer chaud, & brûler les excroiffances ; on peut enfuite les contenir en les touchant avec l'huile de vitriol, l'eau forte, ou le beurre d'antimoine : on peut auffi préparer un onguent avec l'argent vif & l'eau forte : on les broye enfemble jufqu'à ce qu'ils aient acquis la confiftance d'onguent : frottez-en les ulceres.

Précautions à prendre dans l'ufage du Sublimé.

Nos Maréchaux, après avoir ouvert les boutons, y mettent ordinairement un peu de fublimé corrofif ou d'arfenic, ce qu'ils appellent extirper le farcin. Cette méthode peut avoir fon mérite,

lorfque

lorfque les boutons font peu nombreux & qu'ils ne font point fitués près des grands vaiffeaux, jointures ou tendons.

Il eft des Maréchaux qui fe fervent du vitriol romain ou de fublimé, & de vitriol mis à parties égales ; mais nous avons vu beaucoup de chevaux mourir empoifonnés par l'ufage de ces drogues : cela eft fi vrai, qu'on a vu la plus grande partie d'une meute mourir empoifonnée pour avoir mangé du cadavre d'un cheval mort d'un farcin traité de cette maniere.

Méthode défefpérée dont on fe fert pour guérir le farcin.

Si nous faifons mention préfentement de certains remédes violens & défefpérés, que quelques perfonnes donnent intérieurement, comme quatre à huit onces de calaminaire, en y ajoutant deux onces de tutie en poudre avec d'autres matieres métalliques, ce n'eft que pour faire fentir le dangereux de cette méthode. Il eft des perfonnes non moins imprudentes que les premieres, qui donnent une livre de favon bouilli dans la biere avec la fabine, la rhue & beaucoup d'autres herbes ; d'autres pouffent encore plus loin leur témérité & peut-être leur ignorance, en donnant des boiffons préparées avec la couperofe, l'alun de roche, le vitriol romain, l'huile de vitriol, bouillie dans l'urine avec la graine de chanvre, la ciguë & le fel commun.

Mais les perfonnes qui ne font ufage que des décoctions ou fucs des plantes, telles que l'abfynthe, & particulierement le fureau, font celles qui agiffent le plus prudemment & qui font le plus en droit d'efpérer la guérifon, fi elles ont du moins l'attention de les donner à tems ; cependant le mercure & l'antimoine font les fpécifiques par excellence, lorfque le farcin eft invétéré. Les bols fuivans font propres dans tous les dégrés du farcin. Nous avons vu fouvent des chevaux guérir en dix ou quinze jours par le fecours de ces deux antidotes, lorfque le mal étoit dans fon commencement & que la peau n'étoit point encore gâtée ; on en donne feulement une ou deux fois par jour ; mais dans le farcin invétéré on doit en donner deux ou trois mois de fuite.

℞ Cinabre naturel, ou cinabre d'antimoine, huit onces ; biftorte longue & gomme de gayac en poudre, de chacun quatre onces : faites-en une pâte avec du miel, & formez-en des bols de la groffeur d'une noix ; enveloppez-les de poudre de regliffe.

Le Mercure donné à propos réuffit ordinairement.

Mais comme cette méthode eft extrêmement longue, quoique bonne, on a eu recours au mercure, & à dire vrai, le mercure donné avec connoiffance de caufe, réuffit prefque toujours; au lieu que les préparations plus fortes, comme les précipités rouge & blanc, & le turbit, fi l'on confidere avec attention la qualité de leurs fels, peuvent être très-pernicieux : il faut avouer cependant que nous avons vu le turbit donné en petite quantité, produire des effets merveilleux dans les maladies invétérées & opiniâtres. M. *Gibfon* déclare en avoir donné une dragme à la fois, lorfque les membres étoient fort enflés, & ajoute que dans quarante-huit heures les ulceres ont été deffechés; mais qu'il a rendu le cheval fi malade, & l'a réduit à une telle fituation, qu'il n'a pu le réitérer.

Le Turbit doit être donné en très-petite quantité.

On s'attendoit que M. *Gibfon*, après une action fi prompte, auroit été encouragé à renouveller fes expériences par de plus petites quantités; mais il ne l'a point fait. Il eft cependant bien vraifemblable qu'il auroit réuffi; car le grand art, en donnant le mercure, confifte à l'introduire dans le fang, fans lui laiffer la liberté d'agir fur l'eftomac & fur les inteftins; & pour y parvenir, il faut le donner en petite quantité, & le contenir d'une telle maniere, qu'il foit forcé à enfiler les premieres voies.

Le mercure donné avec cette précaution fe mêle infenfiblement avec le fang & les fucs, les dépouille de leurs hétérogénéités, & opere folidement la guérifon.

Bols avec le turbit recommandé.

Voici une méthode qui mérite d'être recommandée : donnez un fcrupule ou demi-dragme de turbit fait en bol avec une once de favon, de deux foirs l'un pendant quinze jours; donnez enfuite relâche au cheval pendant ce tems, & le remettez après au même régime : mais fi ce bol purgeoit ou rendoit le cheval malade, mêlez-le avec une demi-once de philonium, ou avec quatre ou cinq grains d'opium. En le modifiant ainfi, on peut le donner pendant quelques femaines; mais fufpendez-le dès que vous vous appercevez que la langue du cheval s'attendrit ou qu'elle eft douloureufe, fymptômes que vous pouvez diffiper par des médecines douces, & enfuite recommencez le bol, & veillez avec attention à ce que le cheval ne puiffe point prendre de fraîcheur. Voyez le chapitre des altérans.

Nous avons vu donner dans la même maladie avec beaucoup de fuccès deux onces de vif-argent éteint dans une once de térébenthine avec le diapente & la gomme de gayac, deux onces de chacun, & une suffisante quantité de miel, le tout fait en quatre bols, dont on en donne un par semaine, & entre l'intervalle de l'un à l'autre, on donne des purgations douces pour obvier à la salivation qui survient assez fréquemment dans certains chevaux, quand on les traite avec le mercure, malgré la sage précaution de le donner en petite quantité.

Le Docteur *Braken* recommande de frotter les cordes & les nœuds avec l'onguent mercuriel, avant qu'ils percent, afin de les dissiper, & après qu'ils se sont ouverts, de les panser avec parties égales de térébenthine & d'argent-vif. Si en suivant cette méthode, vous vous appercevez que la bouche devient malade, suivez le traitement précédent.

Bol altérant.

℞ Beurre d'antimoine, besoar minéral, de chacun une once, battus avec demi-livre de bol cordial donné de la grosseur d'une noix pendant huit ou quinze jours; mais observez de ne laisser rien manger au cheval que deux ou trois heures après qu'on lui a donné ce bol.

Comme les préparations d'antimoine sont en usage dans le farcin, on peut donner depuis deux dragmes d'antihecticum Poterii jusqu'à une demi-once, avec un peu de bol cordial de deux jours l'un pendant quelque tems: car dans les cas obstinés il faut briser la crasse du sang, ce qui ne peut se faire qu'insensiblement & avec beaucoup de patience.

Farcin d'eau.

Pour ne rien laisser à desirer au lecteur sur cette maladie, nous allons faire quelques remarques très-utiles sur un farcin qu'on appelle farcin d'eau, qui n'a aucun rapport ni aucune analogie avec l'autre, soit dans sa cause, soit dans ses effets, mais qui ne doit le nom de farcin qu'à un usage établi par l'ignorance des Maréchaux.

Deux sortes d'Hydropisie.

Ce farcin est de deux sortes, dont l'une est produite par une matiere fiévreuse qui gagne la peau comme il arrive souvent dans les rhumes épidémiques, & dont l'autre n'étant qu'une hydropisie, est produite par des eaux, qui non-seulement sont dans le ventre & engorgent les membres, mais encore paroissent dans plusieurs autres parties du corps par des enflures tendres & souples qui se prêtent à la compression du doigt. Cette derniere sorte d'hydropisie ou de farcin d'eau vient ordinairement d'une mauvaise nourriture, ou de l'arriere-herbe, du brouillard & des pluies froides

continuelles, qui rendent le fang gluant & vifqueux. Nous avons
vu dans le premier cas toute la capacité du cheval énormément enflée & tendue, principalement le ventre & la gaîne, & cette enflure réduite d'une maniere furprenante dans vingt-quatre heures,
par des fcarifications au-dedans de la cuiffe & de la jambe, & par
trois ou quatre incifions que l'on faifoit faire fur la peau du ventre
à chaque côté de la verge. L'eau s'écouloit de ces ouvertures avec
une abondance furprenante, & le cheval étoit dans l'inftant foulagé; on ajoutoit quelques purgations pour la guérifon complette.

Guérifon générale des Hydropifies.

Dans l'autre efpéce d'hydropifie, le principal objet qu'on doit
fe propofer, eft de faire fortir l'eau, de rétablir la force du fang, & de
redonner du reffort aux fibres qui font relâchées. Pour remplir ces
vues, purgez une fois de huit en huit ou de dix en dix jours & donnez par intervalle l'une ou l'autre des boiffons fuivantes.

Boiffon altérante.

℞ Ellebore noir fraîchement cueilli, deux livres; lavez-le, con-
caffez-le, & faites-le bouillir dans fix pintes d'eau réduites à quatre:
paffez enfuite la décoction, & mettez deux pintes de vin fur le refte
de l'ellebore, & le laiffez infufer pendant quarante-huit heures;
coulez-le enfuite, & après les avoir mêlés enfemble, donnez-en
foir & matin une chopine. Ou

℞ Feuilles & écorce de fureau, deux groffes poignées; fleurs de
camomille, une demi-poignée; baies de genievre concaffées, deux
onces: faites bouillir le tout dans une pinte d'eau jufqu'à la réduction d'un demi-feptier, & y ajoutez miel & nitre de chacun une
once.

Donnez cette boiffon tous les foirs pour achever la guérifon; &
pour fortifier tout le corps, faites prendre une chopine de l'infufion
fuivante tous les matins pendant quinze jours, & faites jeûner le
cheval pendant deux heures, après la lui avoir donnée.

Boiffon fortifiante.

℞ Racine de gentiane, de zodoaire, de chacun quatre onces;
fleurs de camomille, de centaurée, de chacun deux poignées;
limaille de fer, demi-livre: faites infufer le tout dans huit pintes de
biere pendant huit jours; il faut remuer de tems en tems le vaiffeau.

Cependant avant que de finir ce chapitre, nous croyons affez
utile de donner ici une connoiffance exacte & appuyée d'un nombre infini d'expériences, des fymptômes d'une efpéce de farcin qui

eſt incurable, afin que ceux qui ont des chevaux attaqués de cette maladie, s'épargnent des frais & des peines inutiles.

Symptômes du Farcin incurable.

Lorſqu'un farcin a été traité par des applications de remédes impropres, ou qu'ayant été négligé il s'eſt répandu, que par conſéquent il a réſiſté aux remédes ci-deſſus donnés trop tard, & qu'il continue à pouſſer toujours de nouveaux boutons; qu'à ces ſymptômes il s'en joint d'autres, comme des boutons ſur l'épine du dos & ſur les lombes, une peau qui ſe colle aux côtes & un nez qui découle; ſi entre les interſtices des gros muſcles il ſe forme des abſcès dans les parties charnues; ſi les yeux du cheval ſont languiſſants; s'il ne mange que très-peu & fiente ſouvent; ſi ſes excrémens ſont noirs; ſi la veine des cuiſſes reſte groſſe & cordée, après lui avoir appliqué le feu, tous ces ſymptômes indiquent que la matiere morbifique a gagné les parties internes, & annoncent que tous les fluides ſont infectés & que la phthyſie eſt incurable.

CHAPITRE XX.

Des remédes que les Anglois appellent altérans.

PAr remédes altérans, nous entendons des remédes qui n'operent point immédiatement & d'une façon fort ſenſible, mais qui prennent peu à peu ſur la conſtitution, en changeant les humeurs ou les ſucs, & en les dépouillant inſenſiblement des hétérogénéités qui conſtituent la maladie; de ſorte qu'on peut effectuer ce que nous avançons: tantôt les altérans agiſſent en émouſſant l'âcreté des ſucs, & en accélérant la circulation, tantôt ils atténuent & diviſent les parties du ſang, en briſant les humeurs gluantes qui les lient trop intimément: ils retardent par conſéquent la circulation, & obſtruent les vaiſſeaux capillaires; ils excitent ainſi les ſécrétions de chaque fluide qui entre eſſentiellement dans la compoſition du ſang.

On ſçait qu'il eſt des perſonnes prévenues contre tous les remédes, dont les effets ne ſont pas extérieurs; une grande évacuation leur plaît davantage: mais ſi ces mêmes perſonnes vouloient bien obſerver que dans ces évacuations copieuſes les humeurs bien conditionnées ſont évacuées en proportion égale aux mauvaiſes, il eft certain qu'elles reviendroient de leur prévention. On eft en effet revenu de cette ancienne erreur, qui faifoit croire que les purgations alloient directement attaquer dans la maffe du fang les humeurs vicieufes, fans altérer ni diminuer les bonnes. Rien ne feroit fi merveilleux que de pouvoir régler les opérations d'un reméde fur l'intention de celui qui le donne : le ridicule de ce fyftême eft trop évidemment démontré pour que l'on trouve encore quelque perfonne raifonnable qui en foit entichée ; tout lecteur judicieux doit être convaincu des grands avantages qui réfultent de l'ufage des remédes altérans & de la préférence qu'ils méritent, à moins, comme nous en avons fait fentir l'impoffibilité, qu'on ne prouve que les purgatifs ont la faculté de féparer les hétérogénéités du fang, fans entraîner avec elles fes parties homogênes ; d'ailleurs qui ne fçait que les purgatifs ne different entr'eux que par les dégrés de force, & qu'ils n'operent généralement fur les humeurs qu'en les excitant plus ou moins ?

Cette preuve convaincante nous conduit donc naturellement à recommander quelques altérans qui ne font point auffi connus qu'ils devroient l'être, & dont nous déclarons l'efficacité après la multiplicité des expériences que nous avons faites : celui qui occupe le premier rang dans la claffe des altérans, dont nous prétendons parler, eft le nitre ou le falpêtre purifié qui a été de tout tems eftimé & que nous regardons prefque comme le feul fur lequel on puiffe compter dans toutes les fiévres inflammatoires des chevaux.

Mais outre la faculté particuliere qu'il a de diminuer l'inflammation, il eft, lorfqu'on le donne en quantité convenable, altérant dans les dégoûts, dans le gras-fondu, & lorfque la peau eft collée fur les os.

Comme on a reconnu qu'il a dans le farcin autant de fuccès que dans aucune autre maladie venant des fluides viciés, on ne craint point de dire qu'on doit le préférer. On trouvera dans ce reméde cet avantage qui lui eft unique ; c'eft que produifant généralement fes effets par les urines, il ne demande point de fujettion ni de couverture, & que le cheval peut travailler modérément pendant tout le tems. Les fréquens effais qu'on en a fait dans quelques hôpitaux, ont démontré fi évidemment fa propriété pour corriger l'acrimonie des fucs, en faifant cicatrifer les ulceres les plus invétérés, qu'on le recommande comme altérant dans les maladies des chevaux.

Comment donner le Nitre.

Le nitre doit être réduit en poudre bien fine & donné jusqu'à trois onces par jour, on y mêle peu à peu autant de miel qu'il en faut pour lui donner la confiftance du bol : donnez-le au cheval à jeûn, pendant un mois, ou bien feulement quinze jours, en le laiffant ce même tems en repos, pour recommencer enfuite pendant une autre quinzaine.

Si après avoir pris le nitre pendant le tems prefcrit, le cheval fait foupçonner quelque altération dans l'eftomac, il faut lui donner par-deffus le nitre un ou deux cornets de boiffon, ou bien il faut le diffoudre dans du gruau, ou de l'eau fimple.

Outre les médecines mercurielles dont nous avons déja parlé, & qu'on recommande dans le farcin obftiné, on a trouvé que la maniere fuivante de donner le turbit a extrêmement réuffi, après avoir fait toutefois deux ou trois faignées au cheval, principalement lorfqu'il eft plein de fang & chargé de chair.

Mercure altérant.

℞ Turbit minéral, une dragme; diapente, une once : faites-en un bol avec le miel. Donnez un de ces bols de deux foirs l'un, pendant quinze jours : laiffez ce même tems d'intervalle, & le réitérez de la même maniere. Pendant le cours du reméde, obfervez de tenir le cheval chaudement, afin de hâter la tranfpiration : il faut fur-tout bien prendre garde qu'il n'ait froid; on ne doit point oublier de lui tirer environ deux ou trois pintes de fang de dix en dix jours, & de fupprimer le bol le jour de faignée; fi le tems eft beau, promenez-le, & frottez-le bien après fon retour pendant une heure. Après que les remédes font finis, donnez-lui un picotin de graine de chanvre mêlée avec fon avoine tous les jours, pendant le cours d'un mois; mais comme il arrive ordinairement qu'après l'ufage de ces remédes la bouche eft douloureufe, fa nourriture doit être d'avoine bouillie, d'orge & de fon échaudé.

Le Mercure opere d'une maniere incertaine fur les Chevaux.

Comme l'opération du mercure, foit dans les hommes, foit dans les chevaux eft incertaine (nous entendons par opération incertaine, que l'on ne peut jamais affurer par quelle voie il fe déterminera,) fi la quantité prefcrite ci-devant caufe des tranchées au cheval, ou le purge trop, au lieu de diapente mêlez-le avec une once de philonium, ou un demi-fcrupule d'opium : fi le mercure affecte fi violemment fa bouche, qu'il ne puiffe pas même manger la nourriture molle qu'on lui préfente, il faut lui donner la boiffon purgative

une ou deux fois par jour, feulement pour le faire vuider, & fufpendre le bol jufqu'à ce que cette fenfibilité foit diffipée. Mais on a
éprouvé que ce remède avoit un fuccès plus affuré en donnant le
turbit en plus petite quantité & plus long-tems, c'eft-à-dire un
fcrupule tous les foirs, ou une demi-dragme de deux en deux jours.
Nous croyons que cette méthode eft en effet la plus fûre; nous confeillons donc d'en faire ufage au commencement, afin de pouvoir
mieux juger de la conftitution du cheval; (nous penfons l'avoir clairement expliqué au chapitre du farcin) enfuite il faut donner une
forte décoction de gayac, ou les poudres altérantes, pendant un
mois : on peut lui donner pour boiffon ordinaire l'eau de chaux,
mêlée au commencement avec de l'eau & enfuite feule. Voici à peu
près de quelle façon on peut préparer la décoction de gayac.

Boiffon adouciffante.

R. Gayac, deux livres; regliffe coupée, quatre onces; antimoine
crud concaffé & mis dans un nouet, une livre : faites bouillir le tout
dans douze pintes d'eau pendant une heure, & laiffez la décoction
fur les ingrédiens pour vous en fervir dans le befoin.

Dans quel cas on doit la donner.

Ce remède eft d'autant plus eftimable qu'il eft de bas prix, &
efficace dans toutes les maladies de la peau, & qu'il eft très-propre
à rétablir tous les ravages que le mercure fait ordinairement. Il
adoucit & corrige le fang & les fucs; en excitant les fécrétions,
il diffipe les humeurs fuperflues qui fe fixent fur des parties particulieres, comme dans la gourme & dans toutes les maladies des
glandes. Il faut en donner quatre cornets deux ou trois fois par jour,
& continuer deux ou trois mois, fuivant les circonftances, mettant
de tems en tems un intervalle pour ne point rebuter le cheval : mais
lorfqu'il boit avec répugnance, il faut mettre dans fa nourriture tous
les matins une demi-once d'antimoine en poudre : cependant nous
avertiffons que dans les cas de dégoût, la gomme de gayac mêlée
avec l'antimoine fera plus efficace, préparée de la maniere fuivante.

Poudre altérante.

R. Antimoine crud en poudre fine, ou lorfqu'on peut en faire la
dépenfe, cinabre d'antimoine, gomme de gayac, de chacun une
livre, broyés enfemble avec un pilon huilé pour empêcher la gomme de s'y attacher : divifez le tout en trente-deux dofes, & en donnez tous les jours avec fa ration du foir. Ou

R. Cinabre d'antimoine, gomme de gayac, favon de Venife, de
chacun une demi-livre; fel de tartre, quatre onces : battez-les
                                                    & en

& en formez une maffe, dont vous donnerez une once par jour.

Comment ces *Purgatifs* operent.

Ces médecines font excellentes, particulierement pour les chevaux fujets aux dégoûts ; elles rectifient les fluides, ouvrent les pores, accélerent les fécrétions, & redonnent le vivant au poil ; elles liquéfient & éclairciffent le fang, & font par conféquent merveilleufes dans les cas où les fucs font vifqueux & gluans, ce qui fait quelquefois boiter les chevaux ; enfin elles doivent être préférées à toutes les autres médecines en ce genre, parce qu'on les donne avec plus de fûreté, & qu'elles ne demandent aucun ménagement, ni régime particulier.

Elles font propres aux *Chevaux de courfe.*

Elles paroiffent auffi être bien propres aux chevaux de courfe, dont les fluides, par la violence de leurs exercices, fouffrent fouvent de grandes altérations, auxquelles on peut remédier avec plus de fûreté & avec moins d'inconvéniens par ce moyen, en leur donnant une douce purgation altérante une fois de huit en huit jours, que par la méthode ordinaire, qui confifte en plus fortes médecines : outre que celles-ci les rendent incapables de leurs exercices pendant long-tems, elles ne répondent même que rarement aux vues de ceux qui ont la témérité de les donner.

L'éthiops *minéral eft fujet à faire faliver.*

L'éthiops minéral donné jufqu'à une demi-once par jour, eft un bon adouciffant, & corrige le fang & les fucs : mais on a obfervé qu'après l'avoir donné pendant neuf ou dix jours, il faifoit faliver quelques chevaux, qui par cet accident ne pouvoient plus mâcher leur foin, ni leur avoine ; on a remarqué auffi les mêmes fymptômes, lorfqu'on n'a donné que deux dragmes de mercure crud, & qu'on a voulu le continuer autant de tems.

La *guérifon.*

C'eft pourquoi toutes les fois qu'on donne aux chevaux des préparations de mercure, ils exigent beaucoup de foins ; il faut les laiffer pendant des tems convenables fans leur en donner, pour éviter le flux de la bouche & du nez. La raifon pour laquelle ces fortes de mercures donnent le flux de bouche aux chevaux plutôt qu'aux hommes, peut être prife de ce que l'orifice des veines lactées des chevaux eft plus grand & plus libre que celui des hommes, dont l'orifice eft fans ceffe lubrifié par l'épanchement des humeurs huileufes & vifqueufes, filtrées par les glandes qui y font : mais les chevaux n'ont point de vifcofités, attendu que leur nourriture eft

Tome VI.   M

simple; d'ailleurs la situation horizontale des intestins des chevaux entre pour beaucoup dans cette différence, cette situation empêchant le mercure de passer à travers aussi vîte qu'il passe dans les hommes; ajoutez que le penchement de tête occasionne bien vîte ce flux, lorsque le sang est empreint des particules du mercure.

La Salivation est impraticable.

Mais comme on a trouvé la salivation impraticable pour les chevaux, seulement même pendant huit jours, parceque les vaisseaux de la tête s'engorgent extraordinairement, & que le cheval ne peut mâcher sa nourriture, ni avaler aucun liquide, il faut, lorsque ces symptomes paroissent, supprimer le mercure, jusqu'a ce que la médecine précédente y ait remédié.

Dans les cas obstinés, on peut donner le bol altérant qui suit, mais avec les précautions raportées ci-dessus.

Bol mercuriel altérant.

℞ Mercure crud, une once : térébenthine de Venise, trois dragmes : broyez-les ensemble dans un mortier, jusqu'à ce que le vif-argent soit bien divisé ; ajoutez ensuite du gayac en poudre, deux onces, diagrede en poudre, demi-once : mêlez le tout avec du miel, & faites-en huit bols; donnez-les de deux soirs l'un pendant un mois ou plus ; mais prenez bien garde que pendant ce tems le cheval ne gagne du froid ; aussi vaut-il bien mieux les donner en été. On peut encore se servir des antimoines dans des cas semblables.

℞ Verre d'antimoine en poudre fine, deux onces ; crocus metallorum, quatre onces ; savon de Venise, six onces : faites-en des bols avec le miel, & donnez-en un tous les soirs.

Les Médecines purgatives données en petite quantité font aussi de bons altérans.

Les grands inconvéniens qui résultent des purgations que l'on donne ordinairement aux chevaux, rendent les purgations données en petite quantité préférables ; car quoique par notre méthode, leurs effets par les intestins soient considérablement diminués, nous en sommes bien dédommagés par les secrétions avantageuses qu'elles augmentent : il n'est question que de les mêler avec des altérans adaptés à la maladie pour laquelle on les donne.

Ainsi dans les dégoûts, boitemens, qui ne sont point fixes & qui changent, &c.

Recettes de ces Médecines.

℞ Aloës, six dragmes ; gomme de gayac, demi-once ; antimoine diaphorétique, sel de tartre, de chacun deux dragmes : faites-en un bol avec du syrop de nerprun ;

Ou bien donnez fix dragmes d'Aloës, avec une demi-once de diapente & de fel de tartre, comme une médecine altérante dans le gras fondu.

On peut auffi donner la coloquinte & le fel de tartre de la même manière ; mais pour les obftructions du poulmon, & pour les chevaux pouffifs, prenez le fuivant.

℞ Galbanum, ammoniac, affafetida, de chacun deux dragmes ; fin aloës, une demi-once ; fafran, une dragme avec une quantité fuffifante de miel.

Mais comme lorfque l'occafion s'eft préfentée, nous avons deja donné diverfes formules de cette efpéce, nous n'en donnerons point davantage ; cependant une décoction de bois de campeche préparée comme celle de gayac, eft excellente dans les dégoûts.

L'eau de chaux préparée avec le faxafras & la réglifle, eft une excellente boiffon pour adoucir le fang ; on peut la donner avec les bols de nitre.

L'eau de goudron, comme nous en avons parlé ci-deffus, eft très-utile en plufieurs cas ; mais rappellez-vous qu'il faut continuer ces fortes de médecines pendant long-tems.

CHAPITRE XXI.

Des Humeurs.

LE terme *humeurs* eft une dénomination auffi indéterminée parmi les Médecins que parmi les Maréchaux, auffi fert-elle de fubterfuge aux ignorans de l'une & de l'autre profeffion : il paroît qu'en général on s'en fert fort mal, & qu'il eft fort peu compris ; autrement on ne l'employeroit pas fi indéterminément, foit que la maladie réfide dans les fluides, foit qu'elle fe foit attachée aux folides.

Ainfi on affure fouvent que l'humeur tombe dans les membres, lorfqu'on pourroit dire, pour s'exprimer pertinemment, qu'elle ne peut pas circuler fi librement dans les vaiffeaux perpendiculaires que dans les diagonaux ; car la force du fang eft la même, foit pour couler dans une ligne horizontale, foit dans une ligne perpendiculaire, quoiqu'il n'en foit pas de même quant à la fituation des vaiffeaux : lorfqu'un animal eft droit, le fang rend les vaif-

feaux des jambes plus tendus que lorfqu'il eft couché ; & fi les vaiffeaux font relâchés naturellement, ou par une affection extérieure, ils ne font point en état de repouffer les fluides en avant.
De cette ineptie, qui donne du retardement à la circulation, fe
forme une enflûre fur la partie affectée.

Le Docteur *Braken*, à qui les amateurs de chevaux ont de grandes obligations, pour avoir fait connoître les erreurs des Maréchaux, & des vérités intéreffantes fur cette matiére, a rendu fa
nouvelle doctrine fi claire & fi évidente, qu'il n'y a qu'une ignorance obftinée qui puiffe s'y refufer. C'eft pourquoi il eft inutile
d'en parler ici, attendu que le Lecteur intéreffé à cet article autant que nous, voudra bien prendre la peine d'acquérir, avec le
fecours de cet Auteur, des idées claires & diftinctes fur la circulation du fang, & d'apprendre que les folides font compofés de fibres élaftiques qui font quelquefois relâchées, quelquefois ferrées
& roides : cette connoiffance le conduira bientôt à fentir la poffibilité des enflures, fans que les humeurs tombent fur la partie enflée, & que ces enflures ne font tout au plus, ou que les effets d'u-
ne circulation gênée, d'où il s'enfuit que le fang ne peut pas être
pouffé perpendiculairement, ou les effets d'un relâchement même
des vaiffeaux.

Chûte des humeurs expliquée par un cas familier.

Pour répandre donc fur cette doctrine une clarté qui ne laiffe
rien à defirer, fuppofons un homme ou un cheval en fanté, & dont
les fluides & folides foient dans un équilibre parfait ; fuppofons, di-
fons-nous, que l'un ou l'autre reçoive un coup violent à la jambe,
ce qui caufe contufion ou enflure ; fi l'on tient la jambe perpendiculairement, l'enflure continuera, & l'on pourra dire, fi l'on veut,
que les humeurs y font tombées ; mais changez la pofition de la
jambe ; l'enflure diminuera bientôt & les prétendues humeurs dif-
paroîtront ; & dans ce cas, que nous répondra-t-on, fi nous de-
mandons où étoient les humeurs avant l'accident ? comment font-
elles tombées fi précipitamment, & ont-elles fi fubitement difpa-
ru : n'eft-il pas au contraire plus raifonnable de croire que l'enflure vient d'une circulation gênée, fufpendue ou retardée ? Les vaiffeaux, par la violence du coup, font devenus incapables de leurs fonctions, & ont été fi enflés par le fang qui y féjourne, que la circulation ne peut plus pénétrer cet engorgement : l'enflure auroit
continué auffi long-tems que l'obftruction n'auroit pas été diffipée
par une fituation différente, aidée d'applications de remédes con-

venables. En effet, n'observons-nous pas tous les jours dans les hydropisies & autres maladies situées aux extrémités, qui viennent du relâchement des fibres, que quoique les jambes soient énormément enflées lorsqu'elles ont été tout le jour dans une situation perpendiculaire, elles reviennent à leur grosseur naturelle, après que le cheval a été couché pendant dix ou douze heures?

Le sang & les sucs souvent corrompus.

Qu'on ne croye pas cependant que nous prétendons prouver qu'il n'y a point de mauvaises humeurs ou mauvais sucs dans le sang, & qu'elles n'affectent pas quelques endroits particuliers: l'expérience journaliere renverseroit une telle proposition, particuliérement dans les cas chancreux, schrophuleux, véneriens & scorbutiques du corps humain, & dans le farcin, les dégoûts & les avives des chevaux: nous prétendons seulement proscrire l'usage confus & indéterminé que l'on fait du terme, & prouver que dans plusieurs cas où on dit que les humeurs abondent & causent des enflures, on devroit dire au contraire que les vaisseaux n'ont point assez de force pour repousser les fluides qui circulent, ou une colonne perpendiculaire de sang, comme il arrive souvent aux vaisseaux de la jambe & des extrémités.

Les membres peuvent être enflés sans humeurs.

Ainsi nous voyons qu'une circulation lente venant de l'impuissance dans laquelle sont les parties musculeuses des vaisseaux, de pousser en avant les fluides, peut causer des enflures aux extrémités, sans aucun soupçon de mauvaises humeurs, ou d'aucun vice du sang: ce qu'on peut rendre encore plus intelligible & plus convaincant par les enflures appellées hémorroïdes, où l'élévation du sang de la veine est interrompue par son propre poids, par la foiblesse des vaisseaux, & par le peu de secours qu'elle reçoit des parties voisines.

La cure doit être conséquente à ces principes.

La conséquence qu'on doit tirer de ce que nous venons d'établir, est que la cure doit être conduite dans l'enflure qui procéde du sang & des sucs, différemment de celle qui vient des solides ou vaisseaux. Dans le premier cas, les évacuations & les altérants sont nécessaires pour en diminuer la quantité, & en rectifier la qualité: dans le dernier, les remédes externes, un exercice convenable & un bon régime suffisent.

Ainsi en suivant exactement notre principe, l'enflure des jambes, causée par la corruption du sang, & le relâchement des vaisfeaux , feroit augmentée fi l'on procuroit au cheval des évacuations : on le guérit au contraire par les fortifians. Mais lorfque l'enflure vient d'un tempérament trop fanguin, & d'un fang d'une mauvaife qualité, elle difparoît rarement fans le fecours des faignées, purgations, & fetons ; quelquefois auffi elle peut être guérie, en mettant feulement le cheval à l'herbe.

Si nous voulions traiter d'une maniére plus étendue, & prouver précifément ce qu'on doit entendre par humeurs, nous abandonnerions l'objet que nous nous fommes propofé. Mais n'ayant en vue que de faire fentir le ridicule du jargon des Maréchaux, qui appliquent à toutes fortes de maladies une expreffion dont ils ne fentent point la vraie fignification, nous finiffons ce Chapitre.

CHAPITRE XXII.

Du Seton.

IL femble qu'il n'y ait point de remède plus en ufage, & fi peu entendu par les Maréchaux que le feton ; c'eft pourquoi il convient d'en donner une idée plus exacte & plus claire que celle qu'on en a eu jufqu'ici.

Le feton eft un conduit artificiel que l'on pratique entre cuir & chair, afin de procurer aux vaiffeaux le moyen de fe défemplir, & par là de foulager les parties particulieres qui font trop pleines & engorgées.

Notion générale, mais abfurde, concernant les fetons.

Le raifonnement abfurde des Maréchaux, fur l'ufage des fetons, rendra en quelque façon ce Chapitre plus néceffaire & plus utile, d'autant plus que tout le monde fçait de quelle façon ils parlent fur ce fujet. Le feton, difent-ils, fert à tirer toutes les mauvaifes humeurs du fang par une efpéce de magie, & il eft bon d'obferver que la matiére qui fort par un féton, n'eft précifément autre chofe que celle qui fort des extrémités des vaiffeaux, lorfqu'on les divife pour le faire. C'eft en effet le fang qui perd fa couleur par la chaleur de la partie, parce qu'il eft hors des vaiffeaux.

Ufage des fetons.

Il paroît donc évident que les bons effets que produifent les fetons, confiftent à défemplir par dégrés les vaiffeaux ; que par ce moyen, une partie particuliere qui est affligée, est dégagée du poids du sang qui l'affectoit, & que les mauvais sucs (en général appellés humeurs) sortent avec les bons, toujours en proportion égale.

S'imaginer que par les setons on sépare les mauvaises humeurs confondues dans le sang, c'est se nourrir d'une chimère d'autant plus dangereuse dans la pratique, que si à un cheval maigre qui a la peau collée aux côtes, ou qui a un tempérament chaud & sec, on procure des évacuations des fluides, soit par le seton, soit par d'autres voies, c'est absolument épuiser la constitution de l'animal, en dépouillant son sang du peu de fluidité qui lui reste.

Mais dans les maladies causées par la plétore & l'acrimonie des sucs, avec des fluxions sur les yeux, sur les poulmons, ou sur quelqu'autre partie importante, le seton contribue beaucoup à décharger les parties affectées, & procure aux vaisseaux le moyen de recouvrer leur élasticité & leurs fonctions, pendant que de son côté le seton fait la sienne.

Peut-être que ces observations & quelques autres répandues dans les chapitres suivans, pourront ramener une dénomination si vague à sa vraie signification.

CHAPITRE XXIII.

Des Entorses dans diverses parties

IL faut remarquer que dans toutes les entorses, les fibres des muscles ont souffert une trop grande extension, ou qu'elles ont été rompues. Pour se former une véritable idée de ce désordre, on doit d'abord considérer chaque muscle & tendon comme composé de fibres élastiques qui font ressort, & qui ont la faculté de se contracter ou de se dilater; mais pour rendre cette action plus familiere, nous pouvons les comparer à une corde de boyau; par là nous jugerons plus sainement des effets que les remédes doivent produire dans les entorses. Si par une extension violente de cette corde de boyau, vous lui ôtez son élasticité, croyez-vous pouvoir la lui rendre en la trempant dans de l'huile? pourquoi donc dans les entorses les Maréchaux sont-ils assez ignorans pour bassiner la partie affligée avec de l'huile? puisque, comme on en convient, l'entorfe ne peut être produite que par une trop grande extenfion, & n'eft-ce pas plutôt aux aftringens qu'il faut recourir, pour rejoindre & refferrer les fibres ?

Les huiles n'y font pas propres.

Cependant la coutume a établi cette pratique, & une expérience trompeufe l'a fi bien confirmée, qu'il feroit difficile de faire fentir cette abfurdité aux Maréchaux qui en attribuent les effets à de fauffes caufes, & l'on donne aux huiles une efficacité que l'on ne doit qu'au long repos & tranquillité que l'on donne à un cheval.

Les bandages & les repouffans, bons dans les entorfes.

On femble cependant vouloir fe précautionner contre ces mauvaifes conféquences, en ajoutant les huiles chaudes, comme l'huile d'afpic, de térébenthine, & d'origant, qui, quoiqu'elles foient en quelque maniere un préfervatif contre les laxatifs des autres huiles, relâchent encore trop pour qu'elles puiffent être réellement efficaces. Il faut plufieurs mois pour completter la guérifon de toutes les entorfes violentes des tendons ou des mufcles, quelque grande que foit l'idée qu'ont les Maréchaux de ces huiles préférées, qui quelquefois réuffiffent dans les cas légers, ou, pour mieux dire, ne réuffiffent que par le bandage, qui feul, & avec un repos convenable, produiroit les mêmes effets. Il eft certain que ce font jlà les deux reffources fur lefquelles on peut le plus compter; & cela prouve évidemment que les huiles ne font qu'une charlatanerie dont les Maréchaux couvrent leur avidité, & que le feul repos eft le reméde fouverain qu'on doit employer pour ces maladies.

Le tems & l'herbe néceffaires.

Toutes les violentes entorfes des ligamens des os, fur-tout celles de la cuiffe, demandent beaucoup de tems : elles exigent même pour une guérifon parfaite, que l'on mette le cheval à l'herbe; car les applications extérieures y font fort peu d'effet, parce que les parties affectées font fi profondes, & environnées de tant de mufcles, que les médicamens extérieurs ne peuvent y porter. Ainfi le plutôt qu'on met le cheval à l'herbe n'eft que le mieux; le mouvement doux qu'il fe donne dans le pré, empêche que les liqueurs balfamiques des jointures & des ligamens ne s'épaiffiffent, & par conféquent, que la jointure elle-même ne tombe dans une efpéce de roideur. Nous ne penfons pas non plus que le feu que l'on employe foit auffi efficace (fi du moins il l'eft), que le repos & l'herbe pendant un tems confidérable.

Nous

Nous avons cru pouvoir entrer dans ce détail pour faire fentir l'avantage qui réfulte du repos que l'on donne au cheval, & combien il importe de ne point le faire travailler qu'il ne foit parfaitement rétabli.

Signes de l'épaule foulée.

Lorfque l'épaule du cheval a fouffert une trop grande extenfion, ou qu'elle a été foulée (ces deux chofes font fynonimes ; car remarquez qu'une épaule ne peut fe difloquer ou fortir de fon emboîtement,) il ne la porte point comme l'autre. Pour connoître s'il a réellement une foulure, faites-lui mettre contre terre le pied fain, & vous verrez que quoique le pied du côté malade foit plus court, & doive être naturellement moins douloureux que s'il portoit fur la terre, vous verrez, dis-je, que ce mouvement l'éprouvera beaucoup plus que tout autre.

Il faut d'abord faigner, enfuite baffiner la partie avec du verjus ou du vinaigre chaud, dans lequel vous ferez diffoudre un peu de favon : mais fi le boitement continue fans enflure ou fans inflammation, après un repos de deux ou trois jours, frottez-bien les mufcles avec l'un ou l'autre de ces mélanges.

Mélanges pour les entorfes.

℞ Efprit de vin camphré, deux onces ; huile de térébenthine, une once : ces frictions nourriront le poil, & l'empêcheront de tomber. Ou

℞ Du meilleur vinaigre, un demi-feptier ; efprit de vin camphré, efprit de vitriol, de chacun deux onces.

Fomentation.

Lorfque l'épaule eft fort enflée, il faut y faire des fomentations avec un lambeau d'étoffe de laine, affez grand pour la couvrir entierement, trempée dans le verjus & l'efprit-de-vin chauds ; ou fervez-vous d'une fomentation faite d'une forte décoction d'abfinthe, de feuilles de laurier & de romarin ; ajoutez à une chopine de cette liqueur un demi-feptier d'efprit-de-vin.

Méthode de percer & cheviller, condamnée.

Un féton à la pointe de l'épaule eft fouvent d'un grand fecours, fur-tout fi l'entorfe eft violente, & l'enflure fort grande : mais percer (comme quelques-uns le pratiquent) l'épaule avec un fer chaud, & enfuite la faire enfler, eft une méthode qui n'a pas le fens commun, non plus que celle de cheviller le pied fain, ou de le mettre dans un patin de bois, pour ramener l'épaule malade à fon extenfion naturelle. Cette méthode eft diamétralement opposée à la saine pratique , puisqu'elle ne tend à rien moins qu'à rendre le boitement incurable : tout au plus ce traitement peut-il être toléré dans les cas opposés à celui-ci, où les muscles ayant été pendant long-tems retirés , ont besoin d'être tendus.

Les cataplasmes résolutifs très-bons.

Lorsqu'on peut appliquer des cataplasmes, on peut en toute sûreté espérer un heureux succès, surtout en bassinant la partie avec du verjus ou du vinaigre chaud : on doit les préférer au vinaigre & au verjus froids, qui desséchent trop promptement la partie, & la rendent roide : faites votre cataplasme des farines d'avoine, de seigle, bouillies dans du vinaigre, ou dans la lie de vin rouge, avec une suffisante quantité de graisse de cochon, pour lui conserver une humidité convenable ; & lorsque vous voyez que par cette méthode, l'inflammation & l'enflure se desséchent, bassinez la partie deux fois le jour avec l'un ou l'autre des deux mélanges prescrits ci-devant, & enveloppez-la deux ou trois pouces au-dessus & au-dessous avec une bande de toile de la largeur de deux doigts : elle ne contribuera pas peu au rétablissement ; parce qu'elle contiendra les tendons relâchés, & j'ose dire qu'elle contribuera même autant à la guérison que les cataplasmes.

Signes des Entorses dans l'emboîture.

Il se forme dans les entorses de l'emboîture de la jointure qu'on n'a point découvert à tems, une telle roideur, que le cheval ne touche la terre que du bout du pied, & que l'on ne peut pas même avec la main faire plier la jointure : les vésicatoires réitérés, & le feu appliqué superficiellement, sont les seuls remèdes qui restent à employer.

Comment on doit guérir les entorses du derrière.

Rien de plus ordinaire & de plus facile à découvrir que les entorses des nerfs de derrière : l'enflure de derrière s'étend quelquefois depuis le derrière du genouil, jusqu'au talon, & il n'est presque point de cheval attaqué de cette maladie, qui ne mette la jambe, affectée devant l'autre : on doit bassiner trois ou quatre fois par jour avec du vinaigre chaud, & si le genouil est beaucoup enflé, appliquez les cataplasmes prescrits ci-dessus; mais lorsque l'enflure est diminuée, il faut bassiner la partie avec les mélanges que nous avons indiqués un peu plus haut, ou avec l'esprit de vin & l'huile d'ambre, dans lesquels on dissoudra autant de camphre que les esprits en pourront prendre : il faut aussi envelopper le tendon avec un bandage convenable.

Les rognures des Corroyeurs imbibées de vinaigre, font auſſi fort efficaces, de même que le goudron & l'eſprit de vin; mais lorſque le tendon a été fatigué par des accidens de cette eſpéce ſouvent réitérés, il n'y a que les véſicatoires, le feu, & un repos convenable qui puiſſent le rétablir.

Entorſes du jarret & des paturons.

Les entorſes du jarret & des paturons viennent ſouvent des coups que l'on donne à l'animal, ou des coups de pied qu'il reçoit; ſi la partie eſt beaucoup enflée, appliquez d'abord les cataplaſmes, & lorſque l'enflure eſt diminuée, baſſinez la partie comme ci-devant, ou ſervez-vous du mélange ſuivant.

Mélange pour les entorſes.

℞ Vinaigre, une chopine; eſprit de vin camphré, quatre onces; vitriol blanc diſſout dans un peu d'eau, deux dragmes.

Comme après une violente entorſe il reſte une grande foibleſſe au paturon, la plus ſûre reſſource eſt de mettre le cheval à l'herbe, juſqu'à ce qu'il ſoit entierement rétabli : mais ſi l'on n'a point la facilité de le mettre au verd, les véſicatoires & le feu ſont les deux remédes qui reſtent à employer.

Signe du déboîtement au... ſtyle.

Loſqu'un cheval boite du..... (ſtyle), il marche ordinairement ſur la pointe du pied, & ſon talon ne peut point porter ſur la terre : panſez-le d'abord avec du vinaigre & les aſtringens rafraîchiſſans; mais ſi l'enflure ſe montre & paroît groſſir à vue, fomentez la partie avec les fomentations réſolutives juſqu'à ce qu'elle ſoit diſſipée; enſuite baſſinez-la avec l'un ou l'autre des mélanges déjà indiqués.

Signe du déboîtement de la rotule.

On découvre le déboîtement de la rotule & de la hanche, en ce que le cheval traîne la jambe, & tombe en arriere ſur le talon lorſqu'il trotte; s'il n'y a que les muſcles de la hanche qui ſoient offenſés, on les guérit aiſément; mais lorſque les ligamens de la jointure le ſont, la guériſon eſt ordinairement difficile & longue, & encore plus incertaine : dans l'un & dans l'autre cas, baſſinez d'abord les parties avec les rafraîchiſſans trois ou quatre fois par jour. Dans l'enflure des muſcles ce ſeul reméde peut réuſſir; mais lorſque les ligamens ſont offenſés, il n'y a que le repos & le tems qui puiſſent leur redonner leur reſſort.

Entorſes au jarret.

Les entorſes au jarret demandent un traitement particulier;

il confifte à baffiner les parties offenfées avec les rafraîchiffans &
les répercuffifs ; mais lorfque les ligamens font altérés, & que cette
altération eft fuivie d'une grande foibleffe & douleur, il faut faire
ufage de la fomentation : fi de ce traitement il refte une dureté
extérieure, on peut l'emporter avec les véficatoires ; fi au contraire elle eft intérieure, on peut la réfoudre par une application
extérieure ; mais fi elle lui refte, mettez le feu bien légérement en
lignes affez voifines les unes des autres, que vous couvrirez enfuite avec l'onguent mercuriel : aux fomentations réfolutives dont
nous avons déja parlé, on peut ajouter du fel crud d'ammoniac
bouilli avec une poignée de cendres.

On trouvera dans le Chapitre de l'épervin l'onguent de véficatoire, pour les cas dont nous venons de parler ; mais il faut avoir
l'attention de fuppprimer le fublimé corrofif.

Comment on doit donner le feu fur les nerfs.

Le feu qu'on applique pour fortifier les nerfs & les tendons relâchés, devroit être feulement appliqué fur la peau qui, formant
une contraction, & fe durciffant autour des nerfs, les preffe avec
plus de force, & leur tient lieu de bandage.

Il faut avoir quelque expérience pour faire cette opération avec
fuccès ; car il faut garder un certain milieu entre fcarifier trop fu-
perficiellement, & fcarifier trop profondément. Dans le premier
cas, le feu ne pénétre point affez la peau, & la cicatrice n'acquiert
point par conféquent affez de dureté & de force pour agir puiffam-
ment fur le tendon ; dans le dernier au contraire, le feu ayant pénétré trop avant, fcarifie quelquefois le tendon-même, le met
hors d'état de garder fa fubftance, & le conduit infenfiblement
à un déboîtement caufé par un nerf retiré ; accident qui eft incurable.

CHAPITRE XXIV.

Des Tumeurs.

LEs enflures ou tumeurs ont des caufes internes ou externes.
Celles qui font produites par des accidens extérieurs comme
coups & contufions, doivent d'abord être traitées avec les aftringens. Ainfi il convient de baffiner fouvent la partie avec le vinaigre

ou verjus chaud, & de mettre pardessus une flanelle qu'on y aura
trempée. Si l'enflure ne céde point à cette méthode, il faut appliquer
principalement sur les jambes le cataplasme avec la lie de vin & la farine d'avoine, ou avec le vinaigre, l'huile & la farine d'avoine. On
peut continuer l'un ou l'autre deux fois par jour, jusqu'à ce que l'enflure diminue. Afin de la dissiper entiérement, il faut mettre à la
place du vinaigre l'esprit de vin camphré, à quatre onces duquel
on pourra ajouter une once d'esprit de sel ammoniac, ou on peut
bassiner avec un mélange de deux onces de sel ammoniac crud bouilli
dans une pinte d'urine, deux fois le jour : on étend par-dessus des
linges trempés dans le même mélange.

Les fomentations quelquefois nécessaires.

Les fomentations d'absynthe, de feuilles de laurier, de romarin bouillies, auxquelles on ajoute une raisonnable quantité d'esprit-
de-vin, sont très-souvent avantageuses & par conséquent nécessaires ; elles rafinent les sucs & les rendent si déliés, qu'ils sont susceptibles de transpiration : ainsi il convient d'en faire, sur-tout si
le coup a porté sur les jointures.

Mais dans les contusions où l'on trouve du sang extravasé, cette
méthode n'auroit pas le même succès : le plus sûr & le plus court
expédient, est d'ouvrir la peau pour faire sortir le sang qui est
épanché.

On ne doit point du tout entreprendre de dissiper les humeurs
critiques, ou les enflures qui terminent les fiévres, excepté cependant lorsqu'elles se jettent sur le paturon, ou sur l'emboîture de
la jointure, de sorte qu'elles les mettent en danger : dans ce cas
il faut appliquer la fomentation résolutive trois ou quatre fois le
jour, & en conserver l'effet avec une piéce de drap ou de flanelle
trempée dans du vinaigre.

Les enflures critiques doivent être amenées à suppuration.

Mais si l'enflure se fixe sous la mâchoire, derriere les oreilles,
sur la tête, le garrot, dans l'aîne & à la gaîne de la verge, &c. on
doit par le secours des cataplasmes suppuratifs, aux endroits où
on peut les appliquer, l'amener à suppuration. On peut, par exemple, se servir de la farine d'avoine bouillie dans du lait ; on y ajoutera
une quantité convenable d'huile ou de graisse de cochon ; ou enfin
on peut mettre en usage le cataplasme que nous avons indiqué
au chapitre de la gourme. Il faut les appliquer deux fois par jour,
jusqu'à ce que la matiere soit flexible à la pression du doigt ; alors
il faut procéder à l'ouverture que l'on fait, s'il est possible, dans tou-

te l'étendue de l'enflure avec une forte lancette : car rien ne contribue plus à une parfaite guérison, qu'une ouverture assez grande pour donner un passage libre à la matiere, & la facilité au Maréchal de panser la plaie à fond.

Comment on doit panser la plaie.

Il faut insinuer au fond de la plaie des plumasseaux de chanvre, couverts de basilicon noir ou jaune, ou d'onguent de blessure, fondu avec une cinquiéme partie d'huile de térébenthine : il faut remplir la plaie du même onguent, mais légerement & sans l'enfoncer. On peut panser de cette maniere une ou deux fois, si la matiere coule beaucoup, jusqu'à ce qu'elle soit bien digérée : on mettra ensuite des plumasseaux couverts d'onguent précipité rouge, appliqués de la même maniere.

Mais s'il arrive que la matiere ne soit pas bien digérée, qu'elle soit claire & pâle, il faut fomenter la partie aussi souvent que vous la panserez avec la fomentation précédente, & mettre par-dessus le cataplasme de biere forte, & continuer cette méthode jusqu'à ce que la matiere devienne épaisse & que la plaie soit belle.

Les onguens suivans conviennent dans tous les cas ordinaires; on peut les préparer avec ou sans le verd-de-gris.

Onguent des blessures.

℞ Térébenthine de Venise, cire jaune, de chacune une demi-livre ; huile d'olive, une demi-livre, résine jaune, trois quarterons.

Lorsque tout sera bien fondu & mêlé ensemble, on peut y incorporer deux ou trois onces de verd-de-gris en poudre fine, & le remuer jusqu'à ce qu'il soit froid, pour l'empêcher d'aller au fond.

Onguent de Précipité rouge.

℞ Basilicon jaune, ou de l'onguent précédent sans verd-de-gris, deux onces; précipité rouge en poudre fine, une demi - once : mêlez-les ensemble à froid avec une espatule ou un couteau.

Si l'on fait à tems & de bonne heure l'application de cet onguent, on obviera au *fungus* & à l'excrescence des chairs baveuses & spongieuses : car si l'on panse trop longtems avec les digestifs, les excrescences se multiplieront & seront très-difficiles à dissiper ; & dans ces sortes de cas, il est absolument nécessaire de déterger la plaie aussi souvent que vous ferez le pansement, avec une solution d'eau de vitriol bleu, ou de la saupoudrer avec l'alun brûlé & le précipité. Si, comme il arrive quelquefois, l'eau de vitriol ou l'alun brûlé & le précipité ne mordoient pas assez vivement, il faudroit alors y porter la pierre infernale, ou laver avec de l'eau de sublimé que l'on fait, en diſſolvant une demi-once de ſublimé corroſif dans une chopine d'eau de chaux.

Obſervations.

Mais il y a un moyen d'éviter cela, ſi la plaie eſt dans une partie où l'on peut faire un bandage, ce ſont les compreſſes de toile : car même lorſque ces excreſcences repouſſent malgré l'activité des cauſtiques preſcrits ci-deſſus, une compreſſion modérée ſur les fibres peut les ſoumettre & les anéantir.

Les Auteurs qui ont traité des maladies des chevaux ont en général preſcrit des méthodes propres à chaque tumeur ; mais perſuadés comme nous le ſommes & comme on le ſera dans la ſuite, qu'ils ont négligé de donner des régles pour l'application de tous les différens remédes, nous ſommes aſſurés qu'on nous tiendra quelque compte de la méthode générale que nous allons indiquer.

Comment on doit panſer les plaies.

Comme la difficulté de guérir certaines plaies vient très-ſouvent de ce qu'elles ſont mal panſées, il eſt néceſſaire d'obſerver ici une fois pour toutes, que les guériſons des plaies ne ſont parfaites qu'autant qu'on ſuit les méthodes les plus ſimples, & qu'il importe ſouvent plus de ſçavoir comment on doit panſer une plaie, que de ſçavoir avec quoi l'on doit la panſer, & c'eſt, comme on en conviendra, en cela que conſiſte le principal art de cette partie du Chirurgien : car les perſonnages qui ſe ſont le plus diſtingués dans cet art, ont connu depuis long-tems que la diverſité des onguens & d'autres remédes, n'eſt pas abſolument néceſſaire dans la guériſon de la plûpart des plaies & des bleſſures, & conſéquemment ils ont rejetté la plus grande partie de ceux qui avoient autrefois pris faveur

Des obſervations ſcrupuleuſes & réitérées ont appris à ces hommes diſtingués par la profondeur de leurs connoiſſances, qu'après que la matiere eſt venue à ſuppuration, la nature eſt capable d'elle-même de fermer aſſez vîte la plaie, & que l'unique & principal objet dans ce cas eſt de s'oppoſer efficacement aux excreſcences de chair que tous les onguens dans la compoſition deſquels l'huile ou la graiſſe de cochon entrent, favoriſent ordinairement, en ce qu'ils tiennent les fibres trop relâchées & ſouples, au lieu que la charpie ſéche & ſeule appliquée de bonne heure, peut y obvier par ſa qualité abſorbante, & par la compreſſion légere qu'elle fait ſur les fibres : il eſt ſi vrai que la charpie peut produire cet effet, que même dans une plaie profonde, ſi on preſſe légerement les fibres avec des ten-

tes, ou si l'on bande trop l'appareil, elles empêchent la chair du fond
de pousser ; & les lévres de la plaie parviennent avec le tems à
la consistance de corne & sont pleines de fistules : de-là on peut
suffisamment connoître combien peu on doit compter sur tous ces
fameux onguens, que l'ignorance & l'avidité du gain avoient mis
en crédit.

Il arrive de fréquens contre-tems par les mauvais pansemens.

Nous avons cru ce détail nécessaire, parce que nous entendons
tous les jours tant de personnes se plaindre de ce qu'elles échouent
dans les traitemens, malgré l'excellence vantée de tant de baumes & d'onguens dont elles se servent : il étoit donc en quelque façon nécessaire de les convaincre du peu de confiance avec laquelle
elles doivent se servir de ces remédes si accrédités : car lorsque
le corps est sain, & que la qualité du sang & des sucs est louable, le
pansement le plus simple réussit toujours ; mais lorsque les sucs &
le sang sont viciés, tous les traitemens externes appliqués seuls
échoueroient. De ces principes incontestables il faut conclure l'i-
nutilité & le danger qu'il y a de se servir des onguens.

Signes de la digestion de la matiere.

Aussi-tôt qu'on a travaillé efficacement à une bonne coction, ce
qu'on connoît par l'épaisseur & la blancheur de la matiere qui coule,
& par le rouge vermeil de la plaie, il faut changer le pansement & se
servir du précipité, ou bien tenir la plaie remplie de charpie séche
ou trempée dans l'eau de chaux avec un peu de miel & de teinture
de myrrhe, ou d'eau-de-vie, environ une cinquiéme partie ; il
faut appliquer au fond de la plaie un plumasseau de charpie trempée
dans ce mélange, & la remplir de la profondeur à la superficie avec
d'autres plumasseaux, mais qui ne soient pas beaucoup pressés en dedans : car, comme nous l'avons remarqué plus haut, si on les pres-
soit avec trop de force en dedans, ils agiroient si puissamment sur les
fibres, que les lévres de la plaie se racorniroient : mais comme
nous l'avons aussi remarqué, ils ne doivent pas non plus être appliqués trop légerement, parce que les carnosités du fond auroient un
champ trop libre.

Les Onguens digestifs ne doivent pas être continués trop longtems.

En suivant cette méthode simple, on verra la plaie se consoli-
der, & l'on évitera l'accroissement des chairs baveuses, ou du
moins on les supprimera à tems ; au lieu que lorsque l'on continue
l'usage des onguens, on favorise l'accroissement des chairs, que
l'on ne détruit ensuite qu'avec beaucoup de difficulté & qu'après

un

un tems infini. Il faut donc abſolument ſe ſervir d'une compreſſe & d'une ligature convenable à ce ſujet, de même que pour bien affermir l'appareil ſur la partie où l'un & l'autre peuvent être appliqués.

Deſcription du nerf-ferrure.

Pour répandre encore plus de jour ſur les obſervations que nous venons de faire, nous allons démontrer pourquoi une bleſſure d'un nerf-ferrure doit être différemment traitée : cette bleſſure eſt quelquefois très-difficile à guérir ; elle eſt cauſée par la pince du fer de derrière qui porte ſur le talon de devant. Lorſqu'elle n'eſt que ſuperficielle & légere, on la guérit aiſément en la lavant promptement & en y appliquant l'onguent des bleſſures ; mais il faut remarquer dans cette maladie que quand le coup a été violent, il differe entierement d'une coupure ordinaire, en ce que dans celle-là la partie eſt déchirée avec contuſion, & demande conſéquemment d'être amenée à ſuppuration pour faire une guériſon bien ſolide.

Guériſon.

Pour remplir un objet ſi eſſentiel, après avoir lavé & fait ſauter tous les graviers avec l'écume de ſavon, appliquez les digeſtifs en faiſant votre panſement avec des plumaſſeaux de charpie trempée dans une once de térébenthine de Veniſe, battue avec un jaune d'œuf, & y ajoutez une once de teinture de myrrhe. Par-deſſus ce panſement, je vous conſeille d'appliquer le cataplaſme de raves, ou celui de lie de biere & de farine d'avoine, trois ou quatre fois, ou plus ſouvent juſqu'à ce que vous ſoyez parvenu à une parfaite coction de la matiere, ce que vous connoîtrez par les ſignes que j'ai indiqués un peu plus haut. Vous pouvez enſuite changer ces deux mélanges, & leur ſubſtituer le précipité ou l'eau de chaux mêlée, n'oubliant jamais de mettre au fond de la plaie des plumaſſeaux & de l'en remplir juſqu'aux bords, de bien lier le tout avec une bande & une compreſſe : mais comme on ne peut pas toujours faire atteindre les plumaſſeaux à certaines cavités, rappellez-vous qu'il faut du moins les ouvrir pour voir ce qui s'y paſſe, & que ſans cela vous ne parviendrez jamais à une parfaite guériſon.

CHAPITRE XXV.

Des Bleſſures en général.

Dans toutes les bleſſures récentes faites avec des inſtrumens tranchans, il faut d'abord faire la réunion des lévres par la ſuture ou le bandage, pourvu que ce ſoit une partie où cette opération puiſſe être pratiquée; car il eſt des parties où en effet la ſuture n'eſt point praticable; par exemple, dans les bleſſures aux hanches ou autres parties qui avancent, ou à travers quelques-uns des gros muſcles; dans toutes ces parties, les points de couture ſont ſujets à ſe défaire par le grand mouvement que le cheval fait en ſe levant ou ſe couchant: dans ce cas, il ne faut point tenir les lévres de la plaie ſerrées l'une contre l'autre; un point ſuffit dans une bleſſure de deux pouces, & dans les bleſſures où la ſolution eſt extrêmement grande, & où il eſt néceſſaire de faire pluſieurs points, il faut les faire à un pouce de diſtance: ajoutez à cette précaution celle de faire entrer profondément l'aiguille, lorſque la bleſſure eſt dans le muſcle & qu'elle eſt profonde, autrement la réunion du fond de la plaie ſera toujours imparfaite.

Comment on doit arrêter le ſang.

Si quelque artere coupée produit une hémorragie conſidérable, vous devez d'abord vous aſſûrer de la veine, en paſſant une aiguille courbe par-deſſous, & en la liant avec du fil ciré; mais ſi l'on ſe trouve dans le cas de ne pouvoir point faire cette ligature, il faut appliquer un tampon de charpie ou d'étoupe à l'orifice du vaiſſeau d'où le ſang coule, trempé dans une forte décoction de vitriol bleu, d'eau ſtyptique, d'huile de vitriol ou d'huile chaude de térébenthine, de poudre de vitriol, &c. rappellez-vous ſurtout de l'appliquer fort près du vaiſſeau coupé, & prenez le ſoin de l'y contenir par un bon bandage, juſqu'à ce que l'eſcarre ſoit formée: toute autre méthode, quelle qu'elle ſoit, vous expoſeroit aux allarmes des hémorragies.

Le ſang eſt le meilleur baume, lorſqu'il eſt bien conditionné.

Nous évitons avec ſoin d'indiquer des recettes pour les bleſſures récentes, ſoit d'onguens, ſoit de baumes, parceque nous ſommes convaincus par une expérience ſouvent répétée, que dans un tempérament bien fain, la nature fournit le meilleur baume, & fe charge elle-même de la guérifon, qu'on a l'ignorance d'attribuer fi fouvent aux drogues : mais lorfque le fang eft corrompu par les mauvais fucs qui s'y mêlent, ce qu'on connoît par la qualité de la plaie, & par l'effet des remédes fimples que nous avons indiqués, il faut en entreprendre la refonte par des remédes internes, avant que de rien faire extérieurement pour la guérifon.

Comment on doit panfer les bleffures fraîches

Lorfqu'on a fait par la future ou par le bandage la réunion, il ne faut que couvrir l'un & l'autre d'un linge trempé dans l'eau-de-vie, ou d'un plumaffeau d'étoupes, couvert de l'onguent des bleffures, en fe conformant exactement à la conduite que nous avons indiquée dans le chapitre précédent, & en tenant en repos & fans mouvement, du moins autant qu'il eft poffible, la partie bleffée.

Obfervation.

Rappellez-vous fur-tout qu'il faut panfer toutes les bleffures des jointures, tendons, & des parties membraneufes avec la térébenthine, à laquelle vous pouvez ajouter le miel & la teinture de myrrhe : fur-tout n'approchez jamais de ces parties aucune drogue graffe ni huileufe, de quelque nature qu'elle foit, & quelqu'éloge qu'on en faffe, employez bien plutôt les fomentations, elles font d'une grande utilité.

Comment il faut panfer les bleffures faites par des piqûres

Quant aux bleffures qui viennent des piqûres des épines ou d'autres accidens, on doit les traiter de la même maniere, & appliquer le cataplafme de biere, ou de pain & de lait fur l'appareil, jufqu'à ce qu'on voye les fignes de coction ; pour les accélérer, on fomente bien la partie tous les jours : dans les enflures qui furviennent au col après les faignées, on fe fert avec fuccès de la méthode fuivante : on faupoudre la partie de précipité & d'alun brûlé en poudre, pour expulfer & détruire les chairs fpongieufes qui bouchent l'orifice. La méthode que l'on fuit ordinairement eft dangereufe, quoique fes effets paroiffent heureux : on met un morceau de vitriol ou de fublimé, qui à la vérité pouffe en dehors les chairs baveufes, & les confume; mais fi je demandois à ceux qui la pratiquent ce que devient la veine, ne feroient-ils pas embarraffés dans leur réponfe ? d'ailleurs, une grande enflure qui fe forme en apoftume, eft la fuite ordinaire de ce traitement.

O ij

Plaies de feu, balles & boulets, comment traités.

Lorfque dans les plaies de feu la balle n'eft point au fond, il faut la tirer ; mais pourvu qu'on foit affuré, après l'infpection de la plaie, qu'on ne peut point offenfer aucune partie par l'introduction du corps dont on fe fert pour l'accrocher. Il faut enfuite panfer la plaie avec la térébenthine battue avec un jaune d'œuf, ajoutez un peu de miel & de teinture de mirrhe : l'ouverture de ces plaies veut être agrandie, pour procurer, autant qu'il eft poffible, l'épanchement ; mais fi malgré ces précautions, vous ne voyez point la plaie difpofée à une coction louable, fervez-vous des cataplafmes précédens, & en aidez l'opération par les fomentations réfolutives

Comment on traite les échaudures & brûlures.

Lorfque dans les échaudures & brûlures la peau refte dans fon entier, & qu'elle n'eft que crifpée, contentez-vous de bien baffiner la partie, & de la tenir bien couverte avec des linges trempés dans l'efprit-de-vin camphré : j'ai éprouvé l'efficacité du fel mis bien épais fur la partie, & en effet les connoiffeurs conviennent que les applications de matiéres falines & fpiritueufes font préférables à tout autre reméde, lorfque la peau n'eft pas entamée ; mais lorfqu'elle l'eft, il faut l'oindre, & la tenir conftamment adoucie avec l'huile de lin ou d'olive, & une emplâtre de cire & d'huile.

Obfervations.

Remarquez que quoique nous paroiffions ici nous contredire, nous fommes cependant conféquens : nous confeillons les huiles dans ces fortes de folutions, parce que dans les bleffures qui viennent des brûlures, les fibres font contractées & crifpées, & que cette crifpation ne vient que de ce que les parties ignées ont abforbé leurs fluides balfamiques, & que fi l'on fe fervoit des aftringens fpiritueux on ne feroit (comme cela eft évident) qu'augmenter la crifpation, au lieu que les huiles redonnent aux fibres par leurs parties graffes cette onction fi néceffaire & fi propre à les rendre capables de recevoir leurs fucs naturels.

Mais fi la peau eft dans les brûlures fi fort entamée, qu'il en faille faire fortir des efcarres par la fuppuration, faites votre panfement avec l'onguent des bleffures & l'huile de térébenthine, & terminez la cure par quelque onguent deficatif. Si par la violence de la douleur la fiévre furvient, faites une faignée, & donnez des clyfteres rafraîchiffans. Il faut enfin traiter le cheval de la façon que nous avons indiquée pour la fimple fiévre.

Observation.

Les ignorans fuppofent que le feu refte dans la partie après cette forte d'accident ; mais c'eft une erreur groffiere, & qui n'eft faite que pour les gens fans principe : ce feu n'eft autre chofe que l'inflammation, qui eft l'effet naturel de femblables caufes.

C H A P I T R E XXVI.

Des Ulceres en général.

Nous n'entrerons point ici dans un détail bien exact de toutes les efpéces d'ulceres ; mais nous indiquerons quelque méthode qu'on peut fuivre en général pour traiter conféquemment ces maladies : peut-être nous faura-t-on quelque gré de l'attention que nous avons d'éviter la prolixité ennuyeufe des Auteurs qui ont écrit fur ce fujet ; mais nous donnerons une idée qui, quoique générale, fera cependant fi fuivie & fi inftructive fur leur nature, qu'elle fuffira pour l'application des remédes propres en particulier à chaque efpéce.

Ulceres qui ne peuvent être guéris fans les remédes internes.

Nous obferverons d'abord qu'il arrive fouvent qu'on a recours envain aux méthodes les plus réputées par des applications extérieures, à moins qu'on ne faffe ufage des remédes intérieurs pour completter la guérifon ; parce que les ulceres difficiles à guérir tirent leur opiniâtreté de l'altération particuliere du fang & des fucs ; ainfi pour préparer l'ulcere à être docile aux remédes extérieurs, il faut premierement l'attaquer par les intérieurs : ceux-ci rectifient les fucs & le fang.

Méthode générale pour guérir les Ulceres.

Le premier objet qu'on doit avoir en vue dans la guérifon des ulceres, doit être de les amener à fuppuration, ou d'en faire fortir une matiere épaiffe ; objet que l'on remplit en général avec l'onguent verd, ou avec celui de précipité : mais fi la plaie réfiftant à ce traitement ne vous offre point une matiére louable, & s'il en fort un fang corrompu & de couleur pâle, vous devez avoir recours à un panfement plus chaud, tel que le baume ou l'huile de térébenthine fondue, avec le digeftif ordinaire, & par-deffus le cataplafme de biere ; il convient auffi dans ces ulceres où la circula-

tion du fang eft languiffante , & la chaleur naturelle prefqu'étein-
te , d'échauffer la partie , & d'accélérer le mouvement du fang ,
en la fomentant bien , lorfque vous la panfez ; par ce moyen
vous épaiffiffez la matiere , & vous excitez la chaleur naturelle , &
vous revenez enfuite au premier panfement.

Ulceres calleux.

Si les lévres de l'ulcere deviennent dures & calleufes , il faut
les couper & les frotter enfuite avec un cauftique.

Ulceres avec chairs baveufes.

Il faut fupprimer avec foin & à tems les chairs fpongieufes,
autrement la cure fera longue , & fi elles ont outrepaffé la furface de
la plaie , il faut couper & frotter ce qui refte avec la pierre infernale ; & enfin pour éviter qu'elles ne croiffent de nouveau , faupoudrez
la plaie avec parties égales d'alun brûlé & de précipité rouge , ou
bien lavez-la avec de l'eau de fublimé , & faites le panfement avec
de la charpie féche jufqu'à la furface , & enfuite mettez deffus une
compreffe contenue par un bandage auffi ferré que le cheval pourra le fupporter : car fans bandage les cauftiques réuffiffent rarement.

Ulceres creux.

Dès qu'on découvre des finus ou cavités , il faut les ouvrir après
qu'on a effayé inutilement les bandages ; mais lorfque la cavité pénétre profondément dans les mufcles , & que l'ouverture eft impraticable ou dangereufe , ou qu'à la longue les tégumens des mufcles
dégoutent & fe fondent , pour ainfi dire , il faut alors faire ufage
des injections dont le fuccès eft comme certain : on peut d'abord fe
fervir d'une folution de *Lapis medica mentofus* dans l'eau de chaux,
avec une cinquieme partie de miel & de teinture de myrrhe. On fait
ces injections trois ou quatre fois par jour ; mais fi contre la vrai-
femblance elles n'avoient point tout le fuccès défiré , l'injection
fuivante qui eft d'une nature âcre & cauftique , eft très-recomman-
dable par les expériences que M. *Gibfon* a faites.

Injection deffcative.

℞ Vitriol romain , une demi-once , diffout dans une chopine
d'eau ; tranfvafez - la enfuite , & verfez lentement ; ajoutez d'efprit-de-vin camphré , du meilleur vinaigre , de chacun un demi-feptier ; onguent ægiptiac , deux onces.

On peut auffi appliquer ce mélange avec fuccès aux talons ulcérés & graiffeux ; il les nettoye & les deffléche.

Ulceres fiftuleux.

Les finus ou cavités dégénérent fouvent en fiftules , c'eft-à-dire, qu'ils deviennent racornis; afin de parvenir à leur guérifon, il faut les ouvrir, & couper toute la fubftance dure, ou fi cette opération eft impraticable, il faut les fcarifier & y introduire l'onguent fort de précipité, frottant de tems en tems avec les cauftiques & le beurre d'antimoine, ou avec parties égales d'onguent vif & d'eau forte.

Ulceres & os cariés.

Lorfqu'un os eft gâté ou carié par la durée d'un ulcere, que la chair eft branlante & molafe, la fuppuration eft huileufe & puante, & on découvre que les os font cariés par leurs inégalités, que l'on trouve fenfible en introduifant la fonde.

Guérifon.

Il faut pour parvenir à la guérifon de cette efpéce d'ulcere mettre l'os à nud pour en ôter la carie : pour en venir à bout, extirpez toutes les chairs molles, & faites le panfement avec la charpie féche, ou avec les plumaffeaux trempés dans une teinture de myrrhe ou d'euphorbe ; mais il faut avant que de les appliquer, les exprimer pour ne leur laiffer que fort peu d'humidité. Le dépouillement des écailles eft ordinairement l'ouvrage de la nature, qui fe fait en plus ou moins de tems, ou à proportion de la profondeur de le carie de l'os, quoiqu'il y ait beaucoup de gens qui croyent, & je ne fais pourquoi, qu'en brûlant l'os carié on accélére la guérifon.

Remédes propres à rectifier le fang.

Lorfque la guérifon eft douteufe, il faut donner le mercure, & le réitérer par intervalles : les poudres d'antimoine & les altérans, font ordinairement très-propres à rectifier & à adoucir le fang & les fucs.

CHAPITRE XXVII.

De l'Eparvin.

SAns entrer dans toutes les caufes de cette maladie, qui eft une excrefcence offeufe ou une enflure dure qui croît en dedans du jarret de la jambe de derriere; nous nous contenterons d'en détailler les différentes fortes par leurs fymptômes; enfuite nous pafferons à leur guérifon.

Un éparvin qui commence au bas du jarret, n'eft pas fi dange-

reux que celui qui commence plus haut entre les deux enchaîne-
mens ronds de l'os de la jambe, & celui qui est près du bord n'est
pas si mauvais que celui qui est plus en dedans du côté du milieu,
parce qu'il ne gêne point tant le jeu du genou.

Les différentes sortes d'éparvins.

Un éparvin causé par un coup de pied ou autrement, n'est pas
d'abord un vrai éparvin, mais une contusion sur l'os ou sur la membrane qui le couvre ; c'est pourquoi il n'est pas d'une conséquence aussi dangereuse que lorsqu'il vient d'une cause naturelle. Les
éparvins qui viennent aux poulains & aux jeunes chevaux ne sont pas
si mauvais que ceux qui viennent aux chevaux qui sont dans toute
leur force ; mais dans ceux qui ont atteint une certaine vieillesse,
ils sont généralement incurables.

Quelques précautions nécessaires.

La méthode ordinaire de traiter cette maladie, consiste dans
les vésicatoires & dans le feu, sans aucun égard à la situation ou à la
cause dont ils procèdent; de sorte que s'il vient une plénitude sur la
partie de devant du jarret par la force du travail, ou par quelque
autre violent exercice, qui menace de dégénérer en éparvin,
alors les remédes rafraîchissans & les détersifs sont très-propres,
tels qu'on les prescrit dans les entorses & contusions. Ceux qui
viennent aux poulains & aux jeunes chevaux, sont ordinairement
très-légers & superficiels, & n'exigent que des applications de remédes doux, & il vaut mieux les emporter par dégrés, que de les
guérir par des remédes violens.

Il y a plusieurs manieres de faire l'onguent de vésicatoire ; mais
M. *Gibson* recommande le suivant, appuyé des expériences qu'il
en a fait.

Onguent de vésicatoire.

℞ Onguent de nerf & de guimauve, de chacun deux onces ;
argent-vif, une once, dissout avec une once de térébenthine ;
cantharides en poudre, une demi-dragme, sublimé une dragme ;
huile d'origan, deux dragmes.

Il faut couper le poil aussi raz qu'il est possible, & appliquer par-
dessus l'onguent ci-dessus. Cette opération doit se faire le matin ;
il faut tenir le cheval attaché tout le jour sans littiere jusqu'au soir :
on peut alors le détacher, afin de le laisser coucher. Je recommande de mettre encore par-dessus l'onguent un emplâtre de poix as-
sujetti par une large bande bien serrée.

Après que le vésicatoire ne coule plus, & que la gale qui s'est formée

mée féche & fe péle, on peut l'appliquer une feconde fois de la même manière, parce que cette feconde application fait plus d'effet que la première, & rend la guérifon parfaite dans les poulains & les jeunes chevaux.

Obfervation.

Lorfque l'éparvin eft vieux, il faut répéter cinq ou fix fois l'application de cet onguent : mais après la feconde, il faut prendre plus de tems, autrement la cicatrice refteroit & la partie feroit fans poil : pour obvier à cet accident, il fera fuffifant de le renouveller une fois tous les quinze jours, ou de trois en trois femaines ; j'ai vu généralement cette méthode réuffir.

Mais les éparvins dont les vieux chevaux font attaqués, font ordinairement plus opiniâtres, parce qu'ils font fitués plus en dedans : ils font, par exemple, incurables lorfqu'ils font dans les finuofités de la jointure, parce que l'onguent eft trop éloigné, qu'il ne peut point y atteindre, & que d'ailleurs ils ont acquis un dégré de dureté qui eft impénétrable.

Précautions à prendre lorfqu'on applique le feu & les cauftiques.

La reffource ordinaire dans ce cas confifte à y appliquer directement le feu, ou de fe fervir du véficatoire cauftique, & quelquefois du feu, en mettant immédiatement après le véficatoire fur la partie ; mais ce traitement ne parvient tout au plus qu'à arrêter l'accroiffement de l'éparvin, & laiffe quelquefois une tache & une roideur ; ajoutez encore le grand rifque que courent les nerfs & les parties tendineufes autour des jointures, & les violentes douleurs qu'on excite, puifqu'elles peuvent caufer la perte totale du membre.

Onguent véficatoire recommandé.

C'eft pourquoi la meilleure & la plus fûre manière eft de fe fervir de l'onguent véficatoire dont nous venons de donner la compofition, & de le continuer pendant quelques mois, fi on le trouve néceffaire : faites travailler modérément le cheval par intervalle, vous verrez que la dureté fe diffoudra par dégrés & fe diffipera à la fin.

Lorfque l'éparvin eft fi profond & fi avant dans le creux de la jointure, qu'aucun onguent n'y peut atteindre, ni le feu, ni les drogues ne parviendront à le guérir : nous en avons déja donné les raifons, & nous le foutenons encore, quoique des ignorans effrontés, eftimés tels par des gens de bon fens, ayent quelquefois réuffi par l'application de l'onguent cauftique avec le fublimé qui agit avec violence & pénétre profondément : on a bien publié leurs fuccès, mais on n'a point parlé de leurs fuites fâcheufes.

Tome VI. P

Quiconque connoît bien la nature de ces drogues, sçait combien leur opération est en général dangereuse, quoiqu'on puisse dire cependant qu'un caustique artistement préparé par un homme qui a de l'expérience, peut être appliqué avec moins de risque d'offenser soit les tendons, soit les ligamens.

Après qu'on a raisonnablement pénétré dans l'enflure avec un instrument, il faut la tenir ouverte avec le précipité, ou avec l'onguent de vésicatoire. Lorsque l'éparvin n'est pas profond dans la jointure, on peut en toute sûreté y mettre le feu, en introduisant un fer mince, assez profondément dans la substance de l'enflure, & ensuite panser la plaie comme nous l'avons indiqué ci-dessus.

CHAPITRE XXVIII.

De la Courbe.

COmme l'éparvin se forme entre les os en dedans du jarret de derriere, ainsi une courbe se place aux jointures des mêmes os, & s'élevant sur la partie de derriere, forme une tumeur assez grande sur le dos de la jambe, qui est suivie d'une roideur & quelquefois d'une douleur qui fait boiter le cheval.

Guérison.

La courbe est une suite des mêmes causes dont l'éparvin est l'effet : ces causes sont un travail trop violent, des entorses, coups, ou coups de pied. Au commencement cette maladie est généralement assez facile à guérir par des vésicatoires réitérés, deux ou trois fois ou plus souvent. Si loin de céder à ce traitement, elle devient excessivement dure, le plus prompt & le plus sûr reméde est d'y mettre le feu avec un fer mince, en tirant une ligne de haut en bas & plusieurs autres en forme de plumes, & d'appliquer par-dessus un emplâtre ou onguent de vésicatoire doux : cette méthode ne trouve point ordinairement de résistance.

Description du Jardon.

Il y a encore une autre enflure qui paroît sur l'extérieur du jarret de derriere qu'on appelle jardon ; elle vient ordinairement des coups ou coups de pied de cheval : les chevaux de manége y sont exposés à force de les faire tenir sur les hanches ; rarement le cheval qui en est attaqué boite-t-il, à moins qu'on ne l'ait négligé ou qu'il n'ait

quelque partie de l'os caſſée : on doit traiter le jardon avec les ra-
fraichiſſans & les déterſifs; mais ſi l'enflure continue, le plus ſûr
expédient eſt l'application des véſicatoires ou du feu; les véſicatoires doux réuſſiſſent ordinairement mieux.

Deſcription de l'anneau de l'Os.

L'anneau de l'os eſt une enflure dure, ſituée au bas du paturon,
& qui ordinairement embraſſe la moitié du rond antérieur dudit
paturon : on lui a donné ce nom à cauſe de la reſſemblance qu'il a à
un anneau ; ce ſont ordinairement les entorſes qui le produiſent ; il
ne ſe place ſur le derriere du rond du paturon, que lorſqu'on a fait
tenir trop tôt les jeunes chevaux ſur les hanches ; car dans cette
attitude il porte autant de ſon poids, & même davantage ſur ſes
paturons, que ſur les jarrets de derriere.

Leur différence.

Lorſqu'il paroît diſtinctement autour du paturon, & qu'il ne ſe
porte point vers la partie inférieure du côté de la couronne, & n'affecte point la jointure du coffre, la guériſon en eſt facile; mais s'il
vient de quelque entorſe ou de quelque défaut naturel de la jointure, ou ſi on trouve un calus ſous le ligament rond qui couvre cette
jointure, la guériſon eſt non-ſeulement incertaine, mais encore
quelquefois impoſſible ; parce que le pus ſurvient ordinairement, &
qu'il ſe forme à la fin un ulcere ſur le ſabot.

L'anneau de l'os qui vient aux poulains & aux jeunes chevaux,
ſe guérit inſenſiblement de lui-même & ſans le ſecours de l'application d'aucun onguent ; mais comme il arrive quelquefois que
la ſubſtance reſte, il faut dans ce cas appliquer les véſicatoires, excepté dans le cas où il auroit été négligé, & où par la longueur du
tems il auroit acquis un certain dégré de dureté ; alors il faut
joindre à l'application des véſicatoires l'application du feu.

La guériſon.

Si vous voulez appliquer le feu avec ſuccès, faites l'opération avec
un inſtrument plus mince que celui dont on ſe ſert ordinairement;
faites enſorte que les lignes ne ſoient pas diſtantes les unes des
autres au-delà d'un quart de pouce ; vous le croiſez un peu obliquement à peu près comme une chaîne : appliquez par-deſſus un
véſicatoire doux, & lorſque vous verrez qu'elles ſe ſont deſſéchées,
vous y mettrez l'emplâtre des ruptures, enſuite vous enverrez pendant quelque tems le cheval au verd.

CHAPITRE XXIX.

Des fur-Os, ou Excrefcences des Os.

LEs fur-os font des excrefcences dures qui s'élevent fur l'os de la jambe, & qui font de diverfes grandeurs. Il y a des chevaux qui y font plus fujets les uns que les autres, les jeunes chevaux furtout ; mais dans ceux-ci ces excrefcences difparoiffent d'elles-mêmes : il y a fort peu de chevaux qui y foient fujets à fept ou huit ans, à moins que ce ne foit accidentellement.

Une excrefcence d'os au milieu de l'os de la jambe n'eft point dangereufe ; mais lorfque par fa groffeur elle comprime le nerf de derriere, elle fait boiter le cheval ; les autres qui ne font point fituées près des jointures font rarement boiter.

Quant à la guérifon, la plus sûre méthode eft de les laiffer, à moins qu'elles ne foient fi groffes qu'elles défigurent le cheval, ou qu'elles ne foient fituées de façon à rendre le cheval boiteux.

Guérifon.

Dès qu'on les voit paroître, il faut bien les baffiner avec le vinaigre ou avec le verjus qui, en fortifiant les fibres, arrête fouvent leur accroiffement ; car le periofte fe trouve extrêmement fortifié par cette fomentation ; il y a des chevaux d'un certain tempérament & dans lefquels la purgation & enfuite les boiffons diurétiques, font les plus sûrs moyens pour écarter l'humidité fixée près des parties ; car on ne doute point que cette humidité n'occafionne les excrefcences.

Il y a plufieurs remédes prefcrits pour cette maladie ; celui qu'on pratique ordinairement eft de frotter le fur-os avec un bâton jufqu'à ce qu'il foit découvert, & d'y porter enfuite l'huile d'origan ; d'autres mettent un emplâtre de poix avec un peu de fublimé ou d'arfenic pour le confumer. Quelques perfonnes fe fervent de l'huile de vitriol, d'autres de la teinture de cantharides. Toutes ces méthodes peuvent réuffir quelquefois ; mais outre qu'elles laiffent toujours une cicatrice épilée, elles font fouvent plus de mal que de bien, à caufe de leur violente caufticité, lorfque l'excrefcence a acquis une certaine dureté.

Véſicatoires doux préférables au feu.

Les véſicatoires doux & ſouvent réitérés, ſuivant la méthode preſcrite au chapitre de l'éparvin, doivent être d'abord mis en uſage comme le traitement le plus préférable, puiſqu'il a quelquefois des ſuccès qui paſſent nos eſpérances ; mais s'il ne réuſſit point, & ſi l'excreſcence eſt placée près du genou ou de la jointure, il faut donner le feu & les véſicatoires comme dans l'éparvin. Celles qui ſe placent ſur le derriere de la jambe ſont difficiles à guérir, par-ce qu'elles couvrent les nerfs de derriere ; le plus ſûr eſt de les per-cer en pluſieurs endroits avec un fer qui ne ſoit pas trop chaud, & de mettre enſuite le feu ; il faut ſeulement ſe donner de garde de faire les lignes trop profondes, mais il faut obſerver de les ouvrir fort près l'une de l'autre.

CHAPITRE XXX.

De la Fiſtule.

SI cette maladie qui eſt ſituée dans le ſinus qui eſt à la plus haute vertebre du col, vient de quelque coup, contuſion ou autre accident extérieur, il faut baſſiner avec du vinaigre chaud : mais ſi la peau eſt écorchée, ſervez-vous d'un mêlange fait avec deux par-ties de vinaigre & une partie d'eſprit-de-vin : s'il y a démangeaiſon à la partie avec chaleur & inflammation, il faut ſaigner le cheval & appliquer des cataplaſmes faits avec le pain, le lait & la fleur de ſureau. Par le ſecours de ce ſeul traitement & de la purgation que vous y ajouterez, l'enflure ſe diſſipera, & le mal ſera guéri radica-lement.

Le traitement qui convient lorſque la fiſtule eſt critique.

Lorſque la tumeur eſt critique & qu'elle tend à ſuppuration, il faut ſe prêter au deſſein de la nature, en l'aidant par les cataplaſ-mes lénitifs dont nous avons déja parlé, juſqu'à ce que la matiere ait acquis une coction parfaite, ou qu'elle creve d'elle même, mais s'il arrive qu'il faille faire l'ouverture avec l'inſtrument, prenez bien garde d'offenſer le ligament tendineux, qui eſt ſitué le long du col ſous la criniere. Nous avons vu ſouvent la matiere occuper les deux côtés : vous pouvez les ouvrir tous deux, & laiſſer au milieu le ligament.

Diverfes méthodes pour la guérifon.

Si la matiere coule abondamment, fi elle eft huileufe & reffemble à la colle fondue, il faut faire une incifion avec l'inftrument, fur-tout fi vous découvrez avec le doigt ou avec la fonde
quelques cavités ou finus : cette opération eft indifpenfable dans ce
cas ; il faut que l'ouverture foit faite de bas en haut un peu obliquement, & que la plaie foit panfée avec les digeftifs ordinaires de
térébenthine, de miel & de teinture de mirrhe ; & après que la
digeftion eft faite avec l'onguent de précipité, lavez-la avec l'eau
fuivante qu'il faut chauffer : rempliffez les finus de la plaie d'étoupe
que vous y aurez trempée.

Eau deſſicative.

℞ Vinaigre ou efprit-de-vin, un demi-feptier : vitriol blanc diffout dans l'eau de fource, une once ; teinture de mirrhe, quatre
onces ; on peut la faire plus forte en y ajoutant plus de vitriol ; mais
fi la chaleur eft épaiffe, il faut la couper avant que d'employer ce
defficatif. M. *Gibfon* affure avoir guéri très-fouvent la fiftule avec ce
feul remède qu'il employoit deux fois par jour ; il avoit l'attention
de mettre par-deffus quantité d'étoupes trempées dans du vinaigre
& des blancs d'œufs battus enfemble : cette précaution tient lieu
de bandage & eft facile à lever, lorfqu'on veut faire le panfement.

Vous pouvez auffi baffiner quelquefois la partie avec l'eau phaga-
dénic, & enfuite remplir la tumeur de plumaffeaux féparés par
des étoupes trempées dans l'onguent ægyptiac & l'huile de térébenthine chaude, & continuer cette méthode jufqu'à une parfaite
guérifon.

Mais on a trouvé par les fréquentes expériences qu'on a faites, que la maniere la plus courte de guérir les fiftules, eft de les
échauder.

Mélange pour échauder.

℞ Sublimé corofif, verd-de-gris, vitriol romain réduits en poudre fine, de chacun deux dragmes ; couperofe verte, une demi-once ;
miel ou ægyptiac, quatre onces ; huile de térébenthine, craffe d'huile, de chacun huit onces ; efprit rectifié, quatre onces : mêlez le
tout enfemble dans une bouteille.

Il eft des perfonnes qui pour faire leur mêlange plus doux, fe
fervent du précipité rouge au lieu du fublimé, & du vitriol blanc au
lieu du vitriol bleu : on s'eft fervi du fuivant avec beaucoup de fuccès.

℞ Verd-de-gris, une demi-once, craffe d'huile, un demi-feptier ; huile de térébenthine, quatre onces ; huile de vitriol, deux
onces.

Maniere d'échauder la plaie.

Pour bien échauder la plaie, il faut d'abord bien la laver avec une éponge trempée dans du vinaigre, enfuite mettre une certaine quantité de ce mélange dans une cuillere de fer qui ait un goulot, & lorfqu'il eſt bouillant, le verſer dans l'abſcès, coudre les levres de la plaie, & les laiſſer pluſieurs jours. Si la matiere paroît & eſt d'une conſiſtance louable, mais qui ne ſorte pas en grande quantité, ne faites plus rien que baſſiner avec l'eſprit-de-vin; ſi au contraire la matiere ſort en abondance, & n'a point de conſiſtance, il faut échauder de nouveau, & réitérer juſqu'à ce que la quantité de la matiere diminue & qu'elle devienne épaiſſe.

Obſervation.

Le panſement avec les liqueurs corroſives, convient beaucoup aux chevaux dont les fibres ſont roides & infléxibles, & dont les ſucs ſont huileux & viſqueux : dans ce cas les liqueurs corroſives rétreciſſent les vaiſſeaux des tendons du derriere & du devant du col, qui rendent continuellement une matiere dont la digeſtion eſt difficile, ou du moins elles en diminuent l'abondance.

CHAPITRE XXXI.

De la Fiſtule & Contuſions au garrot, & Excroiſſances ſur le dos.

LEs contuſions ſur le garrot ſe forment frequemment en apoſtume, & faute de ſoin dégénerent en fiſtule; elles ſont ſouvent occaſionnées par la ſelle qui bleſſe le cheval : on doit les traiter avec les repercuſſifs; c'eſt pourquoi baſſinez bien la tumeur trois ou quatre fois par jour avec du vinaigre chaud; & ſi cela ne réuſſit point ſeul, on peut mettre une once d'huile de vitriol dans une pinte de vinaigre, ou une demi-once de vitriol blanc diſſout dans un peu d'eau : ces remédes ſont en général des repercuſſifs très efficaces dans ces ſortes de maladies, & les empêchent de dégénérer en apoſtumes; lorſque l'enflure paroît enflammée & couverte de petits boutons douloureux, chauds & pleins d'eau, on doit préférer le mélange ſuivant pour la baſſiner.

Eau répercuſſive.

℞ Sel crud ammoniac, deux onces bouilli dans une pinte d'eau de chaux; ou quand elle manque, une poignée de cendres bouillies dans de l'eau commune: paſſez la décoction lorſqu'elle ſera repoſée, & mêlez-y un demi-ſeptier d'eſprit-de-vin: frottez enſuite la partie avec l'huile de lin, onguent de ſureau, pour ramollir & rendre la peau unie.

Traitement pour les enflures qui ſont critiques.

Mais lorſque les enflures ſont critiques, & qu'elles ſont ſymptomes dans la fiévre, il faut bien ſe donner de garde de l'uſage des répercuſſifs ; il faut au contraire les amener à maturité par le ſecours des cataplaſmes ſuppuratifs. Les Maréchaux habiles conſeillent de ne jamais inciſer ces tumeurs, & de les laiſſer s'ouvrir d'elles mêmes ; car ſi l'on y porte le fer avant qu'elles ayent acquis leur maturité, toute la plaie ſera ſpongieuſe, & rendra une matiere corrompue, qui fera bientôt dégénerer la maladie en ulcere.

Mais auſſi il faut bien avoir l'attention d'agrandir les ouvertures & de couper les levres, afin que vous puiſſiez plus aiſément appliquer l'appareil, & prendre garde ſurtout à ne point offenſer le ligament qui va le long du col au garrot : s'il ſe forme des amas au côté oppoſé, ouvrez-les de la même maniere ; mais faites enſorte que les ouvertures ſoient de haut en bas, afin que par l'inclinaiſon la matiere ait un cours plus libre. Quant à la maniere de faire le panſement, il faut s'en tenir à celle que nous avons indiquée au chapitre précédent ; mais ſi les os ſont offenſés, il n'y a point d'autre panſement que la teinture de myrrhe, juſqu'à ce qu'ils ſoient exfoliés ; ſi les chairs ſont baveuſes & incommodent, s'il en découle une matiere huileuſe, jaunâtre & viſqueuſe, les plumaſſeaux trempés dans l'eau ſuivante ſont excellens, mais il faut avoir l'attention de baſſiner auparavant l'enflure avec l'eſprit-de-vin & le vinaigre.

Eau deſſicative.

℞ Vitriol bleu, une demi-once diſſout dans une chopine d'eau ; huile de térébenthine, eſprit-de-vin rectifié de chacun quatre onces ; vinaigre de vin blanc, ſix onces ; huile de vitriol & d'ægiptiac, de chacun deux onces.

Lorſque les cavités ſont pleines de fiſtules, il faut en couper les calloſités avec l'inſtrument, & brûler le reſte avec des corroſifs, tels que le précipité, l'alun brûlé & le vitriol blanc, comme nous l'avons dit au chapitre des ulceres.

Il y a encore des tumeurs dures qui s'élevent ſur le dos du cheval, & qui ſont cauſées par la chaleur de la ſelle, ou par la mauvaiſe maniere de la mettre, ou par la mauvaiſe ſituation du cavalier qui ne ſçait pas bien s'aſſeoir, ce qui fatigue conſidérablement le cheval

pendant

pendant qu'il marche : il ne faut dans ces occasions que faire souvent l'application d'un torchon gras & bien chaud.

Si la simplicité de ce reméde fait douter de son efficacité, on peut employer l'esprit-de-vin camphré, en y ajoutant un peu d'esprit de sel ammoniac. Les répercussifs dont nous avons ci-devant parlé, sont d'un usage heureux : s'il faut que le cheval travaille, prenez garde que la selle ne soit point défectueuse dans l'endroit qui porte sur la partie. Ayez le soin de la tenir bien propre.

Il arrive souvent que les tumeurs négligées se racornissent : si avec le secours des frictions mercurielles vous ne pouvez parvenir à les ramollir & à les dissoudre, il faut les couper & les panser comme on panse les blessures fraîches.

CHAPITRE XXXII.

De la Molette.

LA molette est une enflure venteuse, qui se prête à la compression du doigt & revient lorsqu'on le retire ; la tumeur est visible & se forme souvent au deux côtés du nerf de derriere, au-dessus du fanon sur les jambes de devant, quoiqu'on en trouve quelquefois dans toutes les parties du corps : il est des endroits où cette tumeur se forme & où l'on peut séparer tellement les membranes, qu'on peut faire sortir de l'intervalle des sérosités & de l'air.

Cause.

Lorsque la molette se forme près des jointures & des tendons, on peut conclure qu'il y a eu entorse ou contusion sur les nerfs ou sur la peau qui les couvre ; lesquels nerfs ont par la violente extension qu'ils ont soufferte quelque fibre rompue, d'où probablement viennent ce fluide & cet air qu'on y trouve lorsqu'on sépare les deux membranes : remarquez cependant dans ces enflures qui paroissent aux interstices des gros muscles qui sont enflés comme des vessies, qu'on peut dire que l'air est le seul fluide qu'elles renferment ; aussi peut-on y faire avec sûreté l'incision & les traiter comme une blessure ordinaire.

Traitement.

Dès l'instant que la molette commence à paroître, on devroit l'entreprendre par les astringens & les bandages : c'est pourquoi il convient de baffiner deux fois le jour avec du vinaigre ou du verjus feul, ou fomenter la partie avec une décoction faite d'écorce de chêne, de grenade & d'alun bouillis dans le verjus, on la couvre enfuite avec une compreffe de laine trempée dans la même décoction, & affujettie avec un fort bandage. Quelques Maréchaux fe fervent de la lie de vin rouge; d'autres font ufage de rognure de cuir bouillies dans cette même lie, ou dans la lie de vinaigre, avec des forts bandages.

Véficatoires recommandés.

Mais fi cette méthode ne réuffit point, il eft des auteurs qui confeillent de percer l'enflure avec une aleine, ou de l'ouvrir avec un couteau. Pour nous nous penfons différemment: appuyés de plufieus expériences qui ont réuffi, nous confeillons les véficatoires doux. La raifon c'eft que les véficatoires attirent les fluides renfermés & diffipent l'air, conféquemment font diminuer infenfiblement la tumeur. Nous difons donc qu'il faut mettre de deux jours l'un fur la molette un peu d'onguent véficatoire pendant huit jours, & l'on verra qu'après l'ufage de ce reméde la matiere fortira abondamment, & que la plaie fera deffechée en peu de jours: voilà la feule méthode qui nous ait réuffi pour éviter les cicatrices, que le feu laiffe toujours accompagnées d'une roideur qui refte dans la jointure.

Ainfi le véficatoire doux, c'eft-à-dire fans fublimé, eft fans contredit le reméde qui dans cette occafion doit être préféré.

Defcription de l'Eparvin feigneux.

Nous parlerons ici de l'éparvin feigneux, parce qu'il a beaucoup de rapport avec la molette; il confifte en une enflure & une dilatation de la veine qui vient de l'intérieur du jarret: il forme une petite enflure tendre dans le creux, qui fouvent eft fuivie d'une grande foibleffe & quelquefois fait boiter le cheval; c'eft, à proprement parler, ce que nous appellons en chirurgie un anevrifme.

Guérifon.

On commence d'abord par les aftringens & le bandage indiqués ci-devant; parce qu'ils contribuent beaucoup à fortifier & à rendre aux jointures leurs refforts, ils completent même quelquefois la guérifon; mais fi la veine ne reprend point fon diamétre naturel, il faut ouvrir la peau & lier la veine avec une aiguille courbe enfilée de fil ciré, & paffé deffus & deffous l'enflure: on fait enfuite le panfement avec la térébenthine, le miel & l'efprit-de-vin mêlés enfemble.

Description de l'Eparvin fondrieux.

L'éparvin fondrieux eft une tumeur qui fe forme au-dedans du jarret ; mais, felon le Docteur *Braken*, c'eft un amas de matiere qui reffemble à une gelée noirâtre, qui eft contenue dans un fac, & qu'il croit être l'humeur lubrifiante de la jointure, mais qui eft alté-rée, attendu, dit-il, que la membrane qui renferme l'humeur qui fert à humecter la jointure, forme ce fac qu'il a découvert dans un jeune poulain ; il dit que lorfque l'on preffoit l'éparvin fur le dedans du jarret de derriere, une petite tumeur s'élevoit en dehors, ce qui le perfuada que le fluide étoit dans la jointure : en effet, il fit l'incifion, & il en fortit une grande quantité de matiere noirâtre & coagulée. Il panfa la plaie avec des plumaffeaux trempés dans de l'huile de térébenthine, & y mit une fois en trois ou quatre jours de la poudre compofée de vitriol calciné & d'alun : avec ce traitement, il vint à bout de deffécher le fac, & le poulain fut guéri fans qu'il reftât la moindre trace de cicatrice.

Même traitement recommandé dans les Molettes obftinées.

On vient de voir qu'il eft prefqu'impoffible de guérir cette ma-die par tout autre traitement que le précédent, fi l'on en excepte le feu : mais dans ce cas, il faut le porter jufqu'au fac, fi l'on veut le rendre bien efficace ; ainfi dans tous les cas où cette maladie & les molettes réfiftent opiniâtrément à toutes les méthodes que nous avons indiquées, il n'y a que le feu auquel on puiffe avoir recours ; mais fi par la douleur que caufent l'opération & le panfement, la jointure enfloit & s'enflammoit, il faudroit alors y faire des fomen-tations deux fois par jour, & mettre un cataplafme par-deffus le panfement, jufqu'à ce que la douleur & l'inflammation fuffent dif-fipées.

CHAPITRE XXXIII.

Des Malandes & Soulandes.

LEs malandes font des crevaffes au pli du jarret de devant, d'où découle une matiere âcre qui n'eft point parvenue à maturité, elles font boiter le cheval, & occafionnent une roideur qui le fait broncher.

Les foulandes ne different des malandes, qu'en ce que celles-ci font placées au pli du jarret de derriere, & caufent comme les autres le boitement.

On guérit la foulande & la malande de la même maniere : on les lave avec l'écume de favon chaude, ou avec de l'urine : on met enfuite l'onguent double de mercure fur du chanvre, & on l'applique foir & matin, jufqu'à ce que les efcarres tombent ; mais fi l'onguent ne réuffit pas, frottez la plaie avec ce qui fuit.

℞ Graiffe de porc, deux onces ; mercure fublimé, deux dragmes. Ou le fuivant qui eft de Monfieur *Gibfon*.

℞ Ethiops minéral, une demi-once ; vitriol blanc, une dragme ; favon bleu, fix onces : frottez fouvent avec cet onguent ; mais avant de frotter ayez l'attention d'ôter les poils & de nettoyer les efcarres.

CHAPITRE XXXIV.

Du Lampas, des Poireaux & fur-Dents.

LE lampas eft une excrefcence qui vient au palais de la bouche, & qui devient quelquefois fi grande, qu'elle paffe les dents & empêche le cheval de manger : on les guérit en cautérifant légerement la chair avec un fer chaud, prenant garde toutesfois de ne pas pénétrer trop avant & de ne pas brûler l'os même, qui eft fous la barre de deffus ; on peut frotter la partie avec l'alun brûlé & le miel : ce reméde eft excellent pour prefque tous les maux de la bouche.

Les poireaux font des petites excrefcenfes fous la langue : pour les guérir, il n'y a point d'autre reméde que de les couper, & laver enfuite la partie avec de l'eau-de-vie, ou l'eau marinée.

On dit que le cheval a des fur-dents, lorfque les dents croiffent d'une telle maniere, qu'en mangeant leurs pointes piquent ou bleffent, foit la langue foit les gencives. Les chevaux d'un âge avancé y font fort fujets : ils ont la dent fupérieure de devant, qui paffe de beaucoup la dent de deffous. Pour remédier à cet inconvénient, vous pouvez ou couper la partie fuperflue de la dent avec un cifeau & un marteau, ou la limer [ce qui eft beaucoup plus praticable] jufqu'à ce que vous en ayez fuffifamment ôté.

CHAPITRE XXXV.

De la Graisse.

POur traiter d'une maniere fatisfaifante de cette maladie, fans avoir recours pour l'expliquer aux prétendues humeurs qui font ordinairement le fubterfuge de certains Maréchaux, nous la confidérerons comme produite par deux caufes différentes, ou par un défaut ou par un relâchement des vaiffeaux, ou par une mauvaife difpofition du fang & des fucs ; mais à moins qu'on n'ait quelque idée de la circulation du fang, ou qu'on ne veuille l'acquérir, on ne tirera aucun avantage du détail dans lequel nous allons entrer, & l'on doit fe déterminer à être la dupe du jargon ordinaire dont les humeurs font la baze. Nous avons déja fait voir dans un chapitre quel étoit notre fentiment fur ce terme d'humeurs, & nous avons fuffifamment démontré le rôle ridicule que les ignorans leur font jouer. Nous obferverons feulement ici que le fang & les fucs, ou les humeurs [car il y en a toujours dans le fang le mieux conditionné], font portés aux extrémités par les arteres, & rapportés au cœur par les veines dans lefquelles le fang s'éleve en colonnes perpendiculaires, pour renvoyer des extrémités les fluides : de là on peut aifément trouver la caufe des enflures des jambes, qui ne peut venir que d'une lenteur du fang & des fucs dans les plus petits vaiffeaux dans lefquels la circulation eft lente, furtout lorfqu'ils ne font point émus convenablement, & qu'ils ne font point affez comprimés pour pouffer en avant le fang dans fon retour. Enfin il eft évident que le fang dans ces cas ne peut pas monter auffi promptement qu'il defcend, attendu que les arteres en portent une plus grande quantité que les veines n'en peuvent rapporter.

La graiffe étant donc ainfi confiderée, doit être traitée comme un mal local, toutes les fois qu'il n'y a que telle ou telle partie qui foit affeêtée, attendu que le fang ni les fucs ne font point encore altérés, ou comme une maladie où les fucs & le fang font viciés ; mais comme c'eft ordinairement la fuite de quelque autre maladie, par exemple, du farcin, de la jauniffe, de l'hydropifie, &c. ces maladies doivent être guéries avant que la graiffe ne foit abforbée. Dans le premier cas, un exercice moderé, beaucoup de propreté, beaucoup de foin de la part du palefrenier à panfer exactement le cheval & des applications de remédes extérieurs, en viennent facilement à bout.

Dans le dernier cas au contraire, il faut appeller au fecours les remédes internes, avec les évacuations qui conviennent.

Comment on doit traiter les talons enflés.

Dès qu'on s'apperçoit que les talons du cheval s'enflent à l'écurie, ayez foin de les laver promptement avec l'urine, ou le vinaigre & l'eau, & avec l'écume de favon : ou bien baffinez-les deux fois par jour avec du vieux verjus, ou avec le mélange fuivant, qui raffermira les vaiffeaux relâchés ; & fi vous trempez dans le mélange précédent des linges que vous appliquerez & contiendrez avec un fort bandage pendant quelques jours, il y a tout lieu d'efpérer que l'enflure fe diffipera en très-peu de tems : car le bandage foutient les vaiffeaux, & les rend peu à peu capables de leurs fonctions naturelles.

Eau répercuffive.

R; Efprit-de-vin rectifié, quatre onces ; faites-y diffoudre du camphre, une demi-once ; vinaigre ou vieux verjus, fix onces; vitriol blanc diffout dans un poiffon d'eau, une once. Si vous vous appercevez de quelques fentes ou crevaffes, coupez le poil pour empêcher que l'humeur vicieufe ne féjourne & qu'elle ne devienne puante, & pour lui ouvrir un paffage & déterger la partie des graviers qui ne pourroient qu'aggraver le mal.

Cataplafmes fouvent néceffaires.

Lorfque ces cas fe préfentent, ou que les talons font couverts de gales dures, il faut débuter par les cataplafmes faits avec des raves bouillies & du lard, & une poignée de graine de lin en poudre, foit avec de la farine d'avoine, foit avec celle de feigle ; l'application de l'onguent digeftif pendant deux ou trois jours avec l'un ou l'autre de ces cataplafmes avance la fupuration, décharge les vaiffeaux, & diminue l'enflure. Vous pouvez enfuite deffécher la plaie avec les eaux ou avec les onguens fuivans.

Eau defficative.

R; Vitriol blanc, alun brûlé, de chacun deux onces, onguent égyptiac, une once; eau de chaux, trois chopines.

Lavez trois fois par jour la plaie avec une éponge trempée dans cette eau, & appliquez l'onguent blanc commun étendu fur des étoupes, à un once duquel vous ajouterez deux dragmes de fucre de plomb: on peut fe fervir pour les mêmes cas de l'eau ou de l'onguent indiqués ci-après.

Autre.

℞ Vitriol romain, une once, diſſout dans une chopine d'eau ; alors tirez-le au clair dans une bouteille, & ajoutez eſprit-de-vin camphré, un demi-ſeptier, autant de vinaigre, & deux onces d'onguent égyptiac. Ou

℞ Miel, quatre onces ; mine de plomb & verd-de-gris en poudre ; du premier deux onces, & du dernier une once.

Il y a des Maréchaux qui appliquent l'alun crud ; d'autres ſe ſervent d'une forte ſolution d'alun dans le verjus avec le miel : il y a beaucoup d'autres eaux & onguens dont on ſe ſert ; mais ſouvenez-vous toujours que dès que l'enflure & l'humidité ont diminué, il convient de tenir les jambes & les paturons enveloppés d'un fort bandage, ou avec une bande de toile large de deux ou trois doigts, pour contenir les vaiſſeaux qui ſont relâchés, juſqu'à ce qu'ils ayent repris leur force naturelle.

Traitement lorſque le mal eſt interne.

Cette méthode réuſſit parfaitement, lorſque la maladie eſt ſeulement locale, & qu'elle ne met point dans la néceſſité de ſe ſervir de remedes internes ; mais lorſque le cheval eſt parvenu à un certain âge & qu'il eſt gros, que les jambes ſont beaucoup enflées qu'elles ſont chargées d'ulceres profonds, d'où découle une matiere puante, vous devez vous attendre à une cure très-difficile, parce qu'alors la maladie vient d'une hydropiſie, ou d'une altération générale du ſang & des ſucs.

Mais ſi le cheval eſt d'un bon âge & a de l'embonpoint, il faut commencer la cure par la ſaignée, les ſetons & les purgations réitérées, donner enſuite les remédes diurétiques. Comme

Boiſſon diurétique.

℞ Réſine jaune, quatre onces ; ſel de prunelle, une once ; pilez-les enſemble avec un pilon huilé, ajoutez une dragme d'huile d'ambre, & le donnez dans une pinte d'eau de forge tous les matins, en faiſant jeûner le cheval deux heures avant & après, promenez-le modérément.

Comme il y a beaucoup de chevaux qui ne peuvent point boire cette boiſſon, je conſeille d'y ſubſtituer les bols de nitre juſqu'à la quantité de deux onces par jour, mêlés avec le miel ou avec ſa nourriture : vous pouvez auſſi vous ſervir du bol ſuivant.

Bols diurétiques.

℞ Réſine jaune, quatre onces ; ſel de tartre, ſel de prunelle, de chacun deux onces ; ſavon dur, une demi-livre ; huile de genievre, une demi-once : faites-en des bols de deux onces, & en donnez un tous les matins.

Dans ce cas, il faut bassiner ou fomenter les jambes, afin d'en chasser les sucs qui croupissent, ou du moins les purifier afin qu'ils circulent librement dans leurs couloirs : pour cet effet, faites des fomentations résolutives dans lesquelles vous aurez fait bouillir deux ou trois poignées de cendres, & appliquez les cataplasmes prescrits ci-devant, ou le suivant, jusqu'à ce que l'enflure soit diminuée : pansez ensuite l'ulcere avec l'onguent verd, jusqu'à ce qu'il soit venu à suppuration, & dessechez-le avec l'eau & l'onguent que nous avons indiqués plus haut.

℞ Miel, une livre, térébenthine, six onces : incorporez-les ensemble avec une cuillere, & ajoutez-y farine de fenugrec & de graine de lin, de chacun quatre onces, bouillis dans trois pintes de lie de vin rouge, auquel vous ajouterez deux onces de camphre en poudre; étendez ce mélange sur du drap épais & appliquez-le bien chaud sur les jambes, contenez-le avec un fort bandage.

Si les ulceres sont fort remplis de sanie, pansez-les avec deux parties de l'onguent des blessures & une d'égyptiac, & appliquez ensuite le suivant étendu sur de l'étoffe, & envelopez-en les jambes.

℞ Savon noir, une livre ; miel, une demi-livre ; alun brûlé, un quarteron ; verd-de-gris en poudre, deux onces, & une suffisante quantité de farine de froment. Si les bols diurétiques ne font point effet, substituez-leur les antimoines & le mercure dont nous avons parlé ci-devant; mais il faut en s'en servant, avoir l'attention de mettre le cheval au pré, où l'on lui dressera un auvent pour s'y retirer quand il voudra. Cette méthode avance beaucoup la guérison; mais comme tout le monde ne peut point avoir cette commodité, on peut au lieu du pré le tenir hors de l'écurie pendant le jour.

La derniere chose que nous recommandons, c'est d'obliger le cheval de se coucher dans l'écurie, & ceci est d'une très-grande conséquence, attendu que la parfaite guérison en dépend; car en faisant changer seulement la position de la jambe, on facilite la circulation ; & la circulation libre fait diminuer l'enflure, au lieu que l'enflure augmente par le poids dont la partie affligée se trouve surchargée, lorsque le cheval est debout ; situation qu'il garde obstinément par rapport à la douleur qu'il ressent en pliant les jambes pour se coucher.

La méthode qu'indique le Docteur *Braken*, est de lier & de bien ferrer un des pieds de devant, d'attacher une petite corde aux environs
rons

rons de l'autre fanon, & de la conduire par deſſus les épaules du
cheval. Lorſque cette préparation eſt faite, il faut frapper derriere
ce genou, ou avec le pied, ou avec un fouet, & pouſſer en même
tems avec force ſon nez contre la mangeoire : il tombe ſur ſes ge-
noux : tenez-le dans cette ſituation juſqu'à ce qu'il ſoit fatigué : pouſ-
ſez-le enſuite ſur le côté : en le forçant ainſi pluſieurs fois, & en
vous ſervant toujours des mêmes moyens, il apprendra peu à peu à
ſe coucher.

Il y a beaucoup d'autres méthodes que l'on emploie, comme de
lier la queue du cheval avec une corde, & de toucher enſuite
ſa peau avec l'huile de vitriol ; mais l'expérience nous a fait donner la préférence à celle dont nous venons de faire le détail.

CHAPITRE XXXVI.

Des Arrêtes ou Grappes, des Peignes & Queues de Rats.

LEs arrêtes ou grappes ont tant d'affinité à la graiſſe, & ces deux
maladies ſe préſentent ſi ſouvent enſemble, que l'on peut
trouver la méthode de les traiter dans le chapitre précédent : on doit
d'abord faire uſage d'un cataplaſme de raves & de graine de lin
avec un peu de térébenthine ; ce remède ſert à adoucir & à relâcher
les vaiſſeaux. On peut enſuite appliquer l'onguent verd pendant
quelques jours pour accélérer la ſuppuration, & lui faire ſuccéder
les onguens & les eaux deſſicatives que nous avons déja recommandées pour deſſécher.

Il faut après ce traitement, pour bien s'aſſurer de la guériſon, avoir
l'attention de tenir les talons ſouples & lians avec le mélange dont
les Corroyeurs ſe ſervent, & qui eſt compoſé de ſuif & d'huile ;
par-là on empêche le cuir de ſe crevaſſer : il eſt même très-avantageux de s'en ſervir avant que de mettre le cheval au travail, parce
qu'on évite les écorchures, ſurtout ſi au retour du travail on a le
ſoin de laver ſes talons avec de l'eau chaude.

Lorſque les arrêtes ſont opiniâtres & que les ulceres ſont profonds, faites uſage de l'onguent ſuivant : mais ſi vous voyez des
ſinus ſe former, il faut premierement les découvrir juſqu'à ce que
vous puiſſiez panſer la plaie dans toutes ſes ſinuoſités.

Onguent pour les Arrêtes opiniâtres.

℞ Térébenthine de Venise, quatre onces; argent-vif, une once : incorporez-les bien ensemble, & frottez-en la partie pendant quelque tems; ensuite ajoutez miel & graisse de mouton, de chacun deux onces : frottez-en une ou deux fois le jour; & si le cheval est dans un certain embonpoint, il faut le saigner & le purger : si le sang est mauvais, donnez-lui les altérans pour réparer les sucs.

Traitement des peignes.

Les peignes sont une humeur fort âcre & très-piquante, qui perce autour de la couronne; elle est ordinairement suivie du scorbut : les remédes que l'on emploie ordinairement sont les eaux mordicantes préparées avec le vitriol; mais il est plus prudent d'y mêler l'onguent de guimauve & le basilicon jaune, parties égales, de l'étendre sur des étoupes, & de le mettre tout autour de la couronne : on donne ensuite une ou deux médecines & des breuvages diurétiques, & en cas d'opiniâtreté les altérans.

Description des queues de rat & leur guérison.

Les queues de rat sont des excrescences qui poussent du paturon jusqu'au milieu de la jambe : on les appelle ainsi à cause de la grande ressemblance qu'elles ont à la queue d'un rat. Il y en a d'humides, il y en a de séches : il faut traiter les premieres avec les onguens & les eaux dessicatives : quant aux dernieres au contraire, on les traite avec l'onguent mercuriel. Si la dureté résiste à cet onguent, il faut les couper & les panser avec la térébenthine, le goudron & le miel : on peut y ajouer, suivant la circonstance, le verd-de-gris ou le vitriol blanc; mais avant que d'en venir à l'opération, il est à propos d'appliquer l'onguent suivant.

℞ Savon noir, quatre onces; chaux vive, deux onces, avec assez de vinaigre pour en faire un onguent.

CHAPITRE XXXVII.

Des Talons étroits & du Sabot resserré.

LES talons étroits sont un défaut naturel; mais il faut prendre garde d'en faire une maladie incurable en ferrant mal : car il y a des Maréchaux qui font les quartiers si profonds & si min-

ces, qu'on peut les placer en dedans avec les doigts. Ils croient
les aggrandir par cette méthode, & en se servant d'un fer fort large; mais c'est une illusion : ils les rendent au contraire étroits par-
dessus, & les tournent; ce qui séche ou pourrit la fourchette.

Comment on doit les ménager.

La plus sûre méthode en pareil cas est de ne pas creuser le pied en
le ferrant, & de n'en ôter que ce qui est sale ou pourri. Si le pied
reste dur & sec, ou s'il tend à pourriture, lavez-le souvent avec de
l'urine, ou faites bouillir deux onces de graine de lin concassée
dans deux pintes d'urine, jusqu'à ce que la décoction ait acquis la
consistance de cataplasme; ajoutez-y ensuite six onces de savon
gris mol, & en frottez le pied & la plante tous les jours. Ou

℞ Cire jaune, deux onces; beurre ou graisse de lard, six onces; goudron, une once; huile de lin, autant qu'il en faudra pour le
réduire en onguent.

Maniere de traiter les Cornes séches.

Si la corne est trop dure, frottez-la avec l'onguent précédent,
ou avec du lard seulement. Il y a des Maréchaux qui se servent du
goudron, du suif & du miel; les applications des matieres les plus
grasses & les plus onctueuses, sont celles qui produisent les plus heureux effets : si les pieds sont trop secs, il faut y mettre du son & du
lard chauffés, ou mêlés ensemble avec la main : ce remede est aussi
fort bon appliqué tous les soirs, sur-tout lorsque le cheval est en
voyage, que le tems est chaud, & que les chemins sont secs, durs &
raboteux : la fiente de vache n'est point à rejetter dans les maladies
des pieds; mais il faut avoir la précaution de la mêler avec le vinaigre : car quoique, de l'aveu de tous les Praticiens, elle soit rafraîchissante, elle ne laisse pas d'être considérablement astringente;
ce qui dans ce cas seroit fort préjudiciable : c'est pourquoi pour en
éluder les effets, il faut d'abord mettre une couche de beurre frais
à la plante du pied, & par-dessus, la fiente en question.

Comment on traite les Cornes humides.

Il y a une maladie qui attaque aussi les sabots : c'est une trop
grande humidité qui les rend si tendres; cela ne peut venir que
de la constitution naturelle du cheval, ou parce que le cheval va
trop souvent aux endroits humides & marécageux, ou parce qu'on
le tient dans une littiere humide, ou enfin parce qu'il a quelque infirmité qui porte trop d'humidité aux pieds; & dans ce cas il faut
tous les jours laver les pieds avec du vinaigre chaud, du verjus, de
l'eau de couperose, ou autres astringens auxquels on pourra ajou-

ter les galles, l'alun. Il faut principalement avoir soin de tenir le cheval bien sec.

Ce que c'est que l'encastelure.

On dit qu'un cheval est encastelé, ou qu'il a l'encastelure, lorsque la corne est si serrée à l'entour du col du pied, qu'il le tourne en quelque façon comme une cloche : cela vient quelquefois de la mauvaise façon de le ferrer, dont nous avons ci-dessus fait connoître le danger, parce qu'en élargissant le talon, & coupant quelquefois trop bas les talons, on donne au pied cette forme qui rend le cheval boiteux.

Comment y remédier.

Pour y remédier, M. *Gibson* recommande la méthode suivante : il prétend qu'il faut tirer en bas le pied avec un instrument, depuis la couronne presque jusqu'au talon : il faut faire sept ou huit lignes à travers le sabot, en pénétrant presque jusqu'au vif. Remplissez ces lignes de poix ou de résine, jusqu'à ce qu'elles s'effacent, ce qui n'arrive qu'au bout de quelques mois : c'est pourquoi on met ordinairement ces chevaux à l'herbe.

Avant que de finir ce chapitre, nous voulons indiquer deux onguens, qui ont une grande efficacité pour les pieds & pour les sabots.

Onguent pour les Pieds & les Cornes.

℞ Huile d'olive, raisine, de chacun deux onces ; graisse de porc, miel commun, une livre de chacun : mêlez le tout ensemble. Ou

℞ Basilicon, une livre ; cire jaune, graisse de pieds de moutons, de chacun une demi-livre ; raisine, quatre onces : mêlez le tout ensemble.

CHAPITRE XXXVIII.

Des Crevasses sur le sabot, appellées Sêmes.

CE qu'on appelle sêmes est une petite fente qui se forme sur l'extérieur du sabot ; si elle va en droite ligne de haut en bas, & si elle pénètre la partie osseuse du sabot, elle est souvent d'une très-difficile guérison ; mais elle est encore bien plus danger use & bien moins guérissable, lorsqu'elle passe par le ligament qui joint ensemble le sabot avec la couronne.

Le traitement.

Lorsque la crevasse ou fente pénétre seulement le sabot sans toucher le ligament, à moins que le sabot ne soit creux, on la guérit aisément en rendant les bords unis avec une rape, & en y appliquant du basilicon avec des étoupes de chanvre, qu'on assujettit avec une lisiere douce; mais si l'on découvre quelque cavité sous le sabot, & si l'on voit que la crevasse tend vers le ligament, il n'y a pas de plus sûr & de plus court expédient que d'y mettre le feu avec des fers raisonnablement chauds, après avoir cependant rapé fort mince les deux côtés de la fente, & l'avoir élargie : observez sur-tout de ne point faire porter de fardeau au cheval pendant le traitement : on doit au contraire le mettre à l'herbe ou lui faire passer l'hiver dans une bonne campagne.

Il y a encore une maladie, c'est un ulcere qui est entre le poil & le sabot au quartier du dedans du pied : cet accident n'a quelquefois pour cause que la maniere dont le cheval marche, ou des contusions, ou des graviers qui se logent autour de la couronne : si l'ulcere ne cave point profondément, on peut le guérir en lavant & en nettoyant la couronne avec l'esprit-de-vin, & en pansant la plaie avec l'onguent de précipité.

Comment le guérir dans des cas particuliers.

Mais si la matiere cherche à se loger sous le sabot, il n'est point possible alors de parvenir à l'ulcere; il ne reste plus d'autre ressource que d'emporter une partie du sabot; & si l'opération est faite avec dextérité, on peut s'attendre avec confiance à une guérison sûre.

Lorsqu'il arrive que la matiere s'est logée près du quartier, on est quelquefois obligé d'ôter le quartier du sabot, & la cure n'est alors tout au plus que palliative; car lorsque le quartier croît, il laisse une couture assez large, qui affoiblit le pied, & c'est ce qu'en termes de l'art, on appelle faux quartier, & rarement un cheval qui a ce défaut est d'un bon service.

Comment on traite lorsque l'os du coffre est affecté.

Si la matiere a par son séjour carié l'os de la boîte qui est naturellement tendre & spongieux, & parvient facilement à ce dégré de corruption, il faut aggrandir l'ouverture, couper la chair baveuse, appliquer le cautere, ou le fer chaud, & panser l'os avec des plumasseaux de charpie trempés dans la teinture de myrrhe, & la plaie avec l'onguent verd ou le précipité : lorsque la plaie n'est point élargie avec l'instrument, ce qui est assurément le traitement le plus sage & le moins douloureux, on applique ordinairement des mor-

ceaux de fublimé qui entraînent avec eux des lambeaux de chair:
on fe fert auffi en pareils cas de vitriol bleu en poudre, avec quelques gouttes d'huile, qu'on dit agir auffi efficacement, mais avec
moins de peine & de danger: pendant l'application de ces drogues,
il convient de tenir le pied enveloppé de quelque cataplafme doux,
& d'empêcher pendant tout le panfement l'accroiffement des
chairs baveufes, qui non-feulement retardent la guérifon, mais
encore empêchent la confolidation des parties.

CHAPITRE XXXIX.

Des Bleffures des pieds qui viennent des Clous, Graviers, &c.

LEs bleffures aux pieds font fort fréquentes & deviennent
quelquefois de grande conféquence, par la négligence de
ceux qui n'y remédient point de bonne heure: cette partie naturellement tendre eft fufceptible d'inflammation; & lorfque la matiere
s'y eft formée, l'os eft en grand danger, & par conféquent l'os &
le pied, fi on ne lui ouvre point un paffage bien libre.

De quelle maniere les Bleffures doivent être traitées en général.

Lorfque quelques corps étrangers, ou clous, ou épines, &c.
fe font introduits dans le pied, il faut tâcher de les arracher auffi-
tôt qu'il eft poffible, & enfuite baffiner la partie avec de l'huile
de térébenthine, & panfer le trou avec un plumaffeau trempé dans
la même huile avec un peu de goudron, & fermer le pied avec du
fon & de la graiffe de lard, chauffés enfemble, ou mis dans le cataplafme de raves, ou autre cataplafme doux: cette méthode réuffit
généralement lorfqu'on a ôté le corps étranger: mais fi quelque partie de ce même corps refte dans la plaie, ce qui fe connoît par la douleur que le cheval reffent, & par la matiere qui fort, il faut, après
avoir coupé la corne auffi mince qu'il eft poffible, introduire une
tente faite avec de l'éponge pour agrandir le trou, de façon à la tirer
avec des pinces: fi cette méthode ne répond point à vos vues, &
fi au contraire le boitement continue, & fi la matiere eft mince &
atténuée ou puante, il ne faut plus différer l'ouverture de la plaie, &
il faut la panfer comme nous l'avons indiqué plus haut.

Lorfque le Cheval eft bleffé par le Maréchal qui le pique en le ferrant.

Si le cheval eft piqué par le Maréchal qui le ferre, il faut amincir

la corne du côté bleſſé, & après l'avoir panſé avec du goudron &
de la térébenthine, couvrir la plaie avec les cataplaſmes mentionnés
ci-deſſus, ou avec deux onces de térébenthine ordinaire, fondue
avec quatre onces de lard; & ſi ce traitement ne réuſſit point, ayez
recours aux remédes précedens.

Lorſqu'il eſt bleſſé par le gravier.

Lorſque la bleſſure eſt cauſée par le gravier, il s'inſinue ordinai-
nairement par les trous des clous, & ſuit leur direction; s'il parvient
juſqu'au vif, on ne peut plus le faire ſortir à moins qu'on ne le racle; car la forme du ſabot qui eſt ſpirale comme une épi de bled,
favoriſe ſon aſcenſion; de ſorteque le gravier monte du côté de
la couronne; & forme ce qu'on appelle *quitterbone*.

Guériſon.

La nature de cette maladie indique la méthode de la guérir; elle
exige beaucoup de diligence & une prompte expédition, qui conſiſte à faire ſortir le gravier auſſi-tôt qu'il eſt poſſible: ſi on ne peut
point l'arracher, il faut couper la corne bien mince, & s'il eſt néceſſaire, agrandir la plaie juſqu'au fond, & la panſer enſuite comme
à l'ordinaire: ſi le coffre de l'os eſt affecté, ſuivez la méthode preſcrite au chapitre precedent, avec l'attention de baſſiner toujours le
ſabot avec le vinaigre & les répercuſſifs, afin de prévenir l'inflammation qui arrive fréquemment en ſemblable cas. Si la douleur ſe
porte aux jambes, traitez le toujours de la même maniere, ou appliquez-y & ſur le paturon, un mêlange des lies de vin & de vinaigre.

CHAPITRE XL.

De la ſuppuration de la Fourchette, du Chancre & de la perte du Sabot.

LA ſuppuration de la fourchette vient d'une matiere purulente qui
s'y raſſemble quelquefois, ou d'une diſpoſition galeuſe & ulcé-
reuſe, qui quelquefois fait tomber le cheval; lorſque l'écoulement
eſt naturel, il faut tenir les pieds nets, mais ne point faire uſage des
eaux deſſicatives: on croit qu'il eſt auſſi dangereux de faire rentrer
cet écoulement, que de guérir les pieds qui ſuent.

Méthode pour la guérifon.

Lorfqu'on apperçoit l'amas de la matiere, le plus fûr moyen eft de couper la partie dure de la fourchette, ou tout ce qui paroît pourri, & de laver le fond du pied deux ou trois fois le jour avec de la vieille urine; mais l'orfqu'un cheval a été négligé, & qu'il coule beaucoup de matiere de la partie, la plaie peut dégénérer en cancer, & pour prévenir cet accident, faites ufage de l'eau fuivante.

℞ Efprit-de-vin, vinaigre, de chacun deux onces; teinture de mirrhe & d'aloës, une once; égyptiac, une once; mêlez-les enfemble.

Baffinez-en la fourchette dans la partie où vous trouverez plus d'humidité qu'à l'ordinaire, & appliquez fur l'ulcere un peu d'étoupe trempée dans la même eau.

Il faut auffi donner les purgatifs & les diurétiques recommandés au chapitre de la graiffe, pour prévenir les inconvéniens qui pourroient réfulter en deffechant ces écoulemens.

Defcription & guérifon du Cancer.

Un cancer dans le pied vient très-fouvent d'une fourchette pourrie; il peut auffi être l'effet de plufieurs autres caufes: pour le guérir, les Maréchaux fe fervent ordinairement d'huiles chaudes, telles que le beurre d'antimoine, l'eau forte, l'huile de vitriol, matieres propres à empêcher l'accroiffement des chairs, & dont on doit faire ufage tous les jours, jufqu'à ce que les parties fpongieufes foient confommées: après qu'elles auront produit cet effet, il fuffira de s'en fervir de deux jours l'un, & de faupoudrer la chair nouvelle avec du précipité rouge en poudre bien fine, jufqu'à ce que la corne commence à croître.

Obfervation.

Nous avons remarqué qu'on tomboit fouvent dans une grande erreur touchant la guérifon du cancer, c'eft de ne pas porter affez d'attention au fabot: car non-feulement il faut le couper à la partie, où il preffe fur les parties tendres, mais on doit encore le renit mol avec l'huile de lin, & toutes les fois que l'on fait le panfement, baffiner le fabot tout autour de la couronne avec l'urine, & pour parfaitement achever la guérifon, faire ufage du purgatif.

Comment on répare la perte du Sabot.

La perte du fabot peut être caufée par toutes les maladies du pied, où il fe forme de la matiere, parce que le fabot fe détache infenfiblement de l'os, & tombe à la fin; mais fi après la chute du fabot, on s'apperçoit que le coffre eft fain, on peut le faire revenir avec le traitement fuivant.   Donnez

Donnez-vous bien de garde d'arracher le vieux fabot à moins que la circonſtance ne l'exige abſolument ; car il fert comme d'enveloppe au nouveau, & le fait venir & plus doux & plus uni ; laiſſez le ſoin du reſte à la nature, qui ſçait le débarraſſer quand il eſt tems.

Mais ſi le vieux ſabot tombe avant que le nouveau ait pris ſon parfait accroiſſement, il faut le garantir avec une eſpece de bottine de cuir que l'on laiſſe autour du paturon, après avoir garni & bouché le pied avec du chanvre, afin que le cheval puiſſe plus aiſément appuyer le pied : panſez la plaie avec l'onguent des bleſſures : ajoutez-y la myrrhe, le maſtic & l'olibanum en poudre fine : ſi tout ce que nous avons preſcrit juſqu'ici ne ſuffiſoit pas pour obvier au carnoſités il faudroit encore y ajouter l'alun brûlé, ou le précipité ; vous pouvez même laver les chairs avec l'eau de ſublimé corroſif.

CHAPITRE XLI.

Des Morſures des bêtes venimeuſes, des viperes & chiens enragés.

L'Action des poiſons ſur les corps des animaux a paru juſqu'ici ſi inutilement diſcutée, & le ſyſtême des nerfs qu'ils affectent ſi particuliérement, a été ſi peu compris, qu'il n'eſt point ſurprenant que les Auteurs les plus fameux ayent ſi peu ſatisfait ſur une matiere ſi importante : c'eſt pourquoi ſans nous arrêter à une théorie qui ſûrement ne jetteroit pas plus de jour, nous nous fixons à l'eſſentiel ; c'eſt de donner tous les remédes qui ſont les plus recommandés par les meilleurs Auteurs.

Traitement extérieur.

Le premier objet qu'on doit ſe propoſer dans la cure de ces maladies cauſées par le poiſon ou le venin, eſt d'être aſſez diligent pour ne pas donner le tems au poiſon de paſſer dans le ſang ; ce qui eſt poſſible s'il l'eſt également de couper immédiatement la partie offenſée, ou ſi l'on peut appliquer des ventouſes pour vuider les vaiſſeaux, & enſuite cautériſer la partie avec un fer chaud.

Les parties circonvoiſines demandent auſſi d'être bien baſſinées avec l'onguent d'égyptiac chaud. Il convient & il eſt même néceſſaire de les tenir ouvertes, au moins pendant quarante jours, avec un peu d'éponge & l'onguent de précipité ou celui de cantarides. Voilà les feuls remédes extérieurs qu'on puifle mettre en ufage avec confiance.

On peut donner intérieurement les cordiaux contre les morfures des viperes, tels que la thériaque de Venife jufqu'à une once, avec une dragme de fel de corne de cerf, tous les foirs pendant huit jours, ou lorfqu'on eft en état d'en faire la dépenfe, une quantité proportionnée du fameux reméde de tonquin, de mufc & de cinabre, fi fort recommandés dans les morfures des bêtes venimeufes.

Remédes intérieurs pour la morfure de Vipere.

Pour préve... les funeftes effets de la morfure d'un chien enragé; donnez les remédes précedens, fi vous n'aimez mieux fuivre la méthode du Docteur *Mead*: Tirez, dit-il, trois pintes de fang, & donnez au cheval ... & marin une demi-once de cendres broyées d'herbe hépatique & un quart d'once de poivre blanc: vous le continuerez pendant huit jours, & plongerez le cheval dans une riviere ou dans un étang, pendant un mois ou fix femaines.

Le traitement mercuriel qui fuit a bien réuffi dans les hommes & dans les chiens, pourquoi ne le recommanderions-nous pas pour les chevaux? Le Docteur *James* en a donné une ample defcription dans fes tranfactions philofophiques; les curieux peuvent les confulter. On remarquera feulement que la premiere dofe de turbith qu'on a donné aux chiens avec tant de fuccès, n'étoit que de fept grains, & la feconde de douze, en mettant une intervalle de deux heures entre chaque dofe, & qu'on a continué ce régime de deux jours l'un pendant un certain tems; on obfervera que cette méthode doit être réitérée pendant deux ou trois pleines lunes & pendant fon plein.

Cette méthode réuffit fur les chevaux, en augmentant la quantité de chaque dofe, jufqu'à un fcrupule & même une demi-dragme, fuivant ce que nous avons prefcrit au chapitre du farcin. Nous fçavons qu'il y a beaucoup d'autres remédes qu'on recommande: mais ceux-ci font redevables aux expériences que nous en avons faites, de la préférence que nous leur donnons.

Nous ajoutons cependant pour fermer ce chapitre, une recette qui eft fort eftimée depuis long-tems, & que plufieurs perfonnes affurent être un reméde infaillible pour la morfure des chiens enragés.

℞ Rhue, fix onces; thériaque de Venife, aulx, étain fin, de chacun quatre onces; faites bouillir le tout dans deux pintes de vin fur un feu modéré; réduifez-les à la moitié; coulez la liqueur

& preffez-en le marc ; donnez-en au cheval quatre ou cinq onces tous les jours, le matin & à jeun.

On peut enfuite battre toutes ces drogues dans un mortier, & les appliquer tous les jours fur la plaie en forme de cataplafme.

CHAPITRE XLII.

De la Caftration des Chevaux, de la maniere de leur couper la queue & de l'entaillure.

Nous nous éloignons en quelque maniere de notre deffein en traitant des opérations qui regardent les Maréchaux ; mais comme nous croyons pouvoir donner ici l'agréable & l'utile, pour que la nobleffe & le cultivateur, proprement dit, puiffent fe conduire dans l'amputation de la queue nous avons une nouvelle méthode pour cette opération, nous croyons devoir auffi faire quelques obfervations fur la caftration.

Obfervations fur la caftration.

Sans entrer dans aucun détail particulier, nous dirons feulement que la caftration eft une opération de peu de conféquence, & que rarement elle a des fuites fâcheufes : cependant elle demande beaucoup d'attention & d'adreffe de la part de celui qui la fait, fur-tout quand le cheval a atteint fon dernier accroiffement : la méthode ordinaire pour affurer les vaiffeaux fpermatiques, eft de cautérifer les extrémités, & de remplir de fel les bourfes ; cette méthode, quoique favorable pour les jeunes poulains, ne devroit point être pratiquée pour les jeunes chevaux : il faut au contraire, après que le fcrotum ou les bourfes font ouverts, & que les tefticules font dehors, lier les vaiffeaux avec du fil fort, frotté de cire, & enfuite couper les tefticules : c'eft le moyen le plus fûr qu'on ait trouvé pour affurer les vaiffeaux, & nous le préférons au cautere, parce que, comme dans celui-ci, l'efcarre caufée par la brûlure peut-être déchirée par différens accidens, il peut furvenir une hémorragie qui aura fait beaucoup de progrès avant que l'on s'en apperçoive.

Maniere de panfer.

Il faut panfer la plaie avec les digeftifs ordinaires ; mais fi la fiévre ou fi l'inflammation furvient, il faut faigner abondamment, &

fuivre les inftructions que nous avons données au chapitre des fiévres: fi par hazard le ventre & les bourfes s'enflent, il faut y appliquer des fomentations deux fois le jour, & les baffiner fouvent avec l'huile rofat & le vinaigre, jufqu'à ce que la tumeur diminue & que la matiere foit bien digérée.

Inftructions générales pour l'amputation de la queue.

Quoiqu'on exécute communément & avec fuccès l'amputation de la queue, elle ne réuffit cependant pas toujours, puifque l'inflammation & la gangrene fuccedent quelquefois & fe communiquent aux inteftins, ainfi nous croyons que l'on recevra avec plaifir quelques inftructions générales, foit pour l'opération, foit pour traiter les fymptômes qui furviennent malgré l'habileté & la dextérité de l'opérateur; car la délicateffe des tendons qui font dans cette partie, les rend très-fenfibles à l'application du couteau & du fer chaud, principalement lorfqu'on fait cette opération dans une faifon peu favorable, comme dans les mois extrêmement chauds & les mois extrêmement froids, comme on peut aifément le fentir. L'obfervation que nous faifons encore, eft qu'elle doit être faite par incifion ou par la machine tranchante, en paffant le couteau en travers par-deffus la queue, pendant qu'elle eft fur le billot; car lorfqu'on applique l'inftrument incifif deffus, le coup porte alors fur la queue, & dans la fuite par la contufion des tendons peut occafionner de grands accidens. La derniere obfervation que nous faifons roule fur le fer chaud, qui doit être uni & plus poli que celui dont on fe fert ordinairement, & qu'on doit bien nettoyer & effuyer avant que de l'appliquer fur le moignon, autrement les étincelles qui s'en échapent peuvent caufer une grande douleur & une enflure non-feulement au moignon, mais encore au fondement; on doit auffi prendre garde de l'appliquer trop chaud; car alors il emporte avec lui les parries brûlées; & comme cela demande encore une nouvelle application, afin de former de nouvelles efcarres fur les vaiffeaux, l'os eft trop fouvent expofé, parce qu'il faut un tems confidérable avant qu'il ne foit couvert.

Maniere de panfer le moignon.

Les Maréchaux ne mettent ordinairement rien fur le moignon, qui n'a befoin que d'être frotté avec l'onguent des bleffures. Lorfque l'efcarre eft tombée, il faut laver avec l'eau d'alun ou de chaux; mais fi après la chûte de l'efcarre la partie s'enflamme & rend une matiere claire, appliquez la térébenthine digeftive avec la teinture de mirrhe, & le cataplafme de pain & de lait par

deſſus; mouillez ſouvent le croupion avec l'huile roſat & le vinaigre; faites des ſaignées abondantes, & ſuivez la méthode preſcrite au chapitre des fiévres: mais ſi le fondement eſt enflé, & ſi
vous avez lieu de ſoupçonner que l'inflammation a gagné les boyaux,
donnez deux ou trois fois par jour des clyſteres émolliens pour éviter
la gangrene; ajoutez au panſement l'onguent égyptiac & des eſprits à la fomentation, & appliquez par-deſſus tout un cataplaſme
de thériaque: ce ſont là les ſeuls traitemens ſur leſquels nous
croyons que l'on peut compter, ſi on les met en uſage à tems & à
propos.

Comment on coupe la queue.

Avant que de paſſer à la deſcription de l'amputation de la queue,
il ne ſera pas inutile de rechercher par quel méchaniſme la
queue s'éleve & ſe baiſſe.

Remarque.

Il eſt aſſez ſingulier que MM. *Snape*, *Saunier* & *Gibſon*, qui
en général ſont aſſez exacts dans leurs détails anatomiques, ayent
obmis dans leur Traité des muſcles du cheval, la deſcription des
muſcles de la queue: c'eſt pourquoi comme nous n'avons pas fait
une diſſection auſſi parfaite que nous aurions ſouhaité de cette
partie, pour remplir entiérement le vuide que les Auteurs précédens ont laiſſé, nous nous flattons que le lecteur voudra bien nous tenir compte de la deſcription, quoiqu'imparfaite, que nous allons lui
en donner & qui eſt le fruit de la diſſection d'une queue qui venoit
d'être coupée.

Deſcription anatomique de la queue.

Nous obſervons donc ici que les muſcles qui ſervent à élever la
queue, ſont en plus grand nombre, plus gros & plus forts, que
ceux qui ſervent à la baiſſer, qu'ils ſont étroitement liés avec les os
de la queue par les fibres charnues, & ſe terminent à l'extrémité en tendons qui ſont extrêmement forts; mais les muſcles qui
ſervent à baiſſer la queue, ſe forment bientôt en expenſions ten-
dineuſes & en trois gros tendons qui ſont au bout de la queue entremêlés avec ces os. Il y a pluſieurs autres tendons qui ſont en
ligne latérale, & qui vraiſemblablement ſervent à mouvoir la
queue à droite & à gauche: il y a auſſi deux arteres qui paſſent par
deſſus les os, & cette diſpoſition fait qu'un opérateur habile peut
facilement les éviter dans l'opération dont nous parlerons.

Deſcription de l'opération.

Le grand art de couper la queue aux chevaux, conſiſte principalement dans la féparation qu'on fait des os & des arteres, & à donner une telle pofition que leurs extrémités ne puiffent plus fe rejoindre, & que le calus qui fe forme rempliffe ce vuide : par-là on augmente la force des mufcles antagoniftes, c'eft-à-dire des élévateurs, la contraction des mufcles qui fervent à baiffer étant manifeftement diminuée par la divifion des tendons & par la formation du calus.

Inconvéniens de l'ancienne méthode.

La méthode ordinaire dont on fe fert pour foutenir la queue, c'eft-à-dire, avec une poulie ou un poids, eft fujette à plufieurs inconvéniens, parce que les extrémités des tendons des pieds n'étant pas affujettis fuffifamment par le côté, la fituation de la queue eft plus perpendiculaire que courbée, & que cette pofition eft fujette à varier par les différens mouvemens du cheval ; auffi eft-ce de là que la queue fe jette fur le côté, parce que le moignon peut fe confolider plutôt d'un côté que de l'autre : d'ailleurs la fituation gênante dans laquelle il faut que le cheval fe tienne avec un poids conftamment pendu à fa queue, eft encore une objection puiffante contre cette méthode; fans compter l'embarras où l'on fe trouve d'ôter ce poids toutes les fois qu'on veut donner de l'exercice au cheval, ou que l'on veut le mener à l'abreuvoir.

Nouvelle Méthode recommandée.

Pour remédier à ces inconvéniens & perfectionner cette opération, une perfonne induftrieufe, après en avoir confidéré toutes les fuites, a eu la bonté de nous communiquer la defcription d'une machine qu'elle a inventée & que l'on a fouvent mife en pratique avec tous les fuccès defirés. Et à la vérité à la premiere infpection de la machine, elle paroît à tous égards propre à obvier à tous les inconvéniens qui réfultent de l'ancienne méthode.

Obfervation à l'égard de l'opération.

Quant à l'opération, il faut remarquer que les extrémités des tendons, après l'opération, n'ont pas befoin d'être coupées, comme on fait ordinairement. Le nombre des incifions doit être proportionné à la longueur de la taille : trois fuffifent ordinairement. La méthode la plus reçue pour le premier panfement eft la réfine en poudre & l'efprit-de-vin, en appliquant de la charpie de lin ou de chanvre, trempée dans cette même liqueur, entre chaque entaillure, & en enveloppant la queue avec de la toile & une large bande par-deffus, qu'il faut couper le lendemain matin de haut en bas, & ôter doucement le matin fuivant. Il faut alors treffer les crins, afin de les tenir nets, & afin de placer la queue de la manière que nous l'indiquerons dans la planche & dans les renvois.

Quelques instructions générales.

On doit tous les deux ou trois jours baisser la queue & bassiner le croupion avec du vinaigre chaud; & si l'on s'apperçoit de quelque crevasse, ou que le poil commence à tomber, il ne faut faire usage que d'une petite teinture de myrrhe qui produira bientôt son effet. Pour prévenir toutes les suites fâcheuses des plaies, ayez recours aux méthodes que nous avons indiquées sur l'amputation de la queue.

Il faudra sept ou huit jours après ôter la machine au cheval pendant quelques heures, & ensuite le faire promener, afin de voir comment il porte la queue & la façon la plus avantageuse de l'attacher, c'est-à-dire, s'il faut la mettre plus près ou lui donner plus de liberté: il est nécessaire, après la guérison des plaies, de tenir la queue suspendue jusqu'à ce que le calus soit formé, au moins quelques heures par jour, quoiqu'on puisse alors lui donner plus de liberté.

Avantages de la machine.

Ainsi l'on voit que la machine que nous proposons est à tous égards préférable à la poulie: car de même que nous avons démontré qu'elle tient les tendons séparés convenablement, & la queue dans une telle position, que la plaie se consolide uniformément, & que la queue ne se jette ni d'un côté ni d'autre, de même aussi il est évident que le cheval est plus à son aise, n'étant point tiraillé continuellement par un poids qui le tourmente: d'ailleurs par la commodité que l'on a (comme nous venons de dire) d'ôter la machine, lorsqu'on veut le mener boire, on lui donne de l'exercice, sans courir aucun danger, & cet objet n'est pas le moins intéressant.

CHAPITRE XLIII.

*Des Ruptures, de la Gonorrhée, des maladies de la bouche &
des pieds.*

PUisque nous avons oublié de parler dans leur place de ces maladies dont quelques-unes n'attaquent que rarement les chevaux, nous croyons essentiel de les renfermer toutes dans ce chapitre, pour prouver au lecteur le zéle avec lequel nous nous attachons à tout ce qui peut lui être utile.

Description des ruptures.

Quant aux ruptures que l'on divise généralement en plusieurs espéces, nous observerons seulement que par les violens efforts du cheval, ou autres accidens, les intestins ou leur enveloppe peuvent être forcés entre les muscles du ventre & le nombril : ces enflures sont ordinairement environ de la grosseur du poing ; quelquefois elles excèdent cette grosseur, & descendent jusqu'au jarret ; elles sont souvent molles & cédent à la compression de la main : elles rentrent avec murmure dans la cavité du ventre : on peut les toucher dans la plus grande partie du vuide à travers lequel elles ont passé : dès qu'elles paroissent, il faut tâcher de les faire rentrer avec la main. Mais si l'enflure devient dure & douloureuse, il faut tirer une grande quantité de sang pour relâcher les parties par où le boyau ou la coëffe est passée ; ajoutez qu'il convient de fomenter la partie deux ou trois fois par jour, & d'appliquer un cataplasme composé de farine d'avoine, d'huile & de vinaigre, ce qu'on doit continuer jusqu'à ce que l'enflure soit ramollie, qu'elle soit devenue flexible, & que le boyau soit rentré : il faut aussi donner en même tems des clystéres émolliens avec l'huile deux fois par jour, & tenir le cheval au régime, soit d'orge bouillie, soit de son échaudé.

Si après ce traitement l'enflure reparoît, les applications astringentes, qui pour l'ordinaire sont si recommandées dans ce cas, font un très-foible effet, si elles ne sont contenues par un suspensoir ; & en effet, nous assurons que c'est le seul suspensoir, quand il est bien fait, qui est la grande ressource sur laquelle on puisse compter ; quoiqu'on ait observé qu'avec une nourriture & un exercice modéré. bien des chevaux attaqués de cette maladie n'ont pas laissé de rendre de grands services.

L'Anticor.

L'anticor est une maladie presque inconnue parmi les chevaux Anglois & les chevaux du Nord ; mais les Auteurs François, Italiens & Espagnols en font particulierement mention ; ils disent que c'est une enflure maligne dans la poitrine, qui s'étend quelquefois jusques sous le ventre : elle est accompagnée de fiévre, d'une grande foiblesse & d'une perte totale de l'appétit. Ce dernier symptôme vient vraisemblablement d'une inflammation qui affecte le gosier, & qui est si violente, que le cheval ne peut avaler qu'avec beaucoup de peine, & qu'il est en danger d'être suffoqué.

Guérison.

Guérison.

Il faut d'abord avoir recours à de fréquentes & abondantes saignées, pour arrêter les progrès de l'inflammation, & aux clysteres émolliens avec une once de sel de prunelle, aussi-bien qu'à la boisson rafraîchissante prescrite au chapitre des fiévres. On doit bassiner l'enflure avec l'onguent de guimauve, & appliquer tous les jours un emplâtre émollient, composé d'oignons bouillis avec le cataplasme : si ce traitement, continué cinq ou six jours, dissipe l'inflammation du gosier, il faut alors porter toutes vos attentions à aider l'enflure de la poitrine, pour l'amener, si vous pouvez, à suppuration : pour en venir à bout, continuez le cataplasme & donnez tous les soirs deux onces de thériaque de Venise, dissoutes dans une chopine de biere ou de vin : lorsque l'enflure est attendrie, faites une incision & pansez la plaie avec la térébenthine digestive.

Mais si l'on ne peut parvenir à la suppuration, & si l'enflure augmente au point de craindre qu'elle n'étouffe l'animal, plusieurs Auteurs conseillent de percer la tumeur avec un fer pointu & chaud en cinq ou six endroits, & de percer les ouvertures avec les digestifs prescrits ci-dessus ; & si vous voulez rendre plus abondante l'évacuation de la matiere, ajoutez un peu de cantharides & d'euphorbe en poudre, en faisant en même tems des fomentations, & en bassinant les environs des parties avec l'onguent de guimauve. MM. de la *Gueriniere* & *Soloysel* conseillent de faire une ouverture à la peau, lorsqu'on ne peut point mener la tumeur à suppuration ; afin, disent-ils, d'introduire un morceau d'ellébore noir trempé dans le vinaigre, & de l'y laisser pendant vingt-quatre heures.

Description des maux de la bouche.

Outre les maladies de la bouche dont nous avons déja parlé, on remarque souvent dans l'intérieur des lévres & dans le palais, de petites enflures ou vessies : il n'est question, pour les guérir, que d'y faire des incisions avec une lancette, & de les laver ensuite avec du vinaigre & du sel : mais lorsqu'elles dégenerent en chancres, ce qu'on connoît à de petites taches qui s'y répandent & occasionnent des ulceres ; la plus sûre de toutes les méthodes est de les toucher tous les jours avec un petit fer plat modérément chaud, jusqu'à ce qu'on ait arrêté leurs progrès, & de les frotter trois ou quatre fois par jour avec l'onguent égiptiac & la teinture de myrrhe animée de l'huile, ou l'esprit de vitriol : dès qu'après ce pansement l'escarre est tombée, il faut les bassiner souvent avec une éponge

trempée dans l'eau de couperose, ou sublimé, si elles continuent de
s'aggrandir, ou avec une teinture composée d'une once d'alun brûlé
& deux onces de miel dissous dans une chopine de teinture de roses;
l'une ou l'autre de ces eaux les desséchera, attendu que l'expérience
nous a convaincu de leur efficacité pour plusieurs maladies de la
bouche.

Il arrive souvent un relâchement & une enflure au palais des
chevaux qui se sont refroidis : pour y remédier, soufflez du poivre sur la partie ; il faut ensuite l'oindre avec du miel & du poivre : on peut se servir aussi de la teinture précédente, en y ajoutant
une demi-once de sel-ammoniac.

La gonorrhée peut venir de ce que l'on laisse les poulains entiers
en liberté avec les jumens, avant qu'ils soient assez formés pour les
sauter, d'où il arrive ordinairement une excoriation ou écorchu-
re aux glandes, & une enflure dans les bourses.

Elle peut venir aussi de la boue & des saletés qui se logent dans
cette partie, y croupissent & y acquèrent un certain dégré d'âcreté, qui déchire & ronge la partie, d'où nécessairement naît l'écoulement. Mais elle est d'une guérison facile, puisqu'elle ne dépend
que de bien laver & nettoyer la partie : mais lorsque la verge même est enflée, faites-y deux fois par jour une fomentation de mauves bouillies dans du lait, & vous y ajouterez un peu d'esprit-de-vin:
frottez les excoriations avec de l'onguent blanc, si vous n'aimez
mieux les laver avec une éponge trempée dans l'eau de chaux, à
une pinte de laquelle vous ajouterez deux dragmes de sucre de
plomb. Si l'enflure augmente avec inflammation, il faut saigner &
donner une médecine rafraîchissante, & frotter la partie avec
l'onguent de sureau, & appliquer le cataplasme de miel.

Si l'on s'apperçoit que la simple gonorrhée ou l'écoulement sémi-
nal tombe de la verge, ce qui est souvent causé par une nourriture
trop abondante & trop forte dans les jeunes chevaux, dont les glandes séminaires & les vaisseaux spermatiques ont été relâchés par
de fréquentes évacuations, faites plonger tous les jours le cheval
dans une riviere ou étang, donnez-lui deux ou trois purgations de
rhubarbe, mettant quelques jours d'intervalle, pendant lesquels vous
donnerez les bols suivans.

Bol fortifiant.

℞ Baume de Copaü, ou térébenthine de Venise, olibanum en
poudre, de chacun deux dragmes ; mastic, bol ammoniac, une demi-
once ; faites-en un bol avec le miel.

Donnez-en soir & matin, jusqu'à ce que l'écoulement diminue, & ensuite tous les soirs jusqu'à ce qu'il soit entiérement supprimé. On peut aussi faire usage des bols composés avec la rhubarbe & la térébenthine.

Mais si malgré tous ces secours l'écoulement du sperme continue, ce que le cheval occasionne par la forte érection qui lui fait frotter sa verge contre le ventre, nous ne connoissons d'autre reméde que de lui donner la liberté de sauter des jumens ou d'en venir à la castration.

Les Fics, les Verrues, Cors, Raisins, &c.

Les fics sont des enflures spongieuses qui se forment aux bords des pieds, ordinairement aux côtés de la fourchette ; les fics & autres espéces d'excrescences, telles que les verrues, les poireaux, les cors, les raisins, &c. ne se guérissent que d'une façon, c'est de les couper avec un couteau ; ou si on en laisse quelque peu, ou enfin si elles repoussent, il faut y appliquer la pierre infernale, ou l'huile de vitriol, & les panser avec l'onguent égyptiac, à quoi on peut ajouter, lorsqu'elles sont opiniâtres, un peu de sublimé ; lorsque vous aurez détruit entiérement les racines, vous pouvez employer le précipité, & faire sécher la plaie avec l'eau dessicative qui suit.

Eau dessicative.

℞ Vitriol blanc, alun, galle en poudre, de chacun deux onces ; faites un peu bouillir le tout dans deux pintes d'eau de chaux, & mettez-le dans une bouteille pour vous en servir au besoin : ayez l'attention de la bien remuer toutes les fois que vous en ferez usage.

Quelques observations.

On se sert rarement avec succès des dessicatifs avant l'incision qu'on ne doit point éluder dans ces occasions, quand bien même quelqu'une de ces excrescences seroit fixe, comme elles le sont ordinairement sur le tendon ; car il faut auparavant les extirper, si l'on veut les guérir radicalement. Si par la division qui se fait de l'artere au fond du pied, il survient une hémorragie, appliquez-y un bouchon de chanvre ou de lin, couvert de poudre d'alun, remplissez tout le pied avec de la charpie comme ci-dessus, & faites un bandage fortement serré : quant à l'inflammation, conformez-vous à la méthode générale que nous avons établie, & pansez la plaie, comme nous l'avons déja dit.

MEMOIRE

Envoyé par M. DE LA FOSSE Fils, fur l'opération du Trépan pour la Morve.

IL faut mettre le cheval dans le travail, lui attacher la tête baffe, & le plus proche du pilier du côté que l'on veut opérer; enfuite on lui fait une incifion cruciale à la peau au-deffous de l'œil du côté du grand angle à un pouce au-deffous ; on racle le periofte avec un gratoir ou le biftouri : l'os étant bien à découvert, l'on prend une groffe vrille avec laquelle on perce l'os ; mais il faut contenir cette vrille de la main gauche dans le tems même qu'elle fait fes tours & demi-tours, de peur qu'elle ne s'enfonce malgré l'opérateur dans les cavités nazales : l'opération étant faite, l'on prend une feringue, contenant environ une chopine de liqueur, dont la canule eft de bois, que l'on introduit de la longueur d'un demi-pouce dans la cavité; enfuite l'on pouffe l'injection le plus doucement que l'on peut, pour ne pas irriter la membrane pituitaire, ce qui arriveroit indubitablement fi l'on pouffoit l'injection avec trop de force.

Il faut pour appareil mettre un petit bouchon de Liége dans le trou du trépan, enfuite mettre deffus l'os un petit linge coupé en croix de Malthe, de la grandeur de la plaie, imbibé d'effence de térébenthine ou de baume fioraventi ; enfuite mettre fous chacun des quatre angles de la peau quatre bourdonnets bien durs pour les élever & empêcher leur réunion ; on peut même, fi l'on veut, les couper : cela revient au même; cet appareil fini, on applique un gros plumaffeau trempé dans de l'eau-de-vie camphrée ou dans de l'eau-de-vie fimple, mêlée avec de l'eau, que l'on contiendra par le moyen d'une grande bande, que l'on mettra premierement autour du col près de la tête : on fera deux circulaires : enfuite l'on croife la face en biaifant, pour repaffer fous la mâchoire inférieure, & repaffer de même en biaifant de l'autre côté, en formant toujours le 8 de chifre, il faut faire enforte que la bande aille en doloir, c'eft-à-dire que chaque bande ne fe recouvre pas entiérement & qu'elle forme une efpéce de large compreffe. On peut éviter l'appareil de cette bande en appliquant fur le plumaffeau un morceau de peau quelconque en quarré que l'on fera contenir fur le poil par le moyen de la poix noire que l'on met aux quatre angles de la peau ; cet appareil eft d'autant plus préférable, que l'on eft obligé d'injecter le cheval trois & quatre fois par jour & quelquefois plus : il eft à propos encore d'obferver qu'il faut que la liqueur que l'on injectera ne foit que tiéde, de peur qu'étant trop chaude elle ne caufe quelque inflammation dans la membrane pituitaire.

Signé LAFOSSE.

LIVRE DOUZIÈME.

INTRODUCTION.

CHAPITRE PREMIER.

DES MÛRIERS.

ON voudroit en vain fixer le tems auquel les mûriers ont été introduits en France. Tout ce que l'on peut rapporter de plus fixe fur ce point, c'eſt qu'il eſt à préſumer que les guerres que Charles VIII porta en Italie, donnerent occaſion à quelques Officiers de ſon armée de connoître le prix de cet arbre par la beauté des ſoyes qu'ils virent dans ce pays. Auſſi ſuivant *Serres* paroît-il que ce n'eſt qu'après la fin de ces guerres que ces mêmes Officiers firent venir du plant de mûrier. Il eſt bien vrai de dire qu'il n'y a peut-être point de pays propre au mûrier où la culture de cet arbre précieux ait fait des progrès ſi lents qu'en France : cependant on ſçait que toutes les provinces méridionales de ce Royaume ſont très-analogues à ſa nature : tel eſt le ſort des Royaumes qui n'ont pour ainſi dire que des ſujets militaires : ils s'occupent à conquérir des pays dont ils font de vaſtes deſerts & négligent chez eux mêmes l'Agriculture qui eſt la premiere force d'un Etat, puiſque c'eſt d'elle que l'on tire les néceſſaires abſolus : heureuſement on revient de cette erreur, & l'on a le plaiſir de voir aujourd'hui l'Officier, après avoir ſervi ſon Roi & l'Etat, aller dans ſes domaines ſe délaſſer par une culture aſſez ſuivie, & ſe mettre en état par une induſtrie rurale auſſi agiſſante que bien entendue, de reprendre les armes & de fournir aux frais des campagnes, qui en France plus qu'en tout autre royaume ſont diſpendieuſes.

CHAPITRE II.

Des propriétés du Mûrier en général, & de ses différentes espéces.

EN général on connoît deux espéces de mûrier, sçavoir le mûrier noir & le mûrier blanc.

Il y a plusieurs façons de les distinguer; par le fruit, par les feuilles, par l'écorce, par les rejettons, par la forme de la feuille. Le fruit du mûrier noir est noir; celui du blanc est au contraire blanc, quelquefois gris. Le feuillage de celui-ci est d'un verd naissant clair; celui de l'autre est au contraire foncé. L'écorce du mûrier blanc est beaucoup plus claire que celle du noir. Les rejettons de ce dernier sont plus gros & moins longs que les rejettons de l'autre. D'ailleurs la végétation du mûrier blanc est beaucoup plus accélérée. Le mûrier noir a des feuilles grandes, épaisses; elles sont plus larges que longues; elles ont en-dedans une espéce de duvet blanchâtre, au lieu que celles du mûrier blanc sont petites, minces, plus longues que larges, & le verd du dedans ne diffère tout au plus de celui de la partie extérieure qu'en ce qu'il n'est pas absolument aussi clair.

Lorsque le mûrier blanc est dépouillé de ses feuilles il ressemble beaucoup à l'abricotier par ses rejettons gros & courts, au lieu que le mûrier blanc, lorsqu'il est nud, ressembleroit parfaitement à l'orme si le jaunâtre de son écorce ne faisoit une différence assez sensible pour le distinguer.

On compte trois sortes de mûriers blancs, le sauvageon, le franc ou greffé, & le mûrier d'Espagne. Le premier vient de la graine d'un mûrier qui n'a point été greffé. Il a des feuilles petites & nuancées d'une teinture de jaune. Le second est celui qui a été greffé. Il a des feuilles plus belles, plus grandes & meilleures. Le troisiéme qu'on appelle mûrier d'Espagne & à la culture duquel on s'adonne en France depuis quelques années. Sa feuille est beaucoup plus large que le mûrier noir; elle est épaisse, mais elle est tendre & inégale, à peu près comme la laitue. Son fruit est gris & plus gros que celui des autres espéces.

De ces différentes espéces résulte une différence de propriétés à laquelle il faut bien faire attention : quoique l'on voie que les feuilles de ces quatre mûriers peuvent être propres à nourrir le vers à foye, il ne faut cependant pas croire qu'il ne foit pas de la derniere importance d'en faire le choix, fi du moins on veut bien nourrir & conferver les vers & fe procurer une foye qui abonde & qui foit d'une bonne qualité. Par exemple, tel eft le défaut de la feuille du mûrier noir, elle fait produire une foye fi groffiere qu'il ne faut en donner aux vers que lorfque l'on fe trouve entièrement dépourvu des autres efpéces. Il faut encore faire ufage avec beaucoup de prudence de la feuille du mûrier d'Efpagne. Qu'on fe garde bien d'en nourrir toujours les vers ; comme elle eft extrêmement nourriffante elle les gorgeroit & les feroit périr ; auffi les Cultivateurs intelligens ne s'en fervent-ils que quelques jours avant la métamorphofe. Alors on leur en donne, quoiqu'ils en mangent moins que des autres efpéces, pour les fortifier & les empêcher de mourir, ce qui n'arrive que trop fouvent, fi on leur donne dans ce tems la feuille du mûrier franc qui eft beaucoup plus tendre & plus aqueufe, & qu'ils mangent avec trop d'avidité. On a même obfervé que ces infectes nourris continuellement de cette feuille s'enflent, deviennent hydropiques, & enfin meurent.

Tous les inconvéniens & tous les avantages qui réfultent de l'ufage de ces trois efpéces de mûriers étant bien combinés, on voit que le mûrier fauvageon mériteroit à tous égards la préférence ; puifqu'il eft certain qu'il n'y a point de foye plus belle & plus argentée que celle qu'il fait produire aux vers, & que ces infectes jouiffent d'une plus parfaite fanté. Mais, dira-t-on, fa feuille eft fi petite qu'il faudroit des plantations immenfes pour une petite quantité de foye. Auffi ne propoferons-nous point aux particuliers d'adopter cette méthode quoiqu'il y en ait dans le Royaume qui feroient très en état de l'exécuter. Mais comme l'intérêt particulier eft en France le principal mobile de toutes les opérations, il ne faut point s'attendre à voir cet efprit patriotique prendre affez faveur chez eux pour qu'ils facrifient quelque chofe à l'intérêt général. C'eft donc au gouvernement que nous nous adreffons. C'eft à lui à fentir toute l'utilité de la culure du fauvageon, puifqu'il ne peut ni ne doit ignorer les fommes qui fortent du Royaume pour nous procurer ces belles foyes fans lefquelles on ne peut faire des étoffes parfaites.

Tenons-nous-en donc au mûrier blanc qui, lorfqu'il eft greffé mérite pour le général des Cultivateurs la préférence. L'expérience prouve qu'elle lui eft dûe. La greffe perfectionne la féve & fait pouffer

fer une feuille plus grande & plus nourriffante. La foye qu'elle produit eft d'une bonne qualité.

On affure qu'un mûrier franc peut fuffire à la nourriture d'une once de graines de vers : or fi cette graine vient à bien, elle peut donner fept ou huit livres de foye, de forte que les frais déduits, ce mûrier rapporteroit cinquante francs. Il ne faut point cependant entreprendre fur ce produit une plantation, on doit fentir qu'on fe feroit illufion. Un tel produit n'eft pas ordinaire ; mais il fuffit qu'il y ait de la poffibilité pour prouver aux Cultivateurs toute l'importance d'une telle branche de l'économie rurale.

CHAPITRE III.

Des autres avantages des Mûriers francs.

IL ne faut point croire que tous les avantages des mûriers francs fe réduifent à fournir une excellente nourriture pour les vers à foye. Il font encore très-propres à l'engrais des beftiaux. Il n'eft point de nourriture qui l'accélere autant. La volaille en mangeant des mûres acquiert une graiffe fine, blanche, & une chair extrêmement délicate. Cet arbre veut être émondé, de forte qu'en lui faifant cette opération pour le bien entretenir les élagures fourniffent au chauffage. Comme fon bois a la propriété de durcir dans l'eau, les charrons, les menuifiers & les charpentiers en font beaucoup de cas.

On en fait des allées, des quinconces & des avenues; de forte qu'il fournit l'agréable & l'utile. Il n'eft point fujet à tant d'inconvéniens dont les autres arbres fe reffentent. Son feuillage eft agréable, il fe plie à la forme qu'on veut lui donner. Il a par-deffus les autres arbres une qualité finguliere & qui ne lui eft commune qu'avec le cédre, c'eft que les animaux venimeux, tels que les chenilles, les viperes, les ferpens n'en approchent jamais.

CHAPITRE IV.

De la multiplication des Mûriers.

ON peut multiplier les mûriers par graine, par marcotte, par bouture ou par greffe, si l'on veut le semer ; méthode qui de toutes est la meilleure, mais qui ne répond point à l'avidité du plus grand nombre de Cultivateurs ; on prend les petits pepins qui sont dans le fruit. Il faut, comme nous l'avons fait observer dans le livre des plantations, choisir les arbres les plus vigoureux & se donner bien de garde de cueillir la mûre sur l'arbre. La graine seroit vaine, attendu qu'elle n'auroit point acquis son parfait dégré de maturité. On attend donc que les mûres tombent d'elles-mêmes dans un tems calme. Car si l'on employoit les pepins des mûres qu'un gros vent auroit fait tomber, on risqueroit de ne pas les voir germer : on entend bien sans doute que l'on choisit les plus grosses mûres, & que celles du mûrier greffé méritent la préférence, ainsi que de celui qui n'a point été effeuillé depuis un ou deux ans.

Les mûres cueillies, on les expose à l'air dans un grenier pendant quelques jours pour leur faire acquérir le dernier dégré de maturité, & l'on doit avoir le soin de les remuer chaque jour pour les empêcher de se gâter : ensuite on les met dans un tamis ou dans un sac de toile que l'on plonge dans un sceau d'eau, & l'on écrase les mûres dans les mains pour séparer la graine de la chair ; la graine reste dans le tamis avec le marc. On répéte cette opération deux ou trois fois en changeant toujours l'eau, pour séparer le jus des mûres qui envelope les pepins ; on met ensuite la graine avec le marc dans un vase d'eau claire, on remue bien : les pepins les plus pesants & par conséquent les plus propres à la germination, se précipitent au fond. On jette tout ce qui surnage & l'on décante l'eau, c'est-à-dire qu'on verse par inclinaison & la graine se trouve à sec au fond du vase ; on la met sur un linge au soleil ; mais il faut bien prendre garde de l'y laisser trop long-tems, parce qu'une chaleur excessive l'altéreroit. Une heure & demie, ou tout au plus deux heures suffisent. Dès qu'elle est séche on la nétoye bien & on la dépose dans un lieu sec jusqu'à ce que le tems de la semer soit venu.

CHAPITRE V.

Du Terrein & de l'expofition la plus favorable aux Mûriers blancs.

PRefque tous les terreins conviennent au mûrier blanc. Il en eft cependant qui font plus ou moins favorables à fa végétation & qui lui font produire une feuille plus ou moins avantageufe à la qualité de la foye. Les terres fableufes font fans contredit celles que l'on doit préférer. S'il eft vrai que la feuille n'y foit point, ni fi abondante, ni fi grande que dans les terres graffes, il ne l'eft pas moins qu'une plantation bien cultivée en produit toujours affez pour l'éducation d'un grand nombre de vers, & que la foye que ces animaux rendent a beaucoup plus de qualité.

Ils profitent beaucoup plus fur les bords des ruiffeaux & des rivieres : mais il eft certain qu'alors la feuille eft beaucoup plus aqueufe. Ceux que l'on féme dans des terres fortes ont une végétation vigoureufe ils rendent une feuille qui n'eft que trop fubftantielle.

L'expofition la plus favorable qu'on puiffe donner aux mûriers que l'on féme eft celle qui eft le plus à l'abri des vents froids. On ne féme les pepins qu'après avoir donné plufieurs labours & avoir enrichi le fol de bon terreau. On diftribue le terrein en planches, auxquelles on donne quatre pieds de large, pour fe ménager la commodité d'arrofer facilement & d'arracher les mauvaifes herbes fans bleffer ou endommager le plant ; ces deux objets font très-importans.

Il eft très-avantageux de femer par préférence fur couche, premiérement parce que la végétation du mûrier y eft plus accélérée & plus vigoureufe, pourvu qu'on la fecoure de fréquens arrofemens ; fecondement, parce que la chaleur de la couche les fait plus réfifter aux rigueurs de l'hiver.

Nous ne parlerons point du climat. Les expériences heureufes que l'on fait de nos jours en Dannemarc, ne prouvent que trop l'erreur de ceux qui croient que cet arbre ne peut réuffir que dans les pays chauds.

Qu'on life *Serres* & l'on verra la célérité & le fuccès de la végétation de vingt mille mûriers qu'il planta par ordre du Roi dans le jardin des Tuilleries.

V ij

On féme en deux faifons différentes.

On féme la graine de mûrier au printems & en été. On choifit un beau jour & un tems où la terre ne foit ni trop humide ni trop féche ; la premiere faifon mérite cependant la préférence : il eft même très avantageux de choifir les premiers jours, s'il ne fait point froid. Il faut, après avoir femé, avoir le foin de couvrir les couches avec des paillaffons, pour mettre la femence à couvert des gelées qui furviennent affez fouvent au commencement du printems : car le moindre froid altéreroit le germe ou feroit périr la plante fi elle avoit déja percé la fuperficie.

Il eft également important de prendre les premiers jours de l'été lorfqu'on féme dans cette faifon, de couvrir auffi les couches & de faire fouvent l'arrofement. Par là on garantit les jeunes plants ou la graine des chaleurs exceffives qui ne les altéreroient pas moins que le froid. Nous avons déja dit que les paillaffons confervoient à la terre fon humidité : ainfi ils font auffi néceffaires en été qu'au printems.

Différentes façons de femer la graine de Mûrier.

Il y a des Cultivateurs qui prétendent que la meilleure façon de femer les mûriers eft de mêler les pepins avec parties égales de fable, après les avoir fait tremper dans l'eau pendant vingt-quatre heures & de les répandre dans de petites rayes ou tranchées de deux pouces de profondeur, & diftantes les unes des autres au moins de douze pouces. Par ce moyen on fe procure la facilité d'arracher les mauvaifes herbes fans courir rifque de bleffer ou de détaciner les plants ; on fe donne encore par cette méthode la faculté de donner les labours pendant l'été, ce qui eft extrêmement favorable à la végétation.

Autre façon de femer.

Il eft des Cultivateurs qui frottent une corde avec des mûres & qui l'enterrent enfuite dans des rayes. Mais outre que par ce frottement on écrafe fouvent les pepins, il réfulte encore de cette méthode un très-grand inconvénient, c'eft que la femaille eft irréguliere, que par conféquent il y a des efpaces qui font trop chargés de plants, & d'autres qui n'en ont point du tout. Nous exhortons donc les Cultivateurs à profcrire abfolument cet ufage comme le plus mauvais de tous. Le fuivant nous paroît le plus avantageux.

Autre façon.

On fait manger des mûres à un chien ou à un cochon. On en ramasse la fiente que l'on fait desſécher au grand air, mais à l'ombre : lorsqu'elle eſt bien ſéche on la pulvériſe ſans la frapper & on la mêle avec du ſable. On ſéme ce mélange dans des rayes de la profondeur que nous avons indiquée, & que pour le mieux on fait diſtantes les unes des autres au moins de dix-huit pouces. On voit que par le ſecours de cette méthode la graine ſe diſtribue mieux, que les plants ſont plus ſpacés & par conſéquent moins ſujets à s'affamer réciproquement.

De toutes les attentions que les jeunes plants exigent celle de les arroſer & de les couvrir pendant l'hiver eſt la plus indiſpenſable : ces paillaſſons doivent être en forme de Cône pour donner l'écoulement aux roſées & aux pluies. Dès que le ſoleil paroît on les découvre.

CHAPITRE VI.

Façon de marcotter les Mûriers.

ON plante les mûriers par marcottes en couchant un rejetton que l'on choiſit le plus vigoureux dans une tranchée creuſée dans le ſol. On la fixe dans la tranchée avec un crochet de bois qu'on enfonce obliquement en terre : cette opération faite on recouvre la tranchée de bonne terre ou terreau que l'on comprime un peu, & l'on coupe le bout du rejetton à trois ou quatre pouces au-deſſus du ſol.

Il y a des Cultivateurs qui exigent que l'on mette au fond de la tranchée quelques grains d'avoine qui, diſent-ils, en pourriſſant, tiennent les provins frais. Nous ne blâmons point cette méthode : mais nous ſçavons d'après l'expérience que le gazon remplit mieux cet objet.

Autre façon de marcotter.

On pratique encore une autre façon. On marcotte ſur l'arbre même. Pour y bien procéder, on choiſit de belles & de vigoureuſes branches qu'on fait passer à travers un panier ou un pot dont le fond est percé. On le remplit de terre: on coupe l'extrémité de la branche; mais dans l'un & l'autre cas le succès de cette méthode dépend des arrosemens fréquens. Pour peu qu'on néglige ce secours, les plants dépérissent à vue d'œil.

Autre façon de marcotter.

On fait encore usage d'une autre méthode. On choisit de jeunes mûriers dont la tige n'est pas bien élevée, & qui est garnie de branches belles & vigoureuses. On en coupe d'un côté les racines pour le faire pencher plus facilement de l'autre jusques au sol. On découvre un peu le pied du côté où l'on a coupé les racines, & par ce moyen on se procure autant de marcottes qu'il y a de branches couchées dans les tranchées qu'on pratique dans le sol. Il faut ensuite recouvrir autant qu'il est possible les racines, & arroser l'arbre & les provins. On a observé que ce même arbre réussissoit fort bien, si après qu'on en a séparé les provins on le releve, & si l'on arrange ses racines.

Façon de multiplier beaucoup les Mûriers.

Lorsqu'on est dans le cas de multiplier beaucoup les mûriers, voici la méthode que l'on doit suivre. On plante des jeunes mûriers de trois ou quatre ans à six pieds de distance les uns des autres; on coupe leur tige à un pouce & demi, ou tout au plus deux pouces du sol. Secourus d'une culture exacte ils poussent la même année trois ou quatre branches propres à être mises en marcotte. Par ce moyen on voit bien qu'avec cent mûriers on peut dans une année s'en procurer trois ou quatre cents, & l'année suivante à proportion; ce qui dans une grande plantation devient un objet considérable & digne de l'attention des Cultivateurs qui se livrent particulierement à cette branche de l'économie rurale.

Il est certain que cette méthode doit être préférée à toutes les autres, parce que l'on se procure bien plus vîte la quantité de mûriers qu'on juge nécessaires pour nourrir la quantité de graine qu'on se propose d'élever. Autre avantage: il consiste en ce que ces provins n'ont pas besoin d'être greffés, pourvu toutefois que l'arbre qui les a fournis l'ait été. On les laisse croître si l'on veut en place, ou on les met en pepiniere. Mais dans le premier cas que nous con-

feillons de pratiquer, on les fépare de leur mere qu'ils épuife-
roient en très-peu de tems.

Dans le fecond cas il faut les mettre dans une pépiniere dont
le fol ne foit point de beaucoup fi abondant en principes que celui où l'on doit établir la mûriere.

Saifon la plus favorable pour provigner.

La marcotte fe pratique dans le printems & dans l'automne. Il
faut dans la premiere faifon fçavoir faifir le moment auquel la féve
commence à monter. Il n'en eft pas de même en automne, on peut
marcotter quand on le veut.

CHAPITRE VII.

De la façon de multiplier les Mûriers par boutures.

POur pratiquer la multiplication des mûriers par la méthode
de la bouture, il faut dans le tems de la féve couper fur un
mûrier des branches âgées au moins de deux ans, & qui partent
d'une branche ou bois qui ait cinq ou fix ans. On plante ces branches
en rayes comme on plante la vigne, dans une terre bien fumée
& à huit ou dix pouces de profondeur. On les étête dès qu'on les a
plantées, de maniere qu'on ne leur laiffe à chacune que deux ou
trois yeux. C'eft ici que l'arrofement eft encore plus néceffaire,
fi l'on veut qu'elles faffent des racines & qu'elles prennent. Dès
qu'on s'apperçoit qu'elles ont pris, ce qui paroît par les jets qu'elles
pouffent, il faut les émonder & les entretenir comme les mûriers
des pepinieres.

Il eft des Cultivateurs qui fendent en croix le bout des branches
qui doit entrer dans la terre & qui mettent dans la fente une noix.
Cette méthode nous paroît plus nuifible que favorable. Il en eft
d'autres qui ratiffent ce bout de branche & qui croient en accélérer la végétation en la dépouillant de fon écorce dans cette partie;
rien de plus contraire à l'objet qu'ils fe propofent.

CHAPITRE VIII.

Façon de greffer les Mûriers.

IL y a beaucoup de façons de greffer. La greffe en fente, appellée en quelques endroits, en poupée, en couronne, en emporte-piéce, en flûte, en écusson, en approche & la greffe sur racines. Mais toutes ces méthodes depuis la découverte de la greffe en écusson sont devenues inutiles, sur-tout pour les mûriers, puisqu'il n'en est pas qui leur soit plus favorable que cette derniere.

Cette greffe réussit parfaitement sur le mûrier noir & sur le mûrier blanc sauvageon. Cependant le dernier mérite la préférence sur le noir, parce que sa végétation est trop lente, & que d'ailleurs il lui faut des terreins plus choisis qu'au mûrier blanc : les différens essais qu'on a fait sur des arbres d'une espéce différente semblent prouver que ces deux arbres sont les seuls propres à faire réussir cette greffe.

Maniere de greffer en Ecusson.

On fait à la partie du sauvageon où l'on veut mettre la greffe, deux incisions qui portent jusqu'au bois, l'une doit être transversale & aussi droite qu'il est possible, & l'autre exactement perpendiculaire. La premiere doit porter au moins un demi-pouce de longueur, & la seconde un pouce, ou encore mieux, un pouce & demi. On ne peut en donner une figure plus sensible qu'en présentant au lecteur la figure d'un T. On choisit sur la plus belle branche d'un vieux mûrier greffé l'œil le mieux nourri. On coupe à trois lignes au-dessus de l'œil l'écorce transversalement jusqu'au bois : on la coupe aussi par les côtés, & au-dessous, de façon qu'elle forme un cône renversé & portant sur la pointe. On détache cet écusson en appuyant le pouce à côté de l'œil & glissant de droite à gauche *& vice versa*. Si l'on s'apperçoit, après avoir levé l'écusson, que le germe est resté attaché au bois, la greffe ne vaut rien. Le germe n'est autre chose qu'une petite pointe qui est à l'endroit où l'on a levé l'œil, ou au contraire on apperçoit la place du germe par un petit trou qui se forme, lorsqu'on le léve avec l'écusson.

Cette

Cette opération faite avec le succès defiré, on écarte proprement les lévres de l'incifion qui eft faite perpendiculairement fur le fauvageon. On y gliffe l'écuffon, de façon que l'extrémité fupérieure s'uniffe exactement à la lévre fupérieure de l'incifion tranfverfale. On fent que tout le fuccès dépend de l'exactitude de cette union, puifque c'eft de cette partie que l'écuffon doit recevoir toute fa nourriture, & que c'eft par cette partie qu'il doit s'identifier au fauvageon. On affujettit avec un fil de laine, paffé en-deffus & en-deffous; mais on ferre légèrement pour ne pas gêner la circulation de la féve : auffi eft-ce pour cette même raifon qu'on préfere la laine au chanvre & au lin, parce que ces deux-ci réfiftent trop. Il convient de faire plufieurs greffes fur le même fujet pour s'affurer du fuccès de quelqu'une. Quant à l'expofition, nous exhortons à les placer à la partie du fauvageon qui eft au Septentrion, de peur que le foleil ne les frappe trop dans les grandes chaleurs.

En quel tems on doit greffer.

On pratique la greffe au printems lorfque la féve eft fuffifamment montée pour que l'on puiffe lever des yeux fur des branches de la derniere pouffe. On s'expofe beaucoup à des peines inutiles lorfqu'on en fait avant ce tems, attendu que les gelées qui affez ordinairement furviennent au commencement de cette faifon les fait périr; on peut continuer la greffe pendant huit, dix ou tout au plus douze jours. On greffe auffi vers la fin de Juin ou au commencement de Juillet; mais il faut alors, pour réuffir, avoir l'attention de ne faire cette opération que lorfqu'une partie de l'écorce des nouvelles branches eft d'un gris blanc, figne certain de fa maturité. Néglige-t-on ce foin, la greffe périt. Lorfqu'on greffe dans ces deux tems on léve au fujet un anneau de fon écorce à trois pouces au-deffus de l'écuffon, auffi-tôt qu'on a placé l'œil; par ce moyen tous les fucs nutritifs que le fujet reçoit de la terre, au lieu de fe porter en partie vers fa partie fupérieure font interceptés au profit de la greffe qui dès la même année pouffe une tige qui donne les plus belles efpérances, & c'eft ce qu'on appelle en terme de l'art greffer en écuffon à la pouffe. Enfin ces greffes peuvent être pratiquées dans le mois d'Août; mais il faut bien alors fe donner de garde de lever l'anneau. Il faut attendre, pour mettre à profit cette méthode jufques au printems fuivant. Il n'eft queftion pour l'inftant que l'on greffe que de couper quelques branches du fujet, & par-là la grefſe ne reçoit de nourriture qu'autant qu'il lui en faut pour s'identifier au ſujet, & vivoter à ſes dépens pendant l'hiver ; de ſorte qu'il ne pouſſe point ; & c'eſt de-là ſans doute qu'il a pris le nom d'œil dormant. Lorſque nous recommandons de ne point lever l'anneau dans le mois d'Août comme quand on greffe en Juillet, ce n'eſt que parce que l'œil jetteroit un bourgeon qui n'échaperoit point aux rigueurs de l'hiver, ce qui ſeroit d'autant plus dangereux que ce bourgeon qui ne rendroit aucun profit l'auroit épuiſé.

L'anneau que l'on léve eſt une inciſion que l'on fait juſques au bois tout autour de la tige : il faut le faire d'un pouce au moins de largeur ; il ſert, comme nous l'avons déja fait obſerver, à diminuer la communication des ſucs qui viennent de la terre juſques à l'écuſſon avec la partie ſupérieure de la tige.

De tous les arbres le mûrier eſt celui dont la greffe eſt la plus difficile & qui réuſſit le moins. Ainſi l'on ſent toute la néceſſité de pratiquer exactement la méthode que nous venons de preſcrire. On peut être aſſuré que la moindre circonſtance négligée la greffe périt ou ne végéte que foiblement, ce qui forme des arbres très-imparfaits & très-peu profitables.

Si lorſqu'on fait cette opération au printems ou en Juin on abbatoit la tige du ſauvageon, il eſt certain que la trop grande abondance des ſucs engorgeroit l'œil & le feroit périr ; mais on obvie à cet inconvénient en faiſant un anneau dans l'écorce.

Si la greffe du mûrier eſt difficile, elle a du moins l'avantage de pouvoir être faite à tout âge ; car on peut même les greffer dans la pepiniere dès la ſeconde année qu'ils y ont été tranſplantés. Mais alors il faut avoir l'attention de mettre l'écuſſon à environ un demi pied du ſol, parce qu'il forme dans la ſuite la tige de l'arbre.

Si les mûriers qu'on veut greffer ont atteint leur hauteur ordinaire, on peut faire la greffe ſur leur branches, pourvu qu'elles aient un an ou deux.

S'ils ſont gros, il faut couper les branches à deux ou trois piés de la tige & on les greffe en fente ou poupée au printems.

Mais quand on veut greffer en écuſſon on coupe les branches en automne ou en hiver, & d'un nombre infini de jets qu'elles pouſſeront au printems, on n'en laiſſera que deux ou trois ſur chaque branche. Les jets auxquels toute la ſéve ſe portera, ſeront propres à la greffe en écuſſon à la pouſſe au mois de Juin, ou en œil dormant au mois d'Août.

Lorſqu'on greffe en fente, on doit couper horizontalement les branches des mûriers qu'on veut greffer ; au lieu que lorsqu'on veut pratiquer l'écusson on les coupe en bec de flûte par-dessus. Par cette méthode l'eau de la pluie ou des rosées s'écoule plus facilement : car nous avons fait observer au chapitre de l'élaguement des arbres dans les plantations que lorsque l'eau séjourne dans la plaie elle creuse le bois insensiblement & produit le dépérissement de l'arbre.

Que l'on se rappelle sur-tout que si en posant l'écusson on n'a pas l'attention d'unir exactement la partie supérieure de la greffe à la lévre de l'incision qu'on a fait horizontalement sur le sujet, non-seulement l'opération ne réussira pas, mais encore elle formera dans cet endroit une plaie considérable : car il faut observer que telle est la constitution de cet arbre, que les moindres incisions ou meurtrissures faites sur son écorce deviennent ordinairement des plaies ulcéreuses qui le font languir très-longtems & quelquefois même le font mourir.

CHAPITRE IX.

De la culture du Mûrier blanc.

NOus avons déja dit que les mûriers blancs végétent dans toutes sortes de sols : nous avons aussi fait observer en passant qu'il importe beaucoup d'en faire le choix, soit par rapport à la quantité soit par rapport a la qualité de la soie. Leur donne-t-on des sols gras, leur végétation est vigoureuse, mais non si accélérée que dans les sols humides, dans les vallons, près des rivieres ou des ruisseaux ; leur feuille y est grande & bien nourrie à la vérité ; mais elle n'est pas si profitable aux vers, parce que dans des terreins semblables les sucs sont extrêmement chargés d'eau, & que conséquemment la soie n'en peut pas être ni si belle ni si ferme. Leur donne-t-on un sol sablonneux & sec, la soie qu'on en retire est d'une plus grande qualité & beaucoup plus lustrée, mais on perd beaucoup du côté de la quantité, puisqu'ils ne fournissent pas de quoi nourrir autant de vers.

Le meilleur sol qu'on puisse donner à cet arbre, c'est un côteau de terre noirâtre légere, sablonneuse ou caillouteuse, exposée en plein air. Les hayes, l'ombre, les endroits aquatiques ôtent la qualité à la feuille & conséquemment à la soie.　　　　X ij

Le levant & le midi font les deux expofitions les plus favorables à cet arbre. Les expofitions contraires retardent leur végétation à caufe des vents froids ; la feuille étant retardée les vers & la foie le font auffi ; & c'eft le point important qu'il ne faut jamais perdre de vue dans cette culture.

CHAPITRE X.

De la maniere de planter le Mûrier en pepiniere & de l'y cultiver.

ON ne doit laiffer les mûriers fur les planches que jufques au printems fuivant ; parce que comme il eft difficile d'en bien diftribuer la graine en la femant, ils fe trouvent fi près les uns des autres qu'ils s'étoufferoient réciproquement fi on les y laiffoit plus longtems.

Il faut les arracher au mois de Mars, mais avec beaucoup de précaution, & l'on choifit un jour calme & fans pluie ; on tond l'extrémité des racines ainfi que toutes les parties qui ont été bleffées ou rompues, on les trempe dans de l'eau & on les plante dans la pepiniere, fuivant les documens que nous avons donnés pour la plantation des autres arbres.

Nous fuppofons que l'on aura choifi de préférence un terrein qui foit, comme nous l'avons déja confeillé pour les autres plantations, à l'abri des vents froids & des beftiaux ; on fait des bas fillons au cordeau auxquels on donne un pied de profondeur fur deux de largeur, & on les fait diftants les uns des autres ; on donne deux ou trois labours au fond de ces fillons ; on y range enfuite les plants fur les deux côtés à la diftance de dix-huit pouces les uns des autres & on en recouvre les racines avec de la terre, ayant principalement l'attention de ne point combler les fillons, afin que les eaux des pluies & des arrofemens puiffent fe porter plus aifément à la racine des mûriers. Cette plantation fe termine en coupant la fommité de chaque plant.

On obfervera de ne point donner d'arrofement foudain après la plantation, fi la terre eft humide. Ce feroit alors noyer la racine ; mais au contraire fi le tems eft fec les arrofemens doivent être fréquens jufqu'à ce que l'on apperçoive quelque marque qui indique que le plant a pris. Dès que l'on n'en peut plus douter, les arrofemens ne doivent être adminiſtrés que de loin en loin pour accoutumer ces jeunes arbres à n'avoir plus beſoin de ce ſecours qui deviendroit trop diſpendieux, & à ſe contenter des pluies ordinaires & des roſées. Il faut en été faire l'arroſement le ſoir; car ſi on le faiſoit le matin les grandes ardeurs du ſoleil pomperoient les parties aqueuſes qui ne peuvent pas manquer de ſe charger des ſucs nourriciers, ce qui ne peut arriver qu'au détriment des jeunes plants, & qui en effet les flétrit conſidérablement. L'obſervation que nous faiſons ici regarde auſſi eſſentiellement les mûriers ſur couche.

A tous les ſoins que nous recommandons pour la plantation des mûriers en pepiniere, il faut, pour les y conſerver en bon état & favoriſer leur accroiſſement, joindre trois labours par an, le premier en Avril, le ſecond en Juin & le troiſiéme en Août. Ces labours ne doivent être faits, autant qu'il eſt poſſible, qu'après que la terre a été bien humectée par quelques pluies; il faut ſurtout bien prendre garde de ne point trop approcher l'inſtrument des racines de peur de les offenſer ou de les ébranler.

Dans le courant de la premiere année de la plantation, il ne faut élaguer qu'une fois après que les jets ont acquis un ou deux doigts de longueur. On ne laiſſe au jeune plant qu'un ou tout au plus deux pouſſes que l'on choiſit les plus vigoureuſes; de ſorte que l'on retranche tout le reſte pour faire acquérir à l'arbre une forme droite & réguliere.

Au commencement de Mars ſuivant on coupe toutes les pouſſes & l'on conſerve le ſcion pour en former le tronc de l'arbre. Il faut avoir l'attention d'en couper de la ſommité un demi-pied de longueur & de n'y laiſſer que deux yeux; on peut quelquefois en laiſſer trois; mais il faut qu'il ſoit bien vigoureux: on ſent que par cette opération l'arbre doit devenir beaucoup plus robuſte, puiſque le ſuc nourricier n'a point à ſe diviſer à tant de branches.

On fait la même choſe chaque année juſqu'à ce que l'arbre ait acquis ſix pieds de hauteur; lorſqu'il eſt parvenu à ce point, il eſt queſtion de lui former la tête & de fortifier ſa tige. Pour remplir cet objet on ne lui laiſſe que trois ou quatre branches que l'on coupe à trois ou quatre pouces du tronc; & toutes les pouſſes qui ſe font hors de ces branches doivent être ſupprimées. L'année d'enſuite on ne laiſſe qu'un ſcion ſur chacune de ſes branches. On coupe ce ſcion à quelques pouces de ſon origine: cette méthode eſt de toutes celle qui fortifie le plus & accélere l'arbre; de ſorte qu'en peu d'années on a des arbres propres à être plantés à demeure.

CHAPITRE XI.

De la maniere de tranfplanter les Mûriers dans les endroits dont on veut faire une Mûriere.

ON peut depuis Octobre jufques à la fin de Décembre tranfplanter les mûriers ; il eft même certain, & l'expérience le prouve, qu'on peut, en cas de befoin, & le tems étant doux comme il arrive quelquefois, procéder avec fuccès à la tranfplantation dans le courant du mois de Janvier ; on peut auffi tranfplanter le printems depuis le commencement de Mars jufques vers le mois d'Avril. Cependant l'automne eft préférable, parce que l'expérience fait voir que l'arbre pouffe des chevelus pendant l'hiver ; ce qui le met en état par une plus grande quantité de fuc nourricier qu'il tire de la terre de végéter plus vite que les mûriers que l'on tranfplante au printems.

On obfervera, & c'eft important, que les tranfplantations du mois d'Avril réuffiffent rarement, & que quand même les arbres prennent racine, ils font long-tems en langueur, qu'ils ne prennent vigueur qu'à la longue & à force d'engrais & de foins, & qu'enfin il y a beaucoup d'imprudence à choifir cette faifon pour tranfplanter.

Il faut, lorfque l'on plante en automne, faire les foffes fix femaines auparavant que d'y mettre les arbres. Mais fi c'eft au printems, il faut les faire avant l'hiver afin que le fond s'améliore par les pluies & les neiges ; on donne quatre ou cinq pieds en quarré aux foffes fur deux pieds & demi de profondeur ; on les fait à quinze ou dix-huit pieds les unes des autres. Voilà l'efpace qu'exigent prefque tous les Auteurs qui ont écrit fur le mûrier & même celui que nous prenons pour guide. Mais nous exhortons à faire les diftances de trente ou au moins de vingt-cinq pieds. L'expérience prouve que les arbres ainfi plantés font & plus abondans & plus beaux & plus vigoureux, & enfin qu'ils durent plus long-tems.

On pofe les mûriers dans ces foffes ; on y arrange leurs racines fuivant leur difpofition naturelle, afin qu'elles ne s'entretouchent point & qu'elles ne fe gênent point. On les recouvre de terre femblable à celle que l'on a mis au fond de la foffe, & l'on finit de remplir de terreau que l'on aura pris dans des foſſes; on recouvre le tout de feuillages coupés depuis quelques jours. Ils ſervent à tenir la terre fraîche, & augmentent en ſe putréfiant les principes de fertilité.

On releve au pied de l'arbre en forme de butte, toute la terre qui reſte afin que les eaux qui coulent le long de la tige ne ſe portent point vers les racines. Si les mûriers viennent de loin & qu'il y ait déja du tems qu'ils ont été arrachés de la pepiniere, il faut avant que de les planter les faire tremper dans l'eau pendant quelques heures. Si la terre n'eſt pas humide par elle-même, il convient de les arroſer auſſi-tôt après qu'on les a plantés.

On donne à chaque plant un tuteur : un échalat ſuffit pour le tenir droit. On attache ces échalats avec de l'oſier, & de la paille entre deux pour ne point bleſſer l'arbre : on met ſur-tout ſon attention à ne pas trop les ſerrer l'un contre l'autre, de peur de gêner la circulation de la ſéve. On garnit encore avec plus de précaution ces arbres que les autres dont nous avons parlé, d'épines noires pour empêcher les beſtiaux de s'y frotter ; attendu qu'autrement ces animaux, par les rudes ſecouſſes qu'ils donneroient, ébranleroient les racines ; ce qui feroit périr les arbres.

Lorſque l'on plante des mûriers dans une terre aſſez fertile pour produire du bled, il faut les mettre à la diſtance de quarante ou quarante-cinq toiſes ; par ce moyen on conſerve la liberté du labourage ſans leur faire aucun tort : mais il faut avoir l'attention de ne point enſemencer le terrein la premiere année de la plantation: on prétend, mais fort mal-à-propos, qu'il n'y faut point mettre de la luzerne, parce que, dit-on, cette plante porte un très-grand préjudice à tout arbre quelconque. L'expérience dément cette crainte; pourvu que l'on laiſſe au pied de l'arbre l'eſpace que l'on donne ordinairement aux foſſes, on n'a rien à craindre.

CHAPITRE XII.

De la maniere de cultiver les Mûriers plantés à demeure.

Lorsque l'été est sec il faut secourir les nouveaux plants, &
particulierement en Juillet & Août, de quelques arrosemens.
On donne la premiere année de la transplantation deux ou trois labours immédiatement après la pluie. Dans le même été on coupe tous les bourgeons qui paroissent le long de la tige, & on ne
laisse à la partie supérieure de l'arbre que les quatre ou cinq pousses
les plus vigoureuses.

Le printems suivant on a encore l'attention de supprimer tout ce
qui pousse le long de la tige ; & des pousses que l'on a épargnées
l'année précédente, on n'en laisse que trois qui soient d'une venue
bien réguliere & propres à former une belle touffe : on supprime ensuite tous les jets qui ne viennent point de ces trois branches, & généralement tout le bois mort qui se trouve à la sommité & dans la
fourche de chaque arbre.

Comme les mûriers que l'on n'a point greffés dégénerent, on
peut les greffer à œil dormant dès le mois d'Août qui suit la plantation ; par ce moyen on se procure plus vîte une plantation dont on
jouit.

Lorsqu'on veut se procurer de gros & de beaux arbres, il faut
tous les ans supprimer les branches difformes que l'on trouve
dans la touffe de l'arbre, ainsi que de celles qui sont grêles, qui ont
des yeux rentrés ou peu enflés & écartés les uns des autres, on les
appelle *branches chiffones* : on n'épargne pas plus celles qui viennent sur de vieilles branches dans un endroit où il ne paroissoit point
d'œil ; on les appelle *branches de faux bois*. Il y a aussi certaines
branches grosses, longues & droites qui ont des yeux maigres &
écartés les uns des autres ; il faut les supprimer avec d'autant plus
d'attention qu'elles épuisent considérablement l'arbre. Aussi les ap-
pelle-t-on *gourmandes*. Les arbres déchargés de toutes ces branches
parasites deviennent plus vigoureux & plus abondans en bonnes
feuilles & forment une tête bien réguliere & durable ; ce qui augmente la beauté de l'arbre & rend la cueillette des feuilles beaucoup
plus facile ; en élaguant ces arbres il faut avoir l'attention de couper
en

en bec de flûte par deſſous, afin que l'eau des pluies ou de la roſée ne ſéjourne point dans la plaie.

L'étêtement des mûriers eſt indiſpenſable au moins de quinze ou de vingt en vingt ans; cette opération les renouvelle & leur redonne la vigueur de la jeuneſſe. On monte, pour y bien procéder, ſur les arbres avec une ſerpe à la main, & l'on coupe les branches le plus loin que l'on peut atteindre, ſur-tout on a le ſoin de n'en point laiſſer de petite au-dedans de la touffe.

On peut pratiquer l'étêtement au mois de Mai & de Juin à meſure qu'on a beſoin de feuilles pour les vers; on peut même attendre que les feuilles ſoient cueillies. Il faut faire enſorte qu'en en étêtant un certain nombre chaque année, tous les arbres de la plantation ſubiſſent à leur tour de quinze ou de vingt en vingt ans cette opération. On doit ſur-tout bien prendre garde de ne pas couper les branches trop près du tronc, parce qu'on ſe priveroit par-là pendant pluſieurs années du profit des feuilles: car on remarque que lorſqu'on a fait cette faute la premiere pouſſe n'eſt d'aucune utilité, qu'à la ſeconde année la feuille eſt trop tendre & fait mourir les vers; or on n'oſe toucher aux feuilles de la troiſiéme année de peur d'altérer les jets qui doivent former la nouvelle touffe de l'arbre; il eſt donc bien évident que ſi on coupe les branches trop près du tronc, on s'expoſe à l'inconvénient de ne pouvoir profiter des feuilles pendant les trois ou quatre premieres années; on ſent donc combien le Cultivateur eſt intéreſſé à ſuivre avec exactitude les documens que nous avons donnés ci-deſſus ſur l'étêtement.

Lorſqu'on étête les mûriers qui ont encore des feuilles, il faut ſur le champ ſéparer les feuilles de la branche coupée; l'expérience prouve que les feuilles des mûriers ſéparées des branches ſe conſervent facilement pendant deux ou trois jours; au lieu qu'elles ſe flétriſſent dans deux ou trois heures lorſqu'on les laiſſe attachées aux branches que l'on coupe. Il faut ſans doute que la branche repompe ſubitement toute la ſéve. On a fait la même remarque ſur l'orme.

On commence la nourriture des vers par les feuilles des mûriers le plus récemment étêtés, & l'on fait la cueillette de façon que l'on finit par les feuilles des arbres qui ont été les premiers étêtés; parce que dans leur enfance les vers demandent une feuille tendre, & que par conſéquent celle des arbres nouvellement étêtés doit leur être la plus favorable. A meſure que les vers avancent ils ont beſoin d'une nourriture plus conſiſtante. Or on remplit ces objets en faifant la cueillette de la façon que nous venons de prefcrire.

Les Chinois émondent tous les ans leurs mûriers & les taillent avec autant de foin que l'on taille en Europe les arbres nains & les efpaliers : ils n'y laiffent que les branches qui fortent féparément du tronc, & fuppriment de deffus ces branches tous les jets, excepté tout au plus trois ou quatre : par cette méthode ils fe procurent d'excellentes feuilles.

CHAPITRE XIII.

De la néceffité d'une Pepiniere particuliere pour la nourriture des Vers à foie.

IL arrive quelquefois que les vers à foie s'éclofent avant que les mûriers en plein-vent aient des feuilles, & alors on court rifque de voir périr les vers nouvellement éclos faute de nourriture. Tous les Auteurs fe font beaucoup, mais inutilement empreffés à trouver un reméde à cet inconvénient, & rien cependant n'étoit plus aifé. En voici un qui affure la nourriture & par conféquent la vie des vers, & qui met à couvert de toute perte & de tout embarras le propriétaire.

On fait une pepiniere plus ou moins nombreufe fuivant la plus ou moins grande quantité de vers qu'on fe propofe de nourrir. On la fait dans un fol qui abonde en principes & qui eft bien fumé ; on lui donne une expofition avantageufe telle que celle du midi ou du levant. On donne chaque année deux ou trois labours ; par cette méthode les petits arbres font précoces au moins de vingt ou vingt-cinq jours, & produifent des feuilles avant que le bourgeon des grands mûriers en plein-vent ne paroiffe.

Pour procéder avec plus de fûreté à cette façon de cultiver on adoffe la pepiniere à un mur pour la mettre à couvert des vents du Nord & du Couchant, ce qui avance la pouffe de plufieurs jours; fi l'on veut agir encore avec plus de fûreté on a l'attention de mettre des paillaffons qui garantiffent ces petits arbres de la grêle, de la neige & des pluies de l'hiver ; on laiffe à découvert l'expofition du levant & du midi, afin qu'ils profitent de la chaleur du foleil & du beau tems,

On pratique chez les Chinois une méthode particuliere : ils font avant l'hiver provifion de nourriture pour les vers qui s'éclofent avant que les mûriers foient en feuilles ; ils cueillent en automne les feuilles avant qu'elles ne commencent à jaunir. Ils les font fécher au foleil, les réduifent prefque en poudre & les confervent dans des pots de terre bien bouchés dont on ne laiffe approcher aucune fumée. C'eft avec cette poudre qu'ils nourriffent les vers éclos avant la pouffe des feuilles.

On doit fentir combien cette attention peut devenir avantageu. fe dans les années où les feuilles ne font point abondantes. Auffi avons-nous fait mention de cette pratique dans la vue de la faire adopter aux perfonnes qui embraffent cette branche de l'éco-nomie.

CHAPITRE XIV.

De la façon de planter les Mûriers pour les mettre à couvert de la pluie.

IL arrive quelquefois qu'une pluye qui continue pendant huit ou dix jours fait manquer la foye dans un Royaume entier. Pour remédier à cet inconvénient il n'y a qu'à avoir des mûriers que l'on tient nains ; c'eft pourquoi comme il n'eft pas naturel que l'on donne cette forme à toute la plantation, & que même on ne le doit pas ; on a une plantation particuliere d'une centaine d'arbres nains dont on réferve les feuilles pour les tems pluvieux qui peuvent furvenir pendant la nourriture des vers. On ne leur donne qu'un demi-pied d'élévation, on les façonne en buiffon & on les met à la diftance de fix pieds, ou huit pieds.

Les mûriers étant placés à cette diftance, on fiche des piquets de deux toifes de longueur à la diftance de dix pieds l'un de l'autre, on en aiguife la partie d'en-haut en forme de cheville. On étend du premier piquet au fecond une perche qui porte dix pieds de lon-gueur ; elle eft percée par les deux bouts par lefquels elle reçoit la pointe de chaque piquet. Du fecond piquet au troifiéme on met une feconde perche de la même longueur que la premiere, & l'on continue ainfi pendant tout l'efpace que l'on veut couvrir. On paffe fur ces perches une bonne groffe toile de vingt ou vingt-

Y ij

cinq pieds de longueur fur douze de largeur, & on l'attache par chaque côté à des pieux qui font fichés dans la terre de diftance en diftance à peu près comme l'on tend des tentes. C'eft ainfi que cette toile fait le toît & que la pluye coule deffus fans la traverfer & fans que les arbres fe reffentent de cette humidité.

Lorfqu'on a effeuillé ces arbres & qu'on veut tranfporter la toile pour couvrir d'autres mûriers, on détache toutes les cordes qui font fixées aux pieux & l'on fait glifler la toile fur les autres perches. Pour ménager la dépenfe il faut donner aux perches le double de la longueur de celle de la toile. Par ce moyen il y aura toujours la moitié des perches qui ne fera pas couverte, & l'on pourra les tranfporter dans les endroits de la mûriere où l'on voudra tendre la toile.

Si par précaution on veut laiffer cette toile tendue pendant le beau tems & qu'il s'écoule plufieurs jours fans pluye, il faut alors changer de place la toile, au moins de trois en trois jours, afin de donner de l'air aux arbres qui font deffous; fans cette attention les feuilles feroient mal-faines & pourroient altérer la conftitution des vers, au point de les faire périr. Les mûriers nains ont des avantages que les mûriers à haute tige n'ont point; le premier confifte en ce qu'il n'y a jamais de feuille perdue, parce que l'on peut atteindre à toutes les branches; le fecond qui eft très-important, en ce que l'on peut faire la cueillette avec beaucoup plus de précaution, c'eft-à-dire, fans craindre d'écorcher, altérer ou bleffer le coffon qui doit fervir l'année fuivante.

D'ailleurs ces arbres n'exigent point d'être auffi efpacés que ceux à haute-tige; de forte que la plantation eft beaucoup plus nombreufe. On peut les tailler comme les arbres fruitiers qui font en buiffon ou en efpalier. La feuille eft beaucoup meilleure & plus belle. Ces mûriers, obfervation importante, donnent des feuilles dès la troifiéme ou quatriéme année au plus tard; au lieu qu'il faut fix ou fept ans pour former la tige d'un arbre en plein vent, & quatre ou cinq pour former fa touffe. Enfin on peut, comme on vient de le voir, mettre les nains à couvert de la pluye, & par-là fauver les vers & s'affurer la récolte de la foye, même dans les années les plus pluvieufes; autant d'articles affez intéreffans pour déterminer le Cultivateur à fe procurer une mûriere de mûriers nains.

Comme il eft très-important de fe procurer des feuilles de bonne heure dans la faifon: outre la pepiniere que nous avons recommandée, nous voudrions que dans les jardins d'agrément, aû lieu de buis, d'ifs ou de cyprès on plantât le long des mûrs, expofés au levant ou au midi, des mûriers en forme de charmille. Par-là on joindroit l'utile à l'agréable ; car on ne peut point nier que le verd de mûrier ne foit plus beau que celui de l'if ou du cyprès. En fuivant cette méthode on fe procureroit une certaine quantité de feuilles précoces qui mettroit le Cultivateur en état de nourrir les vers qui viennent à éclore avant que les autres mûriers foient revêtus de leurs feuilles.

CHAPITRE XV.

Des Vers à foye.

LEs Vers à foie viennent des œufs, & ces œufs s'appellent graine de vers à foie, parce qu'en effet ils reffemblent à la graine des plantes. Le ver dans l'inftant qu'il fort de la coque eft d'une petiteffe extrême. C'eft à proprement parler un point, qu'on peut à peine diftinguer ; mais il groffit peu à peu & fe dépouille quatre fois de fa peau dans l'efpace de vingt-huit jours, quelquefois en moins de tems, fi l'on a le foin de le nourrir exactement & de lui donner une bonne chaleur. On appelle muer ces quatre changemens de peaux.

Huit ou dix jours après fa quatriéme mue il renonce à la nourriture, il fe fépare des autres & fe retire dans quelque coin pour fe conftruire un efpéce de tombeau où il fe renferme, & c'eft ce qu'on appelle la coque ou le cocon du vers à foie. Dès qu'il a achevé fon bâtiment il fe racourcit confidérablement & dépouille fa cinquiéme peau ; il reffemble alors affez à une féve, il paroît fans pieds, fans tête & fans aucune partie diftincte. Cette efpéce de féve fe nomme nymphe ou chryfalide. Il refte dans cet état environ quinze jours. Après quoi il fe débarraffe de la fixiéme peau, perce la coque & fe préfente en papillon.

Ce papillon ne mange point, il eft d'un bleu fale, ne vole point & s'écarte peu de l'endroit d'où il eft forti. Comme la femelle eft pleine d'œufs, elle eft fort groffe & fe meut avec peine ; le mâle eft beaucoup plus petit & plus vif, il s'agite, bat des ailes & court jufqu'à ce qu'il ait trouvé fa compagne : dès qu'il l'a quittée elle pond fes œufs & devenant auffi-tôt tous les deux inutiles ils meurent.

On poffède en Europe deux fortes de vers à foie, les blancs qui deviennent fort gros, & les gris qui font fort petits. On eftime ces derniers les meilleurs, mais on éléve les uns & les autres

C'eſt aux Chinois que l'on doit la connoiſſance des vers domeſtiques; ils ſont les premiers qui les ont connus. Ils ont auſſi deux eſpéces de vers à ſoie ſauvages qui leur fourniſſent de la ſoie ſans leur
donner l'embarras de les élever. On les trouve dans les champs ſur
les arbres & dans les buiſſons. Leur ſoie conſiſte en longs fils dont les
arbuſtes & les arbriſſeaux ſont couverts, & que les Chinois ont l'attention de bien ramaſſer.

La ſoie de ces vers ſauvages eſt moins fine que celle des domeſtiques; mais elle a l'avantage de réſiſter mieux au tems; elle eſt
fort épaiſſe, ne ſe coupe point & ſe lave comme la toile. Les fils de
la premiere eſpéce de ces vers ſont d'un gris roux; ceux de la ſeconde
ſont plus noirs, mais nuancés de tant de couleurs que ſouvent la
même piéce eſt diviſée en rayes griſes, jaunes & blanches. Rien
ne peut gâter l'étoffe qu'on en fait, pas même l'huile.

Ce même peuple a encore une autre eſpéce de vers dont il va ramaſſer la graine dans les forêts ſur une eſpéce de mûrier petit &
ſauvage, dont les feuilles ſont rondes, petites, rudes, terminées
en pointe & dont les bords ſont dentelés. Leur fruit reſſemble au
poivre. Leurs branches ſont épineuſes & faites en grappe. Auſſi-
tôt que les feuilles de cet arbre commencent à pouſſer, on fait
éclore la graine de cette eſpéce de vers, & l'on diſtribue les vers
éclos ſur l'arbre, afin qu'ils s'y nourriſſent & faſſent leur ſoie. Ils
deviennent plus gros que les vers domeſtiques & font leurs coques
de même. Leur ſoie eſt très-utile quoiqu'elle n'ait ni la fineſſe ni la
bonté de la ſoie ordinaire. On voit que les Chinois n'ont d'autre ſoin
à donner à cette eſpéce de vers que celui de les diſtribuer ſur le
mûrier & d'en ramaſſer les cocons. On devroit bien charger les Miſ-
ſionnaires ou les Négociants, ou enfin les Voyageurs de nous apporter ces trois eſpéces de vers & des mûriers ſauvageons dont on
nourrit la derniere eſpéce; cette attention amplifieroit nos reſſources dans cette branche du commerce, qui, comme on le ſçait,
eſt devenue une des plus importantes du Royaume.

CHAPITRE XVI.

Du choix du logement des Vers à soie, & de la façon dont on doit l'arranger.

LE lieu où l'on doit loger les vers à soie dépend absolument de la nature & de la qualité du climat. Ces animaux sont naturellement destinés à vivre comme les chenilles sur les arbres & en plein air. Ainsi par-tout où le climat permet de les élever de cette façon, il faut s'y conformer, parce qu'ils donneront une soie très-fine, très-forte & abondante. Mais dans les climats qui sont moins chauds, comme celui de la France, il faut suppléer par l'art à ce défaut ; on les loge donc au premier ou au second étage dans une chambre en bon air, dont les croisées soient au levant & au couchant. Sur-tout point de fenêtre ni au Nord ni au Midi. Celles que l'on pratique au levant & au couchant doivent pouvoir s'ouvrir à volonté pour donner de l'air de tems en tems à la chambre & aux vers.

On ne doit élever le plancher tout au plus que de neuf ou dix pieds. On le plafone exactement & on enduit les murs avec le même soin. La piéce doit être tellement fermée que tout accès en soit interdit aux vents, à la poussiere, à l'humidité, au froid, à la pluie, aux lezards, aux rats, aux souris & aux oiseaux. Qu'on se donne sur-tout bien de garde de placer ce logement près des fosses à fumier, des mares, des boues, des eaux croupissantes, des bestiaux & du bruit. Sans cette attention on ne réussit point & l'on perd toutes ses peines.

Si l'on a une plantation considérable & si par conséquent on se propose de nourrir beaucoup de graine : il convient de faire un logement exprès pour les vers. On lui donne communément quarante pieds de longueur sur vingt de largeur, avec trois étages de dix pieds de hauteur. Un tel logement suffit pour faire cinq cents livres de soie crue. Si on le fait isolé il n'en est que mieux, & on lui donne, comme nous l'avons déja dit, l'exposition du levant & du couchant. On fait les croisées vis-à-vis les unes des autres, on leur donne six pieds de largeur, & pour hauteur celle du plat-fond ; on les met distantes de quatre à cinq pieds, prenant bien garde de ne point pratiquer d'ouverture ni au nord ni au midi.

On ferme chaque croifée de deux ftors & d'un chaffis garni de vitres ou de papier huilé. Le ftor qui eft en-dedans de la croifée fait que les vers ne voient point les éclairs quand il y a de l'orage ; on le garnit de toile cirée & l'on fait en forte qu'il bouche exactement tout le jour : le ftor placé en dehors fert à rompre la trop grande violence du vent & l'action du foleil ou de la grêle, fans détourner l'air ni le jour. Pour cet effet on le garnit d'une toile extrêmement claire telle que la toile d'embalage ou de canevas.

Dans une des fales de ce logement à trois étages on place un poële dont les tuyaux ne paffent point dans la fale : on les fait fortir en dehors pour éviter la moindre fumée, qui feroit pernicieufe aux vers. On laiffe un intervalle de huit ou dix pouces entre le mur & le poële, & l'on conftruit tout autour du poële un petit mur de briques pour concentrer la chaleur. On fait une porte à ce mur vis-à-vis celle du poële pour y mettre le bois, on la ferme avec de la taule comme celle du poële même.

On pratique dans la muraille de la fale une petite ouverture quarrée de cinq à fix pouces qui communique en-dehors ; l'air extérieur plus froid, plus condenfé & plus fort que celui qui eft raréfié par la chaleur autour du poële entre avec impétuofité par ce trou dans l'efpéce de four de briques ; & il s'y échauffe en circulant autour de fes parois. A la partie la plus élevée de cette efpéce de four on pratique une autre ouverture par laquelle l'air échauffé fe répand dans la falle ; mais on a l'attention de ne l'ouvrir que lorfque le poële eft bien échauffé ; fans cette précaution l'air qui entreroit par cette ouverture feroit capable de refroidir toute la falle. C'eft dans cette piéce qu'on éléve les vers lorfqu'ils font encore petits & que les matinées font froides.

Mais pour éviter les embarras d'une telle reffource , on fera beaucoup mieux de fe fervir de notre ventillateur que nous avons recommandé pour renouveller l'air des écuries & des étables. Il eft en effet bien plus commode que le poële dont nous venons de parler. Il n'eft queftion que d'adapter un tuyau de cinq ou fix pieds de longueur, ou même de la longueur que l'on voudra à un récipient de feu par où l'air que l'on veut introduire dans la falle, paffe & échauffe tout celui qui y eft contenu. Cet inftrument-ci a encore un avantage que l'on ne peut point fe procurer par l'ufage du poële : c'eft que fi la falle eft chargée de quelque mauvais air, on peut brûler dans le récipient de feu quelque aromate analogue à la nature du vers à foie , & le fubftituer au mauvais air contenu dans

la

la falle, que l'on chaffe dehors avec un foufflet pompant pendant que le falubre qu'on introduit le remplace.

Toutes ces précautions prifes pour donner toujours un air égal, on arrange l'intérieur des falles. Et voici l'ordre que l'on doit obferver: on garnit les murs de plufieurs tablettes élevées par étages les unes au-deffus des autres, & appuyées fur des tréteaux. Ces tablettes doivent avoir environ deux pieds de largeur & autant de longueur que le mur fur lequel elles portent. On y pofe les vers, on y pratique des cloifons & de petits planchers à un pied de hauteur. Ainfi on peut mettre dix rangs ou étages de tablettes dans une falle qui a dix pieds de hauteur; parce qu'il eft indifférent que la derniere d'en bas porte fur le plancher.

On les fait de fapin ou bien avec de petites clayes que l'on trouve chez les Vanniers: elles font beaucoup plus avantageufes que celles de bois, parce que l'air paffe à travers. Mais lorfque, comme on le doit en effet, l'on préfere celles-ci, il faut avoir l'attention de mettre les vers fur du papier. Les deux murs du fond étant garnis de tablettes, on en élève d'autres qui traverfent la falle & qui font parralleles aux premieres. On laiffe dans les ateliers un intervalle de trois pieds pour pouvoir tourner tout autour & gouverner avec plus de facilité les vers qui y travaillent. Ces ateliers, compofés chacun d'un égal nombre de tablettes, durent ordinairement douze ou quinze ans.

Il y a encore un autre arrangement par lequel on fe procure la commodité de changer la feuille qui fert à nourrir les vers. Cette invention eft fimple & n'a pas befoin de figure pour être entendue. On fixe des poteaux de bois de demi-pied de largeur d'un côté fur trois pouces de l'autre, diftants de fix pieds. On les aligne tout au travers de la falle: ils fe tiennent par des liteaux de bois qui font diftants les uns des autres de douze pouces. On ménage un intervalle de trois pieds & demi entre chaque rangée de poteaux pour fervir commodément les vers. Les liteaux ont un pouce d'épaiffeur fur trois de largeur, & vont s'engrainer dans une mortaife que l'on pratique dans chaque poteau. On attache enfuite des planches de fapin de la largeur d'un pied, & longues de fix à fept pouces avec des bandes de cuir faites en forme de charniere, l'une d'un côté & l'autre de l'autre; de forte que par cette méchanique les planches peuvent s'élever & fe baiffer à l'inftar d'un couvercle de coffre. On met deux cordes, dont une à chaque bout des planches, lefquelles cordes paffent à deux poulies du plancher & font

arrêtées au bas des poteaux à un crochet. Ces cordes font agir toutes les planches d'un même côté de haut en bas comme des jalou-
fies. Si l'on tient ces planches dans la pofition horizontale elles forment des tablettes fur lefquelles on met les vers & la feuille. On a
l'attention de ne rien mettre fur la planche voifine de celle où font
les vers. Lorfque l'on veut renouveller la feuille, on releve tant
foit peu cette planche où la nouvelle feuille aura été mife pour
que les vers puiffent la voir & fentir. Ils ne tardent pas à y paffer ;
ce qui donne le tems de nettoyer cette premiere planche pour y
mettre une nouvelle nourriture lorfqu'on le juge à propos. L'auteur de cette invention prétend que ce petit exercice continuel de
paffer & repaffer alternativement d'une planche à l'autre donne de
l'appétit aux vers & les fortifie.

Cette méthode a un avantage confidérable, les vers y font plus
au large & plus à leur aife. Le mouvement continuel dans lequel
ils font pour paffer & repaffer & chercher leur nourriture les mer à
couvert de plufieurs maladies ; le travail va plus vîte & l'on les foi-
gne plus facilement fans les toucher du bout du doigt ; ce qui devient très-important : car il arrive fouvent qu'on les bleffe en les maniant, ce qui fait autant de vers perdus. Mais cette méthode eft
fujette d'abord à de grandes dépenfes ; parce qu'il faut que les
falles foient au double plus grandes & les atteliers beaucoup plus
nombreux.

Nous donnerons ci-après la méthode de nettoyer les vers fans les
toucher. On la doit aux Chinois : on épargne même la dépenfe du
logement & des atteliers.

CHAPITRE XVII.

Du choix de la graine de Vers à foie, & du tems & de la maniere de faire éclore.

NOus ne fçavons pas fur quel principe peut être fondé l'ufage
que l'on a établi en France de tirer la graine des vers à foie d'Efpagne, de Piémond ou de Sicile. Ce ne peut être fans doute que fur
la réputation qu'on donne aux foies de ces pays. Nous voyons le
plus grand nombre de nos Cultivateurs renouveller de quatre en
quatre ans leur graine & la tirer de ces pays : ils prétendent que les

vers à foie dégénerent au point de changer totalement de nature fi l'on n'avoit point de tems en tems cette attention. Cette erreur porte un très-grand préjudice : d'abord parce que la graine qui vient de loin, non-feulement s'affoiblit beaucoup, mais encore arrive rarement à tems pour la faire éclore, & que la chaleur du vaiffeau qui l'apporte, la fait fouvent éclore avant qu'elle ne foit arrivée ; en fecond lieu, parce que les étrangers nous trompent & n'abufent que trop de notre confiance ; & que par-là on s'expofe à recevoir une graine ou trop vieille ou altérée de quelqu'autre façon ; en troifiéme lieu, parce que l'on s'expofe à perdre une récolte ; puifque l'expérience prouve que la graine étrangere quoique auffi bien conditionnée qu'on peut le defirer, ne réuffit que très-peu la premiere année dans le Royaume. On remarque en effet que le changement d'air, de ciel & de nourriture ne conduit jamais à bien les vers à foie qui en viennent. Nous ne fçaurions donc trop exhorter à tirer la graine de Provence, du Languedoc ou de la Touraine, le climat, le pays & les mûriers lui font plus analogues ; on verra par l'expérience que cette méthode eft beaucoup plus favorable aux vers à foie.

Qualités de la graine.

Pour que la graine foit bonne il faut la choifir petite, d'un gris obfcur, vive & fort coulante. Il faut que lorfqu'on l'écrafe fur l'ongle elle laiffe une efpéce d'humeur : ce figne cependant n'eft pas tout-à-fait caractériftique ; car il s'en trouve quelquefois qui abonde en humeur & qui ne vaut rien, à moins qu'elle ne foit tout-à-fait éclofe : en ce cas elle eft abfolument blanche & fi légere qu'elle s'évapore au moindre foufle.

Du tems auquel on doit faire éclore la Graine.

Si l'on fuit le fentiment d'un fameux écrivain, il faut faire éclore la graine fix ou fept jours avant la nouvelle lune d'Avril, afin que le tems de la montée ou filement des vers qui fe fait environ quarante jours après, arrive au plein de la lune, tems auquel cet auteur prétend que les vers filent d'une maniere plus profitable, parce que leur foie eft, dit-il, plus ferme & plus abondante.

Mais un autre obfervateur plus inftruit prévient qu'il n'eft pas néceffaire de fuivre trop à la rigueur cet écrivain, & cela, dit-il, parce qu'on s'expoferoit à perdre du tems, & qu'il n'y a point d'autre régle à fuivre que de faire éclore lorfque les feuilles des mûriers commencent à paroître & que l'on s'apperçoit que la féve commence à agir dans la plus grande partie de la plantation, pratique généralement adoptée foit en Chine, foit en Provence, en Languedoc & dans les pays où l'on fait de la foie.

Les Chinois font éclore des vers & les élévent en été & en automne avec autant de fuccès qu'au printems. Cependant ils conviennent que l'éducation en eft plus facile dans cette derniere faifon: on fent cependant que dans les autres tems on peut fe procurer des avantages confidérables, & cela eft fi vrai que l'expérience qui en a été faite, il y a quelques années en Touraine, le prouve évidemment. Il eft donc bien conftant que dans les provinces méridionales du Royaume on pourroit fe procurer une bien plus grande quantité de foie fi l'on adoptoit la pratique Chinoife.

Voici comment on procéda en Touraine à cet effai. Après la récolte de la foie du printems on fit éclore de la graine & l'on donna d'abord aux vers la feuille des mûriers qui avoient été dépouillés les derniers; on alla enfuite en rétrogradant d'arbre en arbre & l'on finit par ceux qui avoient été effeuillés les premiers. C'eft ainfi que les vers eurent dans leur enfance l'herbe la plus tendre. A mefure qu'ils groffiffoient on leur fourniffoit une nourriture plus folide. Ils rendirent une récolte de foie affez abondante pour encourager le Cultivateur. Mais comme en France on eft, fur-tout fur ce qui regarde l'Agriculture, très-attaché aux anciens ufages, & que par conféquent nous n'oferions nous promettre de faire adopter cette pratique, nous nous bornons à la donner comme une reffource lorfque par quelqu'accident la récolte de foie vient à manquer.

Maniere de faire éclore la Graine.

Nous avons remarqué qu'il y a fort peu d'exactitude de la part du plus grand nombre de Cultivateurs à faire éclore tous leurs vers en même tems. On ne fçauroit croire cependant combien on évite d'embarras, de foins, de peines & de dépenfes en les faifant éclore tous dans le même jour, parce que s'ils s'éclofent en différens tems, les uns font dans leur mue dans le tems que les autres ne font que naître, & que par conféquent les uns filent tandis que les autres font à peine arrivés à leur quatriéme mue, de forte que les atteliers font chargés de vers dont les uns percent leurs cocons, tandis que les autres commencent à peine à filer.

On fent que cette méthode demande beaucoup plus de monde, cause par conféquent plus de dépenfe & fait perdre beaucoup de feuilles; car, comme le remarque fort judicieufement l'auteur que nous avons adopté & qui nous fournit toutes les excellentes obfervations que nous donnons ici, quoique les vers qui entrent dans leurs mues ne mangent pas, il eft cependant vrai qu'ils fe promenent fur les feuilles, les foulent & les faliffent & par conféquent leur communiquent un mauvais goût qui les rend impropres aux autres vers: il faut encore ajouter à cet inconvénient, qui, comme on le voit, eft d'une très-grande importance, l'embarras & la peine de trier & féparer les vers en mue de ceux qui fe portent bien, ce qui ne peut guére s'exécuter fans en faire périr un très-grand nombre. Outre cela, comme on ne peut, dans le tems de la récolte, mettre aucun ordre à la montée des vers, il arrive qu'il y a beaucoup de papillons qui percent leur cocon pour fortir, ce qui, comme nous l'avons fait obferver, altere beaucoup la foie, & caufe un dommage confidérable.

Il faut donc éviter ces inconvéniens. Pour y parvenir, on prend, quand on veut faire éclore, le meilleur vin qu'on a, on y trempe la graine pendant un demi quart-d'heure, & l'on jette toute celle qui furnage; on la fait enfuite fécher à une diftance convenable du feu, de peur que paffant tout-à-coup d'une extrémité à l'autre elle ne s'altere & que fon germe ne foit détruit.

Si, comme il arrive quelquefois, lorfqu'on veut tremper la graine, on apperçoit un certain nombre de vers déja éclos il faut bien fe donner de garde de la jetter dans la trempe parce qu'elle tueroit non-feulement ceux qui font éclos, mais encore ceux qui font à même d'éclore.

Nous ne donnons point pour précepte indifpenfable la pratique de la trempe de vin, nous la donnons feulement comme extrêmement utile, d'autant plus qu'en la mettant en ufage on vient plus facilement à bout de faire éclore tous les vers enfemble, & que leurs mues arrivent en même tems qu'ils filent leur foie, & que par conféquent la récolte en eft bien moins embarraffante & moins difpendieufe; au lieu que lorfque la graine n'a point fubi de trempe, les vers ne s'éclofent que lentement, & les uns, fept à huit jours après les autres.

En fuppofant donc que l'on veuille fuivre notre méthode, nous recommandons de mettre la graine dans une boëte après qu'elle eft bien féchée. On y laiffe affez de vuide pour y mettre des feuilles de mûrier quand il fera tems. Il faut qu'elle foit neuve, qu'elle n'ait aucune odeur défagréable, plus large que haute, & d'un bois fort mince, afin que la chaleur puiffe aifément fe communiquer jufques à la graine du milieu. On doit la garnir en dedans de coton ; on en recouvre auffi la graine. Il faut chauffer au feu la boëte & le coton. On fait cette opération dans une chambre bien fermée & bien chaude.

Il faut, avant que de donner le tems à la boëte de fe refroidir, la mettre entre deux oreillers de plume chauffés à un feu modéré ; on envelope le tout d'une bonne couverture que l'on a eu le foin de chauffer. On vifite la boëte de tems en tems, & l'on tâche d'y entretenir une chaleur égale & tempérée jufqu'à ce que les vers commencent à éclore : le vrai dégré de chaleur pour faire éclore eft celui qu'une perfonne qui l'auroit dans fon lit, pourroit lui donner.

On continue toutes ces attentions pendant deux jours. Il ne faut le troifiéme & quatriéme jour donner qu'une chaleur très-douce, de peur de porter quelque préjudice aux vers qui peuvent être éclos. Auffi-tôt qu'ils font fortis de graine ils montent fur le coton qui en eft quelquefois tout noir ; dès qu'on s'en apperçoit on a un papier blanc percé à jour d'un grand nombre de petits trous ; on le pofe dans la boëte fur le coton qui couvre la graine & on le couvre de feuilles de mûrier. On referme la boëte & on la remet entre deux oreillers échauffés médiocrement. L'odeur & la fraîcheur des feuilles attirent les petits vers affamés ; ils paffent par les trous du papier pour les aller chercher ; s'ils font bien en train d'éclore on trouvera, en ouvrant la boëte, un quart-d'heure après, les feuilles entiérement couvertes de vers, & toutes noires.

On tient prêtes plufieurs boëtes plates garnies en-dedans de papier blanc ; on prend avec une petite cuillere de cuivre, & encore mieux d'argent, les feuilles de mûrier qui font couvertes de vers & on les met dans lefdites boëtes. Il eft très-effentiel de mettre les vers jour par jour dans différentes boëtes à mefure qu'ils éclofent, fans les mêler les uns avec les autres. Par cette méthode les vers de chaque boëte s'accordent enfemble dans leurs mues & dans toutes leurs opérations.

Les Chinois fe foumettent à des foins bien plus fcrupuleux : ils féparent d'heure en heure les vers à mefure qu'ils paroiffent ; parce qu'ils prétendent, & avec raifon, qu'une heure de différence dans la naiffance de ces animaux avance ou retarde leurs mues de plufieurs jours. On voit donc combien il eft important d'adopter cette méthode. Nous en avons fait fentir ci-deffus toutes les raifons.

Lorfqu'on a ôté de la boëte où eft la graine, les feuilles couver-tes de vers, on en remet d'autres fur le papier percé, & on continue ainfi d'heure en heure pendant les quatre ou cinq premiers jours. Chaque fois on met les feuilles couvertes de vers dans les boëtes plates. Le cinquiéme jour paffé, il faut jetter la graine qui n'eft pas éclofe : elle ne vaut plus rien.

Si dès les deux premiers jours on a la quantité fuffifante de vers éclos ; il faut au troifiéme ou quatriéme au plus tard jetter le refte de la graine. Comme les vers tardifs ne font jamais fi bons, on fe comportera avec prudence fi l'on met à part quelques onces de grai-ne de plus qu'on n'en a befoin, afin de pouvoir faire avec moins de regret le facrifice de la graine lente à éclore.

Il arrive quelquefois que faute de chaleur toute la graine eft tar-dive. Alors il faut attendre jufqu'au cinquiéme ou fixiéme jour pour la laiffer éclore.

La maniere de faire éclore que nous venons de prefcrire n'eft pas la feule : en voici une autre. On fait des petits fachets de taffetas ou de linge fin blanc, affez grands pour contenir une once ou deux de graine. Une femme les tient dans fon fein ou fous fes aiffelles pendant le jour, & les met avec elle dans fon lit pendant la nuit. Cette chaleur douce, naturelle & continuée fait éclore prefque tous les vers en même tems, & il y a fort peu de graine tardive. Mais on ne garde ces fachets que deux jours dans le fein ; parce que les vers éclos peuvent être écrafés par les mouvemens du corps & que l'on ne peut pas aifément les ramaffer avec des feuilles de mû-rier ; c'eft pourquoi lorfque la graine commence à devenir blan-châtre on la met entre deux oreillers chauds dans une boëte & l'on fe comporte de la même maniere que nous avons indiquée dans l'au-tre méthode.

Obfervation importante fur cette derniere méthode.

Cette méthode doit être profcrite. Il eft très-peu de perfonnes qui foient d'une fanté affez parfaite pour ne pas altérer la conftitu-tion des vers. Pour peu que le fang d'une perfonne qui veut ainfi faire éclore de la graine, foit vicié ou abonde en humeurs, les vers s'en reffentent & périffent, ou du moins languiffent. On fçait d'ailleurs que cet infecte détefte toutes les odeurs défagréables. Or il eft très-peu de perfonnes dont la tranfpiration ne porte une odeur, ou qui affadit le cœur, ou même qui le révolte. Les blondes ont ce défaut. Il n'y a donc que les brunes qui pourroient servir à faire éclore ; mais combien en est-il qui ont la peau huileuse & par conséquent impropre & très-défavorable aux vers. Que ceux qui pratiquent cette méthode ayent l'attention de bien observer la nature des vers ainsi éclos, ils verront que la plûpart sont foireux, & rendent par conséquent une soie mince & qui n'a pas de consistance, parce que digérant imparfaitement les feuilles, les huiles essentielles s'échapent avec les matieres fécales ; ils verront que plusieurs ne font que vivoter, qu'il y en a même qui périssent.

Nous ne parlerons point des femmes qui font, pour parler le langage ordinaire, d'un blond hardi, c'est-à-dire, rouges. Il est certain que l'insecte périt bientôt lorsqu'il a eu pour berceau le sein ou les aisselles de ces femmes.

Il y auroit encore même beaucoup de danger à pratiquer cette méthode en supposant qu'il y eût des femmes d'un brun clair, c'est-à-dire, qui ont les cheveux noirs & la peau extrêmement blanche & séche, parce qu'il est bien rare que l'on puisse tellement régler ses mouvemens pendant le jour, & sa chaleur pendant la nuit que l'on ne sue pas par intervalles, sur-tout dans ces parties. Or pour peu que l'on sue, il est certain que la graine peut être altérée & ne pas venir à bien, parce qu'elle pompe cette sueur, qui, quoiqu'on en puisse dire, est toujours chargée des parties hétérogenes du sang ; puisqu'il est vrai que la nature a choisi la voie de la transpiration pour l'en décharger.

CHAPITRE XVIII.

De la manière de nourrir & de gouverner les Vers à soye dans les différens âges de leur vie.

Nous avons déja dit que les vers à soie changent quatre fois de peau avant de travailler à leur coques. Autant de mues autant de maladies ; & c'est ici le cas où l'expérience prouve que la façon de faire éclore dans le sein ou sous les aisselles est mauvaise, puisque la plûpart des vers peuvent à peine supporter la seconde mue : le fort de la premiere maladie ou mue les prend environ six ou sept jours après leur naissance ; les autres mues se succédent par
intervalles

ntervalles à peu près égaux. On se sert de ces mues pour diviser la vie des vers en cinq âges. Pendant leur enfance, c'est-à-dire, depuis leur naissance jusqu'à la premiere mue , on leur donne de petits bourgeons de mûrier , & la feuille la plus tendre. Qu'on se donne bien de garde sur-tout de leur donner , comme Liger & autres Ecrivains aussi peu connoisseurs sur cette matiere, de la jeune feuille de charmille.

Pendant le second , troisiéme & quatriéme âges on leur donne la feuille moins tendre, parce que les mûriers ont eu le tems de pousser, & que le tempérament des vers étant formé , leur estomac est plus en état de la digérer. Enfin pendant le cinquiéme âge , c'est-à-dire , depuis la derniere mue jusqu'à ce qu'ils fassent leur soie, on leur donne les feuilles les plus fermes , les mieux nourries.

Maniere de nourrir & de gouverner les Vers.

On ne fait l'incubation de la graine que quand les feuilles des mûriers commencent à paroître. Lorsque les vers s'éclosent avant que les mûriers aient poussé, le meilleur moyen auquel on puisse avoir recours, comme nous l'avons déja fait observer, c'est d'avoir toujours une petite pepiniere dont on avance la feuille autant qu'on le veut. Si la pepiniere étoit cependant trop précoce , il ne faut point procéder à l'incubation , mais il faut prendre ses mesures de façon que quand la pepiniere ne pourra plus donner des feuilles, les grands mûriers soient en état d'en fournir.

D'ailleurs , comme il arrive quelquefois que les chaleurs sont extraordinaires au commencement du printems & que par conséquent la graine se développe d'elle-même sans aucun secours de l'art; il faut, pour obvier à cet inconvénient, la transporter dans des endroits plus frais, mais nullement exposés à l'humidité , par ce moyen la fraîcheur retient le germe jusqu'à ce que l'on voie les grands mûriers pousser des feuilles, & alors on procéde tout de suite à l'incubation.

On donne aux vers matin & soir des feuilles depuis leur naissance jusqu'à leur seconde mue; depuis la seconde jusqu'à la troisiéme, il faut leur en donner trois fois par jour, c'est-à-dire le matin, à midi & le soir. Depuis la troisiéme jusqu'à la quatriéme on leur en donne quatre fois par jour, c'est-à-dire le matin, à midi, à trois heures & le soir. Enfin depuis la quatriéme mue jusqu'à ce qu'ils fassent leur soie, on leur en donne six fois en vingt-quatre heures, c'est-à-dire de quatre en quatre heures.

Il faut tenir les vers fort ferrés depuis leur naiſſance juſqu'à leur premiere mue. Il faut qu'ils s'entretouchent auſſi bien que les feuilles en prenant cependant bien garde qu'elles ſoient les unes ſur les autres, parce que lorſqu'on mettroit de nouvelles feuilles les vers qui ſeroient deſſous n'en profiteroient pas.

La premiere maladie ou mue paſſée on éclaircit les vers & on les met au large : voici comment on doit y procéder. On leur donne d'abord à manger : la fraîcheur des feuilles les attire, puiſqu'on les en voit couvertes un quart-d'heure après. On prend alors pluſieurs de ces feuilles, & les tenant par la tige, on les tranſporte dans d'autres boëtes garnies de papier, les arrangeant de façon qu'elles ſoient écartées les unes des autres. On met enſuite de nouvelles feuilles dans les places vuides & on en tapiſſe la boëte : par ce moyen les vers ſe répandent & ſe diſperſent dans toute la boëte On met auſſi de nouvelles feuilles dans les places vuides de la boëte d'où l'on a tiré les vers afin qu'ils ſe mettent auſſi au large. C'eſt ainſi qu'on peut les ſoigner ſans les toucher juſqu'à leur mort, ce qui, comme on doit le ſentir, eſt très important, parce que leurs fréquentes mues rendent leur épiderme extrémement délicat, ſenſible & douloureux.

On les laiſſe dans ces boëtes juſques à la premiere mue ; parce que dans cet âge tendre ils ont beſoin de beaucoup de chaleur. Mais la premiere mue faite, on peut les diſtribuer ſur les tablettes des atteliers, ce qui ſe pratique de la même maniere que quand on les diſtribue dans les boëtes.

Propreté qui eſt eſſentielle dans leur éducation.

Il eſt de la derniere importance de nettoyer ſouvent ces inſectes, d'ôter la litiere & les ordures qu'ils font. Rien de plus commode & de plus ſimple que la méthode que les Chinois mettent en uſage pour remplir cet objet. Ils ont des filets de fil très-légers dont les mailles ſont aſſez larges pour donner paſſage aux vers & aſſez ſerrées pour retenir les feuilles qu'on étend deſſus. Ces filets ſont bordés de deux petites baguettes fort légeres. On prend un de ces filets, on l'étend ſur les vers & on poſe deſſus des feuilles fraîches ; on fait la même choſe d'un bout des atteliers à l'autre ; retournant enſuite à l'endroit par où l'on a commencé, on trouve que les vers ont paſſé au travers du filet & qu'ils ſe ſont attachés aux nouvelles feuilles, on prend alors le filet par les baguettes &

on le tranſporte avec les vers & les feuilles à une autre place & la litiere reſte ſur la premiere avec les autres ordures.

L'auteur que nous ſuivons ne nous dit pas quel bois on doit choiſir pour les baguettes, c'eſt une circonſtance qu'il a paſſé ſous ſilence, ſans doute par oubli : nous ſçavons, à ne pouvoir en douter,
que les Chinois les font de bois de mûrier.

Dans le tems des mues les vers ne demandent que de la chaleur
& du repos ; ainſi loin d'y toucher il faut les laiſſer tranquilles ; mais
auſſi-tôt qu'ils ſortent de la mue à meſure qu'ils grandiſſent, il faut
de tems en tems ouvrir les fenêtres dans les beaux jours pour leur
donner de l'air.

Si l'on ne prend point la précaution ci-deſſus recommandée
de ſéparer les vers jour par jour les uns des autres à meſure qu'on
les fait éclore, on s'expoſe à voir ſur les mêmes tablettes des vers
qui feront leurs mues trois ou quatre jours plutôt ou plus tard
que les autres. Nous avons aſſurément fait ſentir les inconvéniens qui réſultent de cette méthode imparfaite, auxquels on
peut cependant remédier pendant le tems des mues de la maniere
ſuivante.

Lorſqu'on voit malades le plus grand nombre des vers d'une tablette, il faut étendre ſur cette tablette des filets avec des feuilles
fraîches. Les vers qui jouiſſent d'une parfaite ſanté y courent avec
précipitation, tandis que les malades reſtent immobiles : on enleve ces filets, & il n'y a que ces derniers qui reſtent ſur la tablette ;
on pratique la même choſe par-tout où l'on s'apperçoit qu'il y en
a de malades : ſi ceux-ci ſont trop au large après qu'on en a ſéparé
ceux qui ſe portent bien, on attend le tems qu'ils reprennent de
la nourriture, pour les mettre avec d'autres vers qui ſortent en
même tems qu'eux de la même mue. Par cette méthode que l'u-
ſage des filets rend très-aiſée on rétablit l'ordre parmi les vers dans
les deux ou trois premieres mues. Tous les vers de chaque tablette
auront leurs autres mues & feront leurs cocons en même tems.

Choix des feuilles qu'il faut leur donner.

Nous avons déja diſtingué quatre eſpéces de mûriets en Europe ;
le franc ou greffé eſt le plus eſtimé & mérite en effet de l'être, pour
nourrir les vers à ſoie ; car il donne la qualité & la quantité. Nous
avons encore dit qu'on diſtinguoit deux eſpéces de mûriers greffés,
dont l'une porte des mûres rouges & l'autre des blanches, & c'eſt

celle-ci à laquelle on doit à tous égards donner la préférence. Suivant Monsieur Chomel la feuille de ce mûrier est la véritable nourriture des vers. Ils l'aiment beaucoup, elle les rend abondans en soie plus belle, plus forte & plus lustrée.

Mais nous avons fait observer que quant à la qualité le sauvageon l'emporte sur toutes les espéces; il n'a que le défaut de n'être point aussi abondant.

Voici une attention qui est indispensable : elle consiste à nourrir toujours les mêmes vers avec la même espéce de feuilles qu'on leur a d'abord données ; il faut encore que ces feuilles soient prises du même endroit de la plantation & du même sol : se conduit-on autrement ? on cause des maladies aux vers, & l'on recueille de la soie inégale & qui n'a presque point de qualité.

Remarquez que la feuille des mûriers plantés dans des lieux aquatiques ou dans des expositions que le soleil ne frappe point, est extrêmement contraire aux vers. Celle du mûrier qui croît auprès du lierre l'est encore plus ; puisqu'elle est pour cet insecte un véritable poison : la feuille jaune, celle où le soleil & la rosée ont formé des taches noires, ou qui a été gâtée par la grêle ne vaut rien. Celle qui a été écrasée ou meurtrie en la cueillant ne vaut guéres mieux. Les sommités des rejettons de l'année sont trop tendres & font crever les vers. Les feuilles mouillées de la pluie ou de la rosée sont un poison pour eux.

Pendant les grandes chaleurs il tombe de l'air sur les feuilles une espéce de manne ou miel gluant qui est très-pernicieux aux vers. Il leur donne des flux de ventre, les rend malades & les fait périr de langueur. La poussiere des chemins qui s'attache aux feuilles, non-seulement les dégoûte, mais encore leur affecte le poumon si pressés par la faim ils en mangent ; on remédie à ces inconvéniens en mettant ces feuilles toutes fraîches cueillies dans des paniers d'osier, que l'on secoue à plusieurs reprises dans l'eau fraîche & claire pour les nettoyer & les rendre propres, & on ne leur donne qu'après qu'on les a fait égouter & sécher sur des draps ou sur un plancher bien net.

Les feuilles humides séchées au soleil ou au grand vent, & celles qui ont contracté quelque mauvais goût sont les causes ordinaires des maladies des vers.

Depuis la naissance des vers jusques à leur premiere mue il faut que la feuille soit cueillie immédiatement avant de la leur donner ; mais depuis la premiere mue jusques à ce qu'ils commencent à faire leur foie, on ne leur donne point de feuille qu'un jour après qu'elle a été cueillie.

Les mûriers plantés dans un fol gras prennent tant de nourriture qu'ils jettent une feconde pouffe dès avant la fin de Juin : les feuiller en font belles & les vers s'y attachent avec avidité ; mais il faut bien fe garder de leur en donner. Comme ils touchent alors au moment de filer leur foie, ces feuilles tendres & trop pleines de fuc nourricier les feroient périr.

Si l'on a l'attention de les bien nourrir & de bien les foigner, ils font leurs cocons avant le tems de la feconde pouffe ; fi au contraire on les néglige, & fi on les laiffe croupir dans la litiere, ou fi on eft avare de la feuille, ou fi la feuille n'a point les qualités requifes, les mues font plus lentes, les vers vivent plus de deux mois avant de faire leur cocon, & l'on remarque que ces vers tardifs abondent moins en foie. L'expérience prouve en effet que plus long-tems les vers vivent par rapport à la nourriture moins bonne & moins abondante qu'on leur donne, plus ils font avares de foie.

Maniere de cueillir les feuilles & de les conferver.

On pourroit à la vérité dépouiller les mûriers chaque année ; mais l'expérience prouve que lorfqu'on a une plantation confidérable on fe procure des avantages en donnant aux arbres une année de repos, c'eft-à-dire fans les effeuiller. Un des inconvéniens qui traverfe le plus les vues du Cultivateur, c'eft lorfque dans une plantation les arbres abondent beaucoup en fruit ; parce que prefque tous les fucs nourriciers s'y portent & que la tige ne fait cette dépenfe en faveur de l'arbre qu'au préjudice de la feuille ; de forte que fur les arbres qui en font beaucoup chargés, les feuilles font petites, minces & dépourvues de principes nutritifs. Il n'y a pas de méthode plus affurée pour remédier à cet inconvénient, que d'étêter ces arbres. Les jeunes branches qui pouffent dans la fuite, rendent une feuille beaucoup plus belle & ne rapportent que peu de fruit pendant douze ou quinze ans.

L'Auteur que nous employons ici, rapporte un fecret fingulier qu'il dit avoir été pris dans un Auteur Chinois. Le voici : on nourrit des poules avec des mûres fraîches ou féchées au foleil. On en conferve la fiente & l'on met tremper la graine de mûrier qu'on veut femer, dans de l'eau où l'on a détrempé cette fiente. Si on ajoute foi à l'Auteur, les mûriers qui viennent de cette femence, ne rapportent point de fruit. On peut faire l'effai ; s'il étoit confirmé par l'expérience, on fent de quelle utilité il feroit pour la nourriture des vers.

Il faut bien prendre garde, lorfqu'on effeuille les mûriers, d'écorcher ou de rompre les branches. Lorfque cet accident arrive, il faut couper entiérement la branche, & faire cette opération en bec de flûte par deffous. Mais pour éviter de femblables événemens, on doit n'employer à la cueillette des feuilles que des perfonnes raifonnables, & non des mercenaires, qui pour hâter la befogne, empoignent les branches & les ferrant fortement, font gliffer leur main jufqu'à l'extrémité pour en arracher tout-à-la-fois toutes les feuilles, dont les unes font par ce moyen, ou brifées ou déchirées, & les autres ou meurtries, ou altérées de quelqu'autre façon, & toutes en général très - nuifibles aux mûriers. D'ailleurs, nous l'avons fait obferver, les fommités des branches tendres font un véritable poifon pour ces animaux.

Nous avons déja fait obferver que l'humidité eft funefte aux vers ; on voit donc combien il eft important de ne pas cueillir la feuille dès le matin, à caufe de la rofée ; on doit également éviter de la cueillir foudain après la pluye, il faut attendre que le vent & le foleil l'ayent féchée. On peut, lorfque l'on voit le tems fe difpofer à la pluye, faire provifion de feuilles pour deux ou trois jours ; pour bien les conferver, on ne les met point en tas, mais dans un lieu frais & bien aëré, on a l'attention de les remuer plufieurs fois par jour. Nous ferons obferver que fi on les mettoit en tas, elles s'échaufferoient, qu'elles fermenteroient & qu'elles deviendroient pernicieufes aux vers.

Pour les bien conferver, il faut avoir deux endroits différens ; dans l'un on les fait effuyer fur des draps ou fur un plancher bien net, lorfqu'elles font mouillées par la rofée ou par la pluye, en les remuant fouvent ; cet endroit doit être bien aëré, n'être point humide & n'avoir point de mauvaife odeur : dans l'autre on les conferve fraîchement, de peur qu'elles ne fe fanent. On doit par conféquent éviter les rayons du foleil ainfi que le grand vent & le grand air. Il faut les remuer fouvent. Mais fi elles viennent à s'échauffer malgré toutes ces précautions, on les étend au large, on leur donne de l'air & elles féchent ; pendant ce tems-là on amufe les vers en remuant leur litiere.

Si le mauvais tems dure quelques jours & qu'on foit obligé de cueillir la feuille quoique mouillée, il faut la faire fécher entre deux draps, chauffés au feu ; on l'y remue & secoue afin que l'humidité s'attache à la toile. On répète plusieurs fois cette opération pour aller plus vîte ; ensuite on l'étend sur des lits, sur des couvertures, ou des tables pour achever de les bien sécher.

Il faut avoir grande attention à faire bien laver les mains aux personnes chargées de la cueillette. Sur-tout qu'on prenne bien garde d'avoir touché du musc, ou du gingembre, ou des épiceries, ou du sel, de l'oignon, de l'ail, de la chicorée sauvage, de la sauge, du safran, ou quelque odeur forte. Il ne faut point avoir fumé ou avoir mâché du tabac. Si l'on en prend en poudre, on doit bien prendre garde de ne pas en laisser tomber sur la feuille.

Observez sur-tout de ne point laisser arracher les jets de l'année précédente, il n'est rien qui altére plus les mûriers.

CHAPITRE XIX.

Des choses nuisibles aux Vers à soie, de leurs maladies & des remédes dont on peut faire usage.

LEs mues des vers à soie sont autant de maladies qui affectent beaucoup ces petits animaux, cependant il ne faut point croire qu'ils soient exempts de bien d'autres maladies dont quelques-unes sont incurables, & dont quelques autres peuvent être guéries & même prévenues.

Si les maladies des vers viennent de la mauvaise qualité de la graine que l'on a fait éclore, il n'y a point de reméde, les vers périssent en détail. Si les maladies viennent de l'intempérie de l'air, causée soit par une trop grande chaleur, soit par un trop grand froid, le reméde est aisé. Lorsqu'il survient un vent dur & froid, il faut tenir la piéce où sont les vers exactement fermée, & même y allumer des poëles, ou même encore mieux faire usage, comme nous l'avons déja fait observer, du ventilateur dont l'air passe dans un récipient de feu, & doit par conséquent échauffer également toute la chambre au dégré que l'on juge nécessaire ; soit qu'on se serve de braise ou de charbon bien allumé, il faut avoir bien soin que la fumée ne porte point dans la piéce, nous avons déja dit qu'elle est funeste à cet insecte. Si l'on peut

fe procurer de la bouze de vache defféchée au foleil, on fera bien
de s'en fervir pour échauffer le poële, parce que les vers en aiment beaucoup l'odeur.

On remarque que la chaleur eft plus contraire que le froid. Lorfque l'air de la loge eft trop échauffé, ou qu'il a contracté quelque
odeur défagréable, il faut le renouveller en ouvrant les fenêtres & les portes. Mais c'eft ici le cas où le ventilateur a plus
d'efficacité, parce que par fon fecours on peut porter un air frais
& nouveau, fans expofer les vers à un air trop froid qui les faifit &
furprend dans une extrême chaleur, lorfque l'on ouvre les portes & les fenêtres ; ce contrafte ne peut que lui être très-préjudiciable : il ne faut jamais que le vent donne fur les vers, ainfi
il faut ouvrir les fenêtres du côté où le vent ne donne point. La
plus excellente méthode pour ne point pécher par l'une ou l'autre
des deux extrémités, c'eft d'avoir un thermomètre dans la loge,
afin d'entretenir toujours également la chaleur au dégré qui
convient à la fanté des vers ; car lorfque la chaleur eft trop grande & que l'air de la loge eft trop étouffé, la vie des vers eft tellement en danger, qu'il faut ouvrir au moins une fenêtre, quelque
temps qu'il faffe, pour renouveller l'air, fans quoi les vers
périroient.

La Pluye leur eft contraire.

La pluye eft extrêmement contraire aux vers par la grande humidité qu'elle caufe & par la grande difficulté de fe procurer
des feuilles féches. On corrige l'humidité par les poëles; & quant
à la feuille, on la fait fécher, ou comme nous l'avons dit, on
prévient la pluye. Rien de plus favorable que de parfumer la loge
pendant la pluye, foit avec de l'encens, foit avec du benjoin
qu'on jette dans une caffolette ; mais comme cette fumée fe répand & épaiffit l'air, cette méthode peut avoir, & a en effet fes
inconvéniens ; ce que l'on n'éprouve point en faifant ufage du
ventilateur. Il y a des Cultivateurs qui fe fervent du vin ou du
vinaigre dans lequel ils jettent une pierre qu'ils font auparavant
rougir dans le feu. Ils prétendent que cette fumigation réveille les
vers affoupis, les réjouit & leur rend le courage & la vivacité.
Mais outre que cette méthode a le même inconvénient que la précédente, nous la croyons très-dangereufe, parce que pour l'employer avec quelque fûreté, il faudroit être certain que la pierre
dont on fe fert, n'a point des parties calcaires, ce qui eft extrêmement

trêmement rare , comme nous l'avons fait voir dans le livre où nous avons donné les moyens de connoître la chaux. Or pour peu que la pierre, dont on se sert, en contienne, il est certain que le feu les détachant, elles s'élevent avec la fumée, & cela posé, il l'est encore bien plus qu'elles ne peuvent par les parties ignées qu'elles contiennent, qu'altérer considérablement la constitution des vers , principalement lorsqu'ils sont dans leur mue. Toutes les odeurs douces & suaves, comme le thim, la lavande, le romarin, le fenouil en herbe leur sont très-avantageuses. Il n'en est pas de même des odeurs fortes.

Si les vers ne grandissent point & si au contraire il en meurt beaucoup, il faut les changer de chambre , & séparer les languissans d'avec ceux qui se portent bien. On leur donne peu de nourriture, mais on leur en donne souvent ; on les tient proprement, & l'on place un grand réchaut de feu bien allumé au milieu de la loge ; on prend ensuite une poële, & sans y mettre d'eau, on y fricasse des herbes odorantes avec du lard ou des morceaux de jambon. Cette espéce de parfum qui peut être pratiqué aussi avec le ventilateur, est très-favorable aux vers.

Lorsqu'on voit des vers devenir jaunes, enflés, luisans & tachés de petites meurtrissures, c'est un signe certain qu'ils sont malades. A mesure que la maladie augmente, ils deviennent mollasses & leur peau créve.

S'ils ne sont que luisans , on peut les guérir en les séparant des autres, en les faisant jeûner & en les parfumant ; s'ils sont jaunes & enflés, s'ils sont crevés & mouillés sous le ventre d'une humeur jaunâtre, il faut les jetter comme incurables.

Il faut cependant remarquer que le brouillard peut quelquefois donner la jaunisse à cet insecte. Rien de plus facile que de le guérir en pareil cas. On le parfume avec du thim qu'on met sur de la braise ardente, on lui ôte le manger pendant la fumigation ; une heure après on ouvre les fenêtres du côté opposé au vent. Par cette méthode qui, comme on le voit, est très-aisée à pratiquer, on réveille les vers & on leur redonne de la force. Un quart d'heure après on leur donne de la feuille , mais moins qu'à l'ordinaire ; on les laisse quatre ou cinq heures, sans leur donner rien de plus ; ils se rétablissent & reprennent leur premiere couleur.

Il y a des vers qui s'écartent toujours des autres, & qui à la seconde ou troisiéme mue sont luisans & verdâtres : on les appelle *luzettes*. Il faut les donner aux poules, car ils ne réfistent jamais à la quatriéme mue.

CHAPITRE XX.

De la maniere de faire monter & filer les Vers à soie.

IL eft fi naturel aux vers de filer la foie, qu'à peine les co-quilles des œufs où ils étoient renfermés, font rompues, ils font fortir un bout de foie de leur bouche, auffi fine que celle dont leurs cocons font enfuite formés. Quand ils parviennent au terme de leur vie, ils ne manquent point de filer leur foie & de faire leurs cocons, pourvû qu'ils trouvent des endroits propres à dreffer leur travail. C'eft dans ce tems qu'il faut redoubler d'attention pour tirer de ces animaux tout le profit poffible.

Maniere de faire les Cabannes pour la montée des Vers.

Les vers commencent à faire leurs cocons dix ou douze jours après leur derniere mue : mais comme ce terme varie fuivant qu'ils ont été bien ou mal gouvernés, il faut préparer leurs ca-bannes de bonne heure fur d'autres atteliers que ceux où ils ont été nourris. On fait ces cabannes de farment, de bruyere, ou de bouilleau ; on expofe les planches des atteliers & les matieres dont on doit faire les cabannes, au foleil pendant plufieurs jours, pour en ôter toute l'humidité & toute odeur quelconque ; on les frotte enfuite de fenouil en herbe.

Cela fait, on prend des poignées de chiendent, ou de far-ment, ou de genêt, ou de bruyere, & on les coupe d'une longueur proportionnée à la hauteur des étages de chaque attelier. Si, par exemple, les étages ont un pied de haut, on donne dix-huit pou-ces de longueur aux poignées des arbuftes dont on fe fert. Si les étages ont quinze pouces, on en donne vingt-un aux arbuftes, & enfin on leur donne deux pieds de longueur, fi les étages font élevés de dix-huit pouces.

On pofe debout ces arbuftes par petites poignées fur les ta-blettes, pour former les cabannes, & comme ils ont plus de hauteur que les étages, ils font recourbés par le haut. On les range par file dans les tablettes, en commençant par le fonds & en finiflant par le devant, comme on pourra le voir dans la planche aux chiffres 1. 2. 3. & 4.

Les files doivent être à environ un pied de diftance l'une de l'autre ; & l'on fait recourber les arbuftes de la feconde file vers ceux de la premiere, de façon que deux files enfemble forment une efpéce de voute ou d'arcade, ou pour mieux dire, une efpéce de berceau, & c'eft ce berceau que l'on appelle cabanne. Les autres fe font de la même façon, on garnit enfuite le bord de ces arcades de chiendent ou de farment, pour arrêter les vers qui, en allant çà & là, tomberoient quelquefois du haut en bas ; ce farment fert auffi à arrêter les vers qui, ne pouvant pas grimper aux arcades, s'arrêtent dans ces bordures & y font leurs cocons.

Voici une maniere plus expéditive pour la conftruction des cabannes : on lie les petites poignées des arbuftes vers le milieu, fans les ferrer, & on les drefle dans les étages. Pour les faire tenir debout, on écarte les brins à droite & à gauche par le haut & par le bas, comme on peut le voir dans la figure B. C. On met de même ces poignées par files dans les tablettes, & deux de ces files forment une efpéce de cabanne. Si l'on pratique cette méthode, on fera bien de donner un pied & demi de largeur à chaque cabanne. Telle eft la loge que l'on doit donner aux vers, pour qu'ils filent commodément leur foie. Il faut que les brins des arbuftes qui forment les cabannes, foient clair femés, afin que les vers s'y logent plus aifément & plus avantageufement.

Signes qui font connoître que les Vers veulent monter.

Cinq ou fix jours après la derniere mue, les vers commencent à cuire & à digérer la matiere de la foie qui doit former leurs cocons. On appelle cela, être en fraife. Ils reftent en cet état quatre, cinq, & quelquefois fept ou huit jours, fuivant le dégré de leur vigueur. On connoît lorfqu'ils font en fraife, à leur mufeau qui s'allonge, & aux anneaux dont leur corps eft compofé, qui de verdâtres qu'ils étoient, deviennent jaunes tirant fur l'or, & qui groflit à mefure que la foie fe forme.

Il faut alors leur donner abondamment de la feuille la plus vieille, la plus forte & la plus folide ; car ils font dans cet état au plus haut dégré de leur chaleur naturelle, digérant promptement & convertiffant en foie la partie la plus fubtile de leur nourriture.

Lorſque la matiere de la ſoie eſt formée dans leur corps, ils ne ſongent plus qu'à faire leurs cocons : c'eſt là le moment qu'il faut ſaiſir pour les mettre dans les cabannes ; voici les ſignes certains auxquels on peut connoître que les vers veulent filer.

La couleur jaune qu'ils avoient étant en fraiſe, ſe change en couleur tranſparente de chair, principalament à la queue. Ils courent çà & là, oubliant de manger. Ils grimpent le long des atteliers avec inquiétude, en allongeant leur muſeau comme s'ils cherchoient à manger.

Maniere de mettre les Vers à monter & ſoins qu'il faut en avoir pendant qu'ils ſont dans les cabannes.

On étend dans chaque cabanne une feuille de papier bien propre, on poſe deſſus les vers qu'on met à filer ; on ouvre de tems en tems les fenêtres pour leur donner de l'air, mais on ne les nettoye plus, & on ne change plus leur litiere. Il faut qu'ils ſoient en petit nombre, de peur qu'ils ne s'échauffent, & que quand ils commencent à filer, ils ne ſe mêlent enſemble, & ne faſſent des pelotons de pluſieurs coques collées & maſtiquées les unes contre les autres, de ſorte qu'on ne pourroit pas les dévider : ce qui abſorberoit tout le profit.

Les vers étant montés ſur les rameaux, ils y demeurent quelque tems ſans filer. Ils courent d'un côté & de l'autre dans les brins des arbuſtes juſqu'à ce qu'ils ayent trouvé un endroit qui leur convient pour loger leurs cocons ; dès qu'ils ſe ſont fixés, ils commencent leur travail. Ce travail paroît d'abord informe, d'autant plus que les fils ne ſont point arrangés, c'eſt une ſoie groſſiere qu'on appelle fleuret, ou filoſelle quand elle eſt filée. Pour profiter de cette matiere, on nettoye tous les arbuſtes des cabannes de tout feuillage, mouſſe, terre & autres ſaletés. Si l'on ne prenoit pas ce parti, on ne pourroit en faire aucun uſage, & elle ſeroit en pure perte pour le Cultivateur.

Ce fleuret que le ver répand autour de lui, eſt ce que l'on appelle *l'araignée*. C'eſt au centre de cette araignée qu'il fait ſon cocon à-peu-près de la forme & de la groſſeur d'un œuf de pigeon ; il la conſtruit de façon que, dépoſant toujours ſa ſoie circulairement autour de lui-même, il ſe trouve empriſonné lorſque ſon travail eſt fini ; & il ne lui reſte pas ce qui s'appelle le moindre jour ni le plus petit trou.

Ce travail dure cinq à fix jours. Il fait l'araignée le premier jour, il forme fon cocon, le troifiéme il fortifie fon ouvrage ; les jours fuivans il épaiffit fon cocon & finit le tout en tirant du fonds de fon fac une gomme, dont il forme un fil moins beau & qu'il épaiffit avec une forte glue qui fert à lier & coller tous les derniers rangs de ces fils les uns fur les autres.

Les Naturaliftes trouvent trois chofes dignes de leur attention dans le travail du ver à foie. Toute la foie qui compofe un cocon, ne forme qu'un bout de foie, qui a douze, quinze & quelquefois dix-huit cent pieds de longueur. La coque qui eft auffi mince qu'une feuille de papier, peut être divifée en cinq ou fix lames d'une fineffe incroyable.

Il faut tenir un regiftre où l'on marque jour par jour les cabannes où l'on met les vers qui demandent à filer. Trois jours après qu'ils ont grimpé fur les arbuftes pour y faire leurs coques, on ôte tous les vers qui reftent fur le plancher de la cabanne ; ce qui fe fait très-adroitement en enlevant enfemble les vers, le papier, la litiere & les feuilles, fans toucher aux cabannes & fans donner aucune fecouffe, ni caufer aucun ébranlement des atteliers. Cette attention eft bien effentielle ; car une feule fecouffe peut faire rompre la foie dans la bouche du ver qui file, ce qui fuffit pour le dégoûter de fon travail, qu'il acheve rarement ; ou bien fi par hafard il le finit ; tout ce qu'il file après la rupture de la foie, ne pouvant être devidé, il faut le mettre avec le fleuret.

On ôte des cabannes les vers qui ne filent pas, parce que fatigués à force de chercher une place dans les arbuftes, fans en pouvoir trouver, ils tombent de laffitude fur le plancher de la cabanne, & n'ont plus la force de remonter. Alors le tems qui les preffe, les fait devenir courts, & ils fe changent en fève, ou même ils crévent fans faire leur foie. De plus, fi on laiffe un trop long intervalle entre la montée des premiers & des derniers vers de la même cabanne, les premiers font changés en papillons & percent leur coque pour fortir, avant que les derniers montés ayent achevé de filer leur foie : or dans ce cas, fi on laiffe les cocons faits dans les cabannes, pour donner le tems aux derniers montés d'achever leur foie, on verra une multitude de papillons fortir des premieres coques, & nous avons fait obferver que ces cocons percés ne font bons qu'à être mis avec le fleuret. Si au contraire, pour prévenir la fortie des papillons, on ôte les cocons des cabannes, les derniers vers n'auront point encore achevé leur ouvrage, & en défaisant les cabannes, on interrompt leur travail qu'ils ne reprennent plus, ils crévent ou se métamorphosent en féves ; & l'on sent toute l'importance d'une semblable perte.

D'ailleurs si on laisse long-tems ces vers tardifs dans les mêmes cabannes, comme on ne les nettoye pas, la litiere & les excrémens y abondent, s'y échauffent, fermentent, se corrompent & infectent : ce qui incommode beaucoup plus les vers qui filent & même ceux qui ont fait leur cocon, puisqu'ils ne demandent alors que la fraîcheur, le grand air & les bonnes odeurs.

Après qu'on a rassemblé les vers tardifs de toutes les cabannes, & qu'on les a distribués en d'autres, il faut les visiter le troisiéme jour ; on enléve ceux qui n'ont point grimpé, pour les mettre dans d'autres cabannes, ayant l'attention d'en frotter auparavant les planchers avec du thim, ou avec de la lavande, ou enfin avec du fenouil en herbe.

Parmi les vers tardifs on en trouve dont les pieds se raccourcissent de maniere qu'ils ne peuvent monter aux arcades. Il faut les séparer des autres & les mettre sur un petit tas de broussailles de chiendent ou de sarment qu'on étend confusément sur une table ; ils y font aussitôt leurs coques. Il faut avoir toujours l'attention pendant la montée des vers, de jetter les malades & de parfumer les loges ; car c'est alors que les parfums sont d'une très-grande utilité.

Tems auquel il faut détacher les cocons des cabannes, pour en tirer la Soie ou la Graine.

Les vers restent renfermés dans leurs cocons dix - huit ou vingt jours avant d'en sortir changés en papillons ; & l'on détache les cocons des cabannes le huitiéme ou le neuviéme jour, à compter du jour qu'on a séparé ceux qui n'ont point commencé à monter ; & voilà précisément ce qui prouve la grande utilité d'un registre exact du jour où l'on a mis les vers dans chaque cabanne & du jour de leur séparation.

CHAPITRE XXI.

De la maniere de faire la Graine des Vers à soie & de la conserver.

Maniere de faire la Graine.

ON choisit les mues mâles & femelles qu'on destine à faire de la graine, tandis qu'elles sont encore dans les coques. Les cocons qui renferment les mâles, sont plus longs & pointus par les deux bouts, & d'une soie plus grêle que ceux des femelles, qui sont plus gros, plus ronds, plus ventrus & d'une soie plus unie.

Cent paires de cocons autant mâles que femelles, rendent une once de graine. C'est une économie très-mal raisonnée, que de réserver moins de mâles que de femelles ; parce que les mâles s'épuisent dans le premier accouplement, & n'ont que très-peu de vigueur dans le second ; de sorte que la graine qui en vient, est foible, tardive, & réussit mal. On choisit, pour faire la graine, les cocons les premiers faits & les plus fermes, parce que c'est une marque qu'il y a plus de soie, & que les vers qu'ils contiennent sont plus vigoureux.

C'est au lever du soleil que les papillons sortent ordinairement des cocons choisis, pour faire la graine. On les prend doucement, sans les presser, & on les met sur des lambeaux de vieille étamine ou de camelot noir, afin qu'ils s'y accouplent. Lorsqu'ils sont accouplés, on les transporte sur une autre piéce d'étamine ou de camelot noir, pour éviter la confusion, & afin de s'assurer qu'il ne reste aucune femelle sans mâle, ce qu'il faut bien observer, parce que les femelles qui ne sont point accouplées, donnent une graine qui est stérile & qui ne rend point de vers.

On laisse les mues ainsi accouplées pendant dix ou douze heures. Au bout de ce tems, il faut les séparer adroitement, en évitant sur-tout de trop presser la femelle & de lui blesser le ventre. Les femelles sont beaucoup plus blanches & plus grosses que les mâles ; on peut encore distinguer aisément ceux-ci, en ce qu'aussi-tôt qu'ils sont sortis des cocons, ils se mettent à battre des aîles, à s'agiter, & à courir de côté & d'autre, jusqu'à ce qu'ils ayent rencontré une femelle. Les femelles au contraire ne battent point des aîles, & ne font presque aucun mouvement.

Lorsqu'on les sépare après leur accouplement fini, on jette les mâles qui sont alors inutiles, & on met les femelles sur de petits clayons de jonc semblables à ceux que les Laitieres mettent sous leurs fromages, afin qu'elles y fassent leur ponte. Ces clayons sont très-commodes, parce que la graine que les femelles y déposent, s'en détache presque d'elle-même, à mesure que le jonc se séche & se flétrit, & que d'ailleurs il n'y a, pour l'en détacher, qu'à désassembler les joncs & les passer les uns après les autres entre les doigts, ce que l'on fait dans une grande boëte, afin de ne pas perdre la graine qui se répand quelquefois en se détachant des joncs.

Cette méthode qui paroît d'abord la plus sûre, ne l'est cependant autant que le pense l'Auteur qui la croit digne d'être préférée à toute autre ; les joncs en séchant & en flétrissant, acquiérent une odeur désagréable qu'ils ont même naturellement, & nous avons fait voir que toute odeur équivoque peut traverser la propagation des vers à soie. A cet inconvénient nous en ajoutons un autre, qui est que l'on écrase beaucoup d'œufs, en passant les joncs entre les doigts. Celle du papier nous paroît bien plus solide, aussi la préfere-t-on presque par-tout.

Maniere de conserver la Graine des Vers à soie.

La graine que la femelle dépose, est d'abord fort blanche ; dans le courant de la même journée, elle devient verdâtre, ensuite jaune, rougeâtre, & dans l'espace de peu de jours, elle prend une couleur de gris-obscur qu'elle ne quitte plus. On observera qu'il est inutile de garder la graine qui reste toujours blanche : elle est stérile.

Si l'on se sert des clayons, il faut quand on en a détaché la graine, mettre du vin dans une écuelle, on le présente un instant au feu, c'est-à-dire qu'on le dégourdit simplement : on y jette la graine & on la remue avec une petite baguette, afin que celle qui est vuide, se séparant de l'autre, surnage. On écume, & l'on la jette ; on garde bien soigneusement celle qui a plongé au fonds du vase, parce qu'elle est pleine, pésante & féconde. On la laisse quelques momens dans le vin, & dès qu'elle en est imbibée, on la fait sécher à l'ombre entre deux linges bien secs ; quand elle est séche, on la met pendant les grandes chaleurs, dans un pot de terre vernissé & dans un lieu qui ne soit ni chaud ni froid. Lorsque

que l'hiver approche, on l'enveloppe d'étamine ou d'autre étoffe à-peu-près semblable; on en fait une espéce de nouer qu'on met dans une boëte garnie de coton, & on place la boëte dans une armoire parmi des habits où il n'y ait point de linge. On ne doit ouvrir cette boëte que dans le tems propre à faire éclore.

CHAPITRE XXII.

De la maniere de tirer la soie des cocons.

ON appelle soie grêse la soie simplement tirée des cocons par le secours d'un tour propre à cette opération : on fait de cette grêse, de l'organcin & de la soie de trame. L'organcin n'est autre chose que deux, trois & quelquefois quatre brins de soie grêse, tordus chacun en particulier sur un moulin & retordus ensuite tous ensemble sur un autre moulin, ce qui lui donne une force & une élasticité qui la rendent fléxible & propre à résister aux différentes extensions qu'elle souffre, pendant qu'on fabrique l'étoffe. Il faut faire l'organcin de la soie la plus fine & la plus belle, parce qu'elle sert à faire la chaîne des étoffes, & c'est de la chaîne que dépend leur beauté.

La soie pour les trames est composée de deux ou trois brins de soie grêse, tordus très légérement tous ensemble sur le moulin. Mais comme elle ne fait aucun effet sur le métier, on n'en tord jamais les brins séparément. Quelquefois la chaîne n'est composée que d'un seul brin de soie que l'on employe dans les Fabriques; aussi est-elle la plus chere, parce qu'elle est composée de la soie la plus fine & la plus travaillée. Son prix est triple de celui de la soie de trame.

Il est très-peu de personnes en France qui ayent l'art de faire de la soie pour l'organcin, c'est-à-dire de faire une soie assez fine & assez belle, pour être employée à la chaîne des étoffes. On sçait par un calcul des plus exacts, qu'il se fait en France pour 15 ou 16 millions de soie, & que malgré cette abondance, on est obligé de tirer pour le moins, pour une égale somme, de l'organcin de l'Etranger pour fournir nos Fabriques. La plus grande partie de cette soie étrangere nous vient du Piémont, parce que les Piémontois font les feuls en Europe qui la fçachent bien travailler.

Pour faire de l'organcin, de la trame & du poil, il faut d'abord fçavoir faire la foie grêfe ; parce que ces trois fortes ne font que la foie grêfe différemment préparée. C'eft de cette premiere opération que dépend la bonté des trois autres ; & c'eft précifément la premiere fabrication de la foie grêfe qui eft vicieufe en France, & dans laquelle les Piémontois ont l'avantage fur nous pour la fabrication des organcins.

Si l'on donnoit à notre foie grêfe les préparations convenables, on pourroit en faire de l'organcin, & par-là gagner fur nous-mêmes les fommes confidérables que nous payons comptant aux Piémontois, pour nous procurer leur organcin. Comme leur foie grêfe eft parfaite, ils ont fenti qu'il y avoit plus à gagner en la vendant en organcin, qu'en foie de trame, de forte qu'il eft bien évident qu'en fuivant leur exemple, nous augmenterions de plus d'un tiers le produit de nos foies. On va voir tous les documens néceffaires pour bien s'inftruire fur le tirage de la foie ; puifque c'eft de cette opération que dépend tout le profit qu'on peut attendre de cette branche de l'économie rurale.

CHAPITRE XXIII.

Comment on doit tuer les Papillons avant qu'ils ne percent les coques pour en fortir.

LOrfque l'on fait une grande peuplade de vers à foie, il eft impoffible de tirer toute la foie avant le tems auquel les papillons fortent ordinairement de leur coque, à caufe de la grande difficulté de fe procurer affez de monde & affez de dévidoirs. D'un autre côté, les papillons gâtent leurs coques en les perçant. Nous avons fait fentir la conféquence de cet inconvénient, il faut donc recourir à quelques moyens de fe mettre à couvert de cet accident : en voici deux.

Il faut expofer les coques pendant plufieurs jours à la grande ardeur du foleil, l'efpace de quatre ou cinq heures chaque jour ; le papillon ne peut que mourir. Mais pour agir avec plus de fûreté, on retire les coques à trois heures après midi ; on les enveloppe dans des couvertures bien chaudes ; on les porte tout de suite dans un lieu frais. La chaleur concentrée dans les couvertures étouffe plutôt les vers. Pourvu que l'on pratique cette méthode cinq jours de suite, on peut être assuré que les papillons se dessécheront & ne conserveront aucune humidité.

Il est cependant plus prudent de ne pas les garder long-tems sans les tirer, parce qu'elles sont sujettes à la teigne. Il faut se mettre aussi à couvert des rats, des souris & autres insectes. D'ailleurs plus on garde les coques, plus elles diminuent de poids, ce qui est une véritable perte pour ceux qui les vendent en nature. De plus, & c'est ici l'important, la gomme se dessèche de plus en plus, & le tirage devient par conséquent d'autant plus difficile.

S'il arrive que le tems se tourne à la pluie, & que le soleil soit dix jours sans paroître, il faut remplir de coques plusieurs vaisseaux de terre dans lesquels on jette une certaine quantité de sel. On les couvre ensuite de feuilles séches, & on bouche exactement l'ouverture ; il ne faut que sept jours pour faire mourir les vers. Mais si les pots ne sont pas exactement bouchés, on risque de voir les vers vivre trop long-tems & percer leurs coques. Cette méthode ci est sans contredit celle que l'on doit préférer, d'autant plus qu'elle est infaillible, & qu'elle entraine bien moins d'embarras que l'autre ; pourvu toutesfois qu'on soit bien attentif à boucher exactement les pots.

CHAPITRE XXIV.

Du triage qu'on doit faire des cocons avant de tirer la soie.

LE triage dont nous prétendons parler ici, ne dépend point de la variété des couleurs des cocons, mais bien des différentes qualités des cocons ; & c'est ici le point essentiel, si l'on veut tirer tout le parti possible qu'on peut en attendre.

On distingue dans la même récolte de soie, quatre différentes espéces de cocons ; les fins, les demi-fins, les satinés & les doubles. Les fins sont ceux dont la superficie est un tissu de grain très-fin & très-serré. Le grain des demi-fins est beaucoup plus lâche

& plus gros. Les fatinés n'ont point du tout de grain, les doubles font ceux où deux ou trois vers ont travaillé & où ils fe font renfermés enſemble.

On voit par l'expérience que la foie que ces quatre eſpéces de cocons produiſent, doit être, & eſt en effet bien différente. Les fins donnent la plus belle ; les demi-fins tirés avec de l'eau un peù moins chaude, donnent une foie d'une qualité peu différente ; quant aux fatinés, la foie en eſt d'une qualité bien inférieure ; celle que l'on tire des doubles, eſt d'autant moins eſtimable, que l'on ne s'en fert point dans la fabrication des étoffes.

L'habitude pour bien mauvaiſe qu'elle foit, lorſqu'elle eſt étayée d'un uſage anciennement & généralement établi, fait preſque toujours loi. On n'a pas encore pu venir à bout de perſuader aux François qui fe livrent à l'éducation des vers à ſoie, qu'il eſt très-important de tirer féparément chaque qualité de cocons, & qu'il réſulte de très-grands avantages de cette attention. Il y a pluſieurs pays où on tire les cocons tous enſemble fans aucun triage, & dans d'autres endroits on fe contente de tirer féparément les doubles & les fatinés. On met toujours les fins & demi-fins dans la même baſſine. On fent combien ces deux méthodes doivent altérer la qualité de la foie de la premiere claſſe ; car il n'eſt pas poſſible que les cocons inférieurs ne gâtent les beaux, & que la foie qui en réſulte ne foit d'une qualité médiocre, & par conféquent d'un prix bien au-deſſous de celui qu'on en tireroit, ſi l'on faiſoit un triage exact. Lorſqu'au contraire on fait un triage des différentes qualités des cocons, fans compter la foie des cocons doubles, on fait trois différentes qualités de foie, dont la moindre fe vend autant que celle que l'on tire fans cette précaution. Et il eſt certain que celle de la premiere qualité entreroit en concurrence pour le prix & pour la beauté avec l'organcin de Piémont.

Autrefois aux environs de Montauban on ne faiſoit qu'une ſeule eſpéce de foie ; on mettoit à part les cocons doubles & les cocons percés, & on tiroit tous les autres enſemble. Le prix de cette foie étoit tout au plus de huit francs la livre. Une perſonne enſeigna aux Habitans à tirer trois eſpéces de foie, fans compter celle des doubles ; ils vendirent l'inférieure de ces trois fortes auſſi cher que la foie ordinaire. La moyenne fut vendue douze francs, & l'on tira depuis quinze juſqu'à feize francs de la plus fine : on voit que par cette nouvelle façon, le produit doubla ; auſſi s'en font-ils tenus conſtamment à cette pratique.

Chaque espéce de cocons, pour être tirée à profit, demande une eau qui ait un dégré de chaleur bien différent. Il faut donner aux cocons fins une eau presque bouillante ; une eau un peu moins chaude aux demi-fins, & beaucoup moins encore aux satinés.

Or quand on tire sans triage ces trois espéces de cocons, lorsque l'eau est au dégré de chaleur qui convient aux cocons fins, elle est trop chaude pour les demi-fins, & les fait monter en bourre. Si d'un autre côté on met l'eau au dégré de chaleur convenable aux demi-fins, elle est trop chaude pour les cocons satinés dont la soie se leve aussi en bourre, & elle ne l'est point assez pour les fins dont la soie ne se détache que très-difficilement. Il s'ensuit donc un déchet considérable ; ajoutez encore à cette perte la mauvaise qualité de la soie.

On sent donc à présent toute la nécessité de ne pas tirer les cocons sans les avoir auparavant triés : c'est ainsi cependant qu'on s'est comporté jusqu'à présent en France ; aussi voit-on des soies très-imparfaites, ce qui force l'Etat à des dépenses extraordinaires, & le dépouille insensiblement de son argent. Que l'on n'allégue point ici la main d'œuvre, il resteroit à ceux qui défendent avec obstination cette importation à prouver que la somme des soies achetées de l'Etranger, rentre par la fabrication, ce qui leur seroit impossible. D'ailleurs combien nos profits n'augmenteroient-ils pas, si nos triages faits avec l'attention que nous avons prescrite, nous mettoient en état de nous passer de l'Etranger ? Alors la matiere & sa fabrication étant dans nous-mêmes, l'Etat trouveroit le double avantage, premiérement d'augmenter ses fonds ; secondement de diminuer d'autant ceux de l'Etranger ; puisque celui-ci, vû la diminution de la consommation, seroit obligé de diminuer considérablement le prix de sa denrée, ou même seroit réduit à l'affligeante extrémité de ne pouvoir s'en défaire.

CHAPITRE XXV.

De la maniere de tirer la soie des cocons.

LE triage des cocons fait, il faut deux personnes pour en tirer la soie, dont l'une est à la bassine, pour veiller sur les cocons, & l'autre au dévidoir pour le tourner.

Le foin de la premiere eft de remplir d'eau la baffine, & de donner un feu qui entretienne toujours l'eau dans un égal dégré de chaleur. Lorfque fon dégré eft analogue à l'efpéce de cocons, comme, par exemple, bouillante pour les cocons fins, mais moins chaude pour ceux de la feconde efpéce, & ainfi en diminuant toujours à proportion jufqu'à la quatriéme efpéce, la Tireufe qui eft celle qui eft chargée du foin de la baffine, y jette deux ou trois poignées de cocons, elle prend une poignée de branches de bruyeres; elle en coupe toutes les pointes. Elle s'en fert à enfoncer les cocons dans l'eau; opération qu'elle répéte fouvent, mais avec beaucoup de légéreté : on nomme cette préparation *la battue*.

Dès que les cocons font bien trempés, les brins s'attachent aux pointes des branches; on les prend avec la main, & on les enleve jufqu'à ce qu'ils viennent fans bourillon; & on *purge* la foie, c'eft-à-dire qu'on la nettoye.

Enfuite on prend quatre, cinq ou fix, & quelquefois douze ou quinze brins fuivant la groffeur de la foie qu'on veut faire, que l'on fait paffer dans l'ouverture d'une des filieres; on en fait paffer autant dans une autre, & tous ces brins fortant des deux filieres, ne forment plus que deux fils de foie.

La Vireufe fait différemment lorfque l'on tire la foie à la bobine; mais comme la multiplicité des défauts de cette méthode l'a fait profcrire, nous la paffons entiérement fous filence.

Si à la façon Piémontoife, on tire la foie à la croifade, on croife à la fortie des filieres deux fils l'un fur l'autre de 3, 4, 5, 6, & même 8 ou 10 tours; on les paffe enfuite dans une boucle des guides, & on les attache fur le dévidoir qu'on fait tourner, comme nous avons déja dit.

Lorfqu'on fuit la méthode de Monfieur de Vaucanfon, qui adopte la double croifade, la Tireufe après avoir paffé les fils de foie dans les deux filieres, les donne à la Vireufe qui les paffe dans les petites boucles des guides, & qui enfin les attache fur le dévidoir.

Pendant que la Vireufe s'occupe de cette opération, la Tireufe fait les croifieres, en tournant la manivelle qui eft à fa main droite, dont chaque tour opére également un tour de poulie; la corde fans fin qui va de la poulie au cercle de bois, fait faire auffi un tour à ce cercle, qui en tournant fur lui-même, fait croifer les fils en deux points, l'un entre les filieres & le cercle, l'autre entre le cercle & les guides.

Ainfi on fait plus ou moins de tours de manivelle, fuivant qu'on veut plus ou moins croifer les fils ; car par ce méchanifme on voit que chaque tour de manivelle doit néceffairement opérer une croifiere des fils, de forte que fi l'on donne douze tours de manivelle, les fils feront croifés douze fois devant le cercle & autant de fois derriere. On eft donc le maître d'augmenter ou de diminuer ce nombre, fuivant que la foie que l'on fait, eft plus ou moins groffe.

Il faut dans cette opération, s'attacher principalement à bien *nourrir la foie*, ce qui n'eft autre chofe que le foin que la Tireufe doit avoir de fournir toujours de nouveaux cocons, à mefure que chaque premier cocon fe developpe ; par ce moyen on nourrit la foie, c'eft-à-dire, qu'on conferve au fil de foie toujours la même égalité. La Tireufe prend donc, pour bien remplir cet objet, depuis quatre jufqu'a cinq, depuis cinq jufqu'a fix, ou depuis fix jufqu'a fept cocons ; elle va même en augmentant, fuivant la force qu'on a déterminé de donner au fil de foie.

Auffi rarement cette opération réuffit-elle, fi l'on n'a l'attention d'avoir une habile Tireufe qui doit être vigilante à fournir les nouveaux bouts de cocons pour remplacer ceux qui font à même de finir.

Il faut ne point oublier de les bien nettoyer avant que de les joindre aux autres qui compofent le fil de foie ; pour joindre ces nouveaux brins aux fils de foie, la Tireufe les jette adroitement avec le pouce fur les autres.

Il faut obferver que la Vireufe tourne toujours également fon dévidoir & le plus vite qu'elle pourra, parce que moins la foie fera de tems dans la baffine, plus elle fera belle, luftrée & abondante. Et c'eft ici le point important ; car fi les cocons féjournent long-tems dans la baffine, la foie s'y détrempe trop & ne produit prefque plus que de la bourre.

Comme le principal de cette opération confifte à tenir l'eau toujours dans une chaleur égale, la Tireufe met à fon côté du charbon & de l'eau fraîche ; le premier pour échauffer la baffine la feconde, pour la rafraîchir, lorfqu'elle a trop de feu ; elle fe munit auffi d'un petit vaiffeau plein d'eau fraîche, pour rafraîchir de tems en tems fes doigts qui ne pourroient point réfifter à la chaleur continuelle de l'eau de la baffine.

Dès que l'on voit les cocons s'élever par bourillons, c'eft un figne certain qu'il faut rafraîchir l'eau ; lorfqu'au contraire la foie ne fe développe que difficilement, il faut mettre du charbon.

La même Ouvriere retire avec une écumoire les vers & les dépouilles qui reftent au fonds de la baffine après que la foie eft tirée. Il faut auffi renouveller l'eau à mefure que l'on s'apperçoit qu'elle eft fale ; pour ne pas perdre du tems, on choifit l'heure des repas de la Tireufe. Il eft bon de renouveller trois ou quatre fois par jour.

Que l'on fe donne bien de garde fur-tout de mettre les cocons dans la baffine, avant d'avoir donné à l'eau le dégré de chaleur convenable ; parce qu'autrement les cocons y féjournant trop longtems, la gomme fe diffoudroit, l'eau pénétreroit dans les cocons, les rempliroit de façon qu'étant appéfantis, ils ne tourneroient plus ; on ne pourroit pas en tirer la foie, puifqu'elle cafferoit à chaque inftant. On doit avec la même attention éviter l'eau bouillante, parce que fi on y jettoit les cocons, il en réfulteroit les mêmes inconvéniens.

Lorfque nous avons finguliérement recommandé le choix d'une bonne Tireufe, on doit être perfuadé que ce n'eft que d'après l'expérience. On fçait que le bout de foie fe rompt fréquemment, ce qui eft un très-grand inconvénient, dont prefque toujours la Tireufe eft refponfable, parce que c'eft un effet de fa négligence.

Il faut qu'elle nourriffe exactement les bouts de foie ; car on peut remarquer que les brins de foie s'affoibliffent & deviennent minces à mefure que le cocon approche de fa fin. On a même obfervé que quatre brins n'en valent pas un de ceux des cocons que l'on commence à dévider. On voit donc que fi l'Ouvriere n'a pas l'intelligence & le foin de joindre au fil le nombre de brins qui lui font néceffaires pour fe fortifier, le fil doit néceffairement caffer à la croifiere.

De-là une obfervation qui remédie infailliblement à cet inconvénient, c'eft de ne pas attendre que les cocons foient finis, pour en mettre de nouveaux, parce que fans cette attention, outre que l'on s'expofe à voir caffer le fil, on fait d'ailleurs une foie très-inégale, & par conféquent très-défectueufe.

Si la Tireufe néglige de purger la foie, les bourillons qui font attachés au bout, engorgent les filieres, ou s'arrêtent aux croifieres, de forte que le fil fe rompt.

Si l'on ne bat pas exactement les cocons dans la baffine, afin qu'ils qu'ils trempent de tous les côtés, la foie ne s'en fépare que difficilement, & les cocons s'enlévent avec le fil de la foie & le font caffer par leur poids.

Nous avons auffi fait voir que fi la Tireufe ne trie point avec foin les cocons, la foie caffe. Nous en avons dit la raifon au Chapitre du triage.

On doit également éviter de jetter dans la baffine des cocons que les vers ont piqués, parce que l'eau y entrant, elle y forme un poids qui fait caffer le fil.

Il en eft de même des cocons où les vers font tombés en pourriture, parce que cette corruption s'étant communiquée à la gomme qui fert de vernis à l'intérieur du cocon & qui empêche l'eau d'y entrer, fe détrempe & ouvre par conféquent une entrée à l'eau de la baffine.

Comme les peaux que les vers ont dépofé en fe métamorphofant en féves, furnagent & reftent attachées au fil de foie, & produifent le même effet que les bourillons, on doit avoir le foin de les enlever, ainfi que toutes les autres faletés.

CHAPITRE XXVI.

De la maniere de préparer les Fleurets.

LA partie de l'ouvrage du ver à foie que l'on appelle fleuret, n'eft autre chofe que cette foie groffiere que le ver jette avant que de commencer fon cocon. Elle n'eft propre qu'à être filée au rouet ou à être cardée.

Cette partie ne doit point être négligée par les perfonnes qui font une grande nourriture de vers. Il faut en décharger les cocons avant que de les mettre au four ou avant que de les expofer au foleil.

Tout ce qui, dans le tirage de la foie, ne peut pas être tiré au tour, doit être mis avec le fleuret.

Pour tirer quelque parti des cocons que le tour rejette, on y fait une incifion en long; on en ôte les vers & les faletés, & on les met tremper avec les fleurets dans de l'eau claire pendant trois ou quatre jours. Il faut tous les jours changer l'eau, afin que les fleurets fe blanchiffent, & que l'eau ne fe corrompe pas, ce qui fans ce foin, arriveroit le troifiéme jour au plus tard.

Lorsque les fleurets font ramollis, on les met dans une chaudiere pleine de lessive claire & bien décantée, afin qu'il n'y reste rien des cendres dont elle est faite ; on les y fait bouillir environ une demi-heure, enfin jusqu'à ce que les cocons soient bien ramollis & bien dégommés. Ensuite on les lave à la riviere, & après qu'on les a séchés, on les file au rouet ou à la quenouille. Il vaut encore mieux les faire carder, ainsi que la laine, afin de les rendre plus flexibles à l'impression du doigt de la Fileuse.

Mais l'expérience prouve que toutes ces préparations ne rendent pas un grand profit, & qu'il vaut beaucoup mieux tirer les cocons, autant qu'il est possible, au tour ou en soie fine, ou en soie grossiere ; on ne mettra donc parmi les fleurets que les cocons dont on ne peut faire absolument aucun autre usage.

CHAPITRE XXVII.

Des Vers jaunes.

NOus avons déja fait observer que les vers font sujets à cinq mues, qui font autant de maladies que cet insecte doit naturellement subir dans le cours de sa vie ; ainsi comme elles font inséparables de son existence, & qu'il paroît même que la Nature les a jugées nécessaires à son parfait accroissement, nous ne les regarderons point ici comme véritables maladies auxquelles on puisse porter quelque reméde. Il en est d'autres qui font plus susceptibles de quelque soulagement, & c'est précisément sur celles-là qu'il faut donner quelqu'instruction au Cultivateur ; afin qu'il sçache, lorsque les vers en font attaqués, comme cela arrive souvent, leur porter les secours les plus efficaces : ces animaux deviennent jaunes ou muscadins vers le tems de la fraise, tems auquel après avoir subi toutes les mues, ils se trouvent remplis de cette gomme qui forme la soie, & qu'ils se préparent à filer. Cette maladie ressemble assez à celle qu'ils subissent dans leurs différentes mues, car les symptomes font à peu-près les mêmes ; puisqu'il est vrai qu'on observe que leur peau devient dans l'un & l'autre cas jaune & luisante.

Dans les mues les vers ne demandent pour tout reméde & tout secours que beaucoup de repos. Dans la maladie qui les attaque au tems de la fraise, tems auquel les vers sont pleins de la gomme visqueuse qui forme la soie qu'ils se disposent à filer, ils deviennent jaunes & luisans. On les trouve souvent morts suspendus à ce fil de soie.

Un Membre de l'Académie de Montpellier, qui s'est livré avec toute l'assiduité que les opérations de la nature exigent, quand on veut la suivre pas à pas & découvrir les causes qu'elle emploie dans les effets merveilleux qu'elle met à chaque instant sous les yeux, prétend que l'une & l'autre maladie ont la même cause, c'est-à-dire, les exhalaisons corrompues qui s'élévent dans la piéce où sont les atteliers. Il est bien certain que des principes corrompus qui se répandent dans l'air contenu dans cette piéce, peuvent porter quelquefois ce préjudice ; mais il ne l'est pas moins qu'une nourriture mal conditionnée peut aussi produire ce funeste effet : nous avons assez fait sentir dans les Chapitres précédens combien il est important de renouveller l'air de la piéce & de la parfumer ; quant aux feuilles, nous avons recommandé avec la même attention, de la bien essuyer avant de la donner aux vers afin qu'il ne s'y trouve point d'humidité.

Cette maladie, c'est-à-dire, la jaunisse à laquelle les vers à soie sont sujets dans le tems de la fraise, n'est autre chose qu'une espéce d'hydropisie, qui peut encore mieux venir, d'une nourriture trop tendre & trop humide que des mauvaises exhalaisons. Ainsi sa véritable cure dépend des feuilles séches que l'on doit donner à cet animal. Nous disons même plus, dans le tems de la fraise la poudre de feuille de mûrier desséchée seroit un antidote merveilleux & infaillible : & en ce cas il faut prendre des feuilles que l'on fait sécher suivant la façon Chinoise dont nous avons déja parlé. On les réduit en poudre & l'on en donne à manger au vers pendant le tems de la fraise. Elle sert à absorber la sérosité qui se trouve dans la gomme visqueuse dont la soie se forme, & obvie par conséquent à cette maladie qui fait tant de ravages.

On assure qu'à la Grenade on met en usage une autre pratique que l'on dit être infaillible. Lorsque le ver commence à être en fraise, on ne lui donne plus pour nourriture que cette partie de la feuille qui est à deux ou trois lignes de la côte qui la partage depuis la tige jusqu'à son autre extrémité. On a d'abord l'attention de bien faire essuyer la feuille, ensuite on prend des ciseaux & on la tond tout autour jusqu'à deux ou trois lignes de la côte ; on la donne ainsi au ver qui la ronge plus difficilement & qui n'y trouve

en effet que de quoi se subftanter pour se soutenir & finir sa filature.

Ce moyen que nous propofons ne nous eft point connu d'après
l'expérience, nous le tenons d'une perfonne qui nous a affuré l'avoir
vû mettre en ufage en Efpagne avec beaucoup de fuccès. Ainfi
nous ne le propofons que fur la foi d'autrui : au refte nous ne
voyons pas que l'on rifquât beaucoup à en faire l'effai fur les vers
d'une feule cabanne ; & en fuppofant que cette précaution répondît aux vues du *Magnaguier*, il eft certain qu'elle feroit très-
avantageufe, puifqu'il ne périroit plus tant de vers au moment qui
touche de fi près la récolte ; d'ailleurs quant même cette méthode n'auroit que l'avantage de diffiper les inquiétudes auxquelles
on eft expofé, & qui dégoûtent fouvent les perfonnes qui voudroient fe livrer à cette branche de l'œconomie, elle feroit toujours d'un grand prix.

Un Obfervateur que l'on nous certifie être un très-grand Natu-
ralifte & avoir fuivi fcrupuleufement toute la marche de cette
maladie, propofe un remède qui paroît d'autant plus fingulier qu'il
dit être infaillible. Si l'expérience, comme l'avance cet Acadé-
micien, confirme fa découverte, nous convenons de bonne foi,
que la raifon phyfique ne pouvant point venir à l'appui de cette
pratique, nous ne pouvons la mettre qu'au rang des découvertes qui
tiennent du prodige : au refte il dit en avoir fait les effais avec
fuccès ; c'eft ici une queftion de fait ; & nous fçavons comment il
convient de prononcer fur des points femblables : nous exhortons donc tous les Magnaguiers à tâcher d'autorifer de l'expérience
cette méthode : il eft des effets dont on ne peut rendre raifon, &
qui quoique peu vraifemblables, font cependant vrais ; fi la découverte réuffit, elle eft avantageufe ; il faut donc ne pas la perdre de
vue & la mettre en pratique pour l'accréditer, en attendant qu'on
puiffe l'étayer du raifonnement.

Dès que les vers commencent à jaunir & à devenir luifans, on
leur donne, dit cet Obfervateur, un bain d'eau fraîche pendant
quarante ou quarante-cinq minutes. Il a remarqué, continue-t-il,
en plufieurs occafions que des vers attaqués de cette maladie ont été
radicalement guéris, parce qu'ils avoient été mouillés acccidentel-
lement. Cette découverte accidentelle lui fit ouvrir les yeux,
il fe détermina à faire exprès l'expérience qui, ajoute-t-il, lui a
toujours réuffi.

Il faut, continue-t-il, laiffer les malades dans l'eau plus ou moins de tems suivant que la maladie est plus ou moins invétérée. Il y en a laissé pendant une heure entiere qui ont été dans la suite en état de faire leurs cocons. Ainsi quand nous disons que cette méthode est pour le moins aussi singuliere que celle par laquelle on prétendroit guérir un hydropique à force de lui faire boire de l'eau, on ne pourroit point soupçonner de l'humeur dans notre critique ; puisqu'il est comme démontré que cette peau luisante & gonflée n'est autre chose que ces sérosités dont la gomme visqueuse abonde, & qui s'en séparent. Les vaisseaux excrétoires de la transpiration se trouvant engorgés, elles ne peuvent point s'échapper par cette voie, & forment par conséquent cette espéce d'hydropisie que l'on guériroit infailliblement, si l'on pouvoit avoir le tems & la patience de piquer mais très-légérement avec une pointe d'acier très-affilée la partie où l'on voit que l'extravasion s'est formée : cette opération produiroit exactement dans les vers le même effet que la ponction produit dans les hommes hydropiques à qui on la fait.

Il est encore une autre méthode que l'on ne met point en usage, & qui cependant seroit très-propre à guérir cette maladie dans son commencement & à la prévenir. Elle est bien simple : c'est la diéte, il faut, dès qu'on s'apperçoit que les vers tombent en langueur, diminuer leur nourriture. Nous sçavons bien que ce que nous proposons ici ne prendra point faveur à cause du préjugé établi. Il faut, dit-on, bien nourrir les vers lorsqu'ils sont hors de la mue, afin qu'ils rendent beaucoup de soie, & c'est cette grande avidité du gain qui cause tant de perte. La diéte leur donne de l'appétit, consomme toutes les sérosités qui abondent dans leur nourriture. Quelque précaution que l'on prenne pour bien faire essuyer les feuilles, l'humidité qui se trouve dans le terrein de la plantation, & qui quelquefois nous est inconnue par rapport à la sécheresse de la superficie qui nous trompe, entre essentiellement dans la nature de la feuille & en constitue la qualité humide : ainsi quels que soient les soins qu'on se donne pour bien la faire essuyer, l'humidité y étant inhérente, cause la jaunisse aux vers, si on leur en donne suivant leur appétit. On remarque même que plus elle est tendre, plus ils sont voraces, & rien ne l'attendrit tant que l'humidité qui y abonde. Ce n'est donc que par la diéte que l'on peut remédier à l'accident dont il est ici question ; elle seule peut donc aussi le prévenir.

Quoique l'anonimité porte avec elle une idée peu avantageuse de

personnes qui en font usage, & que les personnes à qui l'on adresse des lettres sans seing, sans date, & sans nom de lieu, doivent les
mépriser; nous estimons que celle qui nous a été adressée mérite un
autre sort, d'autant plus que la ressource que l'on nous y propose
pour faire venir des vers à soie sans graine, ne nous est point inconnue : en effet nous nous rappellons avoir vu cette méthode
imprimée dans un petit Recueil de secrets. Nous avons en vain
cherché à nous rappeller l'Auteur ou le nom du Libraire; l'Auteur
de la Lettre suivante prétend avoir pratiqué cette méthode avec succès, & assure que les vers qu'il a fait venir lui ont produit de la
soie d'une aussi belle qualité que les plus belles soies que l'on récolte
dans le Royaume.

LETTRE

A l'Auteur du Gentilhomme Cultivateur.

MONSIEUR,

J'ai des raisons particulieres & plus que suffisantes pour garder
l'incognito : je vous prie donc de ne pas vous offenser si je ne me
nomme point dans ce Mémoire, qui me paroît pouvoir devenir
d'une très-grande utilité aux Cultivateurs qui suivent avec soin
l'éducation des vers à soie & qui en font leur principal revenu. Vous
sçavez, Monsieur, & je ne doute point que vous ne le fassiez observer lorsque vous traiterez de cette branche de l'économie champê-
tre, que la graine que les François sont obligés de tirer de l'étranger
est très-souvent altérée soit par la mauvaise foi de ceux qui la vendent, soit par le peu de connoissance de ceux qui l'achetent, soit
par les divers accidens auxquels le transport l'expose, soit enfin par l'échauffaison qu'elle acquiert par le plus ou le moins de
retardement de la feuille; j'ai mis en œuvre un moyen qui nous garantit de tout cela. Je prends une ruelle de veau d'une livre & demie ou de deux livres, ou de plus encore suivant la quantité de feuilles que j'ai pour la nourriture des vers. Je coupe ce veau par petites
lanieres bien minces : je prends des feuilles d'un mûrier noir, je
les fais bien essuyer : j'ai un vase de grès : je fais d'abord une cou-

che dans le fond avec les feuilles; c'eſt-à-dire que je ne les mets qu'une à une à côté l'une de l'autre. Ce lit étant ainſi compoſé, j'en fais un ſecond de lanieres, l'un à côté de l'autre; celui-ci fini j'en fais un troiſiéme de feuilles arrangées de la même façon que celles de la premiere couche, & je fais le quatriéme de lanieres arrangées de la même façon que celles de la ſeconde couche. Je continue ainſi juſqu'à ce que le vaiſſeau ſoit plein à quatre doigts du bord; j'obſerve ſeulement que la derniere couche ſupérieure ſe trouve faite avec des feuilles.

Toutes ces couches étant ainſi diſpoſées, je ferme exaĉtement mon vaſe & je l'expoſe au ſoleil pendant quinze jours ou trois ſemaines s'il le faut; au bout duquel tems je l'ouvre & je trouve une verminiere parfaite; mes atteliers étant prêts, je verſe dans chaque cabane où j'ai fait mettre de la feuille bien tendre de mûrier blanc, à peu près la quantité de vers qui peuvent s'y élever à leur aiſe, & je continue ainſi juſqu'à ce qu'il n'en reſte plus dans ma verminiere.

Quelques heures après je vais examiner ſi les vers ſe ſont portés ſur la nouvelle feuille, ce qui arrive ordinairement dans trois ou quatre heures; alors je nettoye mes cabanes, & je parfume pour diſſiper le mauvais air que cette littiere ne manque point de répandre: toutes ces opérations faites, tous mes atteliers ſont en état, & mes vers ſubiſſent les mêmes mues que ceux qui viennent de graine. J'obſerve même que leur hydropiſie, quand ils ſont en fraiſe, n'eſt pas ſi dangereuſe pour eux qu'elle l'eſt pour les autres.

Si vous me demandez pourquoi je n'emploie point la feuille de mûrier blanc pour faire ma peuplade, j'ai l'honneur de vous répondre que l'expérience m'a appris à préférer les mûriers noirs aux mûriers blancs; la feuille de ceux-ci me donnoit des vers délicats & d'une foible conſtitution & qui ne venoient que très-rarement à bien; au lieu que ceux que je fais venir avec la feuille de mûrier noir ſont d'un tempérament robuſte & vigoureux, & même, comme je l'ai obſervé avec ſoin, beaucoup plus abondans en ſoie.

Voilà, Monſieur, juſqu'où j'ai pouſſé mes petites obſervations ſur l'éducation des vers à ſoie. Vous voyez à préſent que le motif qui me fait taire mon nom n'a point de caraĉtere qui puiſſe ni vous offenſer ni déplaire au public, en cas que vous jugiez à propos de lui communiquer mes expériences: ſi elles ſont utiles & adoptées des Cultivateurs, quoique je reſte inconnu, je n'en jouirai pas moins de la folide fatisfaction qu'un véritable citoyen trouve à fe rendre utile à la fociété. Je vous prie, Monfieur, de me croire très-porté à vous obliger & à vous donner toutes les connoiffances que je puis avoir acquis fur une autre branche d'agriculture que vous n'avez point encore traitée; c'eft une attention que tout vrai patriote doit à une perfonne qui, comme vous, fe confacre fi généreufement à l'utilité publique. Je lis à préfent votre neuviéme & dixiéme volume; je vous y vois fuivre toutes les maladies des animaux de la Ferme avec un foin & une attention que l'on n'avoit point eu jufqu'à préfent. J'attends avec toute l'impatience que peuvent infpirer le plaifir & les avantages que j'ai retirés de la lecture des précédens, le onziéme & le douziéme; je ne doute point, qu'ils ne foient auffi utiles. Je fuis avec la confidération la plus fincere,

Monfieur,

Votre, &c.

Nous ne fçaurions trop exhorter à faire des effais fur ce point. Il eft affez important pour exciter l'attention des perfonnes dont le revenu confifte principalement en foie : il eft certain que fi l'expérience confirme les moyens que l'anonyme vient de nous communiquer, ils ne pourroient être que très-avantageux, fur-tout dans certaines circonftances qui fe préfentent fréquemment.

CHAPITRE XXVIII.

Des différens Tours.

ABCD, eft une efpéce de banc formé de quatre piéces de bois, & que l'on appelle banc du tour. On le fait ordinairement de cinq pieds de longueur fur deux pieds de largeur ou à peu près.

AD, partie de ce banc qu'on nomme le devant du tour.

BC, partie qu'on appelle le talon ou le derriere du tour.

Cet enfemble eft foutenu comme une table fur quatre pieds : on donne aux pieds de devant deux pieds de hauteur, & fix pouces de plus à ceux du talon.

Le méchanifme de cette machine eft imparfait, pour peu

qu'on

qu'on néglige d'assembler bien solidement les piéces qui composent ce banc. On ne sçauroit croire combien ce point est important
pour le tirage de la soie.

Il y a au talon du tour un devidoir auquel on donne deux pieds
de diamétre.

E F, partie du devidoir qu'on appelle l'arbre dont les deux extrémités sont armées de deux pivots de fer appuyés sur deux supports.

G H, les deux supports en question.

abc, Manivelle de fer avec laquelle on fait tourner le devidoir
sur les supports.

dd, les filieres qui sont deux verges de fer, fixées horizontalement sur la traverse A D du devant du tour. On les met à six
pouces de distance l'une de l'autre. Leur extrémité *dd* est faite
en forme d'anneau par où l'on fait passer le fil de la soie.

c L est une piéce de bois qu'on appelle l'épée ou regle ; elle est
placée à un pied & demi de la traverse A D, un de ses bouts porte
sur le support L. Elle est attachée par l'autre bout à la poulie *f*.

mn, deux petites verges de fer de quatre ou cinq pouces de longueur, qui sont fichées perpendiculairement dans l'épée ; elles
sont distantes de six pouces l'une de l'autre & sont faites en forme
de tire-bouchon. On y fait passer les fils de soie comme dans les filieres : on les nomme, en termes de l'art, les guides. Ce nom ne
leur a sans doute été donné, que parce que par leur moyen on arrange comme il convient les fils de soie sur le devidoir ; le support
L est ouvert par le haut, & l'on doit faire l'entaille assez évasée,
afin d'y donner à l'épée un mouvement aisé & très-libre, & que par
le mouvement qu'elle reçoit elle puisse alternativement reculer &
avancer.

f, poulie qu'on nomme aussi roulette. On la pose horizontalement : elle tourne sur un pivot qui est fixé dans la partie A B du tour.

d f, piéce de fer qui est fixée bien solidement sur la roulette &
dont l'extrémité *d* est courbée & entre dans un trou pratiqué au
bout de l'épée & qui lui sert d'appui. Mais loin d'y être gênée elle
doit au contraire s'y mouvoir aisément lorsque la roulette est en
mouvement.

Il faut que l'arbre du devidoir soit arrondi dans son extrémité E.
On y pratique une canelure par laquelle il joue comme une poulie.

x x, corde sans fin qui part de cette canelure & qui embrasse la
roulette ; c'est par cette corde que le mouvement du devidoir lui est

communiqué : la roulette mue de cette façon, le pivot *d f* qui y eſt attaché, communique un mouvement alternatif à l'épée, de *d* en L , & de L en *d* ; c'eſt ſans doute de cette circonſtance que cette piéce-ci a auſſi tiré le nom de *Va-vient*.

i m n, Baſſine de forme ovale, poſée ſur le fourneau *o p q* ; au-devant du tour, en face de la traverſe A D.

Ces deux piéces doivent être diſpoſées de façon que les deux filieres *a a* ſoient depuis huit juſques à douze pouces au-deſſus des bords de la baſſine, enſorte qu'elles répondent perpendiculairement au milieu.

Il faut bien prendre garde que la fumée ne communique dans la baſſine ; c'eſt pourquoi on pratique une eſpéce de cheminée dans le fourneau pour l'en détourner.

Il eſt eſſentiel d'ajuſter la baſſine au fourneau, de façon que la fumée ni les vapeurs trop chaudes ne puiſſent point s'échaper, parce qu'elles brûleroient ou altéreroient la ſoie & que d'ailleurs elles incommoderoient l'ouvriere qui ſert la baſſine.

Y Z, Planche appellée la planchette ; elle eſt clouée en-deſſous ſur le devant du tour, entre la traverſe A D & la traverſe B C.

La tireuſe ſe ſert de cette piéce pour mettre le balai avec lequel elle fouette les cocons, le vaiſſeau qui contient l'eau fraîche dans laquelle elle trempe ſes doigts & les mauvais cocons qui ne montent point.

Le devidoir eſt compoſé d'un arbre & de quatre embras. On y pratique quatre mortaiſes qui le traverſent & qui reçoivent les rayons.

g h, Traverſe d'un embras ; chaque embras en a une ſemblable.

r s & *t u*, les rayons, dont un bout ſoutient la traverſe, & dont l'autre entre dans les mortaiſes pratiquées dans l'arbre. Il en eſt de même des autres embras.

Lorſqu'on veut tirer la ſoie il faut avoir deux femmes ; l'une eſt à la baſſine pour battre les cocons & en prendre les brins, on la nomme tireuſe ; l'autre eſt au devidoir : elle fait tourner, fait les échevaux, on l'appelle la vireuſe.

La premiere jette une ou deux poignées de cocons dans la baſſine lorſque l'eau eſt prête à bouillir ; elle les agite avec un petit balai pour avoir les bouts des brins. Elle les raſſemble en deux fils qu'elle fait paſſer dans les deux filieres *d d*, enſuite elle les donne à la vireuſe qui les paſſe dans les guides *m n*, & les attache ſéparément au devidoir, pour faire deux échevaux à la fois ; tout étant ainſi préparé elle fait tourner le devidoir aussi vîte qu'il lui est possible : cette description suffit pour donner une connoissance assez étendue du tour dont on a fait d'abord usage, & dont on se sert même encore en quelques endroits du Royaume.

Quiconque a vu le tour de Languedoc corrigé, doit sentir la conséquence des défauts que le tour que nous venons de décrire devoit avoir.

Le vitrage étoit son principal défaut.. les fils de soie étant dirigés irrégulierement sur le devidoir, ils tomboient les uns sur les autres. Or étant chargés & imbibés d'une gomme que l'eau chaude liquéfie, & se touchant dans toute leur étendue, ils se colloient ensemble. Cette gomme se séchoit dans la suite & formoit sur les écheveaux une espéce de vernis ; & c'est ce qu'on appelle vitrage : quand on vouloit mettre ces écheveaux vitrés en bobines, les fils se trouvoient si fortement collés les uns aux autres que les brins dont ils étoient composés se cassoient & s'écorchoient ; de sorte que la soie étoit très défectueuse.

On remarqua que ce défaut n'étoit produit que par la roulette, par le Va-vient ou l'épée & par les guides : on n'avoit pour objet, en faisant entrer ces trois piéces dans la composition du tour, que d'éviter que les fils de soie ne se collassent les uns aux autres. Pour éviter le vitrage qui est le fléau de la filature, il faut que le mouvement de la roulette soit tellement concerté avec chaque révolution du devidoir, que les fils changent continuellement de place & ne se placent point les uns sur les autres ; c'est-à-dire qu'il faut que l'arbre du devidoir fasse quarante-sept tours, tandis que la roulette en fait vingt-neuf ; par ce moyen l'écheveau est parfait, parce que les fils se placent en quarante-sept points différens avant que de retourner au premier point. Or pour parvenir à ce dégré de perfection il a donc fallu obvier aux effets défectueux de la roulette, de la poulie de l'arbre, de l'épée & de la corde sans fin de l'ancien tour.

La poulie de l'arbre fut d'abord corrigée, elle n'étoit ci-devant qu'une simple canelure ; aujourd'hui elle est faite en poulie comme la roulette ; mais son calibre est beaucoup plus petit : on la nomme à présent emboëture, parce qu'elle s'emboëte au bout de l'arbre en E du tour de Languedoc, comme on peut le voir dans la figure qui le représente, on l'y fixe avec de la colle forte, de façon qu'ils ne font qu'un même corps.

On voit par la figure A cette emboëture vue de face. B en fait voir le profil. Elle est percée de part en part d'une ouverture ron-

de de deux pouces de diametre dans ſon centre, dans laquelle le
bout de l'arbre s'emmanche, on doit faire enſorte qu'il la rempliſſe
exactement; on l'y colle bien ſolidement.

La canelure de cette poulie eſt garnie dans toute ſa circonférence de vingt-trois chevilles de fer que l'on enfonce dans autant de
trous faits exprès.

A, Figure dans laquelle on voit tous ces trous. Dans la figure B on
voit les chevilles placées comme elles doivent l'être.

On a vu dans l'ancien tour la manivelle à côté de l'emboëture;
dans celui-ci elle eſt tranſportée à l'autre bout de l'arbre en M.

La nouvelle roulette qu'on a imaginée au lieu de l'ancienne eſt
de la même forme que l'emboëture & également ferrée. Toute la
différence conſiſte dans le calibre qui eſt beaucoup plus grand, &
dans l'ouverture centrale qui eſt beaucoup plus petite, puiſqu'elle
n'a en effet que huit lignes de diametre. Le fond de la canelure
de la roulette eſt garni de trente-ſept chevilles de fer : c'eſt ſur ces
chevilles que la corde ſans fin *oooo* eſt appuyée, & donne la proportion pour la diviſion de la circonférence de l'emboëture en
vingt-neuf parties, & pour la diviſion de la roulette en quarante-
ſept; de ſorte que le devidoir fait quarante-ſept tours tandis que la
roulette n'en fait que vingt-neuf.

Mais comme malgré ces corrections il peut ſe former du vitrage, on a trouvé le moyen d'y remédier par le moyen de deux chevilles de fer, que l'on place dans deux trous que l'on pratique exprès. Leur effet eſt ſurprenant. On ne ſe ſert quelquefois que d'une
cheville, quelquefois auſſi on fait uſage des deux, enfin ſuivant le
beſoin.

En plaçant ou déplaçant une de ces chevilles, on augmente
ou l'on diminue d'environ un cent cinquantiéme le calibre de
la roulette, parce que les trous *hi* que l'on voit au haut de la roulette, & dans leſquels on met, quand il eſt néceſſaire, ces chevilles,
ſont plus éloignés du centre de la roulette que ceux qui ſervent à la
garniture ferrée : ce qui eſt très-ſuffiſant pour corriger la mauvaiſe
proportion qu'il peut y avoir entre la roulette & l'emboëture, & par
conſéquent pour remédier au vitrage.

La figure C repréſente la roulette en plein, & la figure D en
donne le profil. Les points noirs placés circulairement vers la circonférence de la figure C marquent les trous des trente-ſept
chevilles de fer qui garniſſent le fond de la canelure : l'on voit dans
la figure D l'effet que doit produire cette garniture ferrée.

ff font les deux petites chevilles de fer que l'on place dans les trous *hi*, pour changer la proportion entre l'emboëture & la roulette. On attache ces deux chevilles aux deux bouts d'une petite ficelle au point *g*, aux côtés duquel font deux autres points noirs, qui font deux trous où l'on met ces chevilles lorsqu'on n'a pas befoin d'en faire usage, pour les avoir à portée & s'en servir aussi-tôt qu'il est nécessaire.

L'épée dont le jeu étoit, comme nous l'avons dit, très-vicieux, a aussi été corrigée en racourcissant les guides ; on les a réduites à la longueur de quinze lignes, & si encore on y comprend l'anneau, qui de fermé qu'il étoit autrefois, est aujourd'hui ouvert, pour se procurer la facilité d'en ôter les fils sans les rompre, en cas de befoin.

On a aussi rendu la traverse mobile : mais on l'a fixée au point T par une cheville de fer qui entre avec aisance dans une ouverture pratiquée dans la barre D C. Mais par l'autre bout L elle n'est que posée sur la barre AB, comme on peut le voir dans la figure de l'ancien tour, & le pivot L qui porte le bout du Va-vient ou de l'épée du même tour étoit enfoncé dans la barre D C : on voit que par ce méchanisme la roulette ne pouvoit pas se prêter à la tension ni au relâchement que la corde sans fin doit nécessairement éprouver dans les divers changemens de tems ; d'où résultoient des variations continuelles dans le tirage de la soie.

La traverse mobile étant présentement ajoutée à l'ancien tour, la corde sans fin dans sa tension peut la rapprocher de l'arbre du devidoir, & une autre force dans un sens contraire peut aussi la rapprocher de la planchette, lorsque la corde vient à se relâcher : il est donc bien évident que par cette correction la corde sans fin doit être dans une tension toujours égale malgré toutes les variations du tems.

Pour former une force qui fût capable d'être dans une opposition exacte à la force de la corde sans fin, & de lui donner une tension toujours égale, on met un poids de six ou sept livres suspendu par une petite corde qui est attachée au côté droit de la traverse mobile sous la roulette, & qui passe par-dessus la petite poulie N, & qui porte le poids sous le tour, comme on peut le voir en P.

N est donc une petite poulie ajoutée encore à l'ancien tour. Elle est montée sur une espéce de petite console N O qui est attachée à la barre A B, avec deux clous.

rs, Plan de cette petite poulie & de sa console.

T L, traverſe mobile en place ſur le tour, & garnie de ſa rou-lette, de l'épée & du ſupport T V, qui porte un bout de l'épée ou Va-vient. x, point dans lequel la croiſure ſe fait. La figure X Y re-préſente la même traverſe vue dans le même ſens qu'on lui don-ne ſur le tour. 2 2 ſont des entailles faites aux deux côtés de la tra-verſe pour y placer le ſupport 3, 5 ; c'eſt dans la grande entaille 3 du ſupport qu'on fait entrer la traverſe : la petite entaille eſt pour recevoir le Va-vient.

4, 4, eſt une planche ou eſpéce de plate-forme, que l'on colle bien exactement à la traverſe : ſon uſage eſt d'empêcher la traverſe mobile de ſe renverſer. La traverſe, cette plate-forme & le ſup-port doivent être de bois blanc.

c, Clou à tête ronde, il eſt placé près de la plate-forme ; on l'en-fonce dans la traverſe. C'eſt à ce clou que l'on attache la corde qui porte le poids. On la voit paſſer par deſſus la traverſe & va joindre la petite poulie. Ce méchaniſme eſt abſolument néceſſaire, pour empêcher la traverſe mobile de ſe renverſer vers le devidoir.

La figure G H, repréſente la traverſe de côté : G 6, profil de la plate-forme. 7, La petite planche quarrée. 8, La cheville cen-trale de la roulette. 9, Le ſupport des guides. 10, La cheville de fer qui entre dans la barre D C du tour au point T, comme on peut le voir dans le tour entier. Ce ſont là les corrections & les chan-gemens que l'on a fait juſqu'à préſent ſubir au tour de Languedoc.

Voilà bien des corrections faites qui à la verité ont amélioré ce tour, mais qui n'ont point encore mis la France en état de ſe procu-rer de l'organcin. Monſieur de Vaucanſon a apperçu tous les dé-fauts qui rendoient encore cette machine imparfaite, & aſſure y avoir remédié par la double croiſure qu'il fait ſubir aux fils de ſoie avant qu'ils n'arrivent au devidoir ; ce qui, dit ce fameux Mé-chanicien, contribue beaucoup à rendre la ſoie & plus belle & meilleure ; parce que par ce moyen on exprime plus les parties aqueu-ſes qui s'élevent de la baſſine, & qu'on lie bien plus intimément les brins qui ſortent des différens cocons, ce qui rend la ſoie plus nette & plus unie.

Il eſt bien certain, & l'expérience le prouve, que les ſaletés & les bourillons dont les brins ſont chargés s'arrêtent à la croi-ſure, & que leur paſſage devenant difficile & quelquefois impoſſi-ble, le fil de ſoie eſt ou très-altéré ou ſe caſſe. L'Inventeur du nou-veau tour procéde ainſi :

Il place un cercle de bois épais de huit lignes & qui porte un pouce de largeur. Son diamétre qu'il faut prendre des bords intérieurs doit être de six pouces & demi ; il faut enfin qu'il soit égal à la distance qui se trouve entre les deux filieres. On le place de façon qu'il fasse précisément le milieu de la largeur du tour. Il est soutenu par ses bords extérieurs sur deux roulettes montées sur un petit chassis de bois. On fait une canelure sur le bord extérieur du cercle, dans laquelle on fait passer une corde sans fin qui vient sur une autre poulie de même diamétre, & dont une extrémité de son axe porte une manivelle, qui se trouve à portée de la main droite de la tireuse.

Le petit chassis qui porte le cercle peut se hausser ou baisser pour la commodité de tendre plus ou moins la corde sans fin.

On met dans le bord intérieur du cercle deux petites boules de fer ou d'acier, elles sont faites pour recevoir les deux fils de soie.

Lorsque l'ouvriere qui sert la bassine a passé dans les deux filieres le nombre de brins qui doivent composer les deux fils de soie, celle qui est au devidoir les prend aussi-tôt des mains de la premiere, & passe chaque fil de soie dans les petites boucles du cercle & ensuite dans les boucles des guides, les conduit jusques au devidoir & les y attache ; pendant ce tems, la tireuse fait les croisures en tournant simplement la petite manivelle.

Chaque tour de manivelle fait faire deux croisures, la premiere se fait entre les filieres & le cercle, la seconde entre le cercle & les guides ; de sorte que par douze tours de manivelle les deux fils de soie se trouvent croisés douze fois devant le cercle, & autant derriere : on augmente ou diminue ce nombre suivant la grosseur de la soie que l'on fait.

L'Auteur place encore entre les filieres & la premiere croisure, une fourchette qui contient les deux fils de soie & qui empêche que la croisure ne se porte plus d'un côté que de l'autre. Les ouvrieres qui ne font que commencer peuvent s'en servir jusqu'à ce qu'elles aient contracté l'habitude de jetter promptement le brin. Par le moyen de cette fourchette elles ont plus de tems pour fournir des cocons au fil foible qui est toujours emporté par le plus fort ; ce qui occasionne fréquemment la rupture des deux fils.

On a objecté à l'Auteur, que le nouveau cercle faisoit casser fréquemment la soie. Il répond qu'il ne l'a imaginé que pour casser tous les fils qui peuvent arriver sur le devidoir avec quelque défaut, & que lorsque les ouvrieres sont bien habituées à trier avec soin les différentes especes de cocons, à les bien purger à la battue, & à entretenir scrupuleusement l'égalité des brins , ce nouveau tour ne cassera pas si souvent la soie, & que l'on se procure une soie bien plus belle & beaucoup meilleure.

Il nous paroît que la difficulté proposée n'est pas bien levée par l'Auteur. Il est certain que par ce plus grand nombre de frotemens que les additions qu'il a faites occasionnent, les fils doivent se couper très-fréquemment , & que la multiplicité des nœuds qu'il faut faire , doivent nécessairement ôter à la soie autant de son prix que les bourillons ou les brins foibles. Au reste, il n'y a que l'expérience & le cas que les consommateurs font de la soie tirée à un semblable tour qui puissent décider, sans oublier cependant la quantité de soie que cette méthode oblige de mettre dans la classe des fleurets. Nous ne connoissons pas assez pertinemment la préparation des soies pour nous porter juges sur ce point.

Nous donnons ici le plan du cercle & des roulettes que M. de Vaucanson a ajoutées : on les voit dans la figure du tour de Languedoc par les lignes $q\,q\,q\,q$, qui forment le châssis. Les lignes circulaires $o\,o\,o\,o$, forment le cercle, & les deux lignes $p\,p$ sphériques, forment les deux roulettes. $r\,r\,r$, forment l'autre poulie, au milieu de laquelle est une manivelle $s\,s$, que la tireuse prend après qu'elle a passé les brins dans les filieres, & qu'elle fait tourner.

Avant que de finir sur les vers à soie & sur la soie même , nous ferons observer qu'il n'y a pas de plantation de mûriers qui soit plus favorable à l'éducation des vers à soie que celle que l'Auteur, qui se cache sans doute par modestie , & que nous suivons, propose le plus simplement & le plus lumineusement. En effet , en faisant ses plantations en quinconce , on se procure des feuilles analogues à la nourriture différente qui convient à chaque mue: il faut seulement mettre les mûriers à haute tige à une plus grande distance que ne l'exige le célébre Auteur. Nous voudrions que ces mûriers fussent distants de trente-cinq pieds : on plante ensuite un mûrier en buisson entre deux hautes tiges. Et toute la ligne droite qui conduit d'un mûrier à haute tige , à l'autre de la même espece seroit plantée en mûriers en charmille. Toute la bordure de cette plantation, ou ce que l'on appelle lisiere , seroit aussi une haie de mûriers, qui à deux pieds de distance , seroient gardés par une haie simple d'épine blanche plantée sur un banc formé de la terre d'un fossé de trois pieds de largeur. On voit que par cette méthode , on a dans toutes les différentes mues une feuille plus ou moins tendre , plus ou moins nouvelle, suivant que l'on la juge propre à la conservation des vers à soie.   Nous

Nous n'avons point donné de planche de cette plantation; parce qu'il n'eſt perſonne qui n'ait une idée plus que ſuffiſante d'une plantation faite en quinconce.

CHAPITRE XXIX.

Du Coleſat.

IL eſt bien étonnant que la culture du coleſat ne ſoit pas pouſſée avec plus de vigueur. Un arpent de terrein rend cependant une ſi grande quantité de graine, dont on peut faire de l'huile, par une méthode très-aiſée, que nous allons, pour encourager le Cultivateur, l'inſtruire de la maniere de le cultiver, & mettre ſous ſes yeux les grands profits qui en réſultent. Un autre avantage qui eſt bien important, c'eſt que le coleſat réuſſit ſur des terreins impropres à toute autre production; puiſque c'eſt dans les ſols marécageux qu'il végete avec le plus de vigueur.

Il y a trois ſortes de navets dont les fleurs & la graine ſe reſſemblent, & dont on tire cette huile, appellée huile de navette. La premiere eſt le navet à choux, ou choux-rave; la ſeconde eſt le gros navet; la troiſieme la navette, ou navet ſauvage; c'eſt cette derniere eſpece qui produit une plus grande quantité d'huile que les autres. On l'appelle en Botanique *napus ſylveſtris*, & c'eſt celle que nous donnons ici ſous la dénomination de coleſat. On fait en Médecine un grand uſage de ſa graine; & les effets en ſeroient plus fréquemment heureux, ſi Meſſieurs les Apoticaires, quand Meſſieurs les Médecins l'ordonnent, la faiſoient ramaſſer aux champs, ou l'achetoient de main ſûre, au lieu de ſubſtituer la ſemence des navets cultivés dans les jardins.

La ſemence de cette plante, dit M. *Hall*, vient de Hollande ou de Flandre: » j'ai vu, dit-il, » un champ ſemé de navets jaunes, » élevés de la ſemence de *coleſat* qu'on avoit tirée de Flandre, » & un autre de choux-raves, élevés de la ſemence qu'on avoit » fait venir de Hollande. La ſemence tirée de Flandre étoit » plus petite; celle tirée de Hollande étoit d'une couleur plus » obſcure que la ſemence du navet ſauvage, ou de la vraie plante » du coleſat; mais chacune rendit une quantité honnête d'huile. »

Malgré cela, le même Auteur proſcrit ces deux eſpeces; il veut

que l'on donne la préférence au navet fauvage, parce qu'il rend
une plus grande quantité de graine extrêmement fine & plus d'huile.
On la tire plus ordinairement de Hollande que de tout autre endroit : nous apprendrons aux Cultivateurs à la bien connoître par
la feule infpection.

Le colefat, ou navet fauvage, pouffe fa tige qui eft extrêmement
droite & reguliere à la hauteur de quatre pieds. Sa racine eft longue,
mince & blanche ; elle a un goût douceâtre, à-peu-près comme le
navet ordinaire ; les feuilles qui font le plus près de la racine, font
longues, larges, dentelées profondément aux bords, & d'un verd
obfcur. Une tige s'éleve ordinairement du milieu de ces feuilles ; quelquefois deux ou plus. La tige eft ronde, unie, d'un verd
pâle, & fe divife en plufieurs branches vers la partie fupérieure. Les
feuilles font fur la tige une à une, & non par paires ; elles font plus
petites & plus étroites que celles de la racine, & font d'une couleur plus pâle : toutes les branches portent des fleurs à leurs fommités ; ces fleurs font petites, d'un beau jaune, & reffemblent parfaitement à celles du navet ordinaire. Après les fleurs viennent
les coffes où font renfermées les femences, qui ne différent de celles du navet ordinaire, que par la groffeur & par une furface plus
unie.

Voilà la defcription du navet fauvage. Reçoit-il une bonne culture ? Il devient plus gros & plus brancheux. Il n'y a point d'autre
différence entre le navet fauvage & le *napus fativus*, ou navet de
jardin, fi ce n'eft que la racine de celui-ci eft plus tendre & plus
épaiffe, ce qui peut dépendre de la culture.

Les fleurs du colefat, ou navet fauvage, fe tiennent dans une coque compofée de quatre petites feuilles vertes, ovales, qui tombent avec la fleur, qui eft compofée de quatre feuilles étroites
& jaunes qui fe croifent ; ces feuilles font plus larges aux bouts ; elles ne font point du tout dentelées, elles font de la même longueur que les feuilles qui forment la coupe.

Au centre de cette fleur s'élevent fix piftiles ou filamens,
dont quatre font bien plus longs que les deux autres ; ils font fur-
montés de petits boutons pointus. Du centre de ces filamens, s'éleve le principe du vafe à femence, furmonté d'un bouton où il y a
de petites ouvertures, pour recevoir la pouffiere fine qui tombe
des fommités des filamens. Lorfque les feuilles & la coupe ou calice de la fleur font tombés, ce principe groffit & devient un vafe
à femence, de figure longue, divifé dans fon intérieur par une

membrane qui contient plusieurs semences grosses, rondes & luisantes.

On vient de voir la description exacte de la fleur & de la graine du colesat, dont le nom propre est, comme nous l'avons déja dit, navet sauvage; qui vient naturellement dans la plus grande partie de l'Europe : on peut ramasser & semer la graine de cette plante, quoique prise dans son état sauvage ; mais lorsque l'on trouve de la semence de colesat cultivé, on lui doit donner la préférence. Il faudra donc que le Cultivateur, pour ne pas se tromper dans le choix de cette graine, ne perde point de vue les instructions suivantes.

CHAPITRE XXX.

Du choix de la Semence.

LES Cultivateurs qui s'obstinent à suivre l'ancienne méthode, sont réduits à un profit modique, au lieu que les Cultivateurs industrieux, qui sçavent à propos se désister des anciens usages, font produire à leurs terreins des récoltes qui leur sont beaucoup plus profitables, en les cultivant de la maniere la plus avantageuse qu'on leur présente. Il est certain que la culture du colesat produit des profits aux Cultivateurs les moins industrieux; mais il ne l'est pas moins que ceux qui voudront le cultiver suivant nos principes, ne peuvent pas manquer de s'enrichir en peu d'années.

Commençons par la semence, article sur lequel on peut très-facilement se tromper. Nous avons fait observer qu'il y a plusieurs sortes de colesat, dont une mérite à tous égards la préférence. Sa semence est grosse, unie, & d'une belle couleur luisante; la graine des autres especes est ou plus petite, ou d'une couleur plus obscure, & est bien moins unie. Pour peu qu'on veuille se donner le soin de les comparer ensemble, on ne pourra plus se tromper.

Mais il faut, outre le choix de la semence, examiner encore si elle est bien conditionnée, car elle s'altere beaucoup plus facilement que le bled. La graine du colesat est une substance molle, pulpeuse, & couverte d'une pélicule extrêmement mince, ce qui la rend extrêmement sujette aux effets de l'humidité ; & qui doit par conséquent beaucoup altérer sa nature. Il faut donc n'acheter que de la graine qui a été conservée bien séchement, & prendre bien garde d'en prendre de celle qui après avoir pompé l'humidité a été séchée, ce que l'on peut connoître par la couleur & par l'odeur. Lorsqu'elle a été altérée par l'humidité, elle a une odeur de renfermé ; dès qu'elle en est une fois empreinte, elle ne le quitte plus, quelque dégré de sécheresse qu'on lui donne dans la suite. D'ailleurs, aussi-tôt qu'elle prend l'humidité, elle perd sa belle couleur luisante, qu'elle ne recouvre plus quelque préparation qu'on lui donne.

On voit par ce détail que l'odeur douce & la couleur luisante sont les marques distinctives d'une semence bien conditionnée : ainsi ce n'est qu'a sa propre négligence qu'on doit s'en prendre, si après de telles instructions on se laisse tromper : la semence une fois achetée, il faut la conserver séchement ; pour y parvenir sûrement, il faut l'étendre sur le plancher d'un grenier aëré jusqu'à ce que l'on la seme.

Il faut à toutes ces attentions joindre celle de tirer la graine du pays où elle acquiert plus parfaitement sa maturité ; c'est en Flandre où en effet elle l'acquiert. On a observé que la graine de ce pays produit les plus gros & les plus forts colesats. En Angleterre on a l'imprudence de semer la graine du colesat qui est venu dans le pays ; mais il est certain qu'elle y dégénere. Qu'on compare un champ semé de colesat tiré de Flandre, avec un champ semé de la graine du colesat venu en Angleterre, on verra la vérité de ce que nous avançons.

Il faut bien se donner de garde d'acheter de la vieille semence. En général toutes les semences nouvelles poussent avec plus de célérité & de vigueur.

On distingue ordinairement la semence nouvelle par le luisant & la netteté de la couleur de sa pélicule ; lorsque la semence est gardée long-tems elle perd cette couleur ; ainsi la regle que nous prescrivons est sûre.

Il n'est pas cependant nécessaire de tirer chaque année la semence de Flandre ; il est certain néanmoins que nous ne sçaurions blâmer ceux qui auroient cette attention ; mais outre que tous les Cultivateurs n'en auroient pas la faculté, cela deviendroit trop embarrassant pour certains pays. Il faut seulement en avoir pour le premier essai, & l'on peut pendant deux ans semer de la graine qui eſt venue ſur le terrein ; mais il eſt indiſpenſable d'avoir recours pour la troiſiéme année à la graine de Flandre ſi l'on veut qu'elle ne dégénere point.

CHAPITRE XXXI.

Du Sol convenable au Coleſat.

LE ſuccès de cette production dépend du ſol & de ſa ſituation ; plus le ſol eſt riche, & plus la récolte eſt abondante. Quant à la ſituation, il ſuffit que le ſol ſoit médiocrement ſec. En Flandre & en Hollande on ſeme le coleſat ſur des ſols naturellement marécageux, mais que l'on a deſſéchés ſoigneuſement.

La plus grande partie du coleſat d'Angleterre eſt auſſi ſemée ſur des ſols ſemblables que l'on a deſſéchés.

Cette plante réuſſit parfaitement ſur les terreins qui ont été ſujets aux inondations, ſoit qu'elles viennent des montagnes, ſoit qu'elles viennent des rivieres ou de la mer ; mais il faut bien deſſécher ces terreins avant que de leur confier cette ſemence. Il faut auſſi les garantir de cet accident pendant que la plante y eſt ſur pied. On peut ſemer avec beaucoup de ſuccès le coleſat dans les terreins que l'on gagne ſur la mer par le ſecours des bancs & par les autres méthodes que nous avons indiquées dans notre ſecond livre.

Au reſte, tout ſol gras convient à cette production. Si l'on a quelque piece de terre trop abondante en principes pour le froment ou pour d'autres récoltes ordinaires, on peut y ſemer du coleſat, on y récolte abondamment, & le terrein ſe trouve enſuite tout préparé pour le froment ou autre grain.

Un ſol noir moëlleux tel que celui des terreins marécageux, produit un coleſat plus robuſte & plus abondant en graine que tout autre ſol. Enfin, tout terrein moëlleux & ſitué dans le bas lui eſt propre.

CHAPITRE XXXII.

De la maniere de préparer le terrein pour le Colefat.

ON laboure aifément le fol que nous avons indiqué comme le plus favorable au colefat. On fçait par expérience que la charrue entre facilement dans les fols noirs moëlleux dans lefquels on veut élever cette production ; quand ils font à un certain dégré d'aridité, rien de plus aifé pour un laboureur inftruit que de les rendre bien divifés & très-fins, & c'eft tout ce que cette plante demande.

On donne le premier labour au mois de Mai, & les deux autres dans le courant du mois de Juin, & l'on feme dans le courant de la premiere femaine du mois de Juillet. Le dernier labour donné on herfe le terrein ; après cela, fi le tems eft fec, on y fait paffer un rouleau léger, enfuite on donne un fecond herfage, mais plus léger que le premier ; par ce moyen, après l'effet du rouleau qui a brifé les motes, on rend le fol auffi uni qu'une plate-bande de jardin ; alors il eft parfaitement préparé pour la femence. Il eft des terreins où le roulage eft inutile, parce que le fol eft naturellement fi délié, qu'un feul herfage fuffit pour le bien divifer.

CHAPITRE XXXIII.

De la maniere de femer le colefat.

C'EST ici le cas où il eft néceffaire que le Cultivateur fe décide & faffe choix de l'ancienne ou de la nouvelle méthode. S'il s'obftine à l'ancienne, il fe procure des profits, pourvû toutefois qu'il fuive les documens que nous venons de mettre fous fes yeux, & qu'il prenne toutes les précautions que nous lui avons indiquées fur le choix de la femence.

Mais s'il donne la préférence à la nouvelle méthode, les avantages deviennent bien plus confidérables. Tous les profits qui ré-

fultent d'une récolte de colefat confiftent dans la quantité de femence qu'on recueille : or plus les plantes font robuftes & nourries,
plus elles produifent de femence ; & il eft évident qu'elles acquierent bien plus de vigueur lorfqu'elles font cultivées avec le *Cultiva-*
teur. Suivant l'ancienne méthode les plantes croiffent irrégulierement & fi près l'une de l'autre qu'elles s'affament, de forte qu'elles ont un tempérament foible & délicat, que leur tige eft mince
& auffi haute que celle des herbes élevées à l'ombre. Elles produifent par conféquent peu de branches, parce qu'on ne peut pas
divifer le fol qui eft entre ; ce défaut de culture leur fait fouffrir la
difette des fucs. Par le *Cultivateur* au contraire elles font robuftes & produifent beaucoup de branches qui font chargées de femence, qui eft bien plus abondante, & qui acquiert une plus
parfaite maturité. La raifon, c'eft que les plantes font à une diftance
convenable l'une de l'autre, & que par ce moyen on peut y paffer
le *cultivateur*, charrue avec laquelle on divife tellement le fol
entre leurs racines, que les faces des molécules fe multiplient à
l'infini, ce qui, comme nous l'avons déja fait obferver, fertilife
confidérablement le terrein.

Il faut, fuivant l'ancienne méthode, cinq livres de femence par
arpent, au lieu qu'il n'en faut que la moitié en fuivant la nouvelle.
On peut femer avec le femoir deux rangs, chaque rang eft éloigné de l'autre de dix pouces, avec un intervalle de cinq pieds
entre chacun de ces doubles rangs.

CHAPITRE XXXIV

De la maniere de femer le colefat avec le femoir.

SUivant la méthode ancienne, auffi-tôt que les plantes ont atteint une certaine hauteur, les houeurs à la main détruifent les
mauvaifes herbes, & éclairciffent les plantes à dix pouces de diftance l'une de l'autre, comme on le pratique dans la culture des
navets.

Suivant la nouvelle culture on doit obferver la même précaution
dont nous avons denné le détail lorfque nous avons parlé du traite-
tement qu'exige une récolte de navets. Il faut détruire les mau-

vaifes herbes qui croiffent entre les rangs fimples avec la houe à la main, & éclaircir les plantes à la diftance d'un pied & demi l'une de l'autre, de façon que celles d'un rang foient oppofées au milieu de l'efpace qui eft entre les plantes de l'autre rang.

Les rangs étant ainfi éclaircis, on détruit avec le *cultivateur* les mauvaifes herbes qui paroiffent dans les intervalles, en ayant l'attention de rompre premierement le milieu de l'intervalle & d'approcher enfuite la chartue des bords.

Ainfi fans s'allarmer comme font plufieurs Cultivateurs de ce que les plantes font fi éloignées, & fans regretter l'efpace de terrein que confomment les intervalles qui font entre les rangs, on peut compter fur une récolte & plus abondante & plus mûre & plus parfaite à tous égards que celles que produit l'ancienne méthode.

CHAPITRE XXXV.

De la culture du colefat fur pied.

LEs feuilles du colefat font plus délicates que celles du navet; les moutons en font avides; elles fourniffent un fuc très-nourriffant & très-falubre; article très-important, parce que par le fecours de cette plante on a dequoi nourrir les animaux de la ferme dans un tems où leur nourriture ordinaire eft plus rare. Voici ce que l'on doit obferver à cet égard.

Le colefat étant femé au commencement de Juillet, perce peu de tems après la terre avec vigueur, & fe foutient pendant les féchereffes de l'automne; les pluyes à l'entrée de l'hiver lui donnent une nouvelle face, & le rendent capable de réfifter à cette faifon. Il croît même pendant l'hiver lorfqu'il fait des jours doux & tempérés, de forte que le terrein eft couvert en Janvier, Février & Mai. Il faut obferver que les feuilles qui viennent dans ces trois mois ne contribuent nullement à la perfection de la femence; au contraire, leur grande abondance lui eft nuifible, parce qu'elles confomment trop de principes nutritifs qui font très-néceffaires pour la formation de la jeune tige. C'eft donc un double avantage que l'on trouve, puifque dans cette faifon l'herbe eft baffe; on lâche les moutons dans le champ pour qu'ils mangent
les

les feuilles, & l'on n'a point à craindre qu'ils portent le moindre préjudice à la récolte.

Il est des Cultivateurs qui sément du colesat dans les mois dont nous venons de parler, dans la seule vue de se procurer de quoi nourrir les moutons : lorsqu'on veut suivre cette méthode, qui n'est que très-louable, on choisit le sol le plus pauvre que l'on ait sur ses domaines ; comme la plante n'y rendroit jamais qu'une graine peu conditionnée & peu abondante & qu'elle pousse très-bien en feuilles, nous exigeons des Cultivateurs qu'ils n'emploient que des terreins peu abondans en principes. D'ailleurs l'expérience prouve que les feuilles d'un sol pauvre sont plus salubres pour la nourriture des bestiaux que celles d'un sol riche. La raison en est bien sensible par les observations que nous avons fait faire à nos lecteurs lorsque nous avons parlé des sols & de la façon dont les plantes végétent.

Cependant nous ne prétendons point absolument interdire les sols riches lorsqu'on n'a en vue que la nourriture des moutons ; mais nous avertissons, & c'est un point important, qu'il ne faut se servir de feuilles d'un tel sol qu'avec beaucoup de précaution.

Ces feuilles font enfler les moutons, ainsi que celles du clover ou du treffle mielleux ; mais on remédie à cet inconvénient. Ce n'est qu'au commencement qu'une nourriture si succulente produit cet effet. Nous ferons donc observer qu'il ne faut y lâcher les moutons la premiere fois que vers le midi, & qu'il faut les en faire sortir au moins demi-heure avant le coucher du soleil dans certains pays & en d'autres, comme les pays méridionaux de la France, une heure & demie & même deux heures avant que le soleil ne se couche. La seconde fois on les lâche un peu plutôt & on les retire un peu plus tard ; on agit de même le troisiéme, quatriéme, & le cinquiéme jour. Le septiéme & huitiéme jour on les lâche dans le champ peu de tems après le lever du soleil ; mais la prudence veut, quoi qu'en dise M. *Hall*, qu'on les en retire toujours avant son coucher. Par ce moyen on remédie à tous les mauvais effets du colesat.

M. *Hall* prétend qu'après toutes ces précautions prises pendant les neuf ou dix premiers jours on peut laisser les moutons jour & nuit dans un champ de colesat. Sans prétendre critiquer un Auteur si respectable, nous osons affirmer que si l'on suivoit cette pratique dans les pays chauds les moutons périroient.

Nous observerons aussi que les premieres pousses de cette plante

Tome VI. G g

ne font pas les feules qui puiſſent ſervir à la nourriture des moutons. Il y a une autre pouſſe moins abondante, ſoit en quantité, ſoit en ſucs dont les moutons ſont encore plus avides. Elle eſt d'autant plus eſtimable qu'elle ne leur porte aucun préjudice, quand même on la livreroit à leur voracité. Cette nourriture ſalubre & douce n'eſt autre choſe que les pouſſes qui s'élevent des racines & des vieux troncs des tiges après qu'on a cueilli le coleſat. Cette pouſſe devient forte après la pluie, mais elle n'eſt jamais trop nourriſſanre, attendu qu'elle abonde beaucoup en parties aqueuſes.

Il en eſt de cette derniere pouſſe comme de celle du chou cabus. Il n'eſt perſonne qui ne connoiſſe la différence qu'il y a entre le gros chou & les rejets qui pouſſent après qu'on l'a coupé. Il en eſt de même entre les premieres feuilles larges du coleſat & les rejettons qui pouſſent après qu'on en a coupé les tiges pour cueillir la ſemence : la racine de cette plante eſt très-forte : elle ne dépérit pas comme celle de pluſieurs autres plantes quand la graine a acquis ſa maturité; peu de tems après qu'on en a coupé la tige elle pouſſe au contraire avec beaucoup de vigueur.

Si l'on coupe cette plante vers la fin de Juin pour en avoir la graine, ces rejets paroiſſent vers la ſeconde ſemaine du mois de Juillet : il eſt vrai qu'ils pouſſent très-lentement pendant les grandes chaleurs; mais auſſi-tôt que les pluies ſurviennent, ils prennent vigueur & croiſſent avec célérité; ils porteroient même de la graine, mais en très-petite quantité, & ſi encore elle n'acquerroit point une parfaite maturité. Auſſi conſeillons-nous aux Cultivateurs de ne point lui donner de culture, parce que leurs peines ſeroient d'autant plus ſûrement perdues, que ces rejets pouſſent dans une ſaiſon qui n'eſt point favorable à leur parfaite croiſſance.

Les fraîcheurs du matin arrêtent la croiſſance de ces rejets & les empêche de ſe lever en tige, de ſorte que les pluies qui ſurviennent les rendent épais & touffus. Alors ils font une excellente nourriture pour les moutons, préciſément dans une ſaiſon où l'herbe eſt extrêmement rare. Nous allons ajouter à ce détail dans lequel nous venons d'entrer ſur les rejettons du coleſat quelques obſervations particulieres dont on pourra tirer quelque utilité.

On doit d'abord conſidérer avec une attention particuliere l'état de ſes troupeaux & la valeur du terrein qu'on veut enſemencer de coleſat. C'eſt d'après ces deux conſidérations qu'on juge s'il convient de laiſſer le coleſat ſur pied après qu'on a cueilli la graine, ou s'il ne convient point; car il eſt en effet des cas où il ne vaudroit pas la peine de le laiffer fur pied, comme il en eft d'autres où cette méthode produit de grands profits.

Si l'on juge à propos de le laiffer fur pied, on peut confidérablement augmenter par une conduite prudente les grands profits qui en réfultent. Si l'on a femé fuivant l'ancienne méthode, il faut le houer à la main auffi-tôt après que les rejets paroiffent. On peut laiffer agir la nature pendant quelque tems fans lui donner de fecours, elle donne par elle-même affez de force à la racine pour pouffer. Mais fi la féchereffe furvient, comme il arrive affez ordinairement, les rejets jauniffent & annoncent leur dépériffement.

Il faut alors mettre les Houeurs dans le champ, afin qu'ils rompent la terre entre les troncs ; il faut leur recommander de caver auffi profondément que l'inftrument le leur permettra. Très-peu de mauvaifes herbes croiffent dans une colfatiere, lorfque la plante eft mûre. Ainfi ce n'eft point tant à la deftruction des mauvaifes herbes que l'on tend par cette opération, qu'à la divifion & à l'ameubliffement du fol, pour qu'il foit plus en état de recevoir & de retenir les rofées.

Ce ne font point là les feuls avantages qui réfultent de cette façon que l'on donne; il en eft un autre qui n'eft pas moins important. Le voici : les racines fibreufes qui s'étendent du bas de la tige fous la fuperficie du fol font coupées; & nous avons fait voir dans le courant de cet ouvrage que les racines coupées en produifoient une infinité de nouvelles, qui s'étendent dans la terre nouvellement ameublie, & y pompent les fucs nourriciers que les rofées & les pluies y dépofent. C'eft ainfi que par une façon bien légere & peu difpendieufe on donne du fecours aux plantes, qu'on les anime & qu'enfin on favorife & accélere leur végétation.

Paffons de l'ancienne culture à la nouvelle qui fans contredit eft bien plus avantageufe; on conviendra fans doute que rien n'eft plus favorable à une production que de bien ameublir la terre pendant qu'elle eft fur pied, & que plus cette opération eft parfaite, plus la récolte eft abondante. Suivant la nouvelle méthode le même terrein peut porter du colefat de génération en génération, tant pour la récolte de la graine que pour la nourriture des moutons.

Suppofons donc que le colefat foit femé en doubles rangs avec des intervalles convenables entre chaque double rang, felon les inftructions que nous avons données. Suppofons auffi que c'eft le mois de Juin, & que les plantes foient bientôt prêtes à être coupées. Les intervalles fourniffent un efpace commode pour manier la récolte lorfqu'elle eft coupée ; lorfqu'on l'a enlevée on laboure les intervalles avec le Cultivateur : ce nouveau labour fournit des fucs aux anciennes racines ; de forte qu'elles pouffent des rejets en abondance & avec vigueur. On peut en même tems femer de la nouvelle femence dans des doubles rangs que l'on forme dans le milieu de l'intervalle pour une nouvelle récolte. Dans ce cas les feuilles qui font près des racines des nouvelles plantes & les rejets des anciennes pouffent avec une égale vigueur. Celles de colefat nouvellement femé ne s'étendent pas affez dans le commencement pour fe méler avec celles de celui qui vient d'être coupé, & ne fe portent point réciproquement préjudice : c'eft ainfi que tout croît enfemble pendant le refte de l'été, de l'automne & de l'hiver, & que dès le commencement du printems on fe procure une double provifion de nourriture pour les moutons.

A la fin de Mars lorfque les moutons ont bien mangé les rejettons, car nous avons fait obferver qu'ils le préferent aux feuilles du colefat nouvellement femé ; on déracine l'ancien avec le *Cultivateur*, & on met en intervalles les doubles rangs où il étoit ; la nouvelle récolte en profite pour fon accroiffement.

On obferve que cette nouvelle production a dans ce tems étendu fes racines jufques aux rangs où l'ancienne étoit placée ; de forte que par le fecours du *Cultivateur* on coupe en enlevant les anciennes racines, les fibres des racines des nouvelles plantes, on rompt le terrein, on le met en état de fournir de la nourriture, & il eft tout prêt à recevoir les fibres innombrables que pouffent les petites racines qu'on vient de couper avec la charrue. C'eft ainfi que l'on nettoye & laboure parfaitement le fol, & que la production végéte avec plus de vigueur & avec plus de célérité qu'en fuivant l'ancienne méthode.

On voit par toutes ces obfervations que le même terrein peut rendre des récoltes continuelles de colefat fans avoir recours à la manie de la jachere. On n'a pas même befoin d'engrais pour peu que le fol contienne de principes de fertilité.

Nous prévenons nos lecteurs, que l'on doit fe tenir en garde contre la grande vigueur des rejettons : fi les pluies furviennent peu de tems après la coupe des anciennes tiges, ils montent en tige même en fuivant l'ancienne méthode ; parce que cette grande humidité fournit beaucoup plus de nourriture que les feuilles n'en confomment. Or cette abondance produit à plus forte raifon des effets bien plus fenfibles lorfqu'on fuit la nouvelle méthode, à caufe des fréquens labours que l'on est obligé de donner. Il faut donc avoir l'attention de visiter les rangs, & de couper le bout des rejettons qui paroissent vouloir monter en tige. Par-là leur croissance est arrêtée, & l'abondance de principes qui les fait monter fournit de nouveaux rejets à côté des anciens ; cela est si vrai qu'une *colesatiere* ainsi dirigée ressemble à une forêt de buissons bien verds, & il n'arrive jamais qu'une tige monte en fleur.

Cet avis étoit d'autant plus important que si on laissoit monter les rejets en tige, la semence qui en viendroit n'acquerroit point une parfaite maturité. D'ailleurs dans le cas dont il est ici question, on ne se propose point de récolter de la graine, mais bien des feuilles bien succulentes pour nourrir les moutons. Observons tout ce qui arrive dans la végétation des autres plantes, nous verrons que quand la tige est encore jeune & petite, les feuilles sont nombreuses & pleines de suc, mais que dès aussi-tôt que la tige est parvenue à une certaine hauteur & que les principes des fleurs & de la graine paroissent, la nourriture que la racine fournit est toute consommée pour la croissance des fleurs & pour la maturité de la graine ou du fruit. Aussi voyons-nous que le beau verd des feuilles devient alors jaune & qu'elles se desséchent & tombent sans qu'elles soient remplacées par de nouvelles. Telle est la route que la nature tient dans l'économie végétale.

L'utilité des feuilles qui s'élevent les premieres de la racine est la même que celle des belles feuilles de la fleur ; quoique celles-ci paroissent être les parties les plus belles & les plus parfaites de la plante, la nature ne les a destinées qu'à servir d'abri & de défense aux rudiments imperceptibles de la graine ou du fruit qui sont placés dans son centre. De même celles que nous voyons s'élever de la racine ne servent qu'à défendre & conserver le principe de la tige qui est caché dans leur centre.

Nous voyons qu'aussi-tôt que la graine est imprégnée de la poussiere impalpable contenue dans les petits boutons de la fleur, les belles fleurs qui l'envelopent se fanent & tombent, parce que sans doute les sucs nutritifs se portent vers la graine ou le fruit pour les faire mûrir. Il en est de même des feuilles premieres d'une plante ; lorsqu'elles ont défendu & conservé le tendre bourgeon de la tige pendant l'hiver, & que la chaleur du printems fait pousser la tige, tous les sucs se portent à cette partie pour la fortifier de plus en plus, & les feuilles ayant rempli la fonction que la nature leur a préscrite, elles se fanent, se desséchent & tombent.

Il en eſt de même du coleſat. Les feuilles qui partent du ſommet de chaque jointure du vieux tronçon renferment le principe
d'une tige. Voilà le cours de la nature ; ainſi c'eſt au Cultivateur à
l'arrêter ou à l'aider ſuivant ſon beſoin.

Lorſque la tige monte les feuilles ſe fanent ; mais tandis qu'on
la tient baſſe , toute la nourriture que la nature avoit deſtinée pour
la tige ſe porte aux feuilles : c'eſt ſur ces principes qu'eſt fondée la
pratique de couper les bouts des bourgeons du coleſat.

CHAPITRE XXXVI.

De la maniere de cueillir le Coleſat.

LE coleſat eſt ordinairement en état d'être récolté vers la fin
de Juin. Il faut ſur-tout être bien attentif à ſaiſir le moment
de ſa maturité ; ce point eſt de la plus grande importance. Nous
ne pouvons pas dire exactement ni le jour ni le tems de cette récolte , à cauſe des différentes eſpeces de ſols & de la qualité des
ſaiſons , qui tantôt avancent & tantôt retardent la maturité. La culture même ou l'âge de la plante peuvent cauſer dans la même année
une différence de quinze jours pour la maturité de deux champs,
quoique le ſol ſoit le même ; mais pour guider du mieux qu'il nous
ſera poſſible les Cultivateurs, nous allons mettre ſous leurs yeux
les ſignes caractériſtiques de ſa maturité ; mais, nous ne ſçaurions
trop le répéter, il faut que l'on ait l'œil ſur une coleſatiere les
quinze derniers jours de Juin, de peur que le coleſat ne mûriſſe
plutôt que d'ordinaire, ce qui arrive lorſque le ſol & la ſaiſon
ſont favorables.

Nous avons obſervé que le coleſat a de petites fleurs aux ſommités de ſes tiges & de ſes branches, & que les vaſes à ſemence
ſuccedent à ces fleurs quand elles tombent. A meſure qu'ils ſuccedent aux fleurs, qui ſont les premieres ouvertes ; d'autres fleurs
s'ouvrent plus haut aux ſommités qui continuent de s'élever de plus
en plus : ainſi quand la plante commence à fleurir, on ne voit
qu'une petite touffe de bourgeons au ſommet de la tige & de chaque branche, avec une ou deux fleurs ouvertes ou prêtes à s'ouvrir ; mais la plante continuant de fleurir, les branches s'allon-
gent, & la partie qui étoit au commencement du ſommet où

ces premieres fleurs ont paru est toute couverte de cosses ou vases à semence, & dans la partie prolongée on voit des fleurs ouvertes ou prêtes à s'ouvrir ; de sorte que chaque branche est surmontée d'un pédicule de la longueur d'un pied, qui est chargé de cosses avec une certain nombre de fleurs à son sommet.

C'est la quantité de semence qui fait la véritable valeur de la récolte. On croiroit que plus la plante reste sur pied en continuant de fleurir, plus il y a de semence, mais c'est une erreur ; la quantité de semence est limitée avant même que la plante ne cesse de fleurir ; ainsi cette augmentation dont on se flatteroit ne seroit qu'illusoire, puisqu'il est certain, d'après l'expérience, qu'il n'y auroit que de la perte.

La nature, après avoir conduit les graines à leur parfaite maturité, les répand sur le terrein pour perpétuer la plante. Quand la semence est donc mûre, les vases ou cosses qui la soutiennent s'ouvrent d'elles-mêmes, & la semence se perd. Il faut donc épier les momens auxquels les cosses commencent à s'ouvrir, puisque ce n'est précisément que dans ce tems qu'il faut récolter.

Lorsqu'une nouvelle fleur se forme, le principe du vase de la semence d'où la derniere fleur est tombée, est encore extrêmement petit, & il continue de grossir avant que de mûrir, de sorte qu'on voit les fleurs tomber successivement de plusieurs petits vases de semence avant qu'ils aient atteint leur maturité, ce qui fait allonger leur pédicule ; lors donc que le Cultivateur voit que les vases qui sont placés au plus bas de ce pédicule & qui ont fleuri les premiers, commencent à s'ouvrir pour répandre la semence sur le terrein, il doit se hâter de couper la récolte. Qu'il se donne bien de garde de croire que les vases nouvellement formés aux sommités des tiges le récompenseront de la perte des premiers ; ceux-ci sont toujours beaucoup plus beaux, & nous osons assurer qu'ils sont au moins trois fois plus abondans.

Voilà à peu près tous les enseignemens que nous pouvons donner pour prendre à tems la récolte. La longueur du pédicule qui porte les vases est le signe caractéristique de la maturité de la graine. Car pendant qu'il est encore court, il ne faut point couper le colesat, parce qu'il n'y a alors qu'un petit nombre de vases & que la graine n'est point à sa parfaite maturité.

Lorsque le pédicule a acquis une longueur qui devient considérable, il faut observer la couleur des vases, qui de verds qu'ils étoient au commencement deviennent pâles, ensuite jaunâtres

& enfin brunâtres à mesure qu'ils acquierent de la maturité. Il faut donc, quand les vases qui sont à l'origine du pédicule, deviennent brunâtres, que ceux qui sont placés au milieu sont jaunes, il faut, disons-nous, couper le colesat, quoique les vases des sommités soient encore verds. On sent donc combien il est important de visiter le champ une ou deux fois par jour, pour épier le moment auquel les vases inférieurs commencent à s'ouvrir ; parce qu'il faut, sans perdre de tems, couper alors la récolte.

On coupe le colesat avec une faucille de même qu'on coupe le froment ; mais cette opération demande beaucoup de prudence de la part de celui qui la fait : car les tiges sont fortes & dures. Il faut cependant les couper le plus uniment qu'il est possible, prenant garde de les trop ébranler. Les tiges étant coupées, il faut les poser doucement à terre en petites gerbes pour les sécher.

Nous observerons qu'il y a ordinairement un tiers de la graine qui a atteint sa maturité lorsque les vases inférieurs commencent à s'ouvrir. Un autre tiers durcit & mûrit en la laissant exposée aux ardeurs du soleil après qu'on l'a coupée ; de sorte que les deux tiers des vases, qu'en terme de Botanique on appelle capsules, produisent de la graine d'une excellente qualité, & c'est tout ce qu'on peut exiger : car si l'on vouloit différer la récolte jusqu'à la maturité de l'autre tiers, on perdroit la graine des premieres capsules qui, nous l'avons fait observer, a beaucoup plus de qualité.

Dès qu'une fois on a étendu la récolte par terre ; il ne faut point la remuer jusqu'à ce qu'elle soit séche, parce que si on la remuoit on perdroit une très-grande partie de la graine. Il faut donc, pour éviter la nécessité de la remuer, l'étendre peu épaisse, afin qu'elle séche plus aisément. Lorsque la saison est chaude, cette opération est de peu de durée ; mais enfin quelle qu'elle soit, il ne faut tout au plus que quinze jours. On connoît que le colesat est sec quand les capsules ou vases supérieurs du pédicule s'ouvrent aisément & que la graine qu'ils contiennent est dure.

CHAP.

CHAPITRE XXXVII.

De la façon de battre le Colefat, & de l'ufage de fa graine.

APrès qu'on a bien fait fécher la récolte, on l'engrange pour l'y batre. Il eft des Cultivateurs qui font cette opération dans le champ même, & qui étendent un grand drap fur la partie la plus unie du terrein fur lequel on étend une certaine quantité d'herbe; on déloge bien facilement la graine de fes capfules; puifqu'elle fortiroit, pour ainfi dire, d'elle-même. Nous profcrivons cette méthode, parce que l'on s'expofe à en perdre beaucoup par les vents.

Nous confeillons plutôt d'étendre plufieurs draps dans le champ & d'y pofer très-doucement la récolte en gerbes. Chaque drap en peut contenir un certain nombre, parce que les gerbes une fois mifes dans les draps, on peut les ferrer autant qu'on veut fans perdre la graine. Il faut avoir le foin de bien les lier par les coins. On les porte ainfi dans la grange où l'on bat enfuite la récolte avec beaucoup de légereté pour éviter de l'écrafer.

Après cette opération, on nettoye la graine autant qu'il eft poffible, & on l'étend peu épaiffe fur un plancher; on la tourne & retourne fouvent afin qu'elle féche & qu'elle durciffe; fi l'on n'avoit point cette attention, elle prendroit de l'humidité & fe moifiroit à la longue.

Ainfi préparée elle eft marchande : elle fe vend ordinairement depuis quarante jufques à cinquante fous le boiffeau de Paris. On obferve qu'un acre de terrein, cultivé fuivant l'ancienne méthode, en rend quarante boiffeaux. Mais les profits paffent de beaucoup cette fomme, fi l'on cultive le colefat fuivant la nouvelle méthode, & fi par le fecours d'un moulin on fait foi-même l'huile.

Après qu'on a exprimé l'huile de la graine, on donne le marc aux vaches; cette nourriture eft excellente pendant l'hiver. Lorfque l'on réduit en poudre ce même marc & que l'on en met dans de l'eau chaude, cette boiffon qui devient blanche comme du lait fortifie & nourrit les veaux; & cela eft fi vrai, qu'il eft des Cultivateurs qui les en nourriffent depuis le 3me jour de leur naiffance jufqu'à ce qu'ils foient en état de manger de l'herbe ou du foin:

voilà l'usage sensé qu'on fait de ce marc en Flandre & en Hollande, & que l'on néglige en Angleterre & en France, puisqu'on ne s'en sert à la honte des Cultivateurs de ces deux Royaumes que pour chauffer les fours, tandis que l'on manque de fourage pour nourrir les vaches.

Le colesat procure encore un autre grand avantage ; c'est qu'il prépare parfaitement le terrein pour l'orge, le froment ou pour l'avoine. Après le détail des profits immenses qui résultent de la culture de cette plante, on voit combien il seroit avantageux pour la France d'en encourager la culture.

CHAPITRE XXXVIII.

Du Houblon.

LE houblon est une plante dont la tige s'éleve fort haut, mais qui étant extrêmement grèle & mince, est foible & a par consé-quent besoin d'être échalassée. Sa racine est composée de filamens épais & noirs ; ses premieres pousses sont molles & tendres. On les mange en guise d'asperges. La substance de ces tiges s'affermit & de-vient rude à mesure qu'elles s'élevent. Les feuilles sont larges, ru-des, & se divisent comme celles de la vigne : ses fleurs & son fruit, ainsi que celui du chanvre, de l'épinard & de plusieurs autres her-bes, ne viennent point sur la même plante ; la tige qui porte la fleur sans fruit, s'appelle *Houblon mâle*, & celle qui porte le fruit sans fleurs, se nomme *Houblon femelle*.

Chaque fleur est composée de cinq petites feuilles verdâtres, ob-longues, émoussées & creuses. On y trouve cinq filamens très-courts, dont chacun est surmonté d'un petit bouton.

Le fruit que produit le houblon femelle est composé d'un étui di-visé en quatre parties. Chaque partie est composée de quatre feuil-les de figure ovale, & contient huit grains ; de sorte que chaque tige de houblon femelle porte trente-deux grains de semence. Chaque grain a son étui particulier qui n'est autre chose qu'une petite feuille de forme ovale, dans laquelle s'éleve un petit bouton, terminé par un petit filament mince. C'est ce même bouton qui de-vient semence, laquelle est sphérique lorsqu'elle est mûre, & est envelopée d'une espéce de cosse.

Les fleurs du houblon mâle ne font point inutiles, comme le vulgaire le penfe; elles fervent à faire mûrir le fruit du houblon femelle. Les rudimens de chaque fruit font au fond de la fleur, & ce principe eſt fécondé par la pouſſiere qui tombe des petites têtes, ſituées au milieu de la fleur; fans cela le fruit ou graine ne mûriroit jamais; dans la plûpart des plantes, ces têtes ſe trouvent dans la même fleur avec les rudimens de la graine, comme par exemple dans la tulipe & beaucoup d'autres. Dans quelques autres plantes elles ſe trouvent dans une fleur, & les rudimens de la graine; enfin dans d'autres plantes les fleurs qui ont ces petites têtes, ſe trouvent ſur une tige & les rudimens de la graine ſur une autre de la même eſpéce, comme le houblon, le chanvre, l'épinard, &c. comme nous venons de le dire.

Il ne paroît pas que les anciens aient connu le houblon. Pline eſt le premier qui en ait fait mention comme d'une herbe à ſalade. Il en parle fous la dénomination de *Lupulus* ; mais celle de *Hubulus* a prévalu.

Les Grecs faiſoient des boiſſons avec du froment & de l'orge; mais elles ne ſe conſervoient point, parce que ce peuple ne connoiſſant pas le houblon ne pouvoit point y en mettre.

Cette plante eſt fauvage dans preſque toutes les parties de l'Europe. Elle ſe plaît dans les fols humides, ſitués au pied des hauteurs, elle s'appuye ſur les buiſſons des hayes. Ses propriéés font qu'on la cultive avec foin dans des terreins choiſis & propres à ſa végétation : c'eſt pourquoi nous allons entrer dans le détail de la culture qu'on lui donne.

CHAPITRE XXXIX.

Des différentes eſpéces de Houblon.

ON diſtingue ordinairement quatre eſpéces de houblon, le houblon fauvage, le houblon long à tige rouge, le long houblon blanc, & le houblon court de la même couleur.

Le houblon fauvage eſt petit, & ne mérite guéres l'attention du Cultivateur; le houblon long à tige rouge eſt de très-bon goût, mais n'eſt pas ſi marchand à cauſe de ſa couleur. Le blanc & long eſt le plus eſtimé. Le court eſt d'un très-bon goût & d'une belle couleur ; mais il n'eſt pas d'un produit auſſi conſidérable que le houblon blanc & long.

Si toute ſorte de ſol convenoit à cette eſpéce, elle ſeroit la ſeule qui mériteroit les ſoins & les travaux du Cultivateur : mais comme elle demande un ſol moëlleux, riche, & que celle à tige rouge réuſſit parfaitement dans un ſol médiocre, il vaut mieux avoir une récolte bien nourrie & bien abondante de cette derniere eſpéce, qu'une pauvre récolte de la premiere. C'eſt pourquoi le Cultivateur doit ſentir combien il lui importe de choiſir pour la qualité de ſon ſol le houblon qui peut le mieux y réuſſir.

Si l'on a un ſol riche, on doit la préférence au long houblon blanc. Si au contraire le ſol eſt mêlé de ſable, il faut y planter le houblon blanc & court ; l'un & l'autre réuſſiſſent très-bien ſur le même ſol. Si le terrein abonde beaucoup en argile, ce ſeroit en vain qu'on y planteroit du houblon quelconque, il y périroit. Mais ſi le ſol n'eſt qu'en partie argilleux, on peut y planter avec eſpérance de ſuccès le long houblon à tige rouge.

Il eſt donc de la derniere importance d'examiner avant que de planter du houblon, le fond du terrein ainſi que la ſuperficie. Le fond argilleux eſt trop froid & retient trop l'humidité : nous n'entendons parler ici que de l'argile où la glaiſe domine conſidérablement ; le fond graveleux la laiſſe écouler trop vîte, de ſorte qu'il n'y en reſte pas aſſez pour nourrir le houblon, qui élevant fort haut ſa tige demande une certaine humidité. Le fond loameux eſt le meilleur de tous. Un fond de terre à brique eſt encore fort bon, & il eſt commun.

Quant à la couleur de la ſuperficie du ſol, il ne faut point s'y arrêter, pourvu que la terre ſoit légere & riche. Les Houblonnieres du Comté d'Eſſex en Angleterre ſont plantées dans un ſol marécageux noirâtre, & celles du Comté de Kent du même pays ſont dans un ſol blanchâtre très-diviſé. Les unes & les autres réuſſiſſent très-bien, parce qu'il y a un bon fond, dans lequel les racines plongent avec liberté & trouvent une ſuffiſante quantité de ſuc.

CHAPITRE XL.

Du Sol convenable aux Houblonnieres.

NOus avons déja fait obferver dans cet ouvrage que les plantes en général plongent plus profondément dans la terre qu'on ne penfe communément ; & il n'en eft pas, fi l'on en excepte les arbres, qui plongent plus profondément que le houblon ; c'eft pourquoi lorfque l'on prépare un terrein pour une houblonniere, fi la fuperficie du fol eft plus abondante en principes que la couche inférieure, comme cela arrive ordinairement, il faut renverfer le fol & enterrer la fuperficie fous la couche inférieure, ce qui fe fait par le fecours des trenchées. Il eft en effet bien plus avantageux à cette plante de trouver un fond bon qu'une bonne fuperficie ; puifqu'il eft vrai qu'elle ne fe nourrit point aux dépens de la furface, mais au contraire aux dépens des couches inférieures.

Lorfque le fol dont on a fait choix pour une houblonniere eft trop humide, il faut le façonner par rangées fort hautes, afin de le bien deffécher ; & il faut l'entretenir toujours dans cet état, autrement les racines périroient pendant l'hiver.

Le houblon avorte toujours dans un fol graveleux & dans un fol argilleux, ainfi que dans le pierreux. On peut l'établir dans tout autre fol ; il ne manque jamais fi l'on a le foin de choifir les efpéces moins eftimées pour les terreins médiocres.

Comme le houblon plonge fes racines à une grande profondeur & qu'il les étend beaucoup, il attire une fi grande quantité de fuc, & épuife tellement le fol, que toute autre plante que l'on féme après avoir détruit la houblonniere, n'y prend prefque point, excepté les arbres, parce qu'ils plongent leurs racines à une plus grande profondeur ; au lieu que l'on peut planter le houblon après toute autre production.

Le houblon végéte très-bien dans un fol épuifé par d'autres productions dont les racines ne plongent point profondément. Mais ce feroit en vain qu'on le planteroit dans un terrein qui a produit du fain-foin, parce que, comme nous l'avons fait obferver, fes racines plongent au moins autant. Il réuffit au contraire parfaitement, planté dans un terrein où le bled ne trouve plus de nourriture ; parce que les racines de bled ne plongent point autant, & que le fond qui se trouve avoir tous ses principes les fournit aux siennes qui vont les y chercher. Toutefois nous ferons observer qu'il vaut beaucoup mieux planter le houblon dans un sol vierge, parce que l'on peut en renverser la superficie fertile & l'enterrer sous les couches de dessous ; & qu'alors on doit être assuré qu'il trouvera autant de nourriture qu'il lui en faut.

Le Cultivateur sçait à présent qu'un terrein ne peut servir au houblon que pendant un certain tems, & qu'il ne peut lui faire succéder aucune autre production ; c'est donc à lui à s'arranger en conséquence.

Comme le sain-foin plonge ses racines à une grande profondeur, il laisse le sol en très-bon état pour être ensemencé de bled, attendu qu'il n'étend que très-peu de fibres vers la superficie, au lieu que le houblon étend ses racines profondément & horizontalement, en un mot en tout sens ; de sorte qu'il n'y a que les arbres qui puissent réussir dans une houblonniere détruite.

Un bon sol qui a été semé en bled, fournira très-bien pendant huit ans à une houblonniere tout le suc qui lui est nécessaire. Un sol vierge la soutient pendant douze ans, mais passé ce tems elle se trouve épuisée. C'est pourquoi nous conseillons de planter des pommiers & des cerisiers dans le même sol où l'on plante le houblon ; ces jeunes arbres n'appauvrissent point le terrein, & au bout de douze ans, terme que la houblonniere ne peut point dépasser, les cerisiers portent du fruit & durent fort aisément vingt-cinq ans. Alors on peut les abbattre, & les pommiers se trouvent dans un état vigoureux.

Il faut sur-tout se rappeller que le houblon sauvage se plaît beaucoup dans les abris qui sont au pied des hauteurs, & qu'il n'y a point de meilleur guide. Une piéce de terrein chaud & situé dans le bas, qui est exposé au midi, & environné des autres côtés d'arbres, est le plus avantageux pour l'établissement d'une houblonniere.

CHAPITRE XLI.

De la façon dont on place & dont on fait les monticules d'une Houblonniere.

LE mois d'Octobre eft le tems pendant lequel on plante le houblon. Il faut préparer le terrein au moins un mois avant la
plantation. Il faut ouvrir la terre à une grande profondeur, la bien
rompre & la bien ameublir, opération beaucoup plus parfaite,
lorfqu'on la fait avec la charrue à quatre coutres, enfuite on herfe
& l'on fait paffer un rouleau léger. Par ce moyen la fuperficie eft
de niveau.

Ces préparations données on procéde enfuite aux monticules,
qui dans un fol peu abondant doivent être à neuf pieds de diftance
l'un de l'autre; & dans un fol riche à fept pieds.

Pour parvenir à une difpofition plus réguliere des monticules, on
met une corde qui prend d'un bout du champ à l'autre, fur laquelle on mefure le nombre de pieds de la diftance qu'on veut
donner aux monticules; on fait un nœud à chaque diftance dé-
terminée, & à chaque nœud on fiche en terre un petit bâton pour
marquer la place de chaque monticule, laiffant en tout fens la
même diftance. Par ce moyen on fe ménage les diftances néceffaires pour fe fervir du *Cultivateur* pendant que les houblons font fur
pied.

Après qu'on a préparé ainfi le terrein, il feroit très-avantageux
de planter les houblons dans le fumier dont on va voir la compofition. On ramaffe une certaine quantité de terre fine & riche,
proportionnée à la quantité des monticules; on y ajoute la quatriéme partie de vieux fumier bien pourri, & la dixiéme partie
de fable. On mêle bien le tout enfemble: enfuite on ouvre à
chaque bâton fiché dans la terre un trou de deux pieds de profondeur & d'un pied & demi en quarré qu'on remplit de la compofition précédente. Rien ne donne tant de vigueur & de célérité au
plant. Si par hazard on s'apperçoit que le fol eft en état de fournir de
la nourriture à plus de houblons qu'on n'en a planté, on peut augmenter le nombre de plants fur chaque monticule, & ne pas multiplier les monticules; car leur multiplicité feroit nuifible.

CHAPITRE XLII.

De la maniere de planter les Houblons.

IL eſt important de choiſir ſoi-même les plants. Il faut ſe tranſ-
porter dans la houblonniere d'où on veut les tirer, & avoir le
ſoin de bien examiner la qualité & la nature du ſol, ainſi que la
hauteur des monticules. On ne ſçauroit mieux faire que de choiſir les plus vigoureux plants d'un ſol médiocre. On peut être alors
aſſuré qu'en les plantant dans la compoſition que nous venons de
donner, les houblons ſeront beaucoup plus vigoureux que ceux
de la houblonniere d'où on les a tirés. Nous avons déja fait obſerver combien ce point eſt important. Car ſi l'on tire les plants d'un
ſol plus riche que celui où on veut les tranſplanter, ils ne font que
languir.

Comme il n'eſt rien qui contribue plus à la végétation du houblon que les monticules qui ſont bien élevés, on doit choiſir de
préférence les houblons qui y ſont plantés, & qui par conſéquent ont
plus de jets, parce que cette multiplicité de pouſſes indiquent que
les racines qui les fourniſſent ont beaucoup de vigueur.

Après qu'on a trouvé une houblonniere dont le ſol & les monticules ſont tels que nous les avons indiqués, il faut choiſir les
plants les plus gros, d'environ dix pouces de longueur, qui ayent
chacun quatre bourgeons; il faut enſuite les mettre en terre dans
un endroit froid & humide, & ne les en tirer qu'à meſure que les
foſſes dans leſquelles on veut les planter ſont prêtes.

On fait enſuite une ouverture quarrée d'un pied de profondeur
au centre de chaque foſſe que l'on a auparavant remplie du fumier
compoſé dont nous avons donné le détail; on jette la terre qu'on en
tire ſur les bords de la foſſe.

On met dans chaque coin de la foſſe un plant tout droit perpendiculairement, & on enterre toute la tige de façon que le ſommet ne
dépaſſe pas la ſurface du ſol. On remet après cela la terre qu'on a tirée de la foſſe, & on la fixe autour des racines. On couvre le ſommet
des plants avec la partie la plus fine & la plus légere du terreau à
la profondeur d'environ deux pouces, & l'on continue ainſi la plantation de la houblonniere.

Un

Un acre de terrein contient environ mille monticules : les jeunes plants ne font pas chers. Une houblonniere d'un acre rend au moins douze cents livres par an, pour peu que le fol, la fituation & la faifon foient favorables ; il eft donc bien furprenant que la culture du houblon foit fi négligée en France.

Quoique nous venions de détailler la maniere de planter les houblons, cet article étant abfolument celui dont dépend tout le fuccès, nous croyons devoir faire encore quelques obfervations particulieres auxquelles le Cultivateur doit effentiellement s'attacher, s'il veut être de plus en plus affuré du fuccès.

Il faut, avant que les plants ne foient ôtés de la houblonniere où ils ont pris naiffance, ouvrir & préparer les foffes dans lefquelles on doit les tranfplanter ; parce qu'il eft de la derniere importance de les planter promptement, rien ne traverfant plus leur croiffance que de les tenir un peu de tems hors de la terre.

Il faut bien prendre garde en les enlevant de la houblonniere d'en endommager les racines. Si, comme il arrive quelquefois malgré toutes les précautions que l'on prend, il y en a quelqu'une de bleffée, il faut la couper au-deffus de la bleffure ; fans ce foin, la racine moifiroit foudain & communiqueroit fon infection à toute la plante ; il eft donc très-important, pour agir avec plus de fûreté, de couper les racines bleffées, les extrémités du chevelu de chaque racine, les racines qui fe croifent, & d'arracher près de la racine principale les fibrilles dont la direction fe porte vers la fuperficie du fol.

On met un plant dans chaque angle de la foffe qui, comme nous l'avons dit, doit être quarrée. Si l'on veut ajouter un cinquiéme plant, il faut le placer au centre ; & fi, comme quelques Cultivateurs le pratiquent, on veut encore en ajouter deux, il faut les placer fur la ligne qui croife le milieu de la foffe, à une diftance égale de tous les autres plants.

Les plants étant ainfi arrangés dans la foffe, on la remplit du mêlange ci-deffus indiqué : on comprime avec la main le peu qu'on en met à la fois, pour fixer ce fumier autour du plant, & quand la foffe eft remplie on comprime doucement avec les pieds, afin que les plants foient bien entourés, prenant cependant bien garde de former une croute autour des tiges.

Il eft des Cultivateurs qui arrofent auffi-tôt après qu'ils ont planté. Cet ufage eft très-défavorab'e. Nous recommandons de faire la plantation en automne, faifon dans laquelle l'eau ne manque point ordinairement ; ainfi cet arrofement ne peut qu'être contraire, parce qu'il donne aux plants une trop grande abondance d'humidité, & pourrit leurs racines.

L'été qui suit la plantation, on doit aller visiter la houblonniere & marquer les monticules où les plants n'ont pas bien réussi, & ceux qui fournissent les plants les plus vigoureux. L'année suivante, lorsque le tems d'échalasser les plants est venu, on abbat les sommités des plants les plus vigoureux & on ensevelit le reste des tiges dans la terre. Alors cette espéce de marcotte fournira un grand nombre de plants sains & robustes que l'on peut planter l'été suivant à la place de ceux qui ne sont pas d'une belle venue & qui sont foibles. En suivant cette méthode on améliore tous les ans une houblonniere, qui récompense parfaitement les soins du Cultivateur.

CHAPITRE XLIII.

De la culture qu'il faut donner à une Houblonniere.

LEs profits d'une houblonniere sont certains ; ils varient cependant suivant les saisons & les accidens. Mais pour se procurer ces profits il faut bien cultiver les terres. « Je puis dire avec vérité, » dit *M. Hall*, que j'ai visité toutes les houblonnieres de l'Angleterre, & qu'elles ne rendent pas la moitié de ce qu'on en tireroit si on leur donnoit une culture un peu suivie & raisonnée ».

Il faut, afin qu'une houblonniere soit parfaite, que le sol soit bien rompu & divisé, par ce moyen les racines trouvent un passage libre ; il faut que le sol soit toujours entretenu dans cet état avec le *Cultivateur*, afin que les mauvaises herbes n'y croissent point & ne volent point la nourriture aux plants. Nous disons de se servir pour cette opération du *Cultivateur* par préference à toute autre charrue ; parce qu'en même tems qu'il déracine les mauvaises herbes, il rompt & ameublit le sol entre les monticules, & que les plants étendent bien plutôt leurs racines jusques aux intervalles.

Les jeunes plants poussent de nouvelles racines avant que le froid de l'hiver n'ait percé à la profondeur où ils sont plantés. Ces racines se fortifient en terre avant l'arrivée du printems, & poussent ensuite vigoureusement, soit vers la couche inférieure soit vers la superficie. Le houblon est tendre & sensible au froid ; voilà la raison pour laquelle il demande d'être planté si profondément.

CHAPITRE XLIV.

De la maniere de fixer les Echalats ou Perches.

DE's que le tems devient doux au printems, il convient de ficher dans la terre les échalats ou perches qui doivent soutenir les houblons. On les fait d'aulne ou de frêne, de la longueur de quinze pieds pour la premiere année, & de cinq pouces de grosseur. Lorsque le sol est riche, & que par conséquent les plants sont vigoureux, il faut de nouvelles perches pour la seconde année de la longueur de vingt pieds & de sept pouces de grosseur.

Si les monticules sont à la distance de sept pieds les uns des autres, il faut trois perches pour chaque monticule ; si la distance est de huit pieds, il en faut quatre. Si le sol est abondant & sa distance de neuf pieds, on met cinq perches par monticule ; de sorte que l'on peut compter ordinairement sur quatre mille perches par arpent.

Lorsque nous disons que les perches doivent être plus courtes la premiere année que les suivantes, ce n'est que parce que l'accroissement du houblon est en quelque façon déterminé par la longueur & la grosseur de la perche qui le soutient ; de sorte que si la perche est longue & le sol pauvre, toute la nourriture s'épuise en tige & en feuilles & ne produit presque point de fruit ; au lieu que quand le sol est bon & que les monticules sont placés à neufs pieds de distance, les racines s'étendent & puisent leur nourriture dans les intervalles, où l'on a l'attention de faire la guerre aux mauvaises herbes avec le *Cultivateur* ; de sorte qu'on peut donner la premiere année des perches de quinze pieds, & la seconde de vingt pieds de longueur. Malgré cette hauteur qui paroît énorme, la tige monte jusqu'au sommet de la perche, & la racine est assez forte pour nourrir le fruit.

Il faut placer les perches près de chaque monticule après que les pousses ont percé la superficie & non avant ; on risqueroit autrement de blesser le plant, parce qu'on n'est point assuré de l'endroit où il faut les ficher : mais d'un autre côté, si on reste longtems sans ficher les perches après que les pousses paroissent, on arrête leur croissance, attendu qu'elles ne peuvent point s'élever sans appui. Il faut donc commencer cette opération avant que les pousfes ne paroiffent & la finir avant qu'elles aient acquis trois pieds de hauteur : c'eft donc au Cultivateur à ufer de diligence parce que les premieres pouffes du houblon croiffent très-promptement.

Plus le fol eft riche & les perches longues, plus il faut les ficher en avant dans la terre ; car la perche qui s'enleve & fe renverfe porte plus de préjudice que fi elle fe caffoit. Il faut donc les ficher & les affurer fi bien qu'elles fe caffent plutôt que de s'enlever. Chaque perche doit avoir une efpéce de fourche au fommet, afin qu'elle foutienne mieux la tête du houblon.

Il faut, en fichant ces perches, avoir l'attention de les faire pencher tant foit peu en-dehors des monticules, & de bien éviter de les faire pencher en-dedans, parce qu'une telle pofition fermeroit le paffage à l'air, ce qui feroit abfolument contraire à la réuffite du plant. Mais nous obferverons auffi que la pente que l'on leur donne en-dehors doit être très-infenfible ; parce qu'alors accablées par le poids du houblon elles pencheroient trop en-dehors, ce qui feroit encore un inconvénient.

On a obfervé d'après plufieurs expériences qu'une perche qui penche tant foit peu en-dehors vers le midi, fupporte un tiers plus de houblon qu'une autre fichée perpendiculairement, & que celle qui penche trop fupporte un tiers moins que la perpendiculaire. Cette obfervation peut être, comme on le voit, d'une très-grande utilité. Nous ferons remarquer d'ailleurs qu'une perche qui penche trop eft fujette à fe caffer ou à fortir de terre, accablée qu'elle eft par le poids du houblon ; deux inconvéniens qu'il faut tâcher d'éviter.

CHAPITRE XLV.

De l'infpection des Perches.

IL eft aifé de remédier aux accidens qui arrivent aux échalats d'une houblonniere, pourvu qu'on ait le foin de la vifiter fouvent monticule par monticule.

Lorfque le houblon eft parvenu à la hauteur de fix ou fept pieds ; fi l'on voit que la perche par fa trop grande hauteur fait trop exhauffer la tige, ce qui l'empêche de produire du fruit, il faut fubftituer une perche plus courte & y lier le houblon avec beaucoup de foin ; de même si l'on s'apperçoit qu'elle est trop courte pour une plante vigoureuse, on en substitue une plus longue.

Il est aussi important d'examiner si les perches sont bien fermes en terre & si elles ne vacillent point, principalement dans les monticules qui sont le plus exposés aux vents. On se fait suivre par un homme qui porte un instrument avec lequel il enfonce & raffermit la terre du côté de la perche qui est le plus opposé au vent, ce qui met la tige & la perche en état de résister aux secousses.

On doit avoir des échalats de réserve & de toute grandeur, non-seulement pour remplacer ceux qui sont trop longs ou trop courts, mais encore pour remplacer ceux qui se cassent : car on doit s'attendre à tous ces accidens, & il faut y remédier promptement, parce qu'une tige de houblon qu'on abandonne à son sort après que son échalat est cassé, ne produit presque rien. Mais comme il faut non-seulement remédier aussi-tôt qu'il est possible à tous ces accidens, mais encore les prévenir, on doit, dès qu'une perche est trop chargée, & par conséquent en danger de se casser, lui en substituer une autre de la réserve.

Enfin lorsqu'on voit qu'une perche est trop courte pour une tige, & qu'il n'est plus tems de l'en délier, il faut en placer une de la réserve près de celle-là, de façon que la tige s'y appuye & qu'étant soutenue elle s'étende avec plus de facilité & de sûreté.

CHAPITRE XLVI.

De la maniere de lier les Houblons aux Echalats.

LOrsque les plants sont parvenus à la hauteur de trois pieds, il faut les lier aux échalats les plus proches, en les tournant tout au-tour de cet appui avec soin, suivant le cours du soleil. On peut se servir pour cette opération de jonc desséché, ou encore mieux de laine. On peut les lier en deux ou trois endroits, prenant garde de les trop serrer. Les jeunes pousses sont tendres & délicates. Pour peu qu'on les endommage ou qu'on les blesse on les fait périr. On choisit ordinairement l'heure de midi comme la plus propre pour faire cette opération. Le matin elles sont trop pleines de suc & trop cassantes le soir ; au lieu que le soleil en a fait évaporer une grande partie lorsque midi approche ; elles sont donc alors plus fermes & moins sujettes à se casser.

Cette opération faite il n'y a plus de ligature à faire ; mais il faut huit ou dix jours après parcourir la houblonniere & redresser avec la main tous les plants qui se dérangent des échalats. Autre visite à faire vers la fin d'Avril, & comme on ne peut plus en ce tems atteindre avec la main aux sommités des plants, il faut rapprocher avec un bâton fourchu & long de cinq à six pieds ceux qui s'écartent des échalats.

Quinze jours après, c'est-à-dire vers la mi-Mai, il est essentiel de faire encore quelques tours dans la houblonniere, dont les plants ont alors acquis une si grande hauteur qu'on ne peut plus y atteindre ni avec la main ni avec un bâton. On se sert dans ce cas d'une échelle double pour redresser avec soin les plants qui se sont séparés des perches ; après quoi on les abandonne à eux-mêmes pendant un mois.

Quant au Cultivateur, voilà exactement les soins qu'il doit lui-même à sa houblonniere. Mais il convient qu'il envoie tous les jours les gens qui sont à ses ordres pour redresser les houblons qui se dérangent ; il faut choisir pour cela des personnes de confiance.

CHAPITRE XLVII.

De la maniere d'élever les Monticules.

NOus avons déja fait souvent mention des monticules, qui cependant jusqu'à présent ne méritent guéres ce nom, puisqu'ils ne sont élevés que de deux ou trois pouces au-dessus du niveau, & que leur diametre est très-petit. Il faut à présent voir comment on les rend plus larges & comment on les exhausse.

Il faut au commencement de Juin saisir l'instant de la premiere pluie pour remuer & rompre la terre entre les monticules avec le *Cultivateur*, & l'on la jette avec soin par-dessus. C'est ainsi qu'on les élargit & exhausse une fois de trois en trois semaines pendant tout l'été, afin de détruire les mauvaises herbes & de fournir des sucs aux nouvelles racines qui poussent par le renouvellement successif du sol que les labours donnés avec le *Cultivateur* opèrent,

CHAPITRE XLVIII.

De la maniere de racourcir les Plants.

LA maniere de racourcir les plants de houblon est plus impor-tante qu'on ne pense, elle est fondée sur les principes les plus connus de la végétation : axiome reçu généralement ; pour avoir du beau fruit, il ne faut pas que la plante s'éleve trop haut en tige, ni qu'elle s'épuise en feuilles.

Nous avons dit qu'il falloit laisser les plants de houblon tranquil-les pendant un mois après les avoir disposés avec régularité dans le mois de Mai autour de leurs échalats. Au bout de ce tems ils com-mencent à s'étendre en branches. Il y en a qui ont besoin, & c'est le plus grand nombre, du secours de l'art, pour qu'ils s'étendent de même. Pour y parvenir on en coupe les sommités.

Il est des Cultivateurs qui prétendent empêcher la tige de con-tinuer à s'exhausser en l'écartant de l'échalat : mais cette méthode nous a paru de tout tems incertaine. Il vaut donc bien mieux au bout du mois de repos que nous avons conseillé de laisser aux houblons, porter des échelles doubles sur la houblonniere & casser le bourgeon de la sommité de la tige qui ne s'étend point en branches, ce qui l'empêche de se prolonger, & lui fait produire des branches qui rendent beaucoup de fruit. Mais si ces bran-ches, secouues de pluies abondantes, deviennent trop longues, il faut abbatre les bourgeons qui sont à leurs sommités ; par ce moyen le suc nourricier reprend son cours naturel & se porte di-rectement vers le fruit. Toutes ces opérations une fois pratiquées, la houblonniere n'exige plus aucun soin de la part du Cultivateur, il n'a plus qu'à attendre la maturité du houblon.

CHAPITRE XLIX.

De la maniere de cueillir le Houblon.

LE houblon commence à fleurir vers la derniere femaine de Juillet ; le fruit paroît quinze jours après la fleur, & trois femaines après il mûrit parfaitement, fi la faifon eft favorable ; de forte qu'on le cueille vers la fin d'Août ou au commencement de Septembre, lorfque la faifon n'eft pas des plus belles, ou même au plus tard vers la fin de ce mois.

Nous ferons remarquer qu'il eft extrêmement effentiel que le Cultivateur veille avec foin au tems de la maturité. La moindre négligence fur cet article porte un préjudice notable : il faut vers la fin du mois d'Août vifiter tous les jours la houblonniere. Voici les fignes qui indiquent fa maturité. Lorfque le houblon change de couleur, preuve certaine qu'il eft prefque à même d'être mûr. Enfuite il répand une odeur douce & agréable ; peu de jours après le fruit devient brun, & c'eft alors qu'il eft dans fa parfaite maturité. Peu de tems après il fe flétrit & paffe.

Le houblon paffe très-fubitement de fon état de maturité parfaite à la flétriffure ; raifon qui nous engage à recommander de veiller avec tout le foin poffible à la maturité du fruit. Lorfqu'on voit tous les fignes ci deffus indiqués de maturité, il faut raffembler autant de monde qu'il eft poffible pour cueillir promptement le fruit. Un feul jour de plus fur la plante après qu'il a acquis fa maturité il dépérit, & fi par malheur il fait un grand vent pendant la nuit, le dommage eft très-confidérable. Voici la façon dont on cueille le fruit du houblon.

On commence, dit M. *Hall*, par couper raz du fol les racines des plants qui croiffent fur les quatre monticules qui font au centre de la houblonniere. On abat enfuite ces monticules jufqu'à ce qu'ils foient à niveau du fol d'alentour. On arrofe ce nouvel efpace & on le maffe avec un maillet pour affermir le terrein & le rendre uni. On le balaye & l'on y fait paffer un rouleau péfant. C'eft ainfi qu'on fe fait une aire unie pour cueillir le houblon.

Si la houblonniere eft d'une grande étendue, on prépare de la même façon plufieurs aires, mais toujours au centre des efpaces où
l'on

l'on veut les établir, pour se ménager la commodité d'y transporter les houblons des environs ; on les pose tout liés à leurs échalats sur ces aires. Ceux qui sont préposés pour cueillir le fruit s'asséyent en rond autour de l'aire & mettent le houblon cueilli dans des paniers ; il faut balayer les aires de trois en trois ou de quatre en quatre heures ; & l'on continue jusqu'à ce que toute la cueillette soit faite.

Pendant qu'on prépare ces aires, une personne parcourt la houblonniere ayant en main un long bâton au bout duquel est fixée une serpe bien aiguisée, elle s'appelle *volant* en certains pays. C'est avec cet instrument qu'on coupe doucement les sommités qui se trouvent entortillées autour des bouts des perches qui soutiennent d'autres tiges. Sans cette précaution, il se feroit des tiraillemens entre les tiges lorsqu'on veut enlever les perches de terre, & ces secousses feroient tomber le fruit. Lorsqu'on a donc dégagé vers le sommet les tiges les unes des autres, il faut les couper à trois pieds de hauteur de terre.

Il est quelques Cultivateurs qui coupent les tiges raz du sol. Cette méthode est des plus erronées. Les plantes sont dans ce tems pleines de suc nourricier qui continue de monter, & qui s'épanche par une blessure faite si près de la racine, ce qui ne peut arriver qu'au grand détriment de la racine même. Il faut donc, nous le répétons, couper les tiges à trois pieds au-dessus du sol, & ne couper à la fois que le nombre de tiges suffisant pour occuper ceux qui dépouillent le fruit, parce que les grandes ardeurs du soleil ou les pluies portent un très-grand préjudice aux tiges coupées dont le fruit n'est point encore cueilli.

Les tiges étant débarrassées les unes des autres & coupées en bas, il ne faut point les détacher de leurs échalats, mais au contraire enlever les perches de terre & porter le tout ensemble à l'aire où on leur ôte le fruit avant de les délier.

Voici comment il faut enlever les perches de terre. On se munit d'un billot & de pincettes à long & fort manche. Elles s'ouvrent de même que les tenailles de Serrurier. On ébranle doucement les échalats avec la main & l'on y approche le billot. On fourre alors les pointes des pincettes dans la terre pour saisir la perche en appuyant le manche sur le billot qui est fendu & ouvert par le bout. C'est ainsi qu'on enlève avec facilité les échalats qu'on porte ensuite à l'aire avec les tiges qui y sont attachées.

Ceux qui cueillent le houblon doivent avoir l'attention de ne point y mêler d'ordure ; car pour peu qu'on y laisse des échardes, des tiges, ou autre malpropreté, il perd considérablement de sa valeur. La grande cupidité & la mauvaise foi de certains Cultivateurs, mais mal-adroits, les porte à mêler des choses étrangeres à leur houblon pour en augmenter la quantité ; mais qu'ils apprennent que vis-à-vis des connoisseurs ils se portent plus de préjudice qu'ils ne pensent ; parce qu'un acquéreur qui connoît ce fruit l'estime toujours en raison de sa netteté : or il est bien certain que le poids ne compense jamais la réduction que l'on fait sur le prix.

Ceux qui cultivent le houblon ne s'accordent point sur le dégré de maturité dans lequel il convient le mieux de le cueillir. Lorsqu'on le récolte médiocrement mûr, c'est-à-dire avant qu'il n'ait acquis la couleur brune dont nous avons parlé, il est d'une couleur plus belle, conserve cette beauté quand il est sec, & retient toute sa graine, & c'est dans cette partie que réside sa plus grande vertu : ces avantages ont une apparence séduisante. Mais écoutons ceux qui sont d'un sentiment contraire.

Il est vrai, disent-ils, que le houblon cueilli dans sa parfaite maturité, n'a pas une si belle couleur quand il est sec, & que l'on en perd un peu. Mais aussi dans cet état il a acquis & est dans toute sa substance, avantage que l'autre, cueilli plutôt, n'a point ; & comme il est moins humide il ne perd pas tant de son poids en séchant. Cinq livres de houblon cueilli avant son dernier dégré de maturité pésent une livre quand il est sec, & quatre livres de houblon cueilli dans sa couleur brune, rend, quand il est entiérement sec, le même poids. A moins donc qu'on ne donne un prix pour le moins mûr, plus grand que la différence qui est dans le poids, l'avantage doit être nécessairement pour ceux qui attendent la parfaite maturité pour cueillir. Voilà le pour & le contre exposé : c'est au Cultivateur à se guider suivant le prix de la vente qu'il fait.

CHAPITRE L.

De la maniere de fécher le Houblon.

DE's que le houblon eſt cueilli, il faut le faire fécher dans un fourneau bâti exprès ; parce que pour peu de tems qu'on le laiſſe en tas il s'échauffe ; inconvénient qui lui ôte ſa belle couleur & lui fait perdre ſa bonne odeur, & qui par conſéquent diminue conſidérablement ſa valeur.

Comme il peut arriver que par rapport à la grande quantité de houblon le fourneau ſe trouve plein, & qu'il en reſte, il faut dans ce cas l'étendre bien clair ſur un plancher dans un endroit bien couvert, mais où l'air ait un paſſage libre. De cette façon on peut attendre un ou deux jours ſans rien craindre, & le fourneau ſera vuidé.

C'eſt en faiſant fécher le houblon que l'on doit redoubler d'attention. Comme la grande qualité du houblon conſiſte dans ſa belle couleur & dans ſon odeur agréable, il faut bien ſe donner de garde de les lui faire perdre en le faiſant fécher. On doit bien obſerver que toute la fournée ſoit également féche ; car pour peu qu'une partie diffère ſur ce point de l'autre ; il faut la ſéparer ; parce qu'une livre féchée imparfaitement peut ôter l'odeur & la couleur à cinquante.

Après avoir conſeillé toutes ces précautions, nous allons indiquer les différentes méthodes que l'on met en uſage en différens pays pour fécher le houblon. En pluſieurs endroits on le fait fécher dans un fourneau à fécher la drèche ſur une eſpéce de haire tendue pour cela. En Flandre on bâtit un fourneau exprès, & en d'autres endroits on accommode les fourneaux à drèche pour y fécher le houblon. Nous laiſſons le choix de ces différentes méthodes. Cependant nous indiquerons celle qui nous paroît mériter la préférence.

CHAPITRE LI.

De la méthode uſitée en Flandre pour ſécher le Houblon.

ON bâtit un fourneau de brique de dix pieds de largeur ſur autant de longueur. L'ouverture du fourneau eſt pratiquée
dans un de ſes côtés, & le foyer eſt au centre qui eſt de la largeur
de quinze pouces ſur autant de profondeur. Il ſe termine à la diſtance de deux pieds & demi de chaque extrémité du fourneau.

Le foyer doit être fait ſur le pavé du fourneau ; & quatre pieds
au-deſſus de la couverture du toît on fait le lit où l'on étend le houblon que l'on veut ſécher. Ce lit doit être entouré d'un mur de trois
ou quatre pieds pour y retenir le houblon.

Il y a une chambre joignante au fourneau où l'on met le houblon
quand il eſt ſec ; on y pratique une fenêtre qui s'ouvre de l'endroit où
eſt le lit par où l'on paſſe le houblon ſéché avec une pêle, & on
le fait entrer dans cette chambre qui doit être de plein-pied avec
ladite fenêtre.

On fait le lit de lates qui ont un pouce en quarré, on les fait très-
unies & on les met diſtantes l'une de l'autre d'un quart de pouce,
afin que la chaleur puiſſe s'y porter librement, & que le fruit ne
puiſſe point paſſer à travers les intervalles. Une ſolive traverſe le
milieu du lit : on y attache les lates.

Après que l'on a arrangé ainſi le fourneau, on remplit ce lit de
houblons : on les étend à un pied & demi de profondeur ſans les
preſſer ; & afin qu'ils ne ſoient pas plus enraſſés & épais dans un
endroit que dans l'autre, on paſſe légerement ſur la ſurface un rateau de bois ; enſuire on allume le feu que l'on fait en Flandre avec
du bois humide, ce qui donne au houblon une mauvaiſe odeur.

On continue le feu juſqu'à ce que le tout ſoit bien ſec, article
qu'il ne faut point négliger, parce qu'il arrive fréquemment que
le dégré de ſéchereſſe de tous les houblons n'eſt point égal. On paſſe
un bâton ſur la ſurface, & s'ils font une ſorte de bruit ils ſont
ſecs. S'ils ne ſont pas également ſecs par tout, il faut les éclaircir
dans l'endroit du lit où ils ſont le plus humides, en jettant ceux
dont on les décharge ſur les endroits les plus ſecs. Il n'y a point
d'autre moyen de leur donner une égale ſéchereſſe, pourvu que l'on
continue le même dégré de feu.

Lorfque par le bruit qu'ils font en les remuant avec un bâton, & par la couleur qu'ils ont acquife, on voit qu'ils font affez fecs, on vifite la tige intérieure pour mieux s'affurer de cette opération; fi elle fe caffe aifément, c'eft une preuve qu'ils ont le dégré de féchereffe requis. Cette régle eft de toutes la plus certaine; car cette tige n'eft jamais bien caffante fi le houblon n'eft bien fec. Lorfque toute la fournée eft bien féche on éteint le feu & l'on pouffe avec une pêle les houblons dans la chambre qui eft à côté.

On balaye enfuite le fond du lit où étoient les houblons & l'on ramaffe les femences & les houblons caffés qui ont paffé à travers les lates pour les mettre avec le refte. On garnit encore une fois le lit, on allume le feu & l'on procéde comme ci-devant jufqu'à ce qu'on ait féché toute la récolte.

CHAPITRE LII.

De la maniere de fécher le Houblon dans un fourneau à Drêche.

VOici la maniere dont on fe fert de ce fourneau pour fécher le houblon; une efpece de haire fur laquelle on l'étend à fix pouces de profondeur fert de lit. On le tient ainfi fur un feu fait de la même maniere que ci-deffus jufqu'à ce qu'il foit à moitié fec; on renverfe alors toute la femence; c'eft-à-dire, que ce qui étoit deffous revient deffus, après quoi on le laiffe en continuant toujours le même feu jufqu'à ce que le tout foit également fec.

En fuivant cette méthode on épargne la dépenfe d'un fourneau lorfque l'on en a un a drêche & que l'on n'a qu'une médiocre quantité de houblon à faire fécher. Nous ferons feulement obferver à ceux qui la fuivent, qu'il faut remuer avec beaucoup de légéreté quand on veut retourner le houblon, entretenir un feu égal pendant tout le tems de l'opération, & n'employer que du bois dont la fumée n'altere point la qualité du houblon.

On vient de voir de quelle façon les Flamands féchent leur houblon, & la maniere dont on le féche dans un fourneau à drêche avec l'efpéce de haire dont nous venons de parler. Voyons fi la méthode que nous avons à propofer fera meilleure : mais il eft à propos, avant que d'en donner le détail, de faire fentir les inconvéniens qui réfultent des deux autres.

Quant à la méthode des Flamands, il faut continuer le feu plus longtems qu'en pratiquant toute autre méthode, à cause de la grande quantité de houblon que l'on met sécher dans le lit, dont nous venons de parler; & comme on ne l'y retourne jamais, il est comme inévitable que la couche de dessous ne soit pas plus sèche que celle de dessus; de sorte que la premiere est trop desséchée, lorsqu'à peine la derniere l'est assez. Ainsi il y a toujours une partie du houblon qui perd sa couleur & son poids; de sorte qu'il faut plus de tems, plus de feu & par conséquent plus de dépense pour lui donner une qualité inférieure à celle du houblon d'Angleterre.

Quant à la méthode Angloise qui est la seconde que nous avons proposée, & suivant laquelle on se sert de fourneaux à drêche. C'est une peine & un très-grand inconvénient d'être obligé de retourner le houblon; car par ce mouvement & la rudesse de la haire, les houblons s'écrasent, se déchirent ou se rompent, & l'on perd par conséquent beaucoup de graine: ce qui porte un très-grand préjudice, puisque c'est dans la graine que consiste toute la vertu, & par conséquent la valeur du houblon.

Ainsi une méthode qui obvie à ces deux inconvéniens ne peut être que très-utile, pourvu qu'elle soit sûre; elle l'est, puisqu'on la pratique avec succès en plusieurs endroits depuis plusieurs années.

Il faut bâtir le bas d'un fourneau à drêche & l'on fait un cadre avec des parties de planches bien unies d'un pouce d'épaisseur, de trois de largeur & d'une longueur proportionnée au fourneau; on les dispose en échiquier les unes dans les autres, ayant l'attention de faire la surface bien unie. On soutient ce cadre par des soliveaux placés bien de niveau.

On couvre ce cadre de plaques de fer blanc bien soudées ensemble, & l'on y ajuste quatre rebords de planches dont trois y sont fixées; la quatriéme doit être montée sur des gonds, pour pouvoir l'ôter quand le houblon est sec, & pour le pousser doucement sans se rompre avec une pêle dans la chambre voisine.

Le lit étant ainsi fait, on prépare son toît ou son ciel qui doit être exactement de la même longueur & largeur, & fait de planches arrangées en cadre dont la face intérieure doit être revêtue de fer blanc. Il faut suspendre ce ciel à plat à une hauteur considérable au-dessus du lit, mais de façon qu'on puisse le hausser & baisser à volonté. On pratique ensuite des échapés aux coins & aux côtés du fourneau pour donner un libre passage à la fumée. Tous ces soins pris, le fourneau est prêt pour faire cette opération.

Nous convenons que ce fourneau expofe d'abord à quelque dépenfe : mais une fois fait, on en eft dédommagé, puifqu'il demande moins de tems, moins de feu, & que quelque matiere dont on
veuille faire ufage pour l'échauffer, ne peut porter aucun préjudice au
houblon. En effet, le lit étant revêtu de fer blanc, la fumée ne peut
point fe porter au houblon comme dans le fourneau Flamand dont
le lit eft tout ouvert par en-bas.

Lorfqu'on a ainfi préparé fon fourneau on verfe par paniers le
houblon dans le lit & une perfonne l'étend doucement avec un bâton qu'elle tient dans fa main, jufqu'à l'épaiffeur de huit pouces.
Cette précaution prife on allume le feu & on l'entretient égal jufqu'à ce que la grande humidité foit évaporée. On baiffe alors le
ciel à dix pouces de la furface du houblon, ce qui fait comme le
chapiteau d'un fourneau réverbératoire, & qui par conféquent ré-
fléchit la chaleur fur le houblon; de forte que la couche fupérieure
eft auffi-tôt féche que l'inférieure.

Lorfque toute la fournée eft féche, on enléve la planche montée fur des gonds & qui ferme un des côtés du lit, on la fait pencher
par le moyen d'un appui qui la foutient; on pouffe dehors le houblon
par le fecours d'une planchette fixée au bout d'une perche dont on
fe fert avec beaucoup de légereté. On la remet enfuite fur les gonds
& l'on continue de la même maniere jufqu'à ce que l'on ait féché
toute la récolte.

CHAPITRE LIII.

De la façon dont on doit mettre le Houblon dans des Sacs.

IL faut que la chambre où l'on met le houblon qui fort du fourneau, foit féche & très-aërée. Le houblon qui eft net & entier
produit un très-bon bénéfice. Et comme il eft toujours très-caffant
en fortant du fourneau, il faut le laiffer dans cette chambre au
moins trois femaines. Pendant ce tems il devient ferme, pour peu
que le tems foit tempéré. Mais fi le tems eft chaud & fec il faut le
couvrir avec des couvertures. Le houblon, nous l'avons dit, eft délicat & fenfible à la température de l'air.

Nous ferons obferver que la chambre où l'on pouffe le houblon au fortir du fourneau doit être à peu près de niveau avec le

plancher du lit, afin que le houblon ne tombe point de trop haut; fans cette précaution il fe cafferoit; il faut aufli qu'il y ait une autre chambre au-deffous. On fait une ouverture au milieu de la chambre fupérieure qui communique avec l'inférieure : on lui donne trois pieds & demi de largeur; enfuite on prend un fac de quatre pieds de longueur & l'on attache un cerceau à fon embouchure; on le roule tout autour & on l'y fixe avec une ficelle. On doit choifir un cerceau affez large pour qu'il ne puiffe point entrer dans l'ouverture pratiquée au milieu de la chambre.

Lorfqu'on a ainfi préparé le fac on fait paffer l'autre bout oppofé à celui où eft le cerceau, par l'ouverture, l'autre bout eft foutenu par le cerceau. Enfuite on verfe une certaine quantité de houblon, qu'une perfonne qui eft dans la chambre de deffous raffemble dans les coins du fac, & les y arrête avec une ficelle; ces coins reffemblent alors affez à des pelotes à épingles, elles font d'une très-grande commodité dans la fuite.

Quand cela eft fait on verfe le houblon dans le fac : un homme y entre pour l'y diftribuer également & pour le fouler aufli vite qu'on le verfe, jufqu'à ce que le fac foit rempli. On déroule alors le cerceau & l'on coud la bouche du fac, obfervant de faire dans les coins des pelotes comme celles qu'on a faites dans les deux autres coins inférieurs. On peut alors ouvrir la vente, ou fi l'on aime mieux attendre une occafion plus favorable, on le peut; pourvu qu'on mette les facs dans une chambre féche.

CHAPITRE LIV.

De la culture que l'on doit à une Houblonniere après qu'on a récolté le Houblon.

AUffi-tôt qu'on a fini de cueillir le houblon, on détache les tiges des perches, & l'on met les dernieres en tas fous quelqu'auvent. Dans les grandes houblonnieres on éleve un angar pour la faifon de la récolte, & cette même piéce fert à renfermer les échalats jufqu'au printems.

Il ne faut point toucher à une houblonniere jufqu'au printems. Mais cette faifon arrivée, on lui donne la culture qui fuit. On mêle dix charretées de vieux fumier avec deux charretées de terreau

de

de jardin & avec une demi-charretée de fable. Ce mélange qui se fait au mois de Novembre se garde jusqu'au printems.

Dans le cours de la derniere semaine du mois de Mars on donne un labour léger. On apporte les tiges de houblon qu'on a ôtées des perches l'automne précédent, & on les met en tas en différens endroits du terrein. On jette avec une pêle sur ces tas une certaine quantité de terre prise de la superficie du sol. On y met le feu pour réduire le tout en cendres, que l'on laisse en tas, sur lesquels on met une certaine quantité du mélange que nous avons conseillé de préparer en Novembre. On observe sur-tout autant qu'il est possible d'en mettre une égale quantité sur chaque tas. Un laboureur mêle alors la terre & les cendres avec cette composition, ce qui forme un engrais des plus riches & des plus favorables à la végétation du houblon.

On ouvre les monticules au commencement d'Avril & l'on examine les racines des plants : on conserve toutes les anciennes & l'on coupe toutes les nouvelles qui poussent par les côtés. On a l'attention de réserver celles qui plongent perpendiculairement. On distingue les anciennes des nouvelles par la couleur. Les premieres sont rougeâtres, & les nouvelles sont blanches. On observe la même chose à l'égard des pousses, c'est-à-dire qu'on ne touche point aux anciennes, & que l'on supprime les nouvelles, excepté celles qui étant bien placées sont très-vigoureuses, & qu'on peut couper & planter si l'on veut dans un nouveau terrein.

Lorsque l'on a rempli toutes ces attentions, on jette dans les intervalles la terre qu'on a ôtée des monticules ouverts, & l'on forme des monticules avec le mélange, les cendres, & la terre calcinée par le brûlis. Il faut couper les nouvelles pousses à un pouce de l'ancienne pour cette fois-ci seulement ; mais les années suivantes on les coupe tout raz.

Il arrive quelquefois que quelques plants de houblon dégénerent en sauvageon. Il faut alors marquer les monticules dans le tems de la récolte, & le printems suivant les arracher & leur en substituer d'autres. Il ne convient point de donner au commencement beaucoup de hauteur aux monticules, parce qu'ils s'exhaussent assez pendant l'été par la terre que le *Cultivateur* y jette lorsqu'on laboure les intervalles dont nous avons fait voir ci-devant toute l'utilité.

Il est des Cultivateurs qui commencent à labourer & à fumer les houblonnieres avant le mois d'Avril ; mais nous sçavons d'après

l'expérience que le tems que nous indiquons ci-deſſus pour cet ouvrage eſt le plus favorable ; parce que le houblon eſt tardif à pouſſer, ce qui eſt très-heureux pour le Cultivateur : car un printems
avancé accélére ſa pouſſe, & le rend par-là ſujet à beaucoup d'accidens. Une culture tardive retarde la pouſſe, & détruit tellement
les mauvaiſes herbes qu'elles ne reparoiſſent point de longtems.
Si par hazard on trouve quelques pouſſes au-deſſus du ſol on peut
hardiment les étêter ſans craindre d'altérer le plant.

CHAPITRE LV.

De la culture d'une ancienne Houblonniere.

LE houblon eſt en pleine vigueur dans ſa troiſiéme année &
dure très-long-tems : mais à la fin il s'épuiſe, & ſouvent la
négligence avec laquelle on le cultive eſt cauſe qu'il dépérit beaucoup plutôt qu'il ne feroit ſi on lui avoit donné les ſoins ordinaires qu'il exige. Dans l'un ou l'autre cas, nous prions le Cultivateur de ne point perdre de vue la méthode que nous lui préſentons.

Il faut labourer les intervalles des monticules auſſi profondément
qu'il eſt poſſible avec la charrue à quatre coutres, & préparer une
certaine quantité de la compoſition que nous avons donnée ci-
devant. Enſuite on ôte avec la bêche autant de terre des monticules qu'on le peut en ménageant les plants : il faut répandre cette
terre dans les intervalles, & on la remplace avec le mélange en queſtion.

Ce labour profond détruit parfaitement les mauvaiſes herbes,
& le mélange que l'on ſubſtitue à la terre qu'on ôte des monticules, procure aux plants tous les avantages d'un ſol nouveau &
abondant en principes. En ſuivant cette méthode le houblon prend
de nouvelles forces, pouſſe de nouveaux jets qui proſperent d'autant plus aiſément qu'ils trouvent des ſucs nourriciers bien préparés.
Mais pour nous faire encore mieux comprendre, mettons ſous
les yeux du lecteur l'état d'une houblonniere dépérie.

Qu'on ſe repréſente un nombre de monticules garnis d'anciens
plants robuſtes & qui ont dans leurs intervalles une grande étendue de terrein ferme, dur, & à une très-petite profondeur de
la ſuperficie (car cette ſuperficie n'a été remuée qu'à la pro-

fondeur tout au plus de cinq ou six pouces) les couches inférieures font par conféquent auffi dures que fi la charrue n'étoit jamais
entrée dans ce terrein.

Nous avons fait déja obferver que les racines du houblon ne s'é-
tendent point près de la fuperficie, que par leur nature elles
plongent très-profondément, & que de-là elles s'étendent en tout
fens à une grande diftance : or fi nous confidérons l'état d'une vieille houblonniere ; nous voyons que ces racines ont plongé à leur profondeur ordinaire, & qu'elles ne peuvent s'étendre à caufe de la
fermeté du terrein des intervalles. Elles reçoivent la plus grande partie de leur nourriture de la terre des monticules. Or cette terre ne
peut fe renouveller que très-peu profondément. Alors le houblon
ne peut que très-peu étendre fes racines qui fe trouvent dans une
terre qu'elles ont déja épuifée. Il doit donc néceffairement dépérir s'il n'eft fecouru des fucs qui font dans le terrein des intervalles, & qu'il ne pompe point, puifque la terre y eft fi ferme & fi dure, que tout accès eft fermé à fes racines. Il eft bien vrai que la
nature n'eft point entiérement épuifée dans le plant ; car fi on lui
renouvelle fa terre il reprend autant de vigueur qu'auparavant. Si
l'on veut donc fuivre la méthode que nous venons d'indiquer &
dans le détail de laquelle nous entrerons dans le Chapitre fuivant, au lieu d'abandonner une houblonniere après dix ou douze
ans de fervice, on pourra la perpétuer autant que l'on voudra & la
conferver toujours dans un état auffi vigoureux que celui dans lequel elle peut être lorfqu'elle n'eft âgée encore que de trois ans.

CHAPITRE LVI.

De la maniere de rétablir une Houblonniere dépérie.

LOrfqu'une houblonniere eft dépérie, de la façon dont nous
venons de parler, l'ufage ordinaire mais abfurde eft de l'abandonner & de fe contenter du produit des arbres qu'on a eu la précaution d'y planter. Il eft certain que fuivant l'ancienne culture on
n'avoit point d'autre reffource ; puifqu'en effet on fuivoit aveuglément la méthode introduite, & que l'on fe conduifoit fans principe. Mais aujourd'hui un fyftême ou plutôt une méthode nouvelle fondée fur des principes certains commence à deffiller les

yeux à certains Cultivateurs qui fçavent fecouer le joug des ufages.

Lorfque l'on déracine une vieille tige de houblon, on remarque qu'elle a un petit nombre de fibres qui font moifies ou altérées d'une autre façon à leur extrémité. Dans tous les végétaux les petites racines ont la fonction de porter les fucs nourriciers aux grandes qui les diftribuent enfuite à toutes les parties de l'individu végétal. Or les petites racines étant peu nombreufes les groffes deviennent en quelque forte inutiles, & la plante languit faute de fuc nourricier. Donc pour remettre en vigueur une vieille houblonniere, il ne refte que deux moyens à mettre en ufage, le premier eft de forcer les plantes à multiplier leurs racines; le fecond, de bien ouvrir & ameublir le terrein pour qu'elles ayent la liberté d'y aller pomper les fucs, & c'eft ce que nous voyons dans la conduite des Jardiniers.

Lorfqu'ils veulent tranfplanter une plante ils coupent le bout de toutes fes racines avant que de la remettre en terre; auffi voit-on foudain un nombre infini de nouvelles racines fe reproduire des bouts coupés, ces racines étant petites font en état de fucer les fucs que le fol fournit. D'ailleurs quand ils ont coupé le bout des racines, ils font un trou & remuent la terre tout autour pour donner un libre paffage aux nouvelles racines, afin qu'elles aillent pomper les fucs.

Voilà pour les Cultivateurs de houblon un excellent exemple à imiter. Mais peut-être qu'on nous objectera que la terre de la vieille houblonniere eft déja épuifée. Nous répondrons que c'eft une erreur. Toute la terre des intervalles depuis plufieurs années eft dure & impénétrable à une certaine profondeur; par conféquent les racines n'ont pu y pénétrer; elle doit donc avoir néceffairement tous fes fucs. Il eft vrai que le fol qui fe trouve autour des monticules eft épuifé. Mais il n'y a qu'à le tranfporter ailleurs & lui fubftituer de la terre des intervalles rompue, divifée & bien ameublie avec la charrue à quatre coutres. C'eft ainfi qu'on fe procurera un fol prefqu'entiérement neuf.

Il faut, lorfqu'on laboure les intervalles, faire approcher autant qu'il eft poffible, la charrue à quatre coutres des monticules, en la faifant plonger autant que l'on peut. C'eft ainfi que l'on coupe l'extrémité de toutes les racines qui ont pénétré jufqu'à cette profondeur, & que la terre rompue par le labour étant devenue plus fine & plus légere eft propre à l'infertion des nouvelles petites fibres qui pouffent des extrémités des racines qu'on a coupées, & qui ont par conféquent la faculté d'y prendre de la nourriture. Il en eft de même lorsqu'on défait les monticules avec la bêche : cet instrument coupe les extrémités languissantes ou dépéries des racines plus courtes, qui ne se font jamais étendues au-delà du monticule, & on leur donne de la nouvelle terre des intervalles, elles s'y étendent & y trouvent de quoi se nourrir.

Il n'y a point de moyen plus assuré que cette pratique pour fournir tout ce qui est nécessaire à l'accroissement des plantes ; d'après les principes que nous avons établis il est évident qu'un terrein ainsi cultivé doit produire beaucoup plus qu'un sol nouveau : M. *Hall* assure l'avoir éprouvé avec succès dans ses houblonnieres ; „elles étoient vieilles & dépérissoient, dit cet Auteur ; j'ai rom„pu la terre des intervalles avec la charrue à quatre coultres, & „j'ai approfondi autant qu'il m'a été possible ; j'ai renouvellé la „terre des monticules avec celle des monticules que j'avois aupa„ravant ameublie, & le sol se trouvant ainsi renouvellé & ré„tabli, je me suis contenté de labourer de tems en tems les in„tervalles avec la charrue à quatre coultres ; & je ne doute point „qu'on ne puisse, en suivant cet excellent usage, perpétuer les „houblonnieres de génération en génération.

CHAPITRE LVII.

De la maniere d'arroser une Houblonniere.

IL y a certaines façons particulieres qui regardent la culture d'une houblonniere, & qui n'étant ni générales ni absolument nécessaires nous ont déterminé à en faire un article à part, pour ne pas interrompre nos instructions sur les articles de la culture qu'on doit absolument lui donner.

Le principal de ces articles est l'arrosement, qui n'est pas toujours nécessaire, & qui dépend des saisons. Les pluies sont quelquefois assez fréquentes pendant le printems ; mais quelquefois aussi elles sont rares dans cette saison ; il faut alors que le Cultivateur y supplée, n'y ayant point de végétal qui demande plus de l'eau dans cette saison que le houblon, que l'on plante toujours autant qu'il est possible près de quelque ruisseau ou de quelque riviere pour avoir la facilité de l'arroser.

Observez cependant qu'il ne faut point arroser une houblonniere

de trop bonne heure au printems, parce qu'on risque beaucoup
d'accélérer trop sa végétation, ce qui l'expose à beaucoup d'accidens. Il n'y a pas de tems plus propre à l'arrosement que celui dans
lequel on rompt & divise la terre des intervalles avec le *Cultivateur*, pour relever & exhausser les monticules. En suivant cette méthode on dispose les houblons à pousser vigoureusement lorsque
les monticules sont plus en état de les soutenir dans leur croissance.

Voilà tout l'arrosement que ce végétal exige lorsque la saison est
favorable; mais si dans le courant du mois suivant il ne tombe point
de pluie, il faut alors répéter les arrosemens, & si la sécheresse
continue pendant l'été, il faut encore arroser une fois la houblonniere vers le tems qu'elle fleurit. Rien en effet ne contribue plus
à la perfection du houblon qu'un dégré convenable d'humidité dans
les saisons propres.

Il faut chaque fois que l'on arrose, bien détremper la terre &
rompre ensuite le sol des intervalles avec le *Cultivateur* & en jetter une partie sur les monticules pour y retenir l'humidité & par
conséquent défendre les racines & la partie inférieure des tiges
des ardeurs du soleil.

La vapeur de cette eau s'élevant à travers cette terre ainsi remuée
la ramollit, de façon qu'elle devient aussi un excellent engrais;
d'ailleurs on détruit par ce labour toutes les mauvaises herbes, ce
qui n'est pas l'effet le moins digne de l'attention du Cultivateur.
Ainsi on remplit trois objets importans par la même opération.
Le premier c'est de rafraîchir les racines des plants, le second de
détruire toutes les plantes parasites, & le troisiéme, de rendre la
terre bien ameublie pour leur entretien.

Il y a quelquefois des plants qui ne réussissent pas bien, ou des
monticules où ils dépérissent, tandis que le reste de la houblonniere pousse de la maniere la plus vigoureuse & la plus satisfaisante.
L'unique ressource qui reste alors c'est d'arroser ces plants ou ces
monticules avec de l'eau dans laquelle on a délayé de la fiente de
pigeon. On fait une rigole en cercle autour des plants & l'on y jette l'eau. Il faut avoir recours à cette rigole pour que cette eau
qui est précieuse ne se répande point par les côtés. Si ce nouveau
secours ne produit point l'effet desiré, il faut ouvrir avec soin les
monticules, & l'on mêle de la fiente de cochon avec de la terre
bien substantielle & l'on insere ce mélange autour des racines. Il
faut ensuite dans le mois de Novembre bien bêcher & ameublir
la terre autour des monticules, & l'on verra ces plants ci-devant

languiffants, végéter avec autant de vigueur que le refte de la houblonniere.

Après un détail auffi exact fur la culture des houblons depuis leur plantation jufqu'à la récolte, nous ajouterons en forme de fupplément quelques lettres écrites fur ce fujet à M. *Hall*, & qui contiennent des obfervations très-utiles & étrangeres à la méthode ordinaire.

LETTRE I.

Sur le choix du terrein & fur la maniere de planter le Houblon.

MONSIEUR,

„Si les expériences que j'ai faites fur le houblon peuvent „vous être utiles, je vous les communique avec plaifir. Première-„ment il faut que l'air ait un paffage libre à travers la houblon-„niere. Je trouve mes houblons gâtés dans les endroits où l'air „ne paffe point librement. Trois ormes qui font dans le terrein „de mon voifin m'ont gâté les houblons de dix ou douze monticu-„les, en empêchant l'air d'y paffer librement, tandis que le refte „de ma houblonniere fe trouve dans un état floriffant.

„C'eft une incommodité d'avoir tous les houblons mûrs en „même tems; parce qu'on eft en peine de trouver affez de monde „pour les cueillir; c'eft pourquoi je plante trois fortes de houblons, „le blanc prématuré, le long blanc, & l'ovale ou blanc court. „Le blanc prématuré mûrit quinze jours avant le blanc long, & „ce dernier fept à huit jours avant l'ovale ou blanc court. Le blanc „prématuré ne rend pas une grande récolte, mais on le vend de „bonne heure, & on le vend plus cher, de forte que tout bien „confidéré la balance fe trouve jufte. Je tire beaucoup plus de „profit de cette méthode & j'ai beaucoup moins de peine & „d'embarras. Si vous pouvez infinuer à vos lecteurs d'adopter ma „pratique, ils verront la vérité de mes expériences. Je fuis avec „refpect,

ARTHUR COLLINS.

LETTRE II.

Sur la plantation & la culture de la premiere année.

MONSIEUR,

„ La méthode ordinaire eft de planter quatre plants de houblon
„ dans chaque monticule, un à chaque coin. J'ai voulu faire des
„ expériences, & j'en ai mis dans quelques monticules jufqu'à
„ douze, trois de chaque côté ; en d'autres j'en ai mis dix, en d'au-
„ tres huit, & en d'autres fept, en d'autres fix, cinq, quatre : il y
„ en a où je n'en ai mis que trois, que deux, & même qu'un
„ feul dans le centre.

„ J'ai éprouvé pendant plufieurs années de fuite que le monticu-
„ le où il n'y avoit qu'un feul plant produifoit autant que celui où il
„ y en avoit deux ; & que dans celui où j'en avois mis douze ils
„ s'affamoient tellement, que tous périffoient. J'ai donc obfervé
„ que chaque monticule peut fort bien fournir toute la nourriture
„ qui eft néceffaire à fix plants, & qu'ils ne rendent cependant
„ qu'un peu plus que le monticule que l'on ne charge que de quatre.

„ Nous avons ici pour méthode de facrifier la récolte de la pre-
„ miere année, perfuadé que l'on eft que fi l'on permettoit aux
„ plants de pouffer en fruit, ils feroient toujours d'une végéta-
„ tion foible & languiffante. Voici comment cela arrive : fi l'on
„ plante une houblonniere au printems, comme le pratiquent
„ plufieurs perfonnes, il y a fi peu de tems entre la plantation, &
„ la faifon de la récolte que le produit ne peut en être que très-
„ peu confidérable ; de forte qu'il vaut mieux facrifier cette ré-
„ colte, afin de donner aux plants le tems de bien former leurs ra-
„ cines au lieu de les laiffer s'épuifer pour une petite quantité
„ de fruit.

„ Mais j'ai obfervé que le commencement du mois d'Octobre
„ eft la meilleure faifon pour cette plantation. Les plants prennent
„ racine avant les frimats de l'hiver, & ont le tems de fe fortifier
„ avant la pouffe du printems. C'eft pourquoi ils paroiffent auffi
„ vigoureux que les autres plants plantés au printems peuvent l'ê-
„ tre la feconde année. Ainfi les plantations faites en Octobre,
„ rendent une bonne récolte le premier été, & c'eft une erreur
„ de

„de ne pas la recueillir. Mais tel eſt le ſort des hommes peu intel-
„ligens, & principalement des Cultivateurs, ils ſuivent tou-
„jours aveuglément l'ancienne routine, ſans en examiner les
„inconvéniens, & ſans chercher à faire mieux. Je ſuis, &c.

Par le même.

LETTRE III.

Sur la façon de cueillir le Houblon.

Mᴏɴsɪᴇᴜʀ,

„Je trouve bien des inconvéniens dans la méthode générale-
„ment reçue pour cueillir les houblons ; c'eſt pourquoi j'ai fait
„un engard couvert, fermé par un côté & par les deux bouts,
„ayant un côté ouvert dans toute ſa longueur qui eſt de vingt-
„deux pieds ſur douze de largeur. Je trouve ce bâtiment très-
„commode pour cueillir les houblons, pour y mettre les inſtru-
„mens d'Agriculture, & pour y conſerver les perches pendant l'hi-
„ver. Mes perches n'ont jamais plus de vingt pieds de long, de
„ſorte que mon engard a deux pieds de plus.

„Dans la ſaiſon de la récolte je fais ficher en terre quatre po-
„teaux que je couvre d'une haire, ce qui forme une eſpéce de ca-
„dre de ſept pieds & demi de longueur ſur trois & demi de
„largeur. De ſorte que j'ai deux de ces cadres. Ceux qui cueil-
„lent ſont aſſis entre les deux cadres dos à dos ; j'ai auſſi
„deux fourches fichées en terre pour ſoutenir les perches que
„l'on y poſe deſſus avec les tiges des houblons. Ceux qui cueil-
„lent travaillent le long des côtés & aux bouts des perches,
„mettant les houblons dans les haires. C'eſt ainſi que je me ga-
„rantis du vent, du ſoleil & de la pluie, & mon ouvrage ſe fait
„beaucoup plus parfaitement que chez mes voiſins.

„Pluſieurs d'entr'eux font les mêmes cadres que moi & les
„portent d'un endroit du terrein à l'autre. Mais malgré la grande
„étendue de mes houblonnieres j'ai toujours trouvé mon engard
„fixe meilleur. Les perches ſont toutes prêtes pour être arrangées
„ſans accident. On cueille mes houblons nets & ſecs ; ils ne ſont
„point expoſés à être caſſés ; parce qu'on n'a qu'à lever les côtés
„& les bouts de la haire ; on les tranſporte ainſi auſſi facilement

„que s'ils étoient dans un sac, en droiture dans un fourneau,
„où on les verse dans un lit à sécher. Je suis, &c.

Par le même.

Ces nouvelles observations paroissent très-utiles à M. *Hall*; cependant il ne paroit pas les adopter entierement, parce que, dit-il, il n'en a point fait l'expérience. Cette délicatesse prouve combien il mérite la confiance des Cultivateurs sur tous les articles qu'il propose comme certains. Si les Ecrivains modernes de la France sur l'Agriculture avoient été aussi scrupuleux, nous n'aurions pas le déplaisir de voir des brochures s'accréditer & faire loi. On a eu la téméraire imprudence d'y faire valoir des expériences qui n'ont jamais été faites & y porter l'amélioration d'une terre assez connue par le nom de l'auteur d'une production de cette espéce à quatre & même cinq cens pour cent de différence : tandis que d'après les informations que nous avons prises, l'auteur a altéré considérablement sa fortune par le petit nombre d'essais qu'il a voulu faire. C'est manquer à l'esprit de patriotisme que de sacrifier la crédulité des Cultivateurs à la vaine gloire d'être Auteur : qu'on nous passe cette sortie que nous faisons contre ces perfidies, d'autant plus dangereuses, que la cupidité s'enflame & risque tout, entraînée qu'elle est par des exemples & des succès de cette nature. Nous croirions manquer à notre zèle & à ce que nous devons à l'Etat & au Sujets, si nous n'invitions l'un & l'autre à se tenir en garde contre de tels écrits.

CHAPITRE LVIII.

De la Guède ou Pastel.

LA guède est une plante dont la culture est facile; elle est peu sujette aux accidens qui altérent ou tuent les autres plantes, & on en trouve le prompt débit. Il est surprenant qu'on la cultive en si peu d'endroits. Sa fertilité devroit la mettre en plus grande recommandation; car elle rend, trois, quatre, cinq & même jusqu'à six récoltes par an.

La guède ou pastel, en terme Botanique, *vitrum herba*, *isatis*, *glastum* est une plante dont les teinturiers font une grande consommation. *Cesar* nous fait observer que les Bretons s'en peignoient

le visage pour se donner un air plus terrible dans les combats;
elle étoit le fard des femmes en certains endroits.

Cette plante s'appelle en Normandie *Vouëde* & en Picardie
Wëds; *petit Pastel* ou *Guesde*.

Il y en a de deux sortes, la guède sauvage & la guède cultivée;
la cultivée a les feuilles longues, larges, semblables à celles de la
langue de chien, de couleur verd-brun. Elle pousse des tiges à la
hauteur de trois pieds, grosses comme le petit doigt, accompagnées de feuilles plus aiguës & plus petites que les autres. Les
tiges se divisent vers leurs sommités en plusieurs branches, sur lesquelles naissent plusieurs petites fleurs jaunes, composées de quatre feuilles disposées en croix. Il leur succéde un fruit fait en lan-
guette, qui contient une semence oblongue jaunâtre. Cette espéce-
ci a sa dénomination particuliere en latin, *isatis sativa*, *vel latifolia*.
Cependant la guède sauvage ne differe de la cultivée que par la
culture.

Sa racine est longue & couverte de fibres. Les teinturiers se servent de la guède pour teindre en bleu-brun ou foncé.

En suivant la description que M. *Hall* en donne, on se trouve
plus en état de connoître à fond toutes les parties de cette plante.
Sa racine, dit cet auteur, est longue & couverte de fibres, sa tige
est grosse, ronde, droite & se divise à une certaine hauteur en plusieurs branches, ses feuilles s'y tiennent irrégulierement, & plusieurs feuilles s'élevent en droiture de la racine; les unes & les autres sont d'un verd bleuâtre.

Ses fleurs, continue le même auteur, sont petites & en grand
nombre, à peu près de la même forme que celles du navet. Sa semence est ovale; sa fleur est placée dans un petit calice composé
de quatre feuilles ovales, & la fleur elle-même est composée de
quatre feuilles disposées en croix.

Au milieu de la fleur s'élevent six fibres, dont quatre sont de la
longueur des feuilles de la fleur, les deux autres plus courtes. Toutes ces fibres sont surmontées de boutons oblongs, placés de côté;
les rudimens du fruit sont dans le centre de ces fibrilles. Le fruit est
oblong, pointu de deux côtés, & ne s'éleve qu'à la hauteur des deux
fibres les plus courtes. Il mûrit quand la fleur tombe; son calice
ne contient qu'une seule graine de semence dans son centre.

De toutes les espéces de guèdes que l'on fait venir de différens
pays, il n'y en a qu'une qui mérite l'attention du Cultivateur,
c'est la commune à feuilles larges, connue communément sous le

nom de guède des champs. Il y en a une qui a les feuilles plus petites
& plus étroites, connue fous le nom de guède fauvage ; mais elle
diffère peu de celle dont nous venons de faire la defcription. On
mêle quelquefois exprès ou par accident fa femence avec celle de
l'autre, c'eft à quoi l'on doit bien prendre garde : la feule différence qu'il y a entre la femence de l'une & de l'autre, c'eft que celle
de la fauvage eft plus petite. Elle produit bien une guède affez bonne, mais qui n'eft point comparable à l'autre.

Avant que d'entamer les inftructions néceffaires pour fa culture, il convient que nous donnions quelques connoiffances aux
Lecteurs des différentes dénominations que la guède prend des
différentes récoltes qu'on en fait dans le courant de l'année.

On l'appelle paftel de *paftellus*, qui fûrement eft corrompu de *pa-
ftillus* qu'on difoit anciennement, parce qu'après avoir pilé cette
plante, on la réduit en tablettes ou en petites boules ; ce paftel
vient d'une petite graine qu'on féme dans le printems, & dont,
comme nous l'avons déja dit avec M. *Hall*, on fait depuis quatre jufqu'à fix récoltes par an.

Il eft d'un grand ufage pour préparer les étoffes à recevoir toutes
les autres couleurs & en augmenter le luftre & la durée ; d'abord
il donne la teinture bleue. Il en croît beaucoup en Languedoc : le
meilleur a la feuille unie & fans poil. Le mauvais qu'on appelle
bâtard a la feuille velue. On appelle *marouchin* le paftel de la derniere récolte. Le plus vieux paftel eft le meilleur : on laiffe quelque
tems flétrir fa feuille, puis on le met fous la roue pour le piler ; enfuite on en fait de petits pains que les gens du pays appellent coq ou
cocaignes, qu'on fait fécher à l'ombre fur des clayes jufqu'à ce
que l'on veuille les mettre en poudre : ce qu'on fait avec des maffes
de bois : on laiffe tremper le paftel pendant quatre mois dans de l'eau
fort croupie, où on le remue environ quarante fois ; enfuite il eft
en état d'être emballé & employé. Plufieurs le confondent avec le
paftel d'Inde ou l'indigo : auffi les Epiciers friponnent-ils fur cet article les gens qui ne s'y connoiffent pas : nous en parlons d'après
l'expérience que nous en avons faite. Un étranger fe foutenoit
ici dans une grande aifance, n'ayant pour tout patrimoine que
l'indigo factice qu'il vendoit à très-bas prix à quelques Epiciers
de Paris, qu'ils revendoient au prix du véritable indigo. La compofition confiftoit dans un mélange qu'il faifoit de trois parties de
paftel avec une partie de véritable indigo, qu'il incorporoit enfemble avec une liqueur, qui à la vérité nous a été toujours incon-

nue. Nous allons, après avoir donné cet avis qui paroit affez important, prendre en détail la culture de la guède.

CHAPITRE LIX.

Du Sol qui est le plus favorable à la Guède.

UN fol abondant & fec produit une guède parfaite; mais elle réuffit très-bien dans un fol chaud & fec, quoique pauvre. Elle ne réuffit pas moins dans un fol riche, quoiqu'il ne foit pas parfaitement fec. Cette plante fe plaît davantage dans un fol loameux riche & chaud, mais elle dépérit dans les fols qui font en même tems froids & humides : les fols argilleux ne lui font pas plus favorables ni même les fols dont la fuperficie paroît féche, mais dont la premiere couche n'est pas profonde & porte fur un fond d'argile, parce que cette efpéce de terre retient, comme nous l'avons fait obferver dans le livre des fols, l'humidité, & rend par conféquent le fol froid, fur-tout lorfqu'elle approche beaucoup de la fuperficie.

La guède eft une groffe plante qui demande beaucoup de nourriture ; c'eft pourquoi il lui faut un fol profond, principalement dans les endroits où les couches inférieures lui font contraires.

Un fol fablonneux que l'on améliore avec une certaine quantité de bon terreau eft extrêmement favorable à la végétation de la guède. Plus il a de profondeur, plus il a de qualité pour cette plante.

Le choix du fol eft pour cette culture-ci auffi effentiel que pour toute autre. Car plus le fol eft favorable plus on fait de récoltes. La guède ainfi que les autres végétaux qui demandent beaucoup de nourriture, réuffit mieux fur un terrein nouvellement rompu, & qui eft divifé par beaucoup de labours & amolli par du fumier. Un fol graveleux où il y a une certaine quantité de loam & peu de groffes pierres eft très-analogue à l'accroiffement de la guède. M. *Hall* dit l'avoir vue réuffir fur un fol tout couvert de pierres, mais où il y avoit un bon fonds.

Un terrein couvert de petites pierres à chaux où le fol a un peu de profondeur eft auffi très-convenable à cette production. Le même auteur affure l'avoir vue réuffir dans un fol bas & humide,

Comme il fçavoit, continue-t-il, que cette plante demande ordinairement une fituation haute & un fol fec & profond, ce phéno-
mene le furprit ; il porta fa curiofité jufqu'à examiner le plus fcrupuleufement qu'il lui fut poffible la nature du fol, & il nous dit
qu'il le trouva profond, moëlleux, riche, noir & mêlé d'une bonne
quantité de fable d'un brun luifant. Cette obfervation devient
d'autant plus utile qu'il eft des Cultivateurs qui pourront mettre
à profit des terreins femblables s'ils en ont fur leur domaine.

La guède épuife beaucoup un terrein quelconque, puifqu'il eft
certain qu'il n'en eft point qui puiffe la nourrir au-delà de deux
ans. Cependant on pourroit parvenir, par le fecours de la nouvelle culture & d'une certaine quantité de bon engrais, à fournir
à un terrein pendant plufieurs années la quantité de fucs que cette
plante confomme pour parvenir avec vigueur à un parfait accroiffement. Nous parlerons de cette nouvelle méthode dans la fuite.
Il n'eft ici queftion que de la culture ordinaire, & en la fuivant
il faut que la guède change de terrein à la troifiéme année.

CHAPITRE LX.

De la maniere de préparer le Sol pour la Guède.

COmme cette plante confomme beaucoup de fubftance il faut
que le terrein qu'on lui deftine foit bien rompu avec la charrue
à quatre coultres. Après ce profond labour on le herfe avec foin,
& fi la faifon & le fol font fecs on y paffe un rouleau & on le herfe
encore une fois. Cette opération faite, on fait ôter les groffes pierres qui ont réfifté aux dents de la herfe, par ce moyen on rend le
fol parfaitement uni.

Voilà l'unique façon de traiter un fol fec & chaud ; mais fi le fol
eft un peu humide il faut élever les fillons & jetter dans leurs rigol-
les les morceaux de gazon & les autres rebuts qui fe trouvent fur
la fuperficie, afin que toutes ces matieres pourries forment un engrais.

Mais enfin quelque méthode que l'on fuive, le terrein que l'on
deftine à la guède doit être auffi fin, auffi ameubli & auffi uni que
la platte-bande d'un jardin. Un terrein qui a été longtems en jachere, ou qui vient de porter des herbes artificielles, eft très-propre

à la guède ; mais dans l'un ou l'autre cas la préparation doit en être la même. Les avantages que le Cultivateur retirera de la culture de cette plante, seront toujours proportionnés à ses attentions & à ses soins.

CHAPITRE LXI.

De la maniere de semer la Guède.

LE premier soin qu'on doit avoir c'est de se procurer une suffisante quantité de bonne semence. La guède est assez sujette à manquer, parce qu'il y a des insectes qui la rongent ; c'est pourquoi il faut en avoir provision, non-seulement pour semer d'abord le terrein, mais encore pour suppléer dans les endroits où elle manque. Le sol préparé, on peut l'ensemencer de la maniere ordinaire ou avec le sémoir. Suivant l'ancienne méthode il faut quatre pintes de semence, mesure de Paris. Suivant la nouvelle, il n'en faut que deux pour un acre.

Si on suit l'ancienne méthode pour la semer, il faut faire tout ce que l'on peut pour la répandre d'un seul jet & herser ensuite avec beaucoup de soin. Si l'on suit la nouvelle, il faut semer en rangs doubles, mettant un espace de dix pouces entre ces deux rangs & des intervalles de cinq pieds entre chaque double rang.

Nous ferons observer qu'en suivant la méthode ancienne il est très-difficile de conduire cette production à une bonne récolte ; au lieu qu'avec les intervalles & le sémoir il n'est rien de plus aisé que de l'élever & de lui faire produire des feuilles bien plus larges & plus remplies de suc.

Nous avons remarqué que la plûpart des Cultivateurs choisissent mal la saison pour semer la guède : ils font cette opération dans le mois de Février, au lieu qu'ils devroient la faire dès la premiere semaine du mois d'Août. On réserve une partie de la récolte que l'on laisse sur pied pour la laisser monter en graine vers la fin de Juillet. Le mieux est de la semer quinze jours après l'avoir cueillie ; parce que l'expérience prouve qu'elle ne pousse jamais avec plus de vigueur que quand on la séme ainsi. C'est là le procédé de la nature, rien de plus avantageux que de l'imiter. Nous voyons en effet la graine mûrir en Août & Septembre & tomber à terre,

Peu de jours après le germe se développe & la pousse perce la superficie, la feuille résiste aux frimats de l'hiver, & la racine se renforce dans la terre pendant cette saison, desorte que la végétation est d'une vigueur étonnante à l'ouverture du printems.

Si l'on suit cette méthode dans la culture de la guède, elle se trouvera propre à être récoltée quinze jours plutôt que celle que l'on séme dans le mois de Février. Les premieres pousses de cette plante sont très-sujettes à être rongées par les insectes. Or en la semant en automne on n'a point tant à craindre cet inconvénient, ce qui devient une preuve incontestable de l'avantage qu'il y a à semer la guède en Août.

La bonté de la graine de la guède dépend beaucoup de sa nouveauté. Celle que l'on séme en Février est au moins âgée de sept mois, & très-fréquemment de beaucoup plus. Elle perd toujours de sa qualité en raison de son âge. L'opinion générale est que la graine en est aussi bonne à deux ans que lorsqu'elle est toute nouvelle. C'est une erreur : & si l'on fait de si mauvaises récoltes de cette production, on ne peut & on ne doit s'en prendre qu'à ce préjugé. Nous pouvons en parler d'après les expériences que nous avons faites. Nous avons pris vingt grains de vieille semence & autant de nouvelle. Nous avons semé les uns & les autres avec les mêmes soins & les mêmes attentions; des vingt premiers il n'y en a eu que deux ou trois qui aient réussi, & des derniers au contraire il n'y en a eu que deux ou trois qui aient manqué. Ces observations fréquemment répétées doivent servir de boussole au Cultivateur, qui guidé par la raison cherche de bonne foi à se départir des anciennes opinions en faveur des nouvelles, lorsque celles-ci sont étayées des expériences.

CHAPITRE LXII.

De la culture de la Guède tandis qu'elle est sur pied.

NOus supposons ici que l'on a suivi l'ancienne méthode, & que l'on a semé à la main & dans le mois de Février. Dans cette supposition la guède pousse irrégulierement, & si les insectes y ont fait quelque ravage. Il faut faire des trous avec une houe & mettre cinq grains dans chaque trou par-tout où la semence a manqué. Il faut espacer les trous d'un pied. Si

Si l'on est décidé à semer au printems, il vaut mieux semer de bonne heure que tard, parce que la guède pousse dans des tems très-froids, & que par conséquent elle sera moins sujette à l'irruption des insectes, au lieu que, comme les observations le confirment, les pluies chaudes de la saison avancée multiplient beaucoup cette vermine.

Lorsque les tiges se sont un peu élevées, il faut houer le champ, non-seulement pour détruire les mauvaises herbes, mais encore pour éclaircir les tiges; parce que lorsqu'elles sont trop serrées les unes contre les autres, elles s'affament & s'entre-détruisent. Il faut donc au contraire les écarter d'un pied les unes des autres; c'est seulement aux ouvriers que l'on met en œuvre pour houer, à arracher avec soin les tiges les plus foibles & à épargner les plus vigoureuses. Voilà en abrégé toutes les ressources qui restent aux Cultivateurs qui suivent l'ancienne méthode.

Voyons à présent l'état d'une récolte qui a été semée la première semaine du mois d'Août. Si la semence est de la même année & le sol bien préparé, très-peu de grains manquent, & le terrein est si bien couvert qu'on n'a pas besoin d'y ajouter de la semence, comme il arrive dans l'autre méthode. On observe aussi que les insectes n'y ont porté aucun préjudice.

Cependant il faut mettre les houeurs dans le champ pour éclaircir les plantes quand elles sont un peu élevées, & leur laisser passer l'hiver dans cet état. Elles croissent peu pendant cette saison; mais leurs racines prennent de la force, ce qui est un très-grand avantage pour le Cultivateur; parce qu'elles sont en état de pousser au printems beaucoup de feuilles très-pleines de suc, & que la récolte est avancée au moins de quinze jours, sur-tout si l'on donne dans cette saison un labour avec la houe à la main, & si l'on détruit avec soin toutes les herbes parasites & mauvaises.

Passons à la culture de la guède sur pied, suivant la nouvelle méthode: nous avons dit qu'il falloit la semer en doubles rangs, parce qu'un troisième rang n'auroit point de l'air, & que par conséquent les feuilles ne seroient jamais d'une belle couleur.

Aussi-tôt que les plantes dans le rang sont un peu élevées, les houeurs à la main doivent arracher les mauvaises herbes qui croissent entre les deux rangs, & éclaircir en laissant une distance de douze ou quinze pouces entre chaque plante des deux rangs alternativement, & non en opposition l'une à l'autre: on voit que par cette opération on réduit les plantes à un très-petit nombre.

Mais nous aſſurons d'après l'expérience que le profit en eſt plus grand. La récolte de la guède ne conſiſte point dans ſa graine mais bien dans ſa feuille ; & l'on voit tous les jours qu'une ſeule plante bien vigoureuſe produit plus de feuilles & mieux conditionnées que cinq plantes ſerrées l'une contre l'autre, & qui ſe font réciproquement languir en ſe dérobant la nourriture.

Lorſque les tiges ſont ainſi éclaircies & les mauvaiſes herbes bien arrachées dans les eſpaces pratiqués entre les rangées de chaque double rang ; on ſe ſert du Cultivateur, pour rafraîchir & ameublir les intervalles ; par-là on détruit auſſi toutes les mauvaiſes herbes, & on renouvelle les ſurfaces du ſol qui fourniſſent une nourriture abondante aux plantes. On réitere de tems en tems cette opération, pour fournir plus fréquemment de nouveaux ſecours à la récolte.

La valeur de la guède conſiſte dans la belle couleur & dans la fraîcheur de ſa feuille : cette plante attire une nourriture ſuffiſante, tandis que ſes feuilles croiſſent ; mais dès qu'elles ont acquis leur groſſeur naturelle, le terrein eſt un peu épuiſé ; car toute terre dégénere depuis qu'elle eſt rompue & diviſée, juſqu'à ce qu'elle ſoit labourée de nouveau ; c'eſt pourquoi plus près les plantes touchent au moment de leur parfait accroiſſement, plus elles ont beſoin de ſuc nourricier, & moins elles en trouvent ; ce qui porte en général à toutes les plantes, & principalement à la guède un préjudice conſidérable ; puiſque, comme nous l'avons dit, toute la valeur de cette plante-ci dépend de la bonté de ſes feuilles, & qu'elle ne peut l'acquérir ſi le Cultivateur n'a par ſon induſtrie, le ſoin de lui fournir une ſuffiſante quantité de ſuc nourricier.

On voit par cette remarque combien il eſt important de donner un tel ordre aux labours que l'on fait dans les intervalles, que le dernier ſe faſſe un peu avant la croiſſance parfaite de la feuille. Le ſol par cette attention abonde en ſucs. Les extrémités des racines ſont coupées, elles en repouſſent de nouvelles, & la récolte acquiert en peu de tems cette belle couleur verte & fraîche que l'on deſire & qui donne à la production cette grande valeur dont nous avons parlé. Il faut ordinairement la récolter dix ou douze jours après qu'on a fait le dernier labour ; les jeunes pouſſes qui doivent former la récolte ſuivante pouſſent tout de ſuite avec une vigueur étonnante.

Par tout ce que nous venons d'obſerver aux Cultivateurs il leur doit paroître évident que la guède rapporte bien plus de profit lorſqu'elle eſt cultivée ſuivant la nouvelle méthode. En effet il n'en eſt point qui ſoit plus favorable aux groſſes plantes.

CHAPITRE LXIII.

De la maniere de cueillir la Guède.

IL eſt aſſez difficile de déterminer le tems de récolter la guède ; cette partie de ſa culture tient à tant de circonſtances, que nous expoſerions nos lecteurs à des bévues conſidérables ſi nous nous aviſions de le fixer. Le tems de la moiſſonner dépend d'abord de la culture qu'on lui donne, de la ſaiſon pendant laquelle on la ſéme, de la nature plus ou moins riche du ſol & de la plus ou moins grande ſéchereſſe de la ſaiſon. La guède que l'on ſéme en automne acquiert bien plus ſa maturité que celle que l'on ſéme au printems. Quand on lui donne la nouvelle culture elle eſt plutôt en état d'être moiſſonnée que celle qu'on cultive ſuivant l'ancienne méthode. Les ſols chauds & légers, nous l'avons dit, ſont les plus favorables à cette production, & un ſoleil chaud, interrompu de tems en tems par des pluies légeres accélerent ſa maturité ; de ſorte que la qualité de la ſaiſon influe quelquefois tellement ſur ſa maturité qu'il y a quinze jours ou même plus de différence.

Nous nous contentons de faire remarquer qu'il eſt eſſentiel de veiller avec ſoin dans le tems auquel la guède approche de ſa maturité, puiſque l'expérience prouve qu'une grande partie du profit dépend de cette vigilance : lorſque la feuille a acquis ſa véritable largeur, qu'elle eſt ferme au toucher, pleine de ſuc, & d'une belle couleur verte, il faut la cueillir le plus vîte qu'il eſt poſſible : car tel eſt l'ordre établi par la nature qu'en général il ſe fait dans les végétaux un ſi prompt changement que le moment de leur croiſſance parfaite eſt pour ainſi dire celui où leur décadence commence. Si l'on ne ſaiſit pas le moment de cette perfection la feuille commence auſſi-tôt à ſe faner, à devenir mollaſſe & à perdre cette belle couleur verte qui en rend la qualité & la vente ſi bonnes.

Si on laiſſe la guède ſur pied trois ou quatre jours après qu'elle eſt dans ſa parfaite maturité, on perd une grande partie de la récolte. Il faut donc couper la feuille auſſi-tôt qu'elle eſt mûre & l'envoyer ſur le champ au moulin ; & l'on fait enſuite tout ce qu'il faut pour ſe procurer une nouvelle récolte. Nn ij

Nous avons dit que cette production rendoit plufieurs récoltes par an en fuivant la nouvelle méthode ; ces récoltes quoiqu'ainfi multipliées font toutes d'une même valeur; au lieu qu'en faifant ufage de l'ancienne culture elles font toutes inférieures à la premiere ; la guède de la premiere & feconde récolte peut être mêlée enfemble; mais jamais celles qui fuivent : elles demandent d'être féparées, fans quoi on diminueroit, en les mêlant avec les précédentes, le prix de la guède.

On obferve que dans l'ancienne Agriculture un acre rend ordinairement un tonneau de guède, mais dans la nouvelle le même efpace rend beaucoup plus; en fuivant l'ancienne, il faut tous les trois ans donner à cette plante un nouveau terrein ; en fuivant la nouvelle, le même terrein produit perpétuellement, comme on va le voir dans le Chapitre fuivant.

CHAPITRE LXIV.

Du changement du terrein pour la Guède & de la façon de cueillir la femence.

NOus fommes entrés dans un détail exact de la culture de cette plante, & nous fuppofons que le Cultivateur en a cueilli la derniere récolte du premier été, après quoi cette plante continue de croître, & les feuilles qui pouffent dans cette faifon n'étant point propres à être cueillies font une nourriture très-falubre pour les moutons, on les lâche dans la *guédiere*. Leur dent, loin de porter préjudice à la plante, la fait pouffer au contraire avec plus de vigueur le printems fuivant.

Le printems arrivé, il faut donner la même culture qu'on a donné la premiere année; les premieres récoltes feront d'une bonne qualité & abondantes, mais non pas les fuivantes. On fera donc obligé, vers le commencement de l'automne, de renouveller la guède, ce que l'on pratique comme on va voir.

Lorfque la récolte du fecond été eft finie, on laiffe une partie des anciennes racines pour les faire monter en graine, l'on arrache le refte avec la herfe; on laboure enfuite le terrein pour y jetter la nouvelle femence ; les anciennes racines qu'on a deftinées à monter en graine, profitant de tous les fucs répandus dans le terrein nouvellement rompu & ameubli, pouſſent avec une vigueur étonnante & produiſent l'année ſuivante une abondante quantité de graine. Un acre, dit M. *Hall*, rend quelquefois juſqu'à cinquante quarters Anglois. Nous mettons ce qui ſuit en italique, afin que les perſonnes qui nous ont demandé ce qu'étoit le quarter & l'acre, puiſſent réduire l'une & l'autre meſure à celles de France. Nous avertiſſons cependant que quant à l'acre cette meſure varie preſqu'autant en Angleterre que l'arpent en France.

Le quarter Anglois contient huit boiſſeaux Anglois coûpés, & un boiſſeau Anglois équivaut à quatre boiſſeaux meſure de Paris; de ſorte que le quarter Anglois contient trente-deux boiſſeaux coûpés, meſure de Paris; & que cinquante fois trente-deux boiſſeaux font 1600 boiſſeaux de France, ou onze muids & ſeize boiſſeaux, ſelon la meſure du bled à Paris; de ſorte qu'un boiſſeau Anglois faiſant quatre boiſſeaux de Paris, douze boiſſeaux Anglois font quatre ſeptiers de Paris.

L'Acre d'Angleterre contient ordinairement 720 pieds de roi en longueur ſur 72 de largeur. L'arpent de France, nous entendons parler de l'Iſle de France, contient 100 perches quarrées, & chaque perche 18 pieds en certains endroits & 20 en d'autres.

Cette grande abondance paroîtra ſurprenante d'après la deſcription que nous avons donnée, dans laquelle nous avons dit que chaque coſſe ne contenoit qu'un grain; mais on reviendra de cet étonnement pour peu qu'on examine la multiplicité des coſſes ou envelopes qu'une ſeule tige porte.

La méthode dont nous venons de parler pour faire produire la guède ſur le même terrein pendant pluſieurs années eſt la ſeule à laquelle le Cultivateur doive s'attacher. Cependant nous conſeillons de préférence de ne faire porter au terrein que deux ans de ſuite; parce que cultivée de la façon que nous l'avons indiquée on peut lui confier encore du bled; mais ſi l'on paſſe ce tems, le ſol, quelque fertile qu'il fût auparavant, eſt totalement appauvri. Il n'y en a point qui puiſſe réſiſter à la voracité de cette plante, à moins qu'on ne l'engraiſſe avec beaucoup de ſoin & qu'on ne le cultive ſuivant la nouvelle méthode.

Comme en ſuivant cette nouvelle méthode les intervalles jouiſſent d'une eſpéce de jachere, on peut après deux ans ſemer la nouvelle récolte dans le centre de chaque intervalle & mettre les anciens rangs en intervalles pour les mettre en état de fournir au changement prochain. Pour remplir cet objet eſſentiel, on fume les intervalles nouveaux avec du vieux fumier bien pourri & bien moëlleux. C'est ainsi, comme nous l'avons déja dit, qu'on perpétue cette production de génération en génération.

CHAPITRE LXV.

De l'Herbe aux Teinturiers.

COmme cette herbe fert de même que la guède à la teinture, non-feulement les Cultivateurs les plus bornés, mais encore bien des Ecrivains ont confondu ces deux plantes, qui font cependant bien différentes foit par leur nature foit par la culture différente que chacune exige. M. *Houghton*, & avec lui plufieurs autres fe font trompés en prefcrivant pour la guède la culture qui convient à l'herbe aux teinturiers; cet auteur dans fon fecond volume donne des inftructions qui ne regardent particulierement ni la guède ni l'herbe aux teinturiers, mais qui font un mêlange d'une partie qui convient à l'une, & d'une partie qui convient a l'autre; ce qui prouve combien la defcription des plantes eft néceffaire & combien les Ecrivains devroient être attentifs à la donner avant que d'en venir aux inftructions qui regardent leur culture; afin que chaque Cultivateur eût une connoiffance diftincte de la plante qu'il veut cultiver. Nous avons fait fentir dans une partie de cet ouvrage combien les équivoques fur ce point font préjudiciables; fi le mémoire de M. de Lille avoit prévalu, c'en étoit fait du rai-gras en France: cette plante d'autant plus utile qu'elle eft abondante & falubre, fans l'attention que nous avons eue pour lui rendre juftice, alloit être profcrite; & cette branche effentielle des fecours que le Cultivateur peut en tirer pour les fourrages auroit été cruellement coupée. Enfin fon fort eft affuré à préfent, & nous ne penfons pas que M. de Lille s'obftine encore dans fon erreur. Il eft trop bon citoyen & trop éclairé pour ne pas faire divorce avec une opinion conftatée fauffe d'après les expériences que des citoyens recommandables par leur naiffance & par l'amour de la vérité ont fouvent répétées.

Il feroit bien étonnant qu'une perfonne qui a vu l'une & l'autre plante les confondit; mais comme nous préfumons, & fans doute avec raifon, que la plûpart de nos lecteurs ne les ont pas vues, nous allons en donner la description, afin que l'on apprenne à les distinguer.

La guède est une grosse plante à feuilles larges & qui par conséquent couvre beaucoup de terrein. L'herbe aux teinturiers est au contraire une plante mince, droite & haute qui ne couvre que quelques pouces de sol. Elle croît sauvage sur les bords des fossés, la culture n'y produit aucun changement, desorte que lorsqu'on la connoît dans cet état, on ne peut la méconnoître lorsqu'elle est cultivée. Elle est sans doute l'*isatis sylvestris* ou *angusti folia*, & c'est ce qui a fait tomber dans l'erreur différens auteurs.

Sa racine est blanche & fibreuse : les feuilles qui en sortent sont longues & très-étroites, elles s'étendent sphériquement sur le sol à la largeur tout au plus d'une assiette : elles sont unies, luisantes & d'un verd pâle.

Sa tige s'éleve du centre de ses feuilles, elle a elle-même un grand nombre de feuilles plus petites que celles de sa racine depuis le milieu jusqu'à son sommet : elle est couverte de fleurs petites & jaunes. Après les fleurs viennent les semences qui sont très-petites & logées dans des vases ouverts. La tige n'a presque point de branches.

Chaque fleur est portée par un petit calice verd formé d'une seule feuille divisée en quatre parties pointues, dont deux sont plus ouvertes que les deux autres. La fleur est composée de trois petites feuilles jaunes, deux placées de côté & l'autre au-dessus. Celle-ci est divisée en six parties, & les deux des côtés en trois. Outre ces trois feuilles on en trouve quelquefois deux autres petites dans la fleur, qui se tiennent au fond sans division. Mais il y a plusieurs fleurs qui ne les ont pas. Le bas de la feuille supérieure est ovale & contient une petite goutte de suc mielleux.

On trouve un nombre infini de petits filaments extrêmement fins dans cette fleur, dont chacun est surmonté d'un très-petit bouton. Le principe du fruit ou le vase à graine se tient au centre de ces filamens ; il a trois pointes qui s'élevent à leur hauteur : ces pointes reçoivent la poussiere prolifique des boutons placés au sommet des filamens, & la conduisent aux vases à semence.

Lorsque les filamens & les feuilles des fleurs sont tombés, ces rudimens du fruit restent dans le calice où ils se dévelopent & croissent. Les semences sont nombreuses, très-petites & de figure oblongue.

Les Anciens ont connu cette plante sous la dénomination de

luteola, nom qu'ils lui donnerent tant à cause de ses fleurs jaunes que parce qu'elle sert à teindre en jaune, au lieu que le grand pastel, connu sous le nom de guède sert à teindre en bleu. Nous ne connoissons qu'une espéce d'herbe aux teinturiers, si l'on en excepte une petite plante sauvage qui lui ressemble, mais qui ne mérite point l'attention du Cultivateur. La grosseur de l'autre suffit pour la faire seulement distinguer de celle-ci.

CHAPITRE LXVI.

Du Sol le plus favorable à l'herbe aux Teinturiers.

CEtte herbe croît dans les sols pauvres, pourvu qu'ils soient secs. Un sol absolument graveleux ou sablonneux lui convient parfaitement bien; elle y réussit sans exiger beaucoup de culture; ce qui doit encourager les Cultivateurs à ne la point négliger, d'autant plus qu'on en trouve un débit aisé chez les Teinturiers & qu'elle vient sur des terreins ou une autre production quelconque ne végète point du tout ou ne fait que languir. Nous observerons cependant au lecteur qu'elle réussit beaucoup mieux sur les terreins qui ont quelques principes, pourvu qu'ils soient secs.

Il y a beaucoup de sols qui ne sont qu'un mélange de sable & d'un peu de terre noire & qui demandent une grande culture lorsqu'on veut en tirer parti. L'herbe aux teinturiers y produiroit des récoltes les plus abondantes, sans engrais & sans beaucoup de culture; ainsi l'on voit combien il seroit avantageux d'adopter cette production.

Les sols secs graveleux, les sablonneux & les terres à Bruieres, pour peu qu'on les aidât de quelqu'engrais qui leur fût analogue & de quelque culture rendroient des récoltes abondantes d'herbe aux teinturiers. Il est donc très-avantageux à tout Cultivateur qui seroit à portée de s'en défaire & qui auroit de semblables sols qu'il abandonne à leur stérilité, d'augmenter ses revenus en la cultivant; puisqu'il ne risqueroit que de petites avances & fort peu de peine.

CHAP.

CHAPITRE LXVII.

De la maniere de femer l'herbe aux Teinturiers feule.

NOus venons de faire obferver que cette plante demande peu
de culture & des terreins peu abondans en principes; mais
il faut prendre des précautions pour la femer. On peut la jetter
feule fur un fol pauvre; alors un labour & un herfage fuffifent. On
peut la femer au printems ou en automne; cependant celle-ci eft
préférable.

Nous avons obfervé que la femence eft extrêmement petite,
de forte qu'une petite mefure en contient beaucoup. Il n'en faut
pas plus de quatre pintes, mefure de Paris, pour enfemencer un
acre. Mais comme cette graine eft fi petite & fi légere il y a beaucoup de difficulté à la femer uniformément. Il eft des Cultivateurs qui mêlent de la pouffiere, mais cette reffource eft des moins
fûres. Monfieur *Hall* rapporte une lettre qu'on lui a écrite là-deffus,
qui contient, dit-il, des inftructions fondées fur l'expérience. La
voici mot pour mot.

MONSIEUR,

»Permettez-moi de vous prouver combien j'eftime votre en-
»treprife louable, en contribuant pour quelque chofe par votre
» moyen au bien public. Il ne s'agit que d'un article, mais qui
» peut enrichir plufieurs Fermiers & Propriétaires de terres; c'eft
» la culture de l'herbe aux teinturiers, fur laquelle j'ai fait les ob-
» fervations fuivantes.

»Comme j'avois remarqué que les fols les plus pauvres produi-
» foient beaucoup de cette plante, je voulus, il y a quelque tems,
» effayer d'en élever fur un terrein qui ne me rendit prefque rien.
» Ne trouvant point de la femence à acheter, je donnai ordre à un
» laboureur de m'en cueillir dans les endroits où elle croiffoit na-
» turellement.

» Mes terres font fituées à trois lieues & demie de la mer. J'ac-
» compagnai cet homme dans fa recherche pour lui montrer les
» plantes qui étoient parfaitement mûres, afin qu'il ne fe trompât

Tome VI. Oo

» point. J'eûs alors occafion de remarquer que les plantes fur le
» même fol étoient plus greffes & plus belles entre ma maifon & la
» mer dans l'efpace au moins de cinq quarts de lieue, que du côté
» intérieur de la terre.

» Peut-être croirez-vous que mon obfervation tient plus à l'i-
» maginaire qu'au réel, & que la mer ne peut point influer fur les
» plantes à la diftance de deux lieues & demie. Mais comme j'ai
» paffé une partie de ma jeuneffe à l'étude de la Botanique, cet
» effet ne me furprit point, & je pris le deffein de profiter de ma
» découverte. J'obfervai en même tems que plufieurs efpéces de
» trefles croiffoient avec vigueur dans mes terres fituées du côté
» de la mer, & que dans celles qui approchoient plus de ma maifon
» quoiqu'elles foient de la même nature, on n'en trouvoit que des
» tiges très-gréles, très-rares & languiffantes; je remarquai mê-
» me que la nature tenoit la même conduite à l'égard de plufieurs
» autres herbes fauvages.

» Ces obfervations me rappellerent celles que j'avois fait au-
» trefois, dans un tems où je ne penfois cependant guéres à l'uti-
» lité que je pourrois en tirer dans la fuite; & je ne m'étonnois plus
» de ce que l'herbe aux teinturiers profitoit plus à la portée de ces
» influences de la mer que par-tout ailleurs.

» Me guidant fur ces remarques & fur l'habitude dans laquelle
» nos Fermiers font de mêler de la pouffiere avec la graine de
» l'herbe aux teinturiers pour la femer, j'ai établi la méthode
» fuivante, qui m'a fourni l'occafion de vous écrire cette lettre.

» Après avoir fait ramaffer une bonne quantité de femence, je
» l'étendis fur le plancher d'un grenier aëré, je fis donner en
» même tems deux labours & un herfage à une piéce de terrein
» à bruyeres, de cinq acres. Je mefurai enfuite la valeur de
» vingt pintes, mefure de Paris, de femence que je mêlai avec
» huit boiffeaux de fable rouge tiré de la mer dans le tems du
» reflux, & que j'avois auffi étendu dans le même grenier, juf-
» qu'à ce qu'il fût un peu deffêché. Je fis femer ce mêlange la fecon-
» de femaine du mois d'Août. La femence fortit par-tout égale-
» ment & pouffa avec vigueur; les feuilles de la racine réfifterent
» aux frimats de l'hiver, & la tige le printems fuivant monta fort
» haut. Ma récolte acquit fa parfaite maturité trois femaines
» avant celle de mes voifins, qui peuvent tous rendre témoigna-
» ge que j'en recueillis le double de ce qu'on en avoit cueilli juf-
» qu'à ce tems de mémoire d'homme.

» J'attribue cet avantage à plusieurs causes, sçavoir, à ce que
» mon terrein, naturellement stérile, a été amendé par l'addi-
» tion du sable marin, & que ma semence, par ce mêlange, a été
» répandue uniformément sur le sol, qui a été rendu plus léger &
» plus chaud, deux circonstances qui favorisent considérablement
» la végétation & la perfection de cette plante.

» De plus, le sel attaché au sable marin n'a pas peu contribué
» à ce succès; car vous n'ignorez pas sans doute combien il amé-
» liore un terrein, & combien il mérite d'être préféré au sable de
» riviere & de fossé. En le mêlant avec la semence, la premiere
» pousse profite de la fertilité qu'il communique au sol.

» D'ailleurs je vous donne la liberté d'approuver ou désap-
» prouver mon raisonnement, je vous l'abandonne, mais quant
» aux expériences, il n'en est pas de même, elles sont certaines:
» & je vous prie de les publier pour le bien public; je vous sou-
» haite beaucoup de succès & suis votre bien humble

CHRISTOPHE HANKINS.

Bien loin d'attaquer la méthode & le raisonnement sur lequel
elle porte, nous remarquerons que l'auteur de cette lettre a trouvé le moyen le plus certain de semer l'herbe aux teinturiers seule.
Nous allons voir comment on la sème avec quelqu'autre graine.

CHAPITRE LXVIII.

De la maniere de semer l'herbe aux Teinturiers avec quelqu'au- tre production.

COmme cette plante n'est guéres dans sa véritable perfection
que dans la seconde année après qu'elle a été semée, on peut
la semer avec quelqu'autre graine; le peu de progrès qu'elle fait
tandis que l'autre récolte est sur pied, lui donne le tems de bien
établir ses racines pour l'année suivante.

Comme l'on épargne quelque chose en suivant cette méthode,
nous ne doutons point qu'il n'y ait beaucoup de Cultivateurs qui
la préferent; mais il est bon de les avertir qu'on ne peut semer
cette plante qu'avec de l'orge ou de l'avoine; & dans ce cas il faut
mettre autant d'une semence que de l'autre. Après avoir semé ce

mélange on fait paffer le rouleau: l'herbe aux teinturiers pouffe un peu après que l'orge ou l'avoine a pouffé, mais elle ne fait que vivoter jufqu'après la moiffon de l'un ou l'autre de ces grains qu'on a femé avec elle.

Comme elle ne pouffe que les feuilles de la racine tandis que l'autre grain eft fur pied; fes feuilles s'étendent fur le fol: quoiqu'elles foient foulées pendant la moiffon, la plante n'en eft point endommagée. Mais auffi-tôt que l'autre récolte eft faite, la plante reçoit beaucoup plus de nourriture, & étant plus expofée aux influences de l'air, elle commence à fe renforcer & à pouffer avec vigueur. Dans cet état elle réfifte aux frimats de l'hiver, & devient magnifique au printems.

Mais en fuivant cette méthode la difficulté de la répandre uniformément fubfifte toujours; parce que le poids de l'orge ou de l'avoine fuit la direction de la main, au lieu que la femence de cette herbe étant extrêmement légere ne peut pas fe porter auffi en avant. » Auffi, dit M. *Hall*, je voudrois qu'on fuivît la méthode de mon » Correfpondant, & que comme lui on mêlat quatre boiffeaux de » fable avec les deux femences, au lieu de huit boiffeaux qu'il » prefcrit lorfqu'on ne féme que feule cette plante. Au refte je ne » fçaurois trop louer fa méthode de la femer feule, & je confeille » de la préférer à toute autre.

CHAPITRE LXIX.

De la culture que l'herbe aux Teinturiers demande pendant qu'elle eft fur pied.

NOus avons déja dit qu'elle demande fort peu de culture: mais auffi ce peu doit-il au moins être exécuté avec attention & avec vigilance. Lorfque le tems eft fec la graine refte quelque tems en terre fans lever, mais la moindre petite pluie la fait pouffer & les feuilles font d'un beau verd; dès qu'elles ont acquis une certaine groffeur, il faut y envoyer des houeurs à la main, non-feulement pour détruire les mauvaifes herbes, mais encore pour éclaircir les plantes, deforte qu'il fe trouve au moins 9 pouces de diftance de l'une à l'autre; fi au contraire il eft des endroits où elles font rares, on y en tranfplante de celles qui font trop ferrées;

pour mettre toutes celles du champ à peu près à la distance que nous venons d'indiquer.

Après qu'on a donné toutes ces petites attentions, on n'y touche plus pendant l'hiver; il faut seulement houer encore une fois au printems, si l'on voit que les mauvaises herbes commencent récemment à pousser; & quand même les préparations antérieures & les frimats de l'hiver les auroient entiérement détruites on feroit toujours très-sagement de donner un labour avec la houe à la main, le bien que cette façon fait à la récolte dédommage bien de cette peine par l'ampliation du produit. Ce labour donné on n'y fait plus rien jusqu'au tems de la récolte, la nature fait elle seule le reste & met la plante en état de pousser avec vigueur & d'étouffer par son feuillage épais & nombreux toutes les herbes parasites & mauvaises; les pluies chaudes qui tombent dans cette saison, font monter la plante à une suffisante hauteur; de sorte qu'il ne reste rien à faire au Cultivateur que d'attendre en repos sur ce point le tems d'une bonne moisson.

CHAPITRE LXX.

De la maniere de cueillir l'herbe aux Teinturiers.

LOrsque la plante est mûre, on l'arrache comme on arrache le lin, cependant avec beaucoup plus de précaution; parce que les vases à semence étant naturellement ouverts on en perdroit beaucoup sur le terrein, ce qu'il faut éviter autant qu'il est possible; parce qu'elle se vend à raison de trois livres & même plus le boisseau, mesure de Paris, & qu'on en peut recueillir une quantité considérable, la moitié de la tige depuis son sommet en descendant vers le sol étant entiérement couverte de vases, ou bourses à semence.

Il n'est pas moins important de veiller avec soin au tems propre à arracher cette plante; car il y a un certain dégré de maturité au-delà duquel elle perd beaucoup. Heureusement le tems de la maturité de la tige est aussi celui de la maturité de la semence, il ne reste donc au Cultivateur qu'à sçavoir le saisir, & c'est ce que nous nous proposons de lui apprendre par les signes qui l'indiquent.

La tige est d'un verd-obscur, mais en mûrissant elle devient jaunâtre, signe non équivoque que la plante approche de sa maturité. Alors on doit examiner les capsules ou vases à semence, parce que le véritable tems d'arracher est venu, si on les trouve dures, & s'il n'y a plus des fleurs aux sommités de la tige.

Il faut, en les arrachant, tenir les tiges aussi droites qu'on le peut, & se donner bien de garde de les secouer. On les lie en petites gerbes, ou, comme on parle en certains pays, en poignées, pour les mettre sécher. Lorsque cette plante est mûre ses racines se pourrissent, & comme elles ne tiennent presque plus à la terre on les arrache facilement ; ainsi on peut éviter de donner de grandes secousses.

Aussi-tôt que cette plante est séche on peut la vendre : les teinturiers ne se servent point de la graine : aussi le Cultivateur doit-il la séparer avant que d'exposer en vente la tige. Pour cela, quand les gerbes ou poignées sont un peu séches on les porte à la grange, & lorsque toute la graine a acquis la dureté requise, on les bat légerement sur un plancher pour en séparer la semence, qu'on y laisse ensuite pendant trois ou quatre jours, pour la laisser encore plus parfaitement sécher & durcir ; après quoi on la garde jusqu'à ce que l'occasion de la vendre se présente.

Aussi-tôt que la semence est séparée de la tige, on vend la plante entiere aux teinturiers. Cette premiere récolte faite, on prépare le même terrein pour y en faire encore une nouvelle ; pour cela il faut lui donner deux labours & un herfage. C'est ainsi qu'on peut élever trois récoltes de cette herbe sans se donner d'autres foins & d'autres peines. Mais il vaut mieux changer la récolte que d'avoir recours au fumier ; parce que cette plante est du nombre des végétaux qui ne veulent point un semblable engrais ; & en effet la qualité en est bien inférieure lorsqu'on engraisse ainsi le terrein. Nous ne conseillerons jamais de suivre la méthode des Cultivateurs qui étendent à toutes les productions le systême de viser toujours à la quantité sans s'embarrasser de la qualité. Cette erreur qui est le fruit de la cupidité, porte quelquefois les productions les plus estimables à un rabais qui n'indique que trop le mépris qu'on en fait ; & c'est ici le cas, comme dans le vin, de faire la loi au consommateur, pour peu du moins que chaque membre de l'Etat croie devoir entrer dans les vues du gouvernement. On ne sçauroit trop insister sur ce point, pour faire en sorte de faire revivre cet esprit patriotique qui doit faire marcher de niveau l'intérêt public avec l'intérêt personnel.

Explication des deux Têtes & du Trépan.

LEs lettres BB marquent deux lignes qui repréfentent les bornes du cervelet, ou de la partie poftérieure du cerveau qui eft fort petite dans le cheval, fi l'on la compare au cervelet de l'homme, aufli-bien que toute la fubftance du cerveau qui commence depuis la ligne D.

CC eft une ligne où commence la partie fupérieure du finus frontal, avec une vue du fond de ce finus qui fe termine entre les lignes D & E, où il paroît une fubftance qui a la forme d'une poire: c'eft l'os ethmoïde, ou l'os cribleux à travers duquel les nerfs olfacteurs paffent, & qui donnent cette grande fenfibilité à la membrane pituitaire, & forment une fenfation : c'eft l'odorat.

E repréfente le commencement du finus maxillaire qui fe termine à M; les efpaces ombrés qu'on voit entre ces deux lignes, repréfentent les grandes cavités. La ligne oblique défignée par E, eft une féparation offeufe qui divife ce finus en deux parties, qui n'ont point de communication : il arrive quelquefois, mais rarement, qu'on y trouve deux petites féparations offeufes ; c'eft pourquoi nous les indiquons par les lignes F & G : il arrive aufli quelquefois, mais encore plus rarement, qu'il y a des chevaux, dans la tête defquels on ne trouve aucune de ces féparations offeufes.

N indique la place des cornets ou cornes, O les redoublemens, P leur milieu, Q leur partie inférieure, M le canal offeux ou la gaîne du nerf maxillaire.

AA eft le feptum narium ou la cloifon qui divife le nez de haut en bas, & forme les deux narines.

L, dans la tête qui eft entiere, indique l'endroit du finus frontal fur lequel on doit appliquer le trépan, & c'eft le lieu du finus où nous pouvons croire que la morve eft logée. Cependant nous penfons qu'il eft plus fûr d'appliquer le trépan premierement fur E pour les raifons que nous allons donner, & parce que le cerveau feroit expofé, fi l'on fe méprenoit de finus.

E fert à indiquer la place où l'on doit appliquer le trépan pour nettoyer le finus maxillaire : (la marque fphérique entre D & E) qui indique l'impreffion du trépan, eft cependant préférée par M. Barthlet comme étant l'endroit d'autant plus propre à remplir cet objet, que par cet orifice fuffifant on peut nettoyer toutes les parties fupérieures & inférieures en les injectant.

Mais en général, lorfqu'il n'y a que le finus qui foit affecté, l'injection pénétre feulement la partie fupérieure jufqu'où la feringue peut atteindre, ou jufqu'aux environs ; & votre attente feroit remplie, fi l'on ne trouvoit qu'il y a fi peu de danger dans l'opération, que l'on peut avec fûreté percer plus haut les parties que nous avons ci-deffus indiquées. Au furplus, il y a tout lieu d'efpérer que la multiplicité des expériences que l'on peut faire, établira une maniere affurée de faire cette opération.

H, dans la tête qui eft entiere, indique l'endroit où l'on devroit faire une autre ouverture, étant un écouloir propre à donner paffage à la matiere morveufe, que l'on entraîne avec l'injection, & qui ne pourroit fortir fans le fecours d'un tel orifice qui eft incliné : nous ne doutons pas même que cette ouverture ne fût fuffifante dans les morves récentes, pourvu que l'injection paffât librement en haut, & qu'elle fût tenue ouverte par le moyen d'un tuyau de plomb qu'on y tiendroit continuellement.

I repréfente l'injection pouffée par la feringue, qui fort de l'orifice & de la narine K. Il faut, pendant qu'on feringue, tenir les narines bouchées. Si au lieu d'une on rencontroit deux féparations dans le finus maxillaire, il faudroit percer l'une & l'autre par le moyen d'un ftylet, de la maniere qu'on le voit repréfenté dans la planche de la tête ouverte du cheval ; mais cette difpofition eft extrêmement rare : comme la difpofition de fes féparations peut varier, le ftylet pourroit bien n'avoir pas toujours le fuccès defiré, & la liqueur injectée ne pas fortir par H : en ce cas, il faut faire l'injection par le haut, à travers l'ouverture faite par le ftylet ou tré-pan à H.

Comme le frontal & les finus maxillaires font fort petits dans les jeunes chevaux, il convient de conduire le trépan vers le côté de la partie intérieure du nez : autrement il eft à craindre que l'inftrument ne porte fur les racines des dents qui inclinent du côté du finus, ce qui rendroit l'opération non-feulement inutile, mais encore dangereufe.

R indique l'inftrument au trépan, S le manche, T la partie avec laquelle on fcie, & qui eft appliquée aux os.

A la vue de cet inftrument, on voit combien il eft aifé de s'en fervir, fur-tout fi l'on examine comment un Menuifier ou Tonnelier fe fert de fon vilebrequin.

L'inftrument que l'on appelle en Anglois *tréphine*, dont les Chirurgiens Anglois fe fervent pour percer le crâne, eft auffi propre à cette

cette opération : d'ailleurs s'il ſurvient quelque difficulté, ou ſi l'on ne nous a pas bien entendus, il n'y a pas de membre de la Faculté auquel on peut avoir recours qui ne nous rende très-intelligibles.

Mais il eſt néceſſaire de remarquer qu'avant que d'en venir à l'opération du trépan, il faut couper la peau circulairement, auſſi-bien que le péricrâne, de la grandeur d'un petit écu, afin que l'inſtrument morde plus aiſément, & pour empêcher que la plaie ne ſe ferme trop tôt.

La ſeringue doit contenir au moins une chopine d'injeâion.

Eclairciſſemens néceſſaires pour faire uſage de la nouvelle Machine qui ſert à couper la queue, avec l'explication de la Planche.

Lorſque le crin de la queue eſt couché proprement, & contenu au bout par un ou deux nœuds, il faut mettre le couſſinet comme il eſt dépeint dans la figure I, & la machine comme dans la figure II, bouclé avec les crins, & laiſſer la partie G dans la machine couchée par-deſſus la partie de la queue qui joint le croupion du cheval : il faut avoir un aide que l'on fait tenir du côté des courroies du bridon ou autre endroit convenable, pourvu qu'il ſoit plus élevé que le cheval : levez la queue fort doucement juſqu'à ce que le nœud de la queue aille ſi fort au-deſſus des attaches LL de la figure ſeconde, qu'on puiſſe la lier. Dès que cette opération eſt faite, vous pouvez lever ou baiſſer la queue comme vous voudrez. Remarquez que vous ne devez pas faire la ligature ſur la queue, mais bien ſur les crins couchés à l'extrémité du moignon. La machine de la figure ſeconde doit être d'un pieu de bois dur, environ d'un pied de long, comme depuis A juſqu'à B, & environ de dix-neuf pouces de large, comme depuis C juſqu'à D, ſur ſept à huit pouces d'épaiſſeur ; la partie inférieure doit être creuſe pour pouvoir y faire entrer la queue du cheval, & afin que les aîles C D repoſent ſur ſes feſſes. Pour recevoir la queue, il faut faire une rainure depuis G juſqu'à H, environ de trois pouces de largeur & trois de profondeur : il faut faire des trous dans la rainure à une certaine diſtance les uns des autres, comme à H pour l'attache, & une entaillure pour recevoir la piéce de bois qui vient de la courroie K, & deux boucles fixées comme à II. Le bois doit être vuidé depuis E juſqu'à C, & de même de l'autre côté pour rendre la machine beaucoup plus légere : il doit auſſi être creuſé dans B G F.

Figure premiere.

Elle repréfente un cheval ayant la queue dans la machine. A eft un couffinet auquel eft attachée une fur-fangle B. C C font deux courroies, une de chaque côté du cheval : elles font attachées à la fur-fangle pour empêcher la machine de reculer. D eft un poitrail qui fert à empêcher le couffinet d'aller de côté & d'autre. E eft une courroie fixée au couffinet, & bouclée à la machine pour étendre la queue autant que l'on veut. F indique le cordon avec lequel il faut lier les cuirs pour contenir la queue le long de la machine.

Figure feconde.

Il y a de A jufqu'à B donze pouces, de C à D mefuré avec un cordon tiré à travers E F, dix-neuf pouces ; depuis le haut de la rainure E jufqu'au bas G, trois pouces. La machine fe rétreffit enfuite par dégrés, comme une queue diminue en approchant de fon extrémité. H indique les trous qui font dans la rainure ; & à travers defquels il faut paffer un ruban de fil, ou une ficelle, fuivant la longueur du tronc de la queue & la diftance du nœud, pour lier la queue derriere le nœud. I I font les boucles qui fervent à recevoir les courroies de la fur-fangle de chaque côté, telles que nous les avons décrites dans la figure premiere, & qui empêchent la machine de remuer. K repréfente la courroie avec la piéce de bois, & la boucle qui vient le long du dos, du couffinet : elle eft attachée à la machine à travers une entaillure coupée juftement au-deffus de H. L indique les cordons pour lier la queue ; B G F indiquent le creufé où il faut mettre la queue.

Figure troifiéme.

Elle repréfente le cheval ayant la machine deffus, étant pofté devant vous. C D font voir les extrémités des aîles, E F la partie de deffus.

Na. A la figure de l'ancien Tour, au lieu de *aa*, lif. *dd*, qui indiquent les filieres.

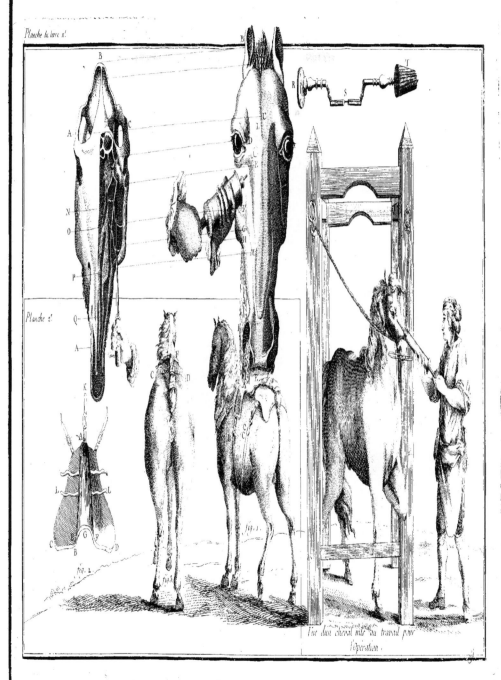

Planche 2.ᵉ

fig. 2.

fig. 1.

fig. 3.

Vue d'un cheval mis au travail pour l'opération.

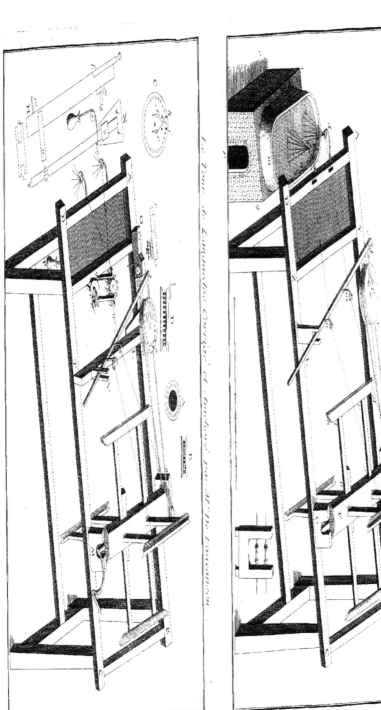

TABLE DES CHAPITRES
DU TOME SIXIEME.

Continuation du onziéme Livre & de la Section quatriéme.

P p ij

LIVRE DOUZIEME.

Fin du Tome sixiéme.

Imprimé en France
FROC021944131020
25419FR00015B/184